STM32 自学笔记

(第 3 版)

蒙博宇　编著

北京航空航天大学出版社

内容简介

本书以新颖的思路、简单的逻辑、简洁的语言来阐述作者初遇STM32以来的种种认识，书中多处内容都是由作者从STM32初学时的实践中总结而来。本书主要介绍ARM Cortex-M3系列STM32的原理及应用，全书共7章。第1章主要对STM32做基本介绍；第2章介绍ARM Cortex-M3内核架构的大致概况；第3章从外设特性、功耗特性、安全特性等方面对STM32进行全面的剖析；第4章主要介绍开发工具；第5章则引导读者针对STM32的外设进行一系列的基础实验设计，共18个；第6章通过11篇高级应用文章介绍STM32的一些高级知识；第7章则通过综合实例讲述一个STM32完整应用方案的实现过程。本书共享源代码和相关资料，下载地址为http://bbs.cepark.com和北京航空航天大学出版社“下载专区”。本书是再版书，相比旧版，本书对旧版中的不足及部分技术进行了更新。

本书条理清楚，通俗易懂，贴近读者，主要面向STM32的初学者，以及所有对ARM Cortex-M3系列微控制器感兴趣的朋友们。

图书在版编目(CIP)数据

STM32自学笔记 / 蒙博宇编著. -- 3版. -- 北京 : 北京航空航天大学出版社，2019.2

ISBN 978-7-5124-2924-6

Ⅰ.①S… Ⅱ.①蒙… Ⅲ.①微控制器 Ⅳ.①TP332.3

中国版本图书馆CIP数据核字(2019)第015914号

STM32自学笔记(第3版)

蒙博宇 编著

责任编辑 董立娟

*

北京航空航天大学出版社出版发行

北京市海淀区学院路37号(邮编100191) http://www.buaapress.com.cn

发行部电话:(010)82317024 传真:(010)82328026

读者信箱:emsbook@buaacm.com.cn 邮购电话:(010)82316936

涿州市新华印刷有限公司印装 各地书店经销

*

开本:710×1 000 1/16 印张:30 字数:639千字

2019年2月第3版 2023年6月第3次印刷 印数:5 001～6 000册

ISBN 978-7-5124-2924-6 定价:86.00元

若本书有倒页、脱页、缺页等印装质量问题，请与本社发行部联系调换。联系电话:(010)82317024

前 言

STM32 微控制器是近年来迅速兴起的基于 ARM Cortex－M3 内核的高端 32 位微控制器的代表。STM32 微控制器依托意法半导体公司（ST Microelectronics，简称 ST）本身雄厚的研发、生产实力，在正确的市场推广策略引导下，迅速占据了国内高端微控制器的大部分应用领域，优秀的性能、丰富的外设、稳定的供货以及低廉的价格等优点使其长期保持优势。目前，STM32 微控制器在工业控制、消费电子、手持设备、汽车电子、安防监控等众多领域得到了广泛的应用；正因为其高性价比、适合手工 DIY 的优点，在高校学生群体中也有非常高的人气。

(1) 笔者与 STM32 的点点滴滴

2006 年，ST 公司开始在中国推广 STM32 微控制器，至 2008 年时，STM32 在国内已经有相当的地位了；但此时在高校内很多学生仍然热衷于使用传统的 8 位单片机来进行电子设计。最明显的一个证据就是，笔者当初想在淘宝上购买一个 STM32 开发板，但发现销售此类开发板的店家不过数十家，与今时今日相比可谓差距甚大。经过反复比较，最终选定了一个比较简单的开发板，就此踏上了 STM32 的学习之路。当时，笔者是第一次接触 ARM 体系结构的处理器，虽说之前也有一些 8 位单片机的开发经历，但毕竟还是差异不小，困难也就接踵而来了。

首先开发环境的搭建就耗费了一周的时间。当时 STM32 的资料很零散，而且以英文居多；开发环境功能选项复杂，难以上手；而 STM32 的工程复杂度更是之前的 8 位单片机所不能比的；最要命的是，当时没有任何一份详实的入门教程或入门手册……相信时至今日，有相当多刚刚接触 STM32 的朋友也有这样的感觉。但无论如何，开发环境总算搭建好了，当时想终于可以来点个灯啥的。

此时第二个问题来了，STM32 微控制器的开发主要依托于固件函数库进行，这使得开发者不再面对底层寄存器进行操作。笔者对这种开发方式相当陌生，只得找到库函数说明手册（找了很长时间才找到个英文的）逐个函数地查看其作用、参数定义，费了一番周章后，才把一个发光二极管点亮。

此后，学习 STM32 的道路也逐渐变得平坦起来：慢慢地认识了 STM32 的时钟树、普通外设、通信接口等外设单元的应用；开始尝试实现 STM32 的一些高级应用，如 Bootloader、IAP、USB、DFU、脚本控制等；同时也开始深入了解 ARM Cortex－

M3 内核的体系结构。从此之后,参与开发的项目也一直使用 STM32 微控制器作为主控核心,越发能深切体会到这个"小东西"的超高性价比,也越发地喜爱这个具有划时代意义的片子。而现在回想起当初的"青葱"岁月,不得不说其实是一段令人相当愉悦和欣慰的时光。

(2) 如何入门 STM32 微控制器

对于一个初学者而言,特别是只有少数 8 位单片机开发经验的人来说,跨入 STM32 这扇大门的门槛在于开发方式的改变。这里的"改变"包括:开发环境的改变、开发工具的改变、工程结构的改变和调试手段的改变。详述起来其实有如下几点:

- 开发环境从常见的 Keil C51 或 WinAVR 转移至 Keil MDK 或 IAR EWARM,这其中变化较大的是开发环境的配置,如 IAR EWARM 要求用户自行配置文件路径、优化选项、脚本文件等。
- 常见的 8 位单片机的开发主要通过串口或 ISP 方式进行下载,同时几乎无法实时跟踪调试(虽然各种单片机都有实时仿真器,但当一个仿真器的价格和开发板的价格相当时,多数人选择望而却步),而 STM32 的开发则几乎必须要借助硬件仿真器才能完成。
- STM32 微控制器基于 ARM 体系结构,同时其开发主要基于固件库函数,这样使得 STM32 的工程结构必然和传统的 51、AVR 单片机有不小的差别。
- 进行 STM32 微控制器开发,很大一部分精力其实是耗费在调试这一环节上,这要求开发人员要经常查看寄存器的内容、内存的内容,跟踪变量的变化,甚至实时地修改内存的值。这都要依托具体的仿真调试器和开发环境的特性来实现,而跨入电子设计大门不久的初学者们则较少涉及这些操作。

那么,究竟应该如何去着手入门 STM32 微控制器呢?笔者用一句简练的话来概括,就是:入门 STM32,就是要适应上述"改变",同时克服适应过程中所遇到的困难。笔者想在此稍微强调的是,若仅是入门 STM32 微控制器,则必需的所有硬件成本不会超过 200 元。笔者编写这本书所使用的开发板,单板成本在 100 元以内。

(3) 本书导读

本书实际上是笔者在入门 STM32 微控制器后,回顾这段过程所得到的点点滴滴的想法和灵感而作,是面向广大 STM32 初学者们而编写的一本"STM3 入门书籍",引导读者走进 STM32 这扇大门。

本书从内容上可分为理论部分和实践部分,理论部分大概占据 30%的篇幅,实践部分则占据了大部分篇幅。理论部分主要围绕"STM32 是什么"和"STM32 可以用来干什么"这两个主题来对 STM32 做深入浅出的介绍。读者通过阅读理论部分的内容,对 STM32 有感性的认识即可。实践部分主要通过 STM32 多个外设应用实例,来引导读者有针对性地进行 STM32 外设实验。实践部分编写的核心思路在于:

以实验设计为核心，阐述实现每个实验所需的全部要点。这种编写思路的好处在于，可以把本书的内容精练化，读者通过阅读本书可以掌握STM32微控制器60%的特性；但笔者最希望看到的是，在这60%的引导下，读者能自主地去学习余下那40%的特性。

全书共7章。第1章主要对STM32做基本介绍；第2章介绍ARM Cortex-M3内核架构的大致概况；第3章从外设特性、功耗特性、安全特性等方面对STM32进行全面的剖析；第4章主要介绍开发工具；第5章则引导读者针对STM32的外设进行一系列的基础实验设计，共18个；第6章通过11篇高级应用文章介绍STM32的一些高级知识；第7章则通过一个综合实例讲述一个STM32完整应用方案的实现过程。

本书主要使用ST公司发布的STM32微控制器固件函数库v2.0版本进行实验设计，也许有读者会提出疑问，为何不使用当前最新的v3.x版本固件库呢？笔者的观点是：v3.x版本的固件库引入了ARM公司的CMSIS标准，这使得v3.x版本的固件库对初学者而言更难接受，因为v3.x版本固件库相比于v2.0版本的固件库，掩盖了更多的实现细节。笔者认为从学习的角度而言，v2.0固件库更为适合。

笔者建议有少许单片机开发经历的读者，可以直接进行实践部分的阅读，而在完成这些实验的过程中，穿插地阅读理解理论部分，这样可以得到最好的阅读效果。

(4) 相关资源

本书共享相关资料，包含：书中所有出现的代码，它们都位于完整的应用工程中；笔者所使用的CEPARK STM32学习板的原理图、PCB和实物照片，读者若有兴趣可以自行参考制作开发板。在自制过程中若遇到问题，笔者乐于提供支持。

共享资料内容索引如下：

基础实验	该文件夹下包含了本书第5章"STM32基础实验"的所有源程序。
进阶应用	该文件夹下包含了本书第6章"STM32进阶应用"的所有源程序。
综合性实验	该文件夹下是本书第7章"综合性实例：STM32的IAP方案"的源程序。
硬件描述	该文件夹下包含本书所用CEPARK STM32学习板的实物图、原理图和PCB图。

读者可参考书中讲述内容和共享资料中的内容，自行进行学习和实践，并可根据自己的实际应用开发属于自己的STM32应用方案。

共享资料下载和有关开发板的问题可访问以下网址：

http://bbs.cepark.com

(5) 再版更新内容

本书自第2版改版后又过去了3个年头。事物总是随着时间的推进而不断发展的，本书的主角STM32也是如此。结合当下STM32的发展和应用情况，以及过去几年来众多读者通过各种渠道向笔者提出的宝贵意见和建议，本次再版做出如下修改：

- STM32 的 3.x 版本库函数已趋于成熟稳定，本书所有例程从基于 2.0 版本库函数切换至基于 3.5 版本库函数，同时更新了所有相关的库函数说明。本次改版大部分的改动都与此有关。
- Keil MDK 工程的建立更新为基于 3.5 版本库函数。
- 5.2 节中延时的实现从计数方式切换为中断方式实现。
- 6.1 节中 IAR EWARM 工程的建立更新为基于 3.5 版本库函数。
- 本书配套所有例程的库函数切换至 3.5 版本，并修正部分程序存在的 bug。
- 修正上一版书中的部分错别字与表达错误。

同时，不少读者反映不知道在哪里可以获取到本书配套程序资料，这里详细说明一下。本书的资料可在北京航空航天大学出版社官方网站上获取，具体获取的方式为：打开北航出版社主页：http://www.buaapress.com.cn 进入“下载专区→随书资料”(如图 1)，在随书资料页的搜索框内输入“stm32 自学笔记”，单击“搜索”(如图 2)即可找到本书资料；无须注册，无须激活码，可任意下载。

图 1　北航出版社网站首页

北京航空航天大学出版社
BEIHANG UNIVERSITY PRESS
首页　关于我们　新闻活动　图书　下载专区　增值服务　联系我们

首页 > 下载专区 > 随书资料

下载专区

分类：　全部　随书资料　综合书目

随书资料　STM32自学笔记

资料名称	大小	类型	激活码	操作
《STM32自学笔记（第2版）》随书资料	24.3MB	DOC	不需要	下载
《STM32自学笔记》随书资料	21.9MB	DOC	不需要	下载

图 2　随书资料下载页

另外，还有读者反映本书配套例程在部分计算机(系统)上打开时出现兼容性问题。针对该问题，笔者特地对本书配套例程做了不同系统(xp、win7、win8、win10)的兼容性提升与测试，确保此类问题不再发生。

(6) 致 谢

感谢朋友崔翠茹、郭志芳、连兰双，他们完成了本书资料的收集、整理、翻译等工作；感谢工作上的指导人苏杰，他在本书的创作期间给予不少技术方面的帮助；感谢CEPARK 电子园网站的站长李艳强、管理员曹佃生、马伟力、版主匡伟给笔者提供了一个硬件平台；感谢同事周葵华承担了书中部分程序的调试工作；感谢梁琼之、王观亮、陈涛、吴红云、聂会会、李飞、王观星、张文学、刘启星、梁浩、刘舟祥、王欣、朱美琳、高芸对本书所做的校对工作；尤其要感谢北京航空航天大学出版社为笔者提供了这次出版机会；最后要感谢父母、亲人和所有支持笔者的朋友们。

因水平所限，本次再版的修订工作难免会有不足乃至失误之处，恳请读者包涵，并能一如既往地提出宝贵意见，使本书得到不断打磨，臻于完善。有兴趣的朋友可发送邮件到：losingamong@qq.com，与作者进行交流；也可发送邮件到：xdhydcd5@sina.com，与本书策划编辑进行交流。

蒙博宇

2018 年 12 月

目　录

第1章

什么是STM32

在过去的数年里，微控制器设计领域里一个主流的趋势是：基于ARM7和ARM9内核设计通用控制器的CPU。而如今，已经有超过240种基于ARM核心的微控制器从众多芯片制造商手中诞生。意法半导体（ST Microelectronics，简称ST）推出了STM32微控制器，这是ST第一个基于ARM Cortex－M3内核的微控制器。STM32的出现将当前微控制器的性价比水平提升到了新的高度，同时它在低功耗场合和硬实时控制场合中亦能游刃有余。

1.1 从Cortex－M3说起

Cortex是ARM公司最新系列的处理器内核名称，其推出的目的旨在为当前对技术要求日渐广泛的市场提供一个标准的处理器架构。和其他ARM处理器内核不一样的是，Cortex系列处理器内核作为一个完整的处理器核心，除了向用户提供标准CPU处理核心之外，还提供了标准的硬件系统架构。Cortex系列分为3个分支：专为高端应用场合而设的"A"（Application）分支，为实时应用场合而设的"R"（Real-time）分支，还有专为对成本敏感的微控制器应用场合而设的"M"（Microcontroller）分支。STM32微控制器基于"M"分支的Cortex－M3内核，是专为实现系统高性能与低功率消耗并存而设计的，同时它足够低廉的价格也向传统的8位和16位微控制器发起了有力的挑战。

ARM7和ARM9处理器被成功地整合进标准微控制器里的结果就是出现了各自独特的SoC（System on Chip，也即片上系统）。特别从对异常和中断的响应处理方式上，用户会更容易看到这些SoC之间的区别，因为每家芯片制造商都有属于自己的一套解决方案。Cortex－M3提出标准化的微控制器核心，在CPU的基础上又提供了整个微控制器的核心部分，包括中断系统、系统节拍时钟、调试系统以及存储区映射。Cortex－M3内部的4 GB线性地址空间被分为Code区、SRAM区、外部设备区以及系统设备区。和ARM7不同，Cortex－M3处理器基于哈佛体系，拥有多重总线，可以进行并行处理，因而提升了整体性能。同时也和早期的ARM架构不同，Cortex－M3处理器允许数据非对齐存取，以确保内部的SRAM得到充分地利用。Cortex－M3处理器还可以使用一种称为Bit－banding（译为"位带"）的技术，利用两个 32 MB 大小的“虚拟”内存空间实现对两个 1 MB 大小的物理内存空间进行“位”的置位和清除操作。这样就可以有效地对设备寄存器和位于 SRAM 中的数据变量进行位操作，而不再需要冗长的布尔逻辑运算过程。

如图 1.1.1 所示，STM32 的核心 Cortex - M3 处理器，是一个标准的微控制器结构，拥有 32 位 CPU、并行总线结构、嵌套中断向量控制单元、调试系统以及标准的存储映射。

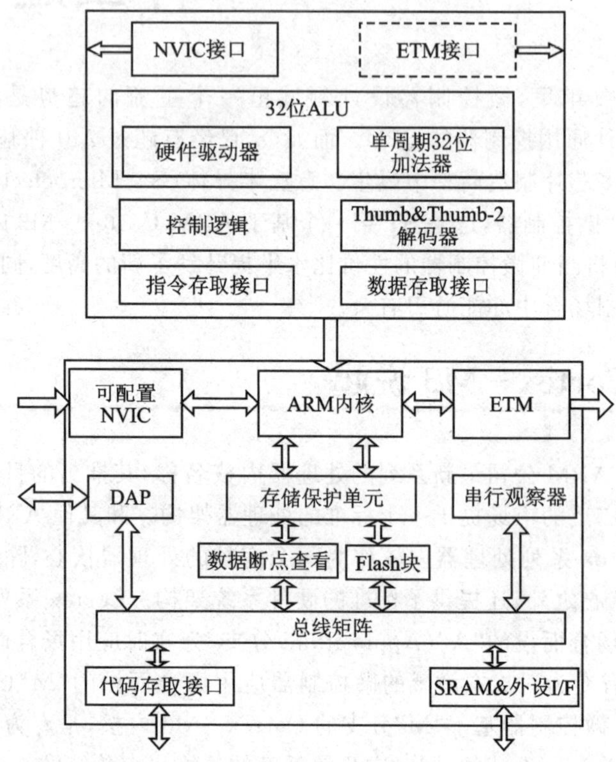

图 1.1.1　Cortex - M3 处理器内部架构一览

嵌套中断向量控制器(Nested Vector Interrupt Controller，简称 NVIC)是 Cortex - M3 处理器中一个比较关键的组件。NVIC 为基于 Cortex - M3 核心的微控制器提供了标准的中断架构和优秀的中断响应能力，为超过 240 个中断源提供专门的中断入口，而且可以赋予每个中断源单独的优先级。利用 NVIC 可以达到极快的中断响应速度，从收到中断请求到执行中断服务程序的第 1 条指令所要花费的时间仅仅为 12 个时钟周期。之所以能实现这种响应速度，一方面得益于 Cortex - M3 内核对堆栈的自动处理机制，这种机制是通过固化在 CPU 内部的微代码实现。另一方面，在中断请求连续出现的情况下，NVIC 使用一种称为“尾链”的技术使连续而来的中断在 6 个时钟周期之内得到服务。在中断压栈阶段，更高优先级的中断可以不耗费任何额外的 CPU 周期就能完成嵌入低优先级中断的动作。Cortex - M3 的中断结构和 CPU 的低功耗实现也有紧密的联系。用户可以设置 CPU 自动进入低功耗状态,而使用中断来将其唤醒,CPU 在中断事件来临之前会一直保持睡眠状态。

Cortex - M3 的 CPU 支持两种运行模式:线程模式(Thread Mode)与处理模式(Handler Mode),并且此两种模式都拥有各自独立的堆栈。这种设计使开发人员可以进行更为精密的程序设计,对实时操作系统的支持也更好。Cortex - M3 处理器还包含一个 24 位的可自动重装载定时器,可以为实时内核(RTOS)提供一个周期性的中断。ARM7 和 ARM9 处理器都有两种指令集(32 位指令集和 16 位指令集),而 Cortex - M3 系列处理器支持新型的 ARM Thumb - 2 指令集。由于 Thumb - 2 指令集融合了 Thumb 指令集和 ARM 指令集,使 32 位指令集的性能和 16 位指令集的代码密度之间取得了平衡。ARM Thumb - 2 专为 C/C++编译器设计,这意味着 Cortex - M3 系列处理器的开发应用可以全部在 C 语言环境中完成。

1.2 STM32 面面观

尽管 ST 公司已经拥有 4 个基于 ARM7 和 ARM9 处理器的微控制器产品系列,但是 STM32 微控制器的推出仍然标志着 ST 在其两条产品主线(低价位主线和高性能主线)上都迈出了重大的一步。“单片最低价格低于 1 欧元!”——STM32 的出现伴随着如此凌厉的口号,对于市场上现有的 8 位单片机而言是一个严峻的挑战。STM32 最初发布的时候共推出 14 个不同的型号,它们被分为两个版本:最高 CPU 时钟为 72 MHz 的“增强型”和最高 CPU 时钟为 36 MHz 的“基本型”。不同版本的 STM32 器件之间在引脚功能和应用软件上是兼容的。这些不同的 STM32 型号里内置 Flash 最大可达 128 KB,SRAM 最大为 20 KB。而且在 STM32 最初发布之时,配备更大 Flash、RAM 容量和更多复杂外设的版本就已经在规划之中了。图 1.2.1 和图 1.2.2 显示了“增强型”和“基本型”的 STM32 在结构组成上的区别。

1. 精密性

乍一看 STM32 的设备配备,就像一个典型的单片机,配备常见的外设诸如多通道 ADC、通用定时器、I2C 总线接口、SPI 总线接口、CAN 总线接口、USB 控制器、实时时钟 RTC 等。然而,它的每一个设备都是非常有特点的,如 12 位精度的 ADC 具备多种转换模式,并带有一个内部温度传感器,带有双 ADC 的 STM32 器件,还可以使两个 ADC 同时工作,从而衍生出更为高级的 9 种转换模式。如 STM32 的每一个定时器都具备 4 个捕获比较单元,而且每个定时器都可以和另外的定时器联合工作以生成更为精密的时序;如 STM32 有专门为电机控制而设的高级定时器,带有 6 个死区时间可编程的 PWM 输出通道,同时其带有的紧急制动通道可以在异常情况出现时,强迫 PWM 信号输出保持在一个预定好的安全状态;如 SPI 接口设备含有一个硬件 CRC 单元,支持 8 位字节和 16 位半字数据的 CRC 计算,在对 SD 或 MMC 等存

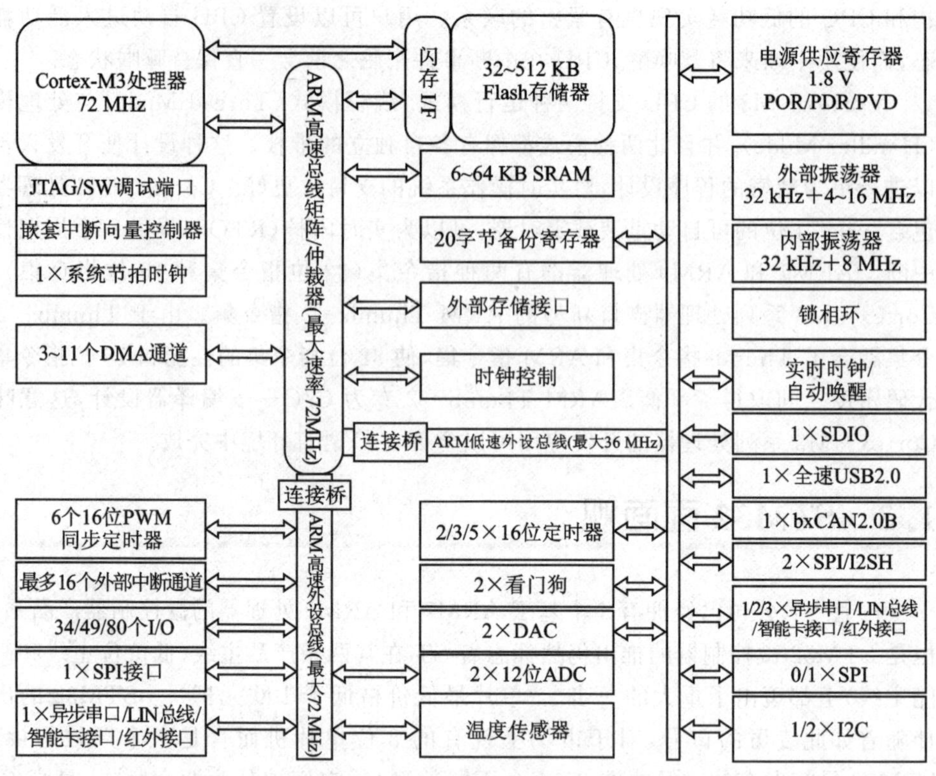

图 1.2.1 增强型 STM32 结构一览

储介质进行数据存取时相当有用。

令人称奇的是,STM32 还包含了 7 个 DMA 通道。每个通道都可以用来在设备与内存之间进行 8 位、16 位或 32 位数据的传输。每个设备都可以向 DMA 控制器请求发送或接收数据。STM32 内部总线仲裁器和总线矩阵将 CPU 数据接口和 DMA 通道之间的连接大大地简化了,这意味着 DMA 单元是很灵活的,其使用方法简单,足以应付微控制器应用中常见的数据传输需求。

为了在具备高性能表现的同时保持低功耗特性,STM32 微控制器在低功耗方面也做了不少努力。它可以在 2 V 供电的情况下运行,同时在所有设备打开且运行在满速 72 MHz 主频的情况下,也仅消耗 36 mA 的电流;在与 Cortex - M3 内核的低功耗模式结合之后只有最低达 2 μA 的电流消耗。即便外部振荡器处在待启动状态,STM32 使用内部 8 MHz 的 RC 振荡器也可以迅速地退出低功耗模式。这种快速进出低功耗模式的特性,更进一步降低了 STM32 微控制器的整体功率消耗,同时能仍然保持器件整体的高性能。

2. 可靠性

当代的电子应用领域,对处理器处理能力的要求越来越高,需要越来越多的精密

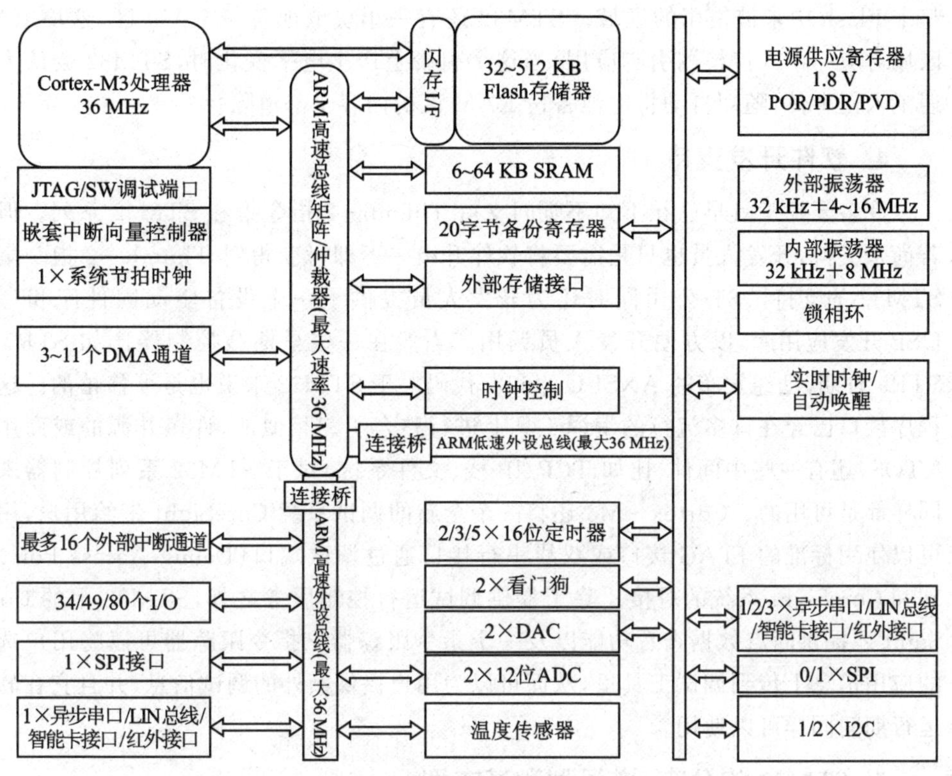

图 1.2.2 基本型 STM32 结构一览

外设，同时对处理器的运行可靠性要求也越来越高。出于对可靠性的考虑，STM32 配备了一系列的硬件来支持对可靠性有高度要求的应用。这些硬件包括一个低电压检测器、一个时钟安全管理系统和两个看门狗定时器。时钟管理系统可以检测到外部主振荡器的失效，并随即安全地将 STM32 内部 8 MHz 的 RC 振荡器切换为主时钟源。两个看门狗定时器中的一个称为窗口看门狗。窗口看门狗必须在事先定义好的时间上下限到达之前刷新，如果过早或过晚地刷新它，都将触发窗口看门狗复位。第 2 个看门狗称为独立看门狗。独立看门狗使用外部振荡器驱动，该振荡器与主系统时钟是相互独立的，这样即便 STM32 的主系统时钟崩溃，独立看门狗也能“力挽狂澜”。

3. 安全性

当代电子设计行业中，一个令人感到比较无奈的现实是，开发人员不得不想方设法提高代码的安全性以防止被破解人员盗取。STM32 可以锁住其内部 Flash 而使得破解人员无法通过调试端口读取其内容。当 Flash 的读保护功能开启之后，其写保护功能也就随之开启了。写保护功能常用于防止一些来历不明的代码写入中断向量表。但写保护不仅可以保护中断向量表，还可以更进一步地将其保护范围延伸到整个 Flash 中未被使用的区域。STM32 还有一小块电池备份 RAM 区,这块 RAM 区域对应一个入侵检测引脚应用,当这个引脚上产生电平变化时,STM32 会认为遭遇了入侵事件,随即自动将电池备份 RAM 区的内容全部清除。

4. 软件开发支持

许多开发工具早已在不知不觉间支持 Thumb-2 指令集和 STM32 系列。但倘若尚未支持,开发人员也只是需要将软件升级一下即可获得对 Thumb-2 指令集和 STM32 的支持。ST 公司同时还为开发人员提供了一个设备驱动固件库和一个 USB 开发应用库,以方便开发人员调用。当然在一些早期微控制器比如 STR7 和 STR9 时期,已经发布的 ANSI C 库和源代码对于 STM32 来说也是可移植的。这些程序接口已经在许多流行的编译工具上进行整合了。相似地,许多开源的或商用的 RTOS,还有一些中间件(比如 TCP/IP 栈、文件系统)对于 STM32 系列控制器来说同样都是可用的。Cortex-M3 还将一个全新的调试系统 CoreSight 带给用户,用户可以使用标准的 JTAG 接口或双线串行接口通过调试端口(Debug Access Port)实现和 CoreSight 系统的对接。除了提供调试运行控制服务之外,STM32 上的 CoreSight 还提供断点数据查看功能以及一个指令跟踪器。指令跟踪器可以将用户选择的应用信息上传到调试工具里,从而可以为用户提供额外的调试信息,并且它在软件运行期间同样可以使用。

5. STM32 的分支:增强型和基本型

STM32 的型号系列被分为两个分支:增强型和基本型。如图 1.2.3 所示,增强

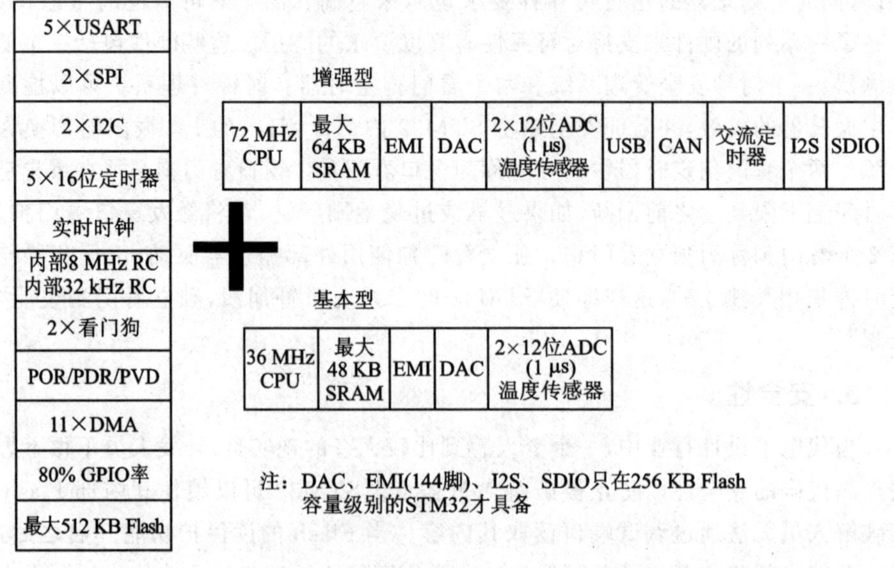

图 1.2.3 STM32 增强型与基本型性能对比

型配备完整的外设,同时 CPU 可以在最高达 72 MHz 的主频下运行。基本型配备数量较少的外设,同时最高 CPU 主频为 36 MHz。但尤为重要的是,无论是增强型还是基本型,它们的封装类型和引脚分布是完全一致的,如图 1.2.4 所示。这个特点可以让开发人员在使用 STM32 系列微控制器的时候,不必改动 PCB 就可以随意更换器件型号。

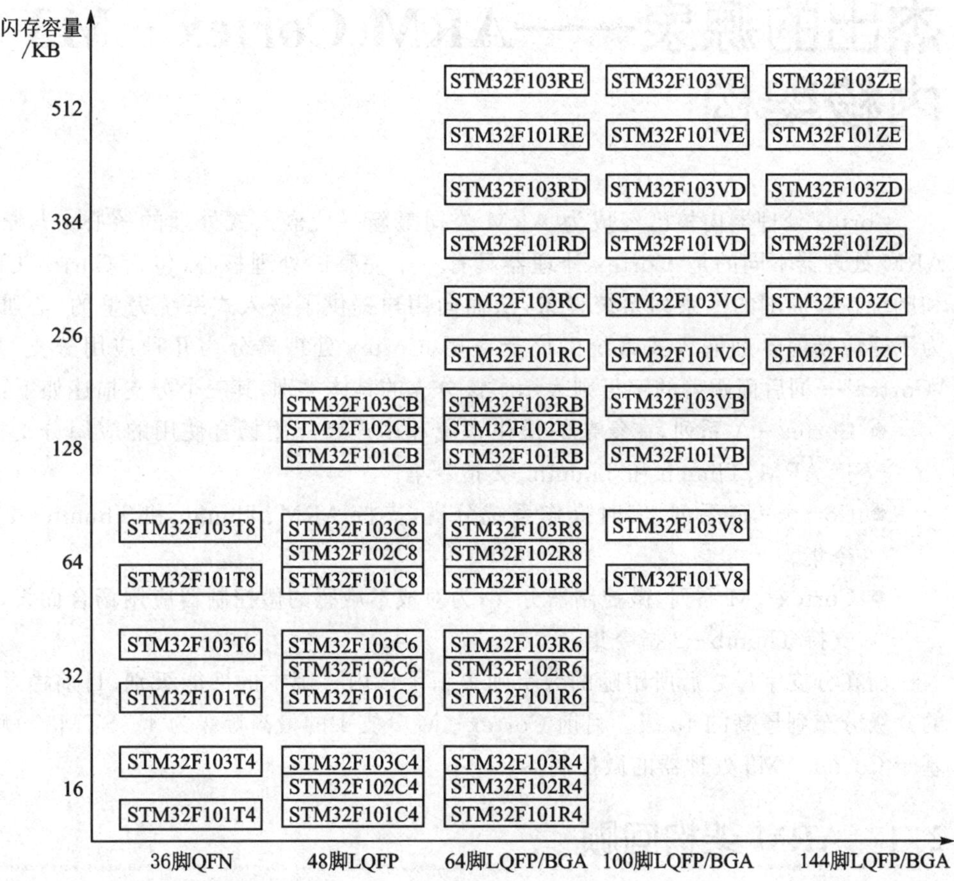

图 1.2.4 STM32 产品线分布图

第2章

杰出的源泉——ARM Cortex - M3 内核架构

Cortex 处理器内核已经成为 ARM 公司最新一代嵌入式处理的核心。与早期 ARM 处理器不同的是，Cortex 处理器具有一个完整的处理核心，包括 Cortex CPU 和围绕在其周围的一系列系统设备，从而向用户提供了嵌入式系统完整的“心脏”。为了适应当前各种嵌入式系统的广泛应用，Cortex 处理器分为几种应用分支。而“Cortex”一词后面跟着的字母则表示了该分支的具体类别，其三个分支描述如下：

- Cortex - A 系列，在复杂的操作系统和用户级应用场合使用的应用分支，支持 ARM、Thumb 和 Thumb - 2 指令集。
- Cortex - R 系列，实时操作系统分支，支持 ARM、Thumb 和 Thumb - 2 指令集。
- Cortex - M 系列，微控制器分支，为对成本敏感的微控制器应用场合而设，只支持 Thumb - 2 指令集。

而在分支字母之后所跟随的数字则表示了该内核版本的性能级别，目前由最低的 0 级分布到最高的 15 级。目前 Cortex - M 分支中的最高等级为 4。STM32 就是基于 Cortex - M3 处理器的微控制器。

2.1 ARM 架构回顾

ARM 公司的处理器架构版本也许会让人觉得有点混乱，分为 ARMv6、ARMv7 等。如图 2.1.1所示，Cortex - M3 处理器基于 ARMv7 结构，支持 Thumb - 2 指令集。因此 ARM 对 Cortex - M3 的描述会集中在《Cortex - M3 技术参考手册》和《ARMv7 架构参考手册》这两份文档里，读者可以从 ARM 官网 www. arm. com 下载得到。

在后面的章节里，Cortex - M3 处理器和 Cortex - M3 CPU 这两种称呼将表示两种含义。Cortex - M3 处理器表示完整的 Cortex 嵌入式核心，而 Cortex - M3 CPU 仅表示 Cortex - M3 处理器内部的“精简指令集中央处理单元”(RISC CPU)。下一节将了解一些 Cortex - M3 CPU 的关键特性。

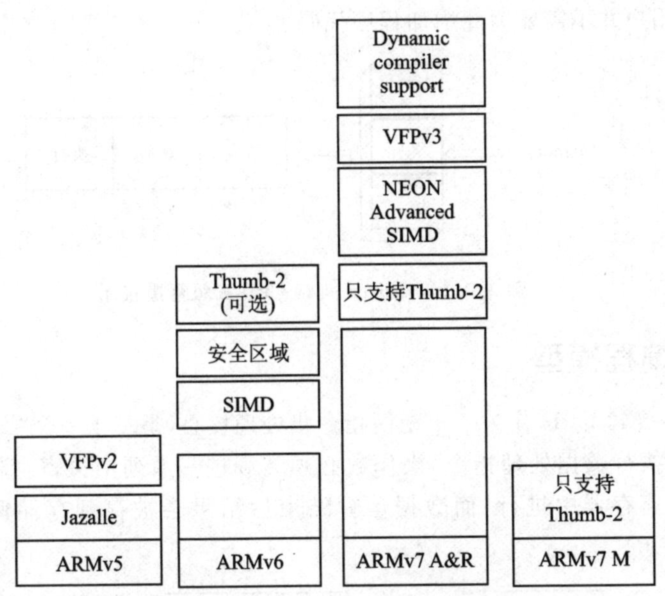

图 2.1.1　ARM 架构发展历程

2.2　Cortex－M3 CPU:核心中的核心

Cortex－M3 处理器的"心脏"地带被一个 32 位的 CPU 所占据。这个 CPU 的编程模型和 ARM7/ARM9 CPU 虽有不少相似之处，但是丰富的指令集使得它对整数运算有更好的支持。Cortex－M3 CPU 还支持位操作，拥有硬件实时性能。

2.2.1　管　道

Cortex－M3 CPU 可以在单个周期内完成绝大多数指令的执行。像 ARM7 和 ARM9 一样，Cortex－M3 CPU 也使用三级管道技术，还使用分支预测技术提高管道使用率。

就 ARM7/ARM9 CPU 中的三级管道来说，当一个指令正在处理时，下一个指令已经被解码的同时第 3 个指令已经被预取进存储缓存区里了，这种处理方式非常适合线性代码的运行。但当一个未知的分支来临(比如条件判断语句)，管道必须被强制地刷新清空后才能重载分支代码继续使用。ARM7 和 ARM9 对分支代码的处理需要花费极大的开销。而 Cortex－M3 CPU 使用分支预测技术使这种三级管道技术得到了增强。如图 2.2.1 所示，当一个分支指令来临时，会进行一次预测性的装载，从而使得每个条件指令所有可能的结果都可得到立即执行，而不会对 CPU 性能产生负面冲击。最坏的情况也仅仅是，在某个非直接的分支里，预测性的装载无法进行，这时才需要刷新管道。管道技术成为了提升 Cortex－M3 CPU 整体性能的关键所在,而且用户并不需要为此增加程序代码。

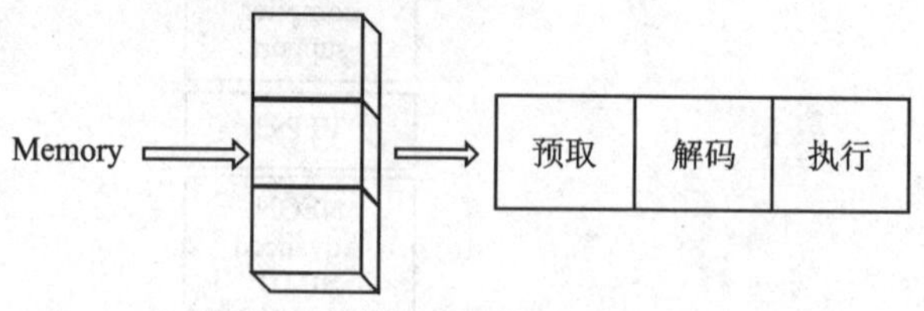

图 2.2.1　Cortex-M3 CPU 三级管道技术

2.2.2　编程模型

Cortex-M3 CPU 作为一个精简指令集处理核心,是基于一个"载入-存储"式的架构。为了执行数据处理指令,操作数必须装载进一系列中央寄存器里,数据操作必须在这些寄存器中进行,而数据运算结束后结果会被存到存储区中,该过程如图 2.2.2 所示。

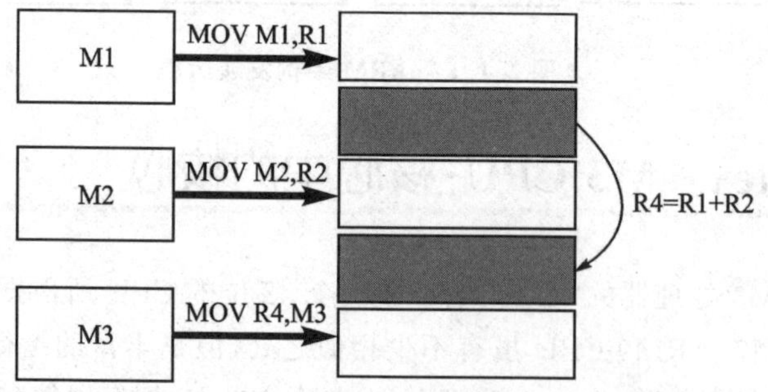

图 2.2.2　Cortex-M3 CPU 的"装载-存储"结构

事实上,所有的程序活动都在 CPU 寄存器组里面进行。这个寄存器组里包含了 16 个 32 位寄存器,如图 2.2.3 所示。寄存器 R0～R12 是基本寄存器,可以用来保存程序变量。寄存器 R13～R15 是 CPU 的特殊功能寄存器。寄存器 R13(Banked 寄存器)用以保存堆栈指针,该寄存器允许 CPU 的两种操作模式都拥有各自的堆栈空间,这两个堆栈分别称为主堆栈和进程堆栈。R14 寄存器称为链接寄存器,作用是在执行跳转指令时保存程序返回地址;通过 R14 寄存器可以实现 CPU 快速地进出调用函数;如果用户的程序中存在几级嵌套调用,则 R14 的值会被自动压栈。R15 寄存器是程序计数器(PC),也是中央寄存器组的一员,用户可以像对其他寄存器一样对 R15 进行读/写操作。

注意: 当 CPU 处于线程模式时,R13 寄存器存储的是主堆栈指针;而当 CPU 处于处理模式时,R13 寄存器存储的是进程堆栈指针。这就是"Banked"一词的含义。

为了让寄存器组的功能更为完善,Cortex-M3 CPU 还需要一个程序状态寄存器(Program Status Register,PSR)。它并不是主寄存器组的一员,只能通过两条特殊的指令来访问。程序状态寄存器又可以划分为几个小寄存器(统称为 xPSR),它们都能影响 Cortex - M3 CPU 的运行状态。图 2.2.4 显示了 xPSR 寄存器的组成细节。

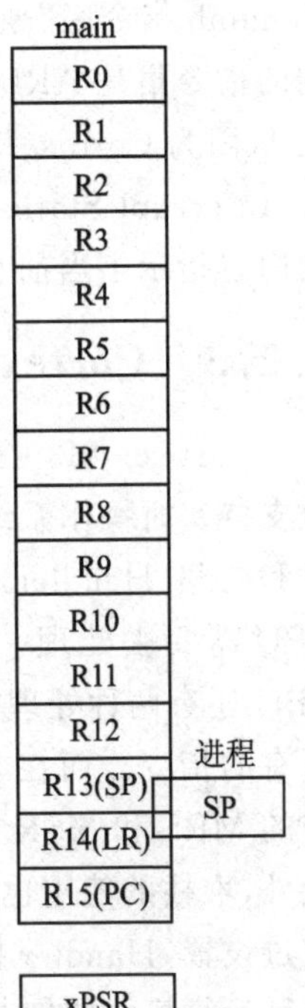

图 2.2.3 Cortex - M3 的寄存器组

图 2.2.4 中最高的 5 位是代码状态标志位,一般称为应用程序状态寄存器(Application Program Status Register,APSR)。APSR 的前 4 个代码状态标志为 N、Z、C、V,分别表示负数标志、零标志、进位标志和溢出标志,当 CPU 进行数据处理的时候出现以上 4 种状态,对应的代码状态标志位就会被置位。APSR 的第 5 位是 Q 标志位,当某个变量到达了它的上限或者下限值时,Q 标志就会被置位。显然和 32 位的 ARM 指令集一样,当指令状态和 APSR 里的标志位一致时,Thumb - 2 指令集才能顺利被执行;否则,Thumb - 2 指令就被当作 NOP 指令通过管道。这可以确保指令流能够平滑地通过管道,而且避免管道遭受过多地刷新。在 Cortex - M3 CPU 中,这种管道技术仍在程序执行状态寄存器(Execution Program Status Register,EPSR)中得到了进一步拓展。EPSR 在 PSR 中的位置为第 6~28 位。EPSR 包含 3 个分区:“if then”分区、“中断可持续指令区”以及“Thumb 指令区”。Thumb - 2 指令集对处理“if then”这样的小指令模块有一套行之有效的办法:当条件假设为“真”时,EPSR 会置位某些位并通知 CPU 处理后续 4 条指令;相反而言,如果条件假设为“假”时,这 4 条指令会被当作 NOP 指令通过管道。这个过程可使用 C 语言混合汇编指令描述如下:

```
if(r0 == 0)
CMP     r0,#0               /* 将 r0 和 0 作比较 */
ITTEE   EQ                  /* 如果比较结果为真则执行后续两条语句 */
Then (r0 = *r1 + 2);
DR      r0,[r1]             /* 将内存内容载入 r0 */
ADD     r0,#2               /* 加 2 */
```

31				27	26　　　　　　10		7　　　　　0
N	Z	C	V	Q	IC1/IT		中断服务号

图 2.2.4 xPSR 寄存器

虽然大部分 Thumb - 2 指令可以在一个周期之内完成处理,但还是有一些指令需要多个周期才能完成执行。所以,为了使 Cortex - M3 CPU 有一个绝对固定的中断响应时间,这些多周期指令必须是可以被打断的。当一个多周期指令过早地被打断时,中断可持续指令区会将下一步将要装载或储存多周期指令的寄存器的编号保存。因此一旦中断服务执行完毕,多周期指令(如 load/store)就可以返回执行。

"Thumb 指令区"是从早期的 ARM CPU 上移植过来的,这个区的内容表示当前使用的指令集是 ARM 指令集还是 Thumb 指令集。在 Cortex-M3 中这一位永远都是 1(因为 Cortex-M3 只支持 Thumb-2 指令集)。PSR 的最后一个区是中断状态区(Interrupt Status Field),作用类似 8051 系列单片机的中断状态寄存器,里面包含的内容指示了当前有哪些中断服务被请求了。

2.2.3 Cortex-M3 CPU 的运行模式

Cortex-M3 CPU 拥有更低的门数,是一个快速而易用的微控制器核心,同时它也支持实时操作系统的运行。Cortex-M3 CPU 有两种运行模式:线程(Thread)模式和处理(Handler)模式。CPU 不处理异常事件时会运行在 Thread 模式下,而当 CPU 需要去处理一个异常事件时就会切换到 Handler 模式。此外,Cortex-M3 CPU 还有两种处理代码的方式:私有和非私有模式。在私有模式下,CPU 可以执行所有的指令。而在非私有模式下部分指令是被禁止执行的(比如对 xPSR 寄存器操作的 MRS 和 MSR 指令),同时也不能对 CPU 的系统控制区中的寄存器进行操作。此外,堆栈的使用也是可以配置的,主堆栈在 Thread 和 Handler 模式下都可以使用。通过设置,Handler 模式也可以使用进程堆栈。图 2.2.5 显示了 Cortex-M3 CPU 两种运行模式的细节。

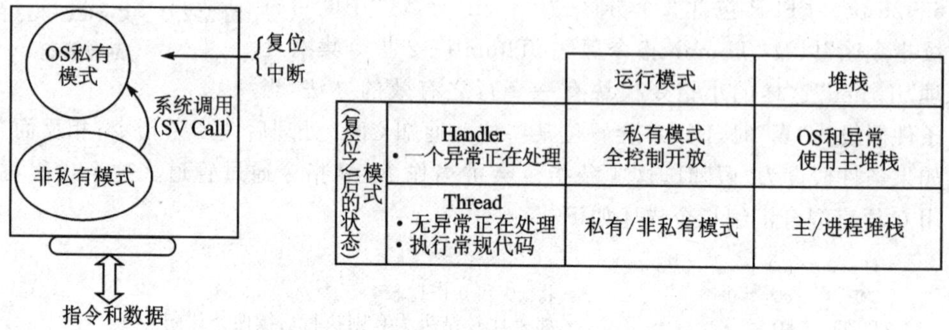

OS私有模式
复位
中断
系统调用(SV Call)
非私有模式
指令和数据
(复位之后的状态)
模式
运行模式
堆栈
Handler
• 一个异常正在处理
私有模式
全控制开放
OS和异常
使用主堆栈
Thread
• 无异常正在处理
• 执行常规代码
私有/非私有模式
主/进程堆栈

图 2.2.5 Cortex-M3 CPU 的运行模式

如图 2.2.5 所示,Cortex-M3 CPU 在复位之后会以最开放的方式运行,即无论是 Thread 模式还是 Handler 模式都在私有模式下执行,对处理器的任何资源都没有使用限制,Thread 模式和 Handler 模式都使用主堆栈。要开始运行一般应用的 C 程序,用户只需要设置好复位向量和堆栈的起始地址即可。然而,如果要使用 RTOS 或者开发一个有高度安全性要求的项目,可以使 Cortex-M3 CPU 进入一种高级模式,在这种模式里,RTOS 或者异常事件在 Handler 模式下使用私有模式运行,并使用主堆栈;而应用代码在线程模式下使用非私有模式运行,并使用进程堆栈。这样做的好处是,系统代码和应用代码得以分离,这样即便应用代码产生错误也不会殃及 RTOS 的核心,造成整个系统崩溃。

2.2.4 Thumb-2 指令集

ARM7 和 ARM9 处理器支持两种指令集：32 位 ARM 指令集和 16 位 Thumb 指令集。开发人员在开发应用程序时经常需要在指令集的选用上煞费心思，因为 32 位指令可以提升运行速度，而 16 位指令可以提升代码密度。Cortex-M3 CPU 使用 Thumb-2 指令集，该指令集是 16 位和 32 位指令集的混合体。Thumb-2 指令集相对于 32 位 ARM 指令集有 26%的代码密度提升，而相对于 16 位 Thumb 指令集则有 25%的性能提升。Thumb-2 指令集含有一些高级的多周期指令，它们都可以在一个周期完成执行，但前提是 CPU 需要 2～7 个周期将其分离。Thumb-2 的性能如图 2.2.6 所示。

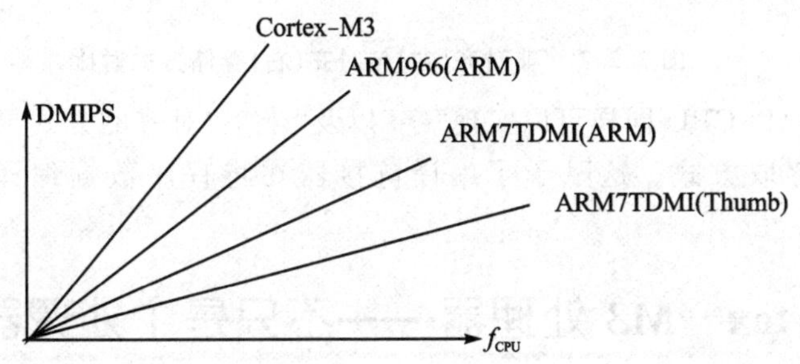

图 2.2.6 Thumb-2 指令集性能一览

Thumb-2 指令集还有：高级的分支指令（包括 test 和 compare 指令），if/then 处理指令集合，为数据处理提供的字节、半字和字存取指令。Cortex-M3 CPU 同时还是一个 RISC（精简指令集）处理器，其丰富的指令集可以和 C 编译器很好的配合。除了小部分有可能用到的非 ANSI C 关键字和使用汇编语句编写的中断向量表之外，一个典型的 Cortex-M3 应用程序可以全部使用 ANSI C 完成。

2.2.5 非对齐存取接口

ARM7 和 ARM9 CPU 所基于的指令集支持使用字节（8 位）、半字（16 位）、字（32 位）和各种有符号（signed）、无符号（unsigned）变量。CPU 可以很自然地处理 32 位整型变量，不再需要软件的支持（典型的 8 位和 16 位单片机都需要）。然而，早期的 ARM 处理器也只能以“字”或者“半字”的对齐方式进行数据存取。这其实浪费了编译器将针对程序数据体积的大小进行优化的能力——由于数据必须对齐存取的原因，部分宝贵的 SRAM 被浪费了。此外，Cortex-M3 处理器的“位带”技术允许程序标志位写入“字”或“半字”变量内部，而不是每个标志位都占用 1 字节的空间（如 1 个 32 位“字”数据通过“位带”技术可以存放 32 个标志位，这样可节省大量空间）。因此，对齐存储方式将这种浪费进一步地放大了。图 2.2.7 显示了非对齐和对齐存储方式之间的区别。

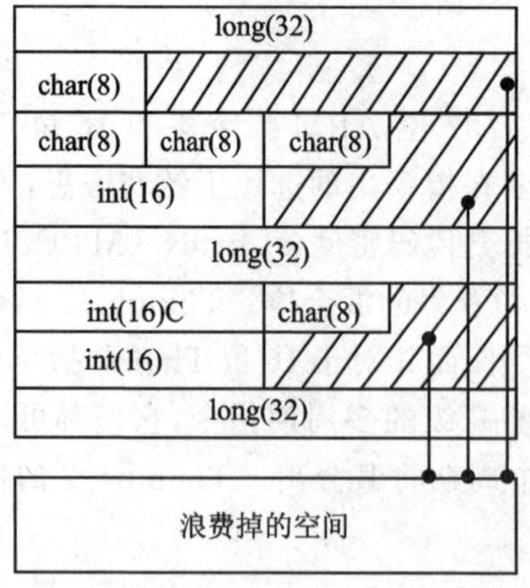

图 2.2.7　非对齐(左)与对齐(右)存储方式对比

Cortex－M3 CPU 同样可以实现“字”以及“半字”对齐的方式寻址，但它还可以使用非对齐存取方式。这赋予了编译链接器在将程序数据编译链接时的最大“自由”。

2.3　Cortex－M3 处理器——不只是个处理器

2.3.1　总　线

Cortex－M3 处理器基于哈佛结构体系，拥有独立的地址总线和数据总线，分别称为 I－Code 总线和 D－Code 总线。这两条总线都可以在 0x00000000～0x1FFFFFFF 范围内存取代码和数据。Cortex－M3 处理器还有一条额外的系统总线用以存取位于 0x20000000～0xDFFFFFFF 和 0xE0100000～0xFFFFFFFF 地址范围内的 Cortex－M3 系统控制区。而 Cortex－M3 处理器的片上调试系统则使用一条私有设备总线来连接。

2.3.2　总线矩阵

Cortex－M3 处理器的系统总线和数据总线通过一系列高速总线阵列组成的总线矩阵和外部控制器连接，这样就可以在 Cortex－M3 处理器的内部总线和外部总线之间建立一些并行通道，比如从 DMA 到片上 SRAM 或者外设。如果两个总线主机(比如 Cortex－M3 CPU 和 DMA 单元)同时尝试连接同一个设备，Cortex－M3 处理器内部的仲裁机构会解决此类冲突问题，优先级高的总线主机会取得总线的控制权。然而，对 STM32 控制器而言，DMA 单元被嵌入到了 Cortex－M3 CPU 中，下文在讲述 DMA 单元的运行机制时会阐述到这部分情况。

2.3.3 存储映射

Cortex-M3 处理器是一个标准化的微控制器核心，其固定的存储映射方案就是标准化的一个表现。尽管 Cortex-M3 处理器拥有多重内部总线，但其存储区仍然是一个线性的 4 GB 地址空间。图 2.3.1 显示了 Cortex-M3 处理器内部的存储映射情况。

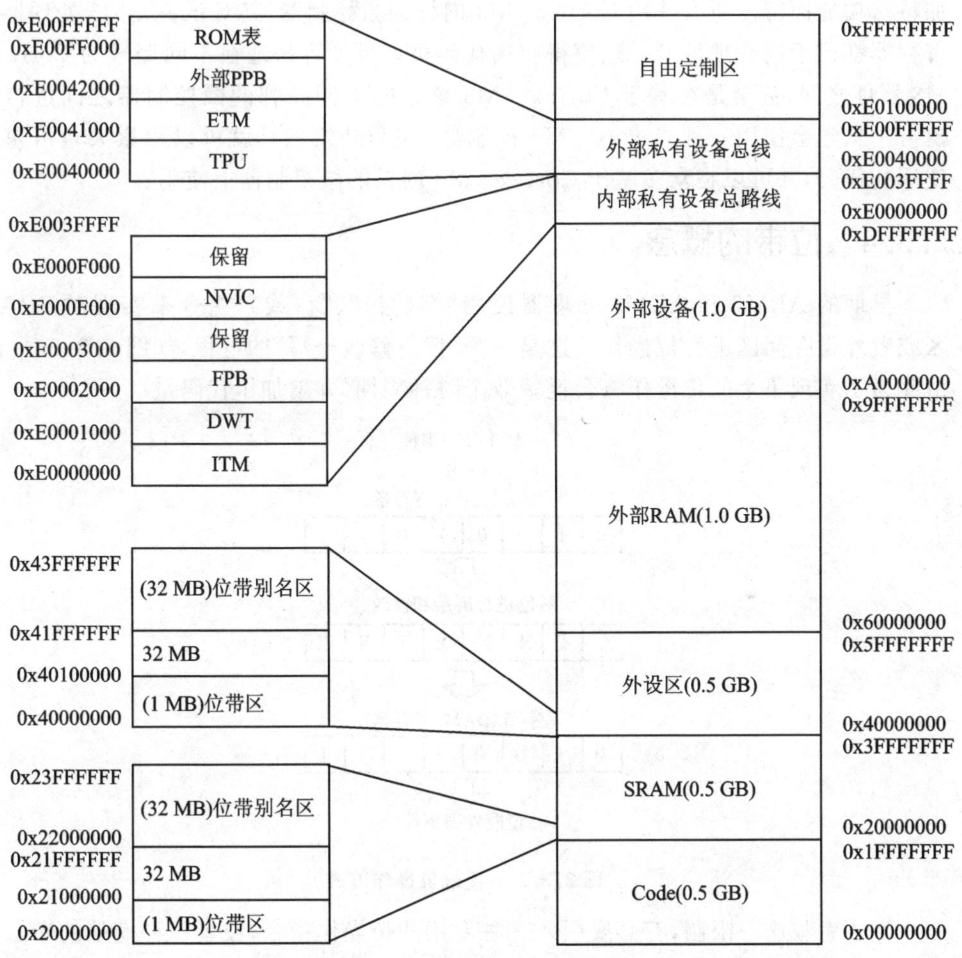

图 2.3.1 存储区和映射方案

如图 2.3.1 所示，存储区最开始的 1 GB 空间分别为 Code(代码)区和 SRAM(静态内存)区。Code 区使用经过针对性优化的 I-Code 总线来连接。同理，SRAM 区使用 D-Code 总线连接。虽然 SRAM 也可以用来装载和执行代码，但这样做会使 CPU 不得不通过系统总线来取指令，产生额外的 CPU 等待周期，因此在 SRAM 中运行代码会比在代码区的片上 Flash 中运行要缓慢。

接下来的 0.5 GB 存储空间是片上外设区。微控制器的所有用户设备的基地址都落在这个区域内。片上外设区和 SRAM 区的起始 1 MB 区域可以使用位带技术实现位寻址。由于 STM32 所有的 SRAM 和外设都位于这个区域,因此 STM32 所有的存储区域都可以用"字(word)"或"位(bit)"为最小单位实现数据操作。

随后的 2 GB 地址空间是拓展外部 SRAM 和外部设备用的。最后的 0.5 GB 是 Cortex - M3 处理器内部设备区,其中一部分为生产商将来对 Cortex - M3 处理器增加特殊功能而留。所有使用 Cortex - M3 内核的微控制器,其 Cortex - M3 处理器的寄存器都位于同一地址处。这使得应用代码可以更加容易地在不同型号的 Cortex - M3 器件之间,甚至是在基于 Cortex - M3 核心的不同品牌的微控制器之间进行移植。一旦学会使用一种 Cortex - M3 控制器、一套开发工具就可以积累大量可重复使用的代码,并可以在众多基于 Cortex - M3 内核的微控制器上使用。

2.3.4 位带的概念

早期的 ARM7 和 ARM9 处理器使用"&(与)"、"|(或)"指令来实现对 SRAM 区或者外设存储区进行位操作。这是一个"读→修改→写"的过程,如图 2.3.2 所示。由此为了实现单个的位操作将会耗费数个时钟周期,并增加了代码量。

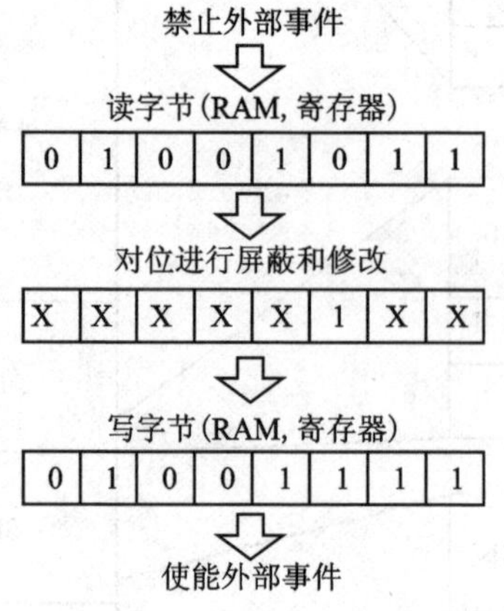

图 2.3.2 传统位操作方式

为了克服这一限制,有必要引入一种专用的位操作指令,或者一种完整的布尔过程,但这会增加 Cortex - M3 CPU 的尺寸和复杂度。取而代之的做法是,Cortex - M3 处理器引入了一种称为"位带"的技术以实现设备区和 SRAM 存储空间的位操作,而不需要任何特殊的指令。Cortex - M3 系列处理器的可位寻址区由位带区(即 SRAM 的起始 1 MB空间或外设寄存器区)和 2 个大小为 32 MB 的位带别名区组成。位带技术将位带区的每一位映射到对应的位带别名区。因此,用户只要对位带别名区进行字操作就可以实现对真实内存的位操作。图 2.3.3 显示了位带区的奥秘所在。

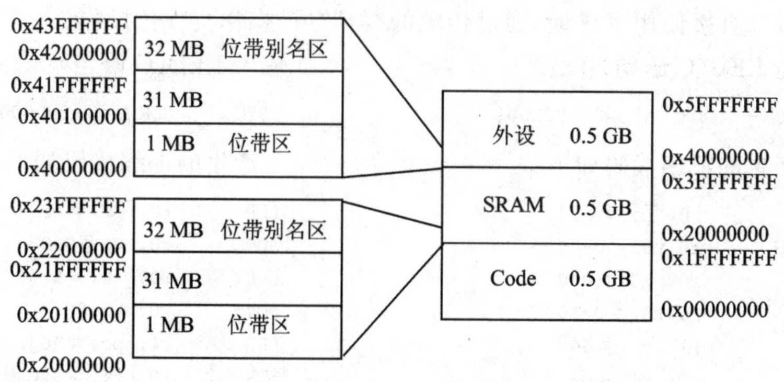

图 2.3.3 位带存储映射

位带技术允许用户在不加入任何特殊指令的前提下实现位操作，同时仍然保持了 Cortex - M3 CPU 尺寸的小巧性。在实际应用中，要对一个外设寄存器或者 SRAM 进位操作时，需要计算与其对应的位带别名区中的地址。可以使用以下公式计算：

位带别名区地址＝位带别名区基地址＋字偏移地址

字偏移地址＝字节相对位带区的偏移×0x20＋位数目×4

举个例子，若要对 GPIOB 的端口数据输出寄存器（Port Output Data Register）的某个位进行置位或者清除。已知 GPIOB 口的输出寄存器物理地址是 0x40010C0C，则通过上述公式可以计算出 GPIOB 的第 8 位（即对应 GPIOB 端口的第 8 引脚）在位带别名区中的地址：

```
寄存器地址            =  0x40010C0C
设备位带区基地址      =  0x40000000
设备位带别名区基地址  =  0x42000000
位带区的字节偏移量    =  0x40010C0C - 0x40000000      =   10C0C
字偏移地址            =  (0x10C0C × 0x20) + (8 × 4)   =   0x2181A0
位带别名区地址        =  0x42000000 + 0x2181A0        =   0x422181A0
```

然后使用 C 语言以此地址定义一个指针，用来对 GPIOB.08 口进行置位和清除：

```
#define PortBbit8    (*((volatile unsigned long *) 0x422181A0 ))
```

点亮 LED(C 语句)：

```
PortBbit8 = 1;
```

其产生的汇编代码如下：

```
MOVS     r0,#0x01
LDR      r1,[pc,#104]
STR      r0,[r1,#0x00]
```

熄灭 LED：

```
PortBbit8 = 0;
```

其产生的汇编代码如下：

```
MOVS     r0,#0x00
LDR      r1,[pc,#88]
STR      r0,[r1,#0x00]
```

可以看到，无论是置位还是清除操作，都只需要 3 句 16 位指令，以 STM32 的 72 MHz 频率计算，只需要花费 80 ns 的时间就可以完成执行。位带区的设备和 SRAM

当然也可以直接使用字寻址,通过传统的“与”“或”操作实现位操作。

点亮 LED(C 语句):

```
GPIOB->ODR |= 0x00000100;
```

其产生的汇编代码如下:

```
LDR      r0,[pc,#68]
ADDS     r0,r0,#0x08
LDR      r0,[r0,#0x00]
ORR      r0,r0,#0x100
LDR      r1,[pc,#64]
STR      r0,[r1,#0xC0C]
```

熄灭 LED(C 语句):

```
GPIOB->ODR &= ~0x00000100;
```

其产生的汇编代码如下:

```
LDR      r0,[pc,#40]
ADDS     r0,r0,#0x08
LDR      r0,[r0,#0x00]
MOVS     r0,#0x00
LDR      r1,[pc,#40]
STR      r0,[r1,#0xC0C]
```

同样可以看到,传统的置位和清除操作都混合使用了 16 位和 32 位指令,其至少要花费 14 个时钟周期,同样以 STM32 的 72 MHz 频率计算,需要花费 180 ns 的时间才能完成执行。所以通过位带技术对寄存器和 SRAM 使用位操作,可以有效减小代码量、减少代码的运行时间,这带来的效率提升对小型嵌入式应用系统来说是相当可观的。并且在绝大多数的开发环境中,各个设备的位带别名区地址都已经计算定义好了,这样又进一步节省了开发人员的时间。如此看来,使用位带技术是“毫无悬念”的选择。

2.3.5 系统节拍定时器

Cortex-M3 处理器还包含了一个 24 位的系统节拍定时器(System Tick timer, SysTick),具备自动重载和溢出中断功能,所有基于 Cortex-M3 处理器的微控制器都可以由这个定时器获得统一的定时间隔。SysTick 是为了给 RTOS 提供系统节拍而设的,为任务调度提供一个周期性的中断。用户可以在位于 Cortex-M3 处理器系统控制单元中的系统节拍定时器控制与状态寄存器(SysTick Control and Status Register,SCSR)选择 SysTick 时钟源。如果将 SCSR 中的 CLKSOURCE 位置位,SysTick 会在 CPU 频率下运行;而将 CLKSOURCE 位清除则 SysTick 会以 CPU 主频的 1/8 频率运行。

SysTick 单元有 3 个寄存器,分别为 SysTick 控制与状态寄存器(SysTick Control and Status Register)、SysTick 重装载寄存器(SysTick Reload Value Register)和 SysTick 当前计数值寄存器(SysTick Current Value Register)。当前计数值和重装值应该在开始计数前设置好。SCSR 中的 ENABLE 位用来启动定时器运行,TICKINT 位则用来开启该定时器的溢出中断。下面介绍 Cortex-M3 处理器的中断结构,将尝试使用 SysTick 产生一个中断事件。

2.3.6 中断处理

Cortex-M3 处理器相对于早期 ARM 处理器的一个关键性的进步,就是它的中断结构和对异常的处理。ARM7 和 ARM9 处理器有两条中断通道:快速中断通道和通用中断通道。任何一家芯片制造商在设计 ARM 微控制器时,都必须使用这两条通道来连接它们的中断源,很明显这种中断结构不适合变化多样的应用。所以当这种中断机制在广泛应用的同时,其性能表现也在各个芯片生产商的手中区别开来。ARM7 和 ARM9 的中断结构存在两个问题。首先,它的中断响应时间不是绝对性的,即当中断产生时,需要中断或者终止当前执行指令所需的时间是不确定的。这在许多普通应用中不会导致什么问题,但是在实时控制场合可是个大问题。其次,ARM7 和 ARM9 中断结构本身不支持中断嵌套,需要通过软件上的设计才能实现(常见做法是使用汇编语句或者实时操作系统实现)。Cortex - M3 处理器的一个关键性的提升便是它克服了以上(ARM7 和 ARM9 处理器的)缺点,为开发人员提供了一个标准的既快速又具备绝对性的中断系统结构。

2.3.7 嵌套中断向量控制器

嵌套中断向量控制器(Nested Vector Interrupt Controller,NVIC)是 Cortex - M3 处理器的标准配备。这意味着所有基于 Cortex - M3 核心的微控制器都有着相同的中断结构,而不再取决于芯片制造商。因此,开发人员不必对整个中断控制寄存器组进行重新认识就可以将应用代码和操作系统方便地从某个 Cortex - M3 控制器平台移植到另外一个同类平台上。NVIC 的特征之一是具有非常低的中断延时,这也得益于 Thumb - 2 指令集的特征:允许多周期指令(比如 load 和 store)被打断。而 NVIC 的中断延时是绝对固定的,其具有的几种先进的中断响应特性让 NVIC 对实时应用有着良好的支持。也如"嵌套中断向量控制器"这个名字的含义所示,NVIC 支持中断嵌套,在 STM32 上可以支持 16 级中断优先级。用户可以全部使用 C 语言对 NVIC 进行设置,不需要任何的宏汇编语言或者非 ANSI C 语言。

虽然 NVIC 是 Cortex - M3 处理器的一个标准单元,但在进行微控制器设计时,为了保持控制器的低门数,NVIC 的中断通道数量并不是固定的,控制器设计厂家可以根据需要来设定 NVIC 的中断通道数。NVIC 有一个非可屏蔽中断和多达 240 个外部中断通道供给外部设备连接。此外,还有额外的 15 个中断源位于 Cortex - M3 核心内部,用以响应 Cortex - M3 核心的内部异常。STM32 的 NVIC 最大可拥有 43 个可屏蔽中断通道。

1. NVIC 下的中断进入与退出

当一个外设请求中断时,NVIC 会请求 Cortex - M3 CPU 响应这个中断。一旦 CPU 进入中断模式,它首先会将一系列寄存器压栈。此处特别指出,压栈的过程是由 CPU 中的微代码完成的,用户不需要在应用代码中加入任何压栈指令。当压栈完成之后,将要跳转的中断服务函数的入口地址就会被指令总线读取。从外设请求中断开始到执行中断服务函数的第一条指令只需要 12 个时钟周期,如图 2.3.4 所示。

被微代码压栈的寄存器包括程序状态寄存器(PSR)、程序计数器(PC)以及链接

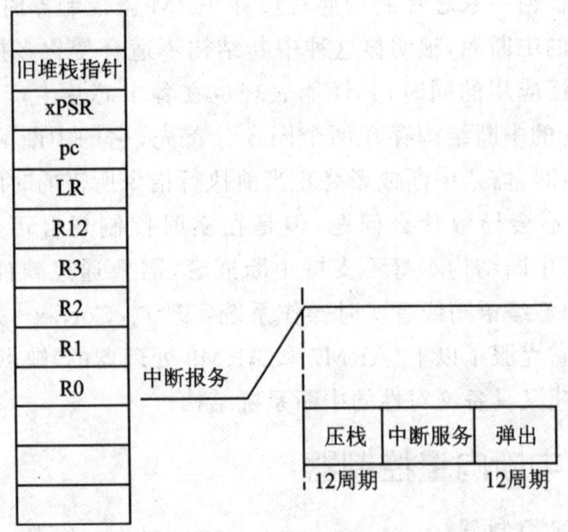

图 2.3.4 中断进出过程

寄存器(LR)。这些寄存器包含 CPU 当前执行的信息。此外,R0～R3 寄存器也会被保存,这些寄存器往往用于参数传递,只有将 R0～R3 寄存器保存后,CPU 才可以在中断服务函数里面使用这些寄存器。最后被压栈的还有 R12 寄存器,R12 是一个内部调用寄存器,当发生函数调用语句时会临时产生一些内部代码,这些代码就会使用 R12 寄存器装载。举个例子,如果在程序中使用了堆栈检测,则其额外产生的临时代码如果需要使用 CPU 寄存器的话,R12 寄存器就派上用场了。当中断结束后,被打断的后台程序将会恢复,CPU 通过其内部微代码的驱使将堆栈恢复,同时(此处指同一时刻)将返回地址装载完成中断返回,所以后台程序能够在 12 个时钟周期之内恢复执行。

NVIC 能够非常快速地响应单一的中断,同样也可以在高实时性要求的应用中快速地响应多重中断。NVIC 有几种办法使其能够以最小的延时时间响应多重中断,而且保证最高级的中断得以优先执行。

2. 中断嵌套

NVIC 允许高优先级中断打断正在执行的低级中断。在这种情况下,正在执行的中断服务程序会被中止,然后经过标准的 12 个时钟周期压栈时间后,开始执行新的中断服务程序。当高级中断完成执行,堆栈会自动弹出,低级中断得以返回继续执行。

3. 尾链技术

如果高级中断正在执行时有一个低级中断请求到来,Cortex - M3 处理器的 NVIC 使用一种“尾链(Tail Chaining)”技术确保在这两个中断之间得到最小的执行延时时间,描述如下:如果两个中断同时请求,则高优先级中断在 12 个时钟周期之后优先执行。但是在高级中断服务执行完毕之后 CPU 并不会返回后台程序,栈也不会被恢复，而是将下一个最高级中断的入口地址载入，这样做的结果是只需要花费 6 个时钟周期就可以开始执行下一个中断服务。在最后一个挂起中断完成执行之后，堆栈恢复，CPU 载入返回地址，后台程序就会在 12 个周期之内得到执行。图 2.3.5 显示了“尾链”技术的细节。

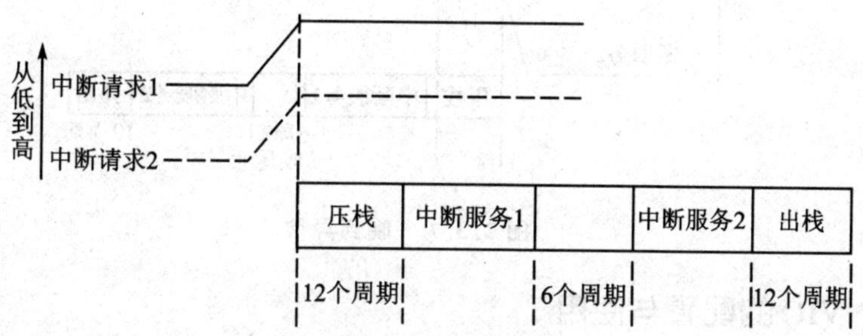

图 2.3.5　尾链技术

但有一种特殊情况，如果一个低优先级中断在某个高级中断的返回时刻来临（见图 2.3.6），则堆栈恢复（POP）的操作会被忽略，堆栈指针会恢复它原来（POP 之前）的值，这需要额外的 6 个时钟周期来装载新中断服务的地址。所以在这种情况下，新的中断要得到执行则需要 7～18 个时钟周期的延时。

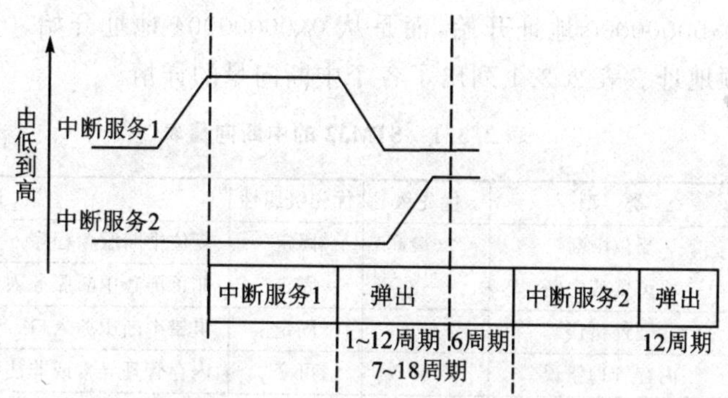

图 2.3.6　尾链技术的特殊情况

4. 晚到异常

在嵌入式实时系统中经常会遇到一种情况，当一个低级中断服务在执行时发生一个高级中断请求。“晚到异常”是指，高级中断请求在低级中断压栈阶段发生，此时 NVIC 当然会马上转而处理高级中断。而原本属于低级中断的压栈操作会继续执行，但是这个压栈操作取代了原本高级中断应当执行的压栈操作，这样从高级中断开始请求到其完成压栈操作只需要 6 个时钟周期，并且在此期间 CPU 还完成了新中断服务入口地址的载入。而一旦高级中断服务完成执行，原本的低级中断会在尾链技术的支持下，在 6 个时钟周期之后返回执行。NVIC 对晚到异常的处理细节如图 2.3.7 所示。

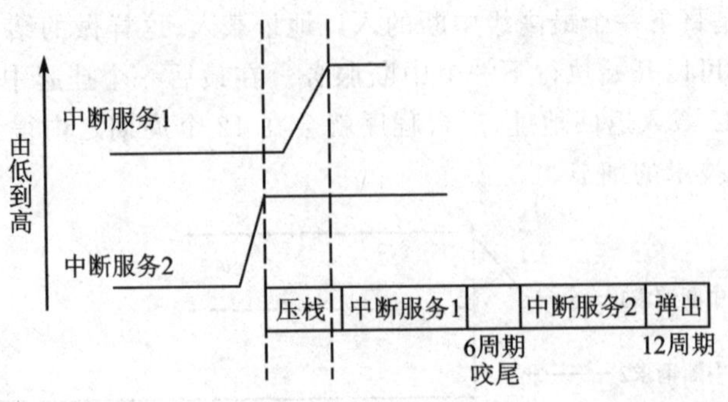

图 2.3.7 晚到异常

5. NVIC 的配置与使用

在使用 NVIC 之前用户需要做三件事。第一,在中断向量表为将要使用的中断源设置好中断向量。第二,在 NVIC 的寄存器中使能和设置该中断源的优先级。第三,还要将相应的外部设备设置好,打开它的中断功能。

6. 中断向量表

中断向量表从 Cortex-M3 处理器整个地址空间的底部开始,然而要注意的是,它并不是从 0x00000000 地址开始,而是从 0x00000004 地址开始,0x00000000 地址用来存放栈顶地址。表 2.3.1 列出了各个中断向量的详情。

表 2.3.1 STM32 的中断向量表

中断向量号	类　型	优先级	优先级属性	描　述
1	复位中断	−3(最高)	固定	复位中断服务程序入口
2	非可屏蔽中断	−2	固定	非可屏蔽中断服务入口
3	硬件错误	−1	固定	出错中断服务入口
4	内存管理错误	0	可变	内存管理异常或非法存取总线时发生
5	总线错误	1	可变	AHB 总线错误中断
6	用户程序错误	2	可变	应用程序错误中断
7～10	保留	N/A	保留	保留
11	系统服务跳转	3	可变	系统服务跳转时调用
12	调试跟踪	4	可变	断点,查看断点,外部调试器跟踪等
13	保留	N/A	保留	保留
14	系统挂起服务	5	可变	可挂起的系统服务中断请求
15	系统节拍时钟	6	可变	系统节拍时钟中断服务
16～256	中断向量＃0～＃240	7～247	可变	0～240 号外部中断入口

中断向量都以 4 字节宽度对齐,里面存储的是对应的中断服务入口地址。最开始的 15 个入口供给 Cortex-M3 处理器的内部异常使用,包括复位异常、非可屏蔽

中断、出错管理、调试异常及系统节拍时钟中断。Thumb－2 指令集包含有系统服务调用指令，当调用时就会产生异常事件。用户外设中断从第 16 个入口开始，由芯片制造商定义这些入口所链接的外设。软件方面，中断向量表一般位于启动文件中，其作用是将中断服务地址定位到内存基地址上。以下代码即为使用汇编语言组织的 Cortex－M3 处理器的中断向量表。

```
                AREA      RESET, DATA, READONLY
                EXPORT    __Vectors
__Vectors       DCD       __initial_sp              ;栈顶地址
                DCD       Reset_Handler             ;复位中断向量
                DCD       NMI_Handler               ;非可屏蔽中断向量
                DCD       HardFault_Handler         ;硬件错误中断向量
                DCD       MemManage_Handler         ;内存管理中断向量
                DCD       BusFault_Handler          ;总线错误中断向量
                DCD       UsageFault_Handler        ;用户错误中断向量
                DCD       0                         ;保留
                DCD       0                         ;保留
                DCD       0                         ;保留
                DCD       0                         ;保留
                DCD       SVC_Handler               ;系统调用服务中断向量
                DCD       DebugMon_Handler          ;调试服务中断向量
                DCD       0                         ;保留
                DCD       PendSV_Handler            ;系统可挂起中断向量
                DCD       SysTick_Handler           ;系统节拍时钟中断向量
```

若使用 C 语言声明一个 SysTick 定时器的中断服务入口，该入口名应与向量表所定义的标识相吻合，SysTick 定时器的中断服务应对应上中断向量表最后一行：

```
void SysTick_Handler (void)
{
    /* SysTick 中断服务程序 */
}
```

中断向量表和中断服务函数定义完毕后，就可以设置 NVIC 来响应 SysTick 定时器中断请求。一般需要两个步骤：首先设置该中断优先级，然后使能中断源。Cortex－M3 处理器内部异常使用系统控制寄存器（System Control Registers，SCR）和系统优先级寄存器（System Priority Registers，SPR）设置，而用户设备中断使用中断请求寄存器（Interrpt Reqest，IRQ）设置。SysTick 中断属于内部异常，所以它通过 SCR 和 SPR 寄存器设置。部分内部异常是永久开启的，包括复位中断、非可屏蔽中断及 SysTick 定时器中断。所以用户并不需要通过 NVIC 打开 SysTick 中断，只要设置好 SysTick 定时器的计数值同时打开它本身的中断控制就完成了 Systick 的中断设置。其过程如下代码描述：

```
SysTickCurrent    =   0x9000;              //设置当前计数值
SysTickReload     =   0x9000;              //设置重转载值
SysTickControl    =   0x07;                //使能中断，开始计数
```

Cortex－M3处理器内部异常的优先级可以通过SPR设置。复位中断、非可屏蔽中断以及硬件出错异常的优先级都是固定的，以此确保Cortex－M3核心总是可以返回一个已知的异常。其他异常在SPR中拥有8个位的设置区。STM32只支持16级中断优先级，所以只需要用到8位中的4个。需要注意的是，STM32优先级设置操作使用的是这8位中的高4位。

每一个用户外设的中断都由IRQ模块控制。每一个用户外设都有一个中断使能位，这些位都集中在两个32位宽度的IRQ使能寄存器里。相对应的还有IRQ失能寄存器用来禁用某个中断源。NVIC同样包含中断挂起和激活寄存器(Pending and Active Registers)，用户可以通过这两个寄存器检测到中断源的当前状态。图2.3.8显示了NVIC的中断设置过程。

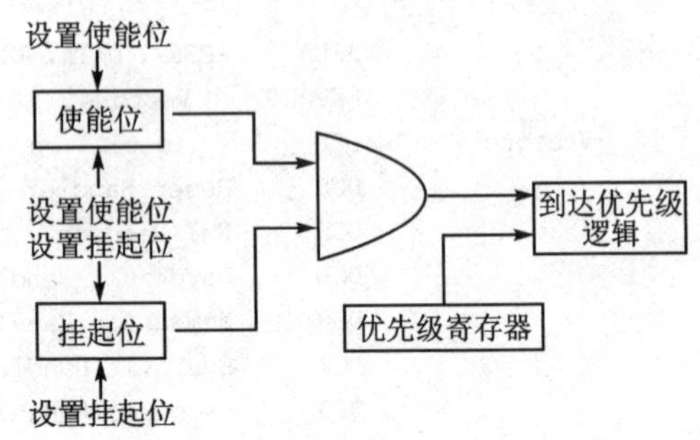

图2.3.8　中断优先级设置过程

NVIC一共有60个32位优先级寄存器。每一个寄存器被分为4个区，每个区都是8位的宽度，并分别单独对应一个中断向量，这样可以满足对240个中断的优先级支持。STM32只使用了16个区8位中的高4位来完成对16级外部中断优先级的支持。默认情况下，STM32的16个中断优先级中，0级最高，15级为最低。用户还可以将这些优先级设置区进一步划分为先占优先级区和次占优先级区。这种划分虽然不会得到额外的优先级数，但是，当程序中使用大量的中断向量时，可以帮助用户更好地管理这些中断之间的优先级关系。先占优先级和次占优先级可以在应用中断和复位控制寄存器(Application Interrupt and Reset Control Register)中的PRIGROUP部分设置。表2.3.2列出了中断优先组的详细情况。

表2.3.2　中断优先组详情

优先级分组(3位)	二进制表示(先占组,次占组)		先占优先组		次占优先组	
			位	优先级	位	优先组
011	4.0	gggg	4	16	0	0
100	3.1	gggs	3	8	1	2
101	2.2	ggss	2	4	2	4
110	1.3	gsss	1	2	3	8
111	0.4	ssss	0	0	4	16

通过3个优先级分组位(PRIGROUP)可将4个优先级设置位分为先占组和次占组。比如，PRIGROUP等于3时，划分出来两个组，每个组都拥有4个优先级。用户可以在应用代码里面设置高优先级组和低优先级组，同时在每个组内部又可以分为低、中、高和最高优先级。前文提到，这样并不会使程序拥有超过16个中断优先

级，但是可以让中断结构变得更为直观，这在管理数量多的中断时会非常有用。对外部设备中断的设置和对 Cortex－M3 处理器内部异常的设置是相似的。最后以一个简单的例子，说明 ADC 中断的设置过程。

① 首先设置中断向量以及构建中断服务函数：

```
DCD     ADC_IRQHandler;
void ADC_Handler (void)
{
    /* ADC中断服务函数 */
}
```

② 然后初始化 ADC，打开其中断功能，并在 NVIC 中做相应设置：

```
ADC1->CR2          = ADC_CR2;          //打开ADC,并进行连续转换
ADC1->SQR1         = sequence1;        //设置序列转换通道数和选择转换通道
ADC1->SQR2         = sequence2;
ADC1->SQR3         = sequence3;
ADC1->CR2         |= ADC_CR2;          //重写起始位
ADC1->CR1          = ADC_CR1;          //启动常规转换组,开启ADC中断
GPIOB->CRH         = 0x33333333;       //设置LED输出
NVIC->Enable[0]    = 0x00040000;       //在NVIC中打开ADC中断
NVIC->Enable[1]    = 0x00000000;
```

2.4 低功耗的新期待

在这节里将介绍 Cortex－M3 处理器的电源管理功能。对 STM32 电源管理的介绍将在后面的篇幅中进行。Cortex－M3 处理器拥有睡眠模式，在该模式下，Cortex－M3 内核会保持在低功耗状态，停止执行指令，只有 NVIC 的一小部分保持唤醒状态。STM32 的外部设备通过请求中断就可以将 Cortex 内核唤醒。

2.4.1 进入低功耗模式

Cortex－M3 内核可以通过执行 WFI(Wait For Interrupt)或者 WFE(Wait For Event)指令进入睡眠模式。如果使用 WFI 指令，Cortex－M3 内核会在有中断请求时从睡眠状态恢复，并执行中断服务。而一旦中断服务执行完毕，将要发生的情况有两种可能：一是 Cortex－M3 CPU 从中断服务返回之后，开始执行后台程序；二是如果设置了系统控制寄存器(System Control Register)中的 SLEEPON EXTI 位，则 Cortex－M3 CPU 从中断服务返回之后会再次自动进入睡眠模式。这样用户就可以完全通过中断来实现 Cortex－M3 CPU 的低功耗应用，如“内核被唤醒→执行中断服务完毕→返回睡眠模式”流程。而且，实现这个过程所需要的代码量是非常小的。

若使用 WFE 指令使 Cortex－M3 内核进入睡眠模式，内核遇到唤醒事件后就会被唤醒，并且从它进入睡眠模式的断点处恢复执行，唤醒事件不会使 CPU 跳转执行

相应的中断服务程序。在 WFE 模式下，唤醒事件可以只是简单的设备中断事件，而不必在 NVIC 中开启对这个设备中断的支持。这样就允许用户使用外部设备唤醒 Cortex－M3 内核，而不必再通过中断的方式。无论是 WFI 还是 WFE 指令都无法用 C 语言描述，但 Thumb－2 指令集在编译器的支持下，可以在标准的 C 语言环境中嵌入宏汇编语句。如 IAR EWARM 集成开发环境中的 ICC 编译器支持通过如下格式插入汇编指令：

```
asm (“WFI”);
asm (“WFE”);
```

此外，除了睡眠模式之外，Cortex－M3 内核可以在微控制器的配合驱动下实现深度睡眠模式。通过设置系统控制寄存器(System Control Registers)中的“深度睡眠位”即可将 Cortex－M3 内核引入深度睡眠状态，此时 PLL 和用户设备停止工作，微控制器此时的功率消耗将保持在极低的水平。

2.4.2 CoreSight 调试组件

每款 ARM 处理器都有属于它自己的片上调试系统。ARM7 和 ARM9 处理器带有最小化的 JTAG 端口，允许用户使用标准的调试工具连接 CPU，并能够将映像文件写入内部 RAM 或者 Flash 存储器中。JTAG 端口还支持对程序进行基本的运行控制(比如单步运行和断点设置等)，可以查看存储器内容。ARM7 和 ARM9 处理器还向用户提供了一个实时跟踪组件，这个设备被称为嵌入式跟踪宏单元(ETM)。但即便 ARM CPU 处于正常工作状态下，上述调试工具还是有一些局限性，例如，JTAG 调试端口只能在 CPU 停止后才能向调试工具提供调试信息。由此，对该 ARM 系统进行实时更新就成为“不可能完成的任务”。其次硬件断点也被限制在 2 个之内——虽然 ARM7 和 ARM9 指令集包含有断点指令，用户可以使用开发工具将其嵌入到代码中(习惯称为软件断点)。最后，要在实际应用中实现实时跟踪，还需要芯片制造商加入额外的资源来配合使用 ETM，而且结果往往也无法得到好的跟踪效果。而 Cortex－M3 内核，为用户带来了一个全新的调试系统：CoreSight。图 2.4.1 为 CoreSight 调试系统的组成。

CoreSight 调试系统拥有一个调试端口，使用户也可以通过微控制器上的 JTAG 端口使用调试工具对内核进行链接。调试工具的接口可以是标准的 5 针 JTAG 接口或 SWD 双线串行接口。在 JTAG 端口的基础上，CoreSight 调试系统包含了数据跟踪查看器和 ETM。为了支持软件测试，CoreSight 还包含内部跟踪设备和 Flash 补丁模块。但 STM32 上的 CoreSight 系统将 ETM 省略掉了，由此也可以体现了 Cortex－M3 内核的可裁剪性。

STM32 上的 CoreSight 调试系统向用户提供了一个在实时性上有所增强的标准 JTAG 调试端口。STM32 的 CoreSight 调试系统支持 8 个硬件断点，而且可以在不干预 CPU 运行的情况下对断点进行设置和清除。数据跟踪查看器同样允许开发

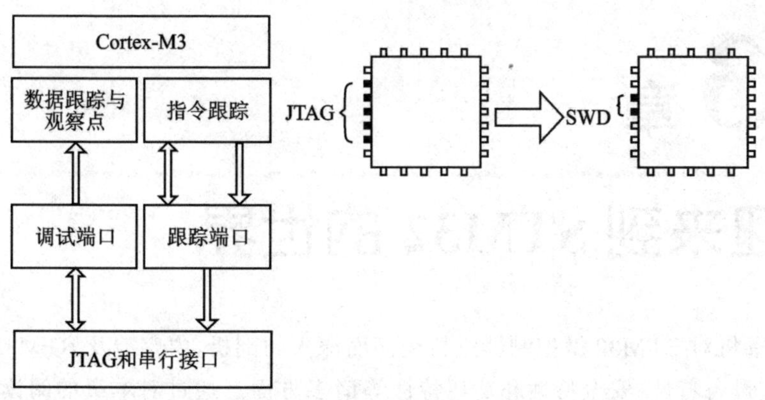

图 2.4.1　CoreSight 调试系统

人员不干预 CPU 运行而查看内存的内容。CoreSight 调试系统在 Cortex－M3 内核进入低功耗模式或睡眠模式时，仍能保持工作状态，这使低功耗应用中的微控制器调试技术走进了崭新的世界。此外，STM32 的定时器也可以在 CPU 停止状态下使用 CoreSight 系统将其停止计数，这样用户就可以在单步运行代码的同时保持定时器同步运行。相对于早期的 ARM7 和 ARM9 控制器，CoreSight 调试系统在相同硬件开销的情况下，显著地提升了 STM32 微控制器的可实时调试能力。

第3章 欢迎来到 STM32 的世界

本章将对 STM32 微控制器进行全面而深入的剖析，内容涉及 STM32 的硬件设计方案、设备特性、安全特性和功耗特性等诸多方面。通过对本章的阅读，读者能真正地理解"STM32 是什么"以及"STM32 能用来做什么"这两个主题。

3.1 让 STM32 跑起来

一个 STM32 的最小系统应该是很"小"的。因为 STM32 内部包含 RC 振荡器和复位电路，所以要让 STM32 工作起来甚至只需要为它提供一个电源。本节将讲述 STM32 的最小系统需要哪些配备。

3.1.1 引脚分布和封装尺寸

STM32 基本型和增强型的每个版本都有相对应的封装类型，电路设计人员不需要将 PCB 重新设计就可以进行 STM32 器件型号的更换。所有型号的 STM32 都有 LQFP 类型的封装，其引脚数为 48～144。

3.1.2 电源的供应方案

如图 3.1.1 所示，STM32 使用单电源供电，其电压范围必须为 2.0～3.6 V，同时通过它内部的一个电压调整器，可以给 Cortex－M3 核心提供 1.8 V 的工作电压。STM32 还有两个可选电源的模块：

① 实时时钟和一小部分备份寄存器，它们可以在 STM32 进入深度节电模式时在备份电池的支持下保持数据不丢失。但如果 STM32 最小系统没有使用备份电池，则 VBAT 引脚必须和 VDD 引脚相连接。

② ADC 模块。如果要启用 ADC 功能，则主电源 VDD 必须限制在 2.4～3.6 V。在引脚数大于(或等于)100 的 STM32 版本型号里，ADC 模块有额外的参考电压引脚 VREF＋和 VREF－，则 VREF－引脚必须与 VDDA 相连，而 VREF＋可以接入 2.4 V～VDD。在其他版本型号的 STM32 中，ADC 的参考电压都由内部电压源供给。每个电压供应引脚都需要一个去耦电容。STM32 整体供电方案如图 3.1.2 所示。

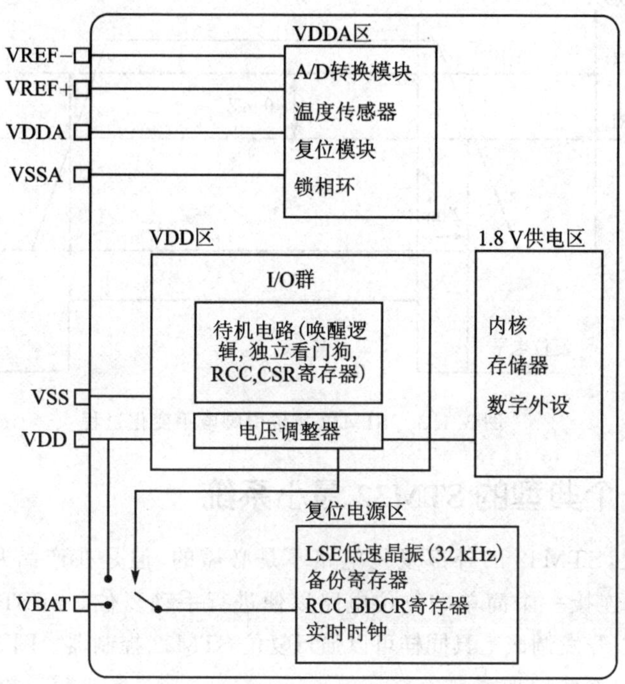

图 3.1.1　STM32 整体供电需求

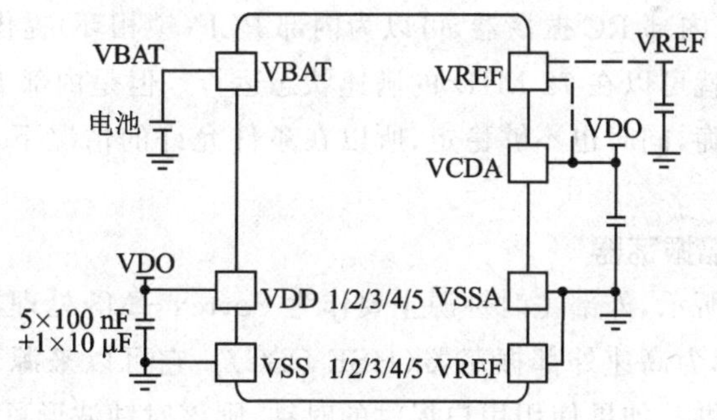

图 3.1.2　STM32 整体供电方案

3.1.3　复位电路

STM32 微控制器含内部复位电路，当 VDD 引脚电压小于 2.0 V 时器件会保持在复位状态，但是会有 40 mV 的延时（即复位状态在 2.0 V＋40 mV 内一直保持），如图 3.1.3 所示。

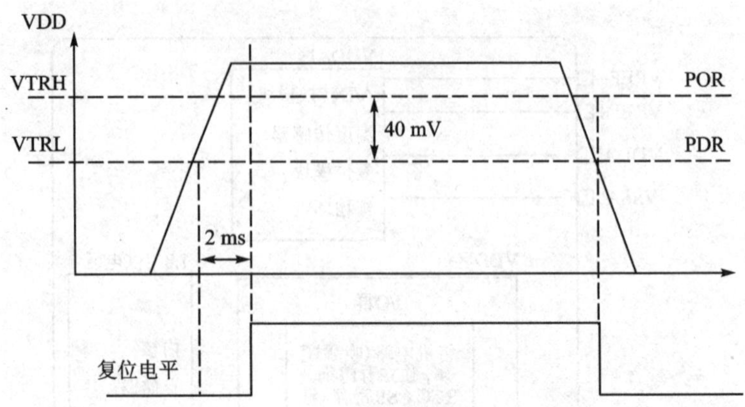

图 3.1.3　STM32 复位引脚电平变化过程

3.1.4　一个典型的 STM32 最小系统

严格来说,STM32 的外部复位电路不是必需的,但是在产品开发阶段,可以在 nRST 引脚上连接一个简单的复位电路以便进行手动复位。nRST 还与 JTAG 调试端口相连,所以开发调试工具同样可以强行复位 STM32 控制器。图 3.1.4 是一个典型的 STM32 最小系统原理图。

3.1.5　时钟源的选择

STM32 带有内部 RC 振荡器,可以为内部 PLL(锁相环)提供时钟,这样 STM32 依靠内部振荡器就可以在 72 MHz 的满速状态运行。但是内部 RC 振荡器相比外部晶振来说不够准确,同时也不够稳定,所以在条件允许的情况下,建议尽量使用外部时钟源。

(1) 高速外部振荡器

如图 3.1.5 所示,外部主时钟源主要作为 Cortex－M3 处理器和 STM32 外设的驱动时钟,一般称为高速外部振荡器(HSE OSC)。它可以来源于石英/陶瓷共振体或者通过用户提供。如果使用用户提供的时钟,则该时钟波形可以是方波、正弦波或者三角波,但是必须具有 50%左右的占空比,并且最大频率不能超过 25 MHz。

(2) 低速外部振荡器

STM32 还可以使用第 2 个外部振荡器,一般称为低速外部振荡器(LSE OSC)。一般用于驱动实时时钟(RTC)以及窗口看门狗(IWDG)。像 HSE 一样,LSE 也可以使用外部晶振或者用户自行供给;同样用户时钟波形也可以是方波、三角波、正弦波,要求具有 50%左右的占空比。LSE 的典型频率值为 32.768 kHz,因为这样可以给实时时钟提供准确的时钟频率。虽然 LSI 也可以作为实时时钟的驱动源,但是它和 HSI 一样不是很准确,所以如果需要在设计中使用实时时钟,则还是建议使用 LSE。

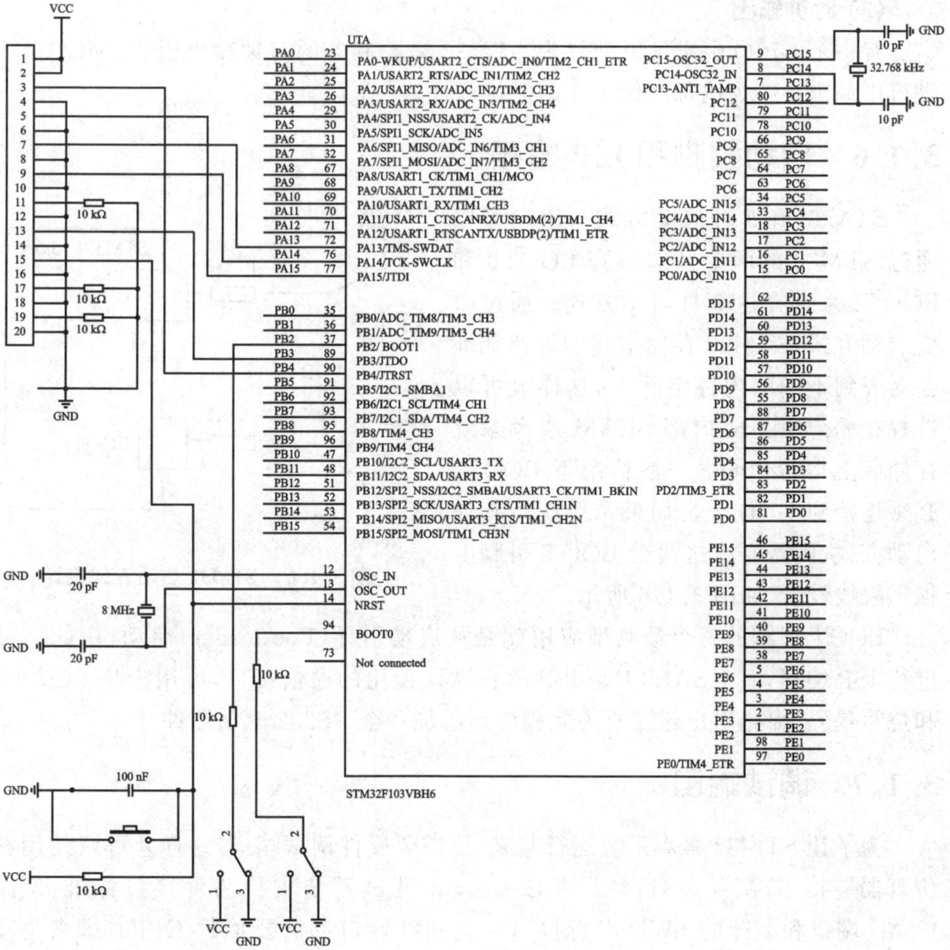

图 3.1.4　典型的 STM32 最小系统设计

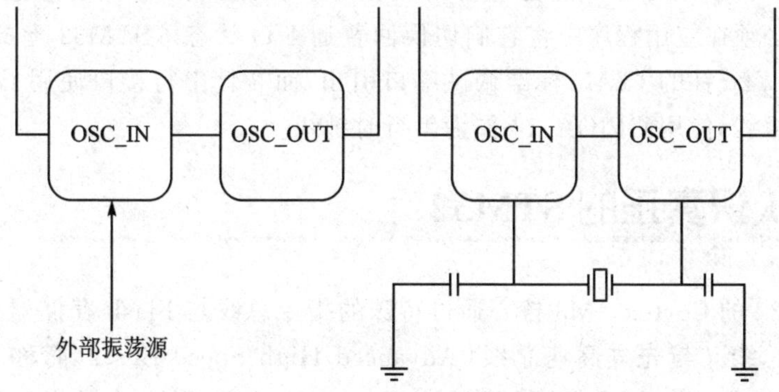

图 3.1.5　STM32 振荡器电路

(3) 时钟输出

有一个 GPIO 引脚可以配置为 STM32 微控制器的时钟输出引脚(MCO),该引脚可以输出频率为内部时钟 1/4 的时钟脉冲。

3.1.6 启动引脚和 ISP 编程

STM32 有 3 种启动方式。用户可以通过 STM32 的两个外部引脚 BOOT0 和 BOOT1 来选择这 3 种启动方式。通过改变启动方式,STM32 存储空间的起始地址会对齐到不同的内存空间上,这样就可以选择在用户 Flash、内部 SRAM 或者系统存储区上运行代码。一般情况下 BOOT0 必须连接到 GND 上。如果希望使用其他启动方式,则需要在这两个 BOOT 引脚上提供跳线设置,如图 3.1.6 所示。

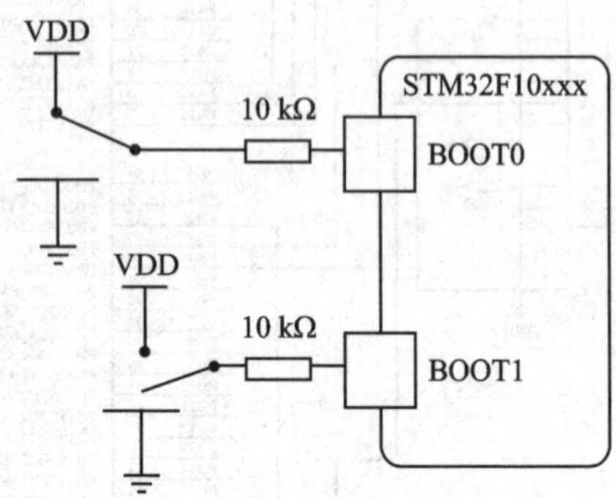

图 3.1.6　STM32 启动方式设计

BOOT 引脚的一个最典型应用就是从启动引导(Bootloader)启动,由此后可以进行 ISP 编程,而 USART1 是 ISP 编程默认使用的通信接口,可用来从 PC 端下载和烧写代码,因此用户还需要为此相应地添加一个 RS232 驱动器件。

3.1.7 调试端口

为了让 STM32 最小系统运行起来,还需要硬件调试端口,这样才可以使用调试仿真器链接 STM32。STM32 的 CoreSight 调试系统支持两种接口标准:5 针的 JTAG 端口和 2 针的 SWD 串行接口。这两种接口都需要牺牲 GPIO(即普通 I/O 口)来供给调试器仿真器使用。STM32 复位之后,CPU 会将这些引脚置于第 2 功能状态,所以此时调试端口就已经可以使用了。如果用户希望使用这些引脚作为 GPIO,则必须在应用程序中将它们切换回普通 I/O 状态。STM32 上的 5 针 JTAG 接口一般以 20 针的 JTAG 标准调试端口引出;而 2 针串行接口使用 GPIOA.13 作为串行数据线,使用 GPIOA.14 作为串行时钟线。

3.2 认识真正的 STM32

STM32 的 Cortex-M3 核心通过特殊的指令总线与 Flash 存储器连接,数据总线和系统总线又与先进高速总线(Advanced High Speed Buses,简称 AHB)相连。STM32 的内部 SRAM 和 DMA 单元直接与 AHB 总线相连,外部设备则使用两条先进设备总线(Advanced Peripheral Busses,简称 APB)连接,而每一条 APB 总线又都与 AHB 总线矩阵相连。AHB 总线的工作频率与 Cortex-M3 内核一致,但 AHB

总线上挂着许多独立的分频器，通过分频器其输出时钟频率可以减至较低水平以达到较低功耗。要注意，APB2 总线可以最大为 72 MHz 频率运行，而 APB1 总线只能以最大为 36 MHz 频率运行。Cortex－M3 核心和 DMA 单元都可以成为总线上的主机。因为整个 STM32 内部的总线矩阵是并行结构，所以 Cortex－M3 核心和 DMA 单元在同时申请连接 SRAM、APB1 或 APB2 时会发生仲裁事件。图 3.2.1 表示了 STM32 微控制器内部的总线结构。

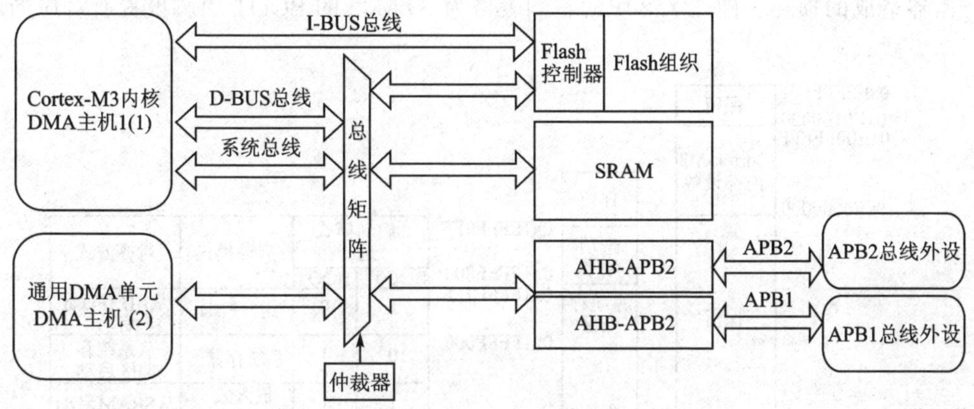

图 3.2.1　STM32 内部的总线结构

3.2.1　存储区映射

虽然 STM32 内部有多重总线，但是对于外界来说它仍然只有一个大小为 4 GB 的线性地址空间。STM32 作为基于 Cortex－M3 内核的微控制器，其内部的存储映射必须要遵从标准的存储映射方案。如图 3.2.2 中左侧所示，代码区起始地址从 0x00000000 开始。片上 SRAM 从 0x20000000 开始，所有的内部 SRAM 都位于最底部的位带区。用户设备的存储映射从 0x40000000 开始，同样所有用户设备寄存器地址也必须位于外设位带区。最后，Cortex－M3 寄存器地址也遵从以上标准，从 0xE0000000 处开始。

Flash 存储区由三部分组成，如图 3.2.2 中间部分所示。首先是用户 Flash 区，从 0x08000000 开始。其次是系统存储区，称为大端信息块。系统存储区是一个连续的 4 KB 大小的 Flash 存储空间，里面存储着出厂启动引导(Bootloader)。最后一个部分从 0x1FFFF800 开始，为小端信息块，含有一组可配置字节，允许用户在此对 STM32 进行一些系统设置。Bootloader 的主要作用是允许用户通过 USART1 将代码下载进 STM32 的 RAM 中，随后将这些代码写进内部用户 Flash。要将 STM32 置于 Bootloader 模式，需要把外部的 BOOT0 和 BOOT1 启动引脚分别置为低电平和高电平。这样设置启动引脚后，系统存储区将占用地址 0x08000000。当 STM32 复位后，首先执行 Bootloader 代码而不是用户 Flash 中的应用程序。

Bootloader 可以从 ST 官方网站下载得到。用户程序可以与 Bootloader 进行交互,也可以用来对用户 Flash 进行擦除和再编程。ST 公司还提供了 PC 端的 Bootloader 下载软件,用户可以使用它来向 STM32 写入自己编写的 Bootloader,以支持对 STM32 进行现场升级及产品编程。通过改变启动引脚的配置,STM32 还可以从内部的 SRAM 启动,这样用户可以在产品开发阶段将程序下载到内部的 SRAM 并只在 SRAM 中运行。这不仅可以加速下载速度,而且也可减少反复擦写对 Flash 存储器造成的损耗。图 3.2.2 中的右侧表格为 STM32 的 BOOT 引脚设置所对应的启动方式。

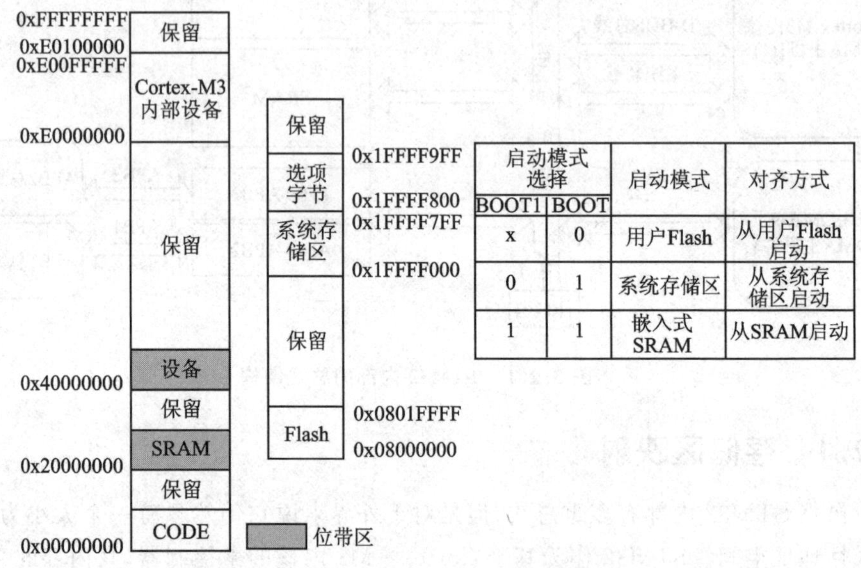

启动模式选择		启动模式	对齐方式
BOOT1	BOOT		
x	0	用户Flash	从用户Flash启动
0	1	系统存储区	从系统存储区启动
1	1	嵌入式SRAM	从SRAM启动

图 3.2.2　STM32 存储映射与启动方式

3.2.2　性能最大化

为了对外部振荡器进行补强,STM32 配备了两个内部 RC 振荡器。STM32 复位以后,首先使用的初始时钟为内部高速振荡器(HSI)并运行在 8 MHz 频率。STM32 的第 2 个内部振荡器是内部低速振荡器(LSI),一般以 32.768 kHz 频率运行。LSI 一般供给实时时钟和独立看门狗使用。图 3.2.3 显示了 STM32 的时钟树结构。

Cortex-M3 CPU 的时钟可以来自内部高速振荡器(HSI)、外部高速振荡器(HSE)或者内部锁相环(PLL)。锁相环的时钟来源可以是 HSI 或 HSE。所以,其实 STM32 不需要外部振荡器就可以在 72 MHz 频率下工作,但此举不足之处在于内部振荡器并不能很准确且稳定地提供 8 MHz 的时钟脉冲。所以,如果要使用串行通信设备或要获得精确的定时,应该使用外部振荡器。无论使用哪个振荡源,都最好将其通过锁相环以产生最大的 72 MHz 频率供给 Cortex-M3 内核使用。PLL 和总线设

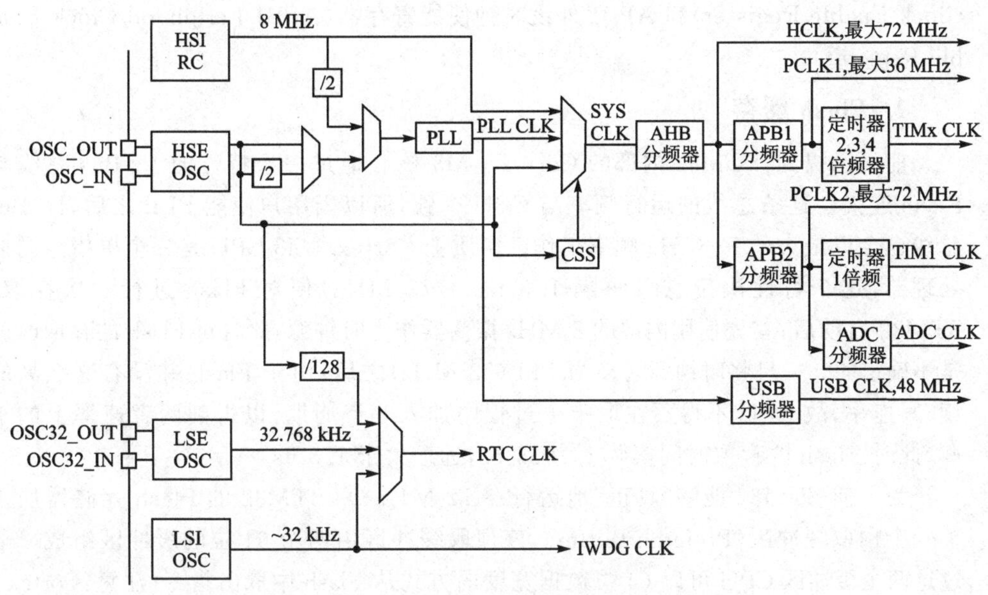

图 3.2.3　STM32 的时钟树

置寄存器全部位于复位和时钟控制寄存器组（Reset and Clock Control group，RCC）里。

1. 锁相环

在产生复位操作之后，STM32 首先会使用 HSI 作为驱动 CPU 的时钟，此时 HSE 是处于关闭状态的。要使 STM32 进入到最高工作频率状态，首先要做的就是开启 HSE 并且等待其稳定。用户可以通过 RCC 里的时钟控制寄存器（RCC Clock Control Register，RCC_CR）开启 HSE。

当 HSE 处于稳定状态之后，会以一个就绪位通知给用户。一旦 HSE 稳定，用户就可以选择将其作为 PLL 的输入。而 PLL 的输出频率取决于 RCC 中的时钟配置寄存器（RCC Clock Configuration Register，RCC_CFGR）中设置的倍频数。以 8 MHz 的 HSE 为例，PLL 倍频数必须设置为 9 才能恰好使 PLL 输出 72 MHz 的频率。一旦 PLL 倍频数选定，用户就可以使能 PLL 了。待 PLL 稳定之后，PLL 准备就绪位就会被置位，此时用户就可以选择 PLL 作为 CPU 的时钟源。

将 PLL 选择为系统时钟源之后，Cortex－M3 CPU 就以 72 MHz 频率运行了。但为了使 STM32 上的其他部件运行在其最佳频率下（并不是所有的器件都能够并且有必要跑到72 MHz），用户还需要设置 AHB 和 APB 总线的频率。AHB 和 APB 总线频率主要通过总线控制寄存器组设置。而总线控制寄存器组由 5 个寄存器组成，分别是：APB2 外设复位寄存器（APB2 Peripheral Reset Register）、APB1 外设复位寄存器（APB1 Peripheral Reset Register）、AHB 总线设备时钟使能寄存器（AHB Peripheral Clock Enable Register）、APB2 外设时钟使能寄存器（APB2 Peripheral

Clock Enable Register)和 APB1 外设时钟使能寄存器(APB1 Peripheral Clock Enable Register)。

2. Flash 缓存

前面已提到,STM32 内部的 Cortex - M3 核心通过一条特殊的 I - Bus 总线与 Flash 连接。这条总线的运行频率与 CPU 一致,所以当用户使能 PLL 之后,I - Bus 总线也会以最大的 72 MHz 频率工作。实质上 Cortex - M3 CPU 是一个单指令周期处理器,这个特性决定它可每隔 1.3 ns(1/72 MHz)便对 Flash 进行一次存取。STM32 启动后,首先使用内部的 8 MHz 振荡器作为时钟源,此时对 Flash 的存取时间是不确定的。一旦将时钟源切换为 PLL(72 MHz)之后,由于 Flash 并没有这么高的读/写速率,故 CPU 不得不在取指令过程中加入等待周期,以得到两者速率上的平衡,此时 Flash 的存取时间实际上为 35 ns,远远大于 1.3 ns。

为了使 STM32 能够"真正"地运行在 72 MHz 下,STM32 的 Flash 存储器加入了一个预取缓冲区(Prefetch Buffer),该预取缓冲区由两个 64 位的缓冲区组成。通过这两个缓冲区 CPU 可以 64 位数据宽度的方式从 Flash 中取出指令(注意:Cortex - M3 执行的 Thumb - 2 指令宽度为 16 位或 32 位,所以实际上这里可能取出了数条指令),然后再把一条 16 位或 32 位指令送至 CPU 处执行。这种预取技术可以和 Thumb - 2 指令集以及 Cortex - M3 内核的管道分支预测技术配合而获得很好的效果。

有了 Flash 预取缓冲技术,程序员就不必再担忧 Flash 和 CPU 之间的速率匹配问题了,但是必须要保证在将 PLL 切换成主时钟源之前使能 Flash 预取缓冲。用户可以在 Flash 存取控制寄存器(Flash Access Control Register)之中对 Flash 预取缓冲进行设置。除了使能预取缓冲之外,为了能读取 Prefetch Buffer 中的指令,用户还需要设置一个等待周期,等待周期和系统时钟(SYSCLK)的关系遵循如下规律:

- 当 0<SYSCLK<24 MHz 时,设置 0 个周期的等待时间;
- 当 24<SYSCLK<48 MHz 时,设置 1 个周期的等待时间;
- 当 48<SYSCLK<72 MHz 时,设置 2 个周期的等待时间。

注意: 这个等待时间是介于 Flash 预取缓存和 Flash 存储器之间的,对 CPU 没有任何影响。因为当 CPU 将其中一个 Flash 预取缓存取空之后,第 2 个预取缓存会马上将第 1 个填满,随后第 2 个预取缓冲会从 Flash 存储器中取出指令,以此周而复始。所以,CPU 可以一直很顺利地工作在它的最佳频率之下。

3. DMA 单元

虽然 Cortex - M3 CPU 可以负责 SRAM 和外设之间的数据传输,但是使用 DMA 可以自动完成其中的大部分工作。STM32 的 DMA 单元拥有最多 12 个可设置的通道,可以用来实现从内存到内存、从外设到内存、从内存到外设、从外设到外设之间的数据自动传输。其中从内存到内存的 DMA 传输,可以达到 DMA 通道所能到达的极限速度。在有外部设备介入的情况下,DMA 受控于外部设备,由该设备来指示 DMA 通道将用于请求输入数据还是输出数据。当需要传输比较大的数据块时,每个 DMA 通道都可以通过一个环形缓冲区实现持续传输。由于 STM32 的很多通信外设(比如 SPI、I2C 等)都未包含 FIFO 缓冲,为了弥补这一点,可以在 SRAM 中开辟一片区域作为 DMA 缓冲。STM32 控制器上的 DMA 单元经过特别设计,对长度较短而发送频率较快的数据传输的支持更为出色,而这种短而快的数据传输在微控制器应用中是非常常见的。图 3.2.4 表示了 DMA 单元工作的基本流程。

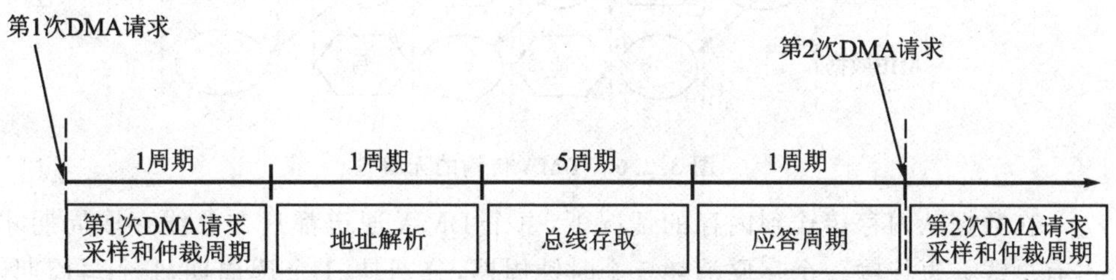

图 3.2.4 DMA 传输流程

如图 3.2.5 所示,每次 DMA 传输都有 4 个周期:采样和仲裁周期、地址解析周期、总线存取周期和应答周期。除了总线存取周期,其他 3 个周期都只需要消耗 1 个时钟周期。总线存取周期(实际上就是数据传输周期)期间,每传输 1 个字需消耗 5 个时钟周期。DMA 单元和 Cortex CPU 之间对总线使用一种交叉存取的机制,它们两者并不会造成总线堵塞的现象。用户不一定需要给不同的 DMA 通道事先指定优先级,如果用户不指定,各个 DMA 通道之间则遵循默认的优先级。当然用户也可以通过程序来指定每个 DMA 通道的优先级。在仲裁周期,拥有最高优先级的 DMA 通道会占据总线。如果两个拥有同样优先级的 DMA 通道同时申请传输,则序号较小的 DMA 通道会占据总线。

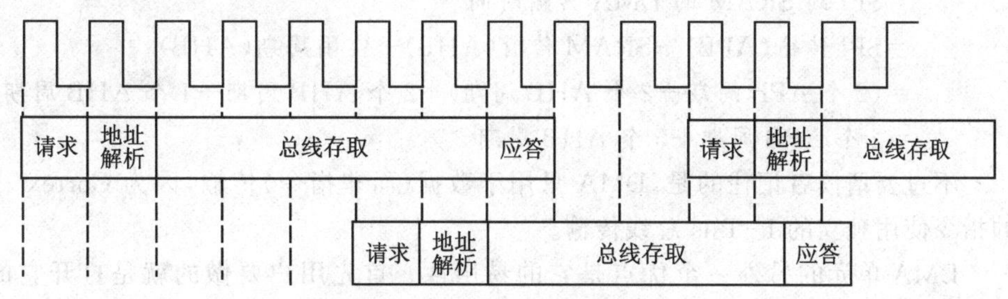

图 3.2.5 DMA 传输时序

DMA 单元可以在某个 DMA 通道正在进行数据传输的情况下,对后来的 DMA 申请进行地址解析。当现行的 DMA 数据传输结束之后,当前传输通道会在总线上继续执行应答周期,此时下一个 DMA 通道已经准备就绪,一旦当前总线上应答周期结束马上进入下一个 DMA 传输周期。所以,DMA 单元的数据传输速度不仅要快于

CPU,还保持了各个阶段之间的无缝性,并且只在数据传输周期才占有总线,上述过程如图 3.2.6 所示。

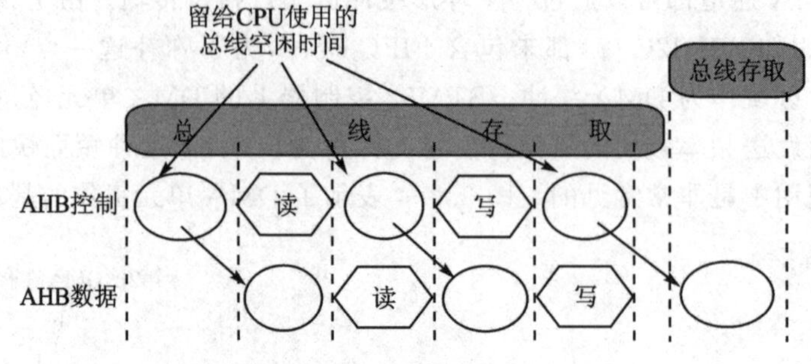

图 3.2.6 DMA 传输的无缝性

在数据从内存传输到内存的情况下,每个 DMA 通道都只在总线存取周期才会占有总线。每传输一个字要消耗 5 个时钟周期,分别是:1 个读周期,1 个写周期,插入 3 个空闲周期供 CPU 使用。这样便意味着,即使持续传输大量数据,DMA 单元最大也只会消耗 40%的数据总线带宽。这和前面提到的"DMA 与 CPU 对总线的使用方式是交叉式的"就联系起来了。而数据从外设传输到外设、从外设传输到内存的情况就稍显复杂。在这个过程里,数据首先要在 AHB 总线上花费两个周期,接着在 APB 总线上花费两个周期,然后是额外的 2 个 AHB 总线周期,还有最后的 2 个 AHB 空闲周期。这里要注意的是,AHB 和 APB 的总线周期大小是不一样的(AHB 更为高速)。总的来说,如果 DMA 传输发生在两条总线之间(AHB 和 APB),则所需要的时钟周期分别为各自总线的周期外加一个空闲周期。比如,在 SPI 外设与 SRAM 之间发生 DMA 传输,则其 3 个过程分别为"数据从 SPI 发出"、"数据送到 SRAM"、"空闲周期",其等式关系如下:

SPI 到 SRAM 的 DMA 传输时间
=SPI 传输(APB)+SRAM 传输(AHB)+空闲周期(AHB)
=(2 个 APB 周期+2 个 AHB 周期)+2 个 AHB 周期+1 个 AHB 周期
=2 个 APB 周期+5 个 AHB 周期

不过要请读者记住的是,DMA 只用于数据(而非指令)传输,因为 Cortex - M3 的指令使用独立的 I - Bus 总线传输。

DMA 单元的另外一个优点是它的易用性。首先用户要做的就是打开它的时钟,并且将它从复位状态释放。在 AHB 时钟使能寄存器中做如下操作即可使能 DMA 时钟:

```
RCC->AHBENR |= 0x00000001;          //使能 DMA 时钟
```

将 DMA 单元的时钟打开后,就要通过 4 个寄存器来设置 DMA 通道,即:

```
DMA 通道配置寄存器(DMA Channel x Configuration Register,DMA_CCR);
DMA 通道数据长度寄存器(DMA Channel x Number of Data Register,DMA_ CNDTR);
```

DMA 外设地址寄存器(DMA Channel x Peripheral Address Register,DMA_CPAR);
DMA 内存地址寄存器(DMA Channel x Memory Address Register,DMA_CMAR)。

其中,DMA_CPAR 和 DMA_CMAR 两个寄存器保存 DMA 传输的源地址和目的地址,这个地址可以是外设的寄存器地址,也可以是内存地址。而 DMA_ CNDTR 寄存器保存传输数据长度,最后一个寄存器 DMA_CCR 则负责定义 DMA 传输的整体特性。

每个 DMA 通道都可以赋予“极高”“高”“中”“低”4 种优先级。而传输的数据宽度对于外设和内存来说可以是互不相同。比如,用户可以字(32 位)为数据宽度单位将内存中的数据送进 DMA 通道,而以字节宽度(8 位)输出到 USART 的数据寄存器里。如果 DMA 两端都使用 8 位数据宽度,则传输时间可减至最短。用户可以设置内存和外设地址逐次递减,比如要将 ADC 的转换结果不断地收集到内存中,用户可以把 ADC 结果寄存器(源地址)固定,而内存地址(目的地址)逐次递减,这样就可以在一个连续的内存空间中保存 ADC 的转换结果了。

用户可通过 DMA 控制寄存器中的传输方向位(Transfer Direction Bit)设置 DMA 的传输方向,或从内存到外设,或从外设到内存。如果是数据从内存到内存的情况下,用户可以将 DMA_CCR 寄存器的第 14 位置位,这样将得到最快的传输速度。DMA 通道还可以使用环形模式。每个 DMA 通道拥有 3 个中断源:传输完成中断、传输半完成中断和传输错误中断。最后,当 DMA 参数设置完毕,将通道使能位(Channel Enable Bit)置位就可以立即启动 DMA 传输。如图 3.2.7 显示了使用 DMA 进行内存到内存的传输情况。

图 3.2.7 SRAM 之间的 DMA 过程

以下 C 代码实现在两个 SRAM 空间序列中传输 10 个字。前半部分使用 DMA 单元,而后半部分使用 CPU 实现搬运,同时使用定时器记录各自所需时间。结果是 DMA 完成 10 个字的传输需要 220 个周期,而 CPU 要消耗掉 536 个周期。

```
DMA_Channel1->CCR    =  0x00007AC0;               //设置“内存到内存”传输模式
DMA_Channel1->CPAR   =  (unsigned int)src_arry;   //设置源地址和目的地址
DMA_Channel1->CMAR   =  (unsigned int)arry_dest;
DMA_Channel1->CNDTR  =  0x000A;                   //设置数据长度
TIM2->CR1            =  0x00000001;               //开启定时器 2
DMA_Channel1->CCR   |=  0x00000001;               //开启 DMA 传输
while(!(DMA->ISR & 0x0000001));                   //等待传输完毕
TIM2->CR1            =  0;                        //停止计时
TIM2->CNT            =  0;                        //清除定时器计数值
TIM2->CR1            =  1;                        //重新开始计时
for(index = 0;index < 10;index++)                 //使用 CPU 搬运数据
{
arry_dest[index] = arry_src[index];
```

```
}
TIM2->CR1          =     0;                            //停止计时
```

DMA 通道也可以用于内存之间的数据传输,但在大多数情况下,DMA 往往用于内存与用户外设之间进行数据传输。因此,每个 DMA 通道都可以映射到一个具体的外设上。图 3.2.8 显示了 STM32 的 DMA 申请源分布情况。

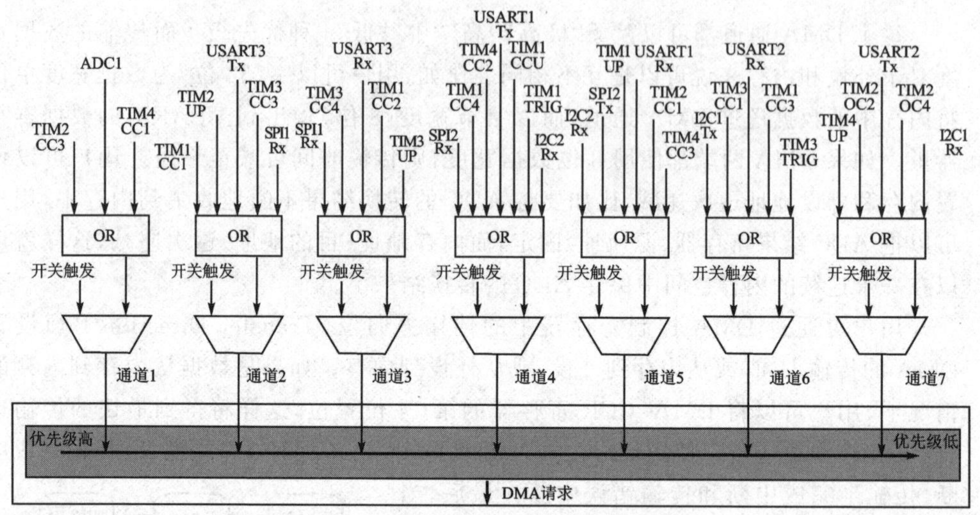

图 3.2.8　STM32 的 DMA 申请源分布情况

要实现外设到内存间的 DMA 传输,用户要将外设初始化并打开其对 DMA 的支持,然后将该外设相对应的 DMA 通道设置好。以 DMA 在 ADC 中的应用为例,ADC 在普通转换模式下(即连续进行转换)会不断地向 CPU 请求中断以通知 CPU 转换完成。由此 CPU 会花费不少时间来响应这个中断,降低了 CPU 的整体效率。而如果加入 DMA 单元,如图 3.2.9 所示,ADC 在每次转换结束后申请一次 DMA 传输,DMA 随后将该转换结果传输到指定目的地址。这样 ADC 就可以不受影响地进行下一次转换工作,同时也解放了 CPU(不必再频繁响应 ADC 转换完成中断)。

为了让上述过程更加高效,用户可以使用 DMA 的环形缓冲功能,ADC 可以不断地将结果写入该缓冲中。更进一步,用户还可以使用 DMA 的传输中断和半传输中断来实现双缓冲。当缓冲的前半部分装满时,产生半传输中断通知用户处理这前半部分数据;而同一时刻,DMA 继续将数据填满后半部分,产生传输中断通知用户处理后半部分数据……以此循环实现双缓冲机制。DMA 与其他外设的配合使用与 ADC 类似。但是要注意,很多通信设备需要使用两个 DMA 通道,比如 SPI 使用 DMA 发送通道进行发送,同时使用 DMA 接收通道进行接收。SPI 具备全双工工作方式,所以此处讲的“同时”是指“同一时刻”。

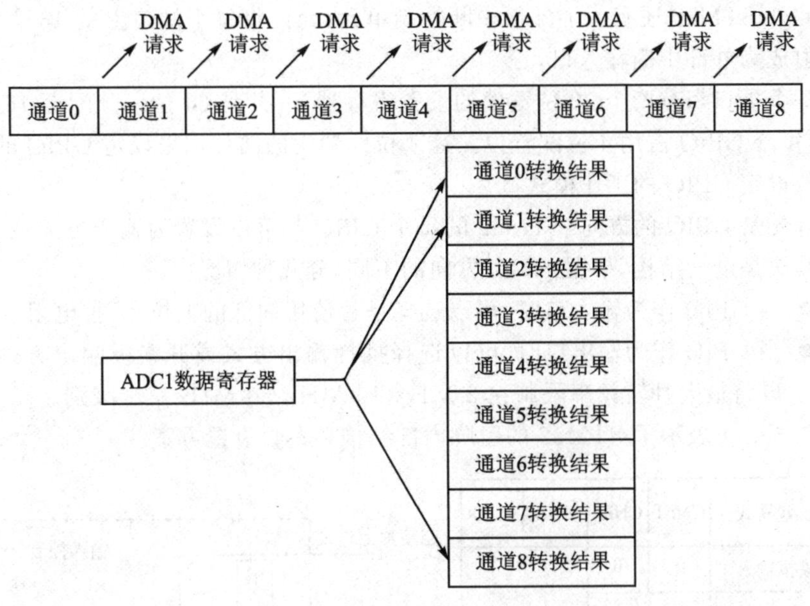

图 3.2.9　DMA 与 ADC 协作示例

3.3　丰富多样的外部设备

本节将介绍 STM32 微控制器的外设和各自的特点。为了让本节内容显得有序，把内容分为两部分，分别为 STM32 的通用外设和通信外设。STM32 上的所有外设都具有很高的精密性，并且都能和 DMA 单元紧密结合。每个外设都有强化过的硬件功能，这些功能能够有效地减少设备占用 CPU 的时间。也就是说，外设有了这些鲜明特点后，将不太需要 CPU 过多地介入它们的工作过程，以此把 CPU 解放出来。

3.3.1　通用设备单元

STM32 上的通用设备单元包括：通用输入/输出口（简称 GPIO，也常称通用 I/O），外部中断单元，ADC 转换模块，通用/高级定时器，实时时钟 RTC，备份寄存器以及入侵检测引脚。

1. 通用输入/输出口 GPIO

STM32 可以提供多达 80 个 GPIO。它们分别分布在 5 个端口（常称 PORT）中，所以每个端口有 16 个 GPIO。这些端口分别以 A～E 命名（即 GPIOA～GPIOE），最大耐压值为 5 V。大部分的外部引脚都可以从通用的 GPIO 切换为用户设备的专用 I/O 口，比如 USART 接口设备的 Tx/Rx 通道或者 I2C 接口设备的 SCL/SDA 引脚。此外 STM32 还有一个外部中断控制单元,允许将每个端口上的 16 个 GPIO 通过映射成为外部中断输入口。

每个端口都有两个 32 位宽度的设置寄存器,一共是 64 位。分配至 16 个 GPIO 后,则每个 GPIO 占用 4 位配置位。这 4 位配置中的两位用来设定 GPIO 的方向,另外两位设定 GPIO 的工作模式。

首先是 GPIO 的方向,STM32 的每个 GPIO 都可以设置为输入方向或者输出方向。其次是电气结构,根据 GPIO 方向的不同,分几种情况:

- 当 GPIO 作为输入口时,可以选择是否使用内部的上拉/下拉电阻;
- 当 GPIO 作为输出口时,可以选择推挽输出方式或开漏极输出方式,同时可以将最大翻转频率限制在 2 MHz、10 MHz、50 MHz 三个级别。

图 3.3.1 表示了 STM32 的引脚内部结构和参数设置方案。

设置模式	CNF1	CNF0	MOD1	MOD0
模拟输入	0	0	00	
浮空输入(默认)	0	1		
上拉输入	1	0		
下拉输入	1	0		
推挽输出	0	0	00:保留 01:10 MHz 10:2 MHz 11:50 MHz	
开漏输出	0	1		
复用推挽输出	1	0		
复用开漏输出	1	1		

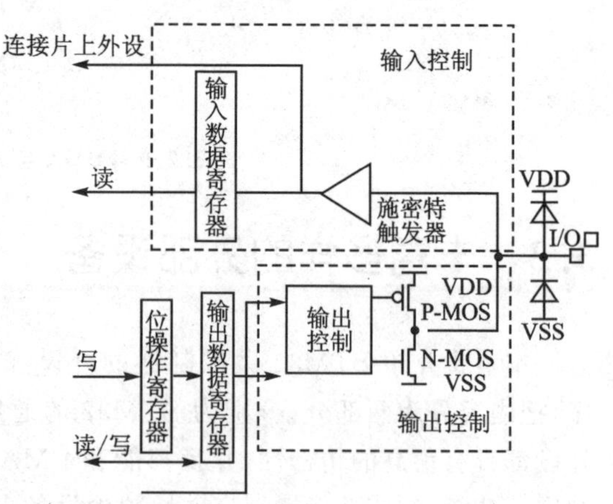

图 3.3.1 STM32 引脚内部结构和参数表

端口设置完毕后,用户可以通过配置锁定寄存器(Lock Register,简称 LR)将已经定义好的 GPIO 参数锁定。LR 的每个锁定位分别都对应一个 GPIO 的 4 个配置位,当用户设置某个 GPIO 锁定位之后,就可以将对应的 GPIO 配置信息锁定,此时对该 GPIO 配置位的任何写操作都是无效的。要把某个 GPIO 的配置信息锁定,除了把对应锁定位置位后,还需要向锁定寄存器的第 16 位依次写入 1、0、1 来激活锁定功能,用户可以从该位依次读出 0、1 以确认锁定成功。用户还可以通过端口数据输出寄存器(Port Output Data Register)一次性操作某个端口的全部 GPIO 口。

对 GPIO 进行位操作有两种方法:一种是使用 Cortex - M3 处理器的位带技术;第 2 种是使用 STM32 上两个专门的位操作寄存器。方法 2 中一个位操作寄存器是 32 位的置位与清除寄存器(Bit Set/Reset Register),其高低 16 位都分别映射相应的 GPIO 口。当用户往高 16 位中的某位写入 1 时,会在相应的 GPIO 产生清除操作;而当向低 16 位中的某位写入 1,则会产生置位操作。第 2 个位操作寄存器是位复位寄存器(Bit Reset Register),也是 32 位宽度,但是只有低 16 位有效。当向复位寄存器某位写入 1 时,会在相应的 GPIO 上产生清除操作。综上所述,合理地利用端口寄存器、位带技术和专用位操作寄存器可以很好地控制 STM32 的 GPIO 口,大大提升 GPIO 在实际应用中的效率。

用户还可以通过第 2 功能寄存器(Alternate Function Registers)将 GPIO 映射到某个外部设备上,成为该外部设备的专用 I/O 通道,实现该 GPIO 的第 2 功能。为使开发人员在设计 STM32 应用电路时有更多的选择性,一个设备往往有几种映射方案可选。STM32 的 GPIO 第 2 功能在重映射和 GPIO 调试寄存器(Remap and Debug GPIO Register)中打开。每个用户设备(USART、CAN、定时器、I2C 和 SPI)都有 1～2 个设置位用来选择其映射方案。在选定对应 GPIO 的第 2 功能映射方案之后,还需要在 GPIO 设置寄存器(GPIO Configuration Registers)中打开其第 2 功能。重映射寄存器还控制着 JTAG 调试端口的功能设置。复位之后,JTAG 端口处于使能状态,用户可以不使用 JTAG,而将其切换为两线的串行调试端口,这样多出来的 GPIO 口就可以当作普通 GPIO 使用了。

2. 外部中断单元

STM32 的外部中断单元共有 19 个外部中断(EXTI)通道,通过 NVIC 与中断向量进行映射。其中的 0～15 EXTI 通道与 GPIO 引脚连接,可以通过产生电平边沿(上升沿或下降沿)触发中断,剩下的 3 个中断通道分别被 RTC 警报中断、USB 唤醒中断和电源检测单元所占据。STM32 的 NVIC 为 0～4 号 EXTI 通道提供单独的中断向量,而 5～9 通道与 10～15 通道则各自共用一个中断向量。EXTI 对于 STM32 的功耗控制有着非同小可的意义。因为外部中断单元不需要时钟的驱动就可以工作,所以外部中断单元可以唤醒停机状态下的控制器。EXTI 单元既可以产生中断将 CPU 从"等待中断(Wait For Interrupt,简称 WFI)"的待机模式下唤醒,也可以产生事件将 CPU 从"等待事件(Wait For Event,简称 WFE)"的待机模式下唤醒。

外部中断单元的 16 个中断通道与 GPIO 相连,这表明 GPIO 引脚可以用一些组合的方式映射到中断向量上。可以通过 EXTI 寄存器组对 GPIO 的 EXTI 功能进行设置,每个 EXTI 通道都对应有 4 个设置位。通过这 4 个设置位,每个 EXTI 通道可以被映射到 5 个端口中的任意一个既定 GPIO,比如端口 A、B、C、D、E 的第 0 号引脚都可以映射到 EXTI 通道 0 上,这种机制使得用户可以让几个外部引脚使用同一个 EXTI 通道。EXTI 还可以和经过第 2 功能映射过的外部引脚配合工作,实现用户所需要的功能。此外,每个 EXTI 通道都可以通过上升/下降沿选择寄存器(Rising/Falling Trigger Selection Register)设置成在电平的上升/下降沿产生中断或者事件。此外用户也可以在软件中断寄存器(Software Interrupt Event Register)中设置对应位,在指定 EXTI 通道强行产生一个软件中断。

3. ADC 转换模块

根据型号之分,部分 STM32 最多带有 2 个独立的模/数转换模块(ADC);部分 STM32 使用 2.4～3.6 V 外部独立电源供给 ADC 使用;部分 STM32 的 ADC 参考基准在内部与 ADC 的电源输入端相连,而另外一部分则带有外部基准输入引脚。STM32 的 ADC 模块拥有 12 位精度,其转换速率达到 100 万次/s(1 MHz)。最大通道数为 18,其中 16 个可以用作测试外部信号;而剩下的两个通道,其一与 ADC 内部温度传感器连接,其二与内部基准电压源连接。图 3.3.2 展现了 ADC 模块的全貌。

(1) 转换时间和转换组

ADC 单元里每个通道的转换时间都是可设置的。转换时间长度一共分为 8 个等级,如图 3.3.3 所示。

每个 ADC 都有两种基本转换模式:常规模式(Regular Mode)和注入模式(Injected Mode)。常规模式下,用户可以使 ADC 的单个或部分通道轮流进行 A/D 转换,最多可以使用 16 个通道进行转换。此外各个通道的转换次序也是可以定制的,一个通道在一个转换周期之内可以进行多次转换。一组常规模式通道转换可以使用软件启动,也可以使用硬件信号,比如定时器的溢出事件或者通过触发外部中断启动。触发通道开始转换后,该转换组就会持续不停地进行转换。而用户也可以将其设定在单次转换模式,即某次转换触发信号来临,转换通道开始转换,转换完毕随即停止,直到下一次触发信号来临。图 3.3.4 描述了 ADC 一种典型的工作过程。

每次转换结束,转换结果会存放在一个单独的结果寄存器(Results Register)中,同时可选择产生一个中断。由于 ADC 的转换结果数据是 12 位,但存放在一个 16 位宽度的寄存器中,因此转换数据在 16 位寄存器中可以左对齐或右对齐方式存放,如图 3.3.5 所示。

通过一个专门的 DMA 通道,可以将 ADC 的转换结果从结果寄存器传输至内存中。用户可以使每次组转换周期结束时产生中断请求 DMA 传输,如图 3.3.6 所示,这样就可以将一个组转换周期之内的转换结果复制到内存中。用户还可以开辟一个空间为转换组 2 倍大小的内存空间,结合使用 DMA 半传输中断和传输中断实现双缓冲机制,这样就可以配合 DMA 的环形缓冲机制存放大量的 ADC 转换结果。

ADC 还有一种转换模式称为注入模式。注入转换组最多可以使用 4 个通道,可以使用软件或者硬件触发。一旦注入模式触发之后,当前运行的常规转换会被中止,转而执行注入转换,注入转换完毕之后再返回执行常规转换(这有点像 CPU 的中断嵌套)。和常规转换组一样,注入转换组的转换通道也可以设置在一个转换周期之内进行多次转换。但与常规转换组不同的是,注入转换组使用不同于常规转换使用的结果寄存器,如图 3.3.7 所示。

ADC 注入转换通道数据移位寄存器(ADC Injected Channel Data Offset Register)用以存储一个 16 位的数值,当 ADC 注入转换完成后其转换结果会自动减去移

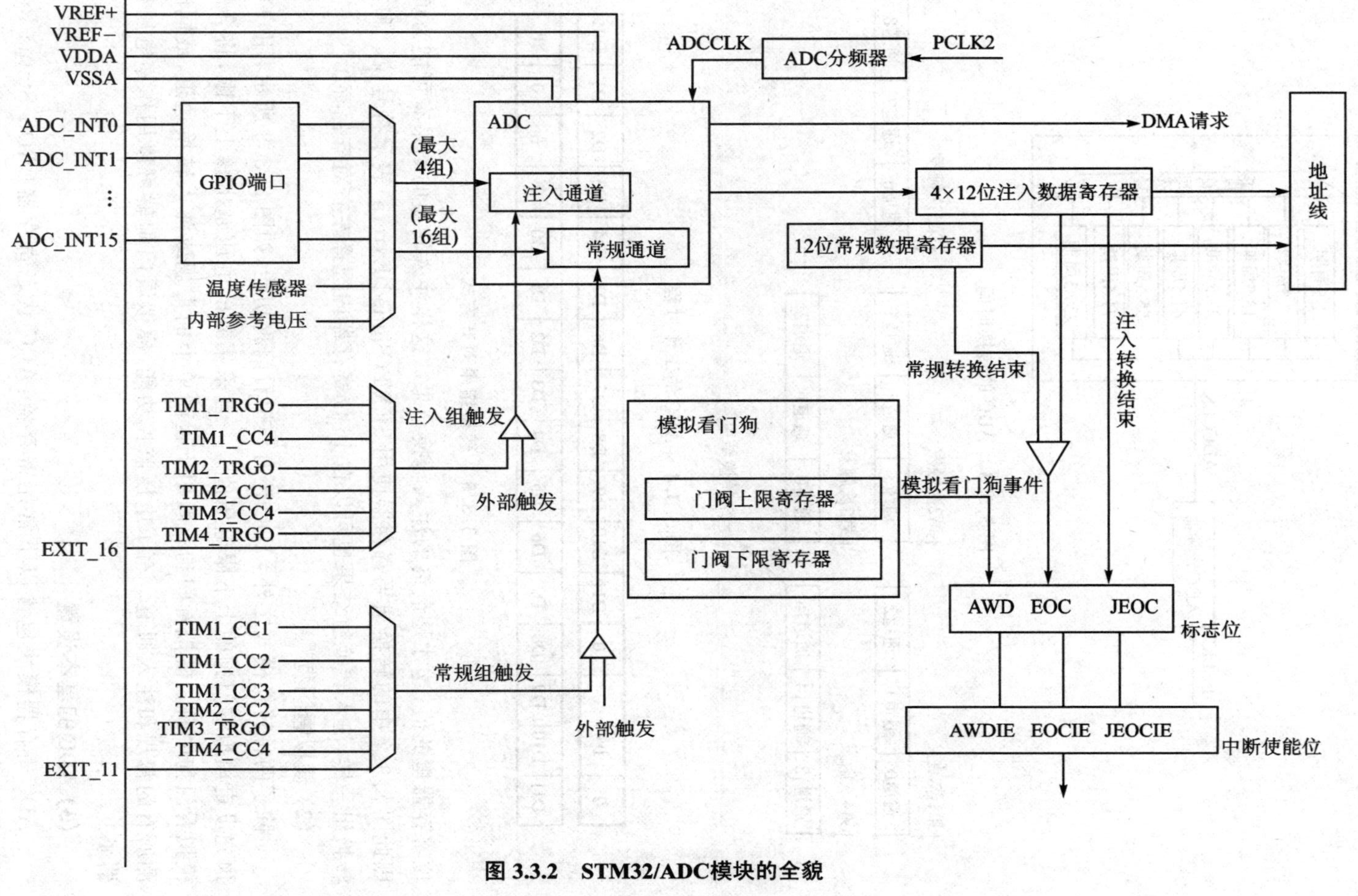

图 3.3.2 STM32/ADC模块的全貌

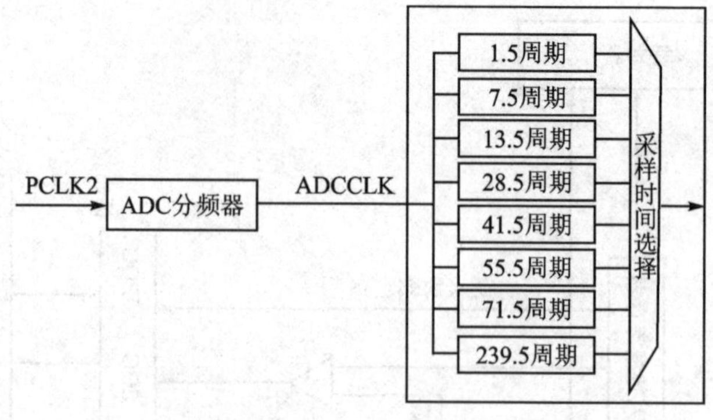

图 3.3.3 ADC 的转换时间

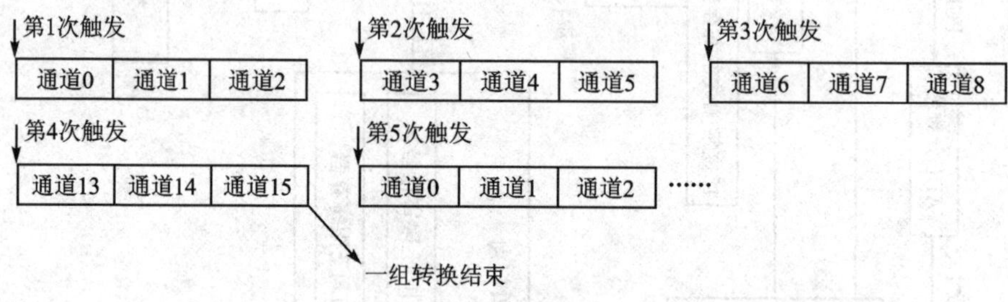

图 3.3.4 ADC 的工作过程

0	0	0	0	D11	D10	D9	D8	D7	D6	D5	D4	D3	D2	D1	D0

D11	D10	D9	D8	D7	D6	D5	D4	D3	D2	D1	D0	0	0	0	0

图 3.3.5 转换结果对齐方式

位寄存器里的值，这才是最终的注入转换结果。这样注入转换的结果有可能为负数，因此图 3.3.7 中的转换结果寄存器使用 SEXT(Signed Extern)表示符号位。和常规转换组一样，注入转换组结果也可以在 16 位寄存器内选择左右对齐保存。

(2) 模拟看门狗

除了两种转换模式之外，ADC 还有模拟看门狗功能，如图 3.3.8 所示，用户可以预先设定模拟看门狗的上下限电压值。一旦采集到的电压越出该上下限，将会触发模拟看门狗中断。模拟看门狗一般用于检测单个的常规或注入转换通道，或同时检测所有的常规和注入通道。有了电压监控功能，模拟看门狗就可以用作零电压检测器了。

(3) ADC 的基本设置

ADC 寄存器模块包含以下常用寄存器：ADC 状态寄存器(ADC Status Register)、ADC 控制寄存器(ADC Control Register)、ADC 采样时间寄存器(ADC Sample Time Register)、ADC 注入通道数据偏移寄存器(ADC Injected Channel Data Offset

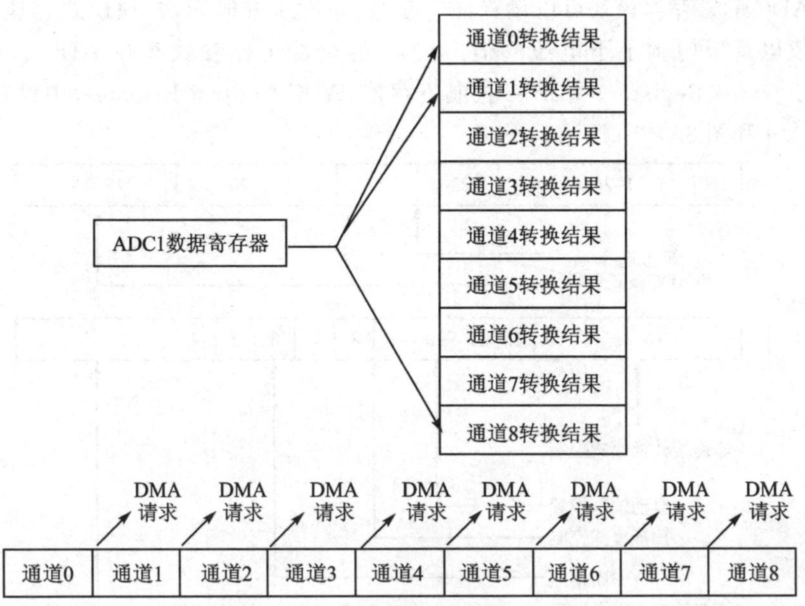

图 3.3.6　ADC 与 DMA 协作

SEXT	SEXT	SEXT	SEXT	D11	D10	D9	D8	D7	D6	D5	D4	D3	D2	D1	D0
SEXT	D11	D10	D9	D8	D7	D6	D5	D4	D3	D2	D1	D0	0	0	0

图 3.3.7　注入转换结果寄存器

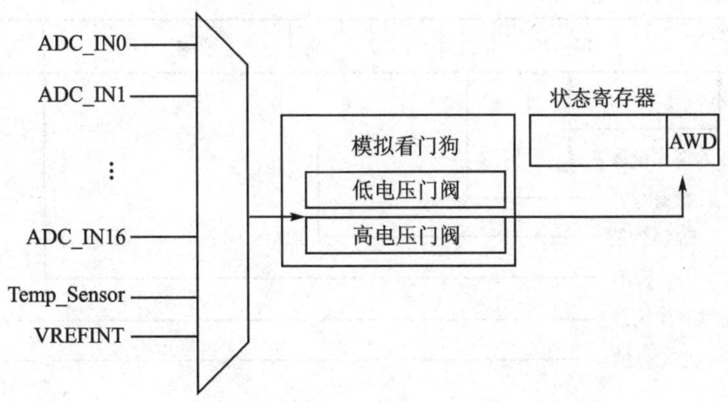

图 3.3.8　模拟看门狗

Register)、ADC 看门狗高阀值寄存器(ADC Watchdog High Threshold Register)、ADC 规则序列寄存器(ADC Regular Sequence Register)、ADC 注入数据寄存器(ADC Injected Data Register)和 ADC 规则数据寄存器(ADC Regular Data Register)。

ADC 的寄存器模块可以设置如下参数:单次采样时间、常规模式和注入模式的偏移值以及看门狗上下电压阀值。ADC 的全部工作参数都在 ADC 状态寄存器(ADC Status Register)和 ADC 控制寄存器(ADC Control Register)中设置,详情如图 3.3.9 和图 3.3.10 所示。

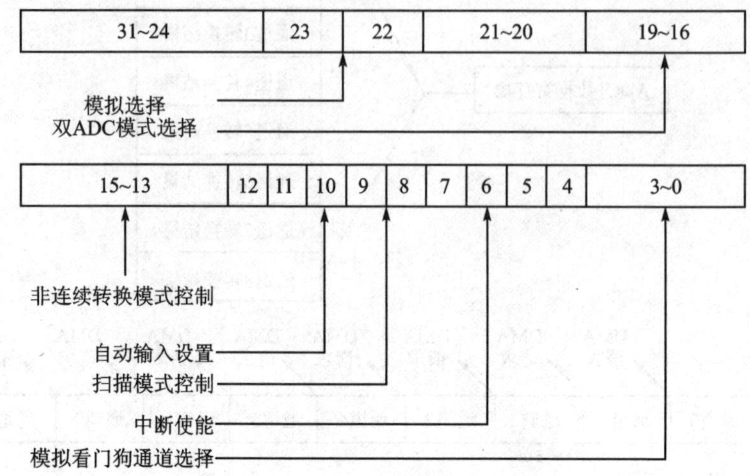

图 3.3.9　ADC 状态和控制寄存器

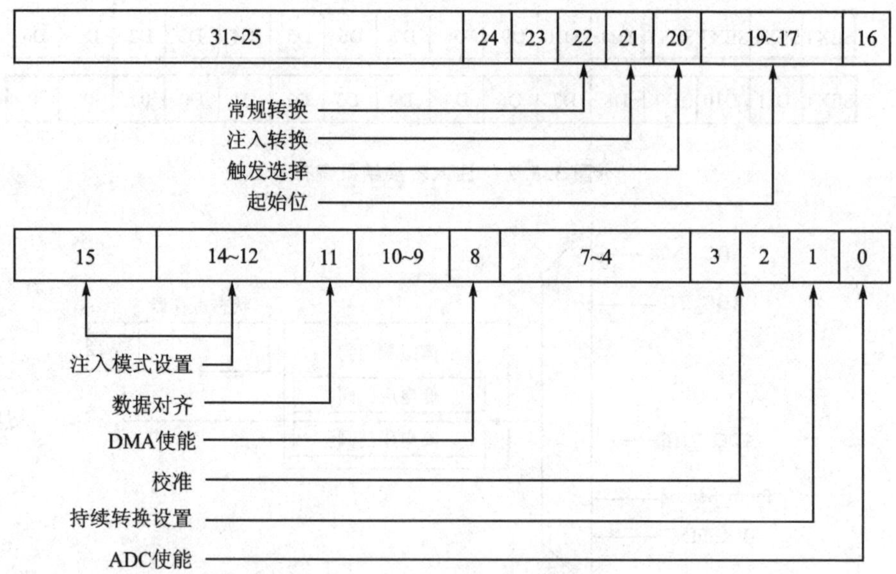

图 3.3.10　状态和控制寄存器

以下单 ADC 通道转换中断实现持续转换的实例程序如下:

```
ADC1->CR2    = 0x005E7003;   //打开 ADC 转换模块并选择连续转换模式
ADC1->SQR1   = 0x0000;       //设置转换序列长度为 1(即使用 1 个转换通道)
ADC1->SQR2   = 0x0000;       //选择转换通道 0
ADC1->SQR3   = 0x0001;
```

```
ADC1->CR1       =  0x000100;          //开始转换,并使能转换中断
NVIC->Enable[0] =  0x00040000;        //打开 ADC 转换中断在 NVIC 中的控制
NVIC->Enable[1] =  0x00000000;
void ADC_IRQHandler (void)            //ADC 中断服务函数
{
  GPIOB->ODR    =  ADC1->DR<<5;//将转换结果使用 GPIOB 端口引脚电平表示
}
```

当然也可以不使用 ADC 中断,而将 ADC 转换结果通过 DMA 通道传输至 GPIO 端口引脚,代码如下:

```
DMA_Channel1->CCR = 0x00003A28;      //设置 DAM 的工作模式
DMA_Channel1->CPAR = (unsigned int) 0x4001244C;
                                     //目标地址(GPIOB 设备端口输出寄存器地址)
DMA_Channel1->CMAR = (unsigned int) 0x40010C0C;//源地址(ADC 转换结果寄存器地址)
DMA_Channel1->CNDTR = 0x1;           //设置 DMA 传输单位长度为 32 位
DMA_Channel1->CCR |= 0x00000001;     //启用 DMA 传输
ADC1->CR2 |= 0x0100;                 //启动 ADC 转换
```

对比上述两段代码不难看出,使用 DMA 传输配合 ADC 转换效率更高。

(4) 双 ADC 模式

STM32 是以低功耗应用为目的的微控制器,其片上 ADC 也十分契合这一点。相信开发人员在花费一定的时间了解 STM32 的 ADC 所有特性后,一定可以随心所欲地使用 ADC 来实现一些特有的功能,要知道这些功能在使用普通 ADC 的情况下则需要大量的代码才能实现。但如果这样还无法满足应用需求,在 STM32 的某些高级版本中配置的两个 ADC 单元为用户带来了双 ADC 模式。相比于单 ADC,双 ADC 单元又衍生出了更为复杂的几种转换模式。图 3.3.11 展示了双 ADC 的结合方式。

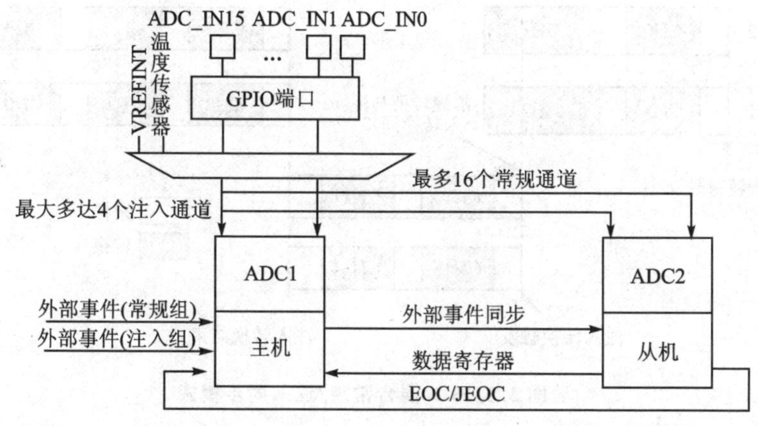

图 3.3.11　双 ADC 的结合方式

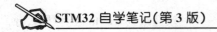

1）注入/常规同步转换模式

第 1 个双 ADC 工作模式称为注入/常规同步转换模式，如图 3.3.12 所示。该模式下，常规转换组和注入转换组的转换工作同步进行。如果要同时测量电压和电流量，那么该模式会非常有用。

2）混合常规/注入同步模式

第 2 个双 ADC 工作模式是第 1 个模式的“进化版”，称为“混合常规/注入同步模式”。在此模式中，常规模式和注入模式进一步结合，所有的常规转换组和注入转换组交替同步进行，如图 3.3.13 所示。

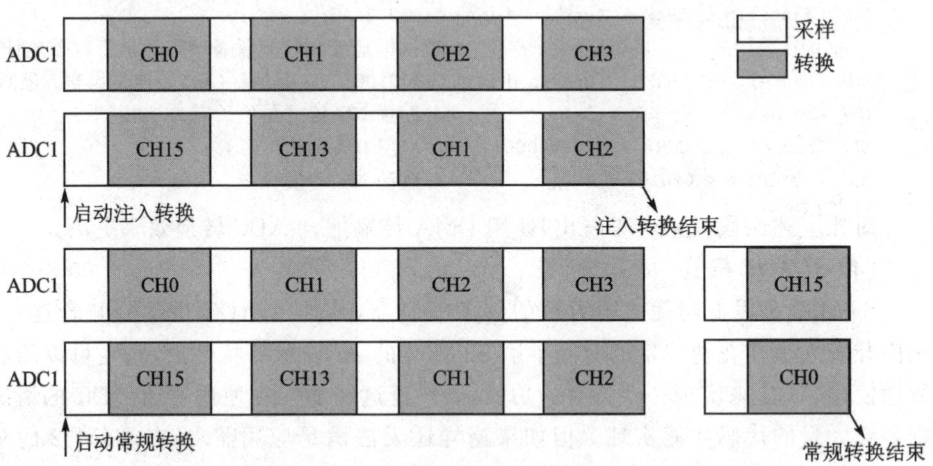

图 3.3.12　同步注入模式和同步常规模式

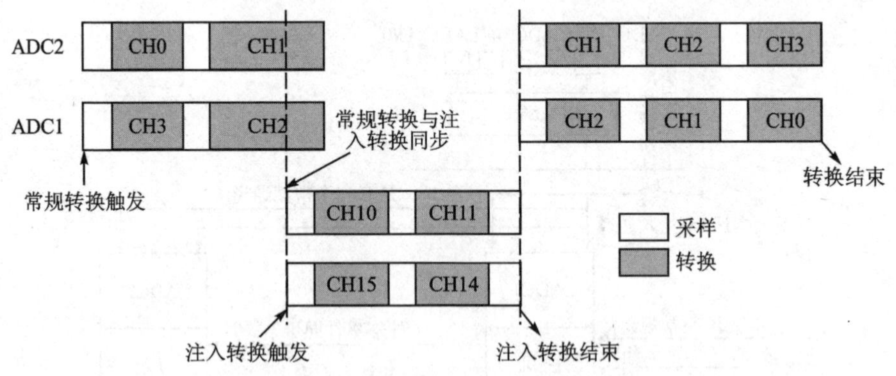

图 3.3.13　混合常规/注入同步模式

3）快速/慢速交叉模式

接下来两种双 ADC 工作模式称为“快速/慢速交叉模式”，此模式有点类似于同步模式，其区别在于 ADC1 的转换起始位置(相对 ADC2)有一个延时时间。在快速交叉模式下，该延时时间为 7 个 ADC 转换周期；而慢速交叉模式下，延时时间则扩大至 14 个转换周期，如图 3.3.14 所示。这两种模式都可以用于提高双 ADC 的整体采样率。

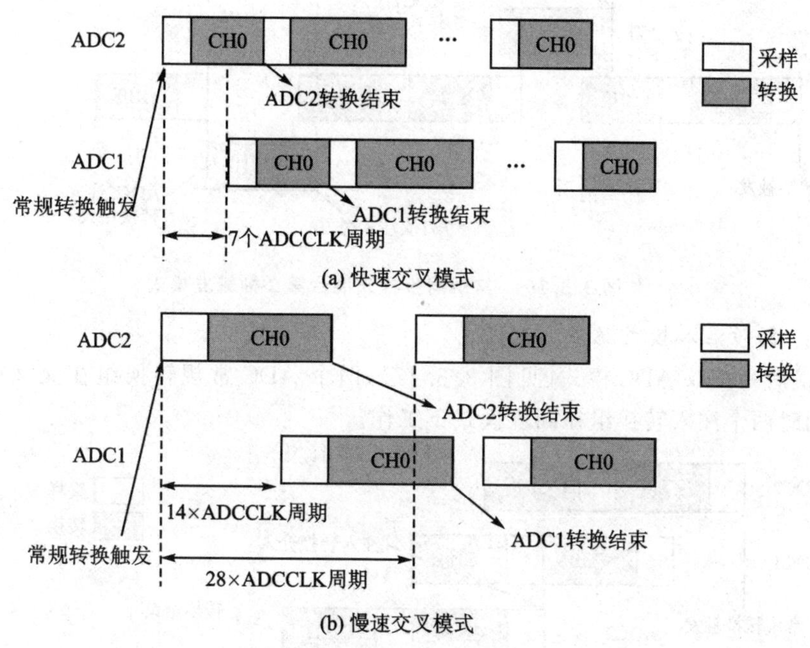

图 3.3.14 快速/慢速交叉模式

4）第 2 种触发模式

此种模式下，ADC1 注入转换组会首先被触发，而 ADC2 的注入转换组会在下一个触发沿被触发，以此类推，如图 3.3.15 所示。

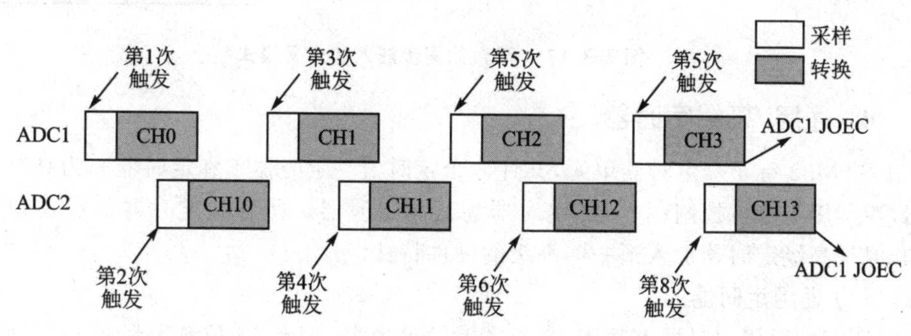

图 3.3.15 第 2 种触发模式

5）常规同步模式混合第 2 触发模式

如图 3.3.16 所示，第 2 触发模式可以可常规组同步模式结合，ADC 的常规转换模式和两个注入组的第 2 触发模式同步。

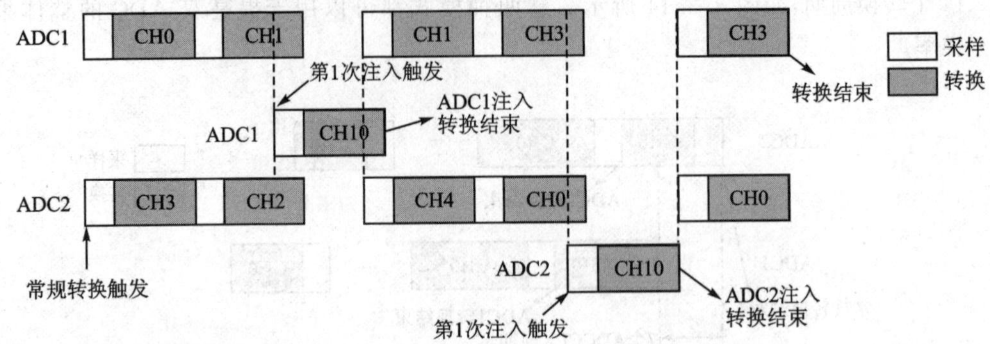

图 3.3.16　常规同步模式混合第 2 种触发模式

6) 同步注入模式混合交叉模式

最后一种双 ADC 模式(见图 3.3.17),两个 ADC 常规转换组在交叉模式下工作,同时两个注入转换组在同步模式下工作。

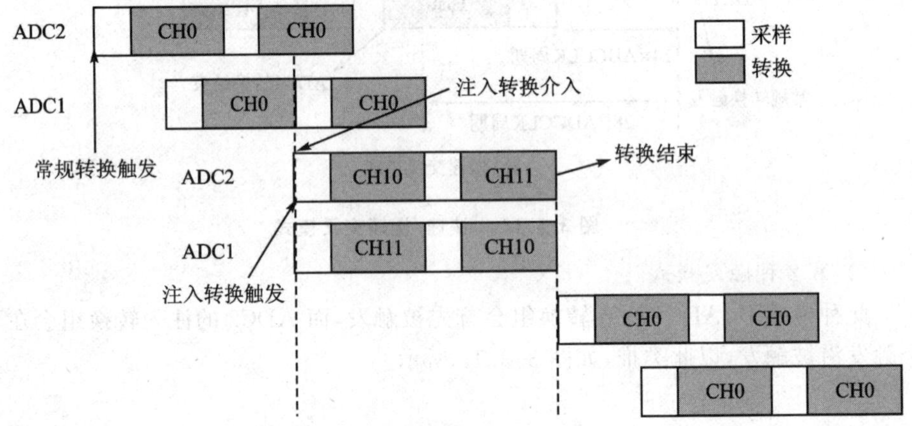

图 3.3.17　混合的同步注入和交叉模式

4. 通用/高级定时器

STM32 有 4 个定时器单元,共计 8 个定时器。定时器 1 和定时器 8 为高级定时器,专门用于电机控制;剩下的定时器为通用定时器。所有的定时器都有类似的结构,但是高级定时器加入了一些高级的硬件特性。

(1) 通用定时器

所有的通用定时器都基于 16 位宽度的计数器,带有 16 位预分频器和自动重载寄存器。定时器的计数模式可以设置为向上计数、向下计数和中央计数模式(从中间往两边计数)。定时器的时钟驱动源多达 8 个可选,这里面甚至包括系统主时钟提供的专用时钟、另外一个定时器所产生的边沿输出时钟以及通过捕获比较引脚输入的外部时钟。如要使用定时器边沿输出时钟或外部时钟，则需要通过 ETR 引脚将定时器内部的输入门控打开。图 3.3.18 显示了通用定时器的内部组成。

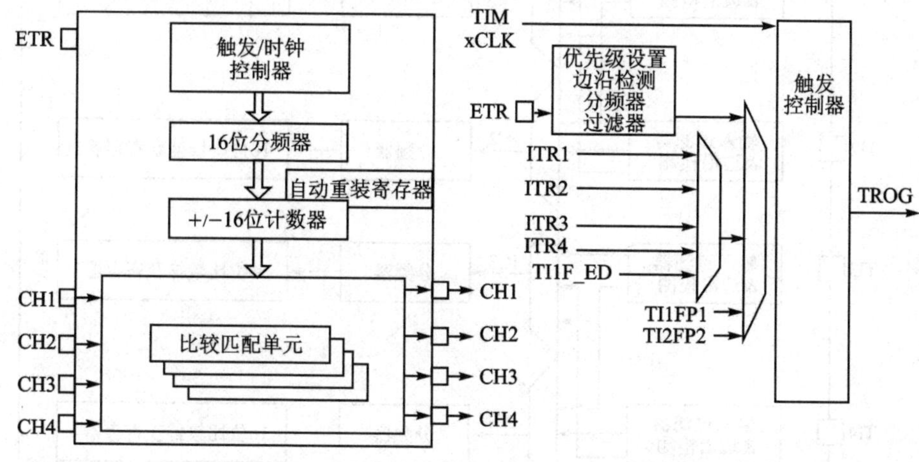

图 3.3.18　通用定时器结构组成

除了基本的计时功能之外，每 1 个定时器还带有 4 个捕获比较单元。这些单元不仅具备基本的捕获比较功能，同时还有一些特殊工作模式。如在捕获模式下，定时器将启用一个输入过滤器和一个特殊的 PWM 测量模块，同时还支持编码输入；而在比较模式下，定时器可实现标准的比较功能、输出可定制的 PWM 波形以及产生单次脉冲。在这些特殊模式下，硬件会帮助用户完成一些常用的操作。此外，每个定时器都支持中断和 DMA 传输。

1）捕获单元

如图 3.3.19 所示，通用定时器的基本捕获单元有 4 个捕获比较通道，分别有一个可配置的边沿检测器连接。当检测器检测到电平边沿变化时，定时器当前计数值就会被捕获存入 16 位捕获比较寄存器中。当捕获事件产生时，用户可以选择停止计数或复位计数器。此外，捕获事件还可以用于触发中断和申请 DMA 传输。

2）PWM 输入模式

定时器的捕获单元还可以同时使用两个捕获通道测量一个外部 PWM 信号的周期和占空比。在 PWM 输入模式下，输入信号与两个捕获通道连接。假设使用捕获通道 1、2，在 PWM 一个周期开始之后，捕获通道 2 在其上升沿将主计数器清除并开始向上计数。而随后捕获通道 1 捕获到 PWM 下降沿，此时就得到高电平周期，而当捕获通道 2 再次捕获到下一个周期的 PWM 上升沿时，就可以测量出 PWM 的周期，并将计数器清除准备进行下一次测量，整个过程如图 3.3.20 所示。

3）编码器接口

每个定时器的捕获单元都可以和外部的编码器连接。编码器接口的一个比较典型的应用是电机的角速度和转角位置的检测。图 3.3.21 显示了编码器的内部构成。

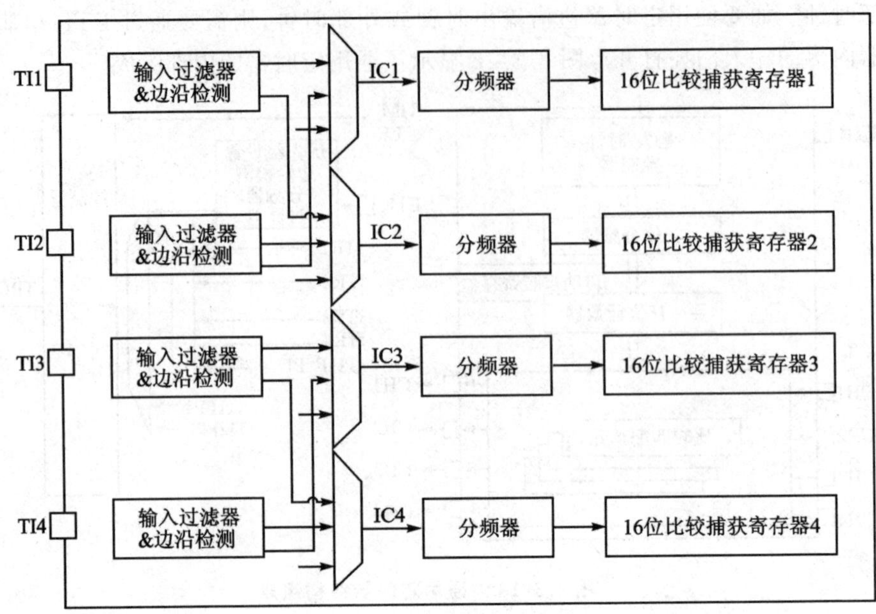

图 3.3.19　捕获单元结构组成

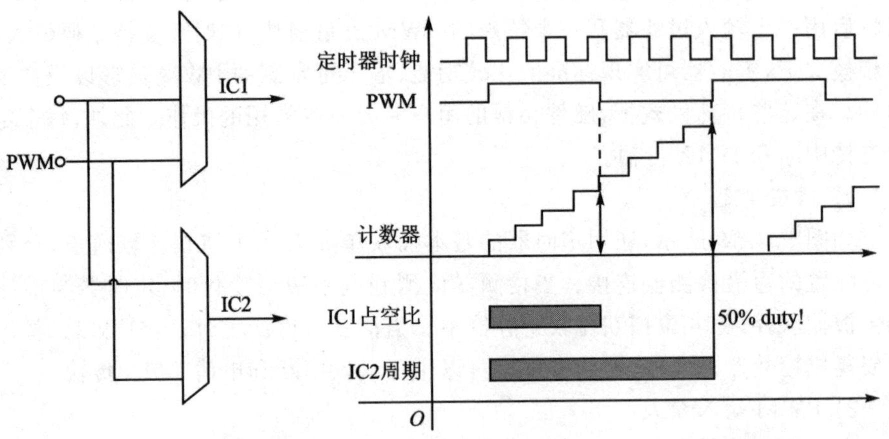

图 3.3.20　PWM 输入模式

捕获单元在编码器接口工作模式下，由捕获引脚提供定时计数器的驱动时钟，显然该计数器可以识别到电机当前转角位置。为了测量出其角速度还需要第 2 个定时器执行时间的测量工作。这样用户就可以利用这两个定时器，得知在给定的时间内计数器的计数次数，从而计算出电机的角速度。

4）输出比较

除了输入捕获通道，每个定时器单元还提供 4 个输出比较通道。在基本的比较模式下，当定时器计数值和 16 位捕获比较寄存器的值匹配时，会产生一个匹配事件。

这个匹配事件可用以改变捕获匹配通道对应的引脚电平、产生定时器复位、产生中断或申请 DMA 传输。图 3.3.22 显示了输出比较模式的一般细节。

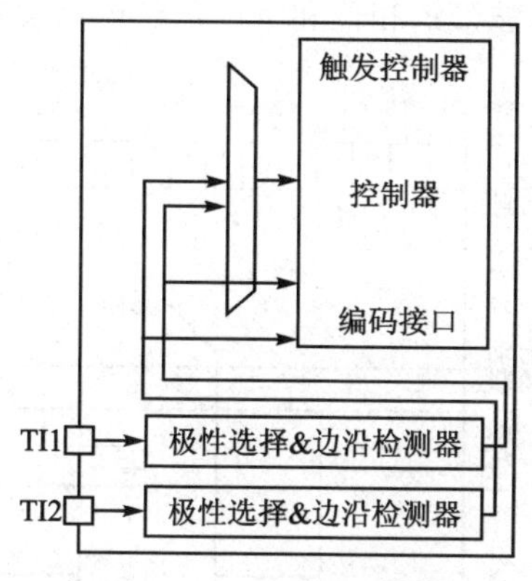

图 3.3.21 编码器接口

5) PWM 模式

在基本比较模式的基础上，每个定时器都拓展了一个专门的 PWM 输出模式。在 PWM 输出模式下，PWM 的周期在定时器自动重载寄存器（Auto Reload Register）中设置，而占空比则在捕获比较寄存器（Capture/Compare Register）中设置。每个通用定时器都可以产生最多 4 路 PWM 信号。但 STM32 定时器可以巧妙地进行联合协作，甚至可以产生多达 16 路的 PWM 信号。

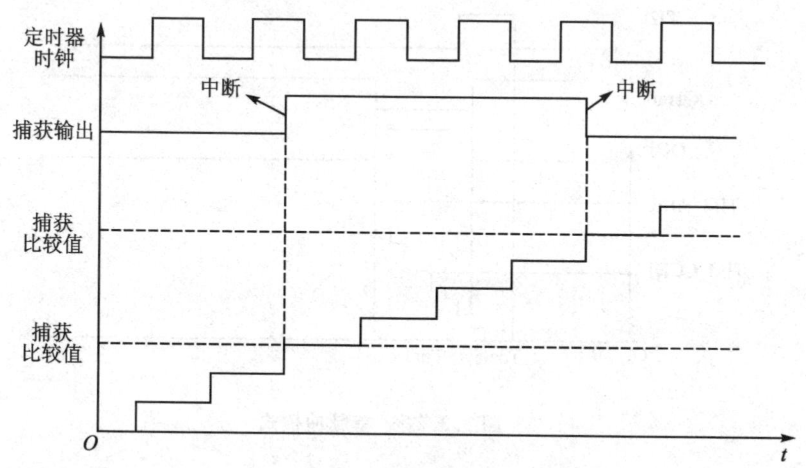

图 3.3.22 输出比较模式

每个通道都可以选择以边沿对齐或者中央对齐计数方式产生 PWM 信号。在边沿对齐模式下，每当定时器重载事件产生时会在对应引脚出现负跳变。通过改变捕获比较寄存器的值可以调整上升沿出现的时间。在中央对齐模式下，定时器从中间开始往两边计数，当匹配事件产生时在相应引脚执行翻转操作。两种 PWM 信号的产生细节如图 3.3.23 所示。

6) 单脉冲模式

通用定时器在比较模式或者 PWM 模式下，都会持续地输出连续的波形。除此之外，每个定时器都还有单次脉冲输出模式。实际上这是 PWM 输出模式的一种特殊应用。用户可以使用一个外部触发沿来启动定时器输出单次 PWM 脉冲，当然输出波形的相位和宽度都是可以设置的。图 3.3.24 显示了单脉冲模式的实现细节。

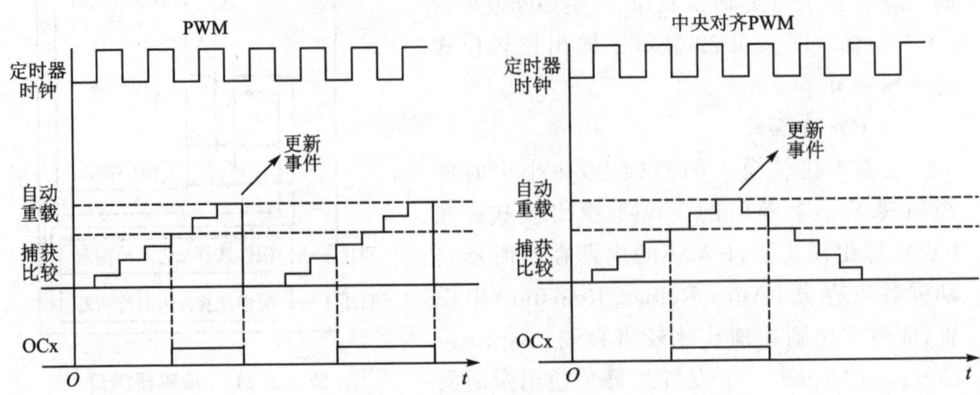

图 3.3.23　两种 PWM 模式

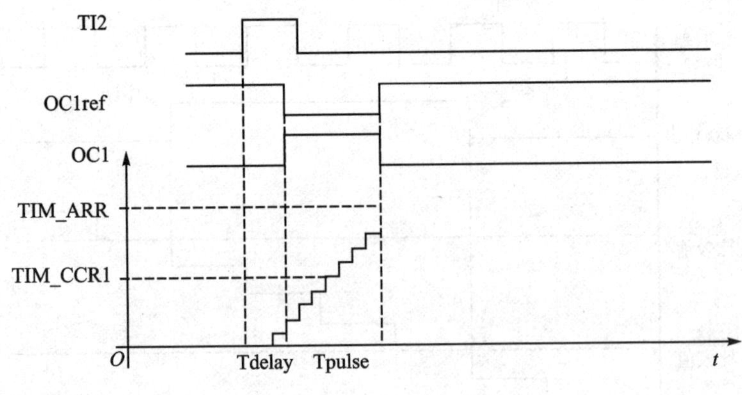

图 3.3.24　单脉冲模式

(2) 高级定时器

STM32 的定时器 1 和定时器 8 为高级定时器(定时器 8 仅部分型号的 STM32 器件拥有)。相比通用定时器,高级定时器加入一些高级的硬件特性来为电机控制提供更好的支持。高级定时器有 3 个输出通道可进行互补输出,每个通道都有可编程死区时间的功能,一共可以提供 6 路 PWM 信号。高级定时器还有一个紧急制动输入通道、一个可以和编码器连接的霍尔传感器接口。高级定时器可以广泛用于电机控制领域,如 3 相步进电机的控制。图 3.3.25 显示了高级定时器的内部组成。

1) 死区控制

高级定时器的一个重要功能是可编程死区时间,作用是在一个 PWM 输出通道关闭后另外一个互补通道开启之前插入一个延时。用户可以根据实际需求定制 3 个互补 PWM 通道的死区时间,如图 3.3.26 所示。

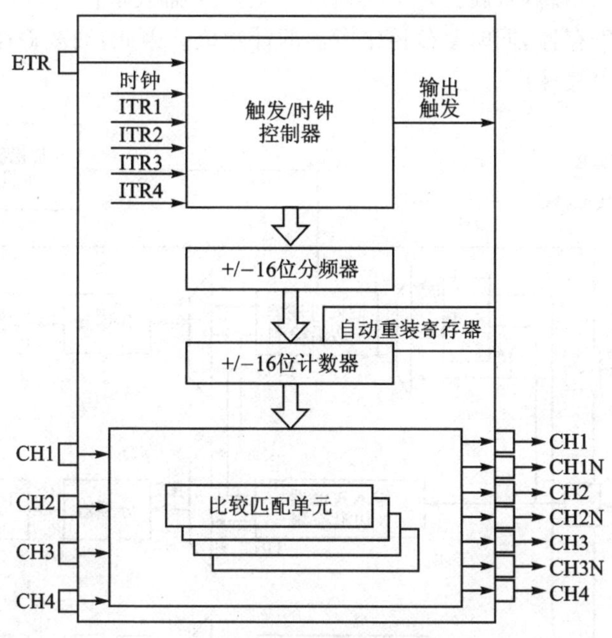

图 3.3.25　高级定时器结构组成

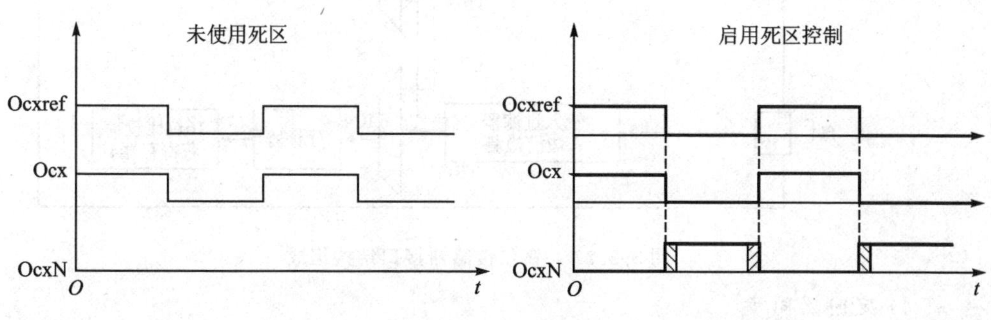

图 3.3.26　死区控制

2）紧急制动

高级定时器的 PWM 输出通道和它们的互补通道可以对制动输入做出反应。制动输入既可以来自指定的外部引脚，也可以来自监视着外部高速振荡器的时钟安全系统。制动功能完全由硬件实现，保证在 STM32 的时钟崩溃或者外部硬件发生错误时，将 PWM 输出固定在一个安全的状态。

3）霍尔传感器接口

不仅是通用定时器，高级定时器也可以方便地与霍尔传感器连接，用户可以方便地测量电机角速度。高级定时器的霍尔传感器接口组成如图 3.3.27 所示。其工作原理如下：每个定时器的前 3 个捕获引脚通过一个异或门与捕获通道 1 连接，每当电机转动掠过每个传感器,就会在捕获通道 1 上产生捕获事件。该捕获事件将当前定时值装入捕获寄存器,同时复位该定时器的计数值。因此,捕获寄存器中记录的定时值可以反馈出电机速度。

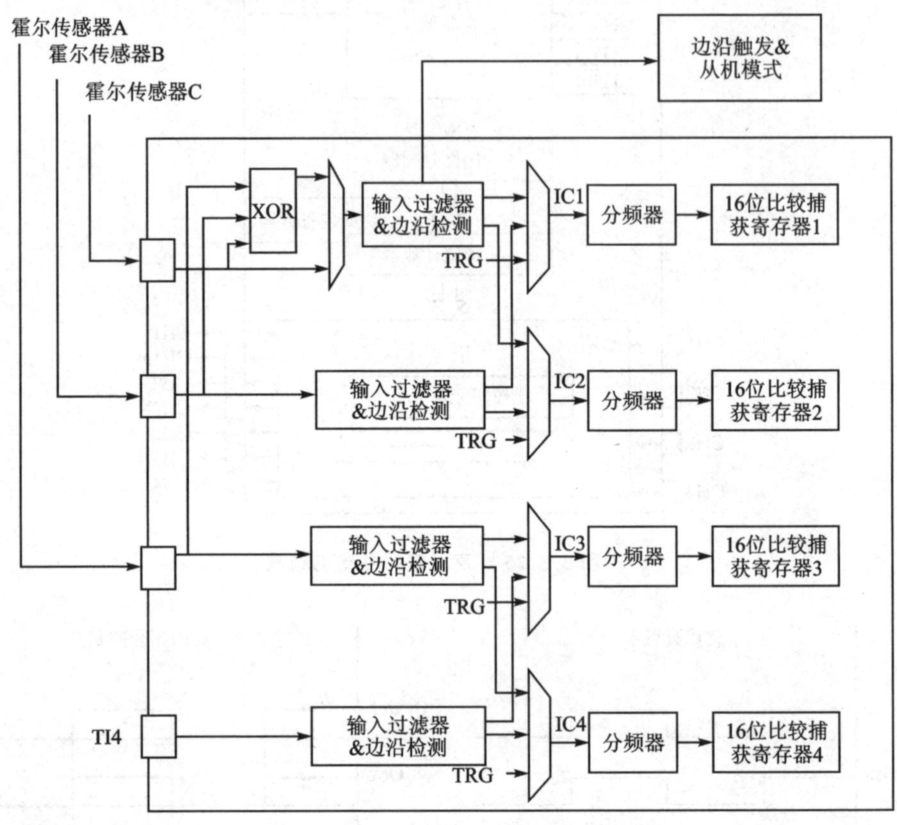

图 3.3.27 霍尔传感器接口结构组成

4) 定时器同步

每个定时器单元都是完全独立的,但它们又是可以进行同步协作的,这样可以轻易地产生复杂的定时序列,这就是定时器的同步功能。每个定时器单元都可以实现边沿输出,且这个边沿可以作为其他 3 个定时器的捕获输入源,也可以将几个定时器的输入捕获引脚相连,如图 3.3.28所示。因此,这些定时器可以使用几种不同的模式联合起来。而若使用纯软件的方式实现这样的定时序列,则所需要的代码量恐怕是相当大的。

下面列举两个例子展示两种典型的协作方式。

第 1 个例子如图 3.3.29 所示,一个定时器充当了主机的角色,而另外两个定时器在主机的驱动下工作,这样相当于 3 个定时器联合成了一个规模更大的定时器。从另一个角度来看,主机定时器可以一定的时间间隔驱动其他两个从定时器。

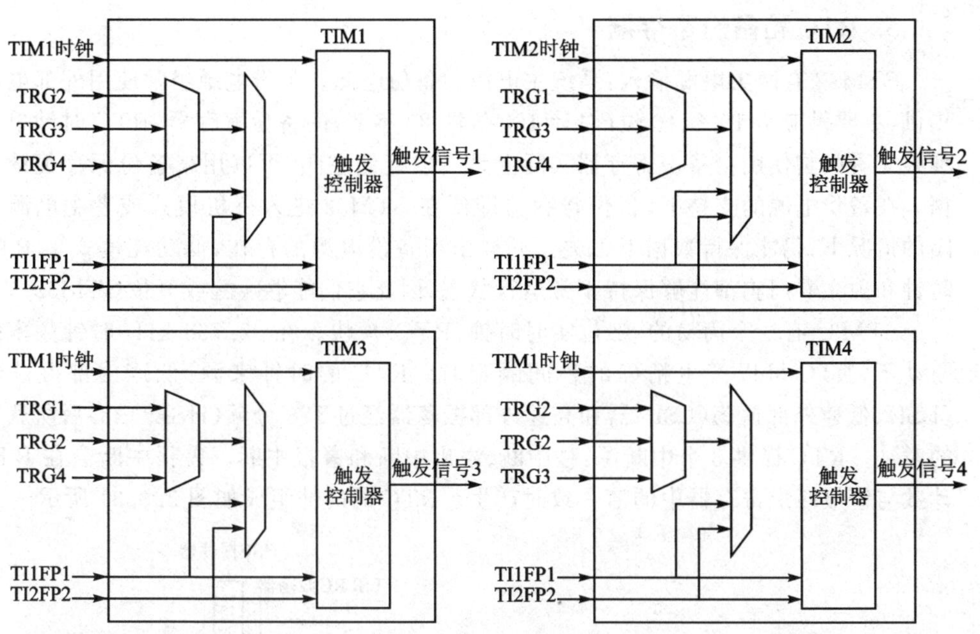

图 3.3.28　定时器同步

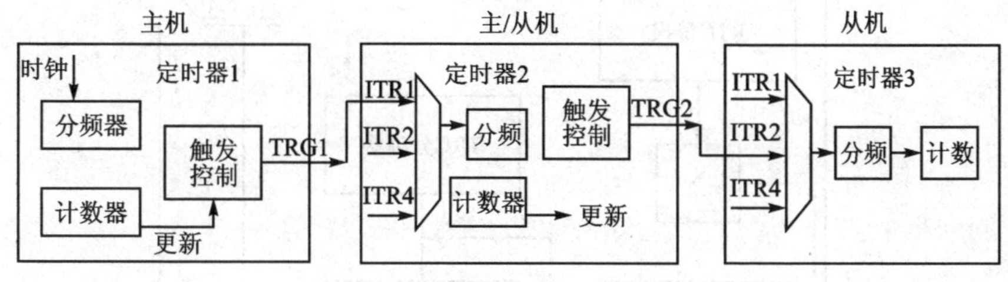

图 3.3.29　定时器同步示例 1

第 2 个例子如图 3.3.30 所示，使用一个外部边沿同时连接驱动 3 个定时器，这样可以使用 1 个外部电平实现对 3 个定时器实时的同步控制。

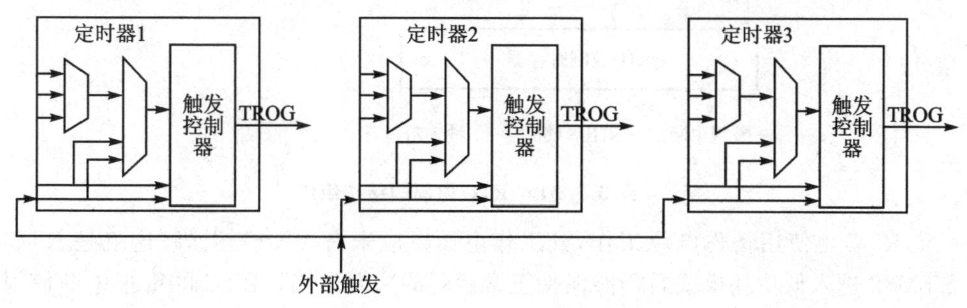

图 3.3.30　定时器同步示例 2

5. RTC 和备份寄存器

STM32 有两类电源输入:系统主电源和备份电源。备份电源经常使用外部电池提供,主要供应给 10 个 16 位(总计 160 位即 20 字节)的备份寄存器、RTC 时钟单元和独立看门狗使用。备份寄存器实际上是一段存储空间,可以用来备份保存关键数据。在备份电源的支持下,备份寄存器即便在 STM32 进入待机模式或者主电源关闭的情况下,仍能保持数据不丢失。同样由于备份电源的存在,低功耗模式下 RTC 时钟和独立看门狗都能够保持正常运行状态,因此它们能够唤醒或复位 STM32。

STM32 有一个简易的 32 位实时时钟(RTC)模块。在 32.768 kHz 时钟频率的驱动下,RTC 可以产生精确的秒间隔定时。RTC 的时钟来源:低速内部振荡器(LSI)、低速外部振荡(LSE)器和高速外部振荡器经过 128 分频(HSE/128)后所获得的时钟。RTC 提供 3 个中断源:秒中断、溢出中断和警报中断。警报中断会在 RTC 计数与警报匹配寄存器中的值一致时产生。RTC 的内部组成如图 3.3.31 所示。

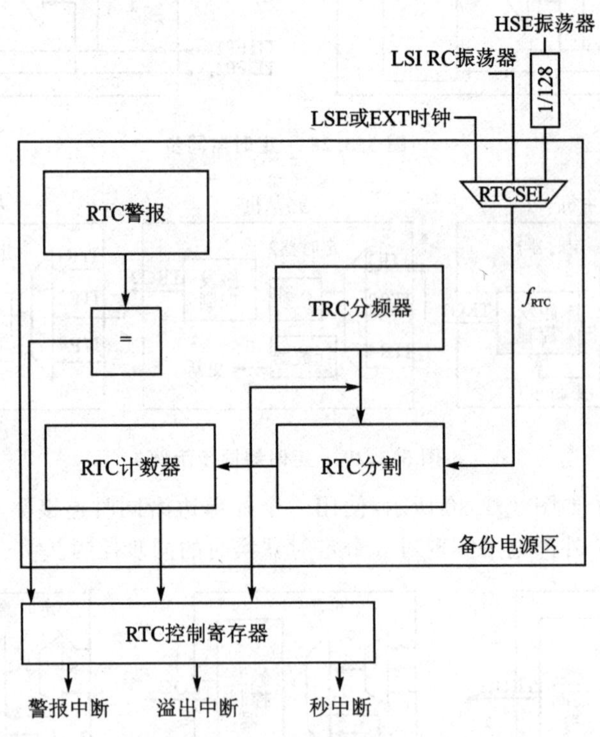

图 3.3.31 RTC 内部的结构组成

RTC 也使用备份电源工作,其工作电压供应来自 VBAT 引脚,这就是 RTC 在 STM32 进入低功耗模式后仍能保持正常运行的主要原因。RTC 的警报中断使用第 17 号外部中断通道(EXTI 17),通过该中断通道,RTC 可以产生一个中断事件来将 STM32 唤醒(因为外部中断的检测并不需要 CPU 的介入)。STM32 微控制器低功耗的工作模式里,CPU 常常处于停止运转状态,则 RTC 在 STM32 实现定时唤醒的应用中无疑扮演着关键的角色。

备份电源还支援 10 个 16 位的备份寄存器作为电源备份 SRAM。通过对 RCC 备份控制寄存器(RCC Backup Control Register,RCC_BCR)进行写操作可以清除备份寄存器的内容。对应这部分 SRAM 区,STM32 有一个外部入侵检测引脚,STM32 开始运行之后,该引脚出现的任何电平边沿都会触发入侵事件,随即备份寄存器的内容会被自动清除。用户可以在RCC_BCR 寄存器设置入侵检测引脚的初始电平状态。入侵事件可以申请入侵中断服务,用户可以在入侵中断服务程序中采取相应的软件措施来应对入侵事件。

3.3.2 通信接口

本节前半部分介绍了 STM32 的通用设备(GPIO、ADC 等),接下来要介绍的是 STM32 微控制器的 5 个通信接口设备:用于 IC 间通信的 SPI 接口和 I2C 接口,用于控制局域网通信的 CAN 总线接口,与 PC 通信的 USB 接口,还有最常见的通用同步/异步串口 USART。

1. 串行外设接口(SPI)

为了能够与其他 IC 进行通信,STM32 配备 2 个 SPI 接口,并提供高达 18 MHz 的全双工 SPI 通信。但要特别注意的是,有一个 SPI 设备接口位于满速为 72 MHz 的 APB2 高速总线上,而另外一个 SPI 设备接口则挂载在满速为 36 MHz 的 APB1 低速总线上。用户可以对每个 SPI 设备的时钟极性和相位进行定制,其发送数据的长度可以为 8 位或 16 位,还可以选择从最高位还是最低位开始发送。每个 SPI 都可以扮演主机或从机和其他 SPI 设备进行通信。图 3.3.32 展示了 SPI 的基本组成。

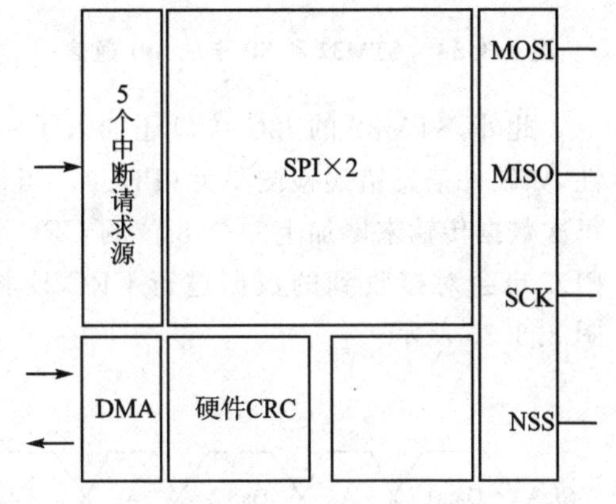

图 3.3.32 SPI 的基本组成

为了更好地发挥 SPI(最大 18 MHz)的特性,每个 SPI 设备都可以申请两个 DMA 传输通道,一个用于数据发送,一个用于数据接收。SPI 接口在 DMA 的支持下,很容易实现纯硬件运作的高速数据双向传输。除了具备基本的 SPI 特性之外,STM32 的 SPI 还包含两个硬件 CRC 单元,一个用于数据发送过程中的 CRC 校验,一个则用于数据接收过程中的 CRC 校验。每个 CRC 单元都可以进行 CRC8 和 CRC16 校验。CRC 校验功能将在 STM32 与 MMC/SD 卡进行 SPI 通信的时候发挥显著作用。图 3.3.33 显示的是 STM32 通过 SPI 接口连接 SD 卡的应用示例。

2. 两线串行总线接口(I2C)

STM32 还可以使用 I2C 总线接口与其他 IC 进行通信,扮演总线上的主机或从机。I2C 接口支持 I2C 总线上的多主机仲裁机制,支持 I2C 的标准 100 kHz,也支持高速400 kHz,还支持 7 位或者 10 位地址模式。使用 I2C 接口可以很轻易地在 I2C 总线上实现数据存取。用户要通过软件来控制 I2C 启动,实现与不同器件的通信。I2C 接口设备提供 2 个中断源:传输错误中断和数据传输期间的阶段性中断。此外,有 2 个 DMA 通道与 I2C 设备的数据缓冲区连接。若启用 I2C 接口的 DMA 支持,一旦 I2C 总线上的地址数据传输完毕,将由硬件来接管数据进出 STM32 的过程。总而言之,诸多优秀的特性使 STM32 的 I2C 成为一个高速且高效的总线接口设备。图 3.3.34 显示 I2C 设备的基本组成。

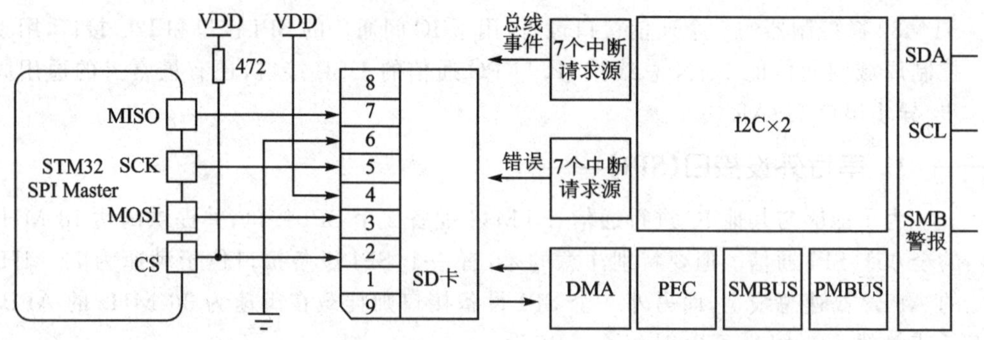

图 3.3.33 STM32 和 SD 卡的 SPI 通信

图 3.3.34 I2C 设备的基本组成

此外,STM32 的 I2C 接口还加入了一些基于普通 I2C 接口功能之上的高级特性,如硬件信息错误检测单元(PEC)。当使能 PEC 之后,I2C 接口控制器会自动在每次数据传输末尾加上一个 8 位的 CRC 错误校验字节。而在接收数据的情况下,PEC 也会对接收到的数据进行 CRC 校验,以核对发来的 PEC 错误校验字节,如图 3.3.35 所示。

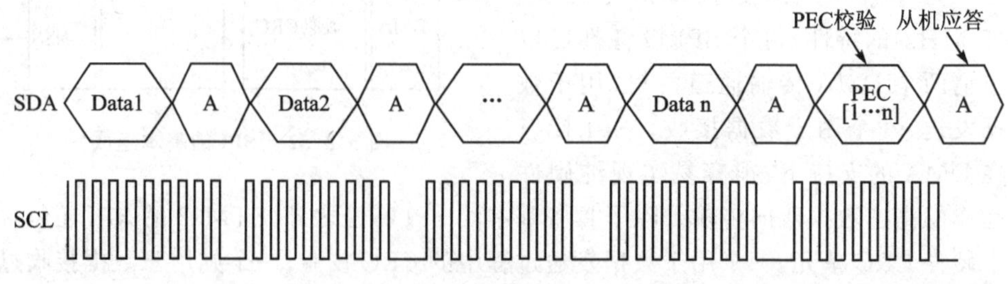

图 3.3.35 I2C 接口的 PEC 校验功能

STM32 的 I2C 接口还支持两种通信协议:系统管理总线(SMBus)协议和电源管

理总线(PMBus)协议。SMBus 是 Intel 公司于 1995 年提出的总线协议,该协议定义了符合 OSI 7 层标准网络模型的数据连接层与网络层,常用于制造商器件与 PC BIOS 之间的通信。STM32 的 I2C 接口的 SMBus 模式,在其 PEC 的基础上加入了一些支持 SMBus 的增强特性,包括支持 SMN 地址解析协议、主机报告协议和 SMBALERT 信号。PMBus 是 SMBus 协议的一个版本,在电源转换系统中用于对电源系统进行设置、编程及实时跟踪。

3. 通用同步/异步串行接口(USART)

通用同步/异步串行通信口在绝大多数 PC 上都被取消了,但在嵌入式芯片中,USART 仍然是使用得最广泛的一种通信接口。强大的功能和易用性决定了 USART 仍会在未来嵌入式应用中沿用多年。STM32 配备了 3 个增强型 USART 接口,并都支持最新的通信协议。每个 USART 的最大通信速率为 4.5 Mbps。STM32 的 USART 是一个可全面定制的串行通信口,其数据长度、停止位和波特率等都是可以设置的。3 个 USART 中,其一挂载于 APB2 总线上,另外两个则挂载在 APB1 总线上。图 3.3.36 显示了 USART 的结构组成。

每个 USART 的波特率产生器可以产生精确到小数级别的波特率,精度远比通过简单的时钟分频器来得高。重要的是,无论时钟源来自何方,波特率产生器都能保证波特率的精度。和其他通信接口设备一样,每个 USART 都配备了两个 DMA 通道,用以接管 USART 数据寄存器和内存之间的数据进出。STM32 的 USART 支持数种特殊通信模式,也可以使用 Tx 单线实现半双工通信。每个 USART 都有额外的 CTS 和 RTS 控制通道,可实现调制通信和硬件流控制。图 3.3.37 显示的是两个 USART 接口实现半双工通信的连接方式。

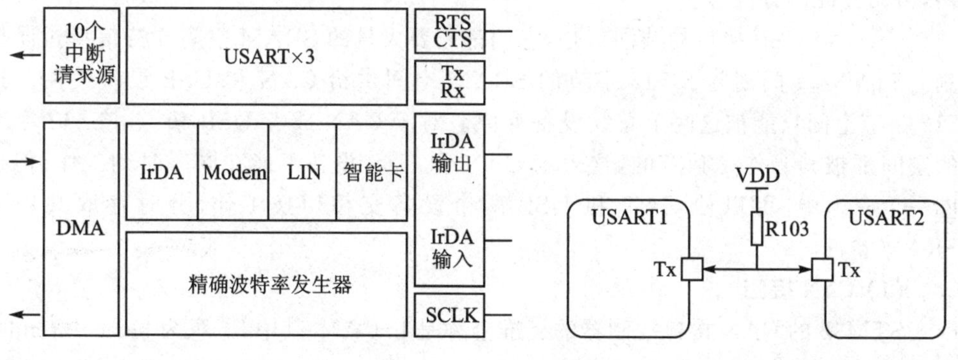

图 3.3.36　STM32 的 UASRT

图 3.3.37　UASRT 的半双工通信连接方式

每个 USART 还可以用作 LIN 总线(也称“内联总线”)控制器,LIN 是一种汽车标准协议总线,一般用于布设低成本的控制器网络。USART 还可以遵守红外通信协议标准,用作红外串行编码/解码器。若以 1.4～2.12 MHz 的时钟驱动 USART,并使用半双工 NRZ 调制模式,则该红外串行总线的最大速率为 115 200 bps。此外

USART 还支持智能卡模式,遵守 ISO 7618 – 3 协议标准。图 3.3.38 显示了 USART 的几种工作模式。

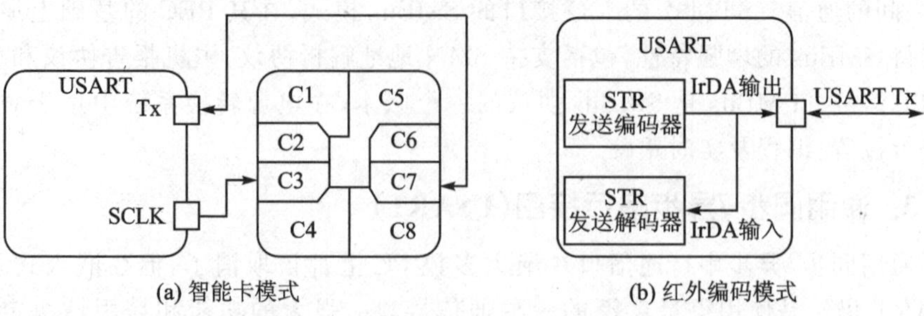

图 3.3.38 USART 的智能卡模式和红外编码模式

为了更好地发挥 USART 的高通信速率,USART 还支持同步通信,可以与 3 线 SPI 总线连接,如图 3.3.39 所示。在这种模式下,USART 作为 SPI 的主机,其时钟极性和相位也都是可设置的,因此它可以和任何 SPI 从机进行通信。

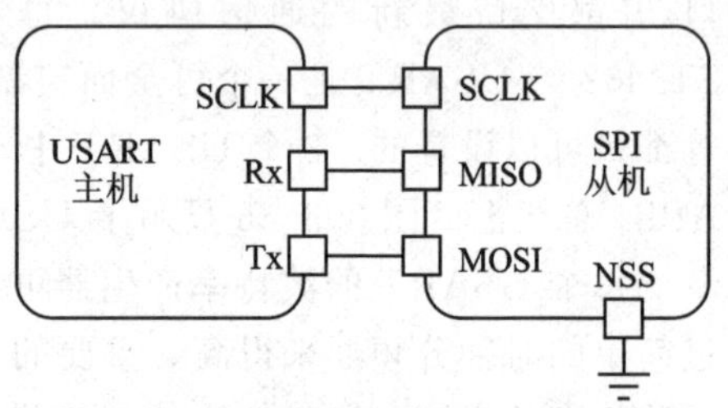

图 3.3.39 USART 与 SPI 从机进行通信

4. CAN 接口和 USB 接口

除了 SPI、I2C 和 USART 外,STM32 还有两个通信接口设备:CAN 总线接口和全速 USB 接口。无论是 CAN 还是 USB,其通信协议都有相当的复杂度。在对这些协议具有一定理解之前,读者应该首先阅读有关 CAN 和 USB 通信接口协议的书籍,再阅读此部分内容。

CAN 和 USB 接口的共同点是,它们都需要大量的 SRAM 空间支持信息过滤机制。STM32 专门划分了 512 字节的 SRAM 空间供给 CAN 和 USB 设备使用。这 512 字节空间只能被这两个总线设备存取。对于 CAN 或者 USB 来说,该 512 字节的空间都被其当作是独有的,这表示 CAN 和 USB 设备不能在同一时刻工作;但在同一个应用中,可以使 CAN 和 USB 两个设备交替切换工作,分时存取共用的 SRAM 空间。

(1) CAN 接口

STM32 的 CAN 接口控制器的标准全称是 bxCAN,其中 bx 意为 basic extended 的缩写,指标准拓展。bxCAN 支持 CAN 2.0A 和 CAN 2.0B 协议,具备标准 CAN 节点的全部特性,最大传输速率可达 1 Mbps。bxCAN 还拓展了时间触发通信模式(TTCAN)。TTCAN 模式支持信息自动重传,并在每一帧信息的结尾加上信息时间戳,完全可以满足硬实时要求,足以应付紧急状况。图 3.3.40 显示了 bxCAN 接口的内部组成。

一般来说,标准的 CAN 接口设备配备单一的发送缓冲和接收缓冲,而功能更强的 CAN 接口设备有多重数据发送缓冲和接收缓冲。bxCAN 则结合了以上两种结构特性，包含 3 个发送邮箱和 2 个接收邮箱，同时每个接收邮箱都有一个 3 级消息深度的 FIFO，这种设计的实现可谓是历史性的，因为其宣告了“CAN 接口设备要实现小尺寸就必须以低性能为代价，要实现高性能则要耗费大量硅片面积”的这一半导体制造行业尴尬局面的终结。图 3.3.41 显示了 bxCAN 的发送缓冲结构。

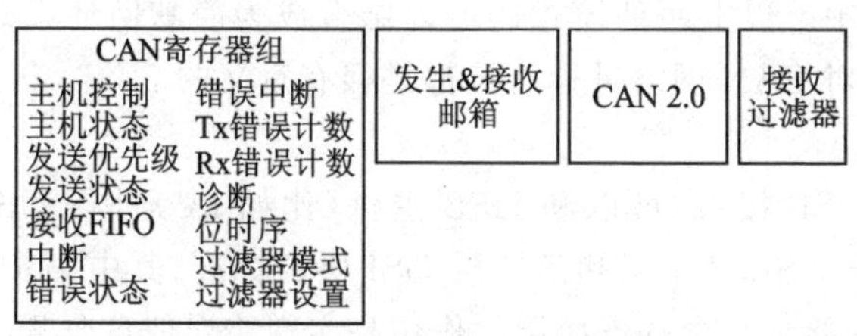

图 3.3.40 bxCAN 接口的内部组成

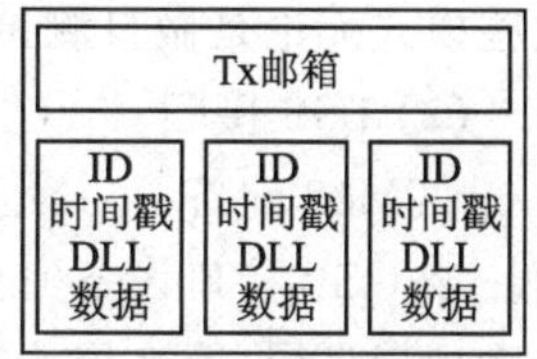

图 3.3.41 Tx 邮箱机制

bxCAN 的第 2 个重要特性在于接收过滤器的设计。CAN 总线网络是一种广播式的网络，每个网络上的节点把总线上的每个消息都接收进来，即一点对多点。而 CAN 网络节点的复杂性，决定了 CAN 总线上必然会有大量的数据进行传输。因此，CAN 节点的 CPU 将会耗费极大量的时间对每个接收到的信息做出反应，这样就极大地增加了 CPU 的负担。为了应对这种情况，STM32 的 bxCAN 配备了一个信息过滤器，把不需要的信息全部过滤掉，只保留用户指定的信息。STM32 的 CAN 接口控制单元拥有一个过滤器组，共有 14 个信息过滤器，利用过滤器组可以将具有特定标识的信息筛选出来，而其他信息全部丢弃，这样就将信息过滤工作从 CPU 转移到了过滤器上，极大地解放了 CPU。

每个过滤器包含 2 个 32 位寄存器。每个过滤器都具备 4 种过滤模式。一般情况下用户向寄存器中写入某指定 ID。当一个消息来临时，此消息的 ID 必须符合过滤寄存器写入的 ID，否则将被丢弃掉。根据 CAN 消息 ID 的两种格式(11 位标准帧格式和 29 位拓展帧格式)，过滤寄存器有两种配置方法：一是向 32 位寄存器写入 29 位拓展帧 ID；二是将 32 位寄存器分为两半，分别写入 11 位标准帧 ID。如此可知第 2 种模式中，一个过滤器可以设置的消息 ID 数为第 1 种的 2 倍。

另外一种常用过滤模式里，首先向一个过滤器的 2 个 32 位寄存器中的第 1 个写入消息 ID，同时向第 2 个寄存器写入比较屏蔽位。这样过滤器将根据比较屏蔽位的屏蔽情况来进行信息过滤。这种模式下过滤器不再只筛选单一信息，而是可以筛选具有一定相同点的一组信息。当一则消息通过了过滤器，消息会连同过滤器标识号一起被存入接收 FIFO 中。通过这种方式，用户不需要再使用软件的方法对 CAN 总线上收到的信息进行解读判断，过滤器保证了每一则收到的信息都是用户想收到的。

所有的 CAN 控制器都有两种运行模式：普通模式，用于接收和发送数据；初始化模式，用于设置通信参数。STM32 以低功耗模式运行时，bxCAN 的时钟处于停止状态,但此时消息邮箱寄存器仍然是可存取的。当 bxCAN 在总线上检测到激活信号的时候,它就会从睡眠状态中唤醒——当然用户也可以用软件的方式将其唤醒。CAN 的普通模式下又分为两种模式:第 1 种为静默模式,CAN 控制器只能接收数据而无法发送数据,也不能产生错误帧和信息应答位;在仅需要监控 CAN 网络的工作状态时非常有用。第 2 种为回环模式,一般用于进行自测试,此模式下 bxCAN 发送的信息将进入自身的接收缓冲中。以上两种模式还可以结合成为静默回环模式等,这些模式无论是做自测试还是对 CAN 网络进行监控都是很有意义的。

(2) USB 接口

STM32 配备了一个全速 USB 接口,可以和 USB 主机(比如 PC)进行 USB 通信。该 USB 接口设备完全遵守 USB 第 1 层和第 2 层 OSI 协议标准,其中第 1 层称为物理接口层,第 2 层为数据连接层。数据连接层的作用是实现错误信息监测(类似前面提到过的 PEC)和信息重传机制。该 USB 设备还支持低功耗模式,可以实现中止运行和返回运行操作。

USB 接口设备最多支持 8 个节点,用户可以将其设置为控制节点、中断节点、批量传输节点或同步传输节点。每个节点包缓冲都位于与 bxCAN 设备共用的 512 字节 SRAM 里面。图 3.3.42显示了 STM32 USB 的整体结构。

图 3.3.42 USB 的整体结构

当 USB 初始化完成之后,软件代码会将这部分 SRAM 隔离起来,只有 USB 设备能够对这部分 SRAM 进行存取。USB 的 SRAM 会根据存储在 SRAM 里面的缓冲描述表被划分成数个节点缓冲。每个节点缓冲都具有一个 SRAM 起始地址和一个既定的长度。每个被激活的控制节点、中断节点或批量传输节点都会分配到一个节点缓冲包,而同步传输节点则会分配到 2 个节点缓冲包(双缓冲)。所以同步传输模式下,USB 可以在接收数据的同时进行数据处理。双缓冲机制一般用以支持实时数据传输,比如音频数据。总结起来就是,USB 与 CAN 控制器共用 512 字节 SRAM 空间存储数据包,在初始化期间,这部分 SRAM 空间会划分成单一缓冲供给每个处于激活状态的节点使用。但同步传输节点使用特殊的双缓冲机制,可以在接收新一包数据的同时处理上一包数据。

STM32 的 USB 接口优势还体现在软件开发应用层面。一般情况下,在进入某个具体的 USB 接口的实质开发阶段前,开发人员需要耗费相当的时间和精力对该 USB 接口的特点和应用特征进行了解,这无疑将增加产品开发和维护的成本。ST 公司针对这一情况向开发人员提供了一个 USB 开发工具包,利用这个工具包开发人员可以完成对 USB 进行设备枚举等重要工作,还可以直接实现一些常见应用,比如人机接口设备(Human Interface Device,也即常说的 HID 设备,如 USB 鼠标)、大容量存储方案、音频接口、虚拟串行端口等。应用该 USB 开发工具包,可以大大提升开发人员的 USB 应用开发速度。

3.4 STM32 也论低功耗

STM32 不仅是一个高性能微控制器，还支持多种低功耗运行模式。STM32 在高性能和低功耗之间取得了很好的平衡点，如果使用得当，无论是睡眠模式、停机模式还是待机模式都会明显地降低 STM32 的功率消耗，同时性能仍保持在一个高水平线上，非常适用于手持设备应用。在第 2 章中，用户已经知道 Cortex－M3 处理器进入低功耗模式后，无论是 CPU 还是 Cortex－M3 处理器都处于停止运行状态，而且只消耗极小的电流。当 Cortex－M3 处理器进入低功耗模式后，它会向其外围的微控制器发出一个 SLEEPDEEP 信号，驱使控制器也进入低功耗模式。使 Cortex－M3 CPU 进入低功耗模式可以通过两条指令：WFI 或 WFE 指令。而控制器部分进入哪一种低功耗模式则取决于电源控制寄存器（Power Control Registers）中的设置参数。在后续几个小节里将介绍 STM32 的几种运行模式，并对它们的功率消耗和唤醒时间做一个横向的对比。

3.4.1 运行模式

STM32 在运行模式下，将一直处于指令执行状态，此时它的功率消耗是最高的。如何来降低此种状态下 STM32 的功耗？STM32 的所有特性都是通过代码运行来体现的。这就意味着可以先以低功耗、低性能状态运行后台代码，然后当某一中断或程序时间产生时，切换到高功耗、高性能状态运行前台代码，这是一种较为简单的降低功耗的思路。

在普通运行模式期间，Cortex－M3 处理器和大部分型号的 STM32 器件都可以运行在72 MHz 频率下。此时，STM32 整体的电流消耗将超过 30 mA。降低其整体功耗的第 1 个办法是关闭未使用的外设的驱动时钟。这些外设时钟随时可以通过设置复位时钟控制组（RCC）来关闭。此外，将系统时钟降频会极大地降低整体功耗。当用户不需要那么快的运行频率时，可以关闭 PLL，直接使用 HSE 驱动 STM32。而关闭 HSE，转而使用内部 HSI 振荡器直接驱动 STM32 可以得到更好的低功耗效果。但使用 HSI 的缺点是：相对于 HSE 来说并不是很准确。如果在项目中未使用到窗口看门狗（WWDG）和实时时钟（RTC），还可以将 LSI 关闭以省下最后一点点功耗。

如果使用 8 MHz 的 HSE 直接驱动 STM32，还可以将 Flash 预取缓存功能关闭，并打开半周期运行模式。这样做的好处是降低运行模式的整体功耗，但会在 Flash 存取过程中产生额外的等待周期，损失了 CPU 的效率。表 3.4.1 是各种 Flash 预取缓存配置下的功耗值。

表 3.4.1　各种 Flash 预取缓存下的功耗值

APB1	APB2	外　设	频率/MHz	预　取	半周期	WFI	振荡器	25 ℃典型电流消耗值/mA
DIV4	DIV2	全部	72	开启	关闭	关闭	HSE	33.15
DIV8	DIV8	全部	72	开启	关闭	关闭	HSE	27.75
DIV8	DIV8	USART	72	开启	关闭	关闭	HSE	23.65
DIV4	DIV2	USART	8	开启	关闭	关闭	HSE	8.65
DIV4	DIV2	USART	8	关闭	关闭	关闭	HSE	8.48
DIV4	DIV2	USART	8	关闭	关闭	开启	HSE	1.68
DIV4	DIV2	USART	8	关闭	关闭	开启	HSI	0.9

3.4.2　几种低功耗模式

在对 STM32 的运行模式做了尽可能多的低功耗措施之后,可以将其整体电流消耗降低到 8.5 mA 左右。如果要得到更低的功耗,就要借助 STM32 的低功耗模式了。STM32 的低功耗模式有 3 种,分别为睡眠模式、停机模式和待机模式,其中停机模式又常称为深度睡眠模式。显然 STM32 的 3 种低功耗模式中,睡眠模式功耗最高,而待机模式则拥有最低的功耗。

此外电池备份 RAM 和 RTC 模块使用备份电源工作,当 STM32 进入任何一种低功耗模式时,备份 SRAM 和 RTC 模块都可以保持正常工作状态。此时 3.3 V 备份电源的电流消耗大概在 1.4 μA。

1. 睡眠模式

STM32 的第 1 种低功耗模式是睡眠模式。默认情形下,当 Cortex - M3 处理器遇到 WFE 或 WFI 指令时会停止内部时钟,中止程序代码的执行。虽然内核停止工作了,但其外设还在继续工作,直到某个外设产生事件或中断请求,Cortex - M3 内核才会被唤醒,STM32 就此退出睡眠模式。如果 STM32 在打开全部外设并使用最高主频运行的情况下进入睡眠模式,将会有 14.4 mA 左右的电流消耗。但如果在 STM32 进入睡眠状态之前采取以下措施:除了保留将要唤醒 Cortex 内核的外设的时钟之外,关闭所有外设时钟,并开启内部 HSI(可以将其设置为 1 MHz 或更低)后,STM32 的睡眠电流消耗将只有 0.5 mA 左右,外设对功耗的影响如表 3.4.2 所列。

2. 停机模式

如果用户将 Cortex - M3 处理器的电源控制寄存器(Cortex Power Control Register,Cortex_PCR)中的 SLEEPDEEP 位置位,然后将 STM32 电源控制寄存器(STM32 Power Control Register,STM32_PCR)中的 PDDS(Power Down Deep Sleep)位清除,就完成了 STM32 停机模式的设置。

表 3.4.2　外设对功耗的影响一览

运行情况	f_{HCLK}/MHz	所有外设开启	所有外设禁止	单　位
使用 HSE,AHB 分频开启	72	14.4	5.5	mA
	48	9.9	3.9	
	36	7.6	3.1	
	24	5.3	2.3	
	16	3.8	1.8	
	8	2.1	1.2	
	4	1.6	1.1	
	2	1.3	1	
	1	1.11	0.98	
	0.5	1.04	0.96	
	0.125	0.98	0.95	
使用 HSI,AHB 分频开启	64	12.3	4.4	
	48	9.3	3.3	
	36	7	2.5	
	24	4.8	1.8	
	16	3.2	1.2	
	8	1.6	0.6	
	4	1	0.5	
	2	0.72	0.47	
	1	0.56	0.44	
	0.5	0.49	0.42	
	0.125	0.43	0.41	

停机模式设置完毕后,CPU 一旦遇到 WFI 或 WFE 指令就会停止工作,HSI 和 HSE 也进入关闭状态。但 Flash 和 SRAM 仍然保持电源供应,所以此时 STM32 的所有工作状态仍然是保留着的。和睡眠模式一样,停机模式也可以通过外设中断唤醒。然而在停机模式下,除了外部中断控制单元,所有设备的时钟都被禁止了,只能通过在 GPIO 引脚上产生电平边沿触发外部中断的方式来将 STM32 从停机状态下唤醒。而前面也曾提到过,外部中断通道除了与 GPIO 连接,还和 RTC 时钟的报警事件连接,加之 RTC 的计数时钟并非来源于 STM32 的设备总线(而是直接来自 LSI 或 LSE),因此还可以使用 RTC 模块实现定时将 STM32 从停机状态中唤醒。

一旦 STM32 进入停机模式,其电流消耗将从运行模式的 mA 级降至 24 μA 左右。在停机模式的基础上,STM32 还可以通过内部电压调整器调整其内核工作电压来达到更低的功耗。通过设置 STM32_PCR 中的 LPDS 位可以使 STM32 的内核也进入低功耗模式。这样STM32的整体电流消耗进一步下降到14 μA,但如果开启RTC,则需要多消耗1.4 μA电流。

开发人员在进行STM32的低功耗应用设计时,为了最大限度地节省功耗,应该尽可能频繁地使STM32进入睡眠状态。此时就需要特别关注STM32从退出停机模式到恢复正常运行状态期间所需要消耗的时间。当STM32内核的工作电压为标准值,则退出停机模式最多需要5.5 μs;而当STM32内核也进入低功耗模式时,则最多需要7.3 μs来退出停机模式。表3.4.3罗列了STM32在使用HSI振荡器时由停机模式返回至正常运行态的耗时情况。

注意:这里STM32内核是指STM32除去外设后的剩余部分,其意思不完全等价于Cortex-M3内核,请回想STM32的整体架构组成。

表3.4.3　STM32在使用HSI振荡器从停机模式恢复所需唤醒时间

恢复时间/μs	恢复后的	备　注
3.52	返回正常模式	从停机模式恢复后返回正常模式
5.42	返回正常模式 + WFI指令	从停机模式恢复后返回正常模式,并执行WFI指令
5.32	返回低功耗模式 + WFE指令	从停机模式恢复后返回低功耗模式,并执行WFE指令
7.21	返回低功耗模式 + WFI指令	从停机模式恢复后返回低功耗模式,并执行WFI指令

3. 待机模式

将Cortex_PCR中的SLEEP位置位,再将STM32_PCR的PDDS位置位后,STM32的待机模式就设置好了。CPU执行WFI或WFE指令后,STM32就进入了它的最低功耗模式:待机模式,如表3.4.4所列。在待机模式下,STM32完全处于关闭状态:内核电源、HSE、HSI都处于关闭状态。此时STM32仅消耗2 μA电流。

和停机模式一样,用户也可以使用RTC的报警事件来将STM32从待机模式中唤醒,也可以通过STM32的外部复位引脚,或通过独立看门狗产生的复位信号将其唤醒,还可以通过在GPIOA.0引脚产生一个上升沿来唤醒STM32,但前提是该引脚必须事先设置为唤醒引脚(Wake Up Pin)功能。待机模式作为STM32的最低功耗模式,其退出时间长达50 μs。一旦进入待机模式,所有的SRAM数据、Cortex-M3处理器的寄存器和STM32的寄存器内容将全部丢失。简单地说,从待机模式中唤醒后,相当于得到一个硬件复位的效果。

表3.4.4　STM32待机模式下的电流消耗情况

STM32运行情况	VDD/VBAT=2.4 V	VDD/VBAT=3.3 V	单位
HSI、LSI、看门狗和RTC关闭	N/A	2	μA
LSI和RTC开启	1.08	1.4	

3.4.3 调试支持特性

传统的微控制器系统，在其低功耗模式下进行软件调试是一件十分令人痛苦的事情。原因是一旦微控制器进入低功耗模式后，它往往就无法再对调试工具保持正常地响应，结果必然是发生硬件响应错误或者调试工具停止工作。然而在进行 STM32 的软件调试过程中，开发人员只要在 STM32 进入任意一种低功耗模式时保证 HSI 振荡器仍然处于工作状态，为其内部的 CoreSight 调试系统提供驱动时钟，即可避免上述尴尬情况。这样开发人员即便在 STM32 进入低功耗模式时，仍然可以对应用代码随心所欲地进行跟踪调试。最后，开发人员还可以通过对 DBG_MCU 寄存器进行设置，进一步享用 STM32 更完善而强大的调试特性。

3.5 为 STM32 保驾护航

3.5.1 一些安全特性

STM32 还有一系列的安全特性来捕捉 STM32 发生软硬件运行错误的时刻，以下是 STM32 的一部分安全特性：

- 为了确保有一个可靠的电源供应，STM32 拥有内部复位电路，当电压低于 VDD 下限值时会将器件置于复位状态。STM32 内部还有一个可编程的电压检测电路，可以在电源即将崩溃前检测到异常状况。当检测到电源异常时，该电压检测电路将产生一个中断信号将 STM32 器件锁定在一个安全的状态。
- STM32 带有的时钟安全系统（Clock Security System，简称 CSS）会监视 HSE 振荡器，一旦 HSE 无法正常提供时钟脉冲，CSS 会强制 STM32 转而使用 HSI 振荡器。
- STM32 的两只看门狗会即时监测当前程序的运行状况，并在程序运转异常时对 STM32 产生一次复位操作。但有两个前提，首先窗口看门狗必须以一定的时间间隔进行刷新；其次独立看门狗必须使用和主系统时钟不一样的时钟源。
- STM32 的片上 Flash 可以在 85 ℃下保持 30 年数据不丢失，显著领先于其他同类微控制器。

以上这些安全特性虽然不适合在对安全性要求极高的场合应用，比如要求软件代码有高度的完善性，或者要求看门狗部件必须外置等，但 STM32 可以胜任一些既要求对自身有安全性保障措施，又要求硬件尽量少的应用场合，比如航天工业和汽车电子系统。无论如何，从保持硬件简洁性、低成本的角度来看，STM32 微控制器达到的绝对是一个令人侧目的高度。

3.5.2 复位控制

如图 3.5.1 所示，除了外部复位引脚，STM32 还有数个复位源，它们分别是：内部看门狗、通过 NVIC 产生的软件复位、上电/掉电复位、低电压检测电路也可以产生复位信号。当复位事件发生时，RCC 寄存器中的一系列标志位会被置位，这些标志位的值一直会保持到下一次上电或再一次产生复位事件之前，因此用户可以从这些标志位判断出复位源。此外，用户可以通过对这些标志位写"1"来清除它们。

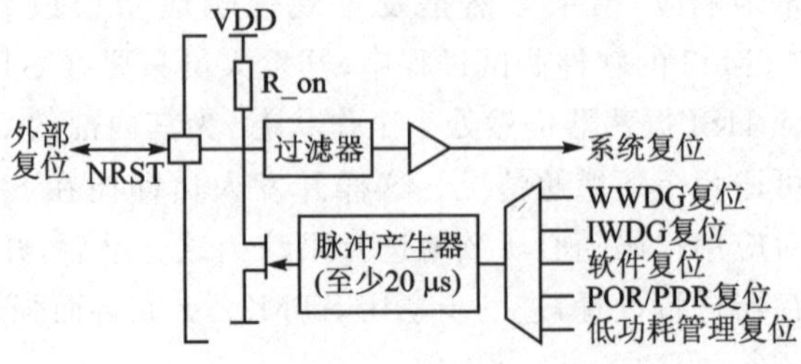

图 3.5.1 STM32 的各个复位源

3.5.3 电源检测

STM32 可以监视自身的内部电源供应情况，通过一个电源检测单元(Power Voltage Detect，简称 PVD)实现。PVD 的电压阀值可以通过软件进行设置，调整范围 2.2～2.9 V，精度为 0.1 V，用户可以在电源控制寄存器(STM32 Power Control Register)中进行相应设置。

此外，PVD 单元与外部中断单元的 16 通道连接，当 STM32 的内部电源过低时，对应的外部中断通道将此视为检测到一个负的电平跳变。如此一来，PVD 在监测到电压低于阀值时，也就意味着通过外部中断通道产生一个中断请求，将在对应的中断服务中执行用户预先准备好的服务程序。但 PVD 对电压的检测有 100 mV 左右的延时，如图 3.5.2 所示，开发人员在进行程序开发时不应忽略这一点。

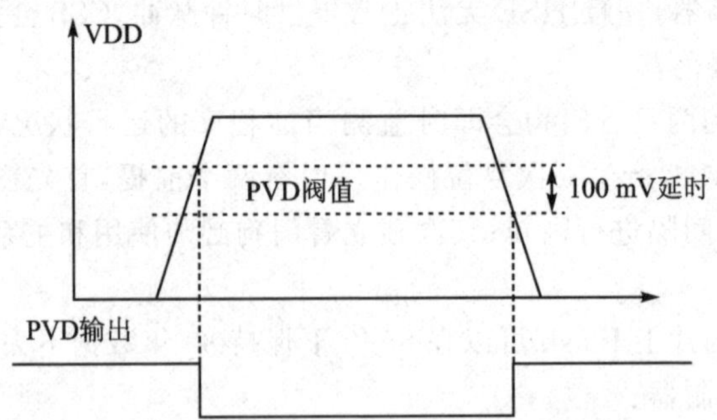

图 3.5.2 PVD 检测单元有 100 mV 左右的延迟

3.5.4 时钟安全系统

在大部分 STM32 应用中，主系统时钟一般供给 Cortex－M3 处理器使用，而

STM32 的外设使用 HSE 引脚输入的时钟(因此 Cortex-M3 处理器停止运行了但是外设仍然能够工作)。STM32 的时钟安全系统(CSS)会监视 HSE 的状况,一旦 HSE 失效,CSS 会将内部 8 MHz 振荡器(HSI)切换为系统主时钟。图 3.5.3 显示了 CSS 的内部结构。CSS 可通过配置 RCC 寄存器的第 19 位来启用,如图 3.5.4 所示。

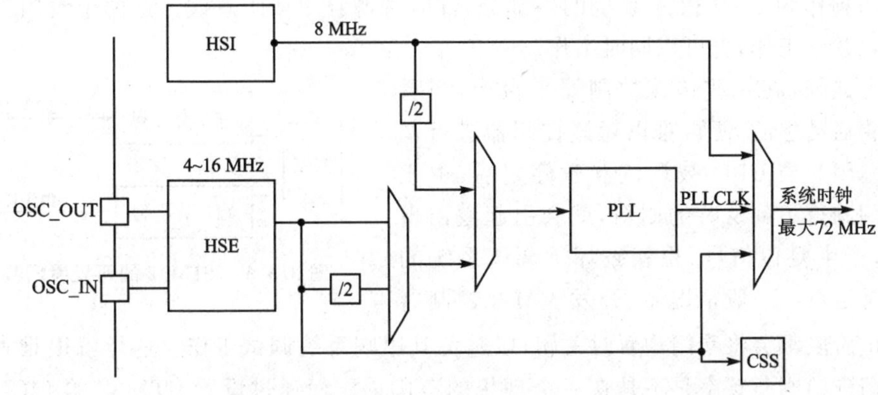

图 3.5.3 时钟安全系统 CSS 的内部结构

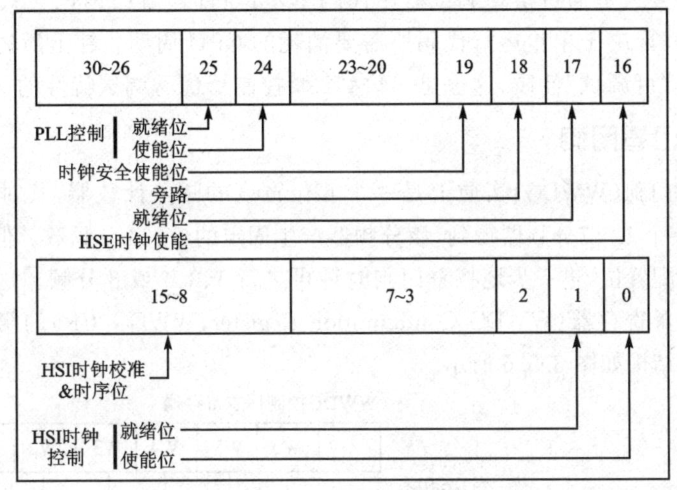

图 3.5.4 在 RCC 寄存器打开 CSS

CSS 中断和高级定时器的紧急制动中断共用一个中断通道,重要的是它们都是不可屏蔽中断。当主时钟失效时,高级定时器输出的 PWM 信号会马上被中断服务锁定在一个预置好的电平状态。加上 CSS 的控制作用之后,任何由高级定时器 PWM 信号驱动的硬件都必须确保正处于控制器的控制之下才能运行。这样无论 STM32 微控制器处于电机系统中的控制端还是被控制端,都能提供绝对安全的保障。这在电机控制应用中显得尤为重要,因为一旦驱动源(PWM 信号)或被驱动器件(如电机)出现失控状态,就可能会造成重大损失。

3.5.5 看门狗

STM32 配备两个看门狗单元模块,分别是窗口看门狗和独立看门狗。如图 3.5.5 所示,独立看门狗相对 STM32 主系统来说是完全独立的,使用 LSI 时钟驱动。窗口看门狗作为 STM32 主系统的一部分,其时钟源自 APB1 总线。这两个看门狗可以各自独立工作,也可以同时工作。

此外,在一些传统控制器平台上,当看门狗启动之后,便再难以对微控制器进行调试。因为当 CPU 被调试器暂停之后,由于看门狗得不到及时的刷新,就会引起溢出事件,产生复位信号,也就破坏了调试系统的正常运行。一般情况下,开发人员在控制器调试阶段都会将看门狗暂时关闭,以避免其影响系统调试工作。这样就很难去测试看门狗的刷新频率是不是在一个理想的范围内。而通过设置 STM32 的 MCUDBG 寄存器,可使开发人员在使用 CoreSight 调试系统中止 CPU 运行时连带看门狗一起停止。当开发人员通过仿真调试器使代码单步运行时,看门狗也会只在相应时间内计数,该时间取决于单步运行代码所需要消耗的 CPU 周期。综上所述,STM32 的看门狗也具备“可调试”性质,这也是 STM32 微控制器优秀调试特性的又一体现。

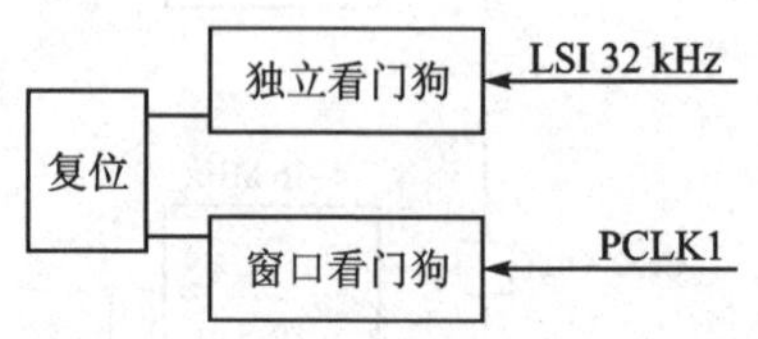

图 3.5.5 STM32 的两只看门狗

1. 窗口看门狗

窗口看门狗(WWDG)实质上是一个 6 位宽度的减一计数器,其时钟驱动源通过 PCLK1 和一个 12 位分频器得到,该分频器产生固定的 4 096 分频数。但用户可通过额外的 2 个可配置位,进一步地将看门狗时钟再进行 1、2、4 或 8 分频。这 2 个配置位位于看门狗配置寄存器(WWDG Configuration Register,WWDG_CR)的第 6、7 位。窗口看门狗内部结构如图 3.5.6 所示。

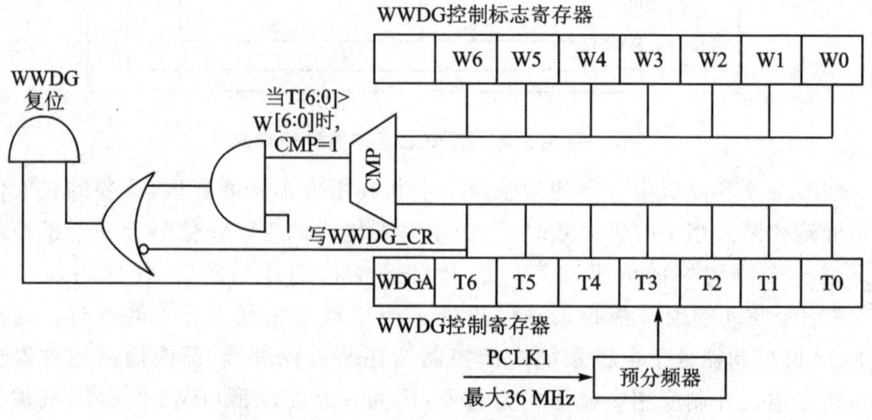

图 3.5.6 窗口看门狗内部结构

相比于传统的片上看门狗，STM32 的窗口看门狗具有一些更为高级的特性。看门狗启动后，其计数器就在时钟源的驱动下开始减一计数，当计数从 0x40 减到 0x3F 的瞬间，窗口看门狗产生复位信号将 STM32 复位。用户可以在 WWDG_CR 中设置计数上限值，如果在看门狗当前计数值仍大于计数上限值时刷新看门狗，也将产生复位操作。意为如果不希望发生看门狗复位，不能过晚刷新看门狗；在引入计数上限值之后，同样也不能过早地刷新看门狗——所以用户只能在指定的时间“窗口”内刷新看门狗才不会导致复位事件发生。这样可以确保用户的代码以理想的轨迹运行。图 3.5.7显示了窗口看门狗的工作过程。

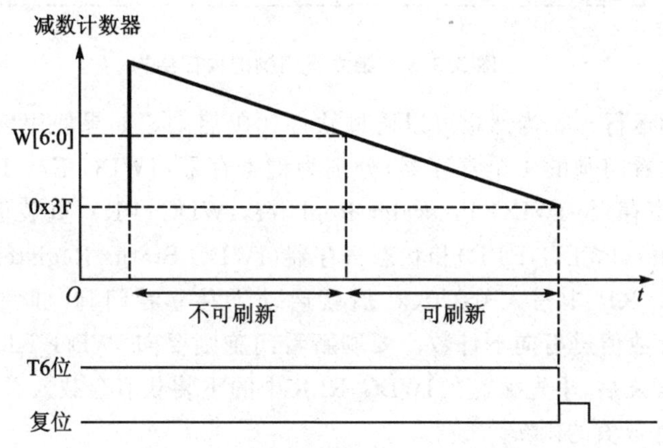

图 3.5.7　窗口看门狗的工作过程

窗口看门狗溢出时间可以如下公式计算：

$$看门狗溢出时间 = PCLK1 \times 4\,096 \times 2^{分频数} \times (重载值 + 1)$$

式中，PCLK1 最大为 36 MHz，分频数可为 1、2、4、8，则容易计算出窗口看门狗的最大溢出时间为 58.25 ms，最小溢出时间为 910 μs。最后需要注意的是，一旦看门狗设置完毕并将其启用之后，除非发生复位操作，否则看门狗不能被停止运行。

2. 独立看门狗

即便和 STM32 主系统都集成在同一片硅片上，独立看门狗（IWDG）还是使用了独立于 STM32 主系统之外的时钟振荡器。独立看门狗使用主电源供电，在 STM32 进入停机或待机模式时也可保持正常运行状态。

独立看门狗实质上是一个 12 位减数计数器，当其发生下溢时会强制 STM32 返回复位状态。独立看门狗的驱动时钟通过 LSI 振荡器经过一个 8 位的分频器得到。一般情况下 LSI 振荡频率为 32.768 kHz——但这不是绝对的，只要在 30～60 kHz 内都是可行的。要初始化独立看门狗，首先要设置其时钟分频数，从 4 分频到 256 分频不等。独立看门狗最大溢出时间超过 26 s，通过直接将重装值写入重装寄存器（IWDG Reload Register）即可完成设定。图 3.5.8 显示了独立看门狗的内部结构。

Flash 中小信息模块的用户字节（User Byte）可以用来设置独立看门狗，使其在

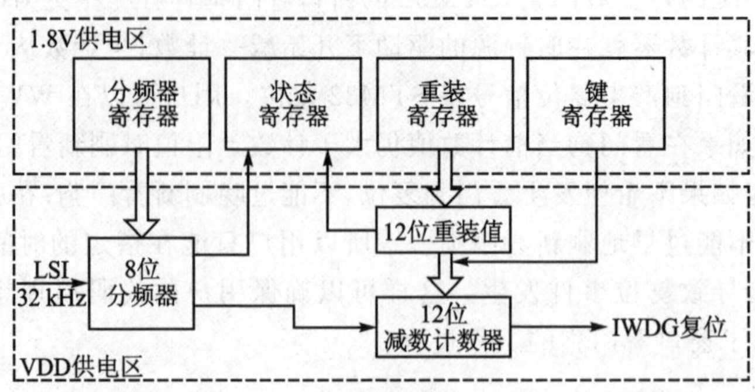

图 3.5.8 独立看门狗的内部结构

复位之后自动运行——当然也可以通过软件代码启动。如果使用软件代码启动,则需要操作独立看门狗的 4 个寄存器,分别为键寄存器(IWDG Key Register,IWDG_KR)、预分频寄存器(IWDG Prescaler Register,IWDG_PR)、重装值寄存器(IWDG Reload Register,IWDG_RLR)和状态寄存器(IWDG Status Register,IWDG_SR)。

向 IWDG_KR 中写入 0xCCCC 后就启动了独立看门狗。此时独立看门狗从 0xFFF 初始计数值进行向下计数。要刷新看门狗则要向 IWDG_KR 写入 0xAAAA。写入 0xAAAA 之后,事先配置在 IWDG_RLR 中的重装载值会载入看门狗计数寄存器中,完成当前计数值的刷新。

3.5.6 外设的安全特性

STM32 的外设在设计时也加入了许多特性以支持安全性应用。虽然在前面介绍各个外设时经零散提到,但在此还是做一个总结。

1. 端口寄存器锁定功能

当 GPIO 端口初始化完毕之后,用户可以设置任意 GPIO 为输出口或输入口。设定好之后,用户可以将 GPIO 端口设置参数锁定,这样可以避免在某些意外事件发生时可能会导致 GPIO 设置参数的改变。

2. 看门狗阀值

每个 ADC 单元都配备两个模拟看门狗模块。模拟看门狗可以在检测到电压越出上下限时产生中断请求。

3. 高级定时器的紧急制动功能

紧急制动功能是指,在电机应用场合中,当高级定时器检测到紧急制动通道有电平变化,或 STM32 主时钟即将崩溃时,将 PWM 输出电平强制锁定在一个预定义好的状态。

3.6 高性能内置 Flash 模块

STM32 的片上 Flash 存储器主要分为 3 个部分。第 1 部分用以存储程序指令，这部分存存储空间为 64 位，作用是配合 Flash 预取缓存提高 CPU 取指效率。第 2 部分是可编程 Flash 区，该区域以页为单位计数，每页 1 KB，共 128 页，可以进行至少 1 万次重复擦写，并可以在85 ℃ 环境下保证数据 30 年不丢失。作为对比，许多控制器的 Flash 在 25 ℃下才能保存这么长的时间，可见 STM32 的 Flash 存储器比起同类产品是多么出类拔萃。除了以上两个程序存储区，STM32 的片上 Flash 还有第 3 个部分，它分为两个小区域：大信息模块和小信息模块。大信息模块是一个 2 KB 的 Flash 存储区，里面存放着 STM32 出厂时就固化好的启动引导程序（Bootloader），利用启动引导程序可以通过 USART1 将代码烧写进 STM32 的 Flash 中（ISP）。小信息模块包含 8 个可编程字节，用以定义 STM32 的复位特性和存储保护功能。

3.6.1 内置 Flash 安全特性和编程方法

STM32 的内部 Flash 可以通过几种办法进行数据更新：启动引导程序（ISP）、JTAG 在线调试工具（ICP）、在程序中编程（IAP）。无论采用何种方法，归根结底都是通过 Flash 编程与擦除控制器（Flash Program and Erase Controller，简称 FPEC）单元模块实现的。FPEC 还可以用来对小信息模块中的可编程字节进行编辑。FPEC 寄存器组由以下 7 个寄存器组成：FPEC 键寄存器（FPEC Key Register，FLASH_KEYR）、选择字节键寄存器（Option Byte Key Register，FLASH_OPTKEYR）、闪存控制寄存器（Flash Control Register，FLASH_CR）、闪存状态寄存器（Flash Status Register，FLASH_SR）、闪存地址寄存器（Flash Address Register，FLASH_AR）、选择字节寄存器（Option Byte Register，FLASH_OBR）、写保护寄存器（Write Protection Register，FLASH_WRPR）。以上 7 个寄存器统称 FPEC 寄存器。

STM32 复位之后，FPEC 寄存器处于受保护状态，若想将其解锁，必须向 FLASH_KEYR 写入特定的数据序列：先写入 0x45670123，再写入 0xCDEF89AB。假如在此写入过程中出现错误，则 FPEC 寄存器在下一次复位完成之前都会处于锁定状态，用户无法再次尝试将其解锁。当 FPEC 寄存器解锁后就可以对主 Flash 区进行擦除和写入操作了，在对 Flash 进行编程前要明确的是，STM32 内置 Flash 的写入操作以 16 位“半字”数据为最小数据单位，而擦除操作则以“页”为单位。

Flash 的页擦除操作也很简单，只需要将需要擦除的页起始地址写入地址寄存器，再将 FLASH_CR 中的页擦除位和开始位置位即可开始页擦除操作。FLASH_SR 中的忙检测位为 0 表示页擦除完成，完成擦除操作的 Flash 空间统一填充数据 0xFFFF。每次向 Flash 写数据之前都必须进行擦除操作，将 FLASH_CR 的写入位置位可以启动写操作,数据将以16位半字宽度写入指定区域。如果指定的Flash区域已经过擦除操作,并且没有处于锁定状态,FPEC就会将数据写入Flash中。

3.6.2 选项字节

Flash的小信息模块中包含8个可配置的用户选项字节(User Option Bytes)。前4个字节用来设置主Flash区的写保护功能。第5个字节的作用是设置Flash读保护,如果设置了该字节,用户在调试STM32时将无法对Flash进行读取操作。第6个字节负责低功耗和复位特性的设置。最后2个字节没有具体用处,用户可以自定义其内容。

若想要编辑用户选项字节,则首先要将FPEC解锁,然后向FLASH_KEYR写入规定的数据序列(先写入0x45670123,再写入0xCDEF89AB)。对选项字节进行擦除和写入操作和主Flash情况有所不同,要先将FLASH_CR的OPTER位置位,再将START置位启动选项字节擦除操作,擦除选项字节同样会有忙检测信号释出。反之如果要编辑选项字节,则应通过FLASH_CR的OPTPG位,数据写入宽度也为半字。每个选项字节都以半字宽度存储在16位空间中的低8位,而高8位存放其补码。用户只需写入正确的低8位选项字节,而高8位的补码数据将由FPEC完成计算。

1. 读/写保护

当置位写保护位后,FPEC会对选定的Flash页根据写保护字节的信息加载写保护功能。不过,如果对小信息模块进行擦除操作,写保护将失效。

如果使能了读保护,STM32器件进入调试模式之后会无法对Flash存储区进行读取,但仍然可以存取SRAM区,并且可以将代码下载并在SRAM内运行。所以用户可以通过将代码放入SRAM中运行,将Flash读保护禁止。此外,使能读保护功能会连带Flash的块擦除功能一起禁用掉——这样才能防止代码被破坏。读保护功能还可以防止恶意代码对STM32的中断向量进行篡改。若将读保护设置位和它的补码位都设为0xFF,则STM32的整个Flash区都会处于锁定状态。此时若要解锁STM32的Flash区,可以半字形式向读保护字节区和其补码区写入0xFA来实现。

2. 设置字节

FPEC设置字节(Configuration Bytes)包含3个设置位。其中2个决定了STM32将会以何种方式(WFE和WFI)进入待机模式和停机模式。用户可以选择设置在进入某一种模式时产生复位信号。该复位信号会将STM32的GPIO口置为浮空输入状态,以减少STM32进入低功耗状态后的整体功耗。同样该复位信号也会将PLL和外部振荡器关闭,STM32转而使用内部高速振荡器(HSI)作为系统主时钟。剩下的1个设置位用以设置独立看门狗。该看门狗具备两种模式:硬件模式和软件模式。在硬件模式下,一旦STM32产生复位操作后则立即开始运行;而在软件模式下,独立看门狗必须使用软件来控制启动。

第 4 章 百花齐放的开发工具

本章将简述可用于 STM32 微控制器开发的软件开发工具，包括集成开发环境的选择、常见的软件支持以及可用的实时操作系统 RTOS 等，并详细地介绍 Keil μVision4 的使用。

4.1 开发平台

随着时间的推移，ARM7 和 ARM9 内核越来越深入微控制器领域，引来了众多的开发工具对这些 CPU 的支持，其中主要的开发编译平台有 GCC、Greenhills、Keil、IAR 和 Tasking 等。随着新一代 Cortex - M3 处理器的诞生，绝大部分的开发工具都很“识趣”地迅速进行更新以支持 Thumb - 2 指令集。因此在进行 STM32 开发之前，开发人员事先至少需要获取以上几种开发工具中的一种。所幸的是，这些开发工具都能轻易地获取到，并且有的还是免费并开源的。

一般情况下，建议选用芯片提供商所推荐的开发平台。但时至今日，每个开发平台都有其长处，要在两个开发平台之间分出优劣，恐怕要耗费大量的时间来讨论，并且往往无疾而终。因此除了芯片供应商推荐的开发平台外，开发人员还是有别的选择的。开发平台主要分两类，一类是免费开源的具有“大众”性质的开发平台，另一类是收费的具有“专业”性质的开发平台。

免费的开发平台，首当其冲的无疑是基于 GCC 或 GNU 编译器的开发平台，这两个编译器是完全免费并开源的，用户可以任意下载在任何场合放心地使用。GCC 编译器已经被整合到众多的商业集成开发环境（IDE）和调试工具中，也由此出现了许多廉价的开发工具和评估开发板。GCC 编译器的可靠性和稳定性是有目共睹的，但是大众普遍认为它生成的代码不比商业平台来得更有效率，而使用 GCC 遇到问题时也无法得到直接的技术支持，这样就会容易延缓产品的开发进度。

商业开发平台方面，ARM RealView 开发平台作为 ARM 公司自行推出的产品，在业界具备相当的权威性，但其也以压倒性的强大功能和令人望而生畏的价格令诸多工程师“又爱又恨”。RealView 编译器是 ARM RealView IDE 一系列组件之一，在片上操作系统领域应用较多，但是对微控制器的开发并没有提供很好的支持。但是，2006 年 2 月，RealView 编译器被整合进了 Keil 微控制器开发平台（也称 ARM

MDK,是 ARM Microcontroller Development Kit 的缩写)。如其名所示,ARM MDK 是一个完全为基于 ARM 核心的微控制器而打造的开发平台。MDK 的长处在于功能完整,易于使用,而且为开发者提供了无缝的工具集。除此之外,瑞典 IAR 公司的 Embedded Workbench for ARM 集成开发工具和法国 Raisonance 公司的 RKit - ARM 开发环境等也是不错的选择。

一般来说,简单的项目不需要动用商业开发平台。但如果要想实现开发平台标准化,就值得选用商业平台,因为选用商业平台可以得到更好更专业的技术支持,缩短开发周期,有助于提升企业整体运作效率,降低运作成本。

4.2 固件库和协议栈

为了使开发人员能更快地进行 STM32 的应用程序开发,ST 公司提供了一个完整的 STM32 设备固件(驱动)库。该固件库提供了 STM32 所有外设的底层驱动函数,开发人员可以在这些底层函数的基础上编写应用程序,这样就不需要自己编写驱动函数了。而 STM32 最复杂的外设要数 USB 控制器了。同样为了能让开发人员顺利地在 STM32 上进行 USB 应用开发,ST 公司也推出了 USB 开发软件包。USB 开发软件包为开发人员提供了一些 USB 的典型应用,比如 HID 设备、大容量存储器、USB 音频应用和设备程序更新方案等。

随着 STM32 诸多新型号的不断发布,它将会带着越来越多的外设来到人们面前。同样随着 STM32 复杂度的提升,单凭一个开发人员进行项目开发已经变得越来越困难。所以当开发人员选择开发工具的同时,也要考虑一些协议栈的支持,比如 TCP/IP 栈、GUI 图形界面、FS 文件系统等。建议开发人员在项目规划阶段先确认是否能从官方或官方代表处得到这些支持,并且保证可以轻易地整合到实际的开发应用中。图 4.2.1 显示了 STM32 的各个软件层之间的联系。

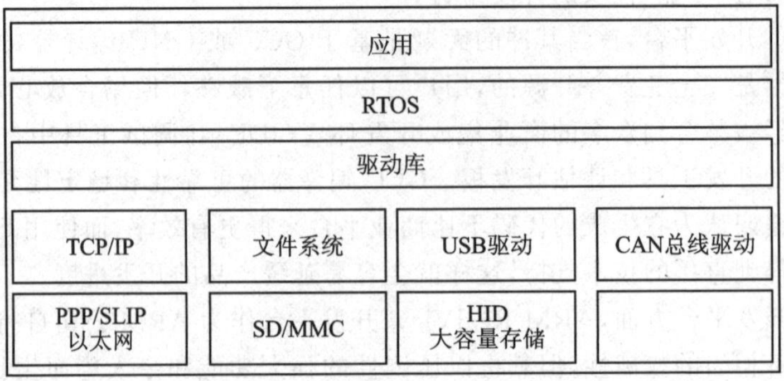

应用			
RTOS			
驱动库			
TCP/IP	文件系统	USB驱动	CAN总线驱动
PPP/SLIP 以太网	SD/MMC	HID 大容量存储	

图 4.2.1 固件驱动库和协议栈

4.3 实时操作系统 RTOS

传统的 8 位或者 16 位单片机，往往不适合使用实时操作系统(Real Time Operation System，简称 RTOS)。但 Cortex－M3 除了为用户提供了更强劲的性能、更高的性价比，还带来了对小型操作系统的良好支持，因此建议读者不妨在 STM32 平台上试用 RTOS。使用 RTOS 的好处是：可为工程组织提供了良好的结构；可以让开发人员更注重应用程序的开发；可提高代码重复使用率；易于调试；还可使项目管理变得更简单。许多开发工具供应商都会推出自己的 RTOS，如 Keil MDK 的 RTX，IAR EWARM 的 PowerPac 等。除此之外，还有许多或免费或商业的 RTOS，如著名的 μC/OS、完全免费的 eCos、FreeRTOS 等。对于 STM32 而言，运行这些 RTOS 不仅不会成为负担，而更会成为开发人员手中的一把利器。

4.4 Keil MDK 使用入门

4.4.1 Keil MDK 的安装与工程建立

1. Keil MDK 的性能

Keil MDK 开发工具源自德国 Keil 公司，被全球超过 10 万的嵌入式开发工程师验证和使用，是 ARM 公司目前最新推出的针对各种嵌入式处理器的软件开发工具。Keil MDK 集成了业内最领先的技术，包括 μVision4 集成开发环境与 RealView 编译器。Keil MDK 支持 ARM7、ARM9 和最新的 Cortex－M3/M1/M0/M4 内核处理器，支持自动配置启动代码，集成 Flash 烧写模块、强大的 Simulation 设备模拟、性能分析器等单元。与 ARM 之前的工具包 ADS 相比，RealView 编译器的最新版本可将性能改善超过 20%。Keil MDK 出众的价格优势和功能优势，已经成为 ARM 软件开发工具的标准。目前，Keil MDK 在国内 ARM 开发工具市场已经达到 90%的占有率。Keil MDK 为用户带来了以下优越性。

① 启动代码生成向导。

启动代码和系统硬件结合紧密，必须用汇编语言编写，因而成为许多工程师难以跨越的门槛。Keil MDK 的 μVision4 工具可以自动生成完善的启动代码，并提供图形化的窗口，修改便利。无论对于初学者还是有经验的开发工程师，都能大大节省时间，提高开发效率。

② 借助软件模拟器，实现完全脱离硬件的软件开发过程。

Keil MDK 的设备模拟器可以仿真整个目标硬件，包括快速指令集仿真、外部信号和 I/O 仿真、中断过程仿真、片内所有外围设备仿真等。开发人员在无硬件的情况下即可开始软件开发和调试,使软硬件开发同步进行,大大缩短开发周期。而一般的 ARM 开发工具仅提供指令集模拟器,只能支持 ARM 内核模拟调试。

③ 性能分析器。

Keil MDK 的性能分析器可辅助开发人员查看代码覆盖情况、程序运行时间、函数调用次数等高端控制功能,指导开发人员轻松地进行代码优化,成为嵌入式开发高手。通常这些功能只有价值数千美元的 Trace 工具才能提供。

④ Cortex-M3/M1/M0/M4 内核支持。

Keil MDK 支持的 Cortex-M3/M1/M0/M4 系列内核是 ARM 公司最新推出的针对微控制器应用的内核,它提供业界领先的高性能和低成本的解决方案,未来几年将成为 MCU 应用的热点和主流。Keil MDK 是第一款支持 Cortex 内核开发的开发工具。

⑤ RealView 编译器。

Keil MDK 的 RealView 编译器与 ADS 1.2 比较:代码密度方面,比 ADS 1.2 编译的代码尺寸小 10%;代码性能方面,比 ADS 1.2 编译的代码性能高 20%。

⑥ 配备 ULINK2/Pro 仿真器 + Flash 编程模块,可轻松实现 Flash 烧写。

Keil MDK 无须寻求第三方编程软硬件支持,通过配套的 ULINK2 仿真器与 Flash 编程工具,轻松实现 CPU 片内 Flash 外扩 Flash 烧写,并支持用户自行添加 Flash 编程算法,而且能支持 Flash 整片删除、扇区删除、编程前自动删除以及编程后自动校验等功能,轻松方便。

⑦ 提供专业的本地化技术支持和服务。

Keil MDK 中国区用户将享受到专业的本地化的技术支持和服务,包括电话、Email、论坛、中文技术文档等,这将为国内工程师们开发出更有竞争力的产品提供更多的助力。

以上第 4 点提到了 Keil MDK 对 Cortex-M3/M1/M0/M4 内核的支持,因而才能使用它来进行基于 ARM Cortex-M3 的 STM32 微处理器应用程序的开发。

2. 安装 Keil MDK

接下来开始尝试建立本书第一个 STM32 工程。读者可从 www.embedinfo.com 下载到最新的 Keil MDK,作者使用的是 Keil MDK V4.13a。下载完毕之后首先开始进行 Keil MDK 的安装。

① 双击安装图标后,首先看到欢迎界面,如图 4.4.1 所示。

② 单击 Next,选中安装协议,如图 4.4.2 所示。

③ 继续单击 Next,选择安装路径,如图 4.4.3 所示。

④ 单击 Next,填写用户信息,个人用户随意填入即可,如图 4.4.4 所示。

⑤ 再次单击 Next 就进入实质的安装过程了,如图 4.4.5 所示。

⑥ 安装完毕后,可看到 2 个可选项:保持当前 μVision 的设置;载入以下选择的

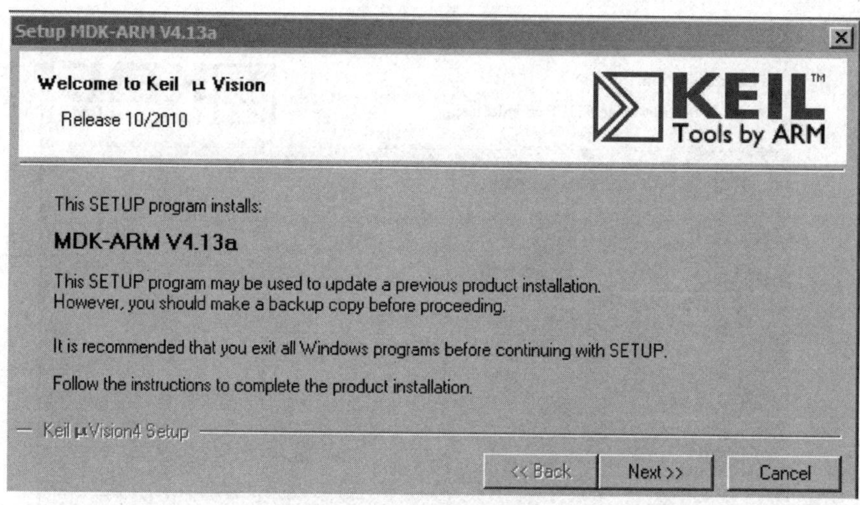

图 4.4.1　开始安装 Keil MDK

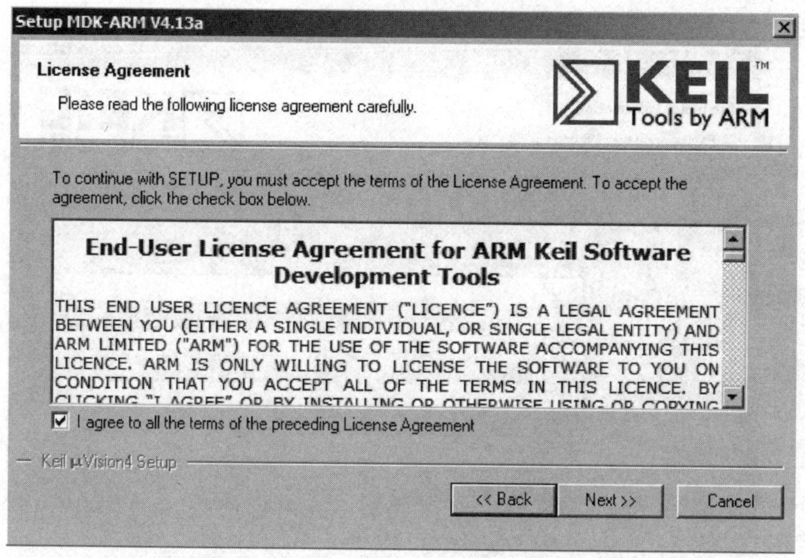

图 4.4.2　选中 Keil MDK 安装协议

工程实例，如图 4.4.6 所示设置即可。

⑦ 单击 Next，来到最后一个安装界面，如图 4.4.7 所示，可根据需要进行选择。

⑧ 单击 Finish 后，Keil MDK 就完成安装了，可以发现桌面上生成了名为 Keil μVision4 的可执行文件快捷方式图标。双击图标打开 Keil μVision4 开发环境，会自动载入一个工程项目(按照步骤⑥选择即可)，此时可以简单地看看 Keil MDK 的用户界面，如图 4.4.8 所示。

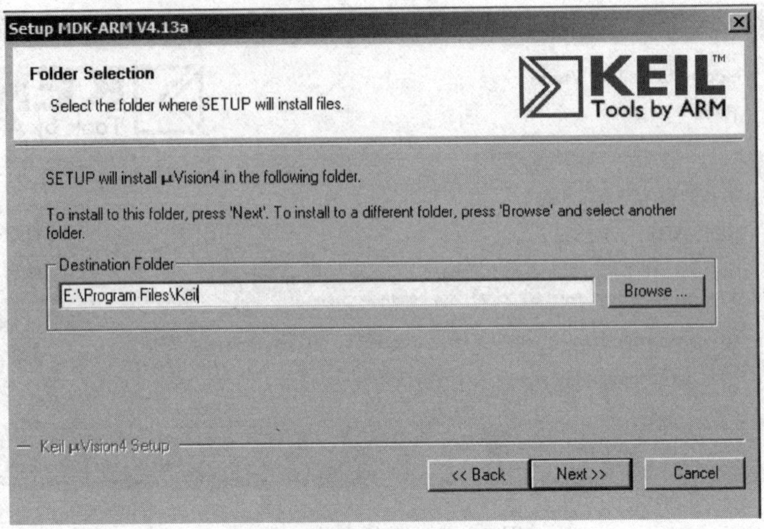

图 4.4.3　选择 Keil MDK 安装路径

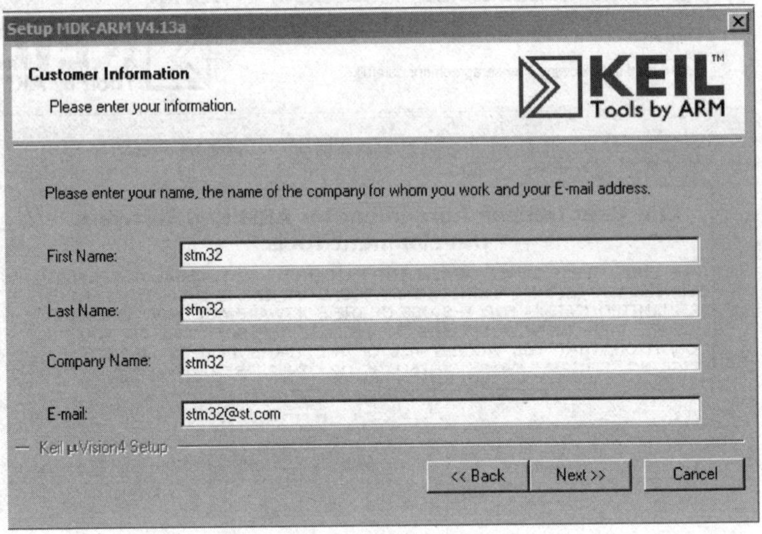

图 4.4.4　填写 Keil MDK 安装信息

如图 4.4.8 所示，Keil MDK 的基本用户界面很简洁，由一些菜单栏、工具栏、状态栏等区域构成。当然，Keil MDK 的软件界面远远不止这么简单，读者可以在日后的开发生涯逐一熟悉。

至此，Keil MDK 的安装工作已经完毕了，接下来要开始建立第一个 STM32 工程。

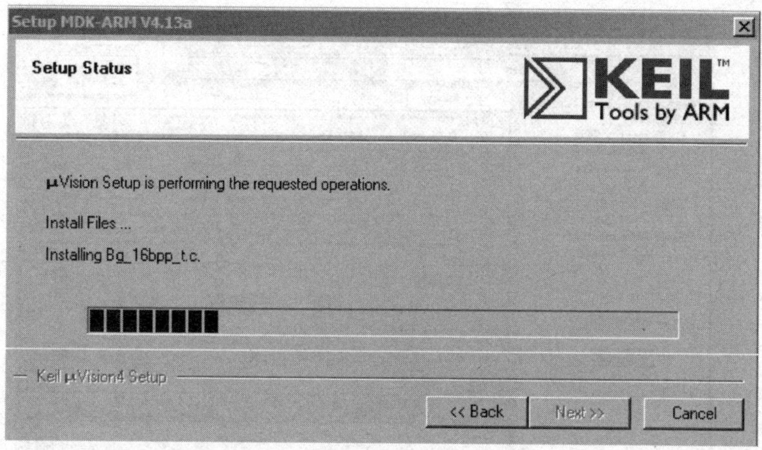

图 4.4.5　Keil MDK 安装进行中

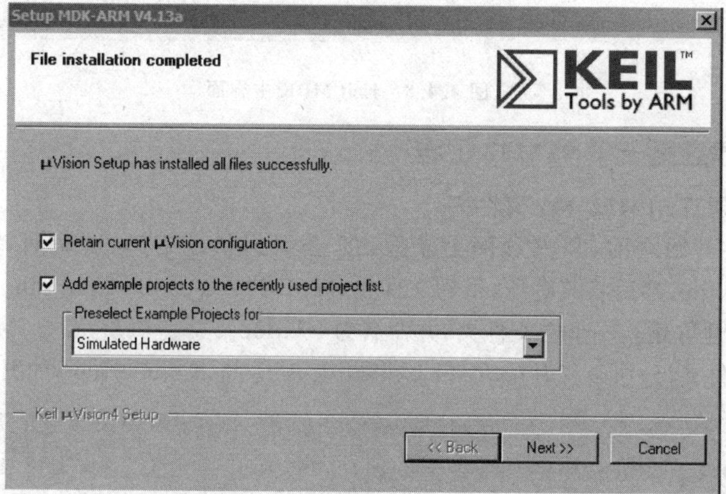

图 4.4.6　Keil MDK 文件安装成功

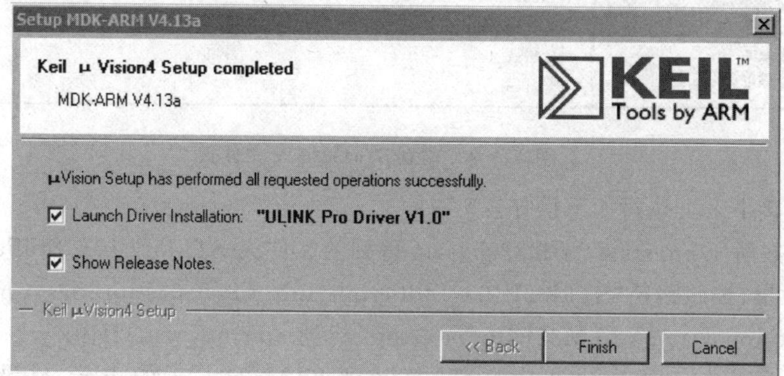

图 4.4.7　Keil MDK 安装完成

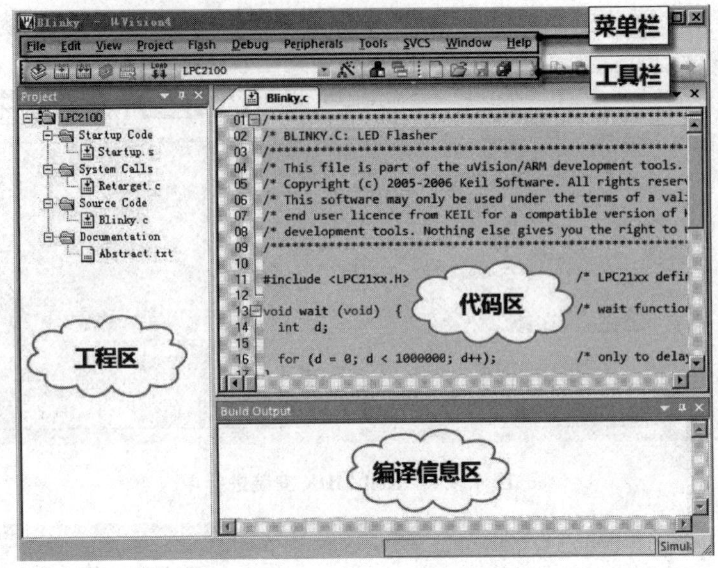

图 4.4.8　Keil MDK 主界面

3. 建立第一个 STM32 工程

(1) 建立 STM32_FW 文件夹

① 在开始之前，须先从网上获取 ST 公司提供的 STM32 固件库 en. stsw - stm32054. zip，然后将其解压，得到文件夹 STM32F10x_StdPeriph_Lib_V3. 5. 0。在任意一个地方建立一个空文件夹，并命名为 STM32_FW。然后，在 STM32_FW 里新建 7 个文件夹，分别命名为 boot、cmsis、library、user、obj、list、interrupt，如图 4.4.9 所示。

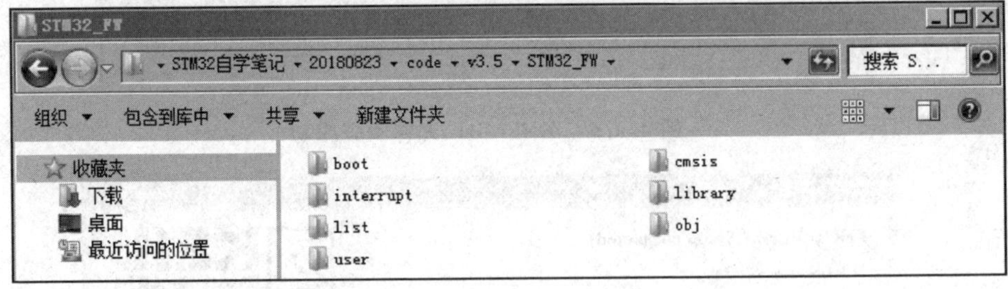

图 4.4.9　建立 STM32_FW 文件夹

② 接下来可执行如下操作：

a) 在解压 en. stsw - stm32054. zip 得到的文件夹 STM32F10x_StdPeriph_Lib_V3. 5. 0 里，按照路径"STM32F10x_StdPeriph_Lib_V3. 5. 0\Libraries\CMSIS\CM3\DeviceSupport\ST\STM32F10x\startup"找到 startup_stm32f10x_cl. s、startup_stm32f10x_hd. s 等总计 8 个文件，复制到 STM32_FW 的 boot 目录中。此为 STM32 的启动文件，是汇编语言格式，每个 STM32 的工程都必须有启动文件。

b）按路径找到“STM32F10x_StdPeriph_Lib_V3.5.0\Libraries\CMSIS\CM3\DeviceSupport\ST\STM32F10x”和 system_stm32f10x.c、stm32f10x.h、system_stm32f10x.h 文件；按路径“STM32F10x_StdPeriph_Lib_V3.5.0\Libraries\CMSIS\CM3”找到 core_cm3.c、core_cm3.h 文件，将此 5 个文件复制到 STM32_FW 的cmsis 目录中。此为 STM32 的 BSP 文件，负责基本的内核及外设初始化。

c）复制“STM32F10x_StdPeriph_Lib_V3.5.0\Libraries”目录下的 inc 和 src 文件夹到 STM32_FW 的 library 目录中，这两个文件夹为 STM32 的固件函数库文件，一般情况下这两个文件夹里的文件都不推荐改动，可以设置为只读属性。

d）复制“STM32F10x_StdPeriph_Lib_V3.5.0\Project\STM32F10x_StdPeriph_Template”目录下的 stm32f10x_it.c、stm32f10x_it.h 文件到 STM32_FW 的 interrupt 目录中，它们包含了 STM32 在 MDK 下的中断服务入口函数。

e）复制“STM32F10x_StdPeriph_Lib_V3.5.0\Project\STM32F10x_StdPeriph_Template”目录下的 stm32f10x_conf.h 文件到 STM32_FW 的 user 目录中。

f）最后在 STM32_FW 的 user 目录中新建一个 main.c 函数，可以只有最简单的一个 main 函数定义即可。

③ 执行完以上操作后，应该得到如下目录结构：

- STM32_FW\boot 目录：startup_stm32f10x_cl.s、startup_stm32f10x_hd.s、startup_stm32f10x_hd_vl.s、startup_stm32f10x_ld.s、startup_stm32f10x_ld_vl.s、startup_stm32f10x_md.s、startup_stm32f10x_md_vl.s、startup_stm32f10x_xl.s 文件。
- STM32_FW\interrupt 目录：STM32f10x_it.h、STM32f10x_it.c 文件。
- STM32_FW\cmsis 目录：core_cm3.c、core_cm3.h、stm32f10x.h、system_stm32f10x.c、system_stm32f10x.h 文件。
- STM32_FW\user 目录：main.c、stm32f10x_conf.h 文件。
- STM32_FW\library 目录：inc、src 文件夹。
- STM32_FW\list 目录：空。
- STM32_FW\obj 目录：空。

建立 STM32_FW 文件夹的用意在于，它可以作为以后进行 STM32 程序开发时的一个标准目录结构。以后读者在新建任何一个工程时，只要直接复制这个文件夹里面的 7 个文件夹就可以完成一个工程最基本的文件结构的建立了，这样可以提高项目的开发效率。随后开始真正着手建立第一个工程。

(2) 建立工程

① 首先新建一个文件夹，命名为 MyFirstJob，并将 STM32_FW 中的 boot、cmsis、library、user、obj、list、interrupt 文件夹复制到 MyFirstJob 中，如图 4.4.10 所示。

然后执行如下操作：

a）打开 Keil μVision4，选择 Project→New μVision Project 菜单项（如果当前有

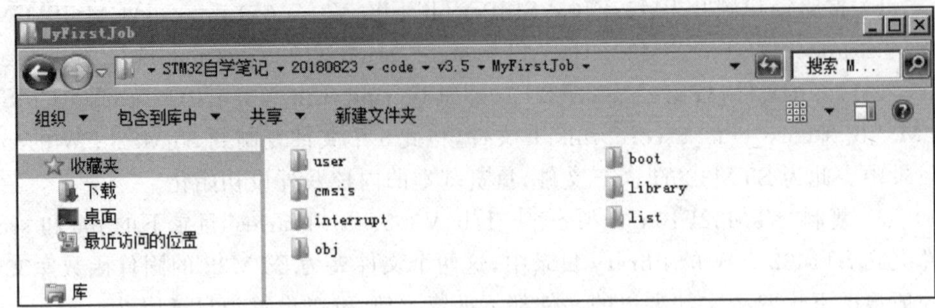

图 4.4.10 建立 MyFirstJob 文件夹

工程正在打开,须先选择 Project→Close Project 菜单项将其关闭),在弹出窗口中填写工程名和保存路径(路径选择刚才新建的 MyFirstJob 文件夹,并将工程命名为 MyFirstJob),然后单击“保存”,如图 4.4.11 所示。

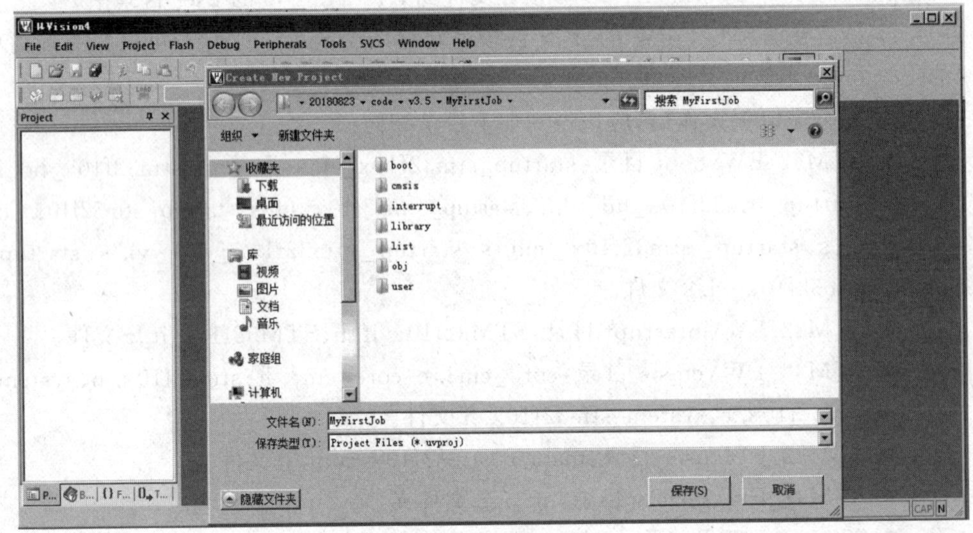

图 4.4.11 保存新建工程

b) 接着步骤 a)保存之后,弹出选择器件类型界面。此处根据实际情况选取,这里使用的是 STMicroelectronics 的 STM32F103RB 系列。如图 4.4.12 所示,右侧显示了该型号 STM32 器件的一些特性,比如 72 MHz、128 KB Flash、20 KB SRAM 等资源都是非常丰富的。

c) 选择好器件型号之后单击 OK,则弹出如图 4.4.13 的对话框。此处询问需不需要给工程添加 STM32 的启动代(Startup Code),单击“否”即可。

d) 至此,STM32 的工程已经新建完毕,此时 Keil MDK 界面如图 4.4.14 所示。

③ 接下来将一系列必要的工程文件添加到当前工程中,执行如下操作:

a) 将 Target 重命名为 MyFirstJob,并删除 Source Group 1。在 MyFirstJob 上

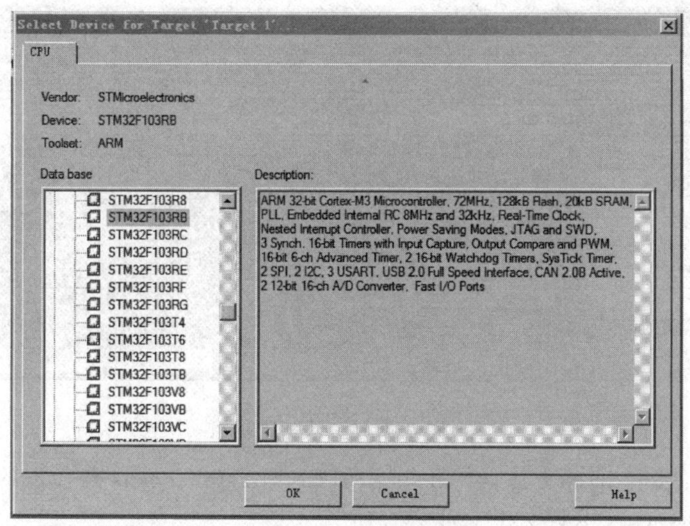

图 4.4.12 选择器件类型

图 4.4.13 是否添加启动代码

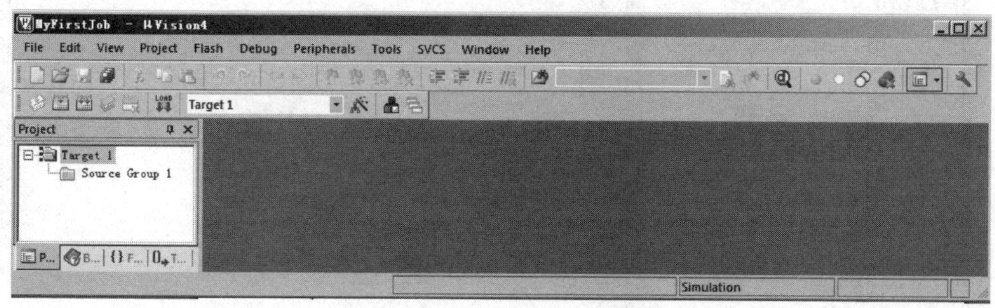

图 4.4.14 工程新建完毕

右击，在弹出的级联菜单中选择 Add Group，依次添加 5 个 Group，分别命名为 boot、cmsis、library、interrupt、user，完成后如图 4.4.15 所示。

b) 在 boot 上右击，在弹出的级联菜单中选择 Add File to Group'boot'，将 MyFirst-Job\boot 文件夹中的 startup_stm32f10x_md.s 文件添加进来。

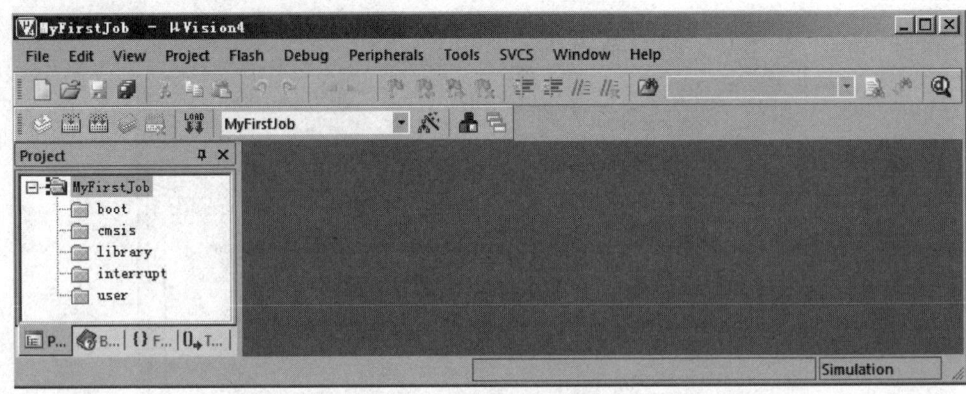

图 4.4.15　添加工程组

c) 依照步骤 b)的方法,给 cmsis 添加 MyFirstJob\cmsis 路径下的 core_cm3. c、system_stm32f10x. c 这 2 个文件。

d) 给 library 添加 MyFirstJob\library\src 路径下的 STM32f10x_flash. c、STM32f10x_gpio. c 和 STM32f10x_rcc. c 这 3 个文件。

e) 给 user 添加 main. c。

f) 给 interrupt 添加 STM32f10x_it. c。

以上操作完毕之后,Keil MDK 应有如图 4.4.16 所示界面。

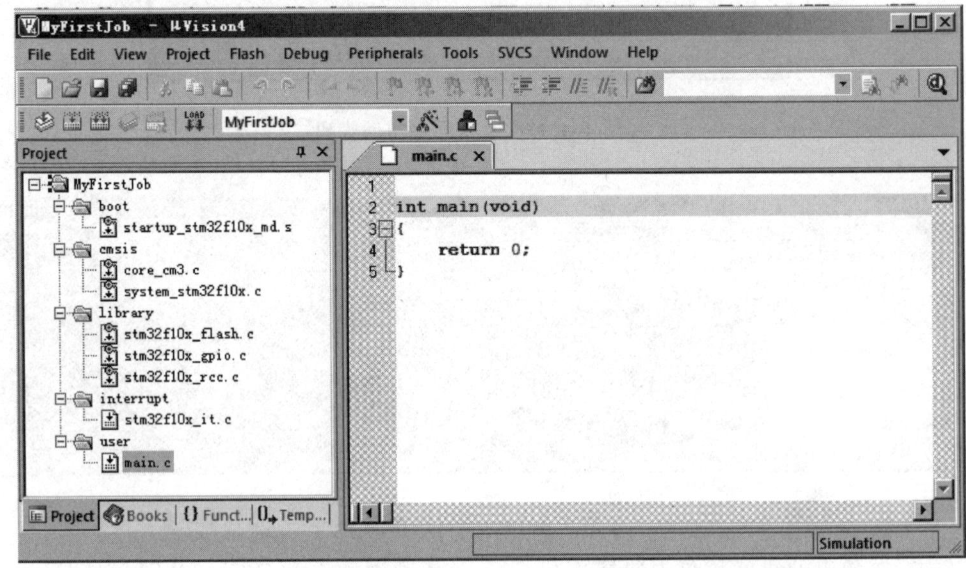

图 4.4.16　工程组文件添加完毕

④ 右击 Project 区的 MyFirstJob,在弹出的级联菜单中选择 Option for Target 'MyFirstJob',则弹出选项配置界面,如图 4.4.17 所示。进行如下操作:

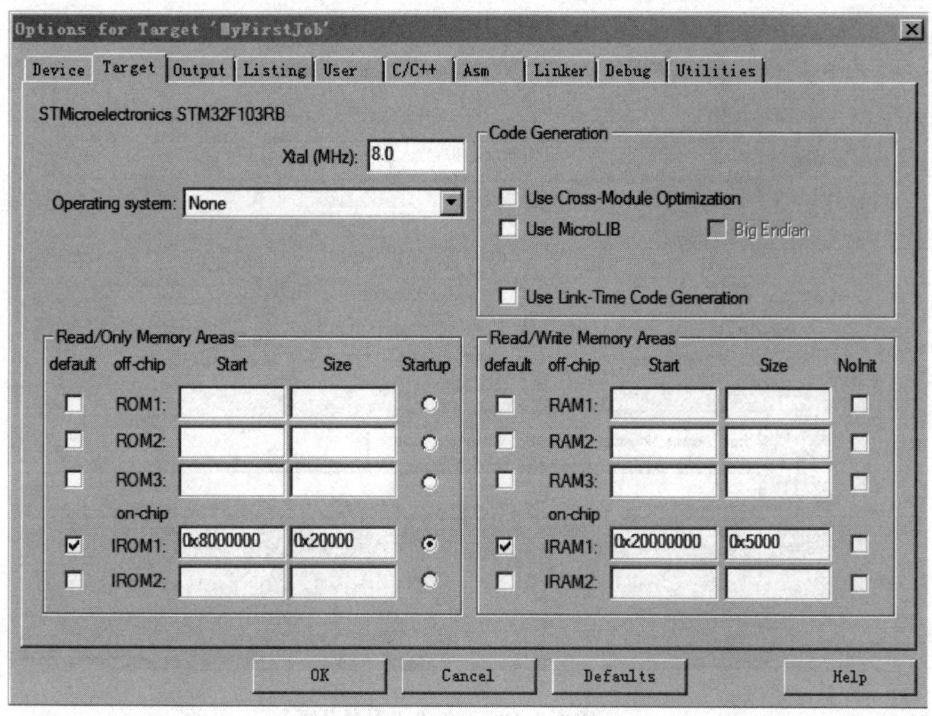

图 4.4.17　Keil MDK 工程配置界面

a) 选择 Output→Select Folder for Objects 菜单项，在弹出的界面中选择"\My-FirstJob\obj"路径。

b) 选择 Listing→Select Folder for Lisitings 菜单项，在弹出的界面中选择"\MyFirstJob\list"路径。

d) 在 C/C++界面的 Define 中输入 USE_STDPERIPH_DRIVER 和 STM32F10X_MD，使用逗号隔开，Include Paths 中输入工程文件的各个路径，如图 4.4.18 所示。

e) 单击 OK 退出 OptionforTarget'MyFirstJob'界面。

⑤ 按下 F7(Build 的快捷键)进行编译，则应该看到如图 4.4.19 所示界面。

图 4.4.19 中，最下面的 Build Output 区是编译信息框，开发人员可以从中获取编译信息，如代码量、错误信息和警告信息等，可以发现，此次编译结果为"0 Error(s)，1 Warning(s)"，即"0 个错误，1 个警告"。同时可以看到，对这个警告的解释为"last line of file ends without a newline"。这是 arm 编译器一个很常见的警告，意思是当前文件(main.c)并不是以一个空行结尾，只要在 main.c 的最后加上一个空行再编译就可以去掉这个警告了。

一个完整的 STM32 工程至此就完成建立了。可以发现，MyFirstJob 文件夹多了几个文件，如图 4.4.20 所示。

Options for Target 'MyFirstJob'

Device | Target | Output | Listing | User | C/C++ | Asm | Linker | Debug | Utilities

Preprocessor Symbols

Define: USE_STDPERIPH_DRIVER,STM32F10X_MD

Undefine:

Language / Code Generation

Optimization: Level 0 (-O0)

Optimize for Time

Split Load and Store Multiple

One ELF Section per Function

Strict ANSI C

Enum Container always int

Plain Char is Signed

Read-Only Position Independent

Read-Write Position Independent

Warnings: <unspecified>

Thumb Mode

Include Paths: .\boot;.\cmsis;.\interrupt;.\library\inc;.\library\src;.\user

Misc Controls

Compiler control string: -c --cpu Cortex-M3 -g -O0 --apcs=interwork -I.\boot -I.\cmsis -I.\interrupt -I.\library\inc -I.\library\src -I.\user -I "C:\Keil\ARM\INC" -I "C:\Keil\ARM\INC\ST\STM32F10x" -DUSE_STDPERIPH_DRIVER

OK　Cancel　Defaults　Help

图 4.4.18　C/C++配置分页

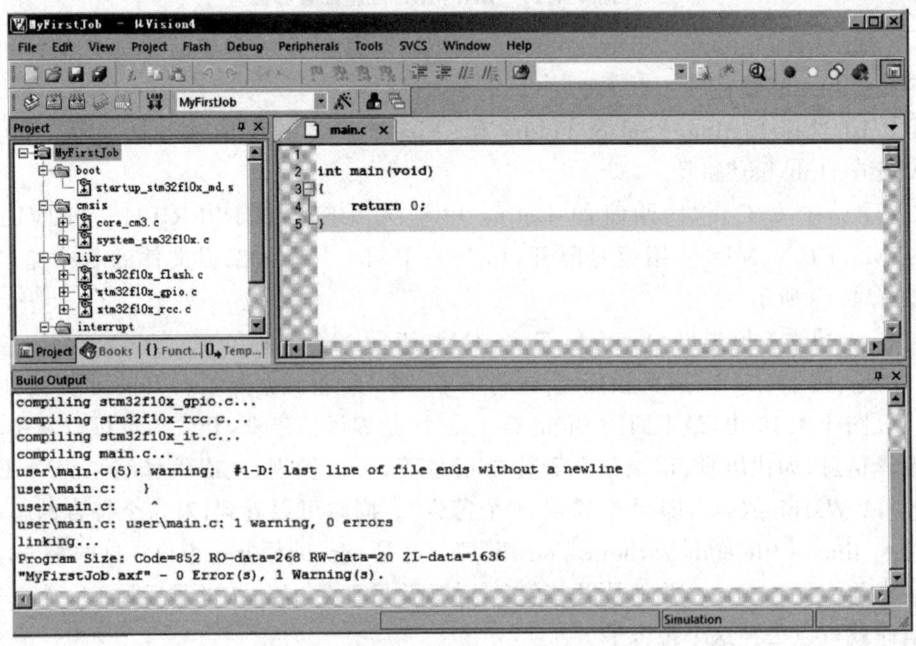

图 4.4.19　进行工程编译

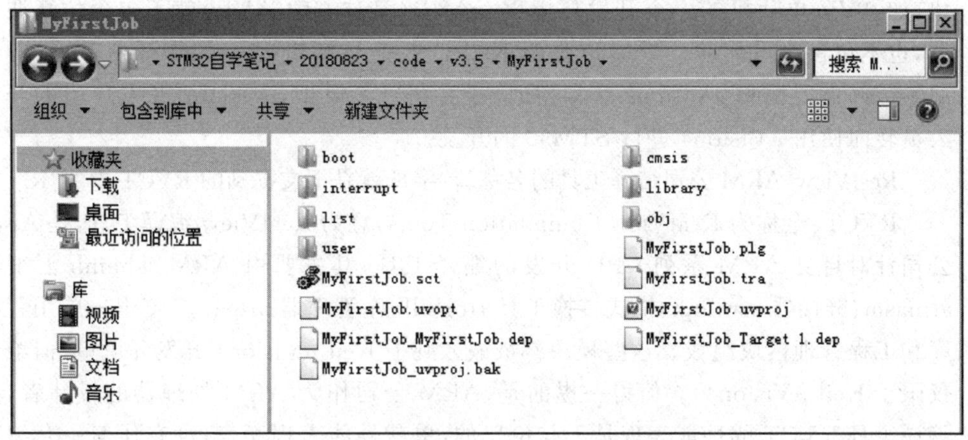

图 4.4.20 工程建立完毕

不难发现，Keil MDK 的工程目录很简洁，这也部分得益于 obj 和 list 文件夹存放了编译所生成的大部分文件。但是此工程仍不能用于 STM32 开发，原因是还未对 STM32 的调试开发工具进行设置，在下一小节里将会有具体说明。

4.4.2 使用 Keil MDK 进行 STM32 的程序开发

4.4.1 小节介绍了 Keil MDK 的安装流程与在 Keil MDK μVision4 集成开发环境下进行 STM32 工程的建立。本小节讲述如何使用 Keil MDK 开发工具进行具体的 STM32 应用程序开发。

在此之前有必要先介绍几个名词：Keil、MDK、μVision4、RealView、RVCT、JLINK 和 RVDS，这些名词分别表示什么，有什么从属关系呢？相信很多读者并没有明确的概念，现在简单说明一下。

Keil：这个读者应该最为熟悉。Keil 其实是一家公司的名字，而这家 Keil 公司由两家私人公司联合运营，分别是德国慕尼黑的 Keil Elektronik GmbH 公司和美国德克萨斯的 Keil Software 公司组成。大家很熟悉的 Keil C51 就是由 Keil 公司诞生的。2005 年，Keil 公司被 ARM 公司收购，Keil 由此成为 ARM 公司旗下一员。值得一提的是，Keil 公司只有 20 多名员工，却仍然做出了伟大的作品。

MDK：全称为 Microcontroller Develop Kit，意为微控制器开发套件。ARM 收购 Keil 公司的意图在于进军微控制器（也就是常说的单片机）应用领域，MDK 就是这种意图下的产物，但大众一般仍习惯称为 Keil MDK 而不是 ARM MDK。Keil MDK 作为一个套件，包含了一系列软硬件模块，包括 Keil 公司经典的 IDE 环境 μVision、ARM 公司的编译器 RVCT、Flash 烧写软件模块和在线调试仿真器等。

μVision4：它是 Keil 公司的 IDE 环境 μVision 的第 4 个主版本，从根本上说，μVision4 是一个开发环境，开发环境本身无须包含编译器、仿真单元、烧写单元等模块,如 AVR 单片机的一个开发环境 WinAVR(又称 GCCAVR)就不包含仿真调试器,也不包含烧写模块。家喻户晓的 Keil C51 正是基于 μVision2 开发环境,所以 μVision4 的界面和 μVision2 非常相似,很有利于习惯于 μVision2 开发环境的开发人员转向使用 μVision4 进行 STM32 的开发。

RealView:ARM 公司编译工具的名称,首字母就是下文提到的 RVCT 中的"R"。

RVCT:全称为 RealView Compilation Tools,意为 RealView 编译工具,是 ARM 公司针对自身 ARM 系列 CPU 开发的编译工具,其主要由 ARM/Thumb 汇编器 armasm、链接器 armlink、格式转换工具 fromelf、库管理器 armar、C/C++应用程序库和工程管理模块组成。这些模块都被嵌入到了 Keil μVision4 开发环境里(但绝不仅限于 Keil μVision4)。值得一提的是,ARM 公司作为 ARM 处理器的设计者,其编译工具 RVCT 的性能表现是无与伦比的,单就性能表现而言,没有任何一套编译工具能取代其成为首选。

RVDS:全称为 RealView Developer Suite,意为 RealView 开发套件。RVDS 是 ARM 公司为方便用户在 ARM 芯片上进行应用软件开发而推出的一整套集成开发工具。该套工具包括软件开发套件和硬件仿真工具,是软硬件结合的套件。RVDS 的功能十分强大,但价格也十分高昂,基本不会在小型企业和个人用户手中出现。

J-Link:是 SEGGER 公司为支持仿真 ARM 内核芯片推出的 JTAG 仿真器,可配合 IAR EWARM、ADS、Keil MDK、WinARM、RVDS 等集成开发环境使用。J-Link 支持所有 ARM7/ARM9/Cortex 内核芯片的仿真,通过 RDI 接口和各集成开发环境无缝连接,操作方便、连接方便、简单易用,是学习和开发 ARM 应用最好、最实用的开发工具。

本书的程序主要使用 J-Link 仿真器进行调试,并且推荐各位读者使用 J-Link 仿真器进行 STM32 应用程序的开发。同时本书选用 Keil μVision4 作为本书中工程实例的开发环境,原因在于其软件操作方式简单、功能齐全,有 Keil C51 开发经历的读者朋友可以很快上手。而作为 ARM 公司旗下根正苗红的 IDE,相信 ARM 公司是不会让自家孩子在外边献丑的。

一般情况下,开发人员会使用 IDE 做以下事情:

编写程序代码;编译程序;烧写程序;调试程序,调试的行为包括查看变量、内存、寄存器,时间跟踪分析,甚至调用虚拟打印窗口和软件逻辑分析仪;输出既定格式的文件,如.hex、.bin、.lib 等。

下面就遵循以上几条思路,在 Keil μVision4 开发环境中实现这些功能。

1. 编写程序

首先请读者准备好至少拥有一个 STM32 最小系统的硬件环境和 J-Link 仿真器(有条件的话),然后依照 4.4.1 小节的办法建立一个 STM32 的工程,建立完后将如下代码作为 main.c 文件的内容:

```
#include "STM32f10x.h"
u32 STM32IdHigh = 0;
u32 STM32IdMed = 0;
u32 STM32IdLow = 0;
void RccInitialisation(void);
int main(void)
{
    RccInitialisation();
    STM32IdLow = *((u32 *)0x1FFFF7E8);
    STM32IdMed = *((u32 *)0x1FFFF7EC);
    STM32IdHigh = *((u32 *)0x1FFFF7F0);
    while(1);
}
void RccInitialisation(void)
{
    ErrorStatus HSEStartUpStatus;
    RCC_DeInit();
    RCC_HSEConfig(RCC_HSE_ON);
    HSEStartUpStatus = RCC_WaitForHSEStartUp();
    if(HSEStartUpStatus = = SUCCESS)
    {
        RCC_HCLKConfig(RCC_SYSCLK_Div1);
        RCC_PCLK2Config(RCC_HCLK_Div1);
        RCC_PCLK1Config(RCC_HCLK_Div2);
        FLASH_SetLatency(FLASH_Latency_2);
        FLASH_PrefetchBufferCmd(FLASH_PrefetchBuffer_Enable);
        RCC_PLLConfig(RCC_PLLSource_HSE_Div1,RCC_PLLMul_9);
        RCC_PLLCmd(ENABLE);
        while(RCC_GetFlagStatus(RCC_FLAG_PLLRDY) == RESET);
        RCC_SYSCLKConfig(RCC_SYSCLKSource_PLLCLK);
        while(RCC_GetSYSCLKSource() != 0x08);
    }
}
```

2. 编译、烧写程序

输入如上代码后按下 Ctrl+S 保存。在开始代码编译调试之前进行以下设置：

① 右击 Project 区工程组中顶部的 MyFirstJob，在弹出的右键菜单中选择 Option for Target'MyFirstJob'，随后弹出设置界面，如图 4.4.17 所示。

② 在弹出的设置窗口 Option for Target'MyFirstJob'中，执行如下操作：

a) 切换到 Debug 选项卡，选择"Use：Cortex M/R J-LINK/J-Trace"，选中 Load Application at Startup、Run to main()等选项，如图 4.4.21 所示。

b) 切换到 Utilities 选项卡，选择 Use Target Driver For Flash Programming，并选择 Cortex M/R J-LINK/J-Trace，然后单击 Settings，在弹出的窗口中单击 Add 按钮，根据所使用的 STM32 型号做出如下选择：

- 使用 STM32f103x4 或 STM32f103x6 系列，选择 STM32F10X Low-density Flash；

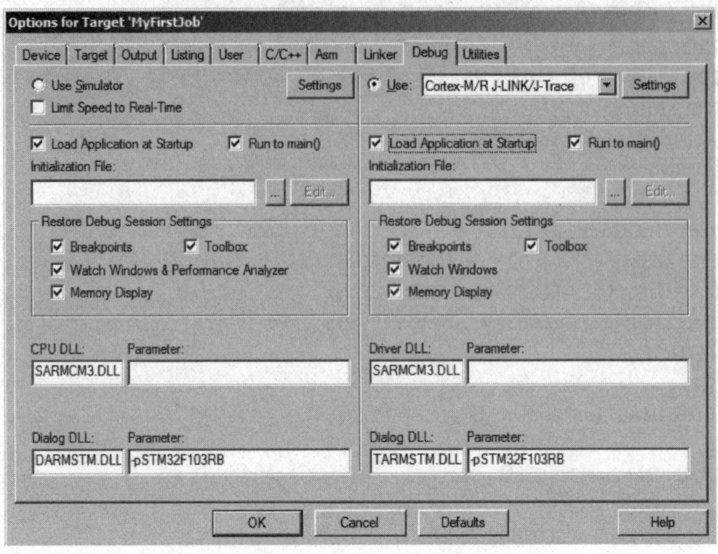

图 4.4.21　Debug 设置界面

- 使用 STM32f103x8 或 STM32f103xb 系列，选择 STM32F10X Med－density Flash；
- 使用 STM32f103xc、STM32f103xd 或 STM32f103xe 系列，选择 STM32F10x High－density Flash；

这里的 High－density、Med－density、Low－density 分别对应了 STM32 各种型号中的大、中、小容量 Flash 型号。作者使用的是 STM32f103rbt6，所以应该选择 STM32F10x Med－density Flash，如图 4.4.22 所示。

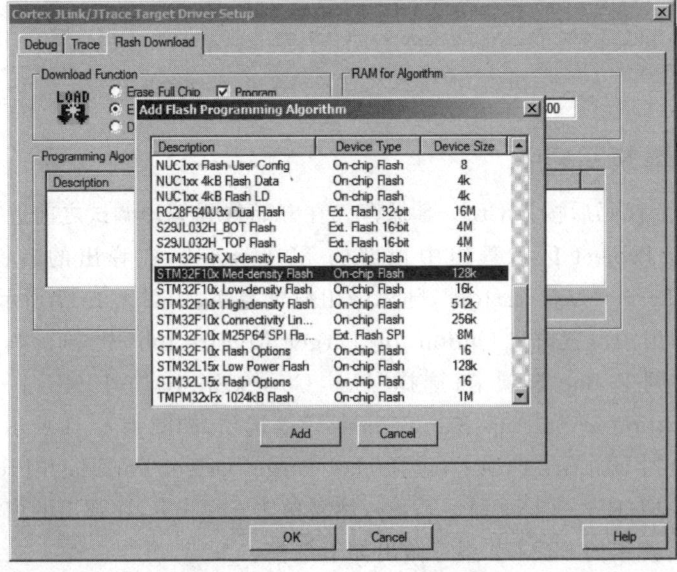

图 4.4.22　Utilities 设置界面

c）选定后依次单击 Add→OK，至此完成 Option for Target'MyFirstJob'的设置。

设置完毕后按下 F7 进行编译，发现无错误和警告提示。在连接好硬件之后（包括 J-Link 驱动的安装），按下 Ctrl + F5 就进入了实时仿真状态。还需提及的是，Ctrl +F5 操作不仅表示进入了仿真调试状态，还把程序真正地烧写进了 STM32 的 Flash 空间里。进入仿真状态的 Keil μVision4 在界面上多了不少变化，如图 4.4.23 所示。

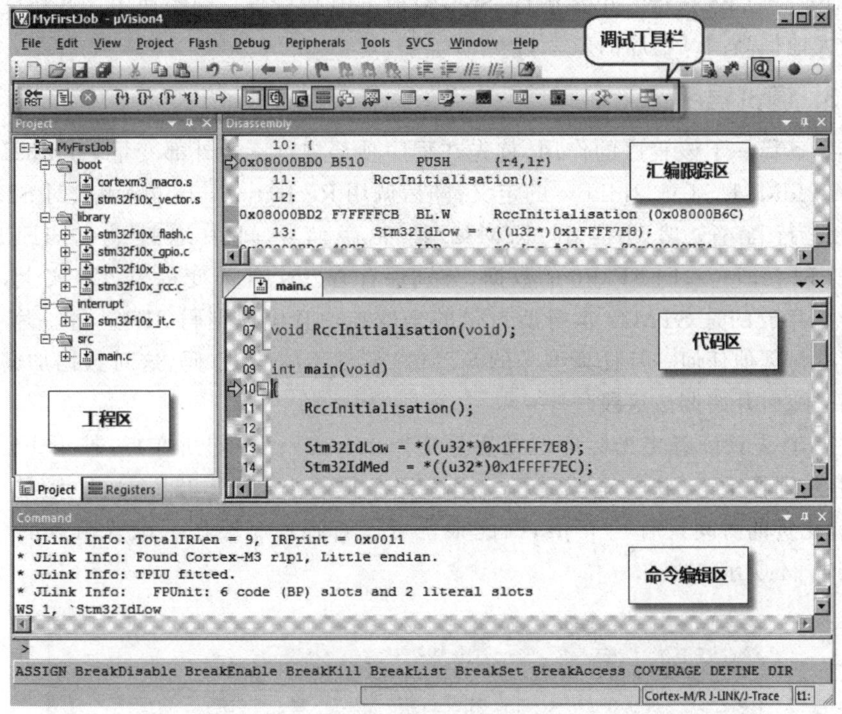

图 4.4.23　仿真状态下的 Keil μVision4

- 多出调试工具栏，上面分别有 Reset（复位）、Run（全速运行）、Step（单步进入函数内部）、Step Over（单步越过函数）、Step Out（单步跳出函数）等图标。
- 多出一个汇编跟踪窗口。
- 多出一个命令提示窗口。

下面讲述 Reset（复位）、Run（全速运行）、Step（单步进入函数内部）、Step Over（单步越过函数）、Step Out（单步跳出函数）这几个按钮的作用。

Reset：复位按钮，其作用是让程序回到起始处开始执行，注意这仅相当于一次软复位，而不是硬件复位。

Run：全速运行按钮，作用是使程序全速运行。

Step：单步进入函数内部按钮，如果当前语句是一个函数调用（任何形式的调用），则按下此按钮进入该函数，但只运行一句 C 代码。

Step Over:单步越过执行下一条语句。

Step Out:单步跳出函数,如果当前处于某函数内部,应按下此按钮则运行至该函数退出后的第一条语句。

此外经常用到的还有两个按钮 Start/Stop Debug Session 和 Insert/Remove Breakpoint,分别是"开启/关闭调试模式"和"插入/解除断点",分别对应快捷键 Ctrl + F5 和 F9。建议读者应尽快熟悉这些调试工具按钮所对应的快捷键,如"全速运行"Run 对应 F5 按键,"单步运行"Step 对应 F10 按键等。熟悉使用这些快捷键一定能极大地提高调试程序的效率。

3. 调试程序

先解释一下该程序的作用,首先在程序顶部进行三个外部变量 STM32IdHigh、STM32IdMed、STM32IdLow 的定义;随后调用 RccInitialisation()函数对 STM32 的时钟进行配置;然后读出 STM32 整个存储空间中地址为 0x1FFFF7E8、0x1FFFF7EC、0x1FFFF7F0 的数据,分别保存在三个外部变量中。事实上,这三个地址所存放的是 STM32 本身所自带的全球唯一身份识别码(ID)。每一片 STM32 都拥有与其他任何一片任意型号的 STM32 器件不同的 ID 码,这对数据加密有重要意义。随后开始调试这段程序:

① 首先请读者将光标停留在程序中"while(1);"一句所在行,按下 F9 设置断点,并随即按下 F5 执行全速运行。因为程序很短小,对于 72 MHz 主频的 STM32 来说,花费的时间只有几个 μs,因此很快可以看到程序停在了设置断点的一行,如图 4.4.24 所示。

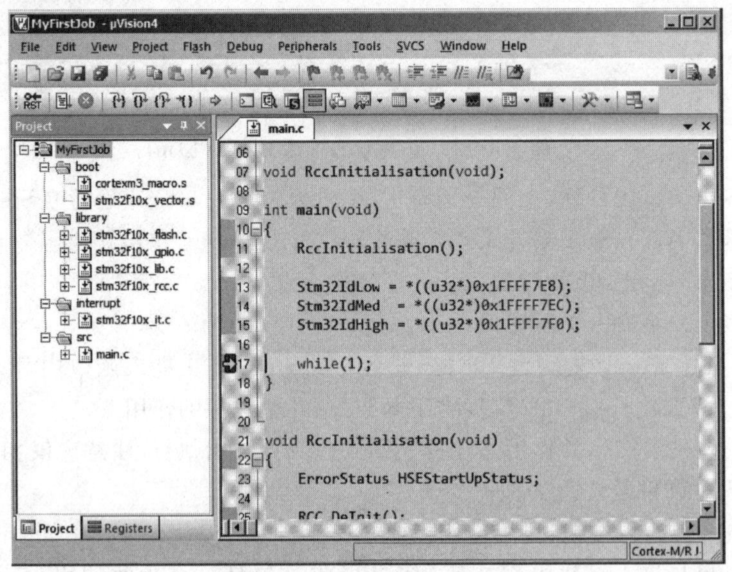

图 4.4.24 程序运行至断点处

② 如何查看变量的值呢？有两种办法，一是将光标置于该变量上，大约 1 s 之后该变量的值会在光标附近浮现。这种方法经常使用在仅查看单个变量值的情形中。第 2 种办法是使用 μVision4 的 Watch 窗口，操作流程如下：选择 View→Watch Windows→Watch 1 / Watch 2 菜单项，此时会根据选择出现 Watch 1 或 Watch 2 窗口。随后使用光标拖选想要查看的变量并拖放到窗口中即可查看到该变量的当前值。将 3 个变量都添加进 Watch 1 窗口后，如图 4.4.25 所示。

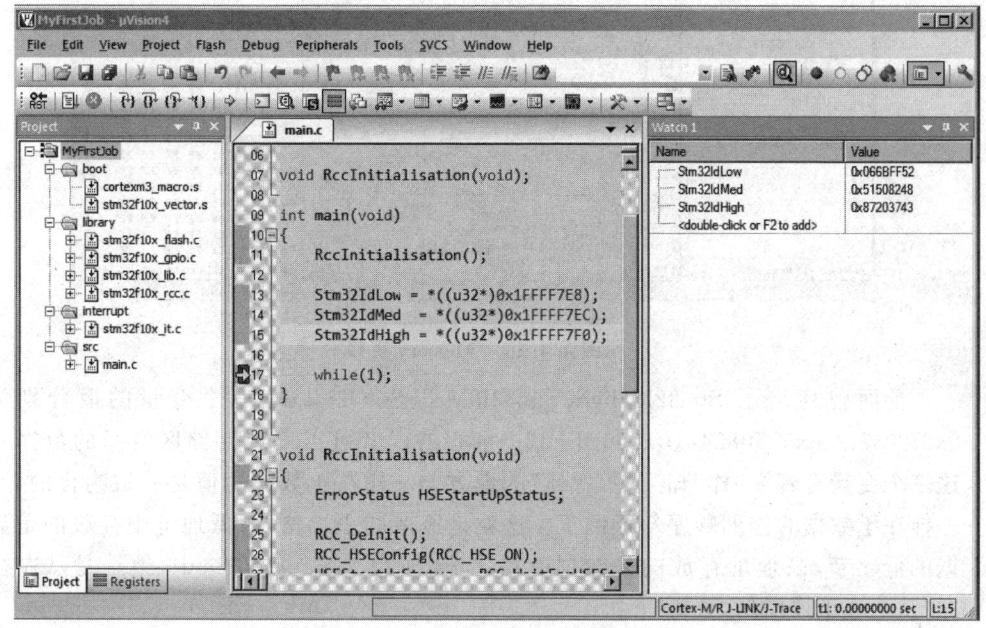

图 4.4.25 μVision4 的 Watch 窗口

在 Watch 窗口中显示出了 3 个变量的值，详情为：Stm32IdHigh＝0x87203743、Stm32IdMed＝0x51508248、Stm32IdLow＝0x066BFF52。

③ 变量一定是存放在 STM32 内部的存储空间中（无论是 Flash 空间还是 RAM 空间），即这些存储空间应该也是可以查看的。操作流程如下：选择 View→Memory Windows→Memory 1 / Memory 2/Memory 3/Memory 4 菜单项，此时根据选择出现 Memory 窗口。在 Memory 窗口中填入所要查看的存储地址（此处填入 0x1FFFF7E8，注意前面的 0x 不能省略），按下回车键后 Memory 窗口的内容发生跳转，如图 4.4.26 所示。

从图 4.4.26 中可以看到，从 0x1FFFF7E8 地址处开始的数据分配情况如下：

```
0x1FFFF7E8      :52   FF   6B   06
0x1FFFF7EC      :48   82   50   51
0x1FFFF7F0      :43   37   20   87
…
```

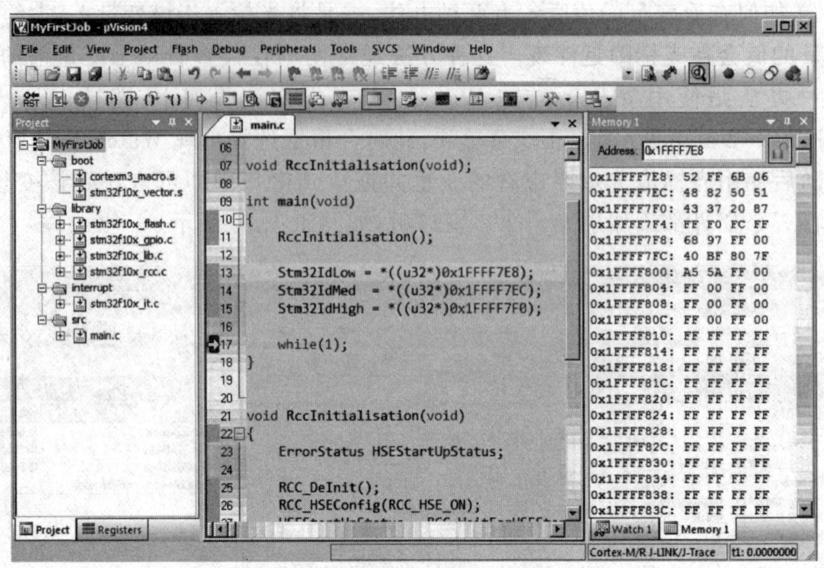

图 4.4.26　Memory 窗口

前面曾列出了 Stm32IdHigh、Stm32IdMed、Stm32IdLow 三个变量的值分别为 0x87203743、0x51508248、0x066BFF52。细心的读者可以发现存储区空间的数据和这三个变量有着"一样"却又"不一样"的地方。一样在于数据的值是一致吻合的，不一样在于数据的排列顺序却颠倒了。这就是所谓的小端格式：低地址中存放的是数据的低字节，高地址存放的是数据的高字节(注意 Memory 窗口中，地址是从左往右、从上往下递增的)。

④ 此外 μVision4 开发环境中较为经常用到的功能还有文件查找(Find in Files)、逻辑分析仪(Analysis Window)、寄存器组窗口(Register Window)等。这些功能模块可以在菜单栏里轻易地找到并启用。

以上就是使用 Keil MDK 开发工具进行 STM32 开发应用所必需的基本操作，读者要在接触 Keil MDK 的早期熟悉软件的基本使用方法，并在此基础上逐步探索 Keil MDK 的一些高级功能，特别是一系列快捷键的使用，对日后进行程序开发必定大有裨益。

在本章的最后，需要特别说明的是，本书后续所有的实验设计内容，其中所使用的开发环境的版本、固件库文件的版本、工程的搭建方法及步骤、工程选项的配置点等都与本章所描述的内容一致，所以在具体之处不再做详细说明。为了获得正确的实验设计效果，在进行工程搭建时，建议读者严格参照本章内容进行。

第 5 章

STM32 基础实验

本章内容将真正开始进行 STM32 的基础实验设计，主要针对 STM32 的众多基本内外设备进行。实验设计主要遵循如下结构：

- 概述；
- 实验设计；
- 硬件电路；
- 程序设计；
- 程序清单；
- 固件库函数说明；
- 注意事项；
- 小结。

读者在跟随本章的内容完成 STM32 各个外设的实验设计后，不仅能对 STM32 的各个外设有更为深刻的理解，同时也能学习到一些程序设计方面的技巧。而本章中随处可见的经验性总结，对各位读者特别是尚在初学阶段的读者朋友也是十分有用的。

5.1 先用 GPIO 来点个灯吧

5.1.1 概　述

GPIO 是 STM32 最常用的设备之一。STM32 可以提供多达 80 个双向 GPIO 口(视型号而定)，它们分别分布在 A～E 这 5 个端口中。每个端口有 16 个 GPIO，每个 GPIO 口都可以承受最大为 5 V 的压降。通过 GPIO 配置寄存器，开发人员可以把 GPIO 口配置成想要的工作模式，一共有如下 8 种模式：

- 浮空输入；
- 带上拉电阻的输入；
- 带下拉电阻的输入；
- 模拟输入；
- 开漏输出；
- 推挽输出；
- 复用推挽输出；
- 复用开漏输出。

STM32 的 GPIO 除了上述 8 种工作模式之外，还可以进行 2 种映射：外部中断映射和第 2 功能映射。当某个 GPIO 口映射为外部中断通道后,该 GPIO 口就成为一个外部中断源,外界可以在这个 GPIO 上产生外部事件来实现对 STM32 内部程序运行的介入。而当某个 GPIO 被映射为第 2 功能时,它就会切换成为某个外部设备的功能 I/O 口。重映射属于第 2 功能映射的拓展特性。重映射功能可以让工程师在设计 PCB 时拥有更大的灵活性。此外,STM32 还有位操作寄存器和锁定寄存器等,通过这些寄存器开发人员可以更加灵活地控制 STM32 的 GPIO 口并为外界服务。

5.1.2 实验设计

本实验的目的主要是为了学习如何对 STM32 的 GPIO 口进行简单操作。根据图 5.1.1 所示硬件资源,可以进行一个很简单的实验设计:将这两个 LED 点亮,然后再隔一段时间后熄灭。

5.1.3 硬件电路

本实验硬件电路如图 5.1.1 所示,LED0 和 LED1 分别通过一个 1 kΩ 的限流电阻连接在 STM32 的 GPIOA.2 和 GPIOA.3 上,另一端接 GND。

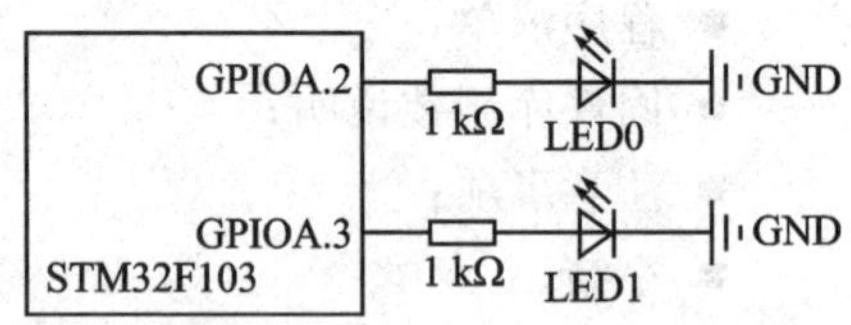

图 5.1.1 GPIO 实验硬件原理图

5.1.4 程序设计

该实验非常简单,实现的要点如下:

① 置 RCC 寄存器组,使用 PLL 输出 72 MHz 时钟频率。

② 配置 GPIOA.2 和 GPIOA.3 为推挽输出,最大翻转频率为 50 MHz。

③ 通过在 GPIOA.2 和 GPIOA.3 上输出高电平点亮 LED,反之输出低电平则熄灭 LED。

工程文件组详情如表 5.1.1 所列。

表 5.1.1 GPIO 实验工程文件组详情

文件组	包含文件	详 情
boot 文件组	startup_stm32f10x_md.s	STM32 的启动文件
cmsis 文件组	core_cm3.c	Cortex - M3 和 STM32 的板级支持文件
	system_stm32f10x.c	
library 文件组	stm32f10x_rcc.c	RCC 和 Flash 寄存器组的底层配置函数
	stm32f10x_flash.c	
	stm32f10x_gpio.c	GPIO 的底层配置函数
interrupt 文件组	stm32f10x_it.c	STM32 的中断服务子程序
user 文件组	main.c	用户应用代码

实验程序流程图如图 5.1.2 所示。

5.1.5 程序清单

开 始
RCC设置
GPIO设置
LED操作
While(1);

图 5.1.2 GPIO 实验流程图

```
/*****************************************
 * 文件名    : main.c
 * 作者      : Losingamong
 * 时间      : 08/08/2008
 * 文件描述  : 主函数
*****************************************/
/* 头文件      ---------------------------------*/
#include "stm32f10x.h"
/* 自定义同义关键字      ------------------------------
--------------*/
/* 自定义参数宏          --------------------------------------------*/
#define Delay(n)     while((n)--)
/* 自定义函数宏          --------------------------------------------*/
/* 自定义变量            --------------------------------------------*/
/* 自定义函数声明        --------------------------------------------*/
void RCC_Configuration(void);
void GPIO_Configuration(void);
/******************************************************
 * 函数名    : main
 * 函数描述  : Main 函数
 * 输入参数  : 无
 * 输出结果  : 无
 * 返回值    : 无
******************************************************/
int main (void)
{
    vu32 n = 2000000;
    /* 设置系统时钟 */
    RCC_Configuration();
    /* 设置 GPIO 端口 */
    GPIO_Configuration();
    /* GPIOA.2,GPIOA.3 输出高电平 */
    GPIO_SetBits(GPIOA, GPIO_Pin_2);
    GPIO_SetBits(GPIOA, GPIO_Pin_3);
    Delay(n);
    /* GPIOA.2,GPIOA.3 输出低电平 */
    GPIO_ResetBits(GPIOA, GPIO_Pin_2);
    GPIO_ResetBits(GPIOA, GPIO_Pin_3);
    while (1);
}
/******************************************************
 * 函数名    : RCC_Configuration
 * 函数描述  : 设置系统各部分时钟
```

```
 * 输入参数  : 无
 * 输出结果  : 无
 * 返回值    : 无
****************************************************************/
void RCC_Configuration(void)
{
    /* 定义枚举类型变量 HSEStartUpStatus */
    ErrorStatus HSEStartUpStatus;
    /* 复位系统时钟设置 */
    RCC_DeInit();
    /* 开启 HSE */
    RCC_HSEConfig(RCC_HSE_ON);
    /* 等待 HSE 起振并稳定 */
    HSEStartUpStatus = RCC_WaitForHSEStartUp();
    /* 判断 HSE 是否起振成功,是则进入 if()内部 */
    if(HSEStartUpStatus == SUCCESS)
    {
        /* 选择 HCLK(AHB)时钟源为 SYSCLK 1 分频 */
        RCC_HCLKConfig(RCC_SYSCLK_Div1);
        /* 选择 PCLK2 时钟源为 HCLK(AHB) 1 分频 */
        RCC_PCLK2Config(RCC_HCLK_Div1);
        /* 选择 PCLK1 时钟源为 HCLK(AHB) 2 分频 */
        RCC_PCLK1Config(RCC_HCLK_Div2);
        /* 设置 FLASH 延时周期数为 2 */
        FLASH_SetLatency(FLASH_Latency_2);
        /* 使能 FLASH 预取缓存 */
        FLASH_PrefetchBufferCmd(FLASH_PrefetchBuffer_Enable);
        /* 选择锁相环(PLL)时钟源为 HSE 1 分频,倍频数为 9,则 PLL 输出频率为 8 MHz *
           9 = 72 MHz */
        RCC_PLLConfig(RCC_PLLSource_HSE_Div1, RCC_PLLMul_9);
        /* 使能 PLL */
        RCC_PLLCmd(ENABLE);
        /* 等待 PLL 输出稳定 */
        while(RCC_GetFlagStatus(RCC_FLAG_PLLRDY) == RESET);
        /* 选择 SYSCLK 时钟源为 PLL */
        RCC_SYSCLKConfig(RCC_SYSCLKSource_PLLCLK);
        /* 等待 PLL 成为 SYSCLK 时钟源 */
        while(RCC_GetSYSCLKSource() != 0x08);
    }
    /* 打开 APB2 总线上的 GPIOA 时钟 */
    RCC_APB2PeriphClockCmd(RCC_APB2Periph_GPIOA, ENABLE);
}
/****************************************************************
 * 函数名    : GPIO_Configuration
 * 函数描述  : 设置各 GPIO 端口功能
 * 输入参数  : 无
 * 输出结果  : 无
```

```
* 返回值      : 无
*******************************************************************************/
void GPIO_Configuration(void)
{
    GPIO_InitTypeDef GPIO_InitStructure;
    /* 设置 PA2,PA3 口为推挽输出,最大翻转频率为 50 MHz */
    GPIO_InitStructure.GPIO_Pin = GPIO_Pin_2 | GPIO_Pin_3;
    GPIO_InitStructure.GPIO_Speed = GPIO_Speed_50MHz;
    GPIO_InitStructure.GPIO_Mode = GPIO_Mode_Out_PP;
    GPIO_Init(GPIOA, &GPIO_InitStructure);
}
```

5.1.6 注意事项

① 配置 RCC 之前,建议先调用 RCC_DeInit()函数复位 RCC 设置,否则可能会在调试过程中遇到预期不到的初始化问题。

② APB1 总线最高频率是 36 MHz,请读者注意 RCC_PCLK1Config()函数所传递的参数。

③ Flash 延时周期数在 3.2.2 小节中有详细说明。

④ GPIO 配置为输出方向时,其最大翻转频率的设置语句是不可缺少的。

⑤ 有兴趣且未曾了解过带参数宏的读者,可以研究一下本程序中带参数的宏的用法。

⑥ 本程序只使用了一种方法来操作 GPIO,GPIO 操作具有灵活性与多样性,建议读者自行发掘多种操作方法。

⑦ 两个 LED 为共阴接法,表示使用 STM32 的 GPIO 口输出电流来驱动 LED。鉴于 STM32 的 GPIO 具备不俗的驱动能力,这样做完全是可以的。但仍然建议在允许的情况下尽量使用共阳接法,使用外部电源驱动,这样可以减轻主控芯片的负担。

5.1.7 使用到的库函数一览

(1) 函数 RCC_DeInit(见表 5.1.2)

表 5.1.2 函数 RCC_DeInit 说明

项目名	代 号	项目名	代 号
函数名	RCC_DeInit	函数名	RCC_DeInit
函数原形	void RCC_DeInit(void)	返回值	无
功能描述	将外设 RCC 寄存器重设为默认值	先决条件	无
输入参数	无	被调用函数	无
输出参数	无		

例：

```
RCC_DeInit();     /* 将外设 RCC 寄存器重设为默认值 */
```

(2) 函数 RCC_HSEConfig(见表 5.1.3)

表 5.1.3　函数 RCC_HSEConfig 说明

项目名	代　号	项目名	代　号
函数名	RCC_HSEConfig	函数名	RCC_HSEConfig
函数原形	void RCC_HSEConfig(u32 RCC_HSE)	返回值	无
功能描述	设置外部高速晶振(HSE)	先决条件	如果 HSE 被直接或者通过 PLL 用于系统时钟,那么它不能被停振
输入参数	RCC_HSE:HSE 的新状态		
输出参数	无	被调用函数	无

参数描述:RCC_HSE,定义外部晶振启用状况,见表 5.1.4。

表 5.1.4　参数 RCC_HSE 定义

RCC_HSE 参数	描　述	RCC_HSE 参数	描　述	RCC_HSE 参数	描　述
RCC_HSE_OFF	HSE 晶振失能	RCC_HSE_ON	HSE 晶振使能	RCC_HSE_Bypass	HSE 晶振被外部时钟旁路

例：

```
RCC_HSEConfig(RCC_HSE_ON);     /* 使能 HSE */
```

(3) 函数 RCC_WaitForHSEStartUp(见表 5.1.5)

表 5.1.5　函数 RCC_WaitForHSEStartUp 说明

项目名	代　号	项目名	代　号
函数名	RCC_WaitForHSEStartUp	函数名	RCC_WaitForHSEStartUp
函数原形	ErrorStatus RCC_WaitForHSEStartUp(void)	返回值	ErrorStatus 枚举值。SUCCESS:HSE 晶振稳定且就绪;ERROR:HSE 晶振未就绪
功能描述	等待 HSE 起振,该函数将等待直到 HSE 就绪,或者在超时的情况下退出		
		先决条件	无
输入参数	无	被调用函数	无
输出参数	无		

例：

```
ErrorStatus HSEStartUpStatus;
RCC_HSEConfig(RCC_HSE_ON); /* 使能 HSE */
/* 等待 HSE 稳定或超时退出 */
HSEStartUpStatus = RCC_WaitForHSEStartUp();
if(HSEStartUpStatus == SUCCESS)
{ /* 起振稳定,设置 PLL 和系统时钟 */ }
```

```
else
{ /* HSE起振失败 */ }
```

(4) 函数 RCC_HCLKConfig(见表 5.1.6)

表 5.1.6 函数 RCC_HCLKConfig 说明

项目名	代 号	项目名	代 号
函数名	RCC_HCLKConfig	函数名	RCC_HCLKConfig
函数原形	void RCC_HCLKConfig(u32 RCC_HCLK)	输出参数	无
功能描述	设置 AHB 时钟(HCLK)	返回值	无
输入参数	RCC_HCLK:定义 HCLK,该时钟源自系统时钟(SYSCLK)	先决条件	无
		被调用函数	无

参数描述:RCC_HCLK,定义 AHB 时钟频率,见表 5.1.7。

表 5.1.7 参数 RCC_HCLK 定义

RCC_HCLK 参数	描 述	RCC_HCLK 参数	描 述
RCC_SYSCLK_Div1	AHB 时钟=系统时钟	RCC_SYSCLK_Div64	AHB 时钟=系统时钟/64
RCC_SYSCLK_Div2	AHB 时钟=系统时钟/2	RCC_SYSCLK_Div128	AHB 时钟=系统时钟/128
RCC_SYSCLK_Div4	AHB 时钟=系统时钟/4	RCC_SYSCLK_Div256	AHB 时钟=系统时钟/256
RCC_SYSCLK_Div8	AHB 时钟=系统时钟/8	RCC_SYSCLK_Div512	AHB 时钟=系统时钟/512
RCC_SYSCLK_Div16	AHB 时钟=系统时钟/16		

例:

```
RCC_HCLKConfig(RCC_SYSCLK_Div1); /* 配置 AHB 频率和系统时钟一致(即系统时钟 1 分频)*/
```

(5) 函数 RCC_PCLK1Config(见表 5.1.8)

表 5.1.8 函数 RCC_PCLK1Config 说明

项目名	代 号	项目名	代 号
函数名	RCC_PCLK1Config	函数名	RCC_PCLK1Config
函数原形	void RCC_PCLK1Config(u32 RCC_PCLK1)	输出参数	无
功能描述	设置低速 APB 时钟(PCLK1)	返回值	无
输入参数	RCC_PCLK1:定义 PCLK1,该时钟源自 AHB 时钟(HCLK)	先决条件	无
		被调用函数	无

参数描述:RCC_PCLK1,定义低速 APB 时钟频率,见表 5.1.9。

表 5.1.9 参数 RCC_PCLK1 定义

RCC_PCLK1 参数	描 述	RCC_PCLK1 参数	描 述
RCC_HCLK_Div1	APB1 时钟=HCLK	RCC_HCLK_Div8	APB1 时钟=HCLK/8
RCC_HCLK_Div2	APB1 时钟=HCLK/2	RCC_HCLK_Div16	APB1 时钟=HCLK/16
RCC_HCLK_Div4	APB1 时钟=HCLK/4		

例:

```
RCC_PCLK1Config(RCC_HCLK_Div2); /* 设置 PCLK1 为 HCLK 2 分频 */
```

(6) 函数 RCC_PCLK2Config(见表 5.1.10)

表 5.1.10　函数 RCC_PCLK2Config 说明

项目名	代 号	项目名	代 号
函数名	RCC_PCLK2Config	输出参数	无
函数原形	void RCC_PCLK2Config(u32 RCC_PCLK2)	返回值	无
功能描述	设置高速 APB 时钟(PCLK2)	先决条件	无
输入参数	RCC_PCLK2:定义 PCLK2,该时钟源自 AHB 时钟(HCLK)	被调用函数	无

参数描述:RCC_PCLK2,定义高速 APB 时钟频率,见表 5.1.11。

表 5.1.11　参数 RCC_PCLK2 定义

RCC_PCLK2 参数	描 述	RCC_PCLK2 参数	描 述
RCC_HCLK_Div1	APB1 时钟=HCLK	RCC_HCLK_Div8	APB1 时钟=HCLK/8
RCC_HCLK_Div2	APB1 时钟=HCLK/2	RCC_HCLK_Div16	APB1 时钟=HCLK/16
RCC_HCLK_Div4	APB1 时钟=HCLK/4		

例:

```
RCC_PCLK2Config(RCC_HCLK_Div1); /* 设置 PCLK2 为 HCLK 1 分频 */
```

(7) 函数 FLASH_SetLatency(见表 5.1.12)

表 5.1.12　函数 FLASH_SetLatency 说明

项目名	代 号	项目名	代 号
函数名	FLASH_SetLatency	输出参数	无
函数原形	void FLASH_SetLatency(u32 FLASH_Latency)	返回值	无
功能描述	设置代码延时值	先决条件	无
输入参数	FLASH_Latency:用来设置 Flash 存储器延时时钟周期数	被调用函数	无

参数描述:FLASH_Latency,定义 Flash 延时周期,见表 5.1.13。

表 5.1.13　参数 FLASH_Latency 定义

FLASH_Latency	描 述	FLASH_Latency	描 述	FLASH_Latency	描 述
FLASH_Latency_0	0 个延时周期	FLASH_Latency_1	1 个延时周期	FLASH_Latency_2	2 个延时周期

例:

```
FLASH_SetLatency(FLASH_Latency_2); /* 设置 Flash 延时时间为 2 个周期 */
```

(8) 函数 FLASH_PrefetchBufferCmd(见表 5.1.14)

表 5.1.14　函数 FLASH_PrefetchBufferCmd 说明

项目名	代　号	项目名	代　号
函数名	FLASH_PrefetchBufferCmd	输出参数	无
函数原形	void FLASH_PrefetchBufferCmd(u32 FLASH_PrefetchBuffer)	返回值	无
功能描述	使能或者失能预取指缓	先决条件	无
输入参数	FLASH_PrefetchBuffer:选择 Flash 预取指缓存的模式	被调用函数	无

参数描述:FLASH_PrefetchBuffer,定义预取指缓存使能状况,见表 5.1.15。

表 5.1.15　参数 FLASH_PrefetchBuffer 定义

FLASH_PrefetchBuffer 参数	描　述	FLASH_PrefetchBuffer 参数	描　述
FLASH_PrefetchBuffer_Enable	预取指缓存使能	FLASH_PrefetchBuffer_Disable	预取指缓存失能

例:

```
FLASH_PrefetchBufferCmd(FLASH_PrefetchBuffer_Enable); /* 使能 Flash 预取缓存 */
```

(9) 函数 RCC_PLLConfig(见表 5.1.16)

表 5.1.16　函数 RCC_PLLConfig 说明

项目名	代　号	项目名	代　号
函数名	RCC_PLLConfig	输入参数 2	RCC_PLLMul:PLL 倍频系数
函数原形	void RCC_PLLConfig(u32 RCC_PLLSource, u32 RCC_PLLMul)	输出参数	无
		返回值	无
功能描述	设置 PLL 时钟源及倍频系数	先决条件	无
输入参数 1	RCC_PLLSource:PLL 的输入时钟源	被调用函数	无

参数描述:RCC_PLLSource,定义 PLL 时钟源,见表 5.1.17。

表 5.1.17　参数 RCC_PLLSource 定义

RCC_PLLSource 参数	描　述
RCC_PLLSource_HSI_Div2	PLL 的输入时钟=HSI 时钟频率除以 2
RCC_PLLSource_HSE_Div1	PLL 的输入时钟=HSE 时钟频率
RCC_PLLSource_HSE_Div2	PLL 的输入时钟=HSE 时钟频率除以 2

参数描述:RCC_PLLMul,定义 PLL 倍频数,见表 5.1.18(必须正确设置软件,使 PLL 输出时钟频率不超过 72 MHz)。

表 5.1.18　参数 RCC_PLLMul 定义

RCC_PLLMul 参数	描　述	RCC_PLLMul 参数	描　述
RCC_PLLMul_2	PLL 输入时钟×2	RCC_PLLMul_10	PLL 输入时钟×10
RCC_PLLMul_3	PLL 输入时钟×3	RCC_PLLMul_11	PLL 输入时钟×11
RCC_PLLMul_4	PLL 输入时钟×4	RCC_PLLMul_12	PLL 输入时钟×12
RCC_PLLMul_5	PLL 输入时钟×5	RCC_PLLMul_13	PLL 输入时钟×13
RCC_PLLMul_6	PLL 输入时钟×6	RCC_PLLMul_14	PLL 输入时钟×14
RCC_PLLMul_7	PLL 输入时钟×7	RCC_PLLMul_15	PLL 输入时钟×15
RCC_PLLMul_8	PLL 输入时钟×8	RCC_PLLMul_16	PLL 输入时钟×16
RCC_PLLMul_9	PLL 输入时钟×9		

例:

```
/* 选择 HSE(8 MHz)为 PLL 时钟源,9 倍频,于是得到 72 MHz 输出 */
RCC_PLLConfig(RCC_PLLSource_HSE_Div1, RCC_PLLMul_9)
```

(10) 函数 RCC_PLLCmd(见表 5.1.19)

表 5.1.19　函数 RCC_PLLCmd 说明

项目名	代　号	项目名	代　号
函数名	RCC_PLLCmd	输出参数	无
函数原形	void RCC_PLLCmd(FunctionalState NewState)	返回值	无
功能描述	使能或者失能 PLL	先决条件	如果 PLL 被用于系统时钟,那么它不能被失能
输入参数	NewState:PLL 的新状态。这个参数可以取:ENABLE 或者 DISABLE	被调用函数	无

例:

```
RCC_PLLCmd(ENABLE);      /* 使能 PLL */
```

(11) 函数 RCC_SYSCLKConfig(见表 5.1.20)

表 5.1.20　函数 RCC_SYSCLKConfig 说明

项目名	代　号	项目名	代　号
函数名	RCC_SYSCLKConfig	输出参数	无
函数原形	void RCC_SYSCLKConfig(u32 RCC_SYSCLKSource)	返回值	无
功能描述	设置系统时钟(SYSCLK)	先决条件	无
输入参数	RCC_SYSCLKSource:用作系统时钟的时钟源	被调用函数	无

参数描述:RCC_SYSCLKSource,定义可选的系统时钟,见表 5.1.21。

表 5.1.21　参数 RCC_SYSCLKSource 定义

RCC_SYSCLKSource 参数	描　述
RCC_SYSCLKSource_HSI	选择 HSI 作为系统时钟
RCC_SYSCLKSource_HSE	选择 HSE 作为系统时钟
RCC_SYSCLKSource_PLLCLK	选择 PLL 作为系统时钟

例：

```
RCC_SYSCLKConfig(RCC_SYSCLKSource_PLLCLK); /* 选择 PLL 为系统时钟源 */
```

(12) 函数 RCC_GetSYSCLKSource(见表 5.1.22)

表 5.1.22　函数 RCC_GetSYSCLKSource 说明

项目名	代　号	项目名	代　号
函数名	RCC_GetSYSCLKSource	返回值	用作系统时钟的时钟源。0x00：HSI 作为系统时钟；0x04：HSE 作为系统时钟；0x08：PLL 作为系统时钟
函数原形	u8 RCC_GetSYSCLKSource(void)		
功能描述	返回用作系统时钟的时钟源		
输入参数	无	先决条件	无
输出参数	无	被调用函数	无

例：

```
if(RCC_GetSYSCLKSource() == 0x04)      /* HSE 是否成功用于系统时钟 */
{ /* 是 */}
else{ /* 否 */}
```

(13) 函数 RCC_APB2PeriphClockCmd(见表 5.1.23)

参数描述：RCC_APB2Periph，定义 APB2 外设时钟，见表 5.1.24。

表 5.1.23　函数 RCC_APB2PeriphClockCmd 说明

项目名	代　号	项目名	代　号
函数名	RCC_APB2PeriphClockCmd	输入参数 2	NewState：指定外设时钟的新状态。这个参数可以取 ENABLE 或者 DISABLE
函数原形	void RCC_APB2PeriphClockCmd (u32 RCC_APB2Periph, FunctionalState NewState)	输出参数	无
		返回值	无
功能描述	使能或者失能 APB2 外设时钟	先决条件	无
输入参数 1	RCC_APB2Periph：APB2 外设时钟	被调用函数	无

表 5.1.24　参数 RCC_APB2Periph 定义

RCC_AHB2Periph 参数	描　述	RCC_AHB2Periph 参数	描　述
RCC_APB2Periph_AFIO	功能复用 I/O 时钟	RCC_APB2Periph_ADC1	ADC1 时钟
RCC_APB2Periph_GPIOA	GPIOA 时钟	RCC_APB2Periph_ADC2	ADC2 时钟
RCC_APB2Periph_GPIOB	GPIOB 时钟	RCC_APB2Periph_TIM1	TIM1 时钟
RCC_APB2Periph_GPIOC	GPIOC 时钟	RCC_APB2Periph_SPI1	SPI1 时钟
RCC_APB2Periph_GPIOD	GPIOD 时钟	RCC_APB2Periph_USART1	USART1 时钟
RCC_APB2Periph_GPIOE	GPIOE 时钟	RCC_APB2Periph_ALL	全部 APB2 外设时钟

例：

```
/* 打开 GPIOA,GPIOB 和 SPI1 的时钟 */
RCC_APB2PeriphClockCmd(RCC_APB2Periph_GPIOA | RCC_APB2Periph_GPIOB |
RCC_APB2Periph_SPI1, ENABLE);
```

(14) 函数 GPIO_Init(见表 5.1.25)

表 5.1.25　函数 GPIO_Init 说明

项目名	代　号	项目名	代　号
函数名	GPIO_Init	输入参数 2	GPIO_InitStruct：指向结构 GPIO_InitTypeDef 的指针，包含了外设 GPIO 的配置信息
函数原形	void GPIO_Init(GPIO_TypeDef * GPIOx, GPIO_InitTypeDef * GPIO_InitStruct)		
功能描述	根据 GPIO_InitStruct 中指定的参数初始化外设 GPIOx	输出参数	无
		返回值	无
输入参数 1	GPIOx：x 可以是 A、B、C、D 或者 E 来选择 GPIO	先决条件	无
		被调用函数	无

GPIO_InitTypeDef 定义于 stm32f10x_gpio.h 文件：

```
typedef struct
{
    u16 GPIO_Pin;
    GPIOSpeed_TypeDef GPIO_Speed;
    GPIOMode_TypeDef GPIO_Mode;
} GPIO_InitTypeDef;
```

① GPIO_Pin，定义待选择设置的 GPIO 引脚，见表 5.1.26。

表 5.1.26　参数 GPIO_Pin 定义

GPIO_Pin 参数	描　述	GPIO_Pin 参数	描　述	GPIO_Pin 参数	描　述
GPIO_Pin_None	无引脚被选中	GPIO_Pin_5	选中引脚 5	GPIO_Pin_11	选中引脚 11
GPIO_Pin_0	选中引脚 0	GPIO_Pin_6	选中引脚 6	GPIO_Pin_12	选中引脚 12
GPIO_Pin_1	选中引脚 1	GPIO_Pin_7	选中引脚 7	GPIO_Pin_13	选中引脚 13
GPIO_Pin_2	选中引脚 2	GPIO_Pin_8	选中引脚 8	GPIO_Pin_14	选中引脚 14
GPIO_Pin_3	选中引脚 3	GPIO_Pin_9	选中引脚 9	GPIO_Pin_15	选中引脚 15
GPIO_Pin_4	选中引脚 4	GPIO_Pin_10	选中引脚 10	GPIO_Pin_All	选中全部引脚

② GPIO_Speed,定义 GPIO 最高输出频率,见表 5.1.27。

表 5.1.27　参数 GPIO_Speed 定义

GPIO_Speed 参数	描　述
GPIO_Speed_2MHz	最高输出频率 2 MHz
GPIO_Speed_10MHz	最高输出频率 10 MHz
GPIO_Speed_50MHz	最高输出频率 50 MHz

③ GPIO_Mode,设置选中引脚的工作模式,见表 5.1.28。

表 5.1.28　参数 GPIO_Mode 定义

GPIO_Speed 参数	描　述	GPIO_Speed 参数	描　述
GPIO_Mode_AIN	模拟输入	GPIO_Mode_Out_OD	开漏输出
GPIO_Mode_IN_FLOATING	浮空输入	GPIO_Mode_Out_PP	推挽输出
GPIO_Mode_IPD	下拉输入	GPIO_Mode_AF_OD	复用开漏输出
GPIO_Mode_IPU	上拉输入	GPIO_Mode_AF_PP	复用推挽输出

例:

```
/* 设置 GPIOA 所有的 I/O 为浮空输入模式 */
GPIO_InitTypeDef GPIO_InitStructure;
GPIO_InitStructure.GPIO_Pin = GPIO_Pin_All;
GPIO_InitStructure.GPIO_Speed = GPIO_Speed_10MHz;
GPIO_InitStructure.GPIO_Mode = GPIO_Mode_IN_FLOATING;
GPIO_Init(GPIOA, &GPIO_InitStructure);
```

(15) 函数 GPIO_SetBits(见表 5.1.29)

表 5.1.29　函数 GPIO_SetBits 说明

项目名	代　号	项目名	代　号
函数名	GPIO_SetBits	输入参数 2	GPIO_Pin:待设置的端口位。该参数可以取 GPIO_Pin_x(x 可以是 0～15)的任意组合
函数原形	void GPIO_SetBits(GPIO_TypeDef * GPIOx, u16 GPIO_Pin)	输出参数	无
功能描述	置位指定的 GPIO 端口位	返回值	无
输入参数 1	GPIOx:x 可以是 A、B、C、D 或者 E,来选择 GPIO	先决条件	无
		被调用函数	无

例:

```
GPIO_SetBits(GPIOA, GPIO_Pin_10 | GPIO_Pin_15); /* 置位 GPIOA.10 和 GPIOA.15 */
```

(16) 函数 GPIO_ResetBits(见表 5.1.30)

表 5.1.30　函数 GPIO_ResetBits 说明

项目名	代　号	项目名	代　号
函数名	GPIO_ResetBits	输入参数 2	GPIO_Pin:待设置的端口位。该参数可以取 GPIO_Pin_x(x 可以是 0～15)的任意组合
函数原形	void GPIO_ResetBits(GPIO_TypeDef * GPIOx, u16 GPIO_Pin)	输出参数	无
功能描述	清除指定的数据端口位	返回值	无
输入参数 1	GPIOx:x 可以是 A、B、C、D 或者 E,来选择 GPIO	先决条件	无
		被调用函数	无

例:

```
GPIO_ResetBits(GPIOA, GPIO_Pin_10 | GPIO_Pin_15); /* 清除 GPIOA.10 和 GPIOA.15 */
```

5.1.8 实验结果

工程建立好之后,按下 F7 编译,修改至无错误和警告后,按下 Ctrl+F5 进入仿真。载入完毕后,按下 F5 全速运行,可以看到两个 LED 在点亮一小段时间后熄灭,符合程序预期设计。

5.1.9 小　结

本节通过一个简单的实验设计讲述 STM32 的 GPIO 操作方法,给出了硬件电路、软件设计方案、设计流程、带有详尽注释的程序清单以及使用到的固件函数说明。读者应该将以上所有信息整合,唯一的目的就是将程序读懂,从程序的角度来了解 GPIO 的操作流程。

5.2 简约而不简单的 SysTick 定时器

5.2.1 概　述

SysTick,常被人们称为“系统节拍时钟”。SysTick 和 STM32 微控制器并没有必然的联系,因为 SysTick 属于 ARM Cortex-M3 内核的一个“内设”,所有基于 ARM Cortex-M3 内核的微控制器都带 SysTick。显然 STM32 也不例外。

为什么 ARM Cortex-M3 内核要配备这样一个定时器,那得从 ARM 公司设计 Cortex-M3 内核说起。众所周知 ARM Cortex-M3 内核希望被应用在对成本敏感并具备高度可靠性的实时控制场合。关键就在于“高度可靠性”一词,以往开发人员所编写的单任务应用程序,说它是“简洁的”、“高效的”甚至是“高度实时的”都可以具备充分的理由，但不能说它是“高度可靠的”。为什么呢？因为单任务程序的架构决定了它执行任务的串行性，这就会引发一个问题：当某个任务出现故障，就会牵连到后续的任务，进而导致整个程序崩溃。如何解决？可以使用实时操作系统(RTOS)。因为 RTOS 以并行的架构处理任务，单一任务的崩溃并不会牵连至整个系统。所以 ARM 公司在设计 ARM Cortex－M3 内核的时候，就考虑到了用户可能会基于 RTOS 来设计自己的应用程序。这样 SysTick 存在的原因就很明了了：提供必需的时钟节拍，为 RTOS 的任务调度提供一个有节奏的“心跳”。

也许读者会立即发出疑问：现在微控制器定时器资源都比较丰富，比如 STM32 有多达 8 个定时器，为何还需要 SysTick 呢？答案在于，所有基于 ARM Cortex－M3 内核的微控制器都带 SysTick 定时器，方便了程序在不同器件间的移植。而使用 RTOS 的第一项工作往往是要将其移植到开发人员要使用的硬件平台上，SysTick 的设计无疑减小了移植的难度。

ARM Cortex－M3 的 SysTick 定时器基本结构如图 5.2.1 所示，由此可知该 SysTick 定时器的工作流程。

图 5.2.1 中由左往右看 SysTick 的组成。首先是时钟的输入源，分别为系统时钟或 SysTick 时钟。然后中间由上往下分别是 SysTick 时钟校准寄存器(SysTick Calibration Register)、Systick 重装寄存器(SysTick Reload Register)、Systick 当前计数寄存器(SysTick Current Register)、Systick 控制寄存器(SysTick Control Register)。最右边的“私有外设总线”表明 SysTick 的上述寄存器是 CPU 通过私有外设总线存取的。而图中最显眼的一句“24 位计数器”，则表明了 SysTick 是一个拥有 24 位数据宽度的计数器。

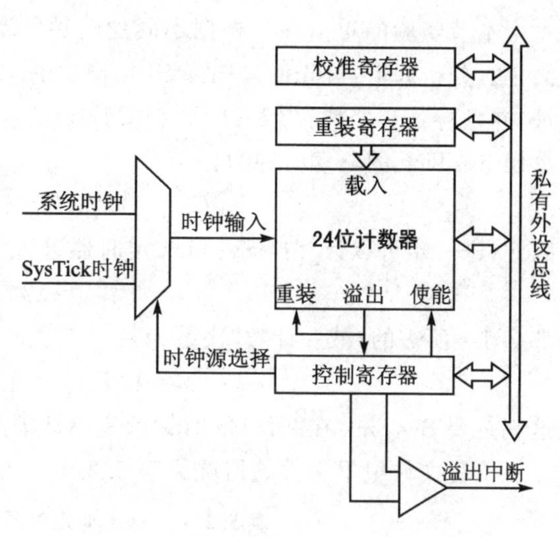

图 5.2.1　SysTick 定时器基本结构

SysTick 是如何工作的呢？同样见图 5.2.1，首先 SysTick 从时钟源接口获得时钟驱动，然后从重装寄存器将重装值读入当前计数寄存器，并在时钟驱动下进行减一计数。而当SysTick发生下溢的时候将计数标志置位，并在满足一定条件的情况下触发 SysTick 溢出中断，同时进行一次重装值载入操作。

事实上在实际的电子开发工作中，往往从某一个硬件的结构就可以大概了解其基本的功能与工作过程。这对于各位立志于电子开发事业的读者来说，是一种非常重要、值得耗费大量时间和精力来锻炼的能力。

5.2.2 实验设计和硬件电路

本节将进行如下实验设计:使用 STM32 微控制器的 SysTick 定时器产生长度为 1 s 的时间间隔,并以此间隔闪烁 LED 灯。整个硬件电路几乎等同于一个 STM32 微控制器的最小系统,非常简单,如图 5.2.2 所示。

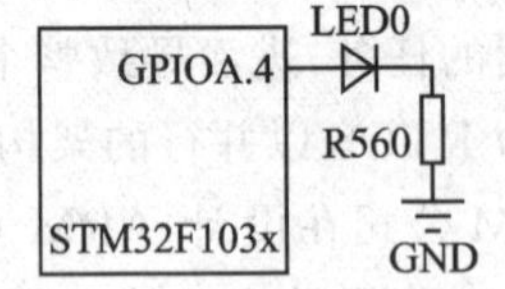

图 5.2.2 Systick 定时器实验硬件原理图

5.2.3 程序设计

本节程序设计十分简单,以下是一些要点汇总:

① 配置 RCC 寄存器组,使用 PLL 作为系统时钟源,并输出 72 MHz 时钟频率。

② 打开 GPIOA 时钟,设置 GPIOA.4 引脚为推挽输出功能。

③ 配置 SysTick,选择经过 8 分频后的系统时钟源作为驱动时钟。

④ 配置 SysTick,写入预重装值,使 SysTick 产生 1 s 时间间隔。

本节实验的重点在于根据不同的时钟频率计算 SysTick 的重装值,实际上非常简单。分析如下:首先假设选择 PLL 输出的 72 MHz 作为 STM32 微控制器的主时钟,并且将其 8 分频(72 MHz/8=9 MHz)后作为 SysTick 的驱动时钟。这样可以计算出 SysTick 的驱动时钟为:

$$f_{\mathrm{STclk}}=72\ \mathrm{MHz}/8=9\ \mathrm{MHz}$$

因此,进一步可以计算出 SysTick 定时器进行一次"减一计数"所需时间为:

$$T_{\mathrm{STDec}}=1/f_{\mathrm{STclk}}$$

那么 1 s 所需的"减一计数"次数为:

$$N=1/T_{\mathrm{STDec}}=9\ 000\ 000$$

这就是要 SysTick 在 9 MHz 时钟频率驱动下产生 1 s 时间间隔的重装值。

工程文件组里文件的情况见表 5.2.1。

表 5.2.1 Systick 定时器实验工程组详情

文件组	包含文件	文件详情
boot 文件组	startup_stm32f10x_md.s	STM32 的启动文件
cmsis 文件组	core_cm3.c	Cortex-M3 和 STM32 的板级支持文件
	system_stm32f10x.c	
library 文件组	stm32f10x_rcc.c	RCC 和 Flash 寄存器组的底层配置函数
	stm32f10x_flash.c	
	stm32f10x_gpio.c	GPIO 的底层配置函数
	misc.c	systick 定时器配置函数
interrupt 文件组	stm32f10x_it.c	STM32 的中断服务子程序
user 文件组	main.c	用户应用代码

5.2.4 程序清单

```
/****************************************************************************
* 文件名     : main.c
* 作者       : Losingamong
* 时间       : 08/08/2008
* 文件描述   : 主函数
****************************************************************************/
/* 头文件          ---------------------------------------------------*/
#include "stm32f10x.h"
/* 自定义同义关键字      ------------------------------------------------*/
/* 自定义参数宏         ------------------------------------------------*/
/* 自定义函数宏         ------------------------------------------------*/
/* 自定义变量           ------------------------------------------------*/
vu32 tick = 0;
/* 自定义函数声明       ------------------------------------------------*/
void RCC_Configuration(void);
void GPIO_Configuration(void);
void Systick_Configuration(void);
void Delay_Second(void);
/****************************************************************************
* 函数名     : main
* 函数描述   : main 函数
* 输入参数   : 无
* 输出结果   : 无
* 返回值     : 无
****************************************************************************/
int main(void)
{
    /* 设置系统时钟 */
    RCC_Configuration();
    /* 设置 GPIO 端口 */
    GPIO_Configuration();
    /* 设置 SyTtick 定时器 */
    Systick_Configuration();
    while(1)
    {
        GPIO_WriteBit(GPIOA,
                      GPIO_Pin_4,
                      (BitAction)(1 - GPIO_ReadOutputDataBit(GPIOA, GPIO_Pin_4))
                     );//翻转 GPIOA.4 电平
        Delay_Second();                                    /* 延时 1 s */
    }
}
/****************************************************************************
* 函数名     : RCC_Configuration
* 函数描述   : 设置系统各部分时钟
```

```
* 输入参数   : 无
* 输出结果   : 无
* 返回值     : 无
*****************************************************************/
void RCC_Configuration(void)
{
    {
        /* 本部分代码为 RCC_Configuration 函数内部部分代码,见附录 A 程序清单 A.1 */
    }
    /* 打开 APB2 总线上的 GPIOA 时钟 */
    RCC_APB2PeriphClockCmd(RCC_APB2Periph_GPIOA, ENABLE);
}
/*****************************************************************
* 函数名     : GPIO_Configuration
* 函数描述   : 设置各 GPIO 端口功能
* 输入参数   : 无
* 输出结果   : 无
* 返回值     : 无
*****************************************************************/
void GPIO_Configuration(void)
{
    /* 定义 GPIO 初始化结构体 GPIO_InitStructure */
    GPIO_InitTypeDef GPIO_InitStructure;
    /* 设置 GPIOA.4 为推挽输出,最大翻转频率为 50 MHz */
    GPIO_InitStructure.GPIO_Pin = GPIO_Pin_4;
    GPIO_InitStructure.GPIO_Speed = GPIO_Speed_50MHz;
    GPIO_InitStructure.GPIO_Mode = GPIO_Mode_Out_PP;
    GPIO_Init(GPIOA, &GPIO_InitStructure);
}
/*****************************************************************
* 函数名     : Systick_Configuration
* 函数描述   : 设置 Systick 定时器,重装载时间为 1 ms
* 输入参数   : 无
* 输出结果   : 无
* 返回值     : 无
*****************************************************************/
void Systick_Configuration(void)
{
    /* 主频为 72/8 = 9 MHz,配置计数值 9 000 000 除以 9 000 可以得到 1 ms 定时间隔 */
    SysTick_Config(9000000 / 9000);
    /* 选择 HCLK 进行 8 分频后作为 Systick 时钟源,本函数一定要置于 SysTick_Config
       后调用 */
    SysTick_CLKSourceConfig(SysTick_CLKSource_HCLK_Div8);
}
/*****************************************************************
* 函数名     : Delay_Second
* 函数描述   : 1 s 定时
```

```
 *  输入参数   : 无
 *  输出结果   : 无
 *  返回值     : 无
*************************************************************/
void Delay_Second(void)
{
    /* 清除 tick 计数 */
    tick = 0;
    /* 等待 tick 累计至 1 000,即 1 s */
    while (tick<= 1000);
}
/*************************************************************
 *  文件名     : stm32f10x_ it.c
 *  作者       : Losingamong
 *  生成日期   : 14 / 09 / 2010
 *  描述       : 中断服务程序
*************************************************************/
/* 头文件 ---------------------------------------------------*/
#include "stm32f10x_it.h"
/* 自定义变量声明             --------------------------------*/
extern vu32 tick;
/*************************************************************
 *  函数名     : SysTickHandler
 *  输入参数   : 无
 *  函数描述   : 内核定时器 SysTick 中断服务函数
 *  返回值     : 无
 *  输入参数   : 无
*************************************************************/
void SysTick_Handler(void)
{
    tick++;
}
```

5.2.5 使用到的主要库函数一览

(1) 函数 SysTick_CLKSourceConfig(见表 5.2.2)

表 5.2.2 函数 SysTick_CLKSourceConfig 说明

项目名	代 号	项目名	代 号
函数名	SysTick_CLKSourceConfig	输出参数	无
函数原形	void SysTick_CLKSourceConfig(u32 SysTick_CLKSource)	返回值	无
功能描述	选择 SysTick 时钟源	先决条件	无
输入参数	SysTick_CLKSource:SysTick 时钟源	被调用函数	无

参数描述:SysTick_CLKSource,用以选择 SysTick 时钟源,见表 5.2.3。

表 5.2.3 参数 SysTick_CLKSource 定义

SysTick_CLKSource	描 述
SysTick_CLKSource_HCLK_Div8	SysTick 时钟源等于系统时钟的 8 分频
SysTick_CLKSource_HCLK	SysTick 时钟源等于系统时钟

例:

```
SysTick_CLKSourceConfig(SysTick_CLKSource_HCLK);  /* 选用 AHB 时钟作为 SysTick 的
                                                     时钟源 */
```

(2) 函数 SysTick_Config(见表 5.2.4)

表 5.2.4 函数 SysTick_Config 说明

项目名	代 号
函数名	SysTick_Config
函数原形	static uint32_t SysTick_Config(uint32_t ticks)
功能描述	➤ 重置 systick 定时器的计数值 ➤ 设置 systick 时钟源为 HCLK ➤ 使能 systick 中断 ➤ 启动 systick 定时器计数
输入参数	Systick 重载计数值
输出参数	无
返回值	0,表示设置成功
先决条件	无
被调用函数	无

5.2.6 注意事项

① SysTick 是一个 24 位定时器,所以理论上它的最大重装值是 $2^{24}=16\ 777\ 215$,读者在设置重装值时注意不要超出这个最大值范围。

② SysTick 是 ARM Cortex-M3 的标准配备,并不属于 STM32 的外设,不需要在 RCC 寄存器组打开它的时钟。

③ 如果要修改 systick 定时器的时钟频率,则一定要在 SysTick_Config 函数后再调用 SysTick_CLKSourceConfig 函数进行时钟频率修改,因为 SysTick_Config 总是会设置 systick 定时器的时钟源为 HCLK。

④ SysTick_Config 还开启了 systick 定时器中断,每 1 ms 会触发一次 systick 定时器中断服务,在服务中对 tick 变量进行累加,再在后台程序对 tick 的值进行判断,完成 1 s 的延时。

5.2.7 实验结果

建立并设置好工程，编辑好代码之后按下 F7 进行编译，将所有错误警告排除后（若存在）按下 Ctrl + F5 进行烧写与仿真。然后按下 F5 全速运行，可以看到 LED0 以 1 s 时间间隔进行闪烁，符合本次程序设计的初衷。

5.2.8 小　结

本节主要围绕 STM32 上的 SysTick 定时器进行实验设计，其重点在于 SysTick 定时器的结构和工作过程，难点则落在了 SysTick 定时器重装值的计算上。但总的来说本节内容还是比较简单的，读者通过少量时间的练习就可以掌握 SysTick 的使用方法。

5.3 使用 GPIO 和 SysTick 定时器实现按键扫描

5.3.1 概　述

前两节分别介绍了 STM32 微控制器的 GPIO 外设和系统节拍定时器 SysTick 的特性与基本使用方法，这可以说是 STM32 微控制器里最简单的两个设备了。但也正因为用法简便，GPIO 和 SysTick 反而成为 STM32 微控制器开发应用中最常使用到的两个硬件资源。GPIO 自不用说，而在对定时功能没有很高要求的情况下，SysTick 也会成为工程师们第一个考虑启用的定时器。因此，读者很有必要进一步掌握好 GPIO 与 SysTick 的使用方法。

(1) 按键识别技术

当下的数码产品日新月异，科技含量越来越高，越来越易用化、智能化。20 世纪 80 年代的黑白电视机演变为今天的等离子电视；经典的红白 FC 到今天的 Xbox360；粗大笨重的“大哥大”到今天基于 ARM Cortex - A8 内核处理器的各种智能手机等，无不彰显着当代电子技术更新换代的速度。但无论产品如何变化，有一样东西却始终没变，那就是按键。道理很简单，电子产品始终是受控于人且服务于人的，按键几乎成为了实现人机交互的一个必然选择，因为短时间内声控方式和触摸识别方式还无法完全取代按键。按键识别技术无疑成为一个电子开发人员所要具备的“基本技能”。同时按键作为整个产品系统的一部分，往往对系统的整体性能有举足轻重的影响。

按键识别虽然与 STM32 在硬件层面上并没有必然的联系，但考虑读者日后学习和使用 STM32 时，将不可避免地遇到按键识别的应用环节，本节来进行一个按键识别实验设计。除了为以后做技术储备外，本节内容也有助于读者进一步掌握 GPIO 与 SysTick 的使用方法。

(2) 基于定时器的按键扫描方法

现有的按键扫描方法可以称得上是五花八门。有使用 CPU 空转进行延时查询的扫描方法、基于外部中断的扫描方法、使用 ADC 器件进行检测扫描的方法等，可以说每一种方法都已经成功地在一个或者多个实际工程项目中得到验证并稳定地应用着。但不可忽略的是它们都有可以轻易指出的缺陷，毫无疑问，这些缺陷都制约着这几种方法的使用。

① 基于 CPU 延时查询的按键扫描方法使用了 CPU 进行空转的办法来避免按键抖动的干扰，相信这是绝大部分读者所掌握的第一种按键扫描方法。但仍需指出，这种按键扫描方法大大地降低了 CPU 的效率，其效率和实时性是很差的，只能在功能比较简单并且可靠性要求不高的小型应用中运用。

② 基于外部中断的按键扫描方法相对上一种，实时性有了很明显地提高。但该种方法需要占用一个外部中断资源，这对于外部中断资源较少的单片机而言(比如部分 51 单片机只有 2 个外部中断源)是个不小的消耗，同时仍然存在降低 CPU 工作效率的情况。

③ 使用 ADC 转换器件进行按键扫描的方法显得非常有新意，消除按键抖动的方法也完全不同于之前几种方法，并且可以轻易地完成一些高级功能。但是对于按键扫描来说，动用 ADC 资源可以说是“杀鸡用牛刀”——硬件成本代价过高。

本节将介绍一种基于定时器的按键扫描方法，这种方法的思想来源于操作系统(OS)中的“状态机”概念——即将一个任务分割成几个阶段，让 CPU 分时去执行，在该任务不需要 CPU 介入的时候，CPU 可以去执行其他任务。而这样做的好处是，即保证了 CPU 的效率，又在最大程度上释放了 CPU。

5.3.2 实验设计

本节进行一个思路简单的实验，使用 4 个按键分别控制 4 个发光二极管的亮灭状态。显然，按键的扫描过程将是本实验的重点所在。本节按键扫描程序的流程图如图 5.3.1 所示。

5.3.3 硬件电路

本节硬件原理图如图 5.3.2 所示，分别在 GPIOA.0～GPIOA.3 共 4 个引脚连接 4 个按键，并在 GPIOA.4～GPIOA.7 这 4 个引脚上连接 4 个 LED 待用。

5.3.4 程序设计

本节程序设计有以下几个要点：

① 配置 RCC 寄存器组，使用 PLL 输出 72 MHz 时钟作为系统时钟。

② 配置 GPIOA.0～GPIOA.3 这 4 个引脚为上拉输入模式，并配置 GPIOA.4～7 这 4 个引脚为推挽输出模式。

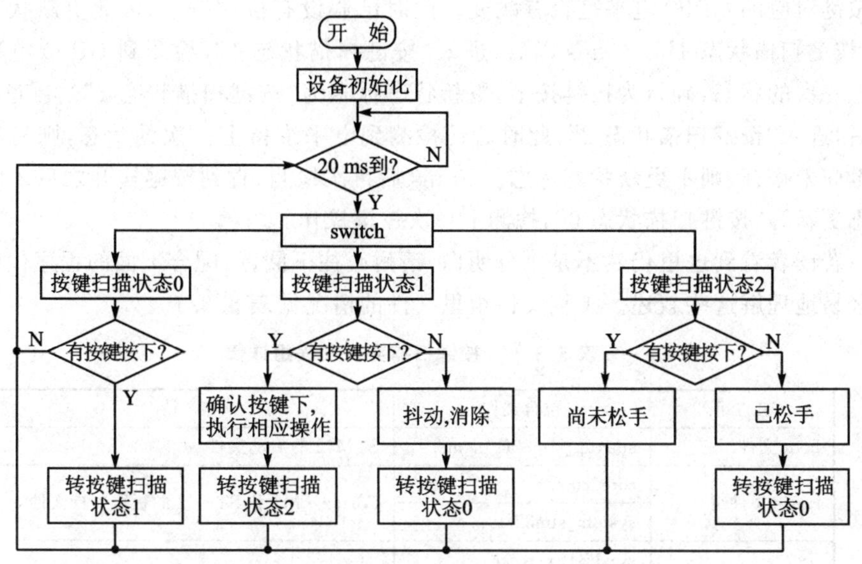

图 5.3.1　按键扫描实验程序流程图

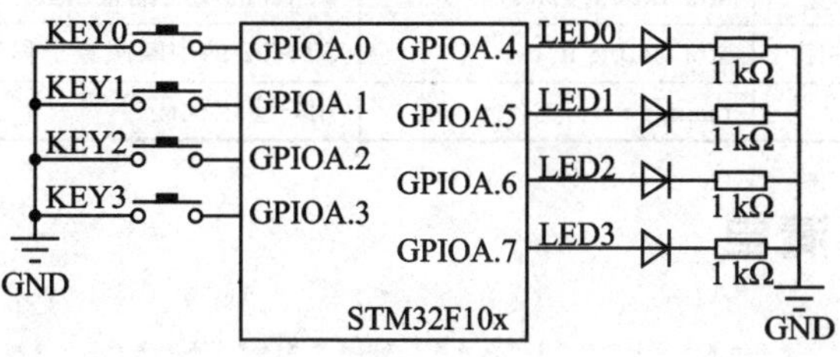

图 5.3.2　按键扫描实验硬件原理图

③ 配置 SysTick 使用系统时钟,并产生 20 ms 时间间隔。现在配合图 5.3.1 重点来分析一下此按键扫描方法的流程。首先请读者要明确的是:每 20 ms 进行一次按键扫描。

① 首先假设初始状态没有按键按下,GPIO 口也不存在抖动干扰电平,则此时的状态是“按键扫描状态 0”。进入执行之后,因为扫描不到 GPIO 的电平变化,因此直接退出该状态,并且不更新状态标志。20 ms 之后仍然执行重复的过程。

② 其次假设仍然没有按键按下,但 GPIO 上有干扰抖动电平,则程序首先仍然进入“按键扫描状态 0”。但进入执行之后,扫描到了 GPIO 上的电平变化,更新状态标志至“按键扫描状态 1”。20 ms 之后,进入“按键扫描状态 1”,再次检测 GPIO 的电平。因为是抖动电平,其持续的时间不会大于 20 ms,所以此处并不能再次检测到电平变化,因此确认为抖动电平,更新状态标志至“按键扫描状态 0”。这样就避免了将抖动电平误识别为按键按下的情况。

③ 最后假设有按键按下。首先仍然是“按键扫描状态 0”阶段,此状态阶段是判

断按键对应的 GPIO 电平是否有跳变。此时已假设有按键按下,因此更新状态标志至"按键扫描状态 1"。20 ms 以后,进入"按键扫描状态 1",检测到 GPIO 电平还维持上一次的状态,确认为按键按下,更新状态标志为"按键扫描状态 2"。再过 20 ms 之后,进入"按键扫描状态 2",此时若还检测到电平维持上一次的状态,则显然表示按键尚未松开,则不更新状态标志。20 ms 后再次检测,直到按键松开之后才将状态标志更新为"按键扫描状态 0",检测下一次按键操作。

若读者看到这里仍然不是十分明白,请耐心往下阅读,配合下面的程序代码可以很轻易地理解这些叙述。工程文件组里文件的情况见表 5.3.1。

表 5.3.1　按键扫描实验工程组详情

文件组	包含文件	详　情
boot 文件组	startup_stm32f10x_md.s	STM32 的启动文件
cmsis 文件组	core_cm3.c	Cortex-M3 和 STM32 的板级支持文件
	system_stm32f10x.c	
library 文件组	stm32f10x_rcc.c	RCC 和 Flash 寄存器组的底层配置函数
	stm32f10x_flash.c	
	stm32f10x_gpio.c	GPIO 的底层配置函数
interrupt 文件组	stm32f10x_it.c	STM32 的中断服务子程序
user 文件组	main.c	用户应用代码

5.3.5　程序清单

```
/**************************************************************
 * 文件名   : main.c
 * 作者     : Losingamong
 * 时间     : 08/08/2008
 * 文件描述 : 主函数
**************************************************************/
/* 头文件          ------------------------------------------------*/
#include "stm32f10x.h"
#include "stm32f10x_gpio.h"
/* 自定义同义关键字        --------------------------------------*/
typedef enum
{
    KeyScanState_0 = 0x00,
    KeyScanState_1 = 0x01,
    KeyScanState_2 = 0x02,
}KeyScanState_Typedef;
/* 自定义参数宏            --------------------------------------*/
#define KEYPORT          GPIOA
#define KEY0PIN          GPIO_Pin_0
#define KEY1PIN          GPIO_Pin_1
```

```
#define KEY2PIN         GPIO_Pin_2
#define KEY3PIN         GPIO_Pin_3
#define LEDPORT         GPIOA
#define LED0PIN         GPIO_Pin_4
#define LED1PIN         GPIO_Pin_5
#define LED2PIN         GPIO_Pin_6
#define LED3PIN         GPIO_Pin_7
/* 自定义函数宏          ----------------------------------------*/
/* 自定义变量            ----------------------------------------*/
vu32 flag = 0;
/* 自定义函数声明        ----------------------------------------*/
void RccInitialisation(void);
void GpioInitialisation(void);
void SystickInitialisation(void);
/************************************************************
* 函数名    : main
* 函数描述  : Main 函数
* 输入参数  : 无
* 输出结果  : 无
* 返回值    : 无
************************************************************/
int main (void)
{
    vu16 KeyPortStatus = 0;
    /* 定义按键扫描状态枚举变量 */
    KeyScanState_Typedef KeyScanState = KeyScanState_0;
    /* 设置系统时钟 */
    RccInitialisation();
    /* 设置 GPIO 端口 */
    GpioInitialisation();
    /* 设置 Systick 定时器 */
    SystickInitialisation();
    while(1)
    {
        /* 查询 20 ms 到? */
        if (flag == 1)
        {
            flag = 0;
            /* 读取 IO 电平 */
            KeyPortStatus = GPIO_ReadInputData(KEYPORT) & 0x000f;
            /* 进入状态机流程 */
            switch(KeyScanState)
            {
                /* 状态 1:判断有否按键按下 */
            case KeyScanState_0:
                {
                    if(KeyPortStatus != 0x000f)
```

```
            {
                /* 有按键按下,更新状态标志 */
                KeyScanState = KeyScanState_1;
            }
            break;
        }
        /* 状态 2:判断是否抖动 */
    case KeyScanState_1:
        {
            if(KeyPortStatus)
            {
                /* 非抖动,确认按键按下,执行相应操作 */
                if(GPIO_ReadInputDataBit(KEYPORT, KEY0PIN) == 0)
                {
                    GPIO_WriteBit(LEDPORT,
                                  LED0PIN,
                                  (BitAction)(1 - GPIO_ReadOutputDataBit
                                  (LEDPORT, LED0PIN)));
                }
                else if(GPIO_ReadInputDataBit(KEYPORT, KEY1PIN) == 0)
                {
                    GPIO_WriteBit(LEDPORT,
                                  LED1PIN,
                                  (BitAction)(1 - GPIO_ReadOutputDataBit
                                  (LEDPORT, LED1PIN)));
                }
                else if(GPIO_ReadInputDataBit(KEYPORT, KEY2PIN) == 0)
                {
                    GPIO_WriteBit(LEDPORT,
                                  LED2PIN,
                                  (BitAction)(1 - GPIO_ReadOutputDataBit
                                  (LEDPORT, LED2PIN)));
                }
                else if(GPIO_ReadInputDataBit(KEYPORT, KEY3PIN) == 0)
                {
                    GPIO_WriteBit(LEDPORT,
                                  LED3PIN,
                                  (BitAction)(1 - GPIO_ReadOutputDataBit
                                  (LEDPORT, LED3PIN)));
                }
                /* 更新状态标志 */
                KeyScanState = KeyScanState_2;
            }
            else
            {
                /* 抖动,确认按键未按下,更新状态标志 */
                KeyScanState = KeyScanState_0;
```

```
                }
                break;
            }
            /* 状态 3:松手检测 */
        case KeyScanState_2:
            {
                if(KeyPortStatus == 0x000f)
                {
        /* 松手,更新状态标志 */
        KeyScanState = KeyScanState_0;
                }
                break;
            }
        }
    }
  }
}
/************************************************************
 * 函数名      : RCC_Configuration
 * 函数描述    : 设置系统各部分时钟
 * 输入参数    : 无
 * 输出结果    : 无
 * 返回值      : 无
************************************************************/
void RccInitialisation(void)
{
    {
        /* 本部分代码为 RCC_Configuration 函数内部部分代码,见附录 A 程序清单 A.1 */
    }
    /* 打开 APB2 总线上的 GPIOA 时钟 */
    RCC_APB2PeriphClockCmd(RCC_APB2Periph_GPIOA, ENABLE);
}
/************************************************************
 * 函数名      : GPIO_Configuration
 * 函数描述    : 设置各 GPIO 端口功能
 * 输入参数    : 无
 * 输出结果    : 无
 * 返回值      : 无
************************************************************/
void GpioInitialisation(void)
{
    /* 定义 GPIO 初始化结构体 GPIO_InitStructure */
    GPIO_InitTypeDef GPIO_InitStructure;
    /* 设置 GPIOA0, GPIOA1 为上拉输入 */
    GPIO_InitStructure.GPIO_Pin = KEY0PIN | KEY1PIN | KEY2PIN | KEY3PIN;
    GPIO_InitStructure.GPIO_Mode = GPIO_Mode_IPU;
    GPIO_Init(KEYPORT, &GPIO_InitStructure);
```

```
    /* 设置 GPIOA2,GPIOA3 为推挽输出,最大翻转频率为 50 MHz */
    GPIO_InitStructure.GPIO_Pin = LED0PIN | LED1PIN | LED2PIN | LED3PIN;
    GPIO_InitStructure.GPIO_Speed = GPIO_Speed_50MHz;
    GPIO_InitStructure.GPIO_Mode = GPIO_Mode_Out_PP;
    GPIO_Init(LEDPORT, &GPIO_InitStructure);
}
/**************************************************************
 * 函数名     : SystickInitialisation
 * 函数描述   : 设置 Systick 定时器,重装载时间为 20 ms
 * 输入参数   : 无
 * 输出结果   : 无
 * 返回值     : 无
**************************************************************/
void SystickInitialisation(void)
{
    /* 主频为 72 MHz,配置计数值 72 000 000 除以 50 可以得到 20 ms 定时间隔 */
    SysTick_Config(72000000 / 50);
}
/**************************************************************
 * 文件名     : stm32f10x_ it.c
 * 作者       : Losingamong
 * 生成日期   : 14 / 09 / 2010
 * 描述       : 中断服务程序
**************************************************************/
/* 头文件      ---------------------------------------------*/
#include "stm32f10x_it.h"
/* 自定义变量声明      ------------------------------------*/
extern vu32 flag;
/**************************************************************
 * 函数名     : SysTickHandler
 * 输入参数   : 无
 * 函数描述   : 内核定时器 SysTick 中断服务函数
 * 返回值     : 无
 * 输入参数   : 无
**************************************************************/
void SysTick_Handler(void)
{
    flag = 1;
}
```

5.3.6 注意事项

① 有的按键扫描程序将按键对应的 GPIO 引脚设置为浮空输入模式,这往往是因为其外部电路已经加入了上拉电阻(这种做法也是最常见的)。但如果读者的外部电路没有事先加上上拉电阻,那么读者必须将相应 GPIO 引脚设置为上拉输入模式。

② 与 5.2 节 SysTick 定时器程序设计不同的是，本节的按键扫描程序将打开 GPIOA 的 RCC 时钟函数放在了 GPIOA 的配置函数里，而 5.2 节的程序中则放在 RCC 寄存器组配置函数里。请读者思考体会两者的区别与优劣。

③ STM32 控制器开发的一个通用原则：在配置某个外设之前一定要保证其时钟是打开状态的，否则配置无效。

④ 基于本节程序设计的架构，很容易设计出长按键的检测功能，即在松手检测状态中加入超时检测。读者有兴趣可以试试。

⑤ 本程序中所使用的枚举结构、switch 分支循环结构、宏定义都是实际工程中常用的做法，程序经验尚浅的读者可以细细体会这样做的道理。

5.3.7 实验结果

建立并设置好工程、编辑好代码后按下 F7 进行编译，将所有错误警告排除后、按下 Ctrl＋F5 进行烧写与仿真。程序载入完毕后按下 F5 全速运行。此时分别按下 4 个按键，会发现对应的 4 个 LED 以“亮—灭”状态交替，符合程序预期设计。

5.3.8 小 结

本节阐述了一种基于定时器的按键扫描办法，并在 STM32 硬件平台上成功进行了验证。该方法基于状态机思想，实现过程简洁且高效，是实际工程中应用最为广泛的按键识别方法。

5.4 通过串口和 PC 说声 Hello

5.4.1 概 述

USART，英文全称为 Universal Synchronous/Asynchronous Receiver/Transmitter，译成中文是“通用同步/异步串行接收/发送器”，人们常常称为串口（要认识到串行通信口 USART 和串行总线接口 SPI 是完全不同的接口设备）。USART 在当代的通用计算机（即个人电脑 PC）上几乎已经消失殆尽，因为其通信速率、距离、硬件特性等已经不适合 PC 的要求，取而代之的是“通用串行通信口”，也就是常说的 USB 口。但是在嵌入式应用领域里，USART 的地位仍然无可替代。因为嵌入式硬件平台上，对通信的数据量、速率等要求并不是很高，而 USART 极低的硬件资源消耗、不错的可靠性、简洁的协议以及高度的灵活性，使得其非常符合嵌入式设备的应用需求。利用 USART 可以轻松实现 PC 与嵌入式主控器的通信，如用以实时查看一些变量的值，这在一些调试手段较为匮乏的低端控制器平台（如 51 单片机平台）显得非常重要。可以说，一个电子开发人员，拿到一个单片机，所要做的第一件事是熟悉它的开发环境，而第二件事就是要会使用它的 USART。

基于 ARM Cortex - M3 内核的 STM32 微控制器有非常强大的仿真调试单元,通过标准的 JTAG 调试设备可以完成对其进行实时监控的任务。但即便如此,USART 的存在仍然无法忽视,如在一些数据通信复杂的总线网络,只有使用 USART 才可以实时地查看该网络内部的数据流。退一步来说,众多的上位机软件,大多也都是通过 USART 与主控器完成通信的。

STM32 微控制器当然也配备了 USART,而且不止一个。众所周知,STM32 最大的优点在于其外部设备的丰富多样性,其功能之多几乎囊括了开发人员能想到的和无法想象的,从 USART 的配备上可见一斑:

- 可实现全双工的异步通信。
- 符合 NRZ 标准格式。
- 配备分频数波特率发生器:波特率可编程,发送和接收共用,最高达 4.5 Mbps。
- 可编程数据长度(8 位或 9 位)。
- 可配置的停止位,支持 1 或 2 个停止位。
- 可充当 LIN 总线主机,发送同步断开符;还可充当 LIN 总线从机,检测断开符。当 USART 配置成 LIN 总线模式时,可生成 13 位断开符;可检测 10/11 位断开符。
- 发送方为同步传输提供时钟。
- 配备 IRDA、SIR 编码/解码器:在正常模式下支持 3/16 位的持续时间。
- 智能卡模拟功能:智能卡接口支持 ISO7816 - 3 标准里定义的异步智能卡协议;支持智能卡协议里的 0.5 和 1.5 个停止位填充。
- 可实现单线半双工通信。
- 可使用 DMA 多缓冲器通信:支持在 SRAM 里利用集中式 DMA 缓冲接收/发送字节。
- 具有单独的发送器和接收器使能位。
- 3 种检测标志:接收缓冲器满标志;发送缓冲器空标志;传输结束标志标志。
- 2 种校验控制:发送校验位;对接收数据进行校验。
- 4 个错误检测标志:溢出错误标志;噪音错误标志;帧错误标志;校验错误标志。
- 10 个中断源:CTS 改变中断;LIN 断开符检测中断;发送数据寄存器空中断;发送完成中断;接收数据寄存器满中断;检测到总线为空闲中断;溢出错误中断;帧错误中断;噪音错误中断;校验错误中断。
- 支持多处理器通信:如果地址不匹配,则进入静默模式。
- 可从静默模式中唤醒(通过空闲总线检测或地址标志检测)。
- 2 种唤醒接收器的方式:通过地址位(MSB,第 9 位);通过总线空闲。

可以看到,STM32 的 USART 除了其最根本的串行通信功能之外,还可以用于 LIN 总线应用(一种单总线,常用于汽车电子领域)、IRDA(红外通信)应用、SmartCard(智能卡)应用等。配合 STM32 的 DMA 单元可以得到更为快速的串行数据传输,而众多的错误检测功能足以保证 USART 通信的稳定与可靠性。

5.4.2 实验设计

本节将使用 STM32 的 USART 与 PC 进行数据通信:使用 PC 向 STM32 的 USART 发送一个字节的数据,而后 STM32 将此数据回传给 PC 端,程序十分简单,其流程如图 5.4.1 所示。

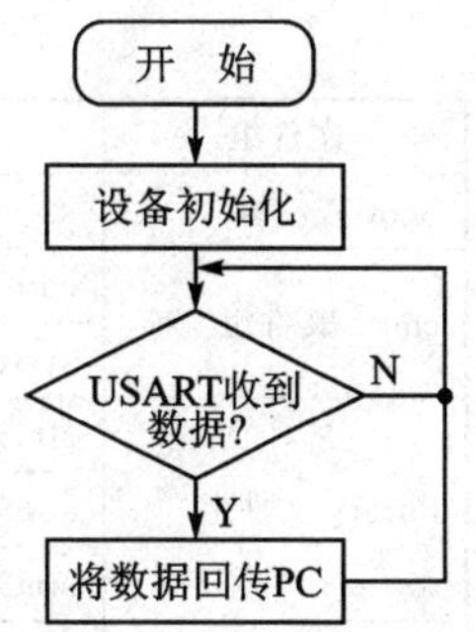

图 5.4.1 串口通信实验流程图

5.4.3 硬件电路

本节实验所使用的硬件电路可以说是一个十分典型的电路:STM32 的 RS232 电平转换电路,如图 5.4.2 所示。

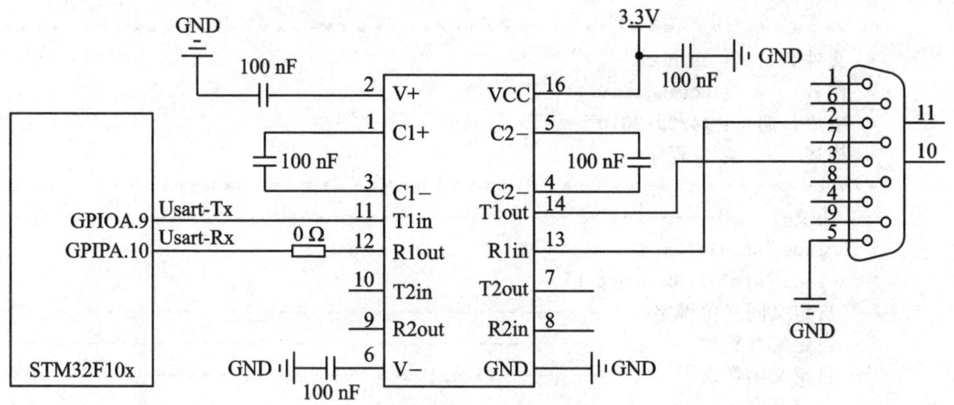

图 5.4.2 串口通信实验硬件原理图

此为 ST 公司应用电路,如果读者想要自制 USART 电路,可以参考本电路。

5.4.4 程序设计

本节程序的重点在于对 USART 工作参数的设置部分,要点如下:

① 配置 RCC 寄存器组,使用 PLL 输出 72 MHz 时钟并作为主时钟源。

② 配置 GPIOA 端口,设置 GPIOA.09 为第 2 功能推挽输出模式,GPIOA.10 为浮空输入模式。

③ 配置 USART 设备,主要参数为:使用 9 600 bps 波特率、8 位数据长度、1 个停止位且无校验位、全双工模式。

工程文件组里文件的情况见表 5.4.1。

表 5.4.1　串口通信实验工程组详情

文件组	包含文件	详　情
boot 文件组	startup_stm32f10x_md.s	STM32 的启动文件
cmsis 文件组	core_cm3.c	Cortex - M3 和 STM32 的板级支持文件
	system_stm32f10x.c	
library 文件组	stm32f10x_rcc.c	RCC 和 Flash 寄存器组的底层配置函数
	stm32f10x_flash.c	
	stm32f10x_gpio.c	GPIO 的底层配置函数
	stm32f10x_usart.c	USART 设备的初始化，数据收发等函数
interrupt 文件组	stm32f10x_it.c	STM32 的中断服务子程序
user 文件组	main.c	用户应用代码

5.4.5　程序清单

```
/************************************************************
*  文件名     : main.c
*  作者       : Losingamong
*  生成日期   : 14/09/2010
*  描述       : 主程序
************************************************************/
/*  头文件      --------------------------------------------*/
#include "stm32f10x.h"
#include "stm32f10x_usart.h"
/*  自定义同义关键字        --------------------------------*/
/*  自定义参数宏            --------------------------------*/
/*  自定义函数宏            --------------------------------*/
/*  自定义变量              --------------------------------*/
/*  自定义函数声明          --------------------------------*/
void RCC_Configuration(void);
void GPIO_Configuration(void);
void USART_Configuration(void);
/************************************************************
*  函数名     : main
*  函数描述   : 主函数
*  输入参数   : 无
*  输出结果   : 无
*  返回值     : 无
************************************************************/
int main(void)
{
    vu16 i = 0;
    /* 设置系统时钟 */
    RCC_Configuration();
    /* 设置 GPIO 端口 */
```

```
    GPIO_Configuration();
    /* 设置 USART */
    USART_Configuration();
    while(1)
    {
        /* 等待 USART1 接收数据完毕 */
        if(USART_GetFlagStatus(USART1, USART_IT_RXNE) == SET)
        {
            /* 向串口发送接收到的数据 */
            USART_SendData(USART1, USART_ReceiveData(USART1));
            /* 短延时,保证收发稳定性 */
            for(i = 0; i < 500; i ++);
        }
    }
}
/**********************************************************
* 函数名     : RCC_Configuration
* 函数描述   : 设置系统各部分时钟
* 输入参数   : 无
* 输出结果   : 无
* 返回值     : 无
**********************************************************/
void RCC_Configuration(void)
{
    {
        /* 本部分代码为 RCC_Configuration 函数内部部分代码,见附录 A 程序清单 A.1 */
    }
    /* 开启 USART1 和 GPIOA 时钟 */
    RCC_APB2PeriphClockCmd(RCC_APB2Periph_USART1| RCC_APB2Periph_GPIOA, ENABLE);
}
/**********************************************************
* 函数名     : GPIO_Configuration
* 函数描述   : 设置各 GPIO 端口功能
* 输入参数   : 无
* 输出结果   : 无
* 返回值     : 无
**********************************************************/
void GPIO_Configuration(void)
{
    /* 定义 GPIO 初始化结构体 GPIO_InitStructure */
    GPIO_InitTypeDef GPIO_InitStructure;
    /* 设置 USART1 的 Tx 脚(PA.9)为第二功能推挽输出模式 */
    GPIO_InitStructure.GPIO_Pin = GPIO_Pin_9;
    GPIO_InitStructure.GPIO_Mode = GPIO_Mode_AF_PP;
    GPIO_InitStructure.GPIO_Speed = GPIO_Speed_50MHz;
    GPIO_Init(GPIOA, &GPIO_InitStructure);
    /* 设置 USART1 的 Rx 脚(PA.10)为浮空输入脚 */
```

```
    GPIO_InitStructure.GPIO_Pin = GPIO_Pin_10;
    GPIO_InitStructure.GPIO_Mode = GPIO_Mode_IN_FLOATING;
    GPIO_Init(GPIOA, &GPIO_InitStructure);
}
/************************************************************
 * 函数名      : USART_Configuration
 * 函数描述    : 设置 USART1
 * 输入参数    : None
 * 输出结果    : None
 * 返回值      : None
 ************************************************************/
void USART_Configuration(void)
{
    /* 定义 USART 初始化结构体 USART_InitStructure */
    USART_InitTypeDef USART_InitStructure;
    /*
     *   波特率为 9 600 bps
     *   8 位数据长度
     *   1 个停止位,无校验
     *   禁用硬件流控制
     *   禁止 USART 时钟
     *   时钟极性低
     *   在第 2 个边沿捕获数据
     *   最后一位数据的时钟脉冲不从 SCLK 输出
     */
    USART_InitStructure.USART_BaudRate = 9600;
    USART_InitStructure.USART_WordLength = USART_WordLength_8b;
    USART_InitStructure.USART_StopBits = USART_StopBits_1;
    USART_InitStructure.USART_Parity = USART_Parity_No ;
    USART_InitStructure.USART_HardwareFlowControl = USART_HardwareFlowControl_None;
    USART_InitStructure.USART_Mode = USART_Mode_Rx | USART_Mode_Tx;
    USART_Init(USART1, &USART_InitStructure);
    /* 使能 USART1 */
    USART_Cmd(USART1, ENABLE);
}
```

5.4.6 使用到的库函数一览

(1) 函数 USART_Init(见表 5.4.2)

表 5.4.2 函数 USART_Init 说明

项目名	代 号
函数名	USART_Init
函数原形	void USART_Init(USART_TypeDef * USARTx, USART_InitTypeDef * USART_InitStruct)

续表 5.4.2

项目名	代号
功能描述	根据 USART_InitStruct 中指定的参数初始化外设 USARTx
输入参数 1	USARTx：x 可以是 1、2 或 3 来选择 USART
输入参数 2	USART_InitStruct：指向结构 USART_InitTypeDef 的指针，包含了外设 USART 的配置信息
输出参数	无
返回值	无
先决条件	无
被调用函数	无

参数描述：USART_InitTypeDef structure，定义于文件"stm32f10x_usart.h"：

```
typedef struct
{
    u32 USART_BaudRate;
    u16 USART_WordLength;
    u16 USART_StopBits;
    u16 USART_Parity;
    u16 USART_HardwareFlowControl;
    u16 USART_Mode;
    u16 USART_Clock;
    u16 USART_CPOL;
    u16 USART_CPHA;
    u16 USART_LastBit;
} USART_InitTypeDef;
```

① USART_BaudRate，设置 USART 传输的波特率，常用值为 115 200、57 600、38 400、9 600、4 800、2 400 和1 200 等。

② USART_WordLength，表示一个帧中发送或者接收到的数据位数，见表 5.4.3。

表 5.4.3 参数 USART_WordLength 定义

USART_WordLength 参数	描 述
USART_WordLength_8b	8 位数据
USART_WordLength_9b	9 位数据

③ USART_StopBits，定义发送的停止位数目，见表 5.4.4。

④ USART_Parity，定义奇偶模式，见表 5.4.5。

表 5.4.4 参数 USART_StopBits 定义

USART_StopBits 参数	描 述
USART_StopBits_1	在帧结尾传输 1 个停止位
USART_StopBits_0.5	在帧结尾传输 0.5 个停止位
USART_StopBits_2	在帧结尾传输 2 个停止位
USART_StopBits_1.5	在帧结尾传输 1.5 个停止位

表 5.4.5 参数 USART_Parity 定义

USART_Parity 参数	描 述
USART_Parity_No	奇偶失能
USART_Parity_Even	偶模式
USART_Parity_Odd	奇模式

⑤ USART_HardwareFlowControl,使能或失能硬件流控制模式,见表 5.4.6。

表 5.4.6　参数 USART_HardwareFlowControl 定义

USART_HardwareFlowControl	描　述
USART_HardwareFlowControl_None	硬件流控制失能
USART_HardwareFlowControl_RTS	发送请求 RTS 使能
USART_HardwareFlowControl_CTS	清除发送 CTS 使能
USART_HardwareFlowControl_RTS_CTS	RTS 和 CTS 使能

⑥ USART_Mode,使能或者失能发送和接收模式,见表 5.4.7。

⑦ USART_CLOCK,使能或失能 USART 时钟,见表 5.4.8。

表 5.4.7　参数 USART_Mode 定义

USART_Mode 参数	描　述
USART_Mode_Tx	发送使能
USART_Mode_Rx	接收使能

表 5.4.8　参数 USART_CLOCK 定义

USART_CLOCK 参数	描　述
USART_Clock_Enable	USART 时钟使能
USART_Clock_Disable	USART 时钟失能

⑧ USART_CPOL,指定下一周期 SCLK 引脚上时钟输出的极性,见表 5.4.9。

⑨ USART_CPHA,指定下一周期 SLCK 引脚上时钟输出的相位,和 CPOL 位一起配合来产生用户希望的时钟/数据的采样关系,见表 5.4.10。

表 5.4.9　参数 USART_CPOL 定义

USART_CPOL 参数	描　述
USART_CPOL_High	时钟高电平
USART_CPOL_Low	时钟低电平

表 5.4.10　参数 USART_CPHA 定义

USART_CPHA 参数	描　述
USART_CPHA_1Edge	时钟第 1 个边沿进行数据捕获
USART_CPHA_2Edge	时钟第 2 个边沿进行数据捕获

⑩ USART_LastBit,控制是否在同步模式下,在 SCLK 引脚上输出最后发送的那个数据字(MSB)对应的时钟脉冲,见表 5.4.11。

表 5.4.11　参数 USART_LastBit 定义

USART_LastBit 参数	描　述
USART_LastBit_Disable	最后一位数据的时钟脉冲不从 SCLK 输出
USART_LastBit_Enable	最后一位数据的时钟脉冲从 SCLK 输出

例:

```
USART_InitTypeDef USART_InitStructure;
USART_InitStructure.USART_BaudRate = 9600;
USART_InitStructure.USART_WordLength = USART_WordLength_8b;
USART_InitStructure.USART_StopBits = USART_StopBits_1;
```

```
USART_InitStructure.USART_Parity = USART_Parity_Odd;
USART_InitStructure.USART_HardwareFlowControl = USART_HardwareFlowControl_RTS_CTS;
USART_InitStructure.USART_Mode = USART_Mode_Tx | USART_Mode_Rx;
USART_InitStructure.USART_Clock = USART_Clock_Disable;
USART_InitStructure.USART_CPOL = USART_CPOL_High;
USART_InitStructure.USART_CPHA = USART_CPHA_1Edge;
USART_InitStructure.USART_LastBit = USART_LastBit_Enable;
USART_Init(USART1, &USART_InitStructure);
```

(2) 函数 USART_Cmd(见表 5.4.12)

表 5.4.12　函数 USART_Cmd 说明

项目名	代　号	项目名	代　号
函数名	USART_ Cmd	输入参数 2	NewState：外设 USARTx 的新状态。这个参数可以取 ENABLE 或者 DISABLE
函数原形	void USART_Cmd(USART_TypeDef * USARTx, FunctionalState NewState)		
		输出参数	无
功能描述	使能或者失能 USART 外设	返回值	无
输入参数 1	USARTx：x 可以是 1、2 或 3 来选择 USART	先决条件	无
		被调用函数	无

例：

```
USART_Cmd(USART1, ENABLE); /* 使能 USART1 */
```

(3) 函数 USART_SendData(见表 5.4.13)

表 5.4.13　函数 USART_SendData 说明

项目名	代　号	项目名	代　号
函数名	USART_ SendData	输入参数 2	Data：待发送的数据
函数原形	void USART_SendData(USART_TypeDef * USARTx, u8 Data)	输出参数	无
		返回值	无
功能描述	通过外设 USARTx 发送单个数据	先决条件	无
输入参数 1	USARTx：x 可以是 1、2 或 3 来选择 USART	被调用函数	无

例：

```
USART_SendData(USART3, 0x26); /* 通过 USART3 发送数据 0x26 */
```

(4) 函数 USART_ReceiveData(见表 5.4.14)

表 5.4.14　函数 USART_ReceiveData 说明

项目名	代　号	项目名	代　号
函数名	USART_ ReceiveData	输出参数	无
函数原形	u8 USART_ReceiveData(USART_TypeDef * USARTx)	返回值	接收到的字节数据
功能描述	返回 USARTx 最近接收到的数据	先决条件	无
输入参数	USARTx：x 可以是 1、2 或 3 来选择 USART	被调用函数	无

例:

```
/* USART2 接收一个 8 位数据 */
u8 RxData;
RxData = USART_ReceiveData(USART2);
```

(5) 函数 USART_GetFlagStatus(见表 5.4.15)

表 5.4.15 函数 USART_ GetFlagStatus 说明

项目名	代 号	项目名	代 号
函数名	USART_ GetFlagStatus	输入参数 2	USART_ FLAG:待检查的 USART 标志位
函数原形	FlagStatus USART _ GetFlagStatus (USART_ TypeDef * USARTx, u16 USART_FLAG)	输出参数	USART_ FLAG 的新状态(SET 或者 RESET)
功能描述	检查指定的 USART 标志位置位与否	先决条件	无
输入参数 1	USARTx:x 可以是 1、2 或 3 来选择 USART	被调用函数	无

参数描述:USART_FLAG,其意义见表 5.4.16。

表 5.4.16 参数 USART_FLAG 定义

USART_FLAG 参数	描 述	USART_FLAG 参数	描 述
USART_FLAG_CTS	CTS 标志位	USART_FLAG_IDLE	空闲总线标志位
USART_FLAG_LBD	LIN 中断检测标志位	USART_FLAG_ORE	溢出错误标志位
USART_FLAG_TXE	发送数据寄存器空标志位	USART_FLAG_NE	噪声错误标志位
USART_FLAG_TC	发送完成标志位	USART_FLAG_FE	帧错误标志位
USART_FLAG_RXNE	接收数据寄存器非空标志位	USART_FLAG_PE	奇偶错误标志位

例:

```
/* 检测发送寄存器是否为空(检测发送是否完成)*/
FlagStatus Status;
Status = USART_GetFlagStatus(USART1, USART_FLAG_TXE);
```

5.4.7 注意事项

① 如果使用 115 200、9 600 等常用数值作为波特率参数,则请注意一定要把 PLL 输出设为 72 MHz,并且作为主时钟使用,否则波特率需要重新计算。

② 读者要明确 USART 和 GPIO 是两种不同的设备,USART 是"借用"了 GPIO 设备作为自己的输出通道,所以不仅要打开 USART 的时钟,而且还要打开相应 GPIO 的时钟,同时将对应的 GPIO 引脚设置为第 2 功能模式。

③ 主函数中的短延时语句"for(vu16 i=0; i < 500; i ++)"原则上可以去除,但若 USART 出现传输数据丢失的现象,则有可能是串口硬件质量的原因,加上此处短延时语句可以消除影响。

④ 依赖于 Keil MDK 开发环境,可以使用另外一种更为简便地使用 USART 发送数据的办法:将 USART 绑定到 C 语言标准库函数 printf 上,具体步骤如下:

a) 首先在程序顶部加入头文件 #include“stdio. h”。

b) 然后在程序中加入以下函数:

```
int fputc(int ch, FILE *f)
{
    USART_SendData(USART1, (u8) ch);
    while(USART_GetFlagStatus(USART1,USART_FLAG_TC) == RESET);
    return ch;
}
```

该函数其实是 ANSI C 的标准库函数,其声明语句包含在了“stdio. h”文件中,因此不需要声明。但读者要知道,ANSI C 库函数,其原型是不提供查看的。

c) 打开 Keil MDK 中的 Option for Target,选中 User MicroLIB,然后单击 OK,见图 5.4.3。

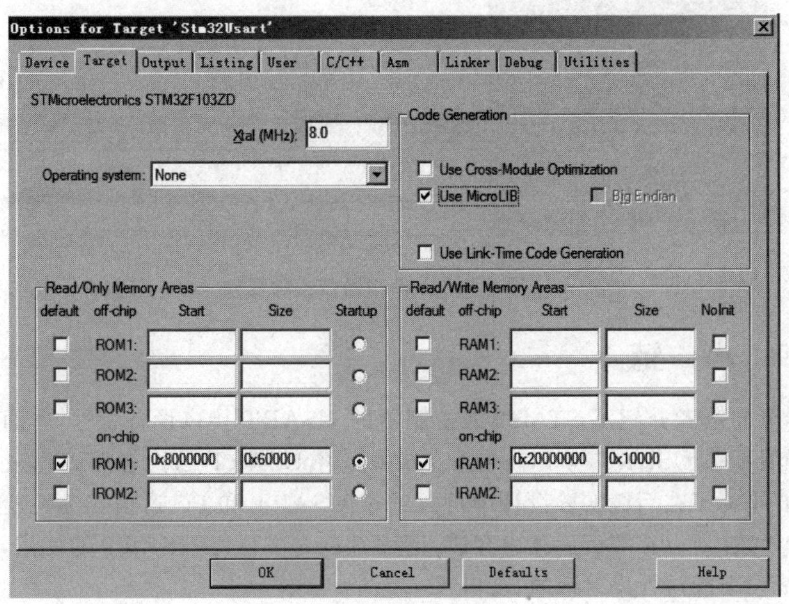

图 5.4.3 选中 User MicroLIB

d) 现在可以使用 printf()函数来使用 USART 发送数据了,比如语句:

```
printf("\r\nWelcome to CEPARK STM32 Develop Kit\r\n");
```

的作用为:使用 USART 输出字符串“Welcome to CEPARK STM32 Develop Kit”后换行。

e) 但读者必须知道,使用此种绑定方法,除了可以使 USART 的使用变得更为简单和强大之外,代价是造成代码量急剧上升,请读者权衡。

5.4.8 实验结果

建立并设置好工程,编辑好代码后按下 F7 进行编译,将所有错误警告排除后按下 Ctrl+F5 进行烧写与仿真,载入完毕后按下 F5 全速运行。此时使用串口通信软件向 STM32 发送字符串"Welcome to CEPARK STM32 Develop Kit",可以看到串口通信软件的显示框里也接收显示了"Welcome to CEPARK STM32 Develop Kit"字样,如图 5.4.4 所示,表明串口通信是成功的。

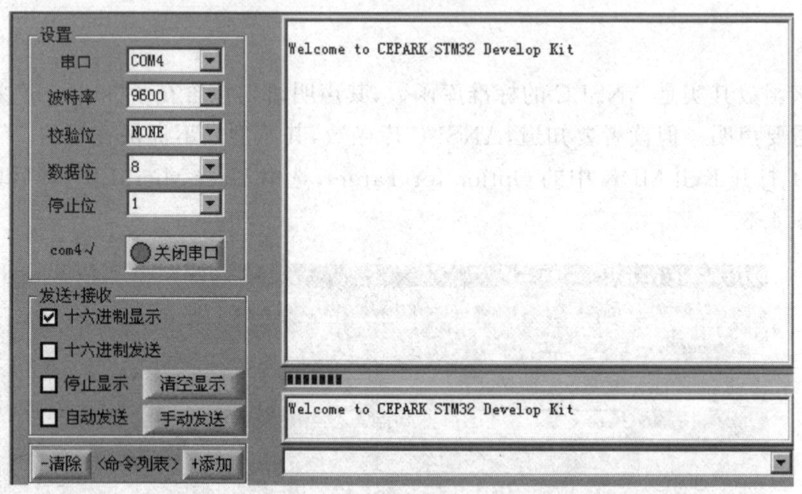

图 5.4.4 串口通信实验现象

5.4.9 小 结

本节向读者介绍了 STM32 微控制器的 USART 接口设备特性,并通过一个简单例子展示了 USART 与 PC 的通信方法。将 USART 的内容放到比较靠前的章节,主要是为了在后续实验设计中可以通过 USART 和 PC 通信作为检验程序运行结果的手段,所以在阅读后续内容前,请读者首先掌握好 USART 的使用,让其成为 STM32 一个能与外界对话的"窗口"。

5.5 风吹草动也不放过——NVIC 和外部中断

5.5.1 概 述

1. NVIC

NVIC,全称为 Nest Vector Interrupt Controller,人们一般称之为"嵌套中断向量控制器"。这样称呼仍然有些拗口,读者可以从"Nest"一词去理解这个名称,

“Nest”是“网,网状物”的意思,许多中断向量交织在一起,形成了一个向量“网”,而所谓的“交织”,其实指的就是“嵌套”的意思。同 SysTick 定时器一样,NVIC 属于 ARM Cortex - M3 内核的内部设备之一,与基于此内核的控制器并无直接联系,就是说任何一款基于 ARM Cortex - M3 内核的微控制器都带有 NVIC。

NVIC 的作用如其名——是用来管理中断嵌套的。既然提及嵌套一词,那不妨先看回顾一下中断的几个概念。

中断响应 当某个中断来临,会将相应的中断标志位置位。当 CPU 查询到这个置位的标志位时,将响应此中断,并执行相应的中断服务函数。

中断优先级 每个中断都具有其优先级,其相互之间的优先关系一般以优先级编号较小者拥有较高优先级。而许多读者一直忽略的是,优先级又分为两种:查询优先级和执行优先级。

查询优先级和执行优先级 当某一时刻有两个或以上中断处于挂起状态,则首先执行执行优先级较高的中断。但若执行优先级一致,则首先执行查询优先级较高的中断。查询优先级一般以该中断向量在中断向量表中的位置决定。

中断嵌套 当某个执行优先级较低的中断服务在执行时另一个执行优先级较高的中断来临,则当前优先级较低的中断被打断,CPU 转而执行较高优先级的中断服务。

中断挂起 当某个较执行高优先级的中断服务在执行时另一个优先级较低的中断来临,则因为优先级的关系,较低优先级中断无法立即获得响应,则进入挂起状态(即等待执行)。

显然,管理中断嵌套的核心任务就在于其优先级的管理——这就是 NVIC 的本职工作。NVIC 使用中断优先级分组的概念来管理中断优先级,其最大可以给多达 256 个中断向量分配优先级。NVIC 又给每个中断赋予先占优先级和次占优先级的概念,那么什么是先占优先级和次占优先级呢?它们的关系描述如下:

① 拥有较高先占优先级的中断可以打断先占优先级较低的中断(类似前面所说的执行优先级)。

② 若两个先占优先级的中断同时挂起,则优先执行次占优先级较高的中断(类似前文所说的查询优先级,但并不是真正意义上的查询优先级)。

③ 若两个挂起的中断两个优先级都一致,则优先执行位于中断向量表中位置较高的中断(这才是查询优先级)。

④ 还有一点很重要的是,无论任何时刻,次占优先级都不会造成中断嵌套,即是说中断嵌套完全是由先占优先级决定的。

NVIC 通过优先级分组来分配先占优先级和次占优先级的数量。ARM Cortex - M3 内核使用一个拥有 3 位宽度的 PRIGROUP 数据区,来指示一个 8 位数据序列中小数点的位置从而描述中断优先级分组,其表示的意义分布见表 5.5.1。

由表 5.5.1 可知:

当 PRIGROUP 为 0 时,小数点左边有 7 个 x,右边有 1 个 y,拥有 $2^7=128$ 个先

占优先级,$2^1=2$ 个次占优先级。

当 PRIGROUP 为 1 时,小数点左边有 6 个 x,右边有 2 个 y,拥有 $2^6=64$ 个先占优先级,$2^2=4$ 个次占优先级。

……

当 PRIGROUP 为 7 时,小数点左边有 0 个 x,右边有 8 个 y,此时没有先占优先级,有 $2^8=256$ 个次占优先级。

表 5.5.1　中断优先组

PRIGROUP	数据序列(二进制)	先占优先级数量	次占优先级数量
000	xxxx xxx . y	128	2
001	xxxx xx . yy	64	4
010	xxxx x . yyy	32	8
011	xxxx . yyyy	16	16
100	xxx . yyyyy	8	32
101	xx . yyyyyy	4	64
110	x . yyyyyyy	2	128
111	. yyyyyyyy	0	256

这就是 ARM Cortex－M3 优先级分组的概念,也是本节的核心内容,请读者加深理解。注意,STM32 只使用 4 位序列表示优先级分组,表示其最大只支持 16 级中断嵌套管理。

2. STM32 的外部中断

作为一款希望使用于高实时性场合的微控制器,STM32 的外部中断(以下称外部中断为 EXTI)资源是非常丰富的。其每个 GPIO 口都可以设置为一个 EXTI 通道。每个输入通道可以独立地配置输入类型(脉冲或挂起)和对应的触发事件(上升沿或下降沿或者双边沿都触发)。每个输入通道都可以被独立地屏蔽。挂起寄存器会保持着某个通道的中断请求。

STM32 一共为 GPIO 配备了 19 个中断通道,但其中只有 16 个是由用户自由支配的,分别为 EXTI0～EXTI15 通道,而 EXTI16～EXTI18 通道分配给了 STM32 的 RTC、PVD 以及 USB 使用。其主要特性如下:

- 每个中断事件都有独立的触发位和屏蔽位。
- 每个中断通道都有专用的状态位。
- 支持多达 19 个中断源请求。
- 可以检测到脉冲宽度低于 APB2 时钟宽度的外部信号。

5.5.2 实验设计

本节来进行一个实验设计，以演示和验证 STM32 的外部中断触发以及 NVIC 嵌套管理的功能。设计思路如下：配置 3 个 STM32 的外部中断，分别为 EXTI0、EXTI1和 EXTI2，并分别赋予它们由低到高的先占优先级。首先触发 EXTI0 中断，并在其中断服务返回之前触发 EXTI1 中断，同样在 EXTI1 返回之前触发 EXTI2 中断。那么，按照此流程，程序应该发生了 2 次中断嵌套，并且在 EXTI2 中断服务完成之后依 EXTI2→EXTI1→EXTI0 的次序进行中断返回。以上过程使用串口向上位机打印信息，程序流程图如图 5.5.1 所示。

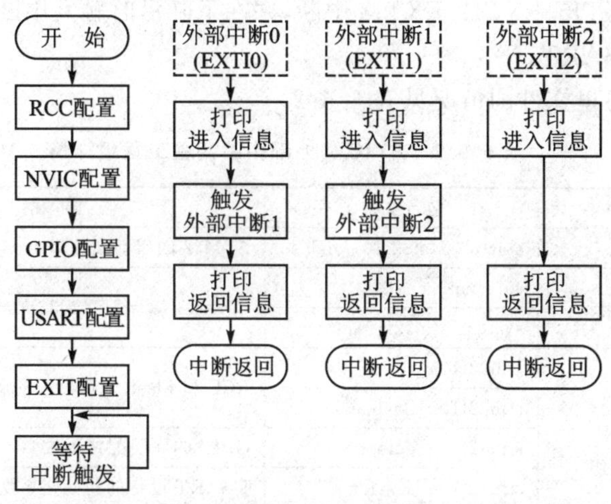

图 5.5.1 NVIC 和外部中断实验流程图

5.5.3 硬件电路

本节实验电路很简单，只有 1 个按键和 STM32 微控制器连接，当然还有 USART 的电平转换电路，如图 5.5.2 所示。

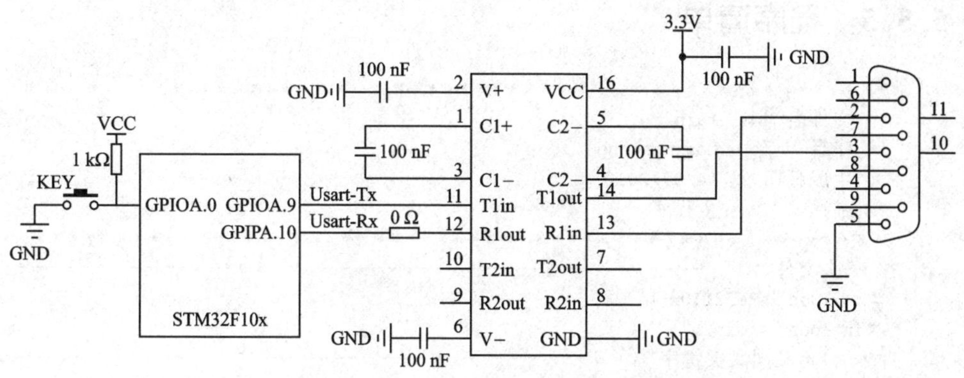

图 5.5.2 NVIC 和外部中断实验硬件原理图

5.5.4 程序设计

本节程序设计涉及两大部分:NVIC 和 EXTI 的初始化工作。要点汇集如下:

- 配置 RCC 寄存器组,开启 GPIOA 和 AFIO 时钟。
- 配置 GPIOA.0、GPIOA.1 和 GPIOA.2 为浮空输入模式,并将其分别设置为外部中断 EXTI0、EXTI1 和 EXTI2 的输入通道。
- 配置 NVIC,使用优先级分组 2,并赋予:EXTI0,2 级先占优先级,0 级次占优先级;EXTI1,1 级先占优先级,0 级次占优先级;EXTI2,0 级先占优先级,0 级次占优先级。
- 开启 EXTI0、EXTI1、EXTI2 中断,并在下降沿时触发中断。
- 配置 USART。

工程文件组里文件的情况见表 5.5.2。

表 5.5.2 NVIC 和外部中断实验工程组详情

文件组	包含文件	详 情
boot 文件组	startup_stm32f10x_md.s	STM32 的启动文件
cmsis 文件组	core_cm3.c	Cortex-M3 和 STM32 的板级支持文件
	system_stm32f10x.c	
library 文件组	stm32f10x_rcc.c	RCC 和 Flash 寄存器组的底层配置函数
	stm32f10x_flash.c	
	stm32f10x_gpio.c	GPIO 的底层配置函数
	stm32f10x_usart.c	USART 设备的初始化,数据收发等函数
	stm32f10x_exti.c	外部中断 EXTI 单元的设置函数
	misc.c	嵌套中断向量控制器 NVIC 的设置函数
interrupt 文件组	stm32f10x_it.c	STM32 的中断服务子程序
user 文件组	main.c	用户应用代码

5.5.5 程序清单

```
/********************************************************************
 *  文件名      : main.c
 *  作者        : Losingamong
 *  生成日期    : 14/09/2010
 *  描述        : 主程序
********************************************************************/
/* 头文件      ------------------------------------------------------*/
#include "stm32f10x.h"
#include "stdio.h"
/* 自定义同义关键字          ----------------------------------------*/
/* 自定义参数宏              ----------------------------------------*/
/* 自定义函数宏              ----------------------------------------*/
```

```
/* 自定义变量                  --------------------------------------*/
/* 自定义函数声明              --------------------------------------*/
void RCC_Configuration(void);
void GPIO_Configuration(void);
void NVIC_Configuration(void);
void EXIT_Configuration(void);
void USART_Configuration(void);
/*************************************************************************
 * 函数名     : main
 * 函数描述   : 主函数
 * 输入参数   : 无
 * 输出结果   : 无
 * 返回值     : 无
*************************************************************************/
int main(void)
{
    /* 设置系统时钟 */
    RCC_Configuration();
    /* 设置 NVIC */
    NVIC_Configuration();
    /* 设置 GPIO 端口 */
    GPIO_Configuration();
    /* 设置 USART */
    USART_Configuration();
    /* 设置 EXIT */
    EXIT_Configuration();
    while (1);
}
/*************************************************************************
 * 函数名     : RCC_Configuration
 * 函数描述   : 设置系统各部分时钟
 * 输入参数   : 无
 * 输出结果   : 无
 * 返回值     : 无
*************************************************************************/
void RCC_Configuration(void)
{
    {
        /* 本部分代码为 RCC_Configuration 函数内部部分代码,见附录 A 程序清单 A.1 */
    }
    /* 打开 APB2 总线上的 GPIOA 时钟 */
    RCC_APB2PeriphClockCmd(RCC_APB2Periph_USART1 | RCC_APB2Periph_GPIOA | RCC_
APB2Periph_AFIO, ENABLE);
}
/*************************************************************************
 * 函数名     : GPIO_Configuration
 * 函数描述   : 设置各 GPIO 端口功能
 * 输入参数   : 无
 * 输出结果   : 无
```

```
* 返回值      : 无
**************************************************************************/
void GPIO_Configuration(void)
{
    /* 定义 GPIO 初始化结构体 GPIO_InitStructure */
    GPIO_InitTypeDef GPIO_InitStructure;
    /* 设置 PA.0,PA.1,PA.2 为上拉输入(EXTI Line0) */
    GPIO_InitStructure.GPIO_Pin = GPIO_Pin_0 | GPIO_Pin_1 | GPIO_Pin_2;
    GPIO_InitStructure.GPIO_Mode = GPIO_Mode_IN_FLOATING;
    GPIO_Init(GPIOA, &GPIO_InitStructure);
    /* 定义 PA.0 为外部中断 0 输入通道(EXIT0) */
    GPIO_EXTILineConfig(GPIO_PortSourceGPIOA, GPIO_PinSource0);
    /* 定义 PA.1 为外部中断 0 输入通道(EXIT1) */
    GPIO_EXTILineConfig(GPIO_PortSourceGPIOA, GPIO_PinSource1);
    /* 定义 PA.2 为外部中断 0 输入通道(EXIT2) */
    GPIO_EXTILineConfig(GPIO_PortSourceGPIOA, GPIO_PinSource2);
    /* 设置 USART1 的 Tx 脚(PA.9)为第二功能推挽输出功能 */
    GPIO_InitStructure.GPIO_Pin = GPIO_Pin_9;
    GPIO_InitStructure.GPIO_Mode = GPIO_Mode_AF_PP;
    GPIO_InitStructure.GPIO_Speed = GPIO_Speed_50MHz;
    GPIO_Init(GPIOA, &GPIO_InitStructure);
    /* 设置 USART1 的 Rx 脚(PA.10)为浮空输入脚 */
    GPIO_InitStructure.GPIO_Pin = GPIO_Pin_10;
    GPIO_InitStructure.GPIO_Mode = GPIO_Mode_IN_FLOATING;
    GPIO_Init(GPIOA, &GPIO_InitStructure);
}
/**************************************************************************
* 函数名      : NVIC_Configuration
* 函数描述    : 设置 NVIC 参数
* 输入参数    : 无
* 输出结果    : 无
* 返回值      : 无
**************************************************************************/
void NVIC_Configuration(void)
{
    /* 定义 NVIC 初始化结构体 NVIC_InitStructure */
    NVIC_InitTypeDef NVIC_InitStructure;
    /* #ifdef...#else...#endif 结构的作用是根据预编译条件决定中断向量表起始
       地址 */
    #ifdef  VECT_TAB_RAM
    /* 中断向量表起始地址从 0x20000000 开始 */
    NVIC_SetVectorTable(NVIC_VectTab_RAM, 0x0);
    #else  /* VECT_TAB_FLASH */
    /* 中断向量表起始地址从 0x80000000 开始 */
    NVIC_SetVectorTable(NVIC_VectTab_FLASH, 0x0);
    #endif
    /* 选择 NVIC 优先级分组 2 */
    NVIC_PriorityGroupConfig(NVIC_PriorityGroup_2);
    /* 使能 EXIT 0 通道,2 级先占优先级,0 级次占优先级 */
```

```
    NVIC_InitStructure.NVIC_IRQChannel = EXTI0_IRQn;
    NVIC_InitStructure.NVIC_IRQChannelPreemptionPriority = 2;
    NVIC_InitStructure.NVIC_IRQChannelSubPriority = 0;
    NVIC_InitStructure.NVIC_IRQChannelCmd = ENABLE;
    NVIC_Init(&NVIC_InitStructure);
    /* 使能 EXIT 1 通道,1 级先占优先级,0 级次占优先级 */
    NVIC_InitStructure.NVIC_IRQChannel = EXTI1_IRQn;
    NVIC_InitStructure.NVIC_IRQChannelPreemptionPriority = 1;
    NVIC_InitStructure.NVIC_IRQChannelSubPriority = 0;
    NVIC_InitStructure.NVIC_IRQChannelCmd = ENABLE;
    NVIC_Init(&NVIC_InitStructure);
    /* 使能 EXIT 2 通道,0 级先占优先级,0 级次占优先级 */
    NVIC_InitStructure.NVIC_IRQChannel = EXTI2_IRQn;
    NVIC_InitStructure.NVIC_IRQChannelPreemptionPriority = 0;
    NVIC_InitStructure.NVIC_IRQChannelSubPriority = 0;
    NVIC_InitStructure.NVIC_IRQChannelCmd = ENABLE;
    NVIC_Init(&NVIC_InitStructure);
}
/*************************************************************
 * 函数名    : EXIT_Configuration
 * 函数描述  : 设置 EXIT 参数
 * 输入参数  : 无
 * 输出结果  : 无
 * 返回值    : 无
*************************************************************/
void EXIT_Configuration(void)
{
    /* 定义 EXIT 初始化结构体 EXTI_InitStructure */
    EXTI_InitTypeDef EXTI_InitStructure;
    /* 设置外部中断 0 通道(EXIT Line0)在下降沿时触发中断 */
    EXTI_InitStructure.EXTI_Line = EXTI_Line0 | EXTI_Line1 | EXTI_Line2;
    EXTI_InitStructure.EXTI_Mode = EXTI_Mode_Interrupt;
    EXTI_InitStructure.EXTI_Trigger = EXTI_Trigger_Falling;
    EXTI_InitStructure.EXTI_LineCmd = ENABLE;
    EXTI_Init(&EXTI_InitStructure);
}
/*************************************************************
 * 函数名    : USART_Configuration
 * 函数描述  : 设置 USART1
 * 输入参数  : 无
 * 输出结果  : 无
 * 返回值    : 无
*************************************************************/
void USART_Configuration(void)
{
    /* 定义 USART 初始化结构体 USART_InitStructure */
    USART_InitTypeDef USART_InitStructure;
    /*  波特率为 115 200 bps;
     *  8 位数据长度;
```

```
    *     1 个停止位,无校验;
    *     禁用硬件流控制;
    *     禁止 USART 时钟;
    *     时钟极性低;
    *     在第 2 个边沿捕获数据
    *     最后一位数据的时钟脉冲不从 SCLK 输出;
    */
    USART_InitStructure.USART_BaudRate = 115200;
    USART_InitStructure.USART_WordLength = USART_WordLength_8b;
    USART_InitStructure.USART_StopBits = USART_StopBits_1;
    USART_InitStructure.USART_Parity = USART_Parity_No ;
    USART_InitStructure.USART_HardwareFlowControl = USART_HardwareFlowControl_None;
    USART_InitStructure.USART_Mode = USART_Mode_Rx | USART_Mode_Tx;
    USART_Init(USART1, &USART_InitStructure);
    /* 使能 USART1 */
    USART_Cmd(USART1, ENABLE);
}
/******************************************************************************
* 函数名      : fputc
* 函数描述    : 将 printf 函数重定位到 USATR1
* 输入参数    : 无
* 输出结果    : 无
* 返回值      : 无
*******************************************************************************/
int fputc(int ch, FILE *f)
{
    USART_SendData(USART1, (u8)ch);
    while(USART_GetFlagStatus(USART1, USART_FLAG_TC) == RESET);
    return ch;
}
/******************************************************************************
* 文件名      : stm32f10x_ it.c
* 作者        : Losingamong
* 生成日期    : 14 / 09 / 2010
* 描述        : 中断服务程序
*******************************************************************************/
/* 头文件    ---------------------------------------------------------------*/
#include "stm32f10x_it.h"
#include "stdio.h"
/******************************************************************************
* 函数名      : EXTI0_IRQHandler
* 输入参数    : 无
* 函数描述    : 外部中断 0 中断服务函数
* 返回值      : 无
* 输入参数    : 无
*******************************************************************************/
void EXTI0_IRQHandler(void)
{
    printf("\r\nEXIT0 IRQHandler enter.\r\n");
```

```
    /* 触发外部中断 1 */
    EXTI_GenerateSWInterrupt(EXTI_Line1);
    printf("\r\nEXIT0 IRQHandler return.\r\n");
    EXTI_ClearFlag(EXTI_Line0);
}
/****************************************************************
 * 函数名      : EXTI1_IRQHandler
 * 输入参数    : 无
 * 函数描述    : 外部中断 1 中断服务函数
 * 返回值      : 无
 * 输入参数    : 无
****************************************************************/
void EXTI1_IRQHandler(void)
{
    printf("\r\nEXIT1 IRQHandler enter.\r\n");
    /* 触发外部中断 2 */
    EXTI_GenerateSWInterrupt(EXTI_Line2);
    printf("\r\nEXIT1 IRQHandler return.\r\n");
    EXTI_ClearFlag(EXTI_Line1);
}
/****************************************************************
 * 函数名      : EXTI2_IRQHandler
 * 输入参数    : 无
 * 函数描述    : 外部中断 2 中断服务函数
 * 返回值      : 无
 * 输入参数    : 无
****************************************************************/
void EXTI2_IRQHandler(void)
{
    printf("\r\nEXIT2 IRQHandler enter.\r\n");
    printf("\r\nEXIT2 IRQHandler return.\r\n");
    EXTI_ClearFlag(EXTI_Line2);
}
```

5.5.6 使用到的库函数

(1) 函数 GPIO_EXTILineConfig(见表 5.5.3)

表 5.5.3 函数 GPIO_EXTILineConfig 说明

项目名	代 号	项目名	代 号
函数名	GPIO_EXTILineConfig	输入参数 2	GPIO_PinSource:待设置的外部中断引脚。该参数可以取 GPIO_PinSourcex(x 可以是 0～15)
函数原形	void GPIO_EXTILineConfig(u8 GPIO_PortSource, u8 GPIO_PinSource)		
功能描述	选择 GPIO 引脚用作外部中断线路	输出参数	无
		返回值	无
输入参数 1	GPIO_PortSource:选择用作外部中断源的 GPIO 端口	先决条件	无
		被调用函数	无

参数描述:GPIO_PortSource,用以选择用作外部中断的 GPIO 端口,见表 5.5.4。

表 5.5.4 参数 GPIO_PortSource 定义

GPIO_PortSource 参数	描 述	GPIO_PortSource 参数	描 述
GPIO_PortSourceGPIOA	选择 GPIOA	GPIO_PortSourceGPIOD	选择 GPIOD
GPIO_PortSourceGPIOB	选择 GPIOB	GPIO_PortSourceGPIOE	选择 GPIOE
GPIO_PortSourceGPIOC	选择 GPIOC		

例:

```
/* 设置 PB.08 引脚为外部中断入口 8 */
GPIO_EXTILineConfig(GPIO_PortSourceGPIOB, GPIO_PinSource8);
```

(2) 函数 NVIC_PriorityGroupConfig(见表 5.5.5)

表 5.5.5 函数 NVIC_PriorityGroupConfig 说明

项目名	代 号	项目名	代 号
函数名	NVIC_PriorityGroupConfig	输入参数	NVIC_PriorityGroup:优先级分组位长度
函数原形	void NVIC _ PriorityGroupConfig (u32 NVIC_PriorityGroup)	输出参数	无
		返回值	无
功能描述	设置优先级分组的先占优先级和从优先级数量	先决条件	优先级分组只能设置一次
		被调用函数	无

参数描述:NVIC_PriorityGroup,设置优先级分组位长度,见表 5.5.6。

表 5.5.6 参数 NVIC_PriorityGroup 定义

NVIC_PriorityGroup 参数	描 述
NVIC_PriorityGroup_0	先占优先级 0 位,次占优先级 4 位
NVIC_PriorityGroup_1	先占优先级 1 位,次占优先级 3 位
NVIC_PriorityGroup_2	先占优先级 2 位,次占优先级 2 位
NVIC_PriorityGroup_3	先占优先级 3 位,从优先级 1 位
NVIC_PriorityGroup_4	先占优先级 4 位,从优先级 0 位

例:

```
NVIC_PriorityGroupConfig(NVIC_PriorityGroup_1); /* 使用优先级分组 1 */
```

(3) 函数 NVIC_Init(见表 5.5.7)

参数描述:NVIC_InitTypeDef structure,定义于文件"stm32f10x_nvic.h":

```
typedef struct
{
    u8 NVIC_IRQChannel;
    u8 NVIC_IRQChannelPreemptionPriority;
    u8 NVIC_IRQChannelSubPriority;
    FunctionalState NVIC_IRQChannelCmd;
} NVIC_InitTypeDef;
```

表 5.5.7　函数 NVIC_Init 说明

项目名	代　号
函数名	NVIC_Init
函数原形	void NVIC_Init(NVIC_InitTypeDef * NVIC_InitStruct)
功能描述	根据 NVIC_InitStruct 中指定的参数初始化外设 NVIC 寄存器
输入参数	NVIC_InitStruct:指向结构 NVIC_InitTypeDef 的指针,包含了外设 GPIO 的配置信息
输出参数	无
返回值	无
先决条件	无
被调用函数	无

① NVIC_IRQChannel,使能或者失能指定的 IRQ 通道,见表 5.5.8。

表 5.5.8　参数 NVIC_IRQChannel 定义

NVIC_IRQChannel 定义	描　述	NVIC_IRQChannel 定义	描　述
WWDG_IRQn	窗口看门狗中断	CAN1_SCE_IRQn	CANSCE 中断
PVD_IRQn	PVD 通过 EXTI 探测中断	EXTI9_5_IRQn	外部中断线 5～9 中断
TAMPER_IRQn	入侵中断	TIM1_BRK_IRQn	TIM1 暂停中断
RTC_IRQn	RTC 全局中断	TIM1_UP_IRQn	TIM1 刷新中断
FlashItf_IRQn	Flash 全局中断	TIM1_TRG_COM_IRQn	TIM1 触发和通信中断
RCC_IRQn	RCC 全局中断	TIM1_CC_IRQn	TIM1 捕获比较中断
EXTI0_IRQn	外部中断线 0 中断	TIM2_IRQn	TIM2 全局中断
EXTI1_IRQn	外部中断线 1 中断	TIM3_IRQn	TIM3 全局中断
EXTI2_IRQn	外部中断线 2 中断	TIM4_IRQn	TIM4 全局中断
EXTI3_IRQn	外部中断线 3 中断	I2C1_EV_IRQn	I2C1 事件中断
EXTI4_IRQn	外部中断线 4 中断	I2C1_ER_IRQn	I2C1 错误中断
DMAChannel1_IRQn	DMA 通道 1 中断	I2C2_EV_IRQn	I2C2 事件中断
DMAChannel2_IRQn	DMA 通道 2 中断	I2C2_ER_IRQn	2C2 错误中断
DMAChannel3_IRQn	DMA 通道 3 中断	SPI1_IRQn	SPI1 全局中断
DMAChannel4_IRQn	DMA 通道 4 中断	SPI2_IRQn	SPI2 全局中断
DMAChannel5_IRQn	DMA 通道 5 中断	USART1_IRQn	USART1 全局中断
DMAChannel6_IRQn	DMA 通道 6 中断	USART2_IRQn	USART2 全局中断
DMAChannel7_IRQn	DMA 通道 7 中断	USART3_IRQn	USART3 全局中断
ADC1_2_IRQn	ADC1、ADC2 全局中断	EXTI15_10_IRQn	外部中断线 10～15 中断
USB_HP_CAN1_TX_IRQn	USB 高优先级或者 CAN 发送中断	RTCAlarm_IRQn	RTC 闹钟通过 EXTI 线中断
USB_LP_CAN1_RX0_IRQn	USB 低优先级或者 CAN0 接收中断	USBWakeUp_IRQn	USB 通过 EXTI 线从悬挂唤醒中断
CAN1_RX1_IRQn	CAN1 接收中断		

② NVIC_IRQChannelPreemptionPriority,设置成员 NVIC_IRQChannel 中的先占优先级,其设置范围取决于 NVIC_PriorityGroup,见表 5.5.9。

③ NVIC_IRQChannelSubPriority,设置成员 NVIC_IRQChannel 中的次占优先级,其设置范围取决于 NVIC_PriorityGroup,见表 5.5.9。

④ NVIC_IRQChannelCmd,指定在成员 NVIC_IRQChannel 中定义的 IRQ 通道被使能还是失能。这个参数取值为 ENABLE 或 DISABLE。

表 5.5.9　两种优先级设置范围

NVIC_PriorityGroup	NVIC_IRQChannel 的先占优先级	NVIC_IRQChannel 的从优先级	描　述
NVIC_PriorityGroup_0	0	0~15	先占优先级 0 位,次占优先级 4 位
NVIC_PriorityGroup_1	0~1	0~7	先占优先级 1 位,次占优先级 3 位
NVIC_PriorityGroup_2	0~3	0~3	先占优先级 2 位,次占优先级 2 位
NVIC_PriorityGroup_3	0~7	0~1	先占优先级 3 位,次占优先级 1 位
NVIC_PriorityGroup_4	0~15	0	先占优先级 4 位,次占优先级 0 位

注:选中 NVIC_PriorityGroup_0,则参数 NVIC_IRQChannelPreemptionPriority 对中断通道的设置不产生影响;选中 NVIC_PriorityGroup_4,则参数 NVIC_IRQChannelSubPriority 对中断通道的设置不产生影响。

例:

```
NVIC_InitTypeDef NVIC_InitStructure;
NVIC_PriorityGroupConfig(NVIC_PriorityGroup_1);   /* 使用优先级分组 1 */
/* 开启 TIM3 全局中断,赋予其先占优先级 0,次占优先级 2 */
NVIC_InitStructure.NVIC_IRQChannel = TIM3_IRQChannel;
NVIC_InitStructure.NVIC_IRQChannelPreemptionPriority = 0;
NVIC_InitStructure.NVIC_IRQChannelSubPriority = 2;
NVIC_InitStructure.NVIC_IRQChannelCmd = ENABLE;
NVIC_InitStructure(&NVIC_InitStructure);
```

(4) 函数 EXTI_Init(见表 5.5.10)

表 5.5.10　函数 EXTI_Init 说明

项目名	代　号
函数名	EXTI_Init
函数原形	void EXTI_Init(EXTI_InitTypeDef * EXTI_InitStruct)
功能描述	根据 EXTI_InitStruct 中指定的参数初始化外设 EXTI 寄存器
输入参数	EXTI_InitStruct:指向结构 EXTI_InitTypeDef 的指针,包含了外设 EXTI 的配置信息
输出参数	无
返回值	无
先决条件	无
被调用函数	无

参数描述:EXTI_InitTypeDef structure,定义于文件 stm32f10x_exti.h。

```
typedef struct
{
    u32 EXTI_Line;
    EXTIMode_TypeDef EXTI_Mode;
    EXTIrigger_TypeDef EXTI_Trigger;
    FunctionalState EXTI_LineCmd;
}EXTI_InitTypeDef;
```

① EXTI_Line,选择待使能或者失能的外部中断线路,见表 5.5.11。

表 5.5.11　参数 EXTI_Line 定义

EXTI_Line 参数	描　述	EXTI_Line 参数	描　述
EXTI_Line0	外部中断线 0	EXTI_Line10	外部中断线 10
EXTI_Line1	外部中断线 1	EXTI_Line11	外部中断线 11
EXTI_Line2	外部中断线 2	EXTI_Line12	外部中断线 12
EXTI_Line3	外部中断线 3	EXTI_Line13	外部中断线 13
EXTI_Line4	外部中断线 4	EXTI_Line14	外部中断线 14
EXTI_Line5	外部中断线 5	EXTI_Line15	外部中断线 15
EXTI_Line6	外部中断线 6	EXTI_Line16	外部中断线 16
EXTI_Line7	外部中断线 7	EXTI_Line17	外部中断线 17
EXTI_Line8	外部中断线 8	EXTI_Line18	外部中断线 18
EXTI_Line9	外部中断线 9		

② EXTI_Mode,设置被使能线路的模式,见表 5.5.12。

表 5.5.12　参数 EXTI_Mode 定义

EXTI_Mode 参数	描　述
EXTI_Mode_Event	设置 EXTI 线路响应事件请求
EXTI_Mode_Interrupt	设置 EXTI 线路响应中断请求

③ EXTI_Trigger,设置被使能线路的触发边沿,见表 5.5.13。

表 5.5.13　参数 EXTI_Trigger 定义

EXTI_Trigger 参数	描　述
EXTI_Trigger_Falling	设置输入线路下降沿响应中断请求
EXTI_Trigger_Rising	设置输入线路上升沿响应中断请求
EXTI_Trigger_Rising_Falling	设置输入线路上升沿和下降沿响应中断请求

④ EXTI_LineCmd,用来定义选中线路的新状态。它可以被设为 ENABLE 或 DISABLE。

例:

```
/* 开启外部中断 12 和 14 通道,并设置为下降沿触发 */
```

```
EXTI_InitTypeDef EXTI_InitStructure;
EXTI_InitStructure.EXTI_Line = EXTI_Line12 | EXTI_Line14;
EXTI_InitStructure.EXTI_Mode = EXTI_Mode_Interrupt;
EXTI_InitStructure.EXTI_Trigger = EXTI_Trigger_Falling;
EXTI_InitStructure.EXTI_LineCmd = ENABLE;
EXTI_Init(&EXTI_InitStructure);
```

(5) 函数 EXTI_GenerateSWInterrupt(见表 5.5.14)

表 5.5.14 函数 EXTI_GenerateSWInterrupt 说明

项目名	代 号	项目名	代 号
函数名	EXTI_GenerateSWInterrupt	输出参数	无
函数原形	void EXTI_GenerateSWInterrupt(u32 EXTI_Line)	返回值	无
功能描述	产生一个软件中断	先决条件	无
输入参数	EXTI_Line:产生软件中断的 EXTI 线路	被调用函数	无

例:

```
EXTI_GenerateSWInterrupt(EXTI_Line6); /* 在外部中断 6 通道上产生软件中断 */
```

5.5.7 注意事项

① 程序中 EXTI0 使用手动触发的方式,但 EXTI1 和 EXTI2 使用了软件触发的方式。

② 请一定要打开 AFIO 时钟。

③ 虽然 EXTI1 和 EXTI2 使用了软件触发的方式,但是它们所对应的引脚设置以及中断触发方式的设置仍然是不可缺少的。

④ 本程序中 NVIC 使用了优先级分组 2,根据 ST 库函数描述文档得知,一共可以支持 4 个先占优先级,4 个次占优先级。请读者谨记,在设置设备中断优先级的时候,不要越出优先组所能分配的最大数量,否则将会产生不可预知的问题。

⑤ 进入 EXTI 中断之后,要在其退出之前手动清除中断标志,否则该中断会一直请求。

5.5.8 实验结果

建立并设置好工程,编辑好代码之后按下 F7 进行编译,将所有错误警告排除后(若存在)按下 Ctrl + F5 进行烧写与仿真,然后按下 F5 全速运行。此时按下按键 0,可迅速看到 PC 端的串口软件显示如图 5.5.3 所示信息。

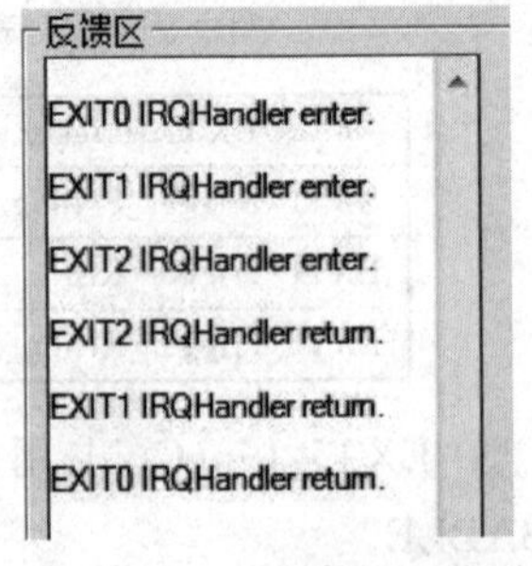

图 5.5.3 NVIC 和外部中断实验现象

从图 5.5.3 中可以看出,程序首先进入了 EXTI0中断,随后 EXTI0 并未返回,而是进入了

EXTI1 中断,说明此处发生了一次中断嵌套。而后 EXTI1 也未返回,而是进入了 EXTI2 中断,说明 EXTI1 中断服务也被 EXTI2 中断嵌套了。随后 EXTI2 首先返回,其次是 EXTI1 返回,最后是 EXTI0 返回,很明显是中断嵌套后的正确返回次序。说明本节实验设计达到了预期的现象。

5.5.9 小　结

本节内容向读者阐述了两大部分内容,分别是 ARM Cortex - M3 内核的 NVIC 控制器和 STM32 的外部中断功能,随后设计了演示程序并成功演示了中断嵌套的现象。其中 NVIC 的中断优先组的概念和其程序上的设置流程值得读者反复练习加深理解。

5.6 两只忠诚的看门狗

5.6.1 窗口看门狗

1. 概　述

在由单片机为核心构成的微型计算机系统中,单片机常常会受到来自外界电磁场的干扰,造成程序跑飞,致使程序的正常运行状态被打断而陷入死循环,从而使得由单片机控制的系统无法继续正常工作,造成整个系统的停滞状态,发生不可预料的后果。出于要对单片机运行状态进行实时检测的考虑,便产生了一种专门用于检测单片机程序运行状态的硬件结构,俗称"看门狗"。STM32 微控制配备了 2 只看门狗,分别是窗口看门狗和独立看门狗。本小节先熟悉窗口看门狗的应用。

窗口看门狗简称 WWDG,是 Window Watch DoG 的简写。WWDG 的核心是一个 6 位定时计数器,其特性如下:

- 内置一个可编程的、自由运行的递减计数器。
- 复位条件:当递减计数器的值小于 0x40,(若看门狗已被启用)则产生复位;当递减计数器在窗口外被重新装载,(若看门狗被启动)则产生复位。
- 如果启动了看门狗并且允许中断,当递减计数器等于 0x40 时产生早期唤醒中断(EWI),此中断服务可以被用于重装载计数器以避免发生 WWDG 复位。

WWDG 结构简图如图 5.6.1 所示。

图 5.6.1 中,看门狗控制寄存器中的 T[6:0]存放的是 WWDG 当前计数值,其会在 PCLK1 经过分频器之后所产生的时钟驱动下进行递减计数。当计数值递减至 0x40,则会请求一次看门狗早期唤醒中断(可以在该中断服务中进行喂狗操作)。而当计数值继续递减至 0x3F 时,就会产生一次 WWDG 复位。而 W[6:0]存放的是 WWDG 计数比较值,当 T[6:0]中存放的值大于 W[6:0]中存放的值时进行喂狗操

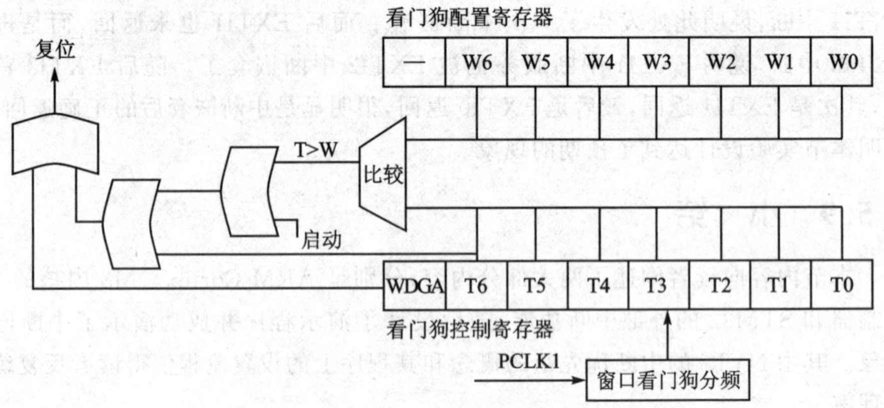

图 5.6.1 窗口看门狗 WWDG 结构简图

作,同样会产生一次看门狗中断。这就是"窗口"的含义:喂狗操作必须是当前计数值在 W[6:0]与 0x3f 之间进行才不会发生看门狗复位。从程序的角度来说,即无论是过早还是过晚地进行喂狗操作,都将引发一次看门狗复位。这正是 STM32 的 WWDG 最大的特点。

此外,还可从图 5.6.1 还获知一个信息,即 WWDG 的驱动时钟来自 PCLK1。这就是 WWDG 正常运行的必要条件——当 PCLK1 发生故障,则看门狗就停止了工作。因此 WWDG 一般用于整个程序中某个局部的检测。

2. 实验设计

本节将进行一个实验设计,验证 STM32 微控制器窗口看门狗的复位功能。初始化各个设备之后,在看门狗早期唤醒中断服务中进行喂狗操作。同时配置一个外部中断 EXTI0,并赋予其比窗口看门狗早期唤醒中断更为高级的先占优先级。当 EXTI0 触发即可停止喂狗操作,则理应很快发生一次窗口看门狗复位事件。以上信息使用串口向上位机打印。程序流程如图 5.6.2 所示。

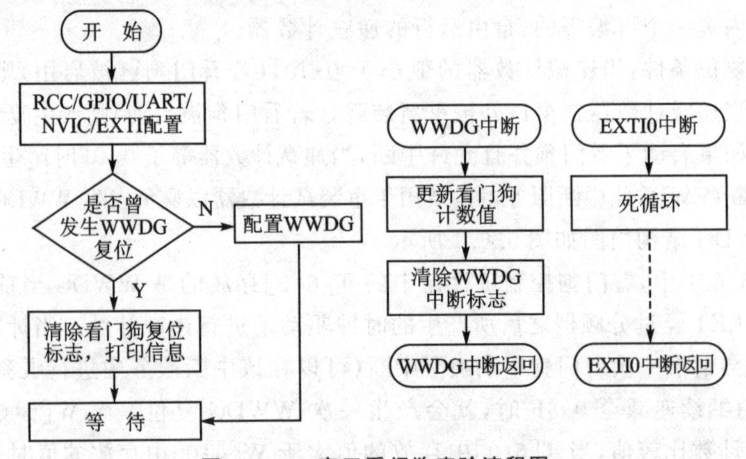

图 5.6.2 窗口看门狗实验流程图

3. 硬件电路

本节实验电路和 5.5.4 小节一致，如图 5.5.2 所示，皆为一个按键外加 RS232 电平转换电路。

4. 程序设计

本小节程序设计涉及的要点主要集中在对 WWDG 的设置上，汇集如下：

- 配置 RCC 寄存器组，设置 PCLK1 频率为 36 MHz(即 PLL 输出 72 MHz 后进行 2 分频)。
- 打开 WWDG 时钟，注意 WWDG 属于 APB1 总线设备(最大速度 36 MHz)。
- 配置 WWDG，预分频值为 8，并写入初始计数值(本次实验写入 0x7F)。
- 配置 GPIO、EXTI、USART 等外设。
- 给 WWDG 的早期唤醒中断赋予较低先占优先级，同时给予 EXTI 中断赋予较高先占优先级。

而对于 WWDG 的配置来说，最重要的无疑是其溢出时间和初始计数值之间的关系。现基于以上提出的几点要点来进行一次计算的示例。

① 上述要点提及 WWDG 属于 APB1 总线设备，即表示其时钟来自于 PCLK1，最大为36 MHz(上述第 1 个要点已经要求将 PCLK1 设置为 36 MHz)，因此 PCLK1 为 36 MHz。

② 在 PCLK1 驱动看门狗计时之前，首先要经过既定的 4 096 分频(详情查看 STM32 技术参考手册)，再经过 Prescaler＝8 分频(上述第 3 点)，由此不难得到看门狗的计数频率为：

$$f_{WWDGcnt}=PCLK/4\,096/Prescaler=36\text{ MHz}/4\,096/8=1\,098\text{ Hz}$$

则可以得到进行一次计数的时间约为：

$$T_{cnt}=1/f_{WWDGcnt}=0.9\text{ ms}$$

③ 上述第 3 点还提及将初始计数值设为 0x7F，则由前面所知，当看门狗计数值从 0x40 跳变至 0x3F 时发生看门狗复位，则计算出了看门狗从启动计数到发生溢出复位的时间为：

$$T_{WWDG}=0.9\text{ ms}\times(0x7F-0x3F)=57.6\text{ ms}$$

T_{WWDG}便是本次程序设计所设定的看门狗溢出复位时间，所以用户程序的喂狗周期不能大于 57.6 ms，否则将发生看门狗复位。

工程文件组里文件分别情况见表 5.6.1。

表 5.6.1　窗口看门狗实验工程组详情

文件组	包含文件	详　情
boot 文件组	startup_stm32f10x_md.s	STM32 的启动文件
cmsis 文件组	core_cm3.c	Cortex-M3 和 STM32 的板级支持文件
	system_stm32f10x.c	

续表 5.6.1

文件组	包含文件	详　情
library 文件组	stm32f10x_rcc. c	RCC 和 Flash 寄存器组的底层配置函数
	stm32f10x_flash. c	
	stm32f10x_gpio. c	GPIO 的底层配置函数
	stm32f10x_usart. c	USART 设备的初始化，数据收发等函数
	stm32f10x_exti. c	外部中断 EXTI 单元的设置函数
	misc. c	嵌套中断向量控制器 NVIC 的设置函数
	stm32f10x_wwdg. c	WWDG 的初始化以及操作函数
interrupt 文件组	stm32f10x_it. c	STM32 的中断服务子程序
user 文件组	main. c	用户应用代码

5. 程序清单

```
/************************************************************
 *  文件名      : main.c
 *  作者        : Losingamong
 *  生成日期    : 15/09/2010
 *  描述        : 主程序
************************************************************/
/* 头文件      ------------------------------------------*/
#include "stm32f10x.h"
#include "stm32f10x_wwdg.h"
#include "stdio.h"
/* 自定义同义关键字   ---------------------------------------*/
/* 自定义参数宏       ---------------------------------------*/
/* 自定义函数宏       ---------------------------------------*/
/* 自定义变量         ---------------------------------------*/
/* 自定义函数声明     ---------------------------------------*/
void RCC_Configuration(void);
void NVIC_Configuration(void);
void GPIO_Configuration(void);
void EXTI_Configuration(void);
void USART_Configuration(void);
void WWDG_Configuration(void);
/************************************************************
 *  函数名      : main
 *  函数描述    : 主函数
 *  输入参数    : 无
 *  输出结果    : 无
 *  返回值      : 无
************************************************************/
int main(void)
{
    /* 设置系统时钟 */
    RCC_Configuration();
```

```
    /* 设置 GPIO 端口 */
    GPIO_Configuration();
    /* 设置 NVIC */
    NVIC_Configuration();
    /* 设置 EXIT */
    EXTI_Configuration();
    /* 设置 USART1 */
    USART_Configuration();
    /* 检查是否发生过窗口看门狗复位,是则进入 if()内部,否则进入 else 内部 */
    if(RCC_GetFlagStatus(RCC_FLAG_WWDGRST) != RESET)
    {
        printf("\r\n The STM32 has been reset by WWDG  \r\n");
        /* 清除看门狗复位标志 */
        RCC_ClearFlag();
    }
    else
    {
        /* 设置 WWDG */
        WWDG_Configuration();
        printf("\r\n The STM32 hast been reset by WWDG before  \r\n");
    }
    while (1);
}
/*************************************************************
 * 函数名    : RCC_Configuration
 * 函数描述  : 设置系统各部分时钟
 * 输入参数  : 无
 * 输出结果  : 无
 * 返回值    : 无
*************************************************************/
void RCC_Configuration(void)
{
    {
        /* 本部分代码为 RCC_Configuration 函数内部部分代码,见附录 A 程序清单 A.1 */
    }
    /* 打开 APB1 总线上的窗口看门狗时钟 */
    RCC_APB1PeriphClockCmd(RCC_APB1Periph_WWDG, ENABLE);
    /* 打开 APB2 总线上的 GPIOA, USART1 时钟 */
    RCC_APB2PeriphClockCmd(RCC_APB2Periph_GPIOA | RCC_APB2Periph_USART1, ENABLE);
}
/*************************************************************
 * 函数名    : GPIO_Configuration
 * 函数描述  : 设置各 GPIO 端口功能
 * 输入参数  : 无
 * 输出结果  : 无
 * 返回值    : 无
*************************************************************/
void GPIO_Configuration(void)
{
```

```
    /* 定义 GPIO 初始化结构体 GPIO_InitStructure */
    GPIO_InitTypeDef GPIO_InitStructure;
    /* 设置 PA.0 为上拉输入(EXTI Line0) */
    GPIO_InitStructure.GPIO_Pin = GPIO_Pin_0;
    GPIO_InitStructure.GPIO_Mode = GPIO_Mode_IPU;
    GPIO_Init(GPIOA, &GPIO_InitStructure);
    /* 定义 PA.0 为外部中断 0 输入通道(EXIT0) */
    GPIO_EXTILineConfig(GPIO_PortSourceGPIOA, GPIO_PinSource0);
    /* 设置 USART1 的 Tx 脚(PA.9)为第二功能推挽输出功能 */
    GPIO_InitStructure.GPIO_Pin = GPIO_Pin_9;
    GPIO_InitStructure.GPIO_Mode = GPIO_Mode_AF_PP;
    GPIO_InitStructure.GPIO_Speed = GPIO_Speed_50MHz;
    GPIO_Init(GPIOA, &GPIO_InitStructure);
    /* 设置 USART1 的 Rx 脚(PA.10)为浮空输入脚 */
    GPIO_InitStructure.GPIO_Pin = GPIO_Pin_10;
    GPIO_InitStructure.GPIO_Mode = GPIO_Mode_IN_FLOATING;
    GPIO_Init(GPIOA, &GPIO_InitStructure);
}
/*********************************************************************
 * 函数名      : EXIT_Configuration
 * 函数描述    : 设置 EXIT 参数
 * 输入参数    : 无
 * 输出结果    : 无
 * 返回值      : 无
 *********************************************************************/
void EXTI_Configuration(void)
{
    /* 定义 EXIT 初始化结构体 EXTI_InitStructure */
    EXTI_InitTypeDef EXTI_InitStructure;
    /* 设置外部中断 0 通道(EXIT_Line0)在下降沿时触发中断 */
    EXTI_InitStructure.EXTI_Line = EXTI_Line0;
    EXTI_InitStructure.EXTI_Mode = EXTI_Mode_Interrupt;
    EXTI_InitStructure.EXTI_Trigger = EXTI_Trigger_Falling;
    EXTI_InitStructure.EXTI_LineCmd = ENABLE;
    EXTI_Init(&EXTI_InitStructure);
    /* 定义 PA.0 为外部中断 0 输入通道(EXIT0) */
    GPIO_EXTILineConfig(GPIO_PortSourceGPIOA, GPIO_PinSource0);
}
/*********************************************************************
 * 函数名      : WWDG_Configuration
 * 函数描述    : 设置 WWDG 参数
 * 输入参数    : 无
 * 输出结果    : 无
 * 返回值      : 无
 *********************************************************************/
void WWDG_Configuration(void)
{
    /* 设置 WWDG 预分频值为 8,WWDG 时钟频率 = (PCLK1/4096)/8 = 244 Hz(~0.9 ms) */
    WWDG_SetPrescaler(WWDG_Prescaler_8);
```

```
    /* 设置 WWDG 初始计数值为 0x7F 并启动 WWDG,此时 WWDG 超时时间为
    0.9ms *(0x7F - 0x3F) = 57.6 ms */
    WWDG_Enable(0x7F);
    /* 清除 WWDG 早期唤醒中断(EWI)标志 */
    WWDG_ClearFlag();
    /* 使能 WWDG 早期唤醒中断(EWI) */
    WWDG_EnableIT();
}
/************************************************************
*  函数名      : NVIC_Configuration
*  函数描述    : 设置 NVIC 参数
*  输入参数    : 无
*  输出结果    : 无
*  返回值      : 无
************************************************************/
void NVIC_Configuration(void)
{
    /* 定义 NVIC 初始化结构体 NVIC_InitStructure */
    NVIC_InitTypeDef NVIC_InitStructure;
    /* 使用优先级分组 2 */
    NVIC_PriorityGroupConfig(NVIC_PriorityGroup_2);
    /* 使能外部中断 0 通道(EXIT0),0 级先占优先级,0 级次占优先级 */
    NVIC_InitStructure.NVIC_IRQChannel = EXTI0_IRQn;
    NVIC_InitStructure.NVIC_IRQChannelPreemptionPriority = 0;
    NVIC_InitStructure.NVIC_IRQChannelSubPriority = 0;
    NVIC_InitStructure.NVIC_IRQChannelCmd = ENABLE;
    NVIC_Init(&NVIC_InitStructure);
    /* 使能窗口看门狗(WWDG)中断,1 级先占优先级 */
    NVIC_InitStructure.NVIC_IRQChannel = WWDG_IRQn;
    NVIC_InitStructure.NVIC_IRQChannelPreemptionPriority = 1;
    NVIC_InitStructure.NVIC_IRQChannelSubPriority = 0;
    NVIC_Init(&NVIC_InitStructure);
}
/************************************************************
*  函数名      : USART_Configuration
*  函数描述    : 设置 USART1
*  输入参数    : 无
*  输出结果    : 无
*  返回值      : 无
************************************************************/
void USART_Configuration(void)
{
    /* 定义 USART 初始化结构体 USART_InitStructure */
    USART_InitTypeDef USART_InitStructure;
    /*   波特率为 115 200 bps;
     *   8 位数据长度;
     *   1 个停止位,无校验;
     *   禁用硬件流控制;
     *   禁止 USART 时钟;
```

```
    *    时钟极性低;
    *    在第 2 个边沿捕获数据
    *    最后一位数据的时钟脉冲不从 SCLK 输出;
    */
    USART_InitStructure.USART_BaudRate = 115 200;
    USART_InitStructure.USART_WordLength = USART_WordLength_8b;
    USART_InitStructure.USART_StopBits = USART_StopBits_1;
    USART_InitStructure.USART_Parity = USART_Parity_No ;
    USART_InitStructure.USART_HardwareFlowControl = USART_HardwareFlowControl_None;
    USART_InitStructure.USART_Mode = USART_Mode_Rx | USART_Mode_Tx;
    USART_Init(USART1, &USART_InitStructure);
    /* 使能 USART1 */
    USART_Cmd(USART1, ENABLE);
}
/*******************************************************************************
 * 函数名      : fputc
 * 函数描述    : 将 printf 函数重定位到 USATR1
 * 输入参数    : 无
 * 输出结果    : 无
 * 返回值      : 无
*******************************************************************************/
int fputc(int ch, FILE *f)
{
    USART_SendData(USART1, (u8) ch);
    while(USART_GetFlagStatus(USART1, USART_FLAG_TC) == RESET);
    return ch;
}
/*******************************************************************************
 * 文件名      : stm32f10x_it.c
 * 作者        : Losingamong
 * 生成日期    : 14 / 09 / 2010
 * 描述        : 中断服务程序
*******************************************************************************/
/* 头文件    ------------------------------------------------------------------*/
#include "stm32f10x_it.h"
#include "stm32f10x_wwdg.h"
#include "stdio.h"
/*******************************************************************************
 * 函数名      : WWDG_IRQHandler
 * 输入参数    : 无
 * 函数描述    : 看门狗早期唤醒中断服务函数
 * 返回值      : 无
 * 输入参数    : 无
*******************************************************************************/
void WWDG_IRQHandler(void)
{
    /* 更新 WWDG 计数器 */
    WWDG_SetCounter(0x7F);
    /* 清除 WWDG 早期唤醒中断(EWI)标志 */
```

```
    WWDG_ClearFlag();
    printf("\r\n The Windows Watch DoG has been flash   \r\n");
}
/************************************************************
*  函数名      : EXTI0_IRQHandler
*  输入参数    : 无
*  函数描述    : 外部中断 0 中断服务函数
*  返回值      : 无
*  输入参数    : 无
************************************************************/
void EXTI0_IRQHandler(void)
{
    while(1);
}
```

6. 使用到的库函数一览

(1) 函数 RCC_APB1PeriphClockCmd(见表 5.6.2)

表 5.6.2　函数 RCC_APB1PeriphClockCmd 说明

项目名	代　号
函数名	RCC_APB1PeriphClockCmd
函数原形	void RCC_APB1PeriphClockCmd(u32 RCC_APB1Periph, FunctionalState NewState)
功能描述	使能或者失能 APB1 外设时钟
输入参数 1	RCC_APB1Periph:APB1 外设时钟
输入参数 2	NewState:指定外设时钟的新状态。这个参数可以取 ENABLE 或者 DISABLE
输出参数	无
返回值	无
先决条件	无
被调用函数	无

参数描述:RCC_APB1Periph,代表 APB1 外设时钟,可以取表 5.6.3 中的一个或者多个取值的组合作为该参数的值。

表 5.6.3　参数 RCC_AHB1Periph 定义

RCC_AHB1Periph 参数	描　述	RCC_AHB1Periph 参数	描　述
RCC_APB1Periph_TIM2	TIM2 时钟	RCC_APB1Periph_I2C1	I2C1 时钟
RCC_APB1Periph_TIM3	TIM3 时钟	RCC_APB1Periph_I2C2	I2C2 时钟
RCC_APB1Periph_TIM4	TIM4 时钟	RCC_APB1Periph_USB	USB 时钟
RCC_APB1Periph_WWDG	WWDG 时钟	RCC_APB1Periph_CAN	CAN 时钟
RCC_APB1Periph_SPI2	SPI2 时钟	RCC_APB1Periph_BKP	BKP 时钟
RCC_APB1Periph_USART2	USART2 时钟	RCC_APB1Periph_PWR	PWR 时钟
RCC_APB1Periph_USART3	USART3 时钟	RCC_APB1Periph_ALL	全部 APB1 外设时钟

例：

```
/* 开启 BKP 和 PWR 外设时钟 */
RCC_APB1PeriphClockCmd(RCC_APB1Periph_BKP | RCC_APB1Periph_PWR, ENABLE);
```

(2) 函数 WWDG_SetPrescaler(见表 5.6.4)

表 5.6.4　函数 WWDG_SetPrescaler 说明

项目名	代　号	项目名	代　号
函数名	WWDG_SetPrescaler	输出参数	无
函数原形	void WWDG_SetPrescaler(u32 WWDG_Prescaler)	返回值	无
功能描述	设置 WWDG 预分频值	先决条件	无
输入参数	WWDG_Prescaler：指定 WWDG 预分频	被调用函数	无

参数描述：WWDG_Prescale，该参数设置 WWDG 预分频值，见表 5.6.5。

表 5.6.5　参数 WWDG_Prescaler 定义

WWDG_Prescaler 参数	描　述	WWDG_Prescaler 参数	描　述
WWDG_Prescaler_1	WWDG 预分频值为 1	WWDG_Prescaler_4	WWDG 预分频值为 4
WWDG_Prescaler_2	WWDG 预分频值为 2	WWDG_Prescaler_8	WWDG 预分频值为 8

例：

```
WWDG_SetPrescaler(WWDG_Prescaler_8); /* 设置 WWDG 预分频值为 8 */
```

(3) 函数 WWDG_Enable(见表 5.6.6)

表 5.6.6　函数 WWDG_Enable 说明

项目名	代　号	项目名	代　号
函数名	WWDG_Enable	输出参数	无
函数原形	void WWDG_Enable(u8 Counter)	返回值	无
功能描述	使能 WWDG 并装入计数值	先决条件	无
输入参数	Counter：指定看门狗计数值。该参数取值必须为 0x40～0x7F	被调用函数	无

例：

```
WWDG_Enable(0x7F); /* 使能 WWDG 并设置计数值为 0x7F */
```

(4) 函数 WWDG_ClearFlag(见表 5.6.7)

表 5.6.7　函数 WWDG_ClearFlag 说明

项目名	代　号	项目名	代　号
函数名	WWDG_ClearFlag	输出参数	无
函数原形	void WWDG_ClearFlag(void)	返回值	无
功能描述	清除 WWDG 早期唤醒中断标志位	先决条件	无
输入参数	无	被调用函数	无

例:

```
WWDG_ClearFlag();/* 清除WWDG早期唤醒中断标志位 */
```

(5) 函数 WWDG_EnableIT(见表5.6.8)

表5.6.8 函数 WWDG_EnableIT 说明

项目名	代　号	项目名	代　号
函数名	WWDG_EnableIT	输出参数	无
函数原形	void WWDG_EnableIT(void)	返回值	无
功能描述	使能WWDG早期唤醒中断(EWI)	先决条件	无
输入参数	无	被调用函数	无

例:

```
WWDG_EnableIT();/* 使能WWDG早期唤醒中断 */
```

(6) 函数 WWDG_SetCounter(见表5.6.9)

表5.6.9 函数 WWDG_SetCounter 说明

项目名	代　号	项目名	代　号
函数名	WWDG_SetCounter	输出参数	无
函数原形	void WWDG_SetCounter(u8 Counter)	返回值	无
功能描述	设置WWDG计数器值	先决条件	无
输入参数	Counter:指定看门狗计数器值。该参数取值必须为0x40～0x7F	被调用函数	无

例:

```
WWDG_SetCounter(0x70); /* 设置看门狗计数值为0x70 */
```

7. 注意事项

① 窗口看门狗是否产生复位操作,取决于定时计数器的值是否小于0x40,也就是窗口看门狗控制寄存器中的T6位是否为0,因此写入小于0x40的初始计数会马上发生一次复位操作。

② 窗口看门狗的复位相当于一次软复位,复位前WWDG各个寄存器的状态都将得到保留,因此在复位后,要首先将看门狗复位标志清除掉。

③ 注意窗口看门狗启用之后在下一次复位事件产生之前不可以被禁用。

④ 默认情况下,即使STM32进入调试状态窗口看门狗仍然会运行,这将导致调试出错。在开启窗口看门狗的情况下进行程序跟踪调试的读者应该注意到这一点。

⑤ 如果程序中需要处理比较多的中断服务,请合理安排窗口看门狗的中断优先级。推荐的做法是:设置比较长的喂狗周期,同时赋予看门狗比较高的中断优先级。

⑥ 本次程序设计中,在EXTI0的中断服务中设置了死循环语句,为的是打断看门狗的周期性喂狗操作。但在实际应用中强烈反对,甚至是禁止在中断服务里放置死循环结构。

8. 实验结果

建立并设置好工程,编辑好代码之后按下 F7 进行编译,将所有错误警告排除后(若存在)按下 Ctrl+F5 进行烧写与仿真,然后按下 F5 全速运行。可以看到 PC 端的串口软件首先收到了"The STM32 has't been reset by WWDG before"字样,这是程序在第一次执行后首先检查是否发生过窗口看门狗复位的信息,随后不断地显示"The Windows Watch DoG has been flash"字样,说明窗口看门狗计数值正在不断地被刷新,如图 5.6.3 所示。

此时按下按键,可迅速看到 PC 端的串口软件收到了"The STM32 has been reset by WWDG",说明按下按键后,看门狗的周期性喂狗操作被打断了。因为 EXTI0 中断服务优先级高于窗口看门狗早期唤醒中断,而且是死循环语句,不会返回,所以发生了看门狗复位,程序复位后重新执行的时候检查到了这一事件。查看如图 5.6.4 所示信息,实验现象完全符合本小节程序设计的预期。

反馈区
The STM32 has't been reset by WWDG before
The Windows Watch DoG has been flash
The Windows Watch DoG has been flash
The Windows Watch DoG has been flash
The Windows Watch DoG has been flash
The Windows Watch DoG has been flash
The Windows Watch DoG has been flash
The Windows Watch DoG has been flash
The Windows Watch DoG has been flash
The Windows Watch DoG has been flash
The Windows Watch DoG has been flash
The Windows Watch DoG has been flash
The Windows Watch DoG has been flash
The Windows Watch DoG has been flash

图 5.6.3 窗口看门狗实验现象 1

反馈区
The Windows Watch DoG has been flash
The Windows Watch DoG has been flash
The Windows Watch DoG has been flash
The Windows Watch DoG has been flash
The Windows Watch DoG has been flash
The Windows Watch DoG has been flash
The Windows Watch DoG has been flash
The Windows Watch DoG has been flash
The Windows Watch DoG has been flash
The Windows Watch DoG has been flash
The Windows Watch DoG has been flash
The Windows Watch DoG has been flash
The Windows Watch DoG has been flash
The STM32 has been reset by WWDG

图 5.6.4 窗口看门狗实验现象 2

9. 小 结

本小节内容主要围绕 STM32 微控制器的窗口看门狗来展开,内容组成比较简单,但要熟练地掌握窗口看门狗的使用,有赖于对其特点地理解与对细节地把握。希望读者多多实验,力争使其为应用程序服务。

5.6.2 独立看门狗

1. 概 述

5.6.1 小节向读者介绍了 STM32 微控制器的两只看门狗中的窗口看门狗。本小节将围绕另一只看门狗——独立看门狗(Independent Watch DoG,简称 IWDG)展开。

窗口看门狗主要用于对某个局部的应用程序进行监控,防止其被过早或者过晚地执行,其正常工作的前提是 STM32 的主时钟正常工作。因此窗口看门狗“触手能及”的范围是有限的,很有必要再配备一个能对全局应用程序进行监控的看门狗,与窗口看门狗形成功能上的互补,为 STM32 应用程序的运行稳定与可靠性再添一层保险。这就是 IWDG 的由来。

功能上的差异必然是以硬件结构上的差异来达成的。那么 IWDG 为了实现它的功能,具备了什么样的特性呢?首先从本质上分析,IWDG 仍然遵循一般看门狗的结构,即其核心仍应该是一个定时计数电路。其次,窗口看门狗之所以具有局限性,最主要的原因是它的驱动时钟来自于 APB1 总线。IWDG 既然被要求用以从全局的角度监控应用程序的运行,则其一定在某种程度上是“脱离”STM32 内部时钟总线的。从 STM32 的技术参考文档可以得知,STM32 的 IWDG 具有如下基本特性:

- 拥有完全自由运行的递减计数器。
- 驱动时钟由独立的 RC 振荡器提供(可在停止和待机模式下工作)。
- 看门狗被激活后,在计数器计数至 0x000 时产生复位。

可以看到,IWDG 使用独立的 RC 振荡器提供时钟驱动,其运行不再依赖于 STM32 的时钟总线。IWDG 的硬件结构如图 5.6.5 所示。

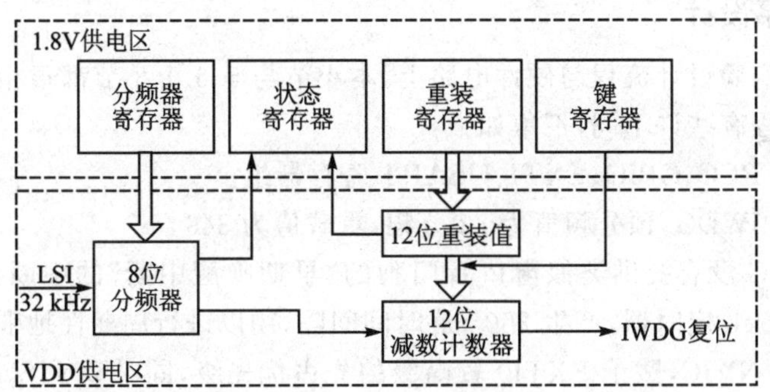

图 5.6.5　独立看门狗内部结构

从图 5.6.5 又可获知一个重要信息,IWDG 位于 VDD 供电区,使用 VDD 供给工作所需电源。这意味着即便 STM32 的 ARM Cortex - M3 内核停止工作(内核工作于 1.8 V 供电区,停止工作的情况不仅包括内核断电,还包括内核进入停机模式和待机模式),IWDG 仍然能够正常工作。综上所述,STM32 的 IWDG 模块在时钟驱动源与供电源上较窗口看门狗进行了改动,达到了与 STM32 在一定程度上“隔离”的效果,从而能完成其监控全局程序的任务。

2. 实验设计

本小节进行的实验设计思路与 5.6.1 小节相仿,也是利用一个外部中断干预 IWDG 的周期性喂狗操作,从而促使其发生复位。程序执行信息将使用串口向 PC 端打印。程序流程见图 5.6.6。

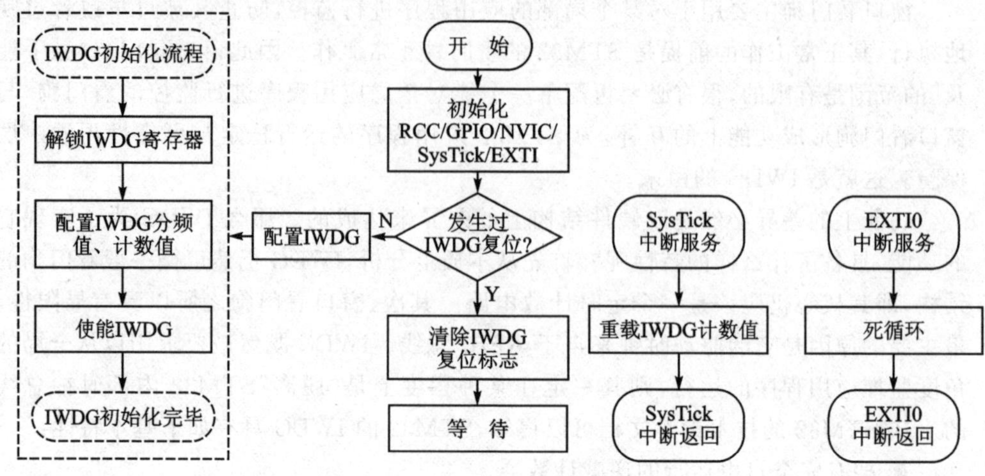

图 5.6.6 独立看门狗实验流程图

3. 硬件电路

本小节硬件电路和 5.6.1 小节完全一致,如图 5.5.2 所示。

4. 程序设计

虽然在实验设计流程与硬件电路上,本小节与 5.6.1 小节都很相似,但是两者的程序设计过程有些许不同,汇集如下:

- 配置 RCC、GPIO、EXTI、USART 寄存器组。
- 配置 IWDG,预分频值为 32 分频,重载值为 349。
- IWDG 没有提供类似窗口看门狗的“早期唤醒中断”的中断源,所以要配置 SysTick 定时器,产生 250 ms 时间间隔,用以进行周期性地喂狗操作。
- 配置 NVIC,赋予 EXTI0 较高级的先占优先级,同时赋予 SysTick 较低的先占优先级。

对于 IWDG 的使用,读者应该关注以下两个要点。

(1) IWDG 的配置流程

图 5.6.6 中特地画出了 IWDG 的配置过程。为了增加程序的安全与稳定性,STM32 的 IWDG 拥有寄存器读/写保护功能,所以必须按照既定的操作原则才能正确地读/写 IWDG 的各个寄存器。操作原则如下:

① 在设置 IWDG 的预分频值和重载值之前,必须向 IWDG 的键寄存器(Key Register)写入 0x5555。

② 重载 IWDG 计数值的方法是向键寄存器写入 0xAAAA。

③ 启用 IWDG 的方法是向键寄存器中写入 0xCCCC。

总结起来就是,初始化 IWDG 必须以 0x5555→重载计数值→0xAAAA→

0xCCCC 的数据流顺序写入。任何不同于此操作流程的数据写入操作，都将使 IWDG 回到受保护状态，要重新写入 0x5555 才能再次对其进行操作。

(2) IWDG 的溢出时间计算

与 WWDG 类似，假设 STM32 的内部 RC 振荡器频率为 32 kHz(实际上 STM32 内部 RC 振荡器的频率并不稳定，依环境因素为 30～60 kHz 不等，官方给出的值为 40 kHz，此处为方便计算取 32 kHz)，而 IWDG 分频值为 32 分频，那么容易得到 IWDG 的单次计数周期为：

$$P_{IWDG}=1\times 32/32\ \text{kHz}=1\ \text{ms}$$

而程序设置 IWDG 的初始值为 349，因此可知 IWDG 的溢出时间为(注意从 349 递减计数至 0 时发生下溢)：

$$T_{IWDGOUT}=(349+1)\times P_{IWDG}=350\ \text{ms}$$

这就是本小节程序设计中 IWDG 发生一次溢出的大概时间间隔，应用程序必须以小于这一时间的周期进行喂狗操作，否则将发生 IWDG 复位事件。

工程文件组里文件情况见表 5.6.10。

表 5.6.10　独立看门狗实验工程组详情

文件组	包含文件	详　情
boot 文件组	startup_stm32f10x_md. s	STM32 的启动文件
cmsis 文件组	core_cm3. c	Cortex - M3 和 STM32 的板级支持文件
	system_stm32f10x. c	
library 文件组	stm32f10x_rcc. c	RCC 和 Flash 寄存器组的底层配置函数
	stm32f10x_flash. c	
	stm32f10x_gpio. c	GPIO 的底层配置函数
	stm32f10x_usart. c	USART 设备的初始化，数据收发等函数
	stm32f10x_exti. c	外部中断 EXTI 单元的设置函数
	misc. c	嵌套中断向量控制器 NVIC 的设置函数
	stm32f10x_iwdg. c	IWDG 的初始化以及操作函数
interrupt 文件组	stm32f10x_it. c	STM32 的中断服务子程序
user 文件组	main. c	用户应用代码

5. 程序清单

```
/*************************************************************
*  文件名      : main.c
*  作者        : Losingamong
*  生成日期    : 15/09/2010
*  描述        : 主程序
**************************************************************/
/*  头文件     ------------------------------------------------*/
#include "stm32f10x.h"
```

```
#include "stm32f10x_iwdg.h"
#include "stdio.h"
/*  自定义同义关键字    --------------------------------------------*/
/*  自定义参数宏        --------------------------------------------*/
/*  自定义函数宏        --------------------------------------------*/
/*  自定义变量          --------------------------------------------*/
/*  自定义函数声明      --------------------------------------------*/
/*  自定义函数声明      --------------------------------------------*/
void RCC_Configuration(void);
void NVIC_Configuration(void);
void GPIO_Configuration(void);
void EXTI_Configuration(void);
void SysTick_Configuration(void);
void IWDG_Configuration(void);
void USART_Configuration(void);
/*************************************************************
*  函数名     : main
*  函数描述   : main 函数
*  输入参数   : 无
*  输出结果   : 无
*  返回值     : 无
*************************************************************/
int main(void)
{
    /* 设置系统时钟 */
    RCC_Configuration();
    /* 设置 GPIO 端口 */
    GPIO_Configuration();
    /* 设置 EXIT */
    EXTI_Configuration();
    /* 设置 NVIC */
    NVIC_Configuration();
    /* 设置 USART1 */
    USART_Configuration();
    /* 检查是否发生过独立看门狗复位,是则进入 if()内部,否则进入 else 内部 */
    if(RCC_GetFlagStatus(RCC_FLAG_IWDGRST) != RESET)
    {
        printf("\r\n The STM32 has been reset by IWDG  \r\n");
        /* 清除看门狗复位标志 */
        RCC_ClearFlag();
    }
    else
    {
        printf("\r\n The STM32 hast been reset by IWDG before  \r\n");
        /* 设置 Systick 定时器 */
        SysTick_Configuration();
        /* 设置 IWDG */
```

```
        IWDG_Configuration();
    }
    while(1);
}
/*******************************************************
*  函数名     : RCC_Configuration
*  函数描述   : 设置系统各部分时钟
*  输入参数   : 无
*  输出结果   : 无
*  返回值     : 无
*******************************************************/
void RCC_Configuration(void)
{
    {
        /* 本部分代码为RCC_Configuration函数内部部分代码,见附录A程序清单A.1 */
    }
    /* 开启USART1和GPIOA时钟 */
    RCC_APB2PeriphClockCmd(RCC_APB2Periph_USART1 | RCC_APB2Periph_GPIOA, ENABLE);
}
/*******************************************************
*  函数名     : GPIO_Configuration
*  函数描述   : 设置各GPIO端口功能
*  输入参数   : 无
*  输出结果   : 无
*  返回值     : 无
*******************************************************/
void GPIO_Configuration(void)
{
    /* 定义GPIO初始化结构体GPIO_InitStructure */
    GPIO_InitTypeDef GPIO_InitStructure;
    /* 设置PA.0为上拉输入(EXTI Line0) */
    GPIO_InitStructure.GPIO_Pin = GPIO_Pin_0;
    GPIO_InitStructure.GPIO_Mode = GPIO_Mode_IN_FLOATING;
    GPIO_Init(GPIOA, &GPIO_InitStructure);
    /* 定义PA.0为外部中断0输入通道(EXIT0) */
    GPIO_EXTILineConfig(GPIO_PortSourceGPIOA, GPIO_PinSource0);
    /* 设置USART1的Tx脚(PA.9)为第二功能推挽输出功能 */
    GPIO_InitStructure.GPIO_Pin = GPIO_Pin_9;
    GPIO_InitStructure.GPIO_Mode = GPIO_Mode_AF_PP;
    GPIO_InitStructure.GPIO_Speed = GPIO_Speed_50MHz;
    GPIO_Init(GPIOA, &GPIO_InitStructure);
    /* 设置USART1的Rx脚(PA.10)为浮空输入脚 */
    GPIO_InitStructure.GPIO_Pin = GPIO_Pin_10;
    GPIO_InitStructure.GPIO_Mode = GPIO_Mode_IN_FLOATING;
    GPIO_Init(GPIOA, &GPIO_InitStructure);
}
/*******************************************************
```

```
 *  函数名      : EXIT_Configuration
 *  函数描述    : 设置 EXIT 参数
 *  输入参数    : 无
 *  输出结果    : 无
 *  返回值      : 无
*****************************************************************/
void EXTI_Configuration(void)
{
    /* 定义 EXIT 初始化结构体 EXTI_InitStructure */
    EXTI_InitTypeDef EXTI_InitStructure;
    /* 设置外部中断 0 通道(EXIT_Line0)在下降沿时触发中断 */
    EXTI_InitStructure.EXTI_Line = EXTI_Line0;
    EXTI_InitStructure.EXTI_Mode = EXTI_Mode_Interrupt;
    EXTI_InitStructure.EXTI_Trigger = EXTI_Trigger_Falling;
    EXTI_InitStructure.EXTI_LineCmd = ENABLE;
    EXTI_Init(&EXTI_InitStructure);
}
/*****************************************************************
 *  函数名      : NVIC_Configuration
 *  函数描述    : 设置 NVIC 参数
 *  输入参数    : 无
 *  输出结果    : 无
 *  返回值      : 无
*****************************************************************/
void NVIC_Configuration(void)
{
    /* 定义 NVIC 初始化结构体 NVIC_InitStructure */
    NVIC_InitTypeDef NVIC_InitStructure;
    /* 使用优先级分组 2 */
    NVIC_PriorityGroupConfig(NVIC_PriorityGroup_2);
    /* 设置外部中断 0 通道(EXIT0),0 级先占优先级,0 级次占优先级 */
    NVIC_InitStructure.NVIC_IRQChannel = EXTI0_IRQn;
    NVIC_InitStructure.NVIC_IRQChannelPreemptionPriority = 0;
    NVIC_InitStructure.NVIC_IRQChannelSubPriority = 0;
    NVIC_InitStructure.NVIC_IRQChannelCmd = ENABLE;
    NVIC_Init(&NVIC_InitStructure);
}
/*****************************************************************
 *  函数名      : Systick_Configuration
 *  函数描述    : 设置 Systick 定时器,重装载时间为 250 ms
 *  输入参数    : 无
 *  输出结果    : 无
 *  返回值      : 无
*****************************************************************/
void SysTick_Configuration(void)
{
    /* 时钟频率为 9 MHz,配置计数值 9 000 000 除以 4 可以得到 250 ms 定时间隔 */
```

```
    SysTick_Config(9000000 / 4);
    /* 配置 systick 的时钟源为 HCLK 的 8 分频，即 72 MHz/8 = 9 MHz */
    SysTick_CLKSourceConfig(SysTick_CLKSource_HCLK_Div8);
}
/**************************************************************
 * 函数名     : IWDG_Configuration
 * 函数描述   : 设置 IWDG，超时时间为 350 ms
 * 输入参数   : 无
 * 输出结果   : 无
 * 返回值     : 无
**************************************************************/
void IWDG_Configuration(void)
{
    /* 使能对寄存器 IWDG_PR 和 IWDG_RLR 的写操作 */
    IWDG_WriteAccessCmd(IWDG_WriteAccess_Enable);
    /* 设置 IWDG 时钟为 LSI 经 32 分频，此时 IWDG 计数器时钟 = 32 kHz(LSI)/32 = 1 kHz */
    IWDG_SetPrescaler(IWDG_Prescaler_32);
    /* 设置 IWDG 计数值为 349 */
    IWDG_SetReload(349);
    /* 重载 IWDG 计数值 */
    IWDG_ReloadCounter();
    /* 启动 IWDG */
    IWDG_Enable();
}
/**************************************************************
 * 函数名     : USART_Configuration
 * 函数描述   : 设置 USART1
 * 输入参数   : 无
 * 输出结果   : 无
 * 返回值     : 无
**************************************************************/
void USART_Configuration(void)
{
    /* 定义 USART 初始化结构体 USART_InitStructure */
    USART_InitTypeDef USART_InitStructure;
    /*   波特率为 115 200 bps;
     *   8 位数据长度;
     *   1 个停止位，无校验;
     *   禁用硬件流控制;
     *   禁止 USART 时钟;
     *   时钟极性低;
     *   在第 2 个边沿捕获数据
     *   最后一位数据的时钟脉冲不从 SCLK 输出;
     */
    USART_InitStructure.USART_BaudRate = 115 200;
    USART_InitStructure.USART_WordLength = USART_WordLength_8b;
    USART_InitStructure.USART_StopBits = USART_StopBits_1;
```

```
    USART_InitStructure.USART_Parity = USART_Parity_No ;
    USART_InitStructure.USART_HardwareFlowControl = USART_HardwareFlowControl_None;
    USART_InitStructure.USART_Mode = USART_Mode_Rx | USART_Mode_Tx;
    USART_Init(USART1, &USART_InitStructure);
    /* 使能 USART1 */
    USART_Cmd(USART1, ENABLE);
}
/*******************************************************************
 * 函数名    : fputc
 * 函数描述  : 将 printf 函数重定位到 USATR1
 * 输入参数  : 无
 * 输出结果  : 无
 * 返回值    : 无
*******************************************************************/
int fputc(int ch, FILE *f)
{
    USART_SendData(USART1, (u8) ch);
    while(USART_GetFlagStatus(USART1, USART_FLAG_TC) == RESET);
    return ch;
}
/*******************************************************************
 * 文件名    : stm32f10x_ it.c
 * 作者      : Losingamong
 * 生成日期  : 14 / 09 / 2010
 * 描述      : 中断服务程序
*******************************************************************/
/* 头文件     ----------------------------------------------------*/
#include "stm32f10x_it.h"
#include "stm32f10x_iwdg.h"
#include "stdio.h"
/*******************************************************************
 * 函数名    : SysTickHandler
 * 输入参数  : 无
 * 函数描述  : 内核定时器 SysTick 中断服务函数
 * 返回值    : 无
 * 输入参数  : 无
*******************************************************************/
void SysTick_Handler(void)
{
    /* 重载 IWDG 计数器 */
    IWDG_ReloadCounter();
    printf("\r\n The IWDG has been flashed   \r\n");
}
/*******************************************************************
 * 函数名    : EXTI0_IRQHandler
 * 输入参数  : 无
 * 函数描述  : 外部中断 0 中断服务函数
```

```
*  返回值     :无
*  输入参数   :无
***************************************************************/
void EXTI0_IRQHandler(void)
{
    while(1);
}
```

6. 使用到的库函数

(1) 函数 IWDG_SetPrescaler(见表 5.6.11)

表 5.6.11　函数 IWDG_SetPrescaler 说明

项目名	代　号	项目名	代　号
函数名	IWDG_SetPrescaler	输出参数	无
函数原形	void IWDG_SetPrescaler(u8 IWDG_Prescaler)	返回值	无
功能描述	设置 IWDG 预分频值	先决条件	无
输入参数	IWDG_Prescaler:IWDG 预分频值	被调用函数	无

参数描述:IWDG_Prescaler,设置 WWDG 预分频值,见表 5.6.12。

表 5.6.12　参数 IWDG_Prescaler 定义

IWDG_Prescaler 参数	描　述	IWDG_Prescaler 参数	描　述
IWDG_Prescaler_4	设置 IWDG 预分频值为 4	IWDG_Prescaler_64	设置 IWDG 预分频值为 64
IWDG_Prescaler_8	设置 IWDG 预分频值为 8	IWDG_Prescaler_128	设置 IWDG 预分频值为 128
IWDG_Prescaler_16	设置 IWDG 预分频值为 16	IWDG_Prescaler_256	设置 IWDG 预分频值为 256
IWDG_Prescaler_32	设置 IWDG 预分频值为 32		

例:

```
IWDG_SetPrescaler(IWDG_Prescaler_8); /* 设置 IWDG 预分频值为 8 */
```

(2) 函数 IWDG_SetReload(见表 5.6.13)

表 5.6.13　函数 IWDG_SetReload 说明

项目名	代　号	项目名	代　号
函数名	IWDG_ SetReload	输出参数	无
函数原形	void IWDG_SetReload(u16 Reload)	返回值	无
功能描述	设置 IWDG 重装载值	先决条件	无
输入参数	IWDG_Reload:IWDG 重装载值。该参数允许取值范围为 0～0x0FFF	被调用函数	无

例:

```
IWDG_SetReload(0xFFF); /* 设置 IWDG 的重装值为 0xFFF */
```

(3) 函数 IWDG_ReloadCounter(见表 5.6.14)

表 5.6.14　函数 IWDG_ReloadCounter 说明

项目名	代　号	项目名	代　号
函数名	IWDG_ReloadCounter	输出参数	无
函数原形	void IWDG_ReloadCounter(void)	返回值	无
功能描述	将 IWDG 重装载寄存器的值重装载至 IWDG 计数器	先决条件	无
输入参数	无	被调用函数	无

例:

```
IWDG_ReloadCounter();/* 重装 IWDG 的计数值 */
```

(4) 函数 IWDG_Enable(见表 5.6.15)

表 5.6.15　函数 IWDG_Enable 说明

项目名	代　号	项目名	代　号
函数名	IWDG_Enable	输出参数	无
函数原形	void IWDG_Enable(void)	返回值	无
功能描述	使能 IWDG	先决条件	无
输入参数	无	被调用函数	无

例:

```
IWDG_Enable();/* 开启 IWDG */
```

(5) 函数 IWDG_GetFlagStatus(见表 5.6.16)

表 5.6.16　函数 IWDG_GetFlagStatus 说明

项目名	代　号	项目名	代　号
函数名	IWDG_GetFlagStatus	输出参数	无
函数原形	FlagStatus IWDG_GetFlagStatus(u16 IWDG_FLAG)	返回值	IWDG_FLAG 的新状态(SET 或 RESET)
功能描述	检查指定的 IWDG 标志位	先决条件	无
输入参数	IWDG_FLAG:待检查的 IWDG 标志位	先决条件	无

参数描述:IWDG_FLAG,可以被函数 IWDG_GetFlagStatus 获取的标志位,见表 5.6.17。

表 5.6.17　参数 IWDG_FLAG 定义

IWDG_FLAG 参数	描　述
IWDG_FLAG_PVU	预分频值更新进行中标志
IWDG_FLAG_RVU	重装载值更新进行中标志

例：

```
/* 检测预分频值是否正在更新中 */
FlagStatus Status;
Status = IWDG_GetFlagStatus(IWDG_FLAG_PVU);
if(Status == RESET)
{  ...  }
else
{  ...  }
```

(6) 函数 RCC_GetFlagStatus(见表 5.6.18)

表 5.6.18　函数 RCC_GetFlagStatus 说明

项目名	代　号	项目名	代　号
函数名	RCC_GetFlagStatus	输出参数	无
函数原形	FlagStatus RCC _ GetFlagStatus (u8 RCC_FLAG)	返回值	RCC_FLAG 的新状态(SET 或者 RESET)
功能描述	检查指定的 RCC 标志位	先决条件	无
输入参数	RCC_FLAG:待检查的 RCC 标志位	被调用函数	无

参数描述:RCC_FLAG,代表可以被函数 RCC_ GetFlagStatus 检查的标志位,见表 5.6.19。

例：

```
/* 查询 PLL 输出时钟是否稳定 */
FlagStatus Status;
Status = RCC_GetFlagStatus(RCC_FLAG_PLLRDY);
if(Status == RESET)
{ …… }
else
{ …… }
```

表 5.6.19　参数 RCC_FLAG 说明

RCC_FLAG 参数	描　述	RCC_FLAG 参数	描　述
RCC_FLAG_HSIRDY	HSI 晶振就绪	RCC_FLAG_PORRST	POR/PDR 复位
RCC_FLAG_HSERDY	HSE 晶振就绪	RCC_FLAG_SFTRST	软件复位
RCC_FLAG_PLLRDY	PLL 就绪	RCC_FLAG_IWDGRST	IWDG 复位
RCC_FLAG_LSERDY	LSI 晶振就绪	RCC_FLAG_WWDGRST	WWDG 复位
RCC_FLAG_LSIRDY	LSE 晶振就绪	RCC_FLAG_LPWRRST	低功耗复位
RCC_FLAG_PINRST	引脚复位		

(7) 函数 RCC_ClearFlag(见表 5.6.20)

表 5.6.20　函数 RCC_ClearFlag 说明

项目名	代　号
函数名	RCC_ ClearFlag
函数原形	void RCC_ClearFlag(void)
功能描述	清除 RCC 的复位标志位
输入参数	RCC_FLAG：待清除的 RCC 复位标志位。可以清除的复位标志位有：RCC_FLAG_PINRST，RCC_FLAG_PORRST，RCC_FLAG_SFTRS，RCC_FLAG_IWDGRST，RCC_FLAG_WWDGRST，RCC_FLAG_LPWRRST
输出参数	无
返回值	无
先决条件	无
被调用函数	无

例：

```
RCC_ClearFlag();/* 清除一系列复位标志 */
```

7. 注意事项

① IWDG 使用的是 STM32 内部的 RC 振荡器供给驱动时钟，因此并无所谓“打开 IWDG 时钟”这类操作。

② STM32 内部的 RC 振荡器频率并不稳定在某个值，甚至可以说变动的幅度比较大。因此读者在计算看门狗重装值的时候，请以 RC 振荡器运行在可达到的最低工作频率的情况计算，并将重装值设置到比所需的计算值稍微大一些为妙。

③ 默认情况下，即便 ARM Cortex - M3 内核停止工作，IWDG 仍将保持工作。

④ IWDG 复位仍然等同于一次软复位。

⑤ IWDG 在一次开启之后下次复位之前，不可以再被禁止。建议读者不要在 IWDG 工作时尝试改变它的工作参数。

⑥ 读者应该已经注意到，和 WWDG 不同的是，IWDG 的复位标志位于 RCC 寄存器组里(而 WWDG 的复位标志位于自身寄存器组里)。

8. 实验结果

建立并设置好工程，编辑好代码之后按下 F7 进行编译，将所有错误警告排除后(若存在)按下 Ctrl + F5 进行烧写与仿真，然后按下 F5 全速运行。可以看到 PC 端的串口软件首先收到了“The STM32 has't been reset by IWDG before”字样，这是程序在第一次执行后首先检查是否发生过看门狗复位的信息，随后不断地显示“The IWDG has been flashed”字样，说明独立看门狗计数值正在不断地被刷新，如图 5.6.7 所示。

此时按下按键，会迅速看到 PC 端的串口软件收到了“The STM32 has been reset by IWDG”，说明按下按键后，看门狗的周期性喂狗操作被打断了（因为 EXTI0 中断服务的优先级，高于执行喂狗任务的 SysTick 中断服务同时是死循环语句，不会返回），所以发生了看门狗复位，程序重新执行的时候检查到了这一事件，如图 5.6.8 所示。

反馈区
The STM32 hast been reset by IWDG before
The IWDG has been flashed
The IWDG has been flashed
The IWDG has been flashed
The IWDG has been flashed
The IWDG has been flashed
The IWDG has been flashed
The IWDG has been flashed
The IWDG has been flashed
The IWDG has been flashed
The IWDG has been flashed
The IWDG has been flashed

图 5.6.7　独立看门狗实验现象 1

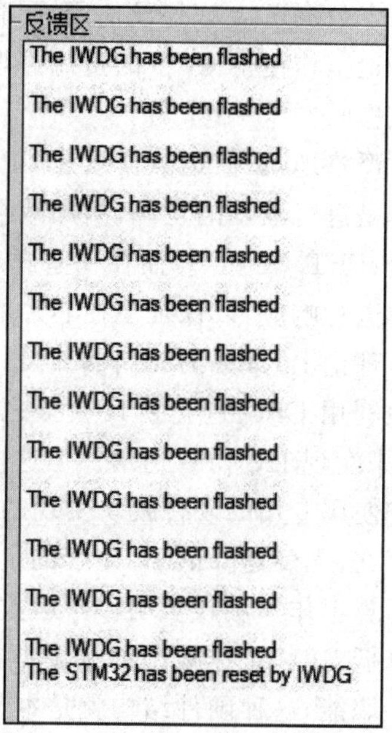

反馈区
The IWDG has been flashed
The IWDG has been flashed
The IWDG has been flashed
The IWDG has been flashed
The IWDG has been flashed
The IWDG has been flashed
The IWDG has been flashed
The IWDG has been flashed
The IWDG has been flashed
The IWDG has been flashed
The IWDG has been flashed
The IWDG has been flashed
The IWDG has been flashed
The STM32 has been reset by IWDG

图 5.6.8　独立看门狗实验现象 2

显然以上信息符合程序设计的期望，说明本小节的实验设计是成功的。

9. 小　结

本小节继续向读者介绍了 STM32 的独立看门狗的特性以及应用时所应该关注的重点。读者应该从 IWDG 和 WWDG 的结构特点、功能定位以及操作流程上的异同，去联系、区别、认识并理解、验证和使用 STM32 微控制器的这两只看门狗，为应用程序加上“双保险”。

5.7　DMA——让数据传输更上一层楼

5.7.1　概　述

DMA 是“Direct Memory Access”的简写，常译为“存储器直接存取”。这个名词对于一些初入电子设计大门的读者来说，也许还比较陌生。但事实上这是个相当古老的东西,早在 Intel 的 8086 平台上就有 DMA 的应用了。那么究竟什么是 DMA 呢?

一个完整的微控制器(处理器)通常由 CPU、存储器和外设等组件构成。这些组件一般在结构和功能上都是独立的,即一个组件能持续正常工作并不一定建立在另一个组件正常工作的前提上,而各个组件之间的协调与交互就由 CPU 来完成。如此一来,CPU 作为整个芯片的"大脑",其职能范围可谓广阔,如 CPU 先从 A 外设拿到一个数据送给 B 外设使用,同时 C 外设又需要 D 外设提供一个数据……这样的数据搬运工作使得 CPU 的负荷显得相当繁重。也许读者会疑问:这不就是 CPU 的本职工作吗?

严格地说,搬运数据只是 CPU 众多职能中比较不重要的一种。CPU 最重要的工作是进行数据的运算,从加减乘除 4 种基本运算到一些高级运算,包括浮点、积分、微分、FFT 等运算。而在一些嵌入式的实时应用场合中,CPU 还负责对复杂的中断申请进行响应,以保证主控芯片的实时性能。

理论上,常见的控制器外设,比如 USART、I2C、SPI 甚至是 USB 等通信接口,单纯地利用 CPU 进行协议模拟也是可以实现的,比如 51 单片机平台经常使用模拟 I/O来实现 I2C 协议通信。但这样既浪费了 CPU 的资源,同时实现后的性能表现往往和使用专用的硬件模块实现的效果相差甚远。从这个角度来看,各个外设控制器的存在,无疑是降低了 CPU 的负担,解放了 CPU 的资源,使其有更多的自由去做数据运算工作。实践表明,"搬运数据"这一工作占用了相当大一部分的 CPU 资源,成为降低 CPU 工作效率的主要原因之一。于是需要有一种硬件结构来分担 CPU 的这一职能,这种硬件结构就是本节的主角——DMA。

从数据搬运的效果上来看,使用 DMA 也要比使用 CPU 来执行显得快速而高效得多。先从 CPU 搬运数据的过程上来分析,如果要把某个存储地址 A 的数值赋给另外一个地址上 B 的变量,CPU 是这样处理的:首先读出 A 地址上的数据存储在某个中间变量里(该变量可能位于 CPU 寄存器里,也有可能位于内存中),然后再转附送到 B 地址的变量上。在这个过程里,CPU 通过一个中间变量扮演了一种"中介"的角色。而若使用 DMA 传输,则不再需要通过中间变量,而将 A 地址的数据直接传送到了 B 地址的变量里。在这个过程里,CPU 只需要告诉 DMA 什么时候开始传送,DMA 在完成传送之后回馈一个信号通知 CPU,而期间的数据搬运过程完全不需要 CPU 进行干预。这样无疑是一个双赢的局面:既减轻了 CPU 的负担,又提高了数据搬运的效率,这就是 DMA 存在的意义。

STM32 配备了相当完善的 DMA 资源:两个 DMA 控制器共有 12 个通道(DMA1 有 7 个通道,DMA2 有 5 个通道),每个通道专门用来管理来自于一个或多个外设对存储器访问的 DMA 请求,还有一个仲裁器来协调各个 DMA 请求的优先权。DMA 单元特性如下:

- 拥有 12 个独立的可配置的通道:DMA1 有 7 个通道,DMA2 有 5 个通道。
- 每个通道都对应连接专门的硬件 DMA 请求,每个通道都同样支持软件触发。这些功能可通过软件来配置。

- 在同一个 DMA 模块上,多个 DMA 请求间的优先级关系可以通过软件编程设置(共有 4 级:最高、高、中和低),优先级相等时由 DMA 通道号决定(请求 0 优先于请求 1,依此类推)。
- 独立数据源和目标数据区的传输宽度可为字节、半字和字。源和目标地址必须按数据传输宽度对齐。
- 支持循环缓冲器管理。
- 每个 DMA 通道都有 3 个事件标志(DMA 半传输、DMA 传输完成和 DMA 传输出错中断),这 3 个事件标志通过逻辑"或"关系合并为一个单独的中断请求。
- 可实现存储器和存储器间的传输。
- 可实现外设和存储器、存储器和外设之间的传输。
- 闪存、SRAM、外设的 SRAM、APB1、APB2 和 AHB 外设均可作为访问的源和目标。
- 数据传输数目最多可达 65 535。

5.7.2 实验设计

本节进行一个实验设计,目的是为了实现 STM32 微控制器的 DMA 数据搬运功能,并在搬运成功的基础上,考察其相对于使用 CPU 进行数据搬运的做法在效率上的提升。整个程序流程如图 5.7.1 所示。

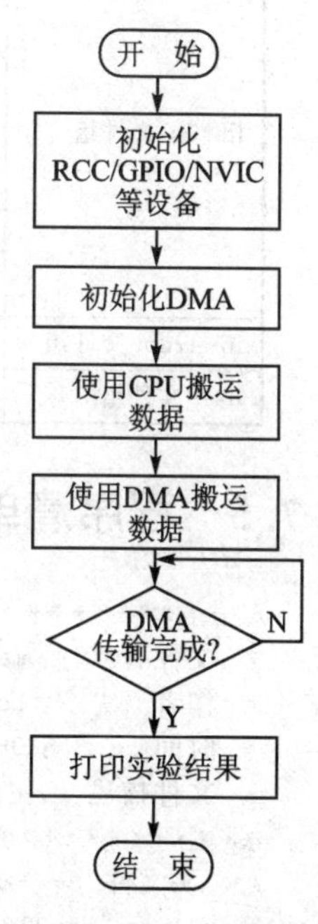

图 5.7.1 DMA 实验流程图

5.7.3 硬件电路

因为 DMA 与 Flash 都属于 STM32 的内部设备,所以本节程序只需要一个 USART 电平转换电路供给显示实验结果即可,同 5.4.3 小节中电路一致,如图 5.4.2 所示。

5.7.4 程序设计

本次实验程序设计要点如下:

- 配置 RCC 寄存器组,打开 DMA 时钟。
- 配置 NVIC,给予 DMA 传输完成中断 0 级先占优先级。
- 配置 SysTick 定时器,产生 1 μs 时间间隔的中断请求用以计时。
- 配置 DMA 寄存器组各参数,这是本次实验成功与否的关键(详见程序注释)。
- 工程文件组里文件的情况见表 5.7.1。

表 5.7.1　DAM 实验工程组详情

文件组	包含文件	详　情
boot 文件组	startup_stm32f10x_md. s	STM32 的启动文件
cmsis 文件组	core_cm3. c	Cortex－M3 和 STM32 的板级支持文件
	system_stm32f10x. c	
library 文件组	stm32f10x_rcc. c	RCC 和 Flash 寄存器组的底层配置函数
	stm32f10x_flash. c	
	stm32f10x_gpio. c	GPIO 的底层配置函数
	stm32f10x_usart. c	USART 设备的初始化，数据收发等函数
	stm32f10x_dma. c	DMA 控制器的初始化及存取函数
	misc. c	Systick 定时器和嵌套中断向量控制器 NVIC 的设置函数
interrupt 文件组	stm32f10x_it. c	STM32 的中断服务子程序
user 文件组	main. c	用户应用代码

5.7.5　程序清单

```
/*****************************************************
*  文件名     : main.c
*  作者       : Losingamong
*  时间       : 08/08/2008
*  文件描述   : 主函数
*****************************************************/
/* 头文件    ----------------------------------------*/
#include "stm32f10x.h"
#include "stdio.h"
#include "string.h"
/* 自定义同义关键字        ---------------------------*/
/* 自定义参数宏            ---------------------------*/
#define BufferSize  32
/* 自定义函数宏            ---------------------------*/
/* 自定义全局变量          ---------------------------*/
vu16 CurrDataCounter = 0;                  /* 定义 DMA 传输数目变量 */
vu32 Tick = 0;                             /* 计时变量 */
uc32 SRC_Const_Buffer[BufferSize] = /* 定义外设数据,注意此处数据定义在 FLASH 中 */
{
    0x01020304,0x05060708,0x090A0B0C,0x0D0E0F10,
    0x11121314,0x15161718,0x191A1B1C,0x1D1E1F20,
    0x21222324,0x25262728,0x292A2B2C,0x2D2E2F30,
    0x31323334,0x35363738,0x393A3B3C,0x3D3E3F40,
    0x41424344,0x45464748,0x494A4B4C,0x4D4E4F50,
    0x51525354,0x55565758,0x595A5B5C,0x5D5E5F60,
    0x61626364,0x65666768,0x696A6B6C,0x6D6E6F70,
```

```
    0x71727374,0x75767778,0x797A7B7C,0x7D7E7F80
};
u32 DST_Buffer[BufferSize ];      /* 在 RAM 中开辟一片空间用做 DMA 目的空间 */
/* 自定义函数声明         ------------------------------------*/
void RCC_Configuration(void);
void NVIC_Configuration(void);
void GPIO_Configuration(void);
void USART_Configuration(void);
void DMA_Configuration(void);
void SysTick_Configuration(void);
/*******************************************************************
* 函数名      : main
* 函数描述    : 主函数
* 输入参数    : 无
* 输出结果    : 无
* 返回值      : 无
*******************************************************************/
int main(void)
{
    u8 i = 0;
    u8 TickCntCPU = 0;
    u8 TickCntDMA = 0;
    /* 设置系统时钟 */
    RCC_Configuration();
    /* 设置 NVIC */
    NVIC_Configuration();
    /* 设置 GPIO 端口 */
    GPIO_Configuration();
    /* 设置 USART */
    USART_Configuration();
    /* DMA 初始化 */
    DMA_Configuration();
    /* SysTick 初始化 */
    SysTick_Configuration();
    /* ---------- 开始使用 CPU 搬运数据并计时 -------------*/
    /* 计时变量清零 */
    Tick = 0;
    for(i = 0; i < BufferSize; i++)
    {
        DST_Buffer[i] = SRC_Const_Buffer[i];
    }
    /* 保存计时数据 */
    TickCntCPU = Tick;
    /* ---------- CPU 搬运数据完成 -------------------*/
    /* 缓冲清空 */
    for(i = 0; i < BufferSize; i++)
    {
```

```
        DST_Buffer[i] = 0;
    }
    /* ----------- 开始使用 DMA 搬运数据并计时 ------------*/
    /* 计时变量清零 */
    Tick = 0;
    /* 开启 DMA 6 通道传输 */
    DMA_Cmd(DMA1_Channel6, ENABLE);
    /* 等待传输完成 */
    while(CurrDataCounter != 0);
    /* 保存计时数据 */
    TickCntDMA = Tick;
    /* --------- DMA 搬运数据完成 ------------------*/
    /* 实验结果 */
    if(strncmp((const char *)SRC_Const_Buffer, (const char *)DST_Buffer, Buffer-
Size) == 0)
    {
        printf("\r\nTransmit Success! \r\n");
    }
    else
    {
        printf("\r\nTransmit Fault! \r\n");
    }
    printf("\r\nThe CPU transfer, time consume: %dus! \n\r", TickCntCPU);
    printf("\r\nThe DMA transfer, time consume: %dus! \n\r", TickCntDMA);
    while(1);
}
/*************************************************************
 * 函数名      : RCC_Configuration
 * 函数描述    : 设置系统各部分时钟
 * 输入参数    : 无
 * 输出结果    : 无
 * 返回值      : 无
 *************************************************************/
void RCC_Configuration(void)
{
    {
        /* 本部分代码为 RCC_Configuration 函数内部部分代码,见附录 A 程序清单 A.1 */
    }
    /* 开启 DMA, USART1 和 GPIOA 时钟 */
    RCC_APB2PeriphClockCmd(RCC_APB2Periph_USART1|RCC_APB2Periph_GPIOA, ENABLE);
    RCC_AHBPeriphClockCmd(RCC_AHBPeriph_DMA1, ENABLE);
}
/*************************************************************
 * 函数名      : GPIO_Configuration
 * 函数描述    : 设置各 GPIO 端口功能
 * 输入参数    : 无
 * 输出结果    : 无
```

```
* 返回值     : 无
**********************************************************************/
void GPIO_Configuration(void)
{
    /* 定义 GPIO 初始化结构体 GPIO_InitStructure */
    GPIO_InitTypeDef GPIO_InitStructure;
    /* 设置 USART1 的 Tx 脚(PA.9)为第二功能推挽输出功能 */
    GPIO_InitStructure.GPIO_Pin = GPIO_Pin_9;
    GPIO_InitStructure.GPIO_Mode = GPIO_Mode_AF_PP;
    GPIO_InitStructure.GPIO_Speed = GPIO_Speed_50MHz;
    GPIO_Init(GPIOA, &GPIO_InitStructure);
    /* 设置 USART1 的 Rx 脚(PA.10)为浮空输入脚 */
    GPIO_InitStructure.GPIO_Pin = GPIO_Pin_10;
    GPIO_InitStructure.GPIO_Mode = GPIO_Mode_IN_FLOATING;
    GPIO_Init(GPIOA, &GPIO_InitStructure);
}
/**********************************************************************
* 函数名     : NVIC_Configuration
* 函数描述   : 设置 NVIC 参数
* 输入参数   : 无
* 输出结果   : 无
* 返回值     : 无
**********************************************************************/
void NVIC_Configuration(void)
{
    /* 定义 NVIC 初始化结构体 NVIC_InitStructure */
    NVIC_InitTypeDef NVIC_InitStructure;
    /* #ifdef...#else...#endif 结构的作用是根据预编译条件决定中断向量表起始
       地址 */
    #ifdef  VECT_TAB_RAM
    /* 中断向量表起始地址从 0x20000000 开始 */
    NVIC_SetVectorTable(NVIC_VectTab_RAM, 0x0);
    #else /* VECT_TAB_FLASH */
    /* 中断向量表起始地址从 0x80000000 开始 */
    NVIC_SetVectorTable(NVIC_VectTab_FLASH, 0x0);
    #endif
    /* 选择优先级分组 0 */
    NVIC_PriorityGroupConfig(NVIC_PriorityGroup_0);
    /* 开启 DMA16 通道中断控制,0 级先占优先级,0 级次占优先级 */
    NVIC_InitStructure.NVIC_IRQChannel = DMA1_Channel6_IRQn;
    NVIC_InitStructure.NVIC_IRQChannelPreemptionPriority = 0;
    NVIC_InitStructure.NVIC_IRQChannelSubPriority = 0;
    NVIC_InitStructure.NVIC_IRQChannelCmd = ENABLE;
    NVIC_Init(&NVIC_InitStructure);
}
/**********************************************************************
* 函数名     : DMA_Configuration
```

```
 * 函数描述   : 设置 DMA 参数
 * 输入参数   : 无
 * 输出结果   : 无
 * 返回值     : 无
 *********************************************************************/
void DMA_Configuration(void)
{
    /* 定义 DMA 初始化结构体 DMA_InitStructure */
    DMA_InitTypeDef DMA_InitStructure;
    /* 将 DMA 6 通道的寄存器重设为默认值 */
    DMA_DeInit(DMA1_Channel6);
    /*
     *   外设地址:(u32)SRC_Const_Buffer;
     *   内存地址:(u32)DST_Buffer;
     *   外设作为数据传输的来源;
     *   DMA 缓存大小:BufferSize;
     *   外设地址寄存器递增;
     *   内存地址寄存器递增;
     *   外设数据宽度为 32 位;
     *   内存数据宽度为 32 位;
     *   CAN 工作在正常缓存模式(本例中无用);
     *   设置 DMA 通道优先级为高;
     *   DMA 通道设置为内存到内存传输;
     */
    DMA_InitStructure.DMA_PeripheralBaseAddr = (u32)SRC_Const_Buffer;
    DMA_InitStructure.DMA_MemoryBaseAddr = (u32)DST_Buffer;
    DMA_InitStructure.DMA_DIR = DMA_DIR_PeripheralSRC;
    DMA_InitStructure.DMA_BufferSize = BufferSize;
    DMA_InitStructure.DMA_PeripheralInc = DMA_PeripheralInc_Enable;
    DMA_InitStructure.DMA_MemoryInc = DMA_MemoryInc_Enable;
    DMA_InitStructure.DMA_PeripheralDataSize = DMA_PeripheralDataSize_Word;
    DMA_InitStructure.DMA_MemoryDataSize = DMA_MemoryDataSize_Word;
    DMA_InitStructure.DMA_Mode = DMA_Mode_Normal;
    DMA_InitStructure.DMA_Priority = DMA_Priority_High;
    DMA_InitStructure.DMA_M2M = DMA_M2M_Enable;
    DMA_Init(DMA1_Channel6, &DMA_InitStructure);
    /* 开启 DMA 传输完成中断 */
    DMA_ITConfig(DMA1_Channel6, DMA_IT_TC, ENABLE);
    /* 读出当前数据量计数值 */
    CurrDataCounter = DMA_GetCurrDataCounter(DMA1_Channel6);
}
/*********************************************************************
 * 函数名     : Systick_Configuration
 * 函数描述   : 设置 Systick 定时器,重装载时间为 250 ms
 * 输入参数   : 无
 * 输出结果   : 无
 * 返回值     : 无
```

```
*************************************************************/
void SysTick_Configuration(void)
{
    /* 主频为 72 MHz,配置计数值除以 1 000 可以得到 1 μs 定时间隔 */
    SysTick_Config(SystemCoreClock / 1 000 000);
}
/*************************************************************
 * 函数名      : USART_Configuration
 * 函数描述    : 设置 USART1
 * 输入参数    : 无
 * 输出结果    : 无
 * 返回值      : 无
*************************************************************/
void USART_Configuration(void)
{
    /* 定义 USART 初始化结构体 USART_InitStructure */
    USART_InitTypeDef USART_InitStructure;
    /*
     *  波特率为 115 200 bps;
     *  8 位数据长度;
     *  1 个停止位,无校验;
     *  禁用硬件流控制;
     *  禁止 USART 时钟;
     *  时钟极性低;
     *  在第 2 个边沿捕获数据
     *  最后一位数据的时钟脉冲不从 SCLK 输出;
     */
    USART_InitStructure.USART_BaudRate = 115 200;
    USART_InitStructure.USART_WordLength = USART_WordLength_8b;
    USART_InitStructure.USART_StopBits = USART_StopBits_1;
    USART_InitStructure.USART_Parity = USART_Parity_No ;
    USART_InitStructure.USART_HardwareFlowControl = USART_HardwareFlowControl_None;
    USART_InitStructure.USART_Mode = USART_Mode_Rx | USART_Mode_Tx;
    USART_Init(USART1, &USART_InitStructure);
    /* 使能 USART1 */
    USART_Cmd(USART1, ENABLE);
}
/*************************************************************
 * 函数名      : fputc
 * 函数描述    : 将 printf 函数重定位到 USATR1
 * 输入参数    : 无
 * 输出结果    : 无
 * 返回值      : 无
*************************************************************/
int fputc(int ch, FILE *f)
{
    USART_SendData(USART1, (u8) ch);
```

```
    while(USART_GetFlagStatus(USART1, USART_FLAG_TC) == RESET);
    return ch;
}
/****************************************************************
*  文件名      : stm32f10x_ it.c
*  作者        : Losingamong
*  生成日期    : 14 / 09 / 2010
*  描述        : 中断服务程序
****************************************************************/
/* 头文件        -------------------------------------------------*/
#include "stm32f10x.h"
/* 自定义变量声明          -------------------------------------*/
extern vu16  CurrDataCounter;              /* 声明 DMA 传输数目变量 */
extern vu32 Tick;                          /* 计时变量 */
/****************************************************************
*  函数名      : DMA1_Channel6_IRQHandler
*  输入参数    : 无
*  函数描述    : DMA1 第 6 通道中断服务函数
*  返回值      : 无
*  输入参数    : 无
****************************************************************/
void DMA1_Channel6_IRQHandler(void)
{
    /* 读取当前 DMA 数据数目 */
    CurrDataCounter = DMA_GetCurrDataCounter(DMA1_Channel6);
    /* 清除 DMA 半传输中断,传输中断和全局中断挂起标志 */
    DMA_ClearITPendingBit(DMA1_IT_GL6);
}
```

5.7.6 使用到的库函数

(1) 函数 RCC_AHBPeriphClockCmd(见表 5.7.2)

表 5.7.2 函数 RCC_AHBPeriphClockCmd 说明

项目名	代 号
函数名	RCC_AHBPeriphClockCmd
函数原形	void RCC_AHBPeriphClockCmd(u32 RCC_AHBPeriph, FunctionalState NewState)
功能描述	使能或者失能 AHB 外设时钟
输入参数 1	RCC_AHBPeriph:AHB 外设时钟
输入参数 2	NewState:指定外设时钟的新状态。这个参数可以取 ENABLE 或者 DISABLE
输出参数	无
返回值	无
先决条件	无
被调用函数	无

参数描述：RCC_AHBPeriph，表示 AHB 的外设时钟，见表 5.7.3。

表 5.7.3　参数 RCC_AHBPeriph 定义

RCC_AHBPeriph 参数	描　述
RCC_AHBPeriph_DMA	DMA 时钟
RCC_AHBPeriph_SRAM	SRAM 时钟
RCC_AHBPeriph_FLITF	FLITF 时钟

例：

```
RCC_AHBPeriphClockCmd(RCC_AHBPeriph_DMA); /* 开启 DMA 时钟 */
```

(2) 函数 DMA_Init(见表 5.7.4)

表 5.7.4　函数 DMA_Init 说明

项目名	代　号
函数名	DMA_Init
函数原形	voidDMA_Init(DMA_Channel_TypeDef * DMA_Channelx,DMA_InitTypeDef * DMA_InitStruct)
功能描述	根据 DMA_InitStruct 中指定的参数初始化 DMA 的 x 号通道
输入参数 1	DMA Channelx：x 可以是 1、2、…、7 来选择 DMA 通道 x
输入参数 2	DMA_InitStruct：指向结构 DMA_InitTypeDef 的指针，包含了 DMA 通道 x 的配置信息
输出参数	无
返回值	无
先决条件	无
被调用函数	无

参数描述：DMA_InitTypeDef structure，定义于文件“stm32f10x_dma.h”：

```
typedef struct
{
u32 DMA_PeripheralBaseAddr;
u32 DMA_MemoryBaseAddr;
u32 DMA_DIR;
u32 DMA_BufferSize;
u32 DMA_PeripheralInc;
u32 DMA_MemoryInc;
u32 DMA_PeripheralDataSize;
u32 DMA_MemoryDataSize;
u32 DMA_Mode;
u32 DMA_Priority;
u32 DMA_M2M;
} DMA_InitTypeDef;
```

① DMA_PeripheralBaseAddr,用以定义 DMA 外设基地址。

② DMA_MemoryBaseAddr,用以定义 DMA 内存基地址。

③ DMA_DIR,规定了外设是作为数据传输的目的地还是来源,见表 5.7.5。

表 5.7.5　参数 DMA_DIR 定义

DMA_DIR 参数	描　述	DMA_DIR 参数	描　述
DMA_DIR_PeripheralDST	外设作为数据传输的目的地	DMA_DIR_PeripheralSRC	外设作为数据传输的来源

④ DMA_BufferSize,定义指定 DMA 通道的 DMA 缓存的大小,根据传输方向,数据单位可等于结构中参数 DMA_PeripheralDataSize 或者参数 DMA_MemoryDataSize 的值。

⑤ DMA_PeripheralInc,用来设定外设地址寄存器递增与否,见表 5.7.6。

⑥ DMA_MemoryInc,用来设定内存地址寄存器递增与否,见表 5.7.7。

表 5.7.6　参数 DMA_PeripheralInc 定义

DMA_PeripheralInc 参数	描　述
DMA_PeripheralInc_Enable	外设地址寄存器递增
DMA_PeripheralInc_Disable	外设地址寄存器不变

表 5.7.7　参数 DMA_MemoryInc 定义

DMA_MemoryInc 参数	描　述
DMA_PeripheralInc_Enable	内存地址寄存器递增
DMA_PeripheralInc_Disable	内存地址寄存器不变

⑦ DMA_PeripheralDataSize,设定了外设数据宽度,见表 5.7.8。

表 5.7.8　参数 DMA_PeripheralDataSize 定义

DMA_PeripheralDataSize 参数	描　述
DMA_PeripheralDataSize_Byte	数据宽度为 8 位
DMA_PeripheralDataSize_HalfWord	数据宽度为 16 位
DMA_PeripheralDataSize_Word	数据宽度为 32 位

⑧ DMA_MemoryDataSize,设定了内存数据宽度,见表 5.7.9。

表 5.7.9　参数 DMA_MemoryDataSize 定义

DMA_MemoryDataSize 参数	描　述
DMA_MemoryDataSize_Byte	数据宽度为 8 位
DMA_MemoryDataSize_HalfWord	数据宽度为 16 位
DMA_MemoryDataSize_Word	数据宽度为 32 位

⑨ DMA_Mode,设置 CAN 的 DMA 模式,见表 5.7.10。

⑩ DMA_Priority,设定 DMA 通道 x 的优先级,见表 5.7.11。

表 5.7.10 参数 DMA_Mode 定义

DMA_Mode 参数	描 述
DMA_Mode_Circular	工作在循环缓存模式
DMA_Mode_Normal	工作在正常缓存模式

表 5.7.11 参数 DMA_Priority 定义

DMA_Mode 参数	描 述
DMA_Priority_VeryHigh	拥有最高优先级
DMA_Priority_High	拥有高优先级
DMA_Priority_Medium	拥有中优先级
DMA_Priority_Low	拥有低优先级

⑪ DMA_M2M,是否使能 DMA 通道的内存到内存传输,见表 5.7.12。

表 5.7.12 参数 DMA_M2M 定义

DMA_M2M 参数	描 述	DMA_M2M 参数	描 述
DMA_M2M_Enable	设置为内存到内存传输	DMA_M2M_Disable	没有设置为内存到内存传输

例:

```
/* 配置 DMA1 */
DMA_InitTypeDef DMA_InitStructure;
DMA_InitStructure.DMA_PeripheralBaseAddr = 0x40005400;
DMA_InitStructure.DMA_MemoryBaseAddr = 0x20000100;
DMA_InitStructure.DMA_DIR = DMA_DIR_PeripheralSRC;
DMA_InitStructure.DMA_BufferSize = 256;
DMA_InitStructure.DMA_PeripheralInc = DMA_PeripheralInc_Disable;
DMA_InitStructure.DMA_MemoryInc = DMA_MemoryInc_Enable;
DMA_InitStructure.DMA_PeripheralDataSize = DMA_PeripheralDataSize_HalfWord;
DMA_InitStructure.DMA_MemoryDataSize =
DMA_MemoryDataSize_HalfWord;
DMA_InitStructure.DMA_Mode = DMA_Mode_Normal;
DMA_InitStructure.DMA_Priority = DMA_Priority_Medium;
DMA_InitStructure.DMA_M2M = DMA_M2M_Disable;
DMA_Init(DMA_Channel1, &DMA_InitStructure);
```

(3) 函数 DMA_ITConfig(见表 5.7.13)

表 5.7.13 函数 DMA_ITConfig 说明

项目名	代 号
函数名	DMA_ITConfig
函数原形	void DMA_ITConfig(DMA_Channel_TypeDef * DMA_Channelx, u32 DMA_IT, FunctionalState NewState)
功能描述	使能或者失能指定的 x 通道中断
输入参数 1	DMA Channelx:x 可以是 1、2、…、7 来选择 DMA 通道

续表 5.7.13

项目名	代 号
输入参数 2	DMA_IT:待使能或者失能的 DMA 中断源,使用操作符"|"可以同时选中多个 DMA 中断源
输入参数 3	NewState:DMA 通道 x 中断的新状态。这个参数可以取 ENABLE 或者 DISABLE
输出参数	无
返回值	无
先决条件	无
被调用函数	无

参数描述:DMA_IT,使能或者失能 DMA 通道 x 的中断,见表 5.7.14。

表 5.7.14　参数 DMA_IT 定义

DMA_IT 参数	描 述	DMA_IT 参数	描 述	DMA_IT 参数	描 述
DMA_IT_TC	传输完成中断	DMA_IT_HT	传输过半中断	DMA_IT_TE	传输错误中断

例:

```
/* 开启 DMA 第 5 通道传输完成中断和半传输中断 */
DMA_ITConfig(DMA_Channel5, DMA_IT_TC | DMA_IT_HT, ENABLE);
```

(4) 函数 DMA_GetCurrDataCounte(见表 5.7.15)

表 5.7.15　函数 DMA_GetCurrDataCounte 说明

项目名	代 号
函数名	DMA_GetCurrDataCounte
函数原形	u16 DMA_GetCurrDataCounter(DMA_Channel_TypeDef * DMA_Channelx)
功能描述	返回当前 DMA 通道 x 剩余的待传输数据数目
输入参数	DMA Channelx:x 可以是 1、2、…、7 来选择 DMA 通道
输出参数	无
返回值	当前 DMA 通道 x 剩余的待传输数据数目
先决条件	无
被调用函数	无

例:

```
/* 获取 DMA 通道 2 当前剩余的待传输数据数目 */
u16 CurrDataCount;
CurrDataCount = DMA_GetCurrDataCounter(DMA_Channel2);
```

(5) 函数 DMA_GetITStatus(见表 5.7.16)

表 5.7.16 函数 DMA_GetITStatus 说明

项目名	代 号	项目名	代 号
函数名	DMA_GetITStatus	输出参数	无
函数原形	ITStatus DMA _ GetITStatus (u32 DMA_IT)	返回值	DMA_IT 的新状态(SET 或者 RESET)
功能描述	检查指定的 DMA 通道 x 中断发生与否	先决条件	无
输入参数	DMA_IT:待检查的 DMA 中断源	被调用函数	无

参数描述:DMA_IT,定义了待检查的 DMA 中断,见表 5.7.17。

表 5.7.17 参数 DMA_IT 定义

DMA_IT 参数	描 述	DMA_IT 参数	描 述
DMA_IT_GL1	通道 1 全局中断	DMA_IT_HT4	通道 4 传输过半中断
DMA_IT_TC1	通道 1 传输完成中断	DMA_IT_TE4	通道 4 传输错误中断
DMA_IT_HT1	通道 1 传输过半中断	DMA_IT_GL5	通道 5 全局中断
DMA_IT_TE1	通道 1 传输错误中断	DMA_IT_TC5	通道 5 传输完成中断
DMA_IT_GL2	通道 2 全局中断	DMA_IT_HT5	通道 5 传输过半中断
DMA_IT_TC2	通道 2 传输完成中断	DMA_IT_TE5	通道 5 传输错误中断
DMA_IT_HT2	通道 2 传输过半中断	DMA_IT_GL6	通道 6 全局中断
DMA_IT_TE2	通道 2 传输错误中断	DMA_IT_TC6	通道 6 传输完成中断
DMA_IT_GL3	通道 3 全局中断	DMA_IT_HT6	通道 6 传输过半中断
DMA_IT_TC3	通道 3 传输完成中断	DMA_IT_TE6	通道 6 传输错误中断
DMA_IT_HT3	通道 3 传输过半中断	DMA_IT_GL7	通道 7 全局中断
DMA_IT_TE3	通道 3 传输错误中断	DMA_IT_TC7	通道 7 传输完成中断
DMA_IT_GL4	通道 4 全局中断	DMA_IT_HT7	通道 7 传输过半中断
DMA_IT_TC4	通道 4 传输完成中断	DMA_IT_TE7	通道 7 传输错误中断

例:

```
/* 查询 DMA 第 7 通道的传输完成中断是否挂起 */
ITStatus Status;
Status = DMA_GetITStatus(DMA_IT_TC7);
```

(6) 函数 DMA_ClearITPendingBit(见表 5.7.18)

表 5.7.18 函数 DMA_ClearITPendingBit 说明

项目名	代 号	项目名	代 号
函数名	DMA_ClearITPendingBit	输出参数	无
函数原形	void DMA_ClearITPendingBit(u32 DMA_IT)	返回值	无
功能描述	清除 DMA 通道 x 中断待处理标志位	先决条件	无
输入参数	DMA_IT:待清除的 DMA 中断待处理标志位	先决条件	无

例:

```
DMA_ClearITPendingBit(DMA_IT_GL5); /* 清除DMA通道5全局中断 */
```

(7) 函数 DMA_Cmd(见表 5.7.19)

表 5.7.19　函数 DMA_Cmd 说明

项目名	代号
函数名	DMA_Cmd
函数原形	void DMA_Cmd(DMA_Channel_TypeDef * DMA_Channelx, FunctionalState NewState)
功能描述	使能或者失能指定的通道 x
输入参数 1	DMA Channelx:x 可以是 1、2、…、7 来选择 DMA 通道
输入参数 2	NewState:DMA 通道 x 的新状态。这个参数可以取 ENABLE 或者 DISABLE
输出参数	无
返回值	无
先决条件	无
被调用函数	无

例:

```
DMA_Cmd(DMA_Channel7, ENABLE); /* 使能DMA通道7 */
```

5.7.7　注意事项

① 很容易注意到,DMA 挂载的总线是 AHB,这也是其能高速搬运数据的原因之一。

② 请注意,当 DMA 传输的源地址和目标地址宽度不一致时,会按照高位丢弃的规则丢弃数据。

③ 严格来说,在上述程序设计中,计时变量还包含了 SysTick 中断进出的开销,但因其开销很小,忽略不计。

④ STM32 微控制器的 DMA 除了拥有传输完成中断外,还有半传输完成中断。利用传输完成中断和半传输完成中断可以实现双缓冲传输,可将数据搬运速度最大化地提升。

5.7.8　实验结果

建立并设置好工程,编辑好代码之后按下 F7 进行编译,将所有错误警告排除后(若存在)按下 Ctrl + F5 进行烧写与仿真,然后按下 F5 全速运行,会迅速看到 PC 端的串口软件显示如图 5.7.2 所示信息。

首先"Transmit Success!"的字样表明本次实验中使用 DMA 进行数据搬运是成功的,数据得到了正确地搬运。其次从"The CPU transfer, time consume: 25us!"、"The DMA transfer, time consume: 7us!"这两句话知道,使用 CPU 进行数据搬运

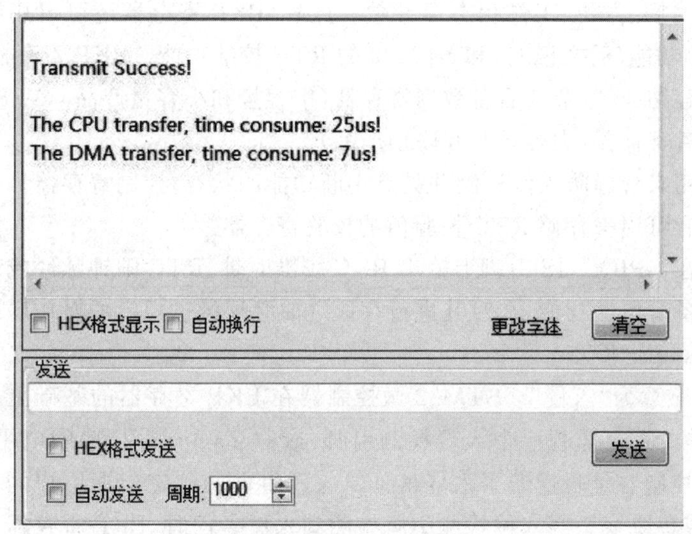

图 5.7.2 DMA 实验现象

使用了 25 μs 的时间，而使用 DMA 单元仅消耗了 7 μs 的时间，速度整整提升了 2 倍有余。可见使用 DMA 进行数据传输所带来的效率提升非常可观。

5.7.9 小 结

本节向读者介绍了 STM32 微控制器的 DMA 单元的特性和使用流程，并设计了一个从 STM32 的 Flash 存储器到其内部 SRAM 存储器的 DMA 数据传输实验，得到了理想的实验结果，证明了 STM32 的 DMA 是可以真正给电子产品带来性能上的提升。建议读者在熟悉 DMA 单元之后，在一切有可能的地方将 DMA 应用起来。

5.8 BKP 寄存器与入侵检测——廉价的掉电存储与防拆解方案

5.8.1 概 述

(1) BKP 寄存器

BKP 是单词“Backup(备份)”的缩写，STM32 微控制器内部配备了 10 个 16 位宽度的 BKP 寄存器(也有“后备寄存器”一说)，总计可以存储 20 字节的数据(大容量型号的 STM32 则配备 42 个备份寄存器，可以存储 84 字节数据)。在主电源切断或系统产生复位事件的情况下，BKP 寄存器仍然可以在备用电源的支援下保持其内部的数据不丢失，“备份”一词也由此而来。用户可以使用 BKP 寄存器来保存一些关键数据,比如时间、方位、工作状态等参数。此外,BKP 寄存器还可以用于配合防入侵引脚的检测功能(后文说明)和 STM32 的 RTC 校准功能。BKP 寄存器特性如下:

- 可容纳 20 字节的后备数据寄存器(中容量和小容量产品),或 84 字节数据的后备寄存器(大容量和互联型产品)。
- 可用来管理防入侵检测并具有中断功能的状态/控制寄存器。
- 具有可用来存储 RTC 校验值的校验寄存器。
- 可在 GPIOC.13 引脚上输出 RTC 校准时钟、RTC 闹钟脉冲或秒脉冲。
- 具备写保护功能,在对其进行存取之前必须经过规定的操作序列。

(2) Tamper 检测

Tamper 意为“入侵”。STM32 微控制器在 BKP 寄存器的基础上加入了入侵事件检测功能。通过监视一个入侵检测引脚(或称 Tamper 引脚)的电平变化,来判断 STM32 微控制器是否遭遇了入侵事件。入侵事件的判定根据用户的设置可为电平的正跳变或负跳变。当入侵检测引脚检测到入侵事件时,BKP 寄存器的数据会立即会被自动清除,并且向 CPU 请求一个“入侵事件中断”通知用户入侵事件的发生,用户可以通过“入侵事件中断”的中断服务程序对入侵事件采取措施。

但特别的是,STM32 对入侵事件的检测并不是单独通过“监视入侵检测引脚上的电平变化”来完成的,而是通过监视“入侵检测引脚上的电平与备份控制寄存器的 TPAL 位进行比较”的结果来完成的。这样做可以避免漏掉在入侵检测引脚被允许前发生的入侵事件,描述如下:

- 若 TPAL==0,则表示视 Tamper 引脚出现电平的正跳变时为一个入侵事件。若入侵检测功能开启之前,Tamper 引脚已经为高电平,虽然入侵检测功能开启之后 Tamper 引脚并未发生正跳变,但入侵检测功能开启之后仍然产生一个入侵事件(从 TPAL==0 到 Tamper==1)。
- 若 TPAL==1,则表示视 Tamper 引脚出现电平的负跳变时为一个入侵事件。若入侵检测功能开启之前,Tamper 引脚已经为低电平,虽然入侵检测功能开启之后 Tamper 引脚并未发生负跳变,但入侵检测功能开启之后仍然产生一个入侵事件(从 TPAL==1 到 Tamper==0)。

显然,STM32 微控制器的 BKP 在有了 Tamper 检测功能之后,可以在一定程度上提高芯片的数据安全性,防止内部数据被恶意读出。

5.8.2 实验设计

本节进行一个实验设计以演示 BKP 寄存器的数据备份功能以及入侵事件的检测功能。思路如下:首先向 BKP 寄存器写入一系列数据,之后切断 STM32 的主电源,再次上电之后检测备份数据是否得以保持;然后在 Tamper 引脚上产生一个入侵事件后,再次检测备份寄存器的数据是否仍得以保持。程序流程图如图 5.8.1 所示。

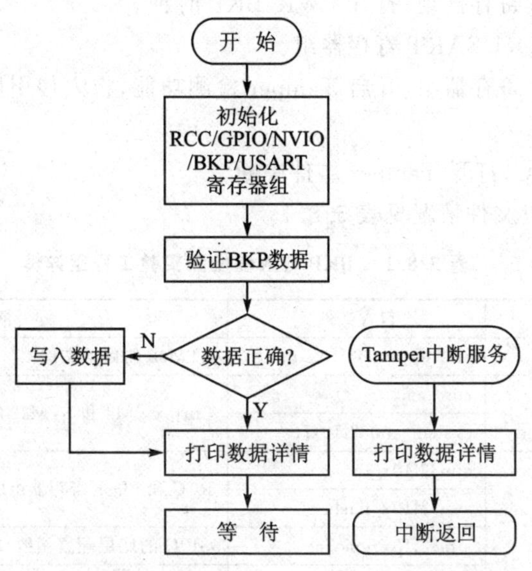

图 5.8.1 BKP 与入侵检测实验流程图

5.8.3 硬件电路

本节所使用的硬件电路除了固定不变的 USART 电平转换电路之外，还有一颗电压值为 3.3 V 的备份电池，以及接在 Tamper 引脚(GPIOC.13 引脚)上的一个按键，如图 5.8.2 所示。

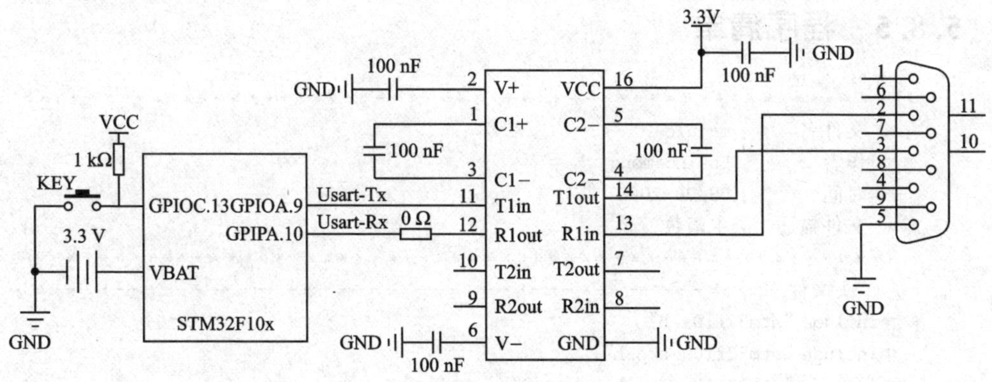

图 5.8.2 BKP 与入侵检测实验硬件原理图

5.8.4 程序设计

本节实验所关注的 BKP 寄存器和 Tamper 检测功能都比较简单，因此程序设计的要点也较少，罗列如下：

● 配置 RCC 寄存器组,打开 PWR、BKP 时钟。
● 配置 GPIO、USART 寄存器组。
● 配置 BKP 寄存器组,开启 Tamper 检测功能,将入侵引脚电平负跳变识别为入侵事件。
● 配置 NVIC,打开 Tamper 事件中断。

工程文件组里文件情况见表 5.8.1。

表 5.8.1　BKP 与入侵检测实验工程组详情

文件组	包含文件	详　情
boot 文件组	startup_stm32f10x_md.s	STM32 的启动文件
cmsis 文件组	core_cm3.c	Cortex-M3 和 STM32 的板级支持文件
	system_stm32f10x.c	
library 文件组	stm32f10x_rcc.c	RCC 和 Flash 寄存器组的底层配置函数
	stm32f10x_flash.c	
	stm32f10x_gpio.c	GPIO 的底层配置函数
	stm32f10x_usart.c	USART 设备的初始化,数据收发等函数
	stm32f10x_pwr.c	包含有 BKP 寄存器写保护的解锁函数
	stm32f10x_bkp.c	BKP 备份寄存器的配置与存取函数
	misc.c	Systick 定时器和嵌套中断向量控制器 NVIC 的设置函数
interrupt 文件组	stm32f10x_it.c	STM32 的中断服务子程序
user 文件组	main.c	用户应用代码

5.8.5　程序清单

```
/****************************************************************
*  文件名    : main.c
*  作者      : Losingamong
*  时间      : 08/08/2008
*  文件描述  : 主函数
****************************************************************/
/*  头文件    ----------------------------------------------*/
#include "stm32f10x.h"
#include "stm32f10x_bkp.h"
#include "stm32f10x_pwr.h"
#include "stdio.h"
/*  自定义同义关键字       ------------------------------*/
/*  自定义参数宏           ------------------------------*/
/*  自定义函数宏           ------------------------------*/
/*  自定义变量             ------------------------------*/
/*  自定义函数声明         ------------------------------*/
void RCC_Configuration(void);
```

```
void GPIO_Configuration(void);
void NVIC_Configuration(void);
void USART_Configuration(void);
void PrintBackupReg(void);
void BKP_Configuration(void);
void WriteToBackupReg(u16 FirstBackupData);
u8 CheckBackupReg(u16 FirstBackupData);
/*****************************************************
 *  函数名      : main
 *  函数描述    : Main 函数
 *  输入参数    : 无
 *  输出结果    : 无
 *  返回值      : 无
*****************************************************/
int main (void)
{
    /* 设置系统时钟 */
    RCC_Configuration();
    /* 设置 NVIC */
    NVIC_Configuration();
    /* 设置 GPIO 端口 */
    GPIO_Configuration();
    /* 设置 USART1 */
    USART_Configuration();
    /* 设置 BKP */
    BKP_Configuration();
    /* 验证数据是否 0xA53C */
    if(CheckBackupReg(0xA53C) == 0x00)
    {
        printf("\r\nThe datas are as their initial status.\r\n");
        printf("\n\r\n\r");
        /* 将备份寄存器的内容向串口打印 */
        PrintBackupReg();
    }
    else
    {
        printf("\r\nThe datas have been changed.\r\n");
        /* 清除入侵检测引脚挂起标志位 */
        BKP_ClearFlag();
        /* 向备份寄存器写数据 */
        WriteToBackupReg(0xA53C);
        printf("\r\nRecover the datas of DRx to their initial status.\r\n");
        /* 将备份寄存器的内容向串口打印 */
        PrintBackupReg();
    }
    while(1);
}
```

```
/************************************************************
* 函数名     : RCC_Configuration
* 函数描述   : 设置系统各部分时钟
* 输入参数   : 无
* 输出结果   : 无
* 返回值     : 无
************************************************************/
void RCC_Configuration(void)
{
    {
        /* 本部分代码为 RCC_Configuration 函数内部部分代码,见附录 A 程序清单 A.1 */
    }
    /* 打开 APB1 总线上的 PWR,BKP 时钟 */
    RCC_APB1PeriphClockCmd(RCC_APB1Periph_PWR | RCC_APB1Periph_BKP, ENABLE);
    /* 打开 APB2 总线上的 GPIOA,USART 时钟 */
    RCC_APB2PeriphClockCmd(RCC_APB2Periph_USART1 | RCC_APB2Periph_GPIOA, ENABLE);
}
/************************************************************
* 函数名     : GPIO_Configuration
* 函数描述   : 设置各 GPIO 端口功能
* 输入参数   : 无
* 输出结果   : 无
* 返回值     : 无
************************************************************/
void GPIO_Configuration(void)
{
    /* 定义 GPIO 初始化结构体 GPIO_InitStructure */
    GPIO_InitTypeDef GPIO_InitStructure;
    /* 设置 USART1 的 Tx 脚(PA.9)为第二功能推挽输出功能 */
    GPIO_InitStructure.GPIO_Pin = GPIO_Pin_9;
    GPIO_InitStructure.GPIO_Mode = GPIO_Mode_AF_PP;
    GPIO_InitStructure.GPIO_Speed = GPIO_Speed_50MHz;
    GPIO_Init(GPIOA, &GPIO_InitStructure);
    /* 设置 USART1 的 Rx 脚(PA.10)为浮空输入脚 */
    GPIO_InitStructure.GPIO_Pin = GPIO_Pin_10;
    GPIO_InitStructure.GPIO_Mode = GPIO_Mode_IN_FLOATING;
    GPIO_Init(GPIOA, &GPIO_InitStructure);
}
/************************************************************
* 函数名     : NVIC_Configuration
* 函数描述   : 设置 NVIC 参数
* 输入参数   : 无
* 输出结果   : 无
* 返回值     : 无
************************************************************/
void NVIC_Configuration(void)
{
```

```
    /* 定义 NVIC 初始化结构体 */
    NVIC_InitTypeDef NVIC_InitStructure;
    /* 使能入侵事件中断 */
    NVIC_InitStructure.NVIC_IRQChannel = TAMPER_IRQn;
    NVIC_InitStructure.NVIC_IRQChannelPreemptionPriority = 0;
    NVIC_InitStructure.NVIC_IRQChannelSubPriority = 0;
    NVIC_InitStructure.NVIC_IRQChannelCmd = ENABLE;
    NVIC_Init(&NVIC_InitStructure);
}
/*************************************************************
 * 函数名    : BKP_Configuration
 * 函数描述  : 设置 BKP 电源备份寄存器
 * 输入参数  : 无
 * 输出结果  : 无
 * 返回值    : 无
*************************************************************/
void BKP_Configuration(void)
{
    /* 使能 RTC 和后备寄存器访问 */
    PWR_BackupAccessCmd(ENABLE);
    /* 清除入侵检测引脚挂起标志位 */
    BKP_ClearFlag();
    /* 入侵检测引脚设为低电平有效 */
    BKP_TamperPinLevelConfig(BKP_TamperPinLevel_Low);
    /* 打开入侵事件中断 */
    BKP_ITConfig(ENABLE);
    /* 使能入侵检测引脚 */
    BKP_TamperPinCmd(ENABLE);
}
/*************************************************************
 * 函数名    : WriteToBackupReg
 * 函数描述  : 将数据写入电源备份寄存器
 * 输入参数  : FirstBackupData: 将要写入的数据
 * 输出结果  : 无
 * 返回值    : 无
*************************************************************/
void WriteToBackupReg(u16 FirstBackupData)
{
    BKP_WriteBackupRegister(BKP_DR1 , FirstBackupData);
    BKP_WriteBackupRegister(BKP_DR2 , BKP->DR1 + 0x5A);
    BKP_WriteBackupRegister(BKP_DR3 , BKP->DR2 + 0x3C);
    BKP_WriteBackupRegister(BKP_DR4 , BKP->DR3 + 0xA5);
    BKP_WriteBackupRegister(BKP_DR5 , BKP->DR4 + 0x06);
    BKP_WriteBackupRegister(BKP_DR6 , BKP->DR5 + 0x78);
    BKP_WriteBackupRegister(BKP_DR7 , BKP->DR6 + 0xFF);
    BKP_WriteBackupRegister(BKP_DR8 , BKP->DR7 + 0xB4);
    BKP_WriteBackupRegister(BKP_DR9 , BKP->DR8 + 0x1E);
```

```
    BKP_WriteBackupRegister(BKP_DR10, BKP->DR9 + 0xD4);
}
/*****************************************************************
 * 函数名      : CheckBackupReg
 * 函数描述    : 检测电源备份寄存器内部的内容是否正确
 * 输入参数    : FirstBackupData: 与当前备份寄存器内容对比的数据
 * 输出结果    : 无
 * 返回值      : -   = 0: 所有电源备份寄存器内容正确
 *                - != 0: 内容不正确的电源备份寄存器编号
*****************************************************************/
u8 CheckBackupReg(u16 FirstBackupData)
{
    if(BKP_ReadBackupRegister(BKP_DR1)  != FirstBackupData) return 1;
    if(BKP_ReadBackupRegister(BKP_DR2)  != (BKP->DR1 + 0x5A)) return 2;
    if(BKP_ReadBackupRegister(BKP_DR3)  != (BKP->DR2 + 0x3C)) return 3;
    if(BKP_ReadBackupRegister(BKP_DR4)  != (BKP->DR3 + 0xA5)) return 4;
    if(BKP_ReadBackupRegister(BKP_DR5)  != (BKP->DR4 + 0x06)) return 5;
    if(BKP_ReadBackupRegister(BKP_DR6)  != (BKP->DR5 + 0x78)) return 6;
    if(BKP_ReadBackupRegister(BKP_DR7)  != (BKP->DR6 + 0xFF)) return 7;
    if(BKP_ReadBackupRegister(BKP_DR8)  != (BKP->DR7 + 0xB4)) return 8;
    if(BKP_ReadBackupRegister(BKP_DR9)  != (BKP->DR8 + 0x1E)) return 9;
    if(BKP_ReadBackupRegister(BKP_DR10) != (BKP->DR9 + 0xD4)) return 10;
    return 0;
}
/*****************************************************************
 * 函数名      : IsBackupRegReset
 * 函数描述    : 检测备份寄存器内容是否丢失
 * 输入参数    : 无
 * 输出结果    : 无
 * 返回值      : -  == 0: 所有电源备份寄存器内容丢失
 *                - != 0: 未丢失内容的电源备份寄存器编号
*****************************************************************/
u8 IsBackupRegReset(void)
{
    if(BKP_ReadBackupRegister(BKP_DR1)  != 0x0000) return 1;
    if(BKP_ReadBackupRegister(BKP_DR2)  != 0x0000) return 2;
    if(BKP_ReadBackupRegister(BKP_DR3)  != 0x0000) return 3;
    if(BKP_ReadBackupRegister(BKP_DR4)  != 0x0000) return 4;
    if(BKP_ReadBackupRegister(BKP_DR5)  != 0x0000) return 5;
    if(BKP_ReadBackupRegister(BKP_DR6)  != 0x0000) return 6;
    if(BKP_ReadBackupRegister(BKP_DR7)  != 0x0000) return 7;
    if(BKP_ReadBackupRegister(BKP_DR8)  != 0x0000) return 8;
    if(BKP_ReadBackupRegister(BKP_DR9)  != 0x0000) return 9;
    if(BKP_ReadBackupRegister(BKP_DR10) != 0x0000) return 10;
    return 0;
}
/*****************************************************************
```

```
 * 函数名     : PrintBackupReg
 * 函数描述   : 将电源备份寄存器的内容打印出来
 * 输入参数   : 无
 * 输出结果   : 无
 * 返回值     : 无
*******************************************************************/
void PrintBackupReg(void)
{
    printf("\nNow the data in DRx are:\r\n");
    printf("DR1  = 0x%04X\t"    ,  BKP_ReadBackupRegister(BKP_DR1));
    printf("DR2  = 0x%04X\t"    ,  BKP_ReadBackupRegister(BKP_DR2));
    printf("DR3  = 0x%04X\t"    ,  BKP_ReadBackupRegister(BKP_DR3));
    printf("DR4  = 0x%04X\t"    ,  BKP_ReadBackupRegister(BKP_DR4));
    printf("DR5  = 0x%04X\t\n"  ,  BKP_ReadBackupRegister(BKP_DR5));
    printf("DR6  = 0x%04X\t"    ,  BKP_ReadBackupRegister(BKP_DR6));
    printf("DR7  = 0x%04X\t"    ,  BKP_ReadBackupRegister(BKP_DR7));
    printf("DR8  = 0x%04X\t"    ,  BKP_ReadBackupRegister(BKP_DR8));
    printf("DR9  = 0x%04X\t"    ,  BKP_ReadBackupRegister(BKP_DR9));
    printf("DR10 = 0x%04X\t\n"  ,  BKP_ReadBackupRegister(BKP_DR10));
}
/*******************************************************************
 * 函数名     : USART_Configuration
 * 函数描述   : 设置 USART1
 * 输入参数   : 无
 * 输出结果   : 无
 * 返回值     : 无
*******************************************************************/
void USART_Configuration(void)
{
    /* 定义 USART 初始化结构体 USART_InitStructure */
    USART_InitTypeDef USART_InitStructure;
    /*
     *  波特率为 115 200 bps;
     *  8 位数据长度;
     *  1 个停止位,无校验;
     *  禁用硬件流控制;
     *  禁止 USART 时钟;
     *  时钟极性低;
     *  在第 2 个边沿捕获数据
     *  最后一位数据的时钟脉冲不从 SCLK 输出;
     */
    USART_InitStructure.USART_BaudRate = 115200;
    USART_InitStructure.USART_WordLength = USART_WordLength_8b;
    USART_InitStructure.USART_StopBits = USART_StopBits_1;
    USART_InitStructure.USART_Parity = USART_Parity_No ;
    USART_InitStructure.USART_HardwareFlowControl = USART_HardwareFlowControl_None;
    USART_InitStructure.USART_Mode = USART_Mode_Rx | USART_Mode_Tx;
```

```
    USART_Init(USART1, &USART_InitStructure);
    /* 使能 USART1 */
    USART_Cmd(USART1, ENABLE);
}
/*******************************************************************
* 函数名      : fputc
* 函数描述    : 将 printf 函数重定位到 USATR1
* 输入参数    : 无
* 输出结果    : 无
* 返回值      : 无
*******************************************************************/
int fputc(int ch, FILE * f)
{
    USART_SendData(USART1, (u8) ch);
    while(USART_GetFlagStatus(USART1, USART_FLAG_TC) == RESET);
    return ch;
}
```

5.8.6 使用到的库函数一览

(1) 函数 PWR_BackupAccessCmd(见表 5.8.2)

表 5.8.2 函数 PWR_BackupAccessCmd 说明

项目名	代 号
函数名	PWR_BackupAccessCmd
函数原形	void PWR_BackupAccessCmd(FunctionalState NewState)
功能描述	使能或者失能 RTC 和后备寄存器存取接口
输入参数	NewState: RTC 和后备寄存器访问的新状态这个参数可以取 ENABLE 或者 DISABLE
输出参数	无
返回值	无
先决条件	无
被调用函数	无

例：

```
PWR_BackupAccessCmd(ENABLE); /* 开启对 RTC 和 BKP 寄存器的存取接口 */
```

(2) 函数 BKP_ClearFlag(见表 5.8.3)

表 5.8.3 函数 BKP_ClearFlag 说明

项目名	代 号	项目名	代 号
函数名	BKP_ClearFlag	输出参数	无
函数原形	void BKP_ClearFlag(void)	返回值	无
功能描述	清除入侵检测引脚事件的挂起标志位	先决条件	无
输入参数	无	被调用函数	无

例：

```
BKP_ClearFlag();/* 清除入侵检测引脚事件的挂起标志位 */
```

(3) 函数 BKP_TamperPinLevelConfig(见表 5.8.4)

表 5.8.4　函数 BKP_TamperPinLevelConfig 说明

项目名	代　号
函数名	BKP_TamperPinLevelConfig
函数原形	void BKP_TamperPinLevelConfig(u16 BKP_TamperPinLevel)
功能描述	设置入侵检测引脚的有效电平
输入参数	BKP_TamperPinLevel:入侵检测引脚的有效电平
输出参数	无
返回值	无
先决条件	无
被调用函数	无

参数描述:BKP_TamperPinLevel,指定入侵检测引脚的有效电平,见表 5.8.5。

表 5.8.5　参数 BKP_TamperPinLevel 定义

BKP_TamperPinLevel	描　述	BKP_TamperPinLevel	描　述
BKP_TamperPinLevel_High	入侵检测引脚高电平有效	BKP_TamperPinLevel_Low	入侵检测引脚低电平有效

例：

```
BKP_TamperPinLevelConfig(BKP_TamperPinLevel_High); /* 入侵检测引脚设为高电平有效
 */
```

(4) 函数 BKP_ITConfig(见表 5.8.6)

表 5.8.6　函数 BKP_ITConfig 说明

项目名	代　号
函数名	BKP_ITConfig
函数原形	void BKP_ITConfig(FunctionalState NewState)
功能描述	使能或者失能入侵检测中断
输入参数	NewState:入侵检测中断的新状态,这个参数可以取 ENABLE 或者 DISABLE
输出参数	无
返回值	无
先决条件	无
被调用函数	无

例：

```
BKP_ITConfig(ENABLE); /* 使能入侵检测中断 */
```

(5) 函数 BKP_TamperPinCmd(见表 5.8.7)

表 5.8.7　函数 BKP_TamperPinCmd 说明

项目名	代　号
函数名	BKP_TamperPinCmd
函数原形	void BKP_TamperPinCmd(FunctionalState NewState)
功能描述	使能或者失能入侵检测引脚的入侵检测功能
输入参数	NewState:入侵检测功能的新状态,这个参数可以取 ENABLE 或者 DISABLE
输出参数	无
返回值	无
先决条件	无
被调用函数	无

例:

```
BKP_TamperPinCmd(ENABLE); /* 使能入侵检测引脚的入侵检测功能 */
```

(6) 函数 BKP_WriteBackupRegister(见表 5.8.8)

表 5.8.8　函数 BKP_WriteBackupRegister 说明

项目名	代　号	项目名	代　号
函数名	BKP_WriteBackupRegister	输入参数 2	Data:待写入的数据
函数原形	void BKP_WriteBackupRegister(u16 BKP_DR, u16 Data)	输出参数	无
		返回值	无
功能描述	向指定的后备寄存器中写入用户数据	先决条件	无
输入参数 1	BKP_DR:数据后备寄存器	被调用函数	无

参数描述:BKP_DR,选择后备数据寄存器,见表 5.8.9。

表 5.8.9　参数 BKP_DR 定义

BKP_DR 参数	描　述	BKP_DR 参数	描　述
BKP_DR1	选中后备数据寄存器 1	BKP_DR6	选中后备数据寄存器 6
BKP_DR2	选中后备数据寄存器 2	BKP_DR7	选中后备数据寄存器 7
BKP_DR3	选中后备数据寄存器 3	BKP_DR8	选中后备数据寄存器 8
BKP_DR4	选中后备数据寄存器 4	BKP_DR9	选中后备数据寄存器 9
BKP_DR5	选中后备数据寄存器 5	BKP_DR10	选中后备数据寄存器 10

例:

```
BKP_WriteBackupRegister(BKP_DR1, 0xA587); /* 向备份寄存器 1 中写入 0xA587 */
```

(7) 函数 BKP_ReadBackupRegister(见表 5.8.10)

表 5.8.10 函数 BKP_ReadBackupRegister 说明

项目名	代 号	项目名	代 号
函数名	BKP_ReadBackupRegister	输出参数	无
函数原形	u16 BKP_ReadBackupRegister(u16 BKP_DR)	返回值	指定的后备寄存器中的数据
功能描述	从指定的后备寄存器中读出数据	先决条件	无
输入参数	BKP_DR:指定后备寄存器	被调用函数	无

例:

```
/* 读取备份寄存器 1 的数据 */
u16 Data;
Data = BKP_ReadBackupRegister(BKP_DR1);
```

5.8.7 注意事项

① 启用 Tamper 检测功能之前,需要确保 Tamper 检测引脚连接的是正确的电平。还需要注意的是,当 STM32 的主电源切断时,Tamper 检测功能仍然有效,所以 Tamper 引脚的电平最好不要直接来自主电源(可以考虑使用 VBAT)。

② 如果不使用 BKP 的入侵检测功能,则可以在 Tamper 引脚上将 STM32 的 RTC 时钟经过 64 分频后输出,用户可以通过 RTC 校验寄存器对 RTC 时钟进行校准。

③ 实践表明,如果在 Tamper 引脚上没有附加任何电位钳制电路,那么 STM32 很容易将外界的干扰电平识别为入侵事件,常见的做法是使用上拉电阻钳制。

④ STM32 使用 GPIOC.13 引脚作为 Tamper 事件的检测引脚,但并不需要打开其时钟,也不需要将该引脚设置为任意一种 GPIO 模式。

5.8.8 实验结果

建立并设置好工程,编辑好代码之后按下 F7 进行编译,将所有错误警告排除后(若存在)按下 Ctrl + F5 进行烧写与仿真,然后按下 F5 全速运行。因为本程序为第一次运行(假设之前没有往 BKP 寄存器写入过数据),则 BKP 寄存器的内部数据应该是默认值(全部为 0x0000),则 STM32 通过串口向上位机软件打印如图 5.8.3 所示信息。

```
The datas have been changed.

Recover the datas of DRx to their initial status.
Now the data in DRx are:
DR1  = 0xA53C   DR2  = 0xA596   DR3  = 0xA5D2   DR4  = 0xA677   DR5  = 0xA67D
DR6  = 0xA6F5   DR7  = 0xA7F4   DR8  = 0xA8A8   DR9  = 0xA8C6   DR10 = 0xA99A
```

图 5.8.3 BKP 与入侵检测实验现象 1

然后将 STM32 主电源切断，之后再上电。上位机软件显示如图 5.8.4 所示信息。

```
The datas are as their initial status.


Now the data in DRx are:
DR1  = 0xA53C   DR2  = 0xA596   DR3  = 0xA5D2   DR4  = 0xA677   DR5  = 0xA67D
DR6  = 0xA6F5   DR7  = 0xA7F4   DR8  = 0xA8A8   DR9  = 0xA8C6   DR10 = 0xA99A
```

图 5.8.4　BKP 与入侵检测实验现象 2

可以看到，BKP 寄存器的值已经按照预想，在 VBAT 的支援下得到了保持。此时按下连接 Tamper 引脚的按键，得到如图 5.8.5 所示信息。

```
A tamper event is coming!!
Now the data in DRx are:
DR1  = 0x0000   DR2  = 0x0000   DR3  = 0x0000   DR4  = 0x0000   DR5  = 0x0000
DR6  = 0x0000   DR7  = 0x0000   DR8  = 0x0000   DR9  = 0x0000   DR10 = 0x0000
```

图 5.8.5　BKP 与入侵检测实验现象 3

如图 5.8.5 所示，按键按下后，STM32 检测到了一个入侵事件后响应了入侵事件中断，并且将 BKP 寄存器的内容全部清除了。

综上所述，BKP 寄存器在主电源切断的情况下，确实可以依靠 VBAT 的支持而保持数据不丢失，并且在检测到入侵事件之后迅速清空数据，整个实验现象符合程序预期设计。

5.8.9　小　结

本节向读者介绍了 STM32 微控制器的 BKP 寄存器及其入侵事件检测功能，并验证并展示了这些功能。鉴于这两个外设的使用方法都比较简单，读者应该可以很快掌握。

5.9　利用 RTC 实现一个万年历

5.9.1　概　述

(1) RTC

RTC 是"Real Time Clock"的简称，意为实时时钟，想必各位读者都非常熟悉这一类模块(最为常见的是 Dallas 半导体推出的 DS1302)。事实上，RTC 模块在电子产品中的应用非常广泛，从大型的工业机器到个人电脑、家用电器甚至是廉价的电子手表，都不乏 RTC 的身影。当然，其被广泛应用的原因则不需要再说了。

STM32 微控制器向用户提供了一个简易的 RTC 单元。之所以说其简易，不仅是因为其本质上只是一个独立的 32 位定时器，没有类似 DS1302 的日历功能——这与 SysTick 或其他定时器并没有什么不同。但 STM32 的 RTC 还是有区别于普通定时器的地方，最大的不同在于 STM32 的 RTC 模块使用备份电源供给工作电压，这意味着即便 STM32 的主电源被切断，RTC 的工作参数和当前的时间数据也会得以保持，即便发生系统复位或从休眠状态中唤醒也不会导致时间数据丢失，这和上一节的 BKP 寄存器类似。另外一个不同之处在于，STM32 的 RTC 模块除了提供定时器中必备的溢出中断之外，还提供了一个"闹钟"中断源和一个"秒"中断源，用户可以通过这两个中断实现类似日常生活中常见的实时时钟功能。RTC 单元的特性总结如下：

- 可编程的预分频系数：分频系数最高为 2^{20}。
- 32 位的可编程计数器，可用于较长时间段的测量。
- 2 个分离的时钟源：用于 APB1 接口的 APB 时钟和用于计数的 RTC 时钟。
- 可以选择以下 3 种时钟源作为计数时钟源：HSE 时钟经过 128 分频；LSE 振荡器时钟；LSI 振荡器时钟。
- 由 2 个不同复位方式的模块组成：由系统复位的 APB1 接口；RTC 核心（预分频器、闹钟、计数器和分频器）只能由后备电源供应区复位。
- 3 个专门的可屏蔽中断：闹钟中断，用来产生一个软件可编程的闹钟中断；秒中断，用来产生一个可编程的周期性中断信号（最长可达 1 s）；溢出中断，可指示内部可编程计数器溢出并将其清 0。

(2) UNIX 时间戳

从 STM32 的 RTC 在结构和功能上的设计来看，就注定了其周围必将伴随着 UNIX 时间戳的身影。UNIX 是一个具有相当久远历史的多任务操作系统，诞生于上个世纪的 70 年代（这比当前最为广泛使用的 Windows 操作系统的第一个版本还早了 15 年），而且全部使用了标准的 C 语言实现。至今 UNIX 仍然活跃在世界的各个角落，大家耳熟能详的 Linux 操作系统内核便是 UNIX 演化而来，著名的 Mac OS 也是以 UNIX 为基础的操作系统。不得不说，UNIX 的诞生是人类历史上的一个重要事件。不难想象，任何一个操作系统都有属于其自身的时间管理任务，对于许多系统任务如文件操作或者系统状态的记录等而言，时间都是非常重要的一个信息。那么 UNIX 是用什么办法来认识并管理时间的呢？关键词是：时间戳。

UNIX 时间戳，或称 UNIX 时间、POSIX 时间，是一种时间的计算方式，定义为从格林威治时间 1970 年 01 月 01 日 00 时 00 分 00 秒起至当前的总秒数。UNIX 时间戳不仅被使用在 UNIX 系统、类 UNIX 系统中，也在许多其他操作系统中被广泛采用。但使用 UNIX 时间戳之前必须知道一个事实，即是目前仍然占据主流的 32 位操作系统中，大部分都使用有符号 32 位（signed int）的二进制数表示时间，这意味着此类系统的时间戳最多可以使用到格林威治时间 2038 年 01 月 19 日 03 时 14 分 07 秒，时间再走一秒后时间戳数据将会溢出导致符号位产生变化，时间戳会骤然变化至 1901 年 12 月 13 日 20 时 45 分 52 秒，这就是所谓的 2038 问题。2038 问题很可能将在全世界范围内大规模导致灾难性的后果（类似 2000 年时的"千年虫"）。避免这类问题降临的一个办法是使用 64 位二进制数表示时间,则可以使用到格林威治时间 292,277,026,596 年 12 月 04 日 15 时 30 分 08 秒,这样基本可以认为时间数据永远不会发生溢出事件(至少在相当相当长的时间内是这样)。

正是因为 UNIX 时间戳使用的计时单位为"秒",并且普遍被 32 位系统所使用,而剩下的关于日期的编排设定早已经在 UNIX 时间戳设计者的努力下完成了。这样 STM32 的 RTC 终于可以派上用场了。

5.9.2 实验设计

本节来进行一个实验设计,将 STM32 的 RTC 设备在 UNIX 时间戳和备份电池的支援下设计成一个真正具有实时计时功能的模块,并使用串口向 PC 端打印时间信息。程序流程如图 5.9.1 所示。

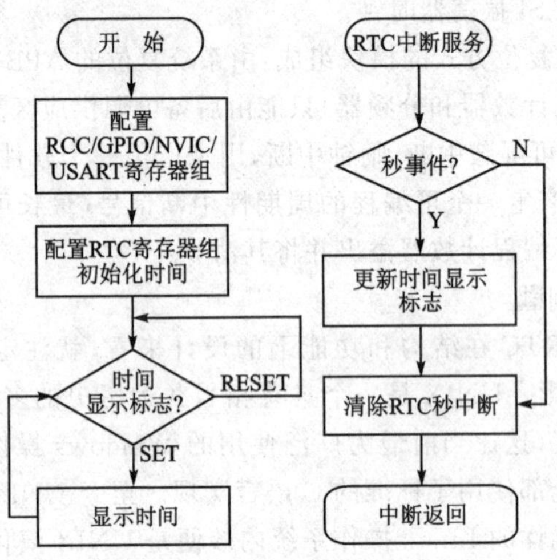

图 5.9.1 RTC 实验流程图

5.9.3 硬件电路

本节实验所需硬件电路和 5.8 节的区别在于,不再需要 Tamper 引脚上的按键了,只剩下备份电池和 USART 设备的电平转换电路(但需要连接一个频率为 32.768 kHz 的外部晶振,因为晶振不属于外部设备所以没有画出),如图 5.9.2 所示。

5.9.4 程序设计

本节程序设计要点如下:

- 配置 RCC 寄存器组,打开 APB1 总线上的 PWR、BKP 设备时钟,开启 LSE(Low Speed External crystal,低速外部晶振,典型值为 32.768 kHz)并将其选择为 RTC 的计时时钟。

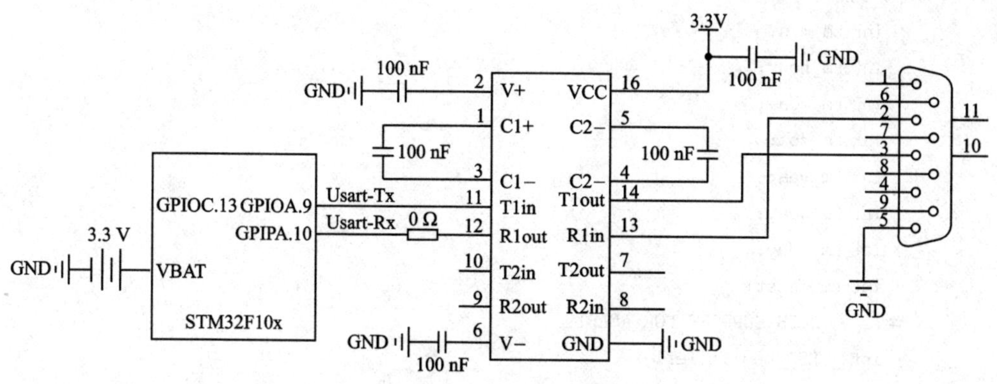

图 5.9.2 RTC 实验硬件原理图

- 配置 GPIO、USART 寄存器组。
- 配置 RTC 寄存器组,使能秒中断,设置 RTC 时钟分频值为 32 767。
- 配置 NVIC,开启 RTC 秒事件中断。
- 围绕 ANSI C 标准函数库中所提供的 UNIX 时间戳函数 unsigned int mktime (struct tm * t)、struct tm * localtime(const time_t *),编写 RTC 读/写应用函数,详见程序清单。

本节程序的重点在于 RTC 计时频率与驱动时钟之间的关系,其与其他普通定时器的计算原理是相仿的,过程如下:

① 首先确认使用频率为 32.768 kHz 的外部晶振作为驱动 STM32 微控制器的 RTC 单元计数的驱动时钟。

② 其次设置 RTC 单元的分频值为 32 767,根据 STM32 官方数据手册,分频值为设置的值加 1,因此实际分频值为 32 768。

③ 不难得到 RTC 进行一次计时的时间 $T=(32\ 767+1)/32.768\ \text{kHz}=1\ \text{s}$。

这样就可得到时间间隔为"秒"的中断事件,而同时读者也应该认识到为什么会有 32.768 kHz 这样一个频率的晶振存在——当某个分频寄存器的位数达到 15 位以上时,就可以提供至少为 $2^{15}=32\ 768$ 的分频值,配合 32.768 kHz 晶振可以得到 1 Hz频率,也就是 1 s 的时间周期。因此 32.768 kHz 晶振经常用于带有实时时钟的系统中。

此外,这里使用 ANSI C 所提供的标准库函数 time.h 中声明的 UNIX 时间戳函数 unsigned int mktime(struct tm * t)和 struct tm * localtime(const time_t *),虽然 ANSI C 并未提供此二者函数的原型,但获知如下信息后仍足以使用这两个函数,首先是这两个函数中都出现了类型为 struct tm 的结构体,在 time.h 查看到其声明如下:

```
struct tm
{
  int tm_sec;
```

```
    int tm_min;
    int tm_hour;
    int tm_mday;
    int tm_mon;
    int tm_year;
    int tm_wday;
    int tm_yday;
    int tm_isdst;
#if   _DLIB_SUPPORT_FOR_AEABI
    int __BSD_bug_filler1;
    int __BSD_bug_filler2;
#endif
};
```

很明显这是个定义时间信息的结构体,在此请读者注意:struct tm 中的成员都使用十六进制数据格式,而不是在 RTC 芯片中常见的 BCD 数据格式。通过查看 ANSI C 库函数的说明得知 unsigned int mktime(struct tm * t)作用是将类型为 struct tm 结构体变量 t 转换为“秒”数据;而 struct tm * localtime(const time_t *)正好相反,将“秒”数据转换为类型为 struct tm 的结构体变量,并返回该结构体指针。

工程文件组里文件情况见表 5.9.1。

表 5.9.1　RTC 实验工程组详情

文件组	包含文件	详　情
boot 文件组	startup_stm32f10x_md. s	STM32 的启动文件
cmsis 文件组	core_cm3. c	Cortex - M3 和 STM32 的板级支持文件
	system_stm32f10x. c	
library 文件组	stm32f10x_rcc. c	RCC 和 Flash 寄存器组的底层配置函数
	stm32f10x_flash. c	
	stm32f10x_gpio. c	GPIO 的底层配置函数
	stm32f10x_usart. c	USART 设备的初始化,数据收发等函数
	stm32f10x_pwr. c	包含有 BKP 寄存器写保护的解锁函数
	stm32f10x_bkp. c	BKP 备份寄存器的配置与存取函数
	misc. c	Systick 定时器和嵌套中断向量控制器 NVIC 的设置函数
	stm32f10x_rtc. c	RTC 寄存器组的设置存取函数
interrupt 文件组	stm32f10x_it. c	STM32 的中断服务子程序
user 文件组	main. c	用户应用代码

5.9.5 程序清单

```
/****************************************************************
* 文件名      : main.c
* 作者        : Losingamong
* 生成日期    : 14/09/2010
* 描述        : 主程序
****************************************************************/
/* 头文件      ---------------------------------------------------*/
#include "stm32f10x.h"
#include "stm32f10x_pwr.h"
#include "stm32f10x_rtc.h"
#include "stm32f10x_bkp.h"
#include "stdio.h"
#include "time.h"
/* 自定义同义关键字      --------------------------------------------*/
/* 自定义参数宏          --------------------------------------------*/
/* 自定义函数宏          --------------------------------------------*/
/* 自定义变量            --------------------------------------------*/
vu32 TimeDisplay = 0;
struct tm time_now = /* 定义 UNIX 时间结构体 */
{
    .tm_year = 2001,
    .tm_mon = 2 - 1,
    .tm_mday = 28,
    .tm_hour = 23,
    .tm_min = 59,
    .tm_sec = 50
};
/* 自定义函数声明        --------------------------------------------*/
void RCC_Configuration(void);
void GPIO_Configuration(void);
void USART_Configuration(void);
void RTC_Configuration(void);
void NVIC_Configuration(void);
void Time_Show(void);
/* UNIX 相关函数声明 */
void Time_SetCalendarTime(struct tm t);
u32 Time_ConvCalendarToUnix(struct tm t);
struct tm Time_ConvUnixToCalendar(time_t t);
u32 Time_GetUnixTime(void);
void Time_SetUnixTime(time_t t);
/****************************************************************
* 函数名      : main
* 函数描述    : 主函数
```

```
* 输入参数   : 无
* 输出结果   : 无
* 返回值     : 无
******************************************************************/
int main(void)
{
    /* 设置系统时钟 */
    RCC_Configuration();
    /* 设置 NVIC */
    NVIC_Configuration();
    /* 设置 GPIO 端口 */
    GPIO_Configuration();
    /* 设置 USART */
    USART_Configuration();
    /* 设置 RTC */
    RTC_Configuration();
    /* 设定初始时间 */
    Time_SetCalendarTime(time_now);
    while(1)
    {
        /* 显示时间 */
        Time_Show();
    }
}
/*******************************************************************
 * 函数名     : RCC_Configuration
 * 函数描述   : 设置系统各部分时钟
 * 输入参数   : 无
 * 输出结果   : 无
 * 返回值     : 无
******************************************************************/
void RCC_Configuration(void)
{
    {
        /* 本部分代码为 RCC_Configuration 函数内部部分代码,见附录 A 程序清单 A.1 */
    }
    /* 打开 APB1 总线上的 PWR,BKP 时钟 */
    RCC_APB1PeriphClockCmd(RCC_APB1Periph_PWR | RCC_APB1Periph_BKP, ENABLE);
    RCC_APB2PeriphClockCmd(RCC_APB2Periph_USART1|RCC_APB2Periph_GPIOA, ENABLE);
}
/*******************************************************************
 * 函数名     : NVIC_Configuration
 * 函数描述   : 设置 NVIC 参数
 * 输入参数   : 无
 * 输出结果   : 无
 * 返回值     : 无
```

```
**************************************************************/
void NVIC_Configuration(void)
{
    /* 定义 NVIC 初始化结构体 */
    NVIC_InitTypeDef NVIC_InitStructure;
    /* 选择优先级分组 1 */
    NVIC_PriorityGroupConfig(NVIC_PriorityGroup_1);
    /* 使能 RTC 中断 */
    NVIC_InitStructure.NVIC_IRQChannel = RTC_IRQn;
    NVIC_InitStructure.NVIC_IRQChannelPreemptionPriority = 1;
    NVIC_InitStructure.NVIC_IRQChannelSubPriority = 0;
    NVIC_InitStructure.NVIC_IRQChannelCmd = ENABLE;
    NVIC_Init(&NVIC_InitStructure);
}
/**************************************************************
*  函数名      : GPIO_Configuration
*  函数描述    : 设置各 GPIO 端口功能
*  输入参数    : 无
*  输出结果    : 无
*  返回值      : 无
**************************************************************/
void GPIO_Configuration(void)
{
    /* 定义 GPIO 初始化结构体 GPIO_InitStructure */
    GPIO_InitTypeDef GPIO_InitStructure;
    /* 设置 USART1 的 Tx 脚(PA.9)为第二功能推挽输出功能 */
    GPIO_InitStructure.GPIO_Pin = GPIO_Pin_9;
    GPIO_InitStructure.GPIO_Mode = GPIO_Mode_AF_PP;
    GPIO_InitStructure.GPIO_Speed = GPIO_Speed_50MHz;
    GPIO_Init(GPIOA, &GPIO_InitStructure);
    /* 设置 USART1 的 Rx 脚(PA.10)为浮空输入脚 */
    GPIO_InitStructure.GPIO_Pin = GPIO_Pin_10;
    GPIO_InitStructure.GPIO_Mode = GPIO_Mode_IN_FLOATING;
    GPIO_Init(GPIOA, &GPIO_InitStructure);
}
/**************************************************************
*  函数名      : RTC_Configuration
*  函数描述    : 设置 RTC
*  输入参数    : 无
*  输出结果    : 无
*  返回值      : 无
**************************************************************/
void RTC_Configuration(void)
{
    /* 使能 RTC 和后备寄存器访问 */
    PWR_BackupAccessCmd(ENABLE);
```

```
    /* 复位备份寄存器设置 */
    BKP_DeInit();
    /* 开启 LSE */
    // RCC_LSEConfig(RCC_LSE_ON);
    RCC_LSICmd(ENABLE);
    /* 等待 LSE 起振 */
    while(RCC_GetFlagStatus(RCC_FLAG_LSIRDY) == RESET);
    /* 选择 LSE 为 RTC 时钟源 */
    RCC_RTCCLKConfig(RCC_RTCCLKSource_LSI);
    /* 使能 RTC 时钟 */
    RCC_RTCCLKCmd(ENABLE);
    /* 等待 RTC 寄存器同步完成 */
    RTC_WaitForSynchro();
    /* 等待最近一次对 RTC 寄存器的写操作完成 */
    RTC_WaitForLastTask();
    /* 使能 RTC 秒中断 */
    RTC_ITConfig(RTC_IT_SEC, ENABLE);
    /* 等待最近一次对 RTC 寄存器的写操作完成 */
    RTC_WaitForLastTask();
    /* 设置 RTC 时钟分频值为 32 767,则计数频率 = (32.768 kHz)/(32 767 + 1) = 1 Hz(~1s) */
    RTC_SetPrescaler(32767);
    /* 等待最近一次对 RTC 寄存器的写操作完成 */
    RTC_WaitForLastTask();
}
/*************************************************************
* 函数名      : Time_Show
* 函数描述    : 向串口打印当前时间
* 输入参数    : 无
* 输出结果    : 无
* 返回值      : 无
*************************************************************/
void Time_Show(void)
{
     u32 CurrenTime = 0;
     if(TimeDisplay)
     {
          /* 读出当前 RTC 计数值(UNIX 时间格式) */
          CurrenTime = Time_GetUnixTime();
          /* 将 UNIX 时间格式转换为标准系统时间格式 */
          time_now = Time_ConvUnixToCalendar(CurrenTime);
          /* 打印时间 */
          printf("\r\n  Time: %d-%d-%d, %d:%d:%d\r\n",
                  time_now.tm_year,
                  (time_now.tm_mon + 1),
                  time_now.tm_mday,
                  time_now.tm_hour,
```

```
                time_now.tm_min,
                time_now.tm_sec);
        TimeDisplay = 0;
    }
}
/*******************************************************************
*  函数名      : USART_Configuration
*  函数描述    : 设置 USART1
*  输入参数    : 无
*  输出结果    : 无
*  返回值      : 无
*******************************************************************/
void USART_Configuration(void)
{
    /* 定义 USART 初始化结构体 USART_InitStructure */
    USART_InitTypeDef USART_InitStructure;
    /*
    *   波特率为 115 200 bps;
    *   8 位数据长度;
    *   1 个停止位,无校验;
    *   禁用硬件流控制;
    *   禁止 USART 时钟;
    *   时钟极性低;
    *   在第 2 个边沿捕获数据
    *   最后一位数据的时钟脉冲不从 SCLK 输出;
    */
    USART_InitStructure.USART_BaudRate = 115200;
    USART_InitStructure.USART_WordLength = USART_WordLength_8b;
    USART_InitStructure.USART_StopBits = USART_StopBits_1;
    USART_InitStructure.USART_Parity = USART_Parity_No ;
    USART_InitStructure.USART_HardwareFlowControl = USART_HardwareFlowControl_None;
    USART_InitStructure.USART_Mode = USART_Mode_Rx | USART_Mode_Tx;
    USART_Init(USART1, &USART_InitStructure);
    /* 使能 USART1 */
    USART_Cmd(USART1, ENABLE);
}
/*******************************************************************
*  函数名      : fputc
*  函数描述    : 将 printf 函数重定位到 USATR1
*  输入参数    : 无
*  输出结果    : 无
*  返回值      : 无
*******************************************************************/
int fputc(int ch, FILE *f)
{
    USART_SendData(USART1, (u8) ch);
```

```
    while(USART_GetFlagStatus(USART1, USART_FLAG_TC) == RESET);
    return ch;
}
/* -------------------------------------------------------------
*     以下为 UNIX 时间戳函数组。
*     需要调用以下 stm32f10x_rtc.c 中的:
*     u32 RTC_GetCounter(void);
*     void RTC_WaitForLastTask(void);
*     RTC_SetCounter(u32 CounterValue);
*     三个函数
-------------------------------------------------------------*/
/*************************************************************
* Function Name   : Time_SetCalendarTime()
* Description     : 将给定的 Calendar 格式时间转换成 UNIX 时间戳写入 RTC
* Input           : struct tm t
* Output          : None
* Return          : None
*************************************************************/
void Time_SetCalendarTime(struct tm t)
{
    Time_SetUnixTime(Time_ConvCalendarToUnix(t));
    return;
}
/*************************************************************
* Function Name   : Time_ConvCalendarToUnix(struct tm t)
* Description     : 写入 RTC 时钟当前时间
* Input           : struct tm t
* Output          : None
* Return          : u32
*************************************************************/
u32 Time_ConvCalendarToUnix(struct tm t)
{
    t.tm_year - = 1900;   //外部 tm 结构体存储的年份为 2008 格式
                          //而 time.h 中定义的年份格式为 1900 年开始的年份
                          //所以,在日期转换时要考虑到这个因素
    return mktime(&t);
}
/*************************************************************
* Function Name   : Time_GetUnixTime()
* Description     : 从 RTC 取当前时间的 Unix 时间戳值
* Input           : None
* Output          : None
* Return          : u32 t
*************************************************************/
u32 Time_GetUnixTime(void)
{
```

```
    return (u32)RTC_GetCounter();
}
/*******************************************************************
 * Function Name  : Time_ConvUnixToCalendar(time_t t)
 * Description    : 转换 UNIX 时间戳为日历时间
 * Input          : u32 t  当前时间的 UNIX 时间戳
 * Output         : None
 * Return         : struct tm
*******************************************************************/
struct tm Time_ConvUnixToCalendar(time_t t)
{
    struct tm *t_tm;
    t_tm = localtime(&t);
    t_tm->tm_year += 1900;       //localtime 转换结果的 tm_year 是相对值,需要转成
                                 //绝对值
    return *t_tm;
}
/*******************************************************************
 * Function Name  : Time_SetUnixTime()
 * Description    : 将给定的 Unix 时间戳写入 RTC
 * Input          : time_t t
 * Output         : None
 * Return         : None
*******************************************************************/
void Time_SetUnixTime(time_t t)
{
    RTC_WaitForLastTask();
    RTC_SetCounter((u32)t);
    RTC_WaitForLastTask();
    return;
}
/*******************************************************************
 * 文件名    : stm32f10x_ it.c
 * 作者      : Losingamong
 * 生成日期  : 14 / 09 / 2010
 * 描述      : 中断服务程序
*******************************************************************/
/* 头文件    ------------------------------------------------------*/
#include "stm32f10x.h"
#include "stm32f10x_rtc.h"
/* 自定义变量声明    ------------------------------------------------*/
extern vu32 TimeDisplay;                    /* 时间显示标志位 */
/*******************************************************************
 * 函数名    : RTC_IRQHandler
 * 输入参数  : 无
 * 函数描述  : RTC 全局中断服务
```

```
 *  返回值      : 无
 *  输入参数    : 无
***********************************************************************/
void RTC_IRQHandler(void)
{
    if(RTC_GetITStatus(RTC_IT_SEC) != RESET)
    {
        /* 清除 RTC 秒中断 */
        RTC_ClearITPendingBit(RTC_IT_SEC);
        /* 更新时间显示标志位 */
        TimeDisplay = 1;
    }
}
```

5.9.6 使用到的库函数

(1) 函数 BKP_DeInit(见表 5.9.2)

表 5.9.2　函数 BKP_DeInit 说明

项目名	代　号	项目名	代　号
函数名	BKP_DeInit	输出参数	无
函数原形	void BKP_DeInit(void)	返回值	无
功能描述	将外设 BKP 的全部寄存器重设为默认值	先决条件	无
输入参数	无	被调用函数	RCC_BackupResetCmd

例:

```
BKP_DeInit();/* 将 BKP 的全部寄存器重设为默认值 */
```

(2) 函数 RCC_LSEConfig(见表 5.9.3)

表 5.9.3　函数 RCC_LSEConfig 说明

项目名	代　号	项目名	代　号
函数名	RCC_LSEConfig	输出参数	无
函数原形	void RCC_LSEConfig(u32 RCC_HSE)	返回值	无
功能描述	设置外部低速晶振(LSE)	先决条件	无
输入参数	RCC_LSE: LSE 的新状态	被调用函数	无

参数描述:RCC_LSE,设置 HSE 的状态,见表 5.9.4。

表 5.9.4　参数 RCC_LSE 定义

RCC_LSE 参数	描　述	RCC_LSE 参数	描　述	RCC_LSE 参数	描　述
RCC_LSE_OFF	LSE 晶振关闭	RCC_LSE_ON	LSE 晶振开启	RCC_LSE_Bypass	LSE 晶振被外部时钟旁路

例：

```
RCC_LSEConfig(RCC_LSE_ON); /* 启用 LSE */
```

(3) 函数 RCC_RTCCLKConfig(见表 5.9.5)

表 5.9.5 函数 RCC_RTCCLKConfig 说明

项目名	代号
函数名	RCC_RTCCLKConfig
函数原形	void RCC_RTCCLKConfig(u32 RCC_RTCCLKSource)
功能描述	设置 RTC 时钟(RTCCLK)
输入参数	RCC_RTCCLKSource：定义 RTCCLK
输出参数	无
返回值	无
先决条件	RTC 时钟一经选定即不能更改，除非复位备份电源区
被调用函数	无

参数描述：RCC_RTCCLKSource，设置了 RTC 时钟(RTCCLK)，见表 5.9.6。

表 5.9.6 参数 RCC_RTCCLKSource 定义

RCC_RTCCLKSource 参数	描述
RCC_RTCCLKSource_LSE	选择 LSE 作为 RTC 时钟
RCC_RTCCLKSource_LSI	选择 LSI 作为 RTC 时钟
RCC_RTCCLKSource_HSE_Div128	选择 HSE/128 作 RTC 时钟

例：

```
RCC_RTCCLKConfig(RCC_RTCCLKSource_LSE); /* 选择 LSE 为 RTC 时钟源 */
```

(4) 函数 RCC_RTCCLKCmd(见表 5.9.7)

表 5.9.7 函数 RCC_RTCCLKCmd 说明

项目名	代号
函数名	RCC_RTCCLKCmd
函数原形	void RCC_RTCCLKCmd(FunctionalState NewState)
功能描述	使能或者失能 RTC 时钟
输入参数	NewState：RTC 时钟的新状态，这个参数可以取：ENABLE 或者 DISABLE
输出参数	无
返回值	无
先决条件	该函数只有在通过 RCC_RTCCLKConfig 函数选择 RTC 时钟后，才能调用
被调用函数	无

例：

```
RCC_RTCCLKCmd(ENABLE); /* 使能 RTC 时钟 */
```

(5) 函数 RTC_WaitForLastTask(见表 5.9.8)

表 5.9.8　函数 RTC_WaitForLastTask 说明

项目名	代　号	项目名	代　号
函数名	RTC_WaitForLastTask	输出参数	无
函数原形	void RTC_WaitForLastTask(void)	返回值	无
功能描述	等待最近一次对 RTC 寄存器的写操作完成	先决条件	无
输入参数	无	被调用函数	无

例：

```
RTC_WaitForLastTask();/* 等待最近一次对 RTC 寄存器的写操作完成 */
RTC_SetAlarm(0x10);
```

(6) 函数 RTC_ITConfig(见表 5.9.9)

表 5.9.9　函数 RTC_ITConfig 说明

项目名	代　号
函数名	RTC_ITConfig
函数原形	void RTC_ITConfig(u16 RTC_IT, FunctionalState NewState)
功能描述	使能或者失能指定的 RTC 中断
输入参数 1	RTC_IT:待使能或者失能的 RTC 中断源
输入参数 2	NewState:RTC 中断的新状态,这个参数可以取 ENABLE 或者 DISABLE
输出参数	无
返回值	无
先决条件	在使用本函数前必须先调用函数 RTC_WaitForLastTask()
被调用函数	无

参数描述:RTC_IT,使能或者失能 RTC 的中断,见表 5.9.10。

表 5.9.10　参数 RTC_IT 定义

RTC_IT 参数	描　述	RTC_IT 参数	描　述	RTC_IT 参数	描　述
RTC_IT_OW	溢出中断	RTC_IT_ALR	闹钟中断	RTC_IT_SEC	秒中断

例：

```
RTC_WaitForLastTask();            /* 等待最近一次对 RTC 寄存器的写操作完成 */
RTC_ITConfig(RTC_IT_ALR, ENABLE); /* 闹钟中断使能 */
```

(7) 函数 RTC_SetPrescaler(见表 5.9.11)

表 5.9.11 函数 RTC_SetPrescaler 说明

项目名	代 号
函数名	RTC_SetPrescaler
函数原形	void RTC_SetPrescaler(u32 PrescalerValue)
功能描述	设置 RTC 预分频的值
输入参数	PrescalerValue:新的 RTC 预分频值
输出参数	无
返回值	无
先决条件	在使用本函数前必须先调用函数 RTC_WaitForLastTask()
被调用函数	RTC_EnterConfigMode()、RTC_ExitConfigMode()

例:

```
RTC_WaitForLastTask();              /* 等待最近一次对 RTC 寄存器的写操作完成 */
RTC_SetPrescaler(0x7A12);           /* 设置 RTC 分频值为 0x7A12 */
```

(8) 函数 RTC_GetITStatus(见表 5.9.12)

表 5.9.12 函数 RTC_GetITStatus 说明

项目名	代 号	项目名	代 号
函数名	RTC_GetITStatus	输出参数	无
函数原形	ITStatus RTC_GetITStatus(u16 RTC_IT)	返回值	RTC_IT 的新状态(SET 或者 RESET)
功能描述	检查指定的 RTC 中断发生与否	先决条件	无
输入参数 2	RTC_IT:待检查的 RTC 中断	被调用函数	无

例:

```
/* 获取 RTC 秒中断状态 */
ITStatus SecondITStatus;
SecondITStatus = RTC_GetITStatus(RTC_IT_SEC);
```

(9) 函数 RTC_ClearITPendingBit(见表 5.9.13)

表 5.9.13 函数 RTC_ClearITPendingBit 说明

项目名	代 号	项目名	代 号
函数名	RTC_ClearITPendingBit	输出参数	无
函数原形	ITStatus RTC_GetITStatus(u16 RTC_IT)	返回值	无
功能描述	清除 RTC 的中断待处理位	先决条件	在使用本函数前必须先调用函数 RTC_WaitForLastTask(),等待标志位,RTOFF 被设置
输入参数	RTC_IT:待清除的 RTC 中断待处理位	被调用函数	无

例：

```
RTC_WaitForLastTask();                /* 等待最近一次对 RTC 寄存器的写操作完成 */
RTC_ClearITPendingBit(RTC_IT_SEC);    /* 清除 RTC 秒中断 */
```

5.9.7 注意事项

① 要区分 RTC 的两个时钟：来自 APB1 总线的 PLCK1 时钟(36 MHz)和外部低速晶振 LSE 所提供的 32.768 kHz 时钟。其中 PCLK1 时钟是供给 STM32 打开以及存取备份电源控制区的写保护用的，而写保护开关包含在 BKP 以及 PWR 寄存器组中(至此可总结：凡是需要操作备份电源控制区的设备，都先要经过 BKP 和 PWR 这一关)。来自 LSE 的时钟则仅给 RTC 提供其核心的 32 位定时器计数使用。

② LSE 的时钟必须小于 PCLK1 时钟的 1/4。

③ RTC 操作的原则之一：在每次读/写之前请保证上一次读/写已经完成。

④ 事实上不一定要使用 LSE 作为 RTC 的计数时钟，也可以使用 STM32 的低速内部振荡器(LSI)或外部高速晶振 HSE。但若非不得已建议不要启用 LSI，因为 LSI 频速率并不准确，也不稳定。

⑤ ANSI C 所提供的 time.h 头文件中关于 UNIX 时间戳的时间信息结构体中，年份是从 1900 年开始的(而当前世人所谓的公元元年是从 0001 年开始的)。简单地说，如果 UNIX 时间戳的时间信息结构体中的年份信息是 100，那么就是当世的公元(1900＋100)＝2000 年；如果是 111，那么就是公元 2011 年。

5.9.8 实验结果

建立并设置好工程，编辑好代码之后按下 F7 进行编译，将所有错误警告排除后(若存在)按下 Ctrl＋F5 进行烧写与仿真，然后按下 F5 全速运行。可以看到 PC 端的上位机软件以 1 s 的间隔出现时间信息，如图 5.9.3 所示。

```
Time: 2011-2-8, 2:20:56
Time: 2011-2-8, 2:20:57
Time: 2011-2-8, 2:20:58
Time: 2011-2-8, 2:20:59
Time: 2011-2-8, 2:21:0
Time: 2011-2-8, 2:21:1
Time: 2011-2-8, 2:21:2
Time: 2011-2-8, 2:21:3
```

图 5.9.3 RTC 实验现象

5.9.9 小 结

本节向读者介绍了 STM32 微控制器 RTC 外设单元的基本特性及功能，并在 UNIX 时间戳的配合下完成了一个简易实时时钟的实验设计。显而易见，STM32 配备 RTC 外设是一个非常具有性价比的设计，利用 UNIX 时间戳完全可以实现标准 RTC 芯片的大部分功能，在对实时时钟要求不高的电子产品中使用，可以大大降低产品的成本。

5.10 挑战 STM32 的低功耗设计

5.10.1 概 述

在 20 世纪 80 年代，Intel 推出了业界第一款 51 架构的单片机，最终成为了“工业控制单片机”的标准。随后，Intel 出售了 51 的授权给多家半导体公司（如众所周知的 Atmel、德州仪器）。此后 51 单片机的规模便一发不可收拾，市场上诞生了异常庞大的 51 单片机家族，上千款基于 51 架构的单片机用于各式各样的工业控制场合中，至今仍然牢牢占据着低端工业控制单片机的市场。51 几乎成了单片机的代名词，以致人们都忘记了 51 指的是一种架构而不是一种单片机。但用户对产品要求的变化是随着时间的推移而变化的，其中最明显的变化在于单片机开始有趋势地向一些非工业控制的小型应用场合渗透。这个趋势最终导致了手持电子产品的诞生，比如仪表、遥控器等。手持电子产品的一个重要特征是往往使用电池供电，这要求单片机本身有较低的功耗。而 51 单片机主要针对工业控制场合的应用而设，所以功耗的控制并没有成为其设计的重点。但用户的需求犹如历史的车轮前进不止，当 51 单片机再也无法满足一部分人的需求时，就出现了一些使用新架构的单片机，这些单片机中典型的当数Atmel公司的 AVR 单片机，还有 TI 的 MSP430 单片机。可以说这些单片机相比于 51 单片机来说，性能上有了质的飞跃，同时，它们的功耗也做到了“登峰造极”的地步：有实验使用两个水果作为生物电池供给 MSP430 单片机工作了 2 周的时间仍未衰竭，而最新款的 PIC18 系列单片机号称待机电流减小至 1 nA。再后来，出现了对功耗需求更为敏感的电子产品，那就是消费电子。各位读者肯定经历过关键时刻手机或者随身听没电的尴尬场景，而各种消费电子产品的电池续航时间甚至成为其性能评估的一个重要指标。至此，低功耗设计已经无可避免地成为了电子设计领域中一个永恒的主题。

意法半导体对 STM32 的应用定位是：电机驱动和应用控制、医疗和手持设备、PC 游戏外设和 GPS 平台、工业应用、警报系统、视频对讲和暖气通风空调系统等。如此看来，STM32 在降低功率消耗方面必定是下了一番工夫的。读者首先需要知道 STM32 是怎么被设计出来的。简要地说，STM32 是 ST 公司从 ARM 公司拿到了 ARM Cortex－M3 内核使用授权，然后在这个内核的基础上挂载一系列的外设从而设计出来的。因此，STM32 微控制器的功耗，要从两个方面来理解：一是 ARM Cortex－M3内核的功率消耗；二是其周围外部设备的功率消耗。关于外设的功耗降低很简单，只需要控制器总线时钟开关，让外设在不使用的时候尽量处于关闭状态。重点是 ARM Cortex－M3 内核的功率消耗。

读者已经知道，ARM Cortex－M3 的运转也需要一个 1.8 V 的电源供应，而这个 1.8 V 电源来自于 STM32 为其提供的电压调节器。请注意分辨哪部分部件属于

ARM Cortex - M3 内核配备,哪部分部件属于 ST 在该内核基础上添加的。下面从功耗递减的顺序来总结(假设用户外设消耗某个固定的功耗值)。

① 正常运行模式:电压调节器工作在正常状态,Cortex - M3 内核正常运行,Cortex - M3 的内设(如 NVIC)正常运行,STM32 的 PLL、HSE、HSI 正常运行,这是功耗最大的情况。

② 睡眠模式:Cortex - M3 内核执行进入睡眠模式指令,电压调节器工作在正常状态,Cortex - M3 内核停止运行,但 Cortex - M3 内设仍正常运行,STM32 的 PLL、HSE、HSI 也正常运行,SRAM、寄存器的值仍然得以保留。功耗相对于正常模式得到降低。

③ 深度睡眠模式:在睡眠模式基础上,将电压调节器工作设置为低功耗状态,则 Cortex - M3 内核停止运行,Cortex - M3 内设也停止运行,STM32 的 PLL、HSE、HSI 也被关断。但 SRAM、寄存器的值仍然得以保留。功耗相对于睡眠模式得到进一步降低。

④ 待机模式:在深度睡眠模式的基础上,将电压调节器关闭,则 Cortex - M3 内核停止运行,Cortex - M3 内设也停止运行,STM32 的 PLL、HSE、HSI 关断,SRAM、设备寄存器的值丢失,PWR、BKP 寄存器的值也丢失,只有待机电路仍正常工作。这时 STM32 的功耗可以降至理论上的最低值。

各个低功耗模式的进入及退出方法见表 5.10.1,表中提到的设置位位于 STM32 的 PWR 寄存器组或 Cortex - M3 内核的系统控制寄存器(System Control Register)中。

表 5.10.1 STM32 低功耗模式的进入及退出方法

模 式	进入方法	退出方法
睡眠模式	WFE 指令(等待事件唤醒)	任一事件
	WFI 指令(等待中断唤醒)	任一中断
深度睡眠模式	PDDS 和 LPDS 位 + SLEEPDEEP 位 + WFI 或 WFE 指令	任一外部中断(注意一定是外部中断)
待机模式	PDDS 位+SLEEPDEEP 位+WFI 或 WFE 指令	WKUP 引脚的上升沿、RTC 闹钟事件、NRST 引脚上的外部复位、IWDG 复位

还有最后一点值得读者思考的是,STM32 从这 3 种低功耗模式恢复后的运行情况是怎样的呢?这个问题其实很好回答。

① 当 STM32 处于睡眠状态时,只有内核停止工作,关键是 SRAM、寄存器的值仍然得以保持,这表示 Cortex - M3 CPU 寄存器的内容并未丢失(注意程序的当前执行状态全部以 CPU 寄存器的内容而决定的),因此 STM32 从睡眠状态恢复后,回到进入睡眠状态指令的后一条指令开始执行。

② 当 STM32 处于深度睡眠状态时，SRAM、寄存器的值同样得以保持，因此 STM32 从深度睡眠状态恢复后，同样回到进入睡眠状态指令的后一条指令开始执行。但不同于上一种情况的是，进入深度睡眠状态后，STM32 的时钟关断了，因此从深度睡眠状态恢复后，STM32 将使用内部高速振荡器作为系统时钟（HSI，频率为不稳定的 8 MHz）。

③ 当 STM32 处于待机状态时，所有 SRAM 与寄存器的值丢失（恢复默认值），因此从待机状态恢复，程序自然重新从顶部开始执行——这相当于一次软件复位的效果，它的退出方法（表 5.10.1）也正好说明了这一点。

通过上述描述，读者对 STM32 的低功耗体系应该就有了一个较为系统的认识。

5.10.2 实验设计

本节所要进行的实验设计将围绕 STM32 的 3 种低功耗模式中的“深度睡眠模式”展开。思路如下，在配置好 STM32 各个寄存器组之后，让一个 LED 以一定时间间隔闪烁，然后使用 WFI 指令使 STM32 进入深度睡眠模式，并配置一个外部中断随时将 STM32 从深度睡眠模式唤醒，之后再让 LED 进行闪烁，随后从中分析一些现象。流程如图 5.10.1 所示。

5.10.3 硬件电路

本节实验所需硬件电路除了 STM32 微控制器的最小系统之外，还需要一个 LED 灯外加一个按键，如图 5.10.2 所示。

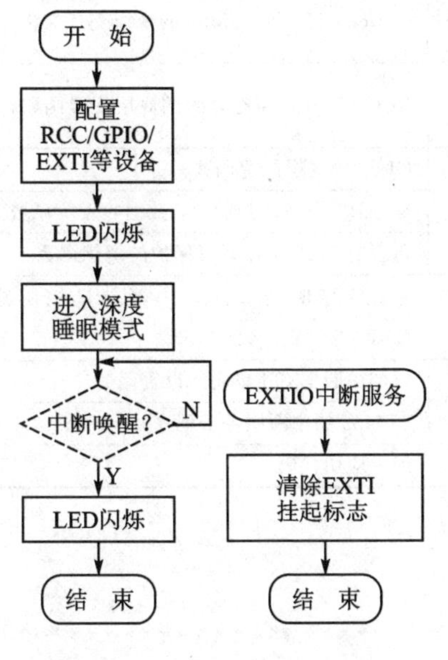

图 5.10.1 低功耗实验流程

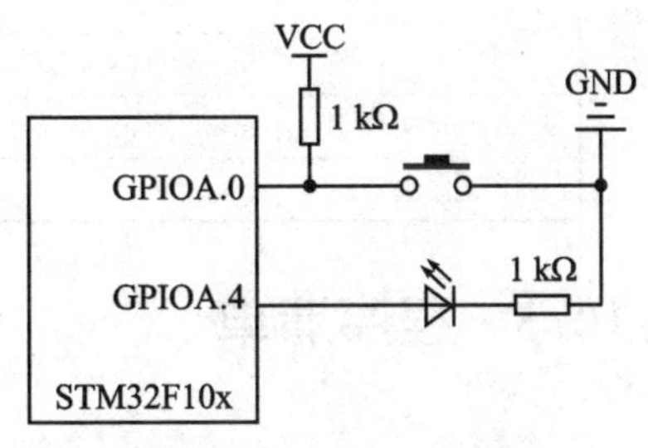

图 5.10.2 低功耗实验硬件原理图

5.10.4 程序设计

虽然 STM32 的低功耗体系较为复杂,但是从程序设计的角度来看却是比较简单的,特别是在使用 ST 所提供的函数库的基础上,程序的配置要点如下:

- 配置 RCC 寄存器组,使用 PLL 输出 72 MHz 时钟并作为主时钟。
- 配置 GPIO 寄存器组,配置 GPIOA.0 口作为 EXTI0 的入口,配置 GPIOA.4 为推挽输出模式。
- 配置 SysTick,使用主时钟(72 MHz)作为时钟源,产生 100 ms 间隔的事件(注意不要开启其中断)。

先来预测一下程序执行后的现象:程序开始运行之后,首先 LED 先以 SysTick 定时器为基准(使用 72 MHz 主时钟)做 1 s 间隔的闪烁动作,持续 3 个周期,然后使 STM32 进入深度睡眠模式。此时使用 GPIOA.0 上的按键触发一次外部中断。STM32 将从深度睡眠模式中唤醒,而其余寄存器设置全部都应该得以保持睡眠前的状态。据此推断,SysTick 仍然可以运行休眠之前的设置使用主时钟驱动计数,但因为经过深度睡眠的关系,主时钟从原本 PLL 输出的 72 MHz 变成了 STM32 内部 HSI 的 8 MHz。因而,此时 LED 应该以睡眠前闪烁速度的 1/9 进行闪烁。

工程文件组里文件情况见表 5.10.2。

表 5.10.2 低功耗实验工程组详情

文件组	包含文件	详 情
boot 文件组	startup_stm32f10x_md.s	STM32 的启动文件
cmsis 文件组	core_cm3.c	Cortex-M3 和 STM32 的板级支持文件
	system_stm32f10x.c	
library 文件组	stm32f10x_rcc.c	RCC 和 Flash 寄存器组的底层配置函数
	stm32f10x_flash.c	
	stm32f10x_gpio.c	GPIO 的底层配置函数
	stm32f10x_usart.c	USART 设备的初始化,数据收发等函数
	stm32f10x_pwr.c	包含有 BKP 寄存器写保护的解锁函数
	misc.c	Systick 定时器和嵌套中断向量控制器 NVIC 的设置函数
	stm32f10x_exti.c	外部中断 EXTI 单元的设置函数
interrupt 文件组	stm32f10x_it.c	STM32 的中断服务子程序
user 文件组	main.c	用户应用代码

5.10.5 程序清单

```
/******************************************************************
*  文件名    : main.c
*  作者      : Losingamong
```

```
 * 生成日期  : 15/09/2010
 * 描述      : 主程序
*****************************************************************************/
/* Includes ------------------------------------------------------------------*/
#include "stm32f10x.h"
#include "stm32f10x_pwr.h"
#include "stm32f10x_exti.h"
/* 自定义同义关键字      --------------------------------------------------*/
/* 自定义参数宏          --------------------------------------------------*/
/* 自定义函数宏          --------------------------------------------------*/
/* 自定义变量            --------------------------------------------------*/
vu32 tick = 0;
/* 自定义函数声明        --------------------------------------------------*/
void RCC_Configuration(void);
void GPIO_Configuration(void);
void EXTI_Configuration(void);
void NVIC_Configuration(void);
void SysTick_Configuration(void);
void Delay_NSecond(u8 Tick);
/*****************************************************************************
 * 函数名    : main
 * 函数描述  : main 函数
 * 输入参数  : 无
 * 输出结果  : 无
 * 返回值    : 无
*****************************************************************************/
int main(void)
{
    /* 设置系统时钟 */
    RCC_Configuration();
    /* 设置 GPIO 端口 */
    GPIO_Configuration();
    /* 设置 EXIT */
    EXTI_Configuration();
    /* 设置 NVIC */
    NVIC_Configuration();
    /* 设置 Systick 定时器 */
    SysTick_Configuration();
    /* LED 闪烁 */
    GPIO_WriteBit(GPIOA, GPIO_Pin_4, Bit_SET);
    Delay_NSecond(1);
    GPIO_WriteBit(GPIOA, GPIO_Pin_4, Bit_RESET);
    Delay_NSecond(1);
    GPIO_WriteBit(GPIOA, GPIO_Pin_4, Bit_SET);
    Delay_NSecond(1);
    GPIO_WriteBit(GPIOA, GPIO_Pin_4, Bit_RESET);
    Delay_NSecond(1);
```

```
    GPIO_WriteBit(GPIOA, GPIO_Pin_4, Bit_SET);
    Delay_NSecond(1);
    /* 进入停机模式,电压调整器进入低功耗模式 */
    PWR_EnterSTOPMode(PWR_Regulator_LowPower, PWR_STOPEntry_WFI);
    /* LED 闪烁 */
    GPIO_WriteBit(GPIOA, GPIO_Pin_4, Bit_SET);
    Delay_NSecond(1);
    GPIO_WriteBit(GPIOA, GPIO_Pin_4, Bit_RESET);
    Delay_NSecond(1);
    GPIO_WriteBit(GPIOA, GPIO_Pin_4, Bit_SET);
    Delay_NSecond(1);
    GPIO_WriteBit(GPIOA, GPIO_Pin_4, Bit_RESET);
    Delay_NSecond(1);
    GPIO_WriteBit(GPIOA, GPIO_Pin_4, Bit_SET);
    Delay_NSecond(1);
    while(1);
}
/*******************************************************
 * 函数名    : RCC_Configuration
 * 函数描述  : 设置系统各部分时钟
 * 输入参数  : 无
 * 输出结果  : 无
 * 返回值    : 无
 *******************************************************/
void RCC_Configuration(void)
{
    {
        /* 本部分代码为 RCC_Configuration 函数内部部分代码,见附录 A 程序清单 A.1 */
    }
    /* 打开 PWR 时钟 */
    RCC_APB1PeriphClockCmd(RCC_APB1Periph_PWR, ENABLE);
    /* 打开 APB 总线上的 GPIOA,USART 时钟 */
    RCC_APB2PeriphClockCmd(RCC_APB2Periph_GPIOA, ENABLE);
}
/*******************************************************
 * 函数名    : GPIO_Configuration
 * 函数描述  : 设置各 GPIO 端口功能
 * 输入参数  : 无
 * 输出结果  : 无
 * 返回值    : 无
 *******************************************************/
void GPIO_Configuration(void)
{
    /* 定义 GPIO 初始化结构体 GPIO_InitStructure */
    GPIO_InitTypeDef GPIO_InitStructure;
    /* 设置 PA0 为推挽输出 */
    GPIO_InitStructure.GPIO_Pin = GPIO_Pin_4;
```

```
    GPIO_InitStructure.GPIO_Mode = GPIO_Mode_Out_PP;
    GPIO_InitStructure.GPIO_Speed = GPIO_Speed_50MHz;
    GPIO_Init(GPIOA, &GPIO_InitStructure);
    /* 设置 PA0 为上拉输入 */
    GPIO_InitStructure.GPIO_Pin = GPIO_Pin_0;
    GPIO_InitStructure.GPIO_Mode = GPIO_Mode_IPU;
    GPIO_Init(GPIOA, &GPIO_InitStructure);
    /* 定义 PA.0 为外部中断 0 输入通道(EXIT0) */
    GPIO_EXTILineConfig(GPIO_PortSourceGPIOA, GPIO_PinSource0);
}
/*******************************************************
* 函数名     : EXIT_Configuration
* 函数描述   : 设置 EXIT 参数
* 输入参数   : 无
* 输出结果   : 无
* 返回值     : 无
*******************************************************/
void EXTI_Configuration(void)
{
    /* 定义 EXIT 初始化结构体 EXTI_InitStructure */
    EXTI_InitTypeDef EXTI_InitStructure;
    /* 设置外部中断 0 通道(EXIT Line0)在下降沿时触发中断 */
    EXTI_InitStructure.EXTI_Line = EXTI_Line0;
    EXTI_InitStructure.EXTI_Mode = EXTI_Mode_Interrupt;
    EXTI_InitStructure.EXTI_Trigger = EXTI_Trigger_Falling;
    EXTI_InitStructure.EXTI_LineCmd = ENABLE;
    EXTI_Init(&EXTI_InitStructure);
}
/*******************************************************
* 函数名     : NVIC_Configuration
* 函数描述   : 设置 NVIC 参数
* 输入参数   : 无
* 输出结果   : 无
* 返回值     : 无
*******************************************************/
void NVIC_Configuration(void)
{
    /* 定义 NVIC 初始化结构体 NVIC_InitStructure */
    NVIC_InitTypeDef NVIC_InitStructure;
        /* #ifdef...#else...#endif 结构的作用是根据预编译条件决定中断向量表
           起始地址 */
  #ifdef  VECT_TAB_RAM
        /* 中断向量表起始地址从 0x20000000 开始 */
        NVIC_SetVectorTable(NVIC_VectTab_RAM, 0x0);
  #else  /* VECT_TAB_FLASH */
        /* 中断向量表起始地址从 0x80000000 开始 */
        NVIC_SetVectorTable(NVIC_VectTab_FLASH, 0x0);
```

```
    #endif
    /* 选择优先级分组 0 */
    NVIC_PriorityGroupConfig(NVIC_PriorityGroup_0);
    /* 开启外部中断通道 0(EXIT.0), 0 级先占优先级,0 级后占优先级 */
    NVIC_InitStructure.NVIC_IRQChannel = EXTI0_IRQn;
    NVIC_InitStructure.NVIC_IRQChannelPreemptionPriority = 0;
    NVIC_InitStructure.NVIC_IRQChannelSubPriority = 0;
    NVIC_InitStructure.NVIC_IRQChannelCmd = ENABLE;
    NVIC_Init(&NVIC_InitStructure);
}
/*****************************************************************
 * 函数名      : Systick_Configuration
 * 函数描述    : 设置 Systick 定时器,重装载时间为 100ms
 * 输入参数    : 无
 * 输出结果    : 无
 * 返回值      : 无
*****************************************************************/
void SysTick_Configuration(void)
{
    /* 时钟频率为 9 MHz,配置计数值 9 000 000 除以 10 可以得到 100 ms 定时间隔 */
    SysTick_Config(9000000 / 10);
    /* 配置 systick 的时钟源为 HCLK 的 8 分频,即 72 MHz/8 = 9 MHz */
    SysTick_CLKSourceConfig(SysTick_CLKSource_HCLK_Div8);
}
/*****************************************************************
 * 函数名      : Delay_Second
 * 函数描述    : 1 s 定时
 * 输入参数    : 定时时间长度,单位 s
 * 输出结果    : 无
 * 返回值      : 无
*****************************************************************/
void Delay_NSecond(u8 Tick)
{
    /* 清除周期计数 */
    tick = 0;
    /* 等待 tick 计数至 10,一次 100 ms,共 10 次,总计约 1 s */
    while(tick <= 10);
}
/*****************************************************************
 * 文件名      : stm32f10x_ it.c
 * 作者        : Losingamong
 * 生成日期    : 14 / 09 / 2010
 * 描述        : 中断服务程序
*****************************************************************/
/* 头文件      ---------------------------------------------------*/
#include "stm32f10x.h"
#include "stm32f10x_exti.h"
```

```
/* 自定义变量声明      ---------------------------------------*/
extern vu32 tick;
/*************************************************************
 * 函数名      : SysTickHandler
 * 输入参数    : 无
 * 函数描述    : 内核定时器 SysTick 中断服务函数
 * 返回值      : 无
 * 输入参数    : 无
**************************************************************/
void SysTick_Handler(void)
{
    tick++;
}
/*************************************************************
 * 函数名      : EXTI0_IRQHandler
 * 输入参数    : 无
 * 函数描述    : 外部中断 0 中断服务函数
 * 返回值      : 无
 * 输入参数    : 无
**************************************************************/
void EXTI0_IRQHandler(void)
{
    EXTI_ClearITPendingBit(EXTI_Line0);
}
```

5.10.6 使用到的库函数

函数 PWR_EnterSTOPMode(见表 5.10.3)

表 5.10.3 函数 PWR_EnterSTOPMode 说明

表 5.10.3 函数 PWR_EnterSTOPMode 说明

项目名	代 号
函数名	PWR_EnterSTOPMode
函数原形	void PWR_EnterSTOPMode(u32 PWR_Regulator, u8 PWR_STOPEntry)
功能描述	使 STM32 进入停止(STOP)模式
输入参数 1	PWR_Regulator:电压转换器在停止模式下的状态
输入参数 2	PWR_STOPEntry:选择使用指令 WFE 还是 WFI 来进入停止模式
输出参数	无
返回值	无
先决条件	无
被调用函数	__WFI(),__WFE()

参数描述：

① PWR_Regulator，设置了电压转换器在停止模式下的状态，见表 5.10.4。

表 5.10.4　参数 PWR_Regulator 定义

PWR_Regulator 参数	描　述
PWR_Regulator_ON	停止模式下电压转换器保持正常模式
PWR_Regulator_LowPower	停止模式下电压转换器进入低功耗模式

② PWR_STOPEntry，选择使用指令 WFE 还是 WFI 来进入停止模式，见表 5.10.5。

表 5.10.5　参数 PWR_STOPEntry 定义

PWR_STOPEntry 参数	描　述
PWR_STOPEntry_WFI	使用指令 WFI 来进入停止模式
PWR_STOPEntry_WFE	使用指令 WFE 来进入停止模式

例：

```
/* 在开启电压转换器的情况下使用 WFE 指令进入低功耗模式(等同于睡眠模式) */
PWR_EnterSTOPMode(PWR_Regulator_ON, PWR_STOPEntry_WFE);
```

5.10.7　注意事项

① 在实际应用中进行 STM32 的低功耗设计时，除了关注进入低功耗的方式、具体的功耗组成以及退出的方法之外，低功耗状态的退出耗时也应该是开发人员所要重点关注的事项。

② 上述程序在 STM32 从低功耗模式恢复之后，并没有再次对 RCC 寄存器组进行配置，为的是确认 HSI 是否真地被启用为主时钟了。但是实际应用中，退出深度睡眠模式之后必须重新将 RCC 寄存器组配置为睡眠之前的状态，否则部分外设会因得不到正确的时钟驱动而陷入混乱状态。

③ 在此解析一下"事件"与"中断"的概念："事件"指的是发生在某个设备上的某种现象，比如定时器溢出、看门狗复位、串口设备收到一个数据等。可以认为"中断"是建立在"事件"发生的前提下，比如"定时器溢出"这一事件是客观存在的，无论人的意愿如何，只要定时器计数寄存器的数值超出了上限，就会发生"定时器溢出"事件。但是是否由这一事件去请求"定时器溢出中断"则是人为主观控制的。简而言之，没有事件发生就不会发生中断请求，有事件发生却不一定发生中断请求，因为人可以根据事件的发生选择是否去触发一次中断服务。

5.10.8　实验结果

建立并设置好工程，编辑好代码之后按下 F7 进行编译，将所有错误警告排除后(若存在)按下 Ctrl + F5 进行烧写与仿真，然后按下 F5 全速运行，会依次看到如下现象：

① 接在 GPIOA.4 上的 LED 以 1 s 间隔闪烁，持续了 3 个轮回之后停止，LED 保持在点亮的状态。

② 此时按下 GPIOA.0 上连接的按键……

③ LED 恢复闪烁，但频率比第 1 点中描述的要慢得多。

通过这些现象可以对应获取如下信息：

- LED 开始闪烁之后停止，并保持在点亮的状态，这说明 STM32 进入了低功耗模式，并且寄存器的值并没有改变（因为灯是亮的）。
- 按下按键之后，触发了 EXTI0 中断。
- 接着看到 LED 恢复闪烁，这说明 STM32 的确从低功耗模式唤醒了。而闪烁频率明显降低，说明 STM32 从低功耗模式恢复之后，是从进入低功耗语句之后开始恢复执行的，而不是从程序起始处执行，否则闪烁频率不会降低。
- 此外闪烁频率降低还说明，STM32 的主时钟不再是 72 MHz 了。而根据前面的描述，此时的主时钟应该来自 HSI，为 8 MHz。

5.10.9 小　结

本节向读者介绍了 STM32 的低功耗特性，并通过一个简单的实验验证了 STM32 低功耗设计过程中的一些特殊现象。但要正确而全面地掌握 STM32 的低功耗设计，则需要从其架构做起，理解其内部的来龙去脉，才能真正在功耗与性能之间找到最佳的平衡点。

5.11 STM32 有一双眼睛叫 ADC

5.11.1 概　述

ADC 是“Analog - to - Digital Converter”的缩写，意为模/数转换器。众所周知，自然界中许多信号都是以模拟形式存在的，比如光强度、温度、湿度、压力、声音等，而人因为有感觉器官可以直接感受到这些信号，因此人才能“感知并改变世界”。随着时代的发展，人类科技不断进步，有越来越多使用电子产品代替人力劳动的尝试获得成功，人们开始想让数字 IC 也拥有像人类一样主动改造世界的能力。所以问题来了，只有高低电平的数字 IC 如何能识别并量化这个世界上种类如此繁多的信号？在很长一段时间内，人们都一筹莫展，毕竟人的感觉器官之复杂，几乎是不可能使用集成电路来模拟的。直到有人发现了一类材料，这类材料的神奇之处在于，它可以把某种自然界的模拟信号和电信号对应地联系起来，比如压电材料可以将压力大小表现为电压大小，光电材料可以将光强度用电压强度的形式体现，这就是传感器的前身。这样一来，问题简化为：数字 IC 如何能识别并量化电信号？ADC 的出现解决了这个问题，这可以称得上是个里程碑式的事件。

时至今日,ADC 器件已经发展形成了庞大的体系,在这个体系里的 ADC 无论从种类的数量还是性能的层次上都令人应接不暇。而 ADC 在业界里也已经占据举足轻重的地位:从面向个人用户的消费电子到机电一体化的工业设备、智能应用,甚至是航天飞机都包含着大量的 ADC 应用。可以说,因为有了 ADC,才有了今天的数字时代。那么应该如何看待一个 ADC 器件呢,以下几个方面是比较值得关注的。

- ADC 器件的类型,分为逐次逼近型、积分型、压频转换型以及较为高级的分级型和流水线型。类型决定了 ADC 器件性能的极限。
- ADC 的转换精度,常见的有 8 位、12 位、16 位等,精度越高,对电信号的描述越细致。
- ADC 的转换速率越快,转换时间越短。
- 此外还有功耗、温度特性、参考电压、工作电压等参数。

近年来,业界里频频闪现一些惊人的信息,如"使用脑电波控制事物"、"科学家发明了高度智能化的机器人,具备了有限的学习能力"等。这些有些"骇人听闻"的创举,都缺少不了其背后各种具有高超性能 ADC 器件的支持。可以说,电子产品"感知并改变世界"已经悄悄地越演越烈。

作为目前高端控制器的领先者,ADC 一直是 STM32 手中的"王牌"之一,同时其也是 STM32 众多外设中功能最为复杂的两个外设之一(另一个是通用/高级定时器)。STM32 给用户带来的 ADC 性能如下所示:

- 12 位分辨率。
- 在常规转换结束、注入转换结束和发生模拟看门狗事件时产生中断。
- 支持单次和连续转换模式。
- 可实现通道 $0 \sim n$ 的自动扫描模式。
- 可实现自校准。
- 转换结果数据可选对齐存储方式。
- 采样间隔可以按通道分别定制。
- 常规转换和注入转换均有外部触发选项。
- 支持可间断转换模式。
- 双 ADC 模式(带 2 个或以上 ADC 的器件)。
- 支持常规转换期间进行 DMA 请求。
- ADC 的输入时钟不得超过 14 MHz。
- 短至 12.5 个时钟周期的转换时间。

可见,STM32 的 ADC 功能体系相当之强大,特别是某些具有双 ADC 单元的 STM32 器件,引入了新的 9 种交互工作模式,使得 STM32 可以完成一些相当复杂的转换序列。此外,STM32 的 ADC 还提供了一个温度传感器,可以感知外界温度,但由于其精度有限,只适合应用在要求不高的场合。

5.11.2 实验设计

本节进行一个简单的实验设计，只使用STM32 微控制器的一个转换通道(ADC1 的第 8 通道)对外部电压进行采集，并将采集到的数据进行运算转换后使用串口向 PC 端传送结果，程序流程如图 5.11.1 所示。

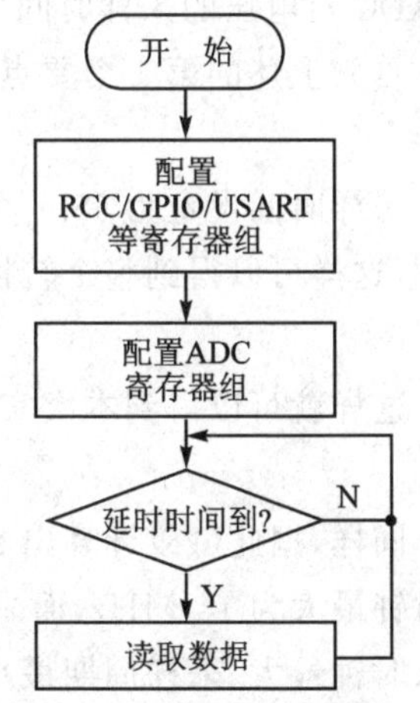

图 5.11.1 ADC 实验流程图

5.11.3 硬件电路

本节实验电路也很简单，只需要一个与 GPIOB.0 引脚(ADC1 的第 8 转换通道)连接的电位器和 USART 电平转换电路即可满足本节程序设计的需求，如图 5.11.2 所示。

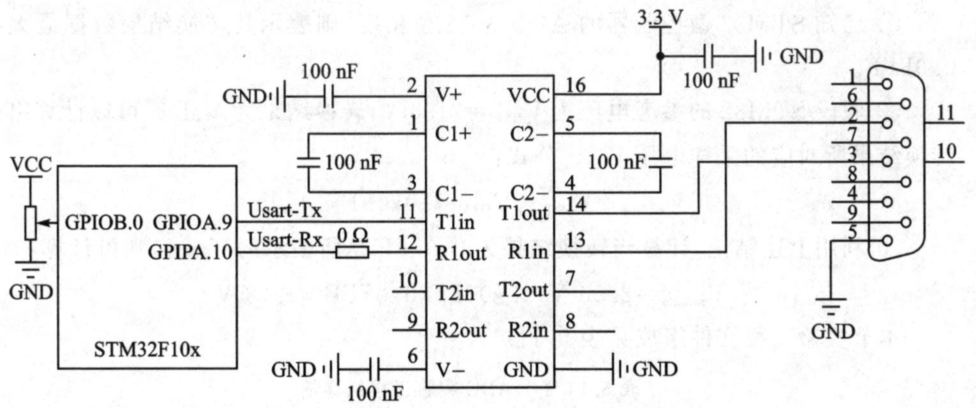

图 5.11.2 ADC 实验硬件原理图

5.11.4 程序设计

本节程序设计要点如下：

① 配置 RCC 寄存器组，配置 PLL 为 72 MHz 并作为主时钟，配置 PCLK2 为 PLL 的 2 分频，并配置 ADC 时钟为 PCLK2 的 4 分频。

② 打开 ADC 设备时钟，同时打开 GPIOB 设备时钟。

③ 配置 GPIOB.0 引脚为模拟输入模式(该模式也仅为 ADC 单元所用)。

④ 初始化 ADC 寄存器组，使用 ADC1 第 8 转换通道，转换通道数为 1，采样时间为 55.5 周期。

⑤ 配置 USART 寄存器组。

来看看 ADC 完成单次转换需要多少时间，首先请读者明确，单次转换时间包含了 ADC 对电压的采样时间(采样周期)和采样完毕之后的转换时间(转换周期)。

首先上述的第 1 个要点描述了 ADC 的时钟来源,很容易计算其时钟频率为:

$$f_{adc} = f_{pll}/2/4 = 9\ \text{MHz}$$

采样时间设定为 55.5 个时钟周期,此外从前面可知 ADC 的转换时间为 12.5 个周期,这样可以得到整个转换所需的周期数为:

$$N_{period} = 55.5 + 12.5 = 68$$

这样就可以得到本次实验设计里 ADC 的单次转换时间为:

$$T_{cov} = N_{period} / f_{adc} \approx 7.5\ \mu\text{s}$$

同样,据此可以计算出 STM32 微控制器的 ADC 最快转换速率,已知 ADC 的输入时钟最大为 14 MHz,而采样周期最小可以设置为 1.5 个周期。这样容易计算出输入时钟最大、采样周期最小的情况下,单次转换所需周期数为 14 个,即 1 μs。因此 STM32 微控制器 ADC 单元的最高转换频率为 1 MHz,属于微秒级中速 ADC。

而 ADC 的转换结果与被采样电压的关系如下描述:

① 已知 STM32 微控制器的 ADC 为 12 位精度,则表示其转换结果数据最大为 0x0FFF。

② 假设 STM32 的参考电压为 $V_{REF} = 2.56$ V,转换结果为 Value,可以计算出该转换结果所对应的采样电压 V_{sample} 公式:

$$V_{sample} = V_{REF} \times \text{Value}/(0\text{x}0\text{FFF} + 1)$$

③ 利用上述结论,计算当转换结果为 0x07FF 是所表示的 V_{sample},则可计算:

$$V_{sample} = 2.56\ \text{V} \times 0\text{x}07\text{FF}/0\text{x}0\text{FFF} \approx 1.28\ \text{V}$$

本节实验工程文件组成见表 5.11.1。

表 5.11.1　ADC 实验工程组详情

文件组	包含文件	详　情
boot 文件组	startup_stm32f10x_md.s	STM32 的启动文件
cmsis 文件组	core_cm3.c	Cortex-M3 和 STM32 的板级支持文件
	system_stm32f10x.c	
library 文件组	stm32f10x_rcc.c	RCC 和 Flash 寄存器组的底层配置函数
	stm32f10x_flash.c	
	stm32f10x_gpio.c	GPIO 的底层配置函数
	stm32f10x_usart.c	USART 设备的初始化，数据收发等函数
	stm32f10x_adc.c	配置 ADC 的底层函数
interrupt 文件组	stm32f10x_it.c	STM32 的中断服务子程序
user 文件组	main.c	用户应用代码

5.11.5 程序清单

```
/*************************************************************
 * 文件名      : main.c
 * 作者        : Losingamong
 * 时间        : 08/08/2008
 * 文件描述    : 主函数
*************************************************************/
/* 头文件     ---------------------------------------------*/
#include "stm32f10x.h"
#include "stm32f10x_adc.h"
#include "stdio.h"
/* 自定义同义关键字          ------------------------------*/
/* 自定义参数宏              ------------------------------*/
/* 自定义函数宏              ------------------------------*/
/* 自定义变量                ------------------------------*/
/* 自定义函数声明            ------------------------------*/
void RCC_Configuration(void);
void GPIO_Configuration(void);
void USART_Configuration(void);
void ADC_Configuration(void);
/*************************************************************
 * 函数名      : main
 * 函数描述    : Main 函数
 * 输入参数    : 无
 * 输出结果    : 无
 * 返回值      : 无
*************************************************************/
int main (void)
{
    float VolValue = 0.00;          /* 转换结果,双精度浮点数 */
    u32 ticks = 0;                  /* ADC 显示延时参数 */
    /* 设置系统时钟 */
    RCC_Configuration();
    /* 设置 GPIO 端口 */
    GPIO_Configuration();
    /* 设置 USART */
    USART_Configuration();
    /* 设置 ADC */
    ADC_Configuration();
    printf("\r\n The AD_value is: --------------------------- \r\n");
    while(1)
    {
        if (ticks++ >= 2000000)
        {
            ticks = 0;
            VolValue = 2.56 * ADC_GetConversionValue(ADC1) / 0X0FFF;
```

```
            printf( "\r\nThe current VolValue = %.2fv\r\n", VolValue);
        }
    }
}
/*************************************************************
 * 函数名      : RCC_Configuration
 * 函数描述    : 设置系统各部分时钟
 * 输入参数    : 无
 * 输出结果    : 无
 * 返回值      : 无
*************************************************************/
void RCC_Configuration(void)
    {
        /* 本部分代码为 RCC_Configuration 函数内部部分代码,见附录 A 程序清单 A.1 */
    }
    /* 使能各个用到的外设时钟 */
    RCC_APB2PeriphClockCmd(RCC_APB2Periph_USART1 | RCC_APB2Periph_GPIOA |
                           RCC_APB2Periph_ADC1 | RCC_APB2Periph_GPIOB, ENABLE);
}
/*************************************************************
 * 函数名      : GPIO_Configuration
 * 函数描述    : 设置各 GPIO 端口功能
 * 输入参数    : 无
 * 输出结果    : 无
 * 返回值      : 无
*************************************************************/
void GPIO_Configuration(void)
{
    /* 定义 GPIO 初始化结构体 GPIO_InitStructure */
    GPIO_InitTypeDef GPIO_InitStructure;
    /* 设置 USART1 的 Tx 脚(PA.9)为第二功能推挽输出功能 */
    GPIO_InitStructure.GPIO_Pin = GPIO_Pin_9;
    GPIO_InitStructure.GPIO_Mode = GPIO_Mode_AF_PP;
    GPIO_InitStructure.GPIO_Speed = GPIO_Speed_50MHz;
    GPIO_Init(GPIOA, &GPIO_InitStructure);
    /* 设置 USART1 的 Rx 脚(PA.10)为浮空输入脚 */
    GPIO_InitStructure.GPIO_Pin = GPIO_Pin_10;
    GPIO_InitStructure.GPIO_Mode = GPIO_Mode_IN_FLOATING;
    GPIO_Init(GPIOA, &GPIO_InitStructure);
    /* 将 PB.0 设置为模拟输入脚 */
    GPIO_InitStructure.GPIO_Pin = GPIO_Pin_0;
    GPIO_InitStructure.GPIO_Mode = GPIO_Mode_AIN;
    GPIO_Init(GPIOB, &GPIO_InitStructure);
}
/*************************************************************
 * 函数名      : ADC_Configuration
 * 函数描述    : 初始化并启动 ADC 转换
```

```
* 输入参数  ：无
* 输出结果  ：无
* 返回值    ：无
*********************************************************************/
void ADC_Configuration(void)
{
    /* 定义 ADC 初始化结构体 ADC_InitStructure */
    ADC_InitTypeDef ADC_InitStructure;
    /* 配置 ADC 时钟分频 */
    RCC_ADCCLKConfig(RCC_PCLK2_Div4);
    /*
    *  独立工作模式；
    *  多通道扫描模式；
    *  连续模数转换模式；
    *  转换触发方式：转换由软件触发启动；
    *  ADC 数据右对齐 ；
    *  进行规则转换的 ADC 通道的数目为 1；
    */
    ADC_InitStructure.ADC_Mode = ADC_Mode_Independent;
    ADC_InitStructure.ADC_ScanConvMode = ENABLE;
    ADC_InitStructure.ADC_ContinuousConvMode = ENABLE;
    ADC_InitStructure.ADC_ExternalTrigConv = ADC_ExternalTrigConv_None;
    ADC_InitStructure.ADC_DataAlign = ADC_DataAlign_Right;
    ADC_InitStructure.ADC_NbrOfChannel = 1;
    ADC_Init(ADC1, &ADC_InitStructure);
    /* 设置 ADC1 使用 8 转换通道，转换顺序 1，采样时间为 55.5 周期 */
    ADC_RegularChannelConfig(ADC1, ADC_Channel_8, 1, ADC_SampleTime_55Cycles5);
    /* 使能 ADC1 */
    ADC_Cmd(ADC1, ENABLE);
    /* 复位 ADC1 的校准寄存器 */
    ADC_ResetCalibration(ADC1);
    /* 等待 ADC1 校准寄存器复位完成 */
    while(ADC_GetResetCalibrationStatus(ADC1));
    /* 开始 ADC1 校准 */
    ADC_StartCalibration(ADC1);
    /* 等待 ADC1 校准完成 */
    while(ADC_GetCalibrationStatus(ADC1));
    /* 启动 ADC1 转换 */
    ADC_SoftwareStartConvCmd(ADC1, ENABLE);
}
/*********************************************************************
* 函数名    ：USART_Configuration
* 函数描述  ：设置 USART1
* 输入参数  ：无
* 输出结果  ：无
* 返回值    ：无
*********************************************************************/
```

```
void USART_Configuration(void)
{
    /* 定义 USART 初始化结构体 USART_InitStructure */
    USART_InitTypeDef USART_InitStructure;
    /*  波特率为 115 200 bps;
     *  8 位数据长度;
     *  1 个停止位,无校验;
     *  禁用硬件流控制;
     *  禁止 USART 时钟;
     *  时钟极性低;
     *  在第 2 个边沿捕获数据
     *  最后一位数据的时钟脉冲不从 SCLK 输出;
     */
    USART_InitStructure.USART_BaudRate = 115200;
    USART_InitStructure.USART_WordLength = USART_WordLength_8b;
    USART_InitStructure.USART_StopBits = USART_StopBits_1;
    USART_InitStructure.USART_Parity = USART_Parity_No ;
    USART_InitStructure.USART_HardwareFlowControl = USART_HardwareFlowControl_None;
    USART_InitStructure.USART_Mode = USART_Mode_Rx | USART_Mode_Tx;
    USART_Init(USART1, &USART_InitStructure);
    /* 使能 USART1 */
    USART_Cmd(USART1, ENABLE);
}
/*************************************************************
 * 函数名     : fputc
 * 函数描述   : 将 printf 函数重定位到 USATR1
 * 输入参数   : 无
 * 输出结果   : 无
 * 返回值     : 无
 *************************************************************/
int fputc(int ch, FILE *f)
{
    USART_SendData(USART1, (u8) ch);
    while(USART_GetFlagStatus(USART1, USART_FLAG_TC) == RESET);
    return ch;
}
```

5.11.6 使用到的库函数

(1) 函数 RCC_ADCCLKConfig(见表 5.11.2)

表 5.11.2 函数 RCC_ADCCLKConfig 说明

项目名	代 号
函数名	RCC_ADCCLKConfig
函数原形	void ADC_ADCCLKConfig(u32 RCC_ADCCLKSource)

续表 5.11.2

项目名	代　号
功能描述	设置 ADC 时钟(ADCCLK)
输入参数	RCC_ADCCLKSource:定义 ADCCLK,该时钟源自 APB2 时钟(PCLK2)
输出参数	无
返回值	无
先决条件	无
被调用函数	无

参数描述:RCC_ADCCLKSource,设置 ADC 时钟频率,见表 5.11.3。

表 5.11.3　参数 RCC_ADCCLKSource 定义

RCC_ADCCLKSource 参数	描　述	RCC_ADCCLKSource 参数	描　述
RCC_PCLK2_Div2	ADC 时钟=PCLK/2	RCC_PCLK2_Div6	ADC 时钟=PCLK/6
RCC_PCLK2_Div4	ADC 时钟=PCLK/4	RCC_PCLK2_Div8	ADC 时钟=PCLK/8

例:

```
RCC_ADCCLKConfig(RCC_PCLK2_Div2); /* 配置 ADC 时钟频率为 PCLK2 2 分频 */
```

(2) 函数 ADC_Init(见表 5.11.4)

表 5.11.4　函数 ADC_Init 说明

项目名	代　号
函数名	ADC_Init
函数原形	void ADC_Init(ADC_TypeDef * ADCx, ADC_InitTypeDef * ADC_InitStruct)
功能描述	根据 ADC_InitStruct 中指定的参数初始化外设 ADCx 的寄存器
输入参数 1	ADCx:x 可以是 1 或 2 来选择 ADC 外设 ADC1 或 ADC2
输入参数 2	ADC_InitStruct:指向结构 ADC_InitTypeDef 的指针,包含了指定外设 ADC 的配置信息
输出参数	无
返回值	无
先决条件	无
被调用函数	无

参数描述:ADC_InitTypeDef structure,定义于文件 stm32f10x_adc.h。

```
typedef struct
{
    u32 ADC_Mode;
    FunctionalState ADC_ScanConvMode;
```

```
    FunctionalState ADC_ContinuousConvMode;
    u32 ADC_ExternalTrigConv;
    u32 ADC_DataAlign;
    u8 ADC_NbrOfChannel;
} ADC_InitTypeDef;
```

① ADC_Mode,设置 ADC 工作在独立或者双 ADC 模式,见表 5.11.5。

表 5.11.5　参数 ADC_Mode 定义

ADC_Mode 参数	描　述
ADC_Mode_Independent	ADC1 和 ADC2 工作在独立模式
ADC_Mode_RegInjecSimult	ADC1 和 ADC2 工作在同步规则和同步注入模式
ADC_Mode_RegSimult_AlterTrig	ADC1 和 ADC2 工作在同步规则模式和交替触发模式
ADC_Mode_InjecSimult_FastInterl	ADC1 和 ADC2 工作在同步规则模式和快速交替模式
ADC_Mode_InjecSimult_SlowInterl	ADC1 和 ADC2 工作在同步注入模式和慢速交替模式
ADC_Mode_InjecSimult	ADC1 和 ADC2 工作在同步注入模式
ADC_Mode_RegSimult	ADC1 和 ADC2 工作在同步规则模式
ADC_Mode_FastInterl	ADC1 和 ADC2 工作在快速交替模式
ADC_Mode_SlowInterl	ADC1 和 ADC2 工作在慢速交替模式
ADC_Mode_AlterTrig	ADC1 和 ADC2 工作在交替触发模式

② ADC_ScanConvMode,选择 ADC 工作在扫描模式还是单次模式,可以设置这个参数为 ENABLE 或者 DISABLE。

③ ADC_ContinuousConvMode,选择 ADC 工作在连续还是单次模式,可以设置这个参数为 ENABLE 或者 DISABLE。

④ ADC_ExternalTrigConv,选择使用外部触发转换源来启动规则通道的模/数转换,见表 5.11.6。

表 5.11.6　参数 ADC_ExternalTrigConv 定义

ADC_ExternalTrigConv 参数	描　述
ADC_ExternalTrigConv_T1_CC1	选择定时器 1 的捕获比较通道 1 作为外部触发转换源
ADC_ExternalTrigConv_T1_CC2	选择定时器 1 的捕获比较通道 2 作为外部触发转换源
ADC_ExternalTrigConv_T1_CC3	选择定时器 1 的捕获比较通道 3 作为外部触发转换源
ADC_ExternalTrigConv_T2_CC2	选择定时器 2 的捕获比较通道 2 作为外部触发转换源
ADC_ExternalTrigConv_T3_TRGO	选择定时器 3 的 TRGO 作为外部触发转换源
ADC_ExternalTrigConv_T4_CC4	选择定时器 4 的捕获比较通道 4 作为外部触发转换源
ADC_ExternalTrigConv_Ext_IT11	选择外部中断通道 11 的事件作为外部触发转换源
ADC_ExternalTrigConv_None	转换由软件触发启动

⑤ ADC_DataAlign，规定 ADC 转换结果数据向左边对齐还是向右边对齐，见表 5.11.7。

表 5.11.7　参数 ADC_DataAlign 定义

ADC_DataAlign 参数	描　述	ADC_DataAlign 参数	描　述
ADC_DataAlign_Right	ADC 数据右对齐	ADC_DataAlign_Left	ADC 数据左对齐

ADC_NbrOfChannel，规定了顺序进行常规转换的 ADC 通道的数目，取值范围是 1～16。

例：

```
/* 初始化 ADC1 设备 */
ADC_InitTypeDef ADC_InitStructure;
ADC_InitStructure.ADC_Mode = ADC_Mode_Independent;
ADC_InitStructure.ADC_ScanConvMode = ENABLE;
ADC_InitStructure.ADC_ContinuousConvMode = DISABLE;
ADC_InitStructure.ADC_ExternalTrigConv = ADC_ExternalTrigConv_Ext_IT11;
ADC_InitStructure.ADC_DataAlign = ADC_DataAlign_Right;
ADC_InitStructure.ADC_NbrOfChannel = 16;
ADC_Init(ADC1, &ADC_InitStructure);
```

(3) 函数 ADC_RegularChannelConfig(见表 5.11.8)

表 5.11.8　函数 ADC_RegularChannelConfig 说明

项目名	代　号
函数名	ADC_RegularChannelConfig
函数原形	void ADC_RegularChannelConfig(ADC_TypeDef * ADCx, u8 ADC_Channel, u8 Rank, u8 ADC_SampleTime)
功能描述	设置指定 ADC 的常规转换组通道，设置它们的转化顺序和采样时间
输入参数 1	ADCx：x 可以是 1 或 2 来选择 ADC 外设 ADC1 或 ADC2
输入参数 2	ADC_Channel：被设置的 ADC 通道
输入参数 3	Rank：规则组采样顺序。取值范围 1～16
输入参数 4	ADC_SampleTime：指定 ADC 通道的采样时间值
输出参数	无
返回值	无
先决条件	无
被调用函数	无

参数描述：

① ADC_Channel，指定通过调用函数 ADC_RegularChannelConfig 来设置的 ADC 通道，见表 5.11.9。

表 5.11.9　参数 ADC_Channel 定义

ADC_Channel 参数	描　述	ADC_Channel 参数	描　述
ADC_Channel_0	选择 ADC 通道 0	ADC_Channel_9	选择 ADC 通道 9
ADC_Channel_1	选择 ADC 通道 1	ADC_Channel_10	选择 ADC 通道 10
ADC_Channel_2	选择 ADC 通道 2	ADC_Channel_11	选择 ADC 通道 11
ADC_Channel_3	选择 ADC 通道 3	ADC_Channel_12	选择 ADC 通道 12
ADC_Channel_4	选择 ADC 通道 4	ADC_Channel_13	选择 ADC 通道 13
ADC_Channel_5	选择 ADC 通道 5	ADC_Channel_14	选择 ADC 通道 14
ADC_Channel_6	选择 ADC 通道 6	ADC_Channel_15	选择 ADC 通道 15
ADC_Channel_7	选择 ADC 通道 7	ADC_Channel_16	选择 ADC 通道 16
ADC_Channel_8	选择 ADC 通道 8	ADC_Channel_17	选择 ADC 通道 17

② ADC_SampleTime,设定选中通道的 ADC 采样时间,见表 5.11.10。

表 5.11.10　参数 ADC_SampleTime 定义

ADC_SampleTime 参数	描　述	ADC_SampleTime 参数	描　述
ADC_SampleTime_1Cycles5	采样时间为 1.5 周期	ADC_SampleTime_41Cycles5	采样时间为 41.5 周期
ADC_SampleTime_7Cycles5	采样时间为 7.5 周期	ADC_SampleTime_55Cycles5	采样时间为 55.5 周期
ADC_SampleTime_13Cycles5	采样时间为 13.5 周期	ADC_SampleTime_71Cycles5	采样时间为 71.5 周期
ADC_SampleTime_28Cycles5	采样时间为 28.5 周期	ADC_SampleTime_239Cycles5	采样时间为 239.5 周期

例:

```
/* 设置 ADC1 使用第 2 转换通道,第 1 转换次序,采样时间为 7.5 周期 */
ADC_RegularChannelConfig(ADC1, ADC_Channel_2, 1, ADC_SampleTime_7Cycles5);
/* 设置 ADC1 使用第 8 转换通道,第 2 转换次序,采样时间为 1.5 周期 */
ADC_RegularChannelConfig(ADC1, ADC_Channel_8, 2, ADC_SampleTime_1Cycles5);
```

(4) 函数 ADC_Cmd(见表 5.11.11)

表 5.11.11　函数 ADC_Cmd 说明

项目名	代　号
函数名	ADC_Cmd
函数原形	void ADC_Cmd(ADC_TypeDef * ADCx, FunctionalState NewState)
功能描述	使能或者失能指定的 ADC
输入参数 1	ADCx:x 可以是 1 或 2 来选择 ADC 外设 ADC1 或 ADC2
输入参数 2	NewState:外设 ADCx 的新状态。这个参数可以取:ENABLE 或者 DISABLE
输出参数	无
返回值	无
先决条件	无
被调用函数	无

例：

```
ADC_Cmd(ADC1，ENABLE)；/* 使能 ADC1 */
```

(5) 函数 ADC_ResetCalibration(见表 5.11.12)

表 5.11.12　函数 ADC_ResetCalibration 说明

项目名	代　号	项目名	代　号
函数名	ADC_ResetCalibration	输出参数	无
函数原形	void ADC_ResetCalibration(ADC_TypeDef * ADCx)	返回值	无
功能描述	复位指定的 ADC 的校准寄存器	先决条件	无
输入参数	ADCx:x 可以是 1 或 2 来选择 ADC 外设 ADC1 或 ADC2	被调用函数	无

例：

```
ADC_ResetCalibration(ADC1)；/* 复位 ADC1 的校准寄存器 */
```

(6) 函数 ADC_GetResetCalibrationStatus(见表 5.11.13)

表 5.11.13　函数 ADC_GetResetCalibrationStatus 说明

项目名	代　号
函数名	ADC_ GetResetCalibrationStatus
函数原形	FlagStatus ADC_GetResetCalibrationStatus(ADC_TypeDef * ADCx)
功能描述	获取 ADC 复位校准寄存器的状态
输入参数	ADCx:x 可以是 1 或 2 来选择 ADC 外设 ADC1 或 ADC2
输出参数	无
返回值	ADC 复位校准寄存器的新状态(SET 或者 RESET)
先决条件	无
被调用函数	无

例：

```
/* 获取 ADC2 复位校准寄存器的状态 */
FlagStatus Status;
Status = ADC_GetResetCalibrationStatus(ADC2);
```

(7) 函数 ADC_StartCalibration(见表 5.11.14)

表 5.11.14　函数 ADC_StartCalibration 说明

项目名	代　号
函数名	ADC_StartCalibration
函数原形	void ADC_StartCalibration(ADC_TypeDef * ADCx)
功能描述	开始指定 ADC 的自校准
输入参数	ADCx:x 可以是 1 或 2 来选择 ADC 外设 ADC1 或 ADC2
输出参数	无
返回值	无
先决条件	无
被调用函数	无

例:

```
ADC_StartCalibration(ADC2); /* 开始 ADC2 的自校准 */
```

(8) 函数 ADC_GetCalibrationStatus(见表 5.11.15)

表 5.11.15　函数 ADC_GetCalibrationStatus 说明

项目名	代　号
函数名	ADC_GetCalibrationStatus
函数原形	FlagStatus ADC_GetCalibrationStatus(ADC_TypeDef * ADCx)
功能描述	获取指定 ADC 的校准状态
输入参数	ADCx:x 可以是 1 或 2 来选择 ADC 外设 ADC1 或 ADC2
输出参数	无
返回值	ADC 校准的新状态(SET 或者 RESET)
先决条件	无
被调用函数	无

例:

```
/* 获取 ADC2 的自校准状态 */
FlagStatus Status;
Status = ADC_GetCalibrationStatus(ADC2);
```

(9) 函数 ADC_SoftwareStartConvCmd(见表 5.11.16)

表 5.11.16　函数 ADC_SoftwareStartConvCmd 说明

项目名	代　号
函数名	ADC_SoftwareStartConvCmd
函数原形	void ADC_SoftwareStartConvCmd(ADC_TypeDef * ADCx, FunctionalState NewState)
功能描述	使能或者失能指定的 ADC 的软件转换启动功能
输入参数 1	ADCx:x 可以是 1 或者 2 来选择 ADC 外设 ADC1 或 ADC2
输入参数 2	NewState:指定 ADC 的软件转换启动新状态。这个参数可以取 ENABLE 或者 DISABLE
输出参数	无
返回值	无
先决条件	无
被调用函数	无

例:

```
ADC_SoftwareStartConvCmd(ADC1, ENABLE); /* 用软件方式启动 ADC1 转换 */
```

(10) 函数 ADC_GetConversionValue(见表 5.11.17)

表 5.11.17　函数 ADC_GetConversionValue 说明

项目名	代　号
函数名	ADC_GetConversionValue
函数原形	u16 ADC_GetConversionValue(ADC_TypeDef * ADCx)
功能描述	返回最近一次 ADCx 常规转换结果
输入参数	ADCx:x 可以是 1 或 2 来选择 ADC 外设 ADC1 或 ADC2
输出参数	无
返回值	转换结果
先决条件	无
被调用函数	无

例：

```
/* 返回 ADC 最近一次完成转换值 */
u16 DataValue;
DataValue = ADC_GetConversionValue(ADC1);
```

5.11.7　注意事项

① 程序将 ADC 的时钟频率配置为 9 MHz，但 STM32 微控制器的 ADC 所允许的最大时钟频率为 14 MHz，如何能得到 14 MHz 的时钟频率呢？此处给出一个 RCC 的配置方案：配置 PLL 频率至 56 MHz 并作为主时钟，配置 PCLK1 频率为 PLL 频率 2 分频，配置 ADC 时钟频率为 PCLK1 频率 2 分频，就可以得到 14 MHz 的 ADC 时钟。但这样做牺牲了 APB1 总线的速率，请读者权衡。

② 无论从硬件还是软件的层面，本次实验都没有对 ADC 转换结果进行稳定性和准确性上的处理。从硬件设计上来说，应该尽量保证 ADC 的参考电压稳定，在被采样电压到达 ADC 采样通道之前，应该经过放大、隔离、滤波等处理。从软件设计上来说，应该使用一些滤波算法对 ADC 的转换结果进行处理。而事实上，这些才是 ADC 应用设计的关键所在。

③ 程序中进行了浮点数运算，这并非不行，但读者应该知道这样做的代价。ARM Cortex - M3 内核并没有提供浮点运算单元，这意味着其在进行浮点运算的时候将使用大量的常规运算指令。大量到什么程度呢？这里给出参考，实现浮点运算所需的指令数至少是进行整形数运算的 100 倍以上，这也是为什么一般情况下不使用主频较低的控制器进行浮点运算的原因。

④ 虽然不是必须的，但强烈建议读者在使用 ADC 之前启用其自校准功能，至少在每次上电后执行一次校准。

⑤ 在具有双 ADC 单元的 STM32 器件上，可以做到 2 MSPS 的转换速率(MSPS:每秒百万次采样)。

5.11.8 实验结果

建立并设置好工程,编辑好代码之后按下 F7 进行编译,将所有错误警告排除后(若存在)按下 Ctrl+F5 进行烧写与仿真,然后按下 F5 全速运行。此时匀速地旋动连接在 ADC 第 8 转换通道上的电位器,调整采样电压,可以看到 PC 端的串口上位机软件不断接收到类似图 5.11.3 所示的信息。

```
The current VolValue = 1.25v
The current VolValue = 1.27v
The current VolValue = 1.31v
The current VolValue = 1.37v
The current VolValue = 1.47v
The current VolValue = 1.53v
The current VolValue = 1.60v
The current VolValue = 1.62v
The current VolValue = 1.68v
```

图 5.11.3　ADC 实验现象

可以看到,ADC 所采样到的电压随着电位器电压的变化也在单调地变化。

5.11.9 小　结

本节向读者介绍了 STM32 的 ADC 外设单元的功能、特性以及使用要点。ADC 作为电子设计中的重要组成,必然会成为 STM32 应用的一个重点。建议读者从软件和硬件的角度去学习和使用 STM32 的 ADC 单元,熟悉一些软硬件滤波技术、过采样技术等,才能让 STM32 的 ADC 如虎添翼。

5.12 通用定时器的应用

5.12.1 概　述

无论是从种类、数目还是功能上来说,STM32 微控制器为用户提供的定时器资源都可以说是异常丰富的。从种类上来说,STM32 有高级定时器、通用定时器和基本定时器(实际上还有前面章节所提到的 RTC、独立看门狗和窗口看门狗本质上也属于一类"专用"定时器)。从数目上来说,STM32 配备了 2 个高级定时器 TIM1 和 TIM8,4 个通用定时器 TIM2、TIM3、TIM4 和 TIM5,还有 2 个基本定时器 TIM6 和 TIM7。加上 RTC 和从属 ARM Cortex - M3 内核的 SysTick 定时器,则 STM32 所有可用的定时器达到了惊人的 10 个。

STM32 的定时器不仅在数目上出众,而且在功能上也非常强大:

- 基本定时器可以为用户提供提供准确的时间基准,并且特意为 DAC 单元(部分 STM32 器件配备)提供了一个触发通道。
- 通用定时器在具备时间基准功能的基础上,还加入了输入捕获、输出比较、单脉冲输出、PWM 输出功能以及正交编码器等新特性。

- 高级定时器相比于通用定时器，为适应电机控制场合的应用加入了可产生带死区控制的互补 PWM 信号、紧急制动、定时器同步等高级特性，并最多可以输出 6 路 PWM 信号。

高级定时器可谓是意法半导体(ST)赋予 STM32 的王牌，可产生 6 路带死区控制的 PWM 信号，这个对进行过变频器、UPS 等开发应用的开发人员来说是很大的福音——天生具备了控制三相异步感应电动机的能力。而其他定时器都有 4 路 PWM 输出通道，同样有死区控制、编码器模式。这意味着 STM32 不仅能控制步进电机、无刷电机，还能进行速度环的控制，可说是无所不能。还有一点最重要，以上众多定时器功能的实现并不需要共用任何硬件资源。STM32 的通用定时器由通过可编程预分频器驱动的 16 位自动装载计数器构成，其特性包括：

- 16 位向上/向下自动重装载计数器。
- 16 位可编程预分频器，计数器时钟频率的分频系数可为 1～65 536 内的任意值。
- 4 个独立通道：输入捕获通道；输出比较通道；生成 PWM 信号(边缘或中间对齐模式)；单脉冲模式输出。
- 可使用外部信号控制定时器互连同步。
- 如下事件发生时可产生中断或 DMA 请求：计数器上溢/下溢出事件，计数器初始化事件(可通过软件、内部事件、外部事件触发)；触发事件(计数器启动事件、停止事件、初始化事件或者由内部、外部触发计数事件)；输入捕获事件；输出比较事件。
- 可支持正交编码器和霍尔传感器电路接入。

因为 STM32 各个定时器的功能架构是相似的，因此掌握一个定时器的使用方法之后，很容易可以拓展至全部的定时器。本节主要向读者介绍 STM32 通用定时器 TIM2 的应用，将围绕 TIM2 的 4 个最常用的功能：时基单元、比较输出、PWM 信号产生和 PWM 输入捕获来展开实验设计。

5.12.2 时基单元

通用定时器的时间基准功能主要通过一个时基单元来实现。时基单元的核心部件是一个 16 位的计数器，协同分频寄存器和自动重装载寄存器实现时间基准功能。该计数器可以由用户选择向上或者向下计数。严格来说，时基单元并不适合称作"TIM 定时器的功能之一"，因为它是通用定时器实现所有功能的核心基础：计时与计数。

1. 实验设计

本小节针对通用定时器 TIM2 进行一个实验设计，以验证并实现它的时间基准功能,思路如下:配置 STM32 的 TIM2 定时器的 4 个独立通道以固定的时间间隔请求中断,并利用中断服务让其所对应的 LED 灯闪烁,程序流程图如图 5.12.1 所示。

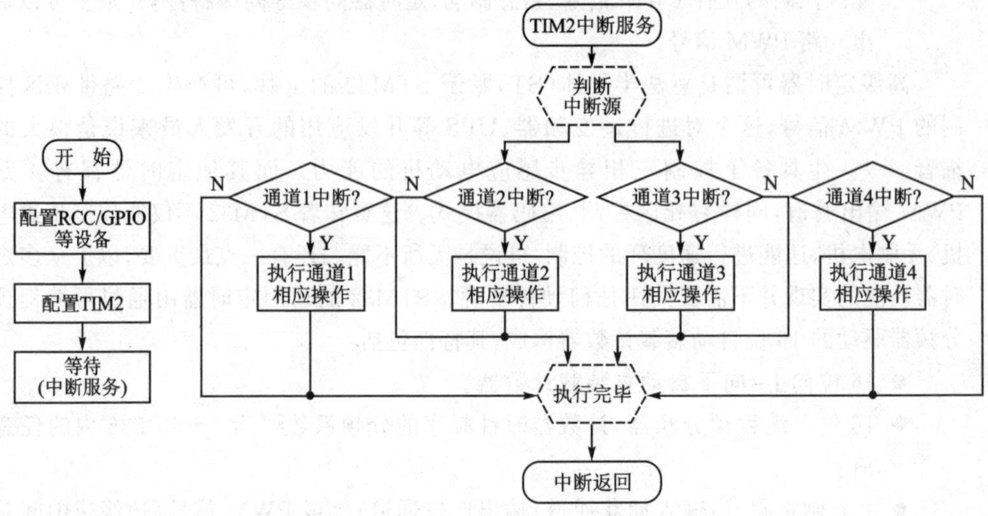

图 5.12.1 通用定时器之时基单元实验流程图

2. 硬件电路

本小节实验所需硬件电路很简单,只是一个 STM32 最小系统和 4 个 LED 指示灯,如图 5.12.2 所示。

3. 程序设计

本小节程序设计要点如下:

- 配置 RCC 寄存器组,使用 PLL 输出 72 MHz 时钟作为主时钟,并配置 PCLK1 时钟为主时钟 2 分频。
- 配置 GPIOA 的 4、5、6、7 引脚为推挽输出模式。
- 配置 TIM2 时基单元:计数重载值为 65 535,分频数为 7 199,并禁止立即更新。

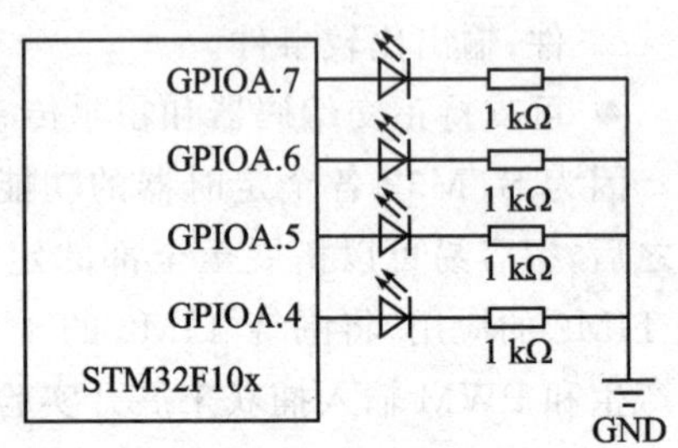

图 5.12.2 通用定时器之时基单元实验硬件原理图

- 配置 TIM2 的 4 个通道,设置为向上计数模式,使能比较匹配功能,并禁止预装载寄存器。打开 TIM2 这 4 个通道的比较匹配中断。4 个通道的匹配比较计数递增值固定为 40 000、20 000、10 000、5 000。
- 配置 NVIC 使能 TIM2 中断。

定时器的计数时间是个老生常谈的问题,但 STM32 的通用定时器相比于之前所叙述过的SysTick、RTC 等定时器稍有不同，不同之处在于其时钟的来源。

① 设计要点里提及了将 PCLK1 时钟配置为 PLL 输出的 2 分频，为 36 MHz。而 TIM2 作为挂载在 APB1 时钟总线上的设备，得到的自然是 PCLK1 时钟，为 36 MHz？其实不然，STM32 的技术参考手册给出了说明：当 APB1 时钟设置为 PLL 时钟输出的 2 分频时，通用定时器所得到的时钟频率将要乘以 2。因此 TIM2 定时器的驱动时钟源仍然是 72 MHz。

② 将 TIM2 的预分频值设置为 7 199（存放于寄存器 PSC[15:0]），同样可以从技术手册查获 TIM2 时钟频率的计算公式为：$f_{CK\_PSC}/(PSC[15:0]+1)$，于是可以得到 TIM2 单次计数时间 T_{CNT} 为：

$$T_{CNT}=(7\ 199+1)/\ 72\ \text{MHz}=100\ \mu\text{s}$$

③ 因此，可以得到本实验中每个定时器通道发生中断请求事件的时间间隔 T_{CHNx} 分别为：

$$T_{CHN1}=40\ 000\times100\ \mu\text{s}=4\ \text{s} \qquad T_{CHN3}=10\ 000\times100\ \mu\text{s}=1\ \text{s}$$

$$T_{CHN2}=20\ 000\times100\ \mu\text{s}=2\ \text{s} \qquad T_{CHN4}=5\ 000\times100\ \mu\text{s}=0.5\ \text{s}$$

分析 TIM2 定时器工作在时间基准模式下的工作机制（以本次设计中的通道 1 为准）：

① 要点中要求 TIM2 使用向上计数模式，则表示定时器将从 0 开始计数。其次定时器最大计数值设置为 65 535，则表示定时器计数值递增至 65 535 将重新回归 0 继而继续向上计数。

② 将通道 1 的匹配比较计数递增值固定为 40 000，则 TIM2 的 OC1（通道 1）将会如下流程工作：

- 从 0 向上计数，单次计数周期为 100 μs。
- 因为使能了计数比较匹配功能，当计数至 40 000 时，发生计数比较匹配事件，并因为开启了通道 1 匹配中断，此计数比较匹配事件将请求计数比较匹配中断，执行计数比较匹配中断服务（请就此回忆一下“事件”和“中断”的区别与联系）。
- 执行计数比较匹配中断服务程序，更新通道 1 更新匹配比较计数值为“当前计数值＋匹配比较计数递增值”，为：40 000＋40 000＝80 000，但定时器最大计数值仅为 65 535，则此处实际上更新比较匹配值为 80 000－65 535＝14 465。
- 清除中断标志，中断返回，计数值继续从 40 000 处向上计数直至 65 535，再下一次计数时将发生一个计数值向上溢出事件（该事件本来会导致计数值重装载，但因为禁止了预装载寄存器，因此并不会发生寄存器重装载），计数值回归至 0 重新向上计数。
- 计数至 14 465 再次发生匹配事件，依次循环。

③ 其他 3 个通道工作机制和通道 1 一致。

这样读者对通用定时器的时间基准功能应该有一个比较清晰的了解了。工程文件组见表 5.12.1。

表 5.12.1　通用定时器之时基单元实验工程组详情

文件组	包含文件	详　情
boot 文件组	startup_stm32f10x_md.s	STM32 的启动文件
cmsis 文件组	core_cm3.c	Cortex - M3 和 STM32 的板级支持文件
	system_stm32f10x.c	
library 文件组	stm32f10x_rcc.c	RCC 和 Flash 寄存器组的底层配置函数
	stm32f10x_flash.c	
	stm32f10x_gpio.c	GPIO 的底层配置函数
	misc.c	Systick 定时器和嵌套中断向量控制器 NVIC 的设置函数
	stm32f10x_tim.c	包含 STM32 高级、通用、基本定时器的存取函数
interrupt 文件组	stm32f10x_it.c	STM32 的中断服务子程序
user 文件组	main.c	用户应用代码

4. 程序清单

```
/**************************************************************
 *  文件名    : main.c
 *  作者      : Losingamong
 *  生成日期  : 17/09/2010
 *  描述      : 主程序
 **************************************************************/
/* 头文件    ------------------------------------------------*/
#include "stm32f10x.h"
#include "stm32f10x_tim.h"
/* 自定义同义关键字          --------------------------------*/
/* 自定义参数宏              --------------------------------*/
/* 自定义函数宏              --------------------------------*/
/* 自定义全局变量            --------------------------------*/
vu16 CCR1_Val = 40000;        /* 初始化输出比较通道 1 计数周期变量 */
vu16 CCR2_Val = 20000;        /* 初始化输出比较通道 2 计数周期变量 */
vu16 CCR3_Val = 10000;        /* 初始化输出比较通道 3 计数周期变量 */
vu16 CCR4_Val = 5000;         /* 初始化输出比较通道 4 计数周期变量 */
/* 自定义函数声明            --------------------------------*/
void RCC_Configuration(void);
void GPIO_Configuration(void);
void NVIC_Configuration(void);
void TIM_Configuration(void);
/**************************************************************
 *  函数名    : main
```

```
*  函数描述   : main 函数
*  输入参数   : 无
*  输出结果   : 无
*  返回值     : 无
*********************************************************************/
int main(void)
{
    /* 设置系统时钟 */
    RCC_Configuration();
    /* 设置 NVIC */
    NVIC_Configuration();
    /* 设置 GPIO 端口 */
    GPIO_Configuration();
    /* 设置 TIM */
    TIM_Configuration();
    while (1);
}
/*********************************************************************
*  函数名     : RCC_Configuration
*  函数描述   : 设置系统各部分时钟
*  输入参数   : 无
*  输出结果   : 无
*  返回值     : 无
*********************************************************************/
void RCC_Configuration(void)
{
    {
        /* 本部分代码为 RCC_Configuration 函数内部部分代码,见附录 A 程序清单 A.1 */
    }
    /* 打开 TIM2 时钟 */
    RCC_APB1PeriphClockCmd(RCC_APB1Periph_TIM2, ENABLE);
    /* 打开 APB 总线上的 GPIOA,USART1 时钟 */
    RCC_APB2PeriphClockCmd(RCC_APB2Periph_GPIOA, ENABLE);
}
/*********************************************************************
*  函数名     : GPIO_Configuration
*  函数描述   : 设置各 GPIO 端口功能
*  输入参数   : 无
*  输出结果   : 无
*  返回值     : 无
*********************************************************************/
void GPIO_Configuration(void)
{
    /* 定义 GPIO 初始化结构体 GPIO_InitStructure */
    GPIO_InitTypeDef GPIO_InitStructure;
    /* 配置 GPIOA.4,GPIOA.5,GPIOA.6,GPIOA.7 为推挽输出 */
    GPIO_InitStructure.GPIO_Pin = GPIO_Pin_4 | GPIO_Pin_5 | GPIO_Pin_6 | GPIO_Pin_7;
```

```
    GPIO_InitStructure.GPIO_Mode = GPIO_Mode_Out_PP;
    GPIO_InitStructure.GPIO_Speed = GPIO_Speed_50MHz;
    GPIO_Init(GPIOA, &GPIO_InitStructure);
}
/*****************************************************************
* 函数名      : TIM_Configuration
* 函数描述    : 设置 TIM 各通道
* 输入参数    : 无
* 输出结果    : 无
* 返回值      : 无
*****************************************************************/
void TIM_Configuration(void)
{
    /* 定义 TIM_TimeBase 初始化结构体 TIM_TimeBaseStructure */
    TIM_TimeBaseInitTypeDef  TIM_TimeBaseStructure;
    /* 定义 TIM_OCInit 初始化结构体 TIM_OCInitStructure */
    TIM_OCInitTypeDef  TIM_OCInitStructure;
    /*
     *  计数重载值为 65 535
     *  预分频值为(7 199 + 1 = 7 200)
     *  时钟分割 0
     *  向上计数模式
     */
    TIM_TimeBaseStructure.TIM_Period = 65535;
    TIM_TimeBaseStructure.TIM_Prescaler = 0;
    TIM_TimeBaseStructure.TIM_ClockDivision = 0;
    TIM_TimeBaseStructure.TIM_CounterMode = TIM_CounterMode_Up;
    TIM_TimeBaseInit(TIM2, &TIM_TimeBaseStructure);
    /* 设置预分频值,且立即装入 */
    TIM_PrescalerConfig(TIM2, 7199, TIM_PSCReloadMode_Immediate);
    /*
     *  设置 OC1,OC2,OC3,OC4 通道
     *  工作模式为计数器模式
     *  使能比较匹配输出极性
     *  时钟分割 0
     *  向上计数模式
     */
    TIM_OCInitStructure.TIM_OCMode = TIM_OCMode_Timing;
    TIM_OCInitStructure.TIM_OutputState = TIM_OutputState_Enable;
    TIM_OCInitStructure.TIM_OCPolarity = TIM_OCPolarity_High;
    TIM_OCInitStructure.TIM_Pulse = CCR1_Val;
    TIM_OC1Init(TIM2, &TIM_OCInitStructure);
    TIM_OCInitStructure.TIM_Pulse = CCR2_Val;
    TIM_OC2Init(TIM2, &TIM_OCInitStructure);
    TIM_OCInitStructure.TIM_Pulse = CCR3_Val;
    TIM_OC3Init(TIM2, &TIM_OCInitStructure);
    TIM_OCInitStructure.TIM_Pulse = CCR4_Val;
```

```
    TIM_OC4Init(TIM2, &TIM_OCInitStructure);
    /* 禁止预装载寄存器 */
    TIM_OC1PreloadConfig(TIM2, TIM_OCPreload_Disable);
    TIM_OC2PreloadConfig(TIM2, TIM_OCPreload_Disable);
    TIM_OC3PreloadConfig(TIM2, TIM_OCPreload_Disable);
    TIM_OC4PreloadConfig(TIM2, TIM_OCPreload_Disable);
    /* 使能 TIM 中断 */
    TIM_ITConfig(TIM2, TIM_IT_CC1 | TIM_IT_CC2 | TIM_IT_CC3 | TIM_IT_CC4, ENABLE);
    /* 启动 TIM 计数 */
    TIM_Cmd(TIM2, ENABLE);
}
/*******************************************************************
* 函数名     : NVIC_Configuration
* 函数描述   : 设置 NVIC 参数
* 输入参数   : 无
* 输出结果   : 无
* 返回值     : 无
*******************************************************************/
void NVIC_Configuration(void)
{
    /* 定义 NVIC 初始化结构体 */
    NVIC_InitTypeDef NVIC_InitStructure;
        /* #ifdef...#else...#endif 结构的作用是根据预编译条件决定中断向量表
           起始地址 */
    #ifdef  VECT_TAB_RAM
        /* 中断向量表起始地址从 0x20000000 开始 */
        NVIC_SetVectorTable(NVIC_VectTab_RAM, 0x0);
    #else   /* VECT_TAB_FLASH */
        /* 中断向量表起始地址从 0x80000000 开始 */
        NVIC_SetVectorTable(NVIC_VectTab_FLASH, 0x0);
    #endif
    /* 选择优先级分组 0 */
    NVIC_PriorityGroupConfig(NVIC_PriorityGroup_0);
    /* 开启 TIM2 中断，0 级先占优先级，0 级后占优先级 */
    NVIC_InitStructure.NVIC_IRQChannel = TIM2_IRQn;
    NVIC_InitStructure.NVIC_IRQChannelPreemptionPriority = 0;
    NVIC_InitStructure.NVIC_IRQChannelSubPriority = 0;
    NVIC_InitStructure.NVIC_IRQChannelCmd = ENABLE;
    NVIC_Init(&NVIC_InitStructure);
}
/*******************************************************************
* 文件名     : stm32f10x_it.c
* 作者       : Losingamong
* 生成日期   : 14 / 09 / 2010
* 描述       : 中断服务程序
*******************************************************************/
/* 头文件     ------------------------------------------------------*/
```

```
#include "stm32f10x.h"
#include "stm32f10x_tim.h"
/* 自定义变量声明 ---------------------------------------*/
extern vu16 CCR1_Val;          /* 声明输出比较通道 1 计数周期变量 */
extern vu16 CCR2_Val;          /* 声明输出比较通道 2 计数周期变量 */
extern vu16 CCR3_Val;          /* 声明输出比较通道 3 计数周期变量 */
extern vu16 CCR4_Val;          /* 声明输出比较通道 4 计数周期变量 */
/****************************************************************
 * 函数名    : TIM2_IRQHandler
 * 输入参数  : 无
 * 函数描述  : 通用定时器 TIM2 中断服务函数
 * 返回值    : 无
 * 输入参数  : 无
****************************************************************/
void TIM2_IRQHandler(void)
{
    vu16  capture = 0;          /* 当前捕获计数值局部变量 */
    /*
     *  TIM2 时钟 = 72 MHz,分频数 = 7 299 + 1, TIM2 counter clock = 10 kHz
     *  CC1 更新率 = TIM2 counter clock / CCRx_Val
     */
    if (TIM_GetITStatus(TIM2, TIM_IT_CC1) != RESET)
    {
        GPIO_WriteBit(GPIOA, GPIO_Pin_4, (BitAction)(1 - GPIO_ReadOutputDataBit
                      (GPIOA, GPIO_Pin_4)));
        /* 读出当前计数值 */
        capture = TIM_GetCapture1(TIM2);
        /* 根据当前计数值更新输出捕获寄存器 */
        TIM_SetCompare1(TIM2, capture + CCR1_Val);
        TIM_ClearITPendingBit(TIM2, TIM_IT_CC1);
    }
    else if (TIM_GetITStatus(TIM2, TIM_IT_CC2) != RESET)
    {
        GPIO_WriteBit(GPIOA, GPIO_Pin_5, (BitAction)(1 - GPIO_ReadOutputDataBit
                      (GPIOA, GPIO_Pin_5)));
        capture = TIM_GetCapture2(TIM2);
        TIM_SetCompare2(TIM2, capture + CCR2_Val);
        TIM_ClearITPendingBit(TIM2, TIM_IT_CC2);
    }
    else if (TIM_GetITStatus(TIM2, TIM_IT_CC3) != RESET)
    {
        GPIO_WriteBit(GPIOA, GPIO_Pin_6, (BitAction)(1 - GPIO_ReadOutputDataBit
                      (GPIOA, GPIO_Pin_6)));
        capture = TIM_GetCapture3(TIM2);
        TIM_SetCompare3(TIM2, capture + CCR3_Val);
        TIM_ClearITPendingBit(TIM2, TIM_IT_CC3);
    }
```

```
        else
        {
            GPIO_WriteBit(GPIOA, GPIO_Pin_7, (BitAction)(1 - GPIO_ReadOutputDataBit
                          (GPIOA, GPIO_Pin_7)));
            capture = TIM_GetCapture4(TIM2);
            TIM_SetCompare4(TIM2, capture + CCR4_Val);
            TIM_ClearITPendingBit(TIM2, TIM_IT_CC4);
        }
    }
```

5. 注意事项

① 在定时器计数期间,其预分频值、计数值都是可以读/写的。

② TIM 配置结构体中有一个成员是 TIM_TimeBaseStructure. TIM_ClockDivision,该参数仅在 TIM 工作在输入捕获模式时有用。

③ TIM2 定时器的多个中断共同使用一个中断入口,并且不只是比较匹配中断,因此在进入 TIM2 中断服务之后,一定要判断其中断源。其他通用定时器同理。

④ 关于更新事件的定义,请参阅 STM32 技术参考手册(这很重要)。

6. 实验结果

建立并设置好工程,编辑好代码之后按下 F7 进行编译,将所有错误警告排除后(若存在)按下 Ctrl + F5 进行烧写与仿真,然后按下 F5 全速运行,会看到如下现象:

① GPIOA. 0 引脚所连接的 LED 灯以 4 s 周期闪烁。

② GPIOA. 1 引脚所连接的 LED 灯以 2 s 周期闪烁。

③ GPIOA. 2 引脚所连接的 LED 灯以 1 s 周期闪烁。

④ GPIOA. 3 引脚所连接的 LED 灯以 0.5 s 周期闪烁。

说明 TIM2 的 4 个通道都产生了如程序设计所预期的时间间隔。

5.12.3 比较输出

比较输出功能用来控制一个输出波形,或者指示一段给定的时间已经到时。但相比时基单元功能,比较输出还可以根据用户的设置在发生比较匹配事件时改变相应通道所对应引脚的输出电平,以此来实现波形的控制或者通知用户到时。

Keil μVision4 集成开发环境为用户提供了一个十分有用的功能:逻辑分析仪(Logic Analyzer)。在使用 Keil μVision4 开发环境进入软件模拟状态时,它可以提供一个图形显示界面,用以跟踪显示应用程序中某个变量或者寄存器位的变化曲线。Logic Analyzer 还提供一般逻辑分析仪都具备的分析统计功能诸如提供时间单位、测量波形宽度等。虽然不能和真实的逻辑分析仪相比,但对比市面上逻辑分析仪不菲的价格,从某种程度上来说,Logic Analyzer 仍称得上是一个十分强大而实惠的组件。

1. 实验设计

本小节将针对 TIM2 通用定时器的比较输出功能进行实验设计,配置 TIM2 定时器的 4 个通道工作在比较输出模式,并设置比较匹配事件发生时翻转相应的通道引脚电平。程序流程如图 5.12.3 所示。

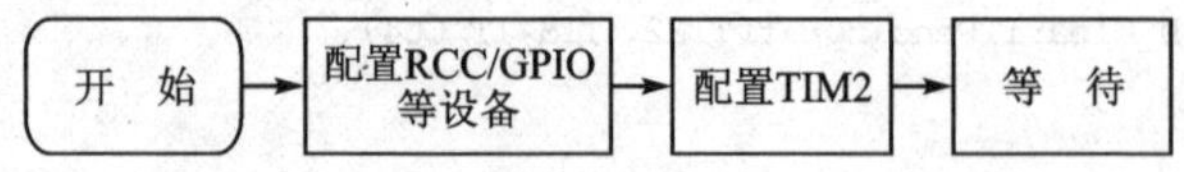

图 5.12.3 通用定时器比较输出实验流程图

2. 硬件电路

本小节实验设计将首次使用 Keil μVision 的 Logic Analyzer 来显示程序运行结果,因此不需要需要硬件电路。但如果读者想使用实际电路验证,则需要在 TIM2 的 4 个输出通道所对应的引脚上准备 4 个 LED 指示灯,如图 5.12.2 所示电路。

3. 程序设计

本小节程序设计要点和时基单元仅有以下两点不同:

① 将 GPIOA 的 0、1、2、3 这 4 个引脚设置为第 2 功能推挽输出模式;

② 将 TIM2 的 4 个通道设置为比较触发模式。

比较输出功能其实是基于时基单元的一种增强应用,在时基单元的应用上添加对应的通道输出功能,以此达到规律的电平输出功能。相比于 5.12.2 小节的程序设计来说,省略了手动翻转 I/O 电平这项工作。工程文件组也见表 5.12.1。

4. 程序清单

```
/*******************************************************************
* 文件名    : main.c
* 作者      : Losingamong
* 生成日期  : 17/09/2010
* 描述      : 主程序
********************************************************************/
/* 头文件 ----------------------------------------------------------*/
#include "stm32f10x.h"
#include "stm32f10x_tim.h"
/* 自定义同义关键字 ----------------------------------------------*/
/* 自定义参数宏 --------------------------------------------------*/
/* 自定义函数宏 --------------------------------------------------*/
/* 自定义全局变量 ------------------------------------------------*/
vu16 CCR1_Val = 40000;        /* 初始化输出比较通道 1 计数周期变量 */
vu16 CCR2_Val = 20000;        /* 初始化输出比较通道 2 计数周期变量 */
vu16 CCR3_Val = 10000;        /* 初始化输出比较通道 3 计数周期变量 */
vu16 CCR4_Val = 5000;         /* 初始化输出比较通道 4 计数周期变量 */
/* 自定义函数声明 ------------------------------------------------*/
```

```
void RCC_Configuration(void);
void GPIO_Configuration(void);
void NVIC_Configuration(void);
void TIM_Configuration(void);
/*************************************************************
* 函数名    : main
* 函数描述  : main 函数
* 输入参数  : 无
* 输出结果  : 无
* 返回值    : 无
*************************************************************/
int main(void)
{
    /* 设置系统时钟 */
    RCC_Configuration();
    /* 设置 NVIC */
    NVIC_Configuration();
    /* 设置 GPIO 端口 */
    GPIO_Configuration();
    /* 设置 TIM */
    TIM_Configuration();
    while (1);
}
/*************************************************************
* 函数名    : RCC_Configuration
* 函数描述  : 设置系统各部分时钟
* 输入参数  : 无
* 输出结果  : 无
* 返回值    : 无
*************************************************************/
void RCC_Configuration(void)
{
    {
        /* 本部分代码为 RCC_Configuration 函数内部部分代码,见附录 A 程序清单 A.1 */
    }
    /* 打开 TIM2 时钟 */
    RCC_APB1PeriphClockCmd(RCC_APB1Periph_TIM2, ENABLE);
    /* 打开 APB 总线上的 GPIOA,USART1 时钟 */
    RCC_APB2PeriphClockCmd(RCC_APB2Periph_USART1 | RCC_APB2Periph_GPIOA, ENABLE);
}
/*************************************************************
* 函数名    : GPIO_Configuration
* 函数描述  : 设置各 GPIO 端口功能
* 输入参数  : 无
* 输出结果  : 无
* 返回值    : 无
*************************************************************/
void GPIO_Configuration(void)
```

```
{
    /* 定义 GPIO 初始化结构体 GPIO_InitStructure */
    GPIO_InitTypeDef GPIO_InitStructure;
    /* 设置 GPIOA 上的 TIM2 1,2,3,4 通道对应引脚 PA.0,PA.1,PA.2,PA.3 为第二功能推
       挽输出 */
    GPIO_InitStructure.GPIO_Pin = GPIO_Pin_0 | GPIO_Pin_1 | GPIO_Pin_2 | GPIO_Pin_3;
    GPIO_InitStructure.GPIO_Mode = GPIO_Mode_AF_PP;
    GPIO_InitStructure.GPIO_Speed = GPIO_Speed_50MHz;
    GPIO_Init(GPIOA, &GPIO_InitStructure);
}
/*******************************************************************
 * 函数名    : TIM_Configuration
 * 函数描述  : 设置 TIM 各通道
 * 输入参数  : 无
 * 输出结果  : 无
 * 返回值    : 无
 *******************************************************************/
void TIM_Configuration(void)
{
    /* 定义 TIM_TimeBase 初始化结构体 TIM_TimeBaseStructure */
    TIM_TimeBaseInitTypeDef  TIM_TimeBaseStructure;
    /* 定义 TIM_OCInit 初始化结构体 TIM_OCInitStructure */
    TIM_OCInitTypeDef  TIM_OCInitStructure;
    /*
     *  计数重载值为 65 535
     *  预分频值为(7 199 + 1 = 7 200)
     *  时钟分割 0
     *  向上计数模式
     */
    TIM_TimeBaseStructure.TIM_Period = 65535;
    TIM_TimeBaseStructure.TIM_Prescaler = 0;
    TIM_TimeBaseStructure.TIM_ClockDivision = 0;
    TIM_TimeBaseStructure.TIM_CounterMode = TIM_CounterMode_Up;
    TIM_TimeBaseInit(TIM2, &TIM_TimeBaseStructure);
    /* 设置预分频值,且立即装入 */
    TIM_PrescalerConfig(TIM2, 7199, TIM_PSCReloadMode_Immediate);
    /*
     *  设置 OC1,OC2,OC3,OC4 通道
     *  工作模式为输出比较模式
     *  使能比较匹配输出极性
     *  时钟分割 0
     *  向上计数模式
     */
    TIM_OCInitStructure.TIM_OCMode = TIM_OCMode_Toggle;
    TIM_OCInitStructure.TIM_OutputState = TIM_OutputState_Enable;
    TIM_OCInitStructure.TIM_OCPolarity = TIM_OCPolarity_High;
    TIM_OCInitStructure.TIM_Pulse = CCR1_Val;
    TIM_OC1Init(TIM2, &TIM_OCInitStructure);
```

```
    TIM_OCInitStructure.TIM_Pulse = CCR2_Val;
    TIM_OC2Init(TIM2, &TIM_OCInitStructure);
    TIM_OCInitStructure.TIM_Pulse = CCR3_Val;
    TIM_OC3Init(TIM2, &TIM_OCInitStructure);
    TIM_OCInitStructure.TIM_Pulse = CCR4_Val;
    TIM_OC4Init(TIM2, &TIM_OCInitStructure);
    /* 禁止预装载寄存器 */
    TIM_OC1PreloadConfig(TIM2, TIM_OCPreload_Disable);
    TIM_OC2PreloadConfig(TIM2, TIM_OCPreload_Disable);
    TIM_OC3PreloadConfig(TIM2, TIM_OCPreload_Disable);
    TIM_OC4PreloadConfig(TIM2, TIM_OCPreload_Disable);
    /* 使能 TIM 中断 */
    TIM_ITConfig(TIM2, TIM_IT_CC1 | TIM_IT_CC2 | TIM_IT_CC3 | TIM_IT_CC4, ENABLE);
    /* 启动 TIM 计数 */
    TIM_Cmd(TIM2, ENABLE);
}
/*******************************************************************
* 函数名      : NVIC_Configuration
* 函数描述    : 设置 NVIC 参数
* 输入参数    : 无
* 输出结果    : 无
* 返回值      : 无
*******************************************************************/
void NVIC_Configuration(void)
{
    /* 定义 NVIC 初始化结构体 */
    NVIC_InitTypeDef NVIC_InitStructure;
        /* #ifdef...#else...#endif 结构的作用是根据预编译条件决定中断向量表
           起始地址 */
    #ifdef  VECT_TAB_RAM
        /* 中断向量表起始地址从 0x20000000 开始 */
        NVIC_SetVectorTable(NVIC_VectTab_RAM, 0x0);
    #else     /* VECT_TAB_FLASH */
        /* 中断向量表起始地址从 0x80000000 开始 */
        NVIC_SetVectorTable(NVIC_VectTab_FLASH, 0x0);
    #endif
    /* 选择优先级分组 0 */
    NVIC_PriorityGroupConfig(NVIC_PriorityGroup_0);
    /* 开启 TIM2 中断, 0 级先占优先级, 0 级后占优先级 */
    NVIC_InitStructure.NVIC_IRQChannel = TIM2_IRQn;
    NVIC_InitStructure.NVIC_IRQChannelPreemptionPriority = 0;
    NVIC_InitStructure.NVIC_IRQChannelSubPriority = 0;
    NVIC_InitStructure.NVIC_IRQChannelCmd = ENABLE;
    NVIC_Init(&NVIC_InitStructure);
}
/*******************************************************************
* 文件名      : stm32f10x_ it.c
* 作者        : Losingamong
```

```
 *  生成日期   : 14 / 09 / 2010
 *  描述       : 中断服务程序
***************************************************************************/
/* 头文件  ---------------------------------------------------------------*/
#include "stm32f10x.h"
#include "stm32f10x_tim.h"
#include "stdio.h"
/* 自定义变量声明  -------------------------------------------------------*/
extern vu16 CCR1_Val;
extern vu16 CCR2_Val;
extern vu16 CCR3_Val;
extern vu16 CCR4_Val;
/**************************************************************************
 *  函数名     : TIM2_IRQHandler
 *  输入参数   : 无
 *  函数描述   : 通用定时器 TIM2 中断服务函数
 *  返回值     : 无
 *  输入参数   : 无
***************************************************************************/
void TIM2_IRQHandler(void)
{
    u16   capture = 0;
    if (TIM_GetITStatus(TIM2, TIM_IT_CC1) != RESET)
    {
        TIM_ClearITPendingBit(TIM2, TIM_IT_CC1 );
        capture = TIM_GetCapture1(TIM2);
        TIM_SetCompare1(TIM2, capture + CCR1_Val );
    }
    if (TIM_GetITStatus(TIM2, TIM_IT_CC2) != RESET)
    {
        TIM_ClearITPendingBit(TIM2, TIM_IT_CC2);
        capture = TIM_GetCapture2(TIM2);
        TIM_SetCompare2(TIM2, capture + CCR2_Val);
    }
    if (TIM_GetITStatus(TIM2, TIM_IT_CC3) != RESET)
    {
        TIM_ClearITPendingBit(TIM2, TIM_IT_CC3);
        capture = TIM_GetCapture3(TIM2);
        TIM_SetCompare3(TIM2, capture + CCR3_Val);
    }
    if (TIM_GetITStatus(TIM2, TIM_IT_CC4) != RESET)
    {
        TIM_ClearITPendingBit(TIM2, TIM_IT_CC4);
        capture = TIM_GetCapture4(TIM2);
        TIM_SetCompare4(TIM2, capture + CCR4_Val);
    }
}
```

5. 实验结果

建立并设置好工程(建议保存 5.12.2 小节的工程,然后新建一个工程),编辑好代码之后按下 F7 进行编译,将所有错误警告排除后(若存在)按下 Ctrl + F5 进行烧写与仿真(先不要进行全速运行),然后按照如下步骤配置 Keil μVision4 集成开发环境的 Logic Analyzer。

① 选择 View→Analysis Windows→Logic Analyzer,打开 Logic Analyzer,见图 5.12.4。

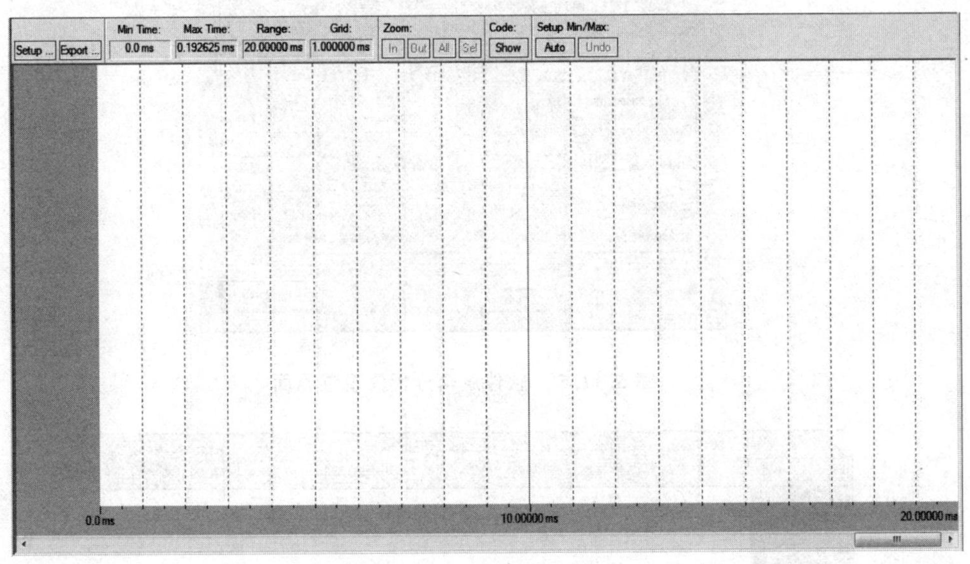

图 5.12.4　软件逻辑分析仪界面 1

② 单击 Logic Analyzer 左上角的 Setup 按钮,弹出配置对话框 Setup Logic Analyzer,如图 5.12.5 所示。

③ 单击 Setup Logic Analyzer 右上角的 New(Inser)按钮(红色的叉左边的小虚线框),进行 Logic Analyzer 信号来源的设置。本小节要跟踪的是 TIM2 的 4 个输出通道,故添加 4 个信号源,名称分别为:GPIOA_IDR.0、GPIOA_IDR.1、GPIOA_IDR.2 和 GPIOA_IDR.3。设置好后单击 close,此时 Logic Analyzer 主界面如图 5.12.6 所示。

可以看到,Logic Analyzer 主界面左端出现了刚才设置的信号源符号。

至此,Logic Analyzer 已设置完毕,此时启动程序运行,可以迅速看到 Logic Analyzer 出现了连续的信号波形,如图 5.12.7 所示。

很明显,Logic Analyzer 所显示的 4 个通道产生的波形在频率上有整齐的倍数关系,符合程序设计的预期。

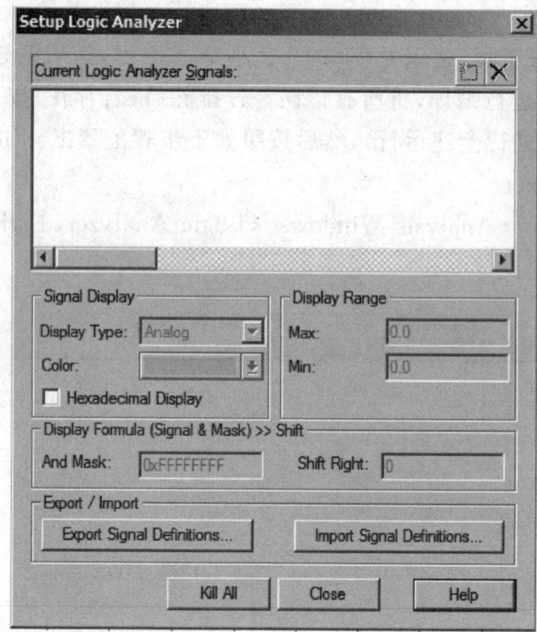

图 5.12.5　软件逻辑分析仪设置界面

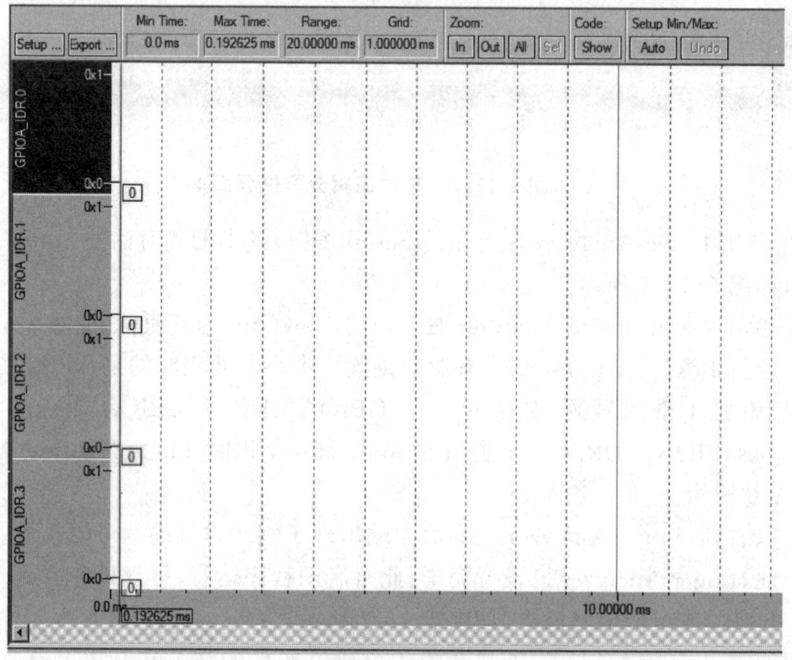

图 5.12.6　软件逻辑分析仪主界面 2

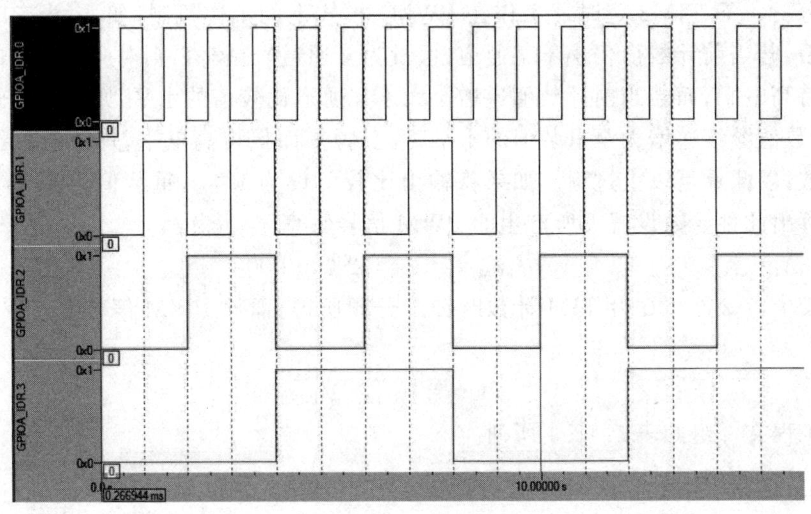

图 5.12.7 比较匹配实验现象

5.12.4 PWM 输出

脉冲宽度调制(PWM)输出模式可以产生一个由 TIMx_ARR 寄存器确定频率、由 TIMx_CCRx 寄存器确定占空比的信号,并在定时器通道引脚上输出。

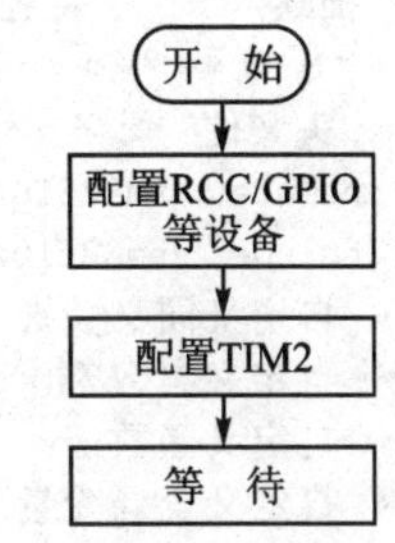

图 5.12.8 通用定时器之 PWM 输出实验流程

1. 实验设计

本节进行的实验设计目的在于使用 TIM2 定时器产生四个占空比不同的 PWM 信号,并将这 4 个 PWM 信号在 LED 上体现出来。其流程相对简单,如图 5.12.8 所示。

2. 实验电路

本小节硬件电路如图 5.12.2 所示。

3. 程序设计

此处程序设计相对于 5.12.3 小节又有些许改动,改动集中在对 TIM2 定时器的设置上:

- 设置 TIM2 定时器重装值为 60000,预分频值为 0。
- 设置 4 个通道为 PWM1 输出模式,各个比较值为 60 000、15 000、3 750、1 250。
- 使能重装载寄存器,开启各通道的重装载功能。

分析一下TIM2定时器工作在PWM1模式下的工作机制，如下：当定时器启动计数后，若当前计数值仍小于某通道（假设为x通道）比较值，则对应x通道的输出引脚保持高电平；而若当前计数值递增至大于x通道比较值的水平，则引脚翻转为低电平；计数值继续递增大至重装值的水平时，引脚复而保持高电平，计数值重新装载再次计数，以此重复以上过程。如果将输出比较值设为V_{COM}，重装值设为V_{PRER}，则可以计算出此种参数设置下所产生的PWM信号频率f_{PWM}为：

$$f_{PWM}=V_{PRER}/72\ 000\ 000$$

其中，7 200 000为TIM计数时钟1分频所得，而该PWM信号的占空比Duty则为：

$$\mathrm{Duty}=V_{COM}/V_{PRER}$$

工程文件组如表5.12.1所列。

4. 程序清单

```
/***********************************************************
 * 文件名    : main.c
 * 作者      : Losingamong
 * 生成日期  : 17/09/2010
 * 描述      : 主程序
************************************************************/
/* 头文件   ----------------------------------------------*/
#include "stm32f10x.h"
#include "stm32f10x_tim.h"
/* 自定义同义关键字        --------------------------------*/
/* 自定义参数宏            --------------------------------*/
/* 自定义函数宏            --------------------------------*/
/* 自定义全局变量          --------------------------------*/
vu16 CCR1_Val = 60000;          /* 初始化输出比较通道1计数周期变量 */
vu16 CCR2_Val = 30000;          /* 初始化输出比较通道2计数周期变量 */
vu16 CCR3_Val = 15000;          /* 初始化输出比较通道3计数周期变量 */
vu16 CCR4_Val = 7500;           /* 初始化输出比较通道4计数周期变量 */
/* 自定义函数声明          --------------------------------*/
void RCC_Configuration(void);
void GPIO_Configuration(void);
void TIM_Configuration(void);
/***********************************************************
 * 函数名    : main
 * 函数描述  : main函数
 * 输入参数  : 无
 * 输出结果  : 无
 * 返回值    : 无
************************************************************/
int main(void)
{
    /* 设置系统时钟 */
```

```
    RCC_Configuration();
    /* 设置 GPIO 端口 */
    GPIO_Configuration();
    /* 设置 TIM */
    TIM_Configuration();
    while (1);
}
/**********************************************************
* 函数名     : RCC_Configuration
* 函数描述   : 设置系统各部分时钟
* 输入参数   : 无
* 输出结果   : 无
* 返回值     : 无
**********************************************************/
void RCC_Configuration(void)
{
    {
        /* 本部分代码为 RCC_Configuration 函数内部部分代码,见附录 A 程序清单 A.1 */
    }
    /* 打开 TIM2 时钟 */
    RCC_APB1PeriphClockCmd(RCC_APB1Periph_TIM2, ENABLE);
    /* 打开 APB 总线上的 GPIOA,USART1 时钟 */
    RCC_APB2PeriphClockCmd(RCC_APB2Periph_GPIOA, ENABLE);
}
/**********************************************************
* 函数名     : GPIO_Configuration
* 函数描述   : 设置各 GPIO 端口功能
* 输入参数   : 无
* 输出结果   : 无
* 返回值     : 无
**********************************************************/
void GPIO_Configuration(void)
{
    /* 定义 GPIO 初始化结构体 GPIO_InitStructure */
    GPIO_InitTypeDef GPIO_InitStructure;
    /* 设置 GPIOA 上的 TIM2 1,2,3,4 通道对应引脚 PA.0,PA.1,PA.2,PA.3 为第二功能推
       挽输出 */
    GPIO_InitStructure.GPIO_Pin = GPIO_Pin_0 | GPIO_Pin_1 | GPIO_Pin_2 | GPIO_Pin_3;
    GPIO_InitStructure.GPIO_Mode = GPIO_Mode_AF_PP;
    GPIO_InitStructure.GPIO_Speed = GPIO_Speed_50MHz;
    GPIO_Init(GPIOA, &GPIO_InitStructure);
}
/**********************************************************
* 函数名     : TIM_Configuration
* 函数描述   : 设置 TIM 各通道
* 输入参数   : 无
* 输出结果   : 无
* 返回值     : 无
```

```
*****************************************************************************/
void TIM_Configuration(void)
{
    /* 定义 TIM_TimeBase 初始化结构体 TIM_TimeBaseStructure */
    TIM_TimeBaseInitTypeDef  TIM_TimeBaseStructure;
    /* 定义 TIM_OCInit 初始化结构体 TIM_OCInitStructure */
    TIM_OCInitTypeDef  TIM_OCInitStructure;
    /*
     *  计数重载值为 9 999
     *  预分频值为(0 + 1 = 1)
     *  时钟分割 0
     *  向上计数模式
     */
    TIM_TimeBaseStructure.TIM_Period = 60000;
    TIM_TimeBaseStructure.TIM_Prescaler = 0;
    TIM_TimeBaseStructure.TIM_ClockDivision = 0;
    TIM_TimeBaseStructure.TIM_CounterMode = TIM_CounterMode_Up;
    TIM_TimeBaseInit(TIM2, &TIM_TimeBaseStructure);
    /*   设置 OC1,OC2,OC3,OC4 通道
     *   工作模式为 PWM 输出模式
     *   使能比较匹配输出极性
     *   时钟分割 0
     *   向上计数模式
     *
     *   设置各匹配值分别为 CCR1_Val, CCR1_Val, CCR1_Val, CCR1_Val
     *   得到的占空比分别为 50 %, 37.5 %, 25 %, 12.5 %
     */
    TIM_OCInitStructure.TIM_OCMode = TIM_OCMode_PWM1;
    TIM_OCInitStructure.TIM_OutputState = TIM_OutputState_Enable;
    TIM_OCInitStructure.TIM_OCPolarity = TIM_OCPolarity_High;
    TIM_OCInitStructure.TIM_Pulse = CCR1_Val;
    TIM_OC1Init(TIM2, &TIM_OCInitStructure);
    TIM_OCInitStructure.TIM_Pulse = CCR2_Val;
    TIM_OC2Init(TIM2, &TIM_OCInitStructure);
    TIM_OCInitStructure.TIM_Pulse = CCR3_Val;
    TIM_OC3Init(TIM2, &TIM_OCInitStructure);
    TIM_OCInitStructure.TIM_Pulse = CCR4_Val;
    TIM_OC4Init(TIM2, &TIM_OCInitStructure);
    /* 使能预装载寄存器 */
    TIM_OC1PreloadConfig(TIM2, TIM_OCPreload_Enable);
    TIM_OC2PreloadConfig(TIM2, TIM_OCPreload_Enable);
    TIM_OC3PreloadConfig(TIM2, TIM_OCPreload_Enable);
    TIM_OC4PreloadConfig(TIM2, TIM_OCPreload_Enable);
    TIM_ARRPreloadConfig(TIM2, ENABLE);
    /* 启动 TIM 计数 */
    TIM_Cmd(TIM2, ENABLE);
}
```

5. 注意事项

① 通用定时器有两种 PWM 模式，本小节程序使用的是第一种。而两种模式的区别在于通道的电平极性是相反的。

② 前文所提到的 TIMx_ARR 和 TIMx_CCRx 的值分别由 TIM_OCInitStructure 结构体中的 TIM_TimeBaseStructure. TIM_Period 成员和 TIM_OCInitStructure. TIM_Pulse 对应。

6. 实验结果

建立并设置好工程（同样建议保存 5.12.3 小节的工程，然后新建一个工程），编辑好代码之后按下 F7 进行编译，将所有错误、警告排除后（若存在）按下 Ctrl ＋ F5 进行烧写与仿真，然后按下 F5 全速运行，可以清楚地看到连接 TIM2 4 个通道对应引脚的 LED 灯在明亮程度上有明显的区分，按照程序设计的原预想，它们分别是由占空比为 12.5％、25％、50％、100％的 PWM 信号驱动点亮，因此它们的亮度也应该是这个比例关系。

5.12.5 PWM 输入捕获

STM32 的通用定时器具备基本的输入捕获功能。输入捕获功能是指，通用定时器可以检测某个通道对应引脚上的电平边沿，并在电平边沿产生的时刻将当前定时器计数值写入捕获/比较寄存器中。很明显，输入捕获功能的主要作用在于度量跳变沿之间的时间，即某个电平脉冲的宽度。

本小节来介绍通用定时器 TIM2 的 PWM 输入捕获功能。PWM 输入捕获功能可以测量连接在定时器某个输入通道上的 PWM 信号的频率与占空比，其实这是在基本输入捕获功能的基础进行拓展而得到的较为高级的功能。为了实现这个功能，相比于基本输入捕获功能的实现来说，PWM 输入捕获功能需要多加入一个捕获比较寄存器。

1. 实验设计

本小节进行一个有趣的实验设计：运用 5.12.4 小节所介绍的 PWM 信号产生的方法，使用 TIM3 定时器产生一个 PWM 信号，并将此 PWM 信号连接到 TIM2 定时器的输入通道上，使用 TIM2 定时器的 PWM 输入捕获功能来检测 TIM3 定时器所产生的 PWM 信号的频率与占空比，最后进行核对，验证程序实现的功能是否正确。流程图如图 5.12.9 所示。

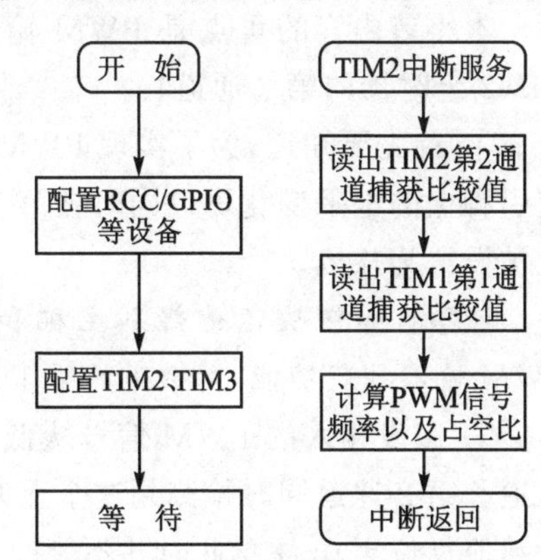

图 5.12.9 通用定时器之 PWM 输入捕获实验流程

2. 硬件电路

本小节实验需要借助串口来显示程序结果,另外需要读者使用导线将 TIM3 第 1 通道对应的引脚 GPIOA.6 和 TIM2 的 PWM 输入捕获通道 GPIOA.1 引脚相连,如图 5.12.10 所示。

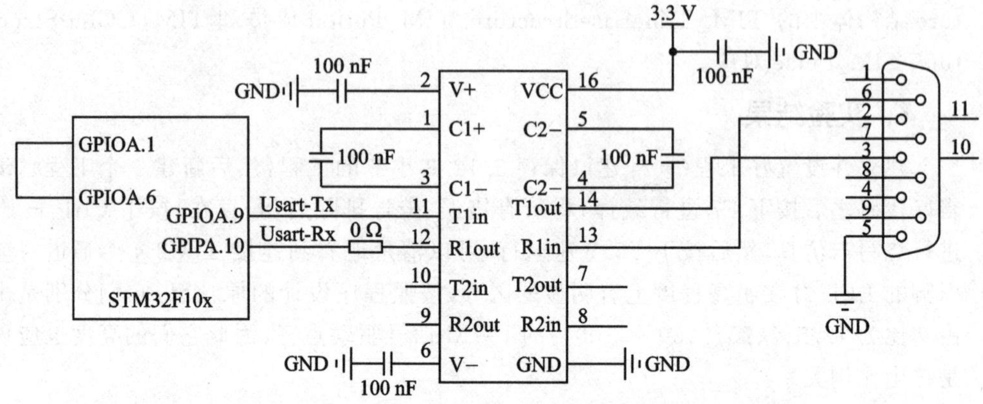

图 5.12.10　通用定时器之 PWM 输入捕获实验硬件原理图

3. 程序设计

通用定时器的捕获功能和输出功能的配置有较大不同,要点如下:

- RCC 寄存器组、USART 寄存器组使用常用配置。
- 配置 GPIOA.1 引脚为浮空输入模式,GPIOA.6 为第 2 功能推挽输出模式。
- 配置 TIM2 定时器的第 2 通道为 PWM 输入捕获功能,设置为上升沿捕获,选择触发源、从机复位模式以及打开其中断。
- 配置 TIM3 定时器的第 1 通道输出 PWM 信号,重装值为 60 000,脉冲宽度为 15 000(则频率为 1.2 kHz,占空比为 25%,计算方法参考前文)。

本小节内容的重点是 PWM 输入捕获功能的实现机理。解析如下(假设使用 TIM2 定时器的第 2 通道):

① 首先要知道,为了实现 PWM 输入捕获,TIM2 占用了 2 个通道。第 2 通道对应引脚上的电平变化可以同时被第 1 通道和第 2 通道引脚检测到,其中第 1 通道已经被设置为从机。

注意: 如何快速地辨别主机和从机,有如下规则,如果设置的是第 2 通道的 PWM 输入捕获功能,则余下的第 1 通道为从机,反之亦然。

② 假设输入的 PWM 信号从低电平开始跳变,则在第 1 个上升沿来临时,第 1 通道和第 2 通道同时检测到这个上升沿。而从机设置为复位模式,所以将 TIM2 的计数值复位至 0(注意此时并不能产生一个中断请求)。

③ 按照 PWM 信号的规律,下一个到来的电平边沿应该是一个下降沿。该下降沿到达时第 1 通道发生捕获事件,将当前计数值存至第 1 通道捕获/比较寄存器中,

记为 CCR1。

④ 接着是 PWM 信号的第 2 个上升沿，此时通道 2 发生捕获事件，将当前计数值存至第 2 通道捕获/比较寄存器中，记为 CCR2。

⑤ 至此就完成了一次捕获的过程，那么可以很容易地计算出该 PWM 信号的频率 f 为：

$$f=72\ 000\ 000/\text{CCR2}$$

其中，72 000 000 为本小节实验设计中 TIM2 的驱动时钟，容易计算出占空比 D 为：

$$D=\text{CCR1}/\text{CCR2}\times 100\%$$

工程文件组相比于 5.12.4 小节则加入了 stm32f10x_usart.c 文件，读者应该很熟悉了，在此不再列出。

4. 程序清单

```
/*****************************************************************
*  文件名      : main.c
*  作者        : Losingamong
*  生成日期    : 17/09/2010
*  描述        : 主程序
*****************************************************************/
/* 头文件      ---------------------------------------------------*/
#include "stm32f10x.h"
#include "stm32f10x_tim.h"
#include "stdio.h"
/* 自定义同义关键字          ------------------------------------*/
/* 自定义参数宏              ------------------------------------*/
/* 自定义函数宏              ------------------------------------*/
/* 自定义全局变量            ------------------------------------*/
/* 自定义函数声明            ------------------------------------*/
void RCC_Configuration(void);
void GPIO_Configuration(void);
void NVIC_Configuration(void);
void USART_Configuration(void);
void TIM_Configuration(void);
/*****************************************************************
*  函数名      : main
*  函数描述    : main 函数
*  输入参数    : 无
*  输出结果    : 无
*  返回值      : 无
*****************************************************************/
int main(void)
{
    /* 设置系统时钟 */
    RCC_Configuration();
```

```
    /* 设置 NVIC */
    NVIC_Configuration();
    /* 设置 GPIO 端口 */
    GPIO_Configuration();
    /* 设置 USART */
    USART_Configuration();
    /* 设置 TIM */
    TIM_Configuration();
    while (1);
}
/****************************************************************
* 函数名      : RCC_Configuration
* 函数描述    : 设置系统各部分时钟
* 输入参数    : 无
* 输出结果    : 无
* 返回值      : 无
****************************************************************/
void RCC_Configuration(void)
{
    {
        /* 本部分代码为 RCC_Configuration 函数内部部分代码,见附录 A 程序清单 A.1 */
    }
    /* 打开 TIM2 时钟 */
    RCC_APB1PeriphClockCmd(RCC_APB1Periph_TIM2 | RCC_APB1Periph_TIM3, ENABLE);
    /* 打开 APB 总线上的 GPIOA,USART1 时钟 */
    RCC_APB2PeriphClockCmd(RCC_APB2Periph_USART1 | RCC_APB2Periph_GPIOA, ENABLE);
}
/****************************************************************
* 函数名      : GPIO_Configuration
* 函数描述    : 设置各 GPIO 端口功能
* 输入参数    : 无
* 输出结果    : 无
* 返回值      : 无
****************************************************************/
void GPIO_Configuration(void)
{
    /* 定义 GPIO 初始化结构体 GPIO_InitStructure */
    GPIO_InitTypeDef GPIO_InitStructure;
    /* 设置 TIM2 通道 2 对应引脚 PA.1 为浮空输入引脚 */
    GPIO_InitStructure.GPIO_Pin = GPIO_Pin_1;
    GPIO_InitStructure.GPIO_Mode = GPIO_Mode_IN_FLOATING;
    GPIO_Init(GPIOA, &GPIO_InitStructure);
    /* 设置 GPIOA 上的 TIM3 1 道对应引脚 PA.6 为第二功能推挽输出 */
    GPIO_InitStructure.GPIO_Pin = GPIO_Pin_6;
    GPIO_InitStructure.GPIO_Mode = GPIO_Mode_AF_PP;
    GPIO_InitStructure.GPIO_Speed = GPIO_Speed_50MHz;
    GPIO_Init(GPIOA, &GPIO_InitStructure);
```

```
    /* 设置 USART1 的 Tx 脚(PA.9)为第二功能推挽输出功能 */
    GPIO_InitStructure.GPIO_Pin = GPIO_Pin_9;
    GPIO_InitStructure.GPIO_Mode = GPIO_Mode_AF_PP;
    GPIO_InitStructure.GPIO_Speed = GPIO_Speed_50MHz;
    GPIO_Init(GPIOA, &GPIO_InitStructure);
    /* 设置 USART1 的 Rx 脚(PA.10)为浮空输入脚 */
    GPIO_InitStructure.GPIO_Pin = GPIO_Pin_10;
    GPIO_InitStructure.GPIO_Mode = GPIO_Mode_IN_FLOATING;
    GPIO_Init(GPIOA, &GPIO_InitStructure);
}
/**********************************************************
* 函数名     : TIM_Configuration
* 函数描述   : 设置 TIM 各通道
* 输入参数   : 无
* 输出结果   : 无
* 返回值     : 无
**********************************************************/
void TIM_Configuration(void)
{
    /* 定义各初始化结构体 TIM_ICInitStructure */
    TIM_ICInitTypeDef  TIM_ICInitStructure;
    TIM_TimeBaseInitTypeDef  TIM_TimeBaseStructure;
    TIM_OCInitTypeDef  TIM_OCInitStructure;
    /*
     *  选择 TIM2 第 2 通道
     *  捕获输入上升沿
     *  TIM 输入 2 与 IC2 相连
     *  TIM 捕获在捕获输入上每探测到一个边沿执行一次
     *  选择输入比较滤波器 0x0
     */
    TIM_ICInitStructure.TIM_Channel = TIM_Channel_2;
    TIM_ICInitStructure.TIM_ICPolarity = TIM_ICPolarity_Rising;
    TIM_ICInitStructure.TIM_ICSelection = TIM_ICSelection_DirectTI;
    TIM_ICInitStructure.TIM_ICPrescaler = TIM_ICPSC_DIV1;
    TIM_ICInitStructure.TIM_ICFilter = 0x00;
    TIM_PWMIConfig(TIM2, &TIM_ICInitStructure);
    /* 选择 TIM2 输入触发源:TIM 经滤波定时器输入 2 */
    TIM_SelectInputTrigger(TIM2, TIM_TS_TI2FP2);
    /* 选择从机模式:复位模式 */
    TIM_SelectSlaveMode(TIM2, TIM_SlaveMode_Reset);
    /* 开启复位模式 */
    TIM_SelectMasterSlaveMode(TIM2, TIM_MasterSlaveMode_Enable);
    /* 开启 CC2 中断 */
    TIM_ITConfig(TIM2, TIM_IT_CC2, ENABLE);
    TIM_Cmd(TIM2, ENABLE);
    TIM_TimeBaseStructure.TIM_Period = 60000;
    TIM_TimeBaseStructure.TIM_Prescaler = 0;
```

```
    TIM_TimeBaseStructure.TIM_ClockDivision = 0;
    TIM_TimeBaseStructure.TIM_CounterMode = TIM_CounterMode_Up;
    TIM_TimeBaseInit(TIM3, &TIM_TimeBaseStructure);
    TIM_OCInitStructure.TIM_OCMode = TIM_OCMode_PWM1;
    TIM_OCInitStructure.TIM_OutputState = TIM_OutputState_Enable;
    TIM_OCInitStructure.TIM_Pulse = 15000;
    TIM_OCInitStructure.TIM_OCPolarity = TIM_OCPolarity_High;
    TIM_OC1Init(TIM3, &TIM_OCInitStructure);
    TIM_OC1PreloadConfig(TIM3, TIM_OCPreload_Enable);
    TIM_ARRPreloadConfig(TIM3, ENABLE);
    /* 使能 TIM 计数器 */
    TIM_Cmd(TIM3, ENABLE);
}
/*******************************************************************
* 函数名      : NVIC_Configuration
* 函数描述    : 设置 NVIC 参数
* 输入参数    : 无
* 输出结果    : 无
* 返回值      : 无
*******************************************************************/
void NVIC_Configuration(void)
{
    /* 定义 NVIC 初始化结构体 */
    NVIC_InitTypeDef NVIC_InitStructure;
    /* #ifdef...#else...#endif 结构的作用是根据预编译条件决定中断向量表起始
       地址 */
    #ifdef  VECT_TAB_RAM
        /* 中断向量表起始地址从 0x20000000 开始 */
        NVIC_SetVectorTable(NVIC_VectTab_RAM, 0x0);
    #else     /* VECT_TAB_FLASH */
        /* 中断向量表起始地址从 0x80000000 开始 */
        NVIC_SetVectorTable(NVIC_VectTab_FLASH, 0x0);
    #endif
    /* 选择优先级分组 0 */
    NVIC_PriorityGroupConfig(NVIC_PriorityGroup_0);
    /* 开启 TIM2 中断,0 级先占优先级,0 级后占优先级 */
    NVIC_InitStructure.NVIC_IRQChannel = TIM2_IRQn;
    NVIC_InitStructure.NVIC_IRQChannelPreemptionPriority = 0;
    NVIC_InitStructure.NVIC_IRQChannelSubPriority = 0;
    NVIC_InitStructure.NVIC_IRQChannelCmd = ENABLE;
    NVIC_Init(&NVIC_InitStructure);
}
/*******************************************************************
* 函数名      : USART_Configuration
* 函数描述    : 设置 USART1
* 输入参数    : 无
* 输出结果    : 无
```

```
 * 返回值     ：无
 ****************************************************************/
void USART_Configuration(void)
{
    /* 定义 USART 初始化结构体 USART_InitStructure */
    USART_InitTypeDef USART_InitStructure;
    /* 定义 USART 初始化结构体 USART_ClockInitStructure */
    USART_ClockInitTypeDef USART_ClockInitStructure;
    /*
     *  波特率为 115 200 bps;
     *  8 位数据长度;
     *  1 个停止位,无校验;
     *  禁用硬件流控制;
     *  禁止 USART 时钟;
     *  时钟极性低;
     *  在第 2 个边沿捕获数据
     *  最后一位数据的时钟脉冲不从 SCLK 输出;
     */
    USART_ClockInitStructure.USART_Clock = USART_Clock_Disable;
    USART_ClockInitStructure.USART_CPOL = USART_CPOL_Low;
    USART_ClockInitStructure.USART_CPHA = USART_CPHA_2Edge;
    USART_ClockInitStructure.USART_LastBit = USART_LastBit_Disable;
    USART_ClockInit(USART1, &USART_ClockInitStructure);
    USART_InitStructure.USART_BaudRate = 115200;
    USART_InitStructure.USART_WordLength = USART_WordLength_8b;
    USART_InitStructure.USART_StopBits = USART_StopBits_1;
    USART_InitStructure.USART_Parity = USART_Parity_No ;
    USART_InitStructure.USART_HardwareFlowControl = USART_HardwareFlowControl_None;
    USART_InitStructure.USART_Mode = USART_Mode_Rx | USART_Mode_Tx;
    USART_Init(USART1, &USART_InitStructure);
    /* 使能 USART1 */
    USART_Cmd(USART1, ENABLE);
}
/****************************************************************
 * 函数名     ：fputc
 * 函数描述   ：将 printf 函数重定位到 USATR1
 * 输入参数   ：无
 * 输出结果   ：无
 * 返回值     ：无
 ****************************************************************/
int fputc(int ch, FILE *f)
{
    USART_SendData(USART1, (u8) ch);
    while(USART_GetFlagStatus(USART1, USART_FLAG_TC) == RESET);
    return ch;
}
/****************************************************************
```

```
* 文件名    : stm32f10x_ it.c
* 作者      : Losingamong
* 生成日期  : 14 / 09 / 2010
* 描述      : 中断服务程序
*************************************************************************/
/* 头文件   --------------------------------------------------------------*/
#include "stm32f10x.h"
#include "stm32f10x_tim.h"
#include "stdio.h"
/*************************************************************************
* 函数名    : TIM2_IRQHandler
* 输入参数  : 无
* 函数描述  : 通用定时器 TIM2 中断服务函数
* 返回值    : 无
* 输入参数  : 无
*************************************************************************/
void TIM2_IRQHandler(void)
{
    static float IC2Value = 0;          /* 定义输入捕获值局部变量 */
    static float DutyCycle = 0;         /* 定义输入捕获周期局部变量 */
    static float Frequency = 0;         /* 定义输入捕获频率局部变量 */
    static float Paulse = 0;
    /* 读出捕获值 */
    IC2Value = TIM_GetCapture2(TIM2);
    Paulse = TIM_GetCapture1(TIM2);
    /* 获取输入周期 */
    DutyCycle = Paulse / IC2Value;
    /* 获取输入频率 */
    Frequency = 72000000 / IC2Value;
    printf("\r\n The DutyCycle  of input pulse is %%%d \r\n", (u32)(DutyCycle * 100));
    printf("\r\n The Frequency  of input pulse is %.2fKHz\r\n", (Frequency/1000));
    TIM_ClearITPendingBit(TIM2, TIM_IT_CC2);
}
```

5. 注意事项

① 通用定时器的输入捕获是存在微小误差的,如果使用整型数来进行占空比和频率的运算,这样得到的结果和实际情况有很大差别,建议使用浮点数进行运算。

② 笔者在实践中发现,如果某个通用定时器的4个通道同时有输出匹配和输入捕获模式,将出现TIM工作紊乱的现象,但笔者没有搜集到关于这一点的相关说明。因此若读者需要此类设计时(比如使用TIM2定时器的第3通道输出PWM信号同时使用第2通道捕获这个PWM信号),请适度关注这个问题。

6. 实验结果

建立并设置好工程,编辑好代码之后按下F7进行编译,将所有错误警告排除后(若存在)按下Ctrl + F5进行烧写与仿真。连接好硬件之后,按下F5全速运行。可以看到 PC 端的上位机软件接收到如图 5.12.11 所示信息。

从图 5.12.11 中可以看到，TIM2 定时器的第 2 捕获通道所捕获到的 PWM 信号，其频率为 1.2 kHz，同时占空比为 24%，将 STM32 浮点数的计算误差考虑在内，这和前文的计算结果几乎匹配。说明本小节的实验设计是成功的。

```
The Frequency  of input pulse is 1.20KHz
The DutyCycle  of input pulse is %24
The Frequency  of input pulse is 1.20KHz
The DutyCycle  of input pulse is %24
The Frequency  of input pulse is 1.20KHz
The DutyCycle  of input pulse is %24
The Frequency  of input pulse is 1.20KHz
The DutyCycle  of input pulse is %24
```

图 5.12.11 PWM 捕获实验现象

5.12.6 本节使用到的库函数

(1) 函数 TIM_TimeBaseInit(见表 5.12.2)

表 5.12.2 函数 TIM_TimeBaseInit 说明

项目名	代 号
函数名	TIM_TimeBaseInit
函数原形	void TIM_TimeBaseInit(TIM_TypeDef * TIMx，TIM_TimeBaseInitTypeDef * TIM_TimeBaseInitStruct)
功能描述	根据 TIM_TimeBaseInitStruct 中指定的参数初始化 TIMx 的时间基准
输入参数 1	TIMx：x 可以是 2、3 或 4 来选择 TIM 外设
输入参数 2	TIMTimeBase_InitStruct：指向结构 TIM_TimeBaseInitTypeDef 的指针，包含了 TIMx 时间基准的配置信息
输出参数	无
返回值	无
先决条件	无
被调用函数	无

参数描述：TIM_TimeBaseInitTypeDef structure，定义于文件 stm32f10x_tim.h。

```
typedef struct
{
    u16 TIM_Period;
    u16 TIM_Prescaler;
    u8 TIM_ClockDivision;
    u16 TIM_CounterMode;
} TIM_TimeBaseInitTypeDef;
```

① TIM_Period，设置计数周期。它的取值必须为 0x0000～0xFFFF。

② TIM_Prescaler，设置了用来作为 TIMx 时钟频率除数的预分频值。它的取值必须为 0x0000～0xFFFF。

③ TIM_ClockDivision，设置时钟分割，见表 5.12.3。

表 5.12.3　参数 TIM_ClockDivision 定义

TIM_ClockDivision 参数	描　述
TIM_CKD_DIV1	TDTS=Tck_tim
TIM_CKD_DIV2	TDTS=2Tck_tim
TIM_CKD_DIV4	TDTS=4Tck_tim

④ TIM_CounterMode,选择计数器模式,见表 5.12.4。

表 5.12.4　参数 TIM_CounterMode 定义

TIM_CounterMode 参数	描　述
TIM_CounterMode_Up	向上计数模式
TIM_CounterMode_Down	向下计数模式
TIM_CounterMode_CenterAligned1	中央对齐模式 1 计数模式
TIM_CounterMode_CenterAligned2	中央对齐模式 2 计数模式
TIM_CounterMode_CenterAligned3	中央对齐模式 3 计数模式

例:

```
/* 根据 TIM_TimeBaseStructure 成员初始化 TIM2 的时间基准寄存器组 */
TIM_TimeBaseInitTypeDef TIM_TimeBaseStructure;
TIM_TimeBaseStructure.TIM_Period = 0xFFFF;
TIM_TimeBaseStructure.TIM_Prescaler = 0xF;
TIM_TimeBaseStructure.TIM_ClockDivision = 0x0;
TIM_TimeBaseStructure.TIM_CounterMode = TIM_CounterMode_Up;
TIM_TimeBaseInit(TIM2, & TIM_TimeBaseStructure);
```

(2) 函数 TIM_PrescalerConfig(见表 5.12.5)

表 5.12.5　函数 TIM_PrescalerConfig 说明

项目名	代　号
函数名	TIM_PrescalerConfig
函数原形	void TIM_PrescalerConfig(TIM_TypeDef * TIMx, u16 Prescaler, u16 TIM_PSCReloadMode)
功能描述	设置 TIMx 预分频
输入参数 1	TIMx:x 可以是 2、3 或 4 来选择 TIM 外设
输入参数 2	Prescaler:待设置的预分频数
输出参数	TIM_PSCReloadMode:预分频重载模式
返回值	无
先决条件	无
被调用函数	无

参数描述:TIM_PSCReloadMode,选择预分频重载模式,见表 5.12.6。

表 5.12.6　参数 TIM_PSCReloadMode 定义

TIM_PSCReloadMode 参数	描　述
TIM_PSCReloadMode_Update	TIM 预分频值在更新事件来临时装入
TIM_PSCReloadMode_Immediate	TIM 预分频值即时装入

例：

```
/* 立即写入新的 TIM2 预分频值 */
u16 TIMPrescaler = 0xFF00;
TIM_PrescalerConfig(TIM2, TIMPrescaler, TIM_PSCReloadMode_Immediate);
```

(3) 函数 TIM_OCInit(见表 5.12.7)

表 5.12.7　函数 TIM_OCInit 说明

项目名	代　号
函数名	TIM_OCInit
函数原形	void TIM_OCInit(TIM_TypeDef * TIMx, TIM_OCInitTypeDef * TIM_OCInitStruct)
功能描述	根据 TIM_OCInitStruct 中指定的参数初始化外设 TIMx
输入参数 1	TIMx：x 可以是 2、3 或 4 来选择 TIM 外设
输入参数 2	TIM_OCInitStruct：指向结构 TIM_OCInitTypeDef 的指针，包含了 TIMx 时间基准的配置信息
输出参数	无
返回值	无
先决条件	无
被调用函数	无

参数描述：TIM_OCInitTypeDef structure，定义于文件 stm32f10x_tim.h。

```
typedef struct
{
    u16 TIM_OCMode;
    u16 TIM_Channel;
    u16 TIM_Pulse;
    u16 TIM_OCPolarity;
} TIM_OCInitTypeDef;
```

① TIM_OCMode，选择定时器输出比较模式，见表 5.12.8。

② TIM_Channel，选择通道，见表 5.12.9。

③ TIM_Pulse，设置了待装入捕获比较寄存器的值，它的取值必须为 0x0000～0xFFFF。

④ TIM_OCPolarity，输出极性，见表 5.12.10。

表 5.12.8　参数 TIM_OCMode 定义

TIM_OCMode 参数	描　述
TIM_OCMode_Timing	输出比较时间模式
TIM_OCMode_Active	输出比较主动模式
TIM_OCMode_Inactive	输出比较非主动模式
TIM_OCMode_Toggle	输出比较触发模式
TIM_OCMode_PWM1	脉冲宽度调制模式 1
TIM_OCMode_PWM2	脉冲宽度调制模式 2

表 5.12.9　参数 TIM_Channel 定义

TIM_Channel 参数	描　述
TIM_Channel_1	使用 TIM 通道 1
TIM_Channel_2	使用 TIM 通道 2
TIM_Channel_3	使用 TIM 通道 3
TIM_Channel_4	使用 TIM 通道 4

表 5.12.10　参数 TIM_OCPolarity 定义

TIM_OCPolarity 参数	描　述	TIM_OCPolarity 参数	描　述
TIM_OCPolarity_High	TIM 输出比较极性高	TIM_OCPolarity_Low	TIM 输出比较极性低

例:

```
/* 设置 TIM2 通道 1 工作在 PWM1 模式 */
TIM_OCInitTypeDef TIM_OCInitStructure;
TIM_OCInitStructure.TIM_OCMode = TIM_OCMode_PWM1;
TIM_OCInitStructure.TIM_Channel = TIM_Channel_1;
TIM_OCInitStructure.TIM_Pulse = 0x3FFF;
TIM_OCInitStructure.TIM_OCPolarity = TIM_OCPolarity_High;
TIM_OCInit(TIM2, & TIM_OCInitStructure);
```

(4) 函数 TIM_OC1PreloadConfig(见表 5.12.11)

表 5.12.11　函数 TIM_OC1PreloadConfig 说明

项目名	代　号
函数名	TIM_OC1PreloadConfig
函数原形	void TIM_OC1PreloadConfig(TIM_TypeDef * TIMx, u16 TIM_OCPreload)
功能描述	使能或者失能 TIMx 在 CCR1 上的预装载寄存器
输入参数 1	TIMx:x 可以是 2、3 或 4 来选择 TIM 外设
输入参数 2	TIM_OCPreload:输出比较预装载状态
输出参数	无
返回值	无
先决条件	无
被调用函数	无

参数描述：TIM_OCPreload，输出比较预装载状态，见表 5.12.12。

表 5.12.12　参数 TIM_OCPreload 定义

TIM_OCPreload 参数	描　述
TIM_OCPreload_Enable	使能 TIMx 在 CCR1 上的预装载寄存器
TIM_OCPreload_Disable	失能 TIMx 在 CCR1 上的预装载寄存器

例：

```
/* 使能 TIM2 的第 1 通道的预装载寄存器 */
TIM_OC1PreloadConfig(TIM2, TIM_OCPreload_Enable);
```

(5) 函数 TIM_OC2PreloadConfig(参考函数 TIM_OC1PreloadConfig)

(6) 函数 TIM_OC3PreloadConfig(参考函数 TIM_OC1PreloadConfig)

(7) 函数 TIM_OC4PreloadConfig(参考函数 TIM_OC1PreloadConfig)

(8) 函数 TIM _ITConfig(见表 5.12.13)

表 5.12.13　函数 TIM _ITConfig 说明

项目名	代　号
函数名	TIM_ITConfig
函数原形	void TIM_ITConfig(TIM_TypeDef * TIMx, u16 TIM_IT, FunctionalState NewState)
功能描述	使能或者失能指定的 TIM 中断
输入参数 1	TIMx：x 可以是 2、3 或 4 来选择 TIM 外设
输入参数 2	TIM_IT：待使能或者失能的 TIM 中断源
输入参数 3	NewState：TIMx 中断的新状态。这个参数可以取 ENABLE 或 DISABLE
输出参数	无
返回值	无
先决条件	无
被调用函数	无

参数描述：TIM_IT，使能或者失能 TIM 的中断，见表 5.12.14。

表 5.12.14　参数 TIM_IT 定义

TIM_IT 参数	描　述	TIM_IT 参数	描　述
TIM_IT_Update	TIM 更新事件中断	TIM_IT_CC3	TIM 捕获/比较通道 3 中断
TIM_IT_CC1	TIM 捕获/比较通道 1 中断	TIM_IT_CC4	TIM 捕获/比较通道 4 中断
TIM_IT_CC2	TIM 捕获/比较通道 2 中断	TIM_IT_Trigger	TIM 触发事件中断

例：

```
TIM_ITConfig(TIM2, TIM_IT_CC1, ENABLE ); /* 开启 TIM2 输入捕获通道 1 中断 */
```

(9) 函数 TIM_Cmd(见表 5.12.15)

表 5.12.15　函数 TIM_Cmd 说明

项目名	代　号
函数名	TIM_Cmd
函数原形	void TIM_Cmd(TIM_TypeDef * TIMx, FunctionalState NewState)
功能描述	使能或者失能 TIMx 外设
输入参数 1	TIMx:x 可以是 2、3 或 4 来选择 TIM 外设
输入参数 2	NewState:外设 TIMx 的新状态。这个参数可以取 ENABLE 或 DISABLE
输出参数	无
返回值	无
先决条件	无
被调用函数	无

例:

```
TIM_Cmd(TIM2, ENABLE); /* 启动 TIM2 计数 */
```

(10) 函数 TIM_GetITStatus(见表 5.12.16)

表 5.12.16　函数 TIM_GetITStatus 说明

项目名	代　号	项目名	代　号
函数名	TIM_ GetITStatus	输入参数 2	TIM_IT:待检查的 TIM 中断源
函数原形	ITStatus TIM_GetITStatus(TIM_TypeDef * TIMx, u16 TIM_IT)	输出参数	无
		返回值	TIM_IT 的新状态
功能描述	检查指定的 TIM 中断发生与否	先决条件	无
输入参数 1	TIMx:x 可以是 2,3 或者 4,来选择 TIM 外设	被调用函数	无

例:

```
if(TIM_GetITStatus(TIM2, TIM_IT_CC1) == SET) /* 查询是否发生了 TIM2 的输入捕获 1 中断 */
{ … }
```

(11) 函数 TIM_ClearITPendingBit(见表 5.12.17)

表 5.12.17　函数 TIM_ClearITPendingBit 说明

项目名	代　号	项目名	代　号
函数名	TIM_ ClearITPendingBit	输入参数 2	TIM_IT:待检查的 TIM 中断待处理位
函数原形	void TIM_ClearITPendingBit(TIM_TypeDef * TIMx, u16 TIM_IT)		
		输出参数	无
功能描述	清除 TIMx 的中断待处理位	返回值	无
输入参数 1	TIMx:x 可以是 2、3 或 4 来选择 TIM 外设	先决条件	无
		被调用函数	无

例：

```
TIM_ClearITPendingBit(TIM2, TIM_IT_CC1); /* 清除 TIM2 输入捕获通道 1 中断挂起标志位 */
```

(12) 函数 TIM_GetCapture1(见表 5.12.18)

表 5.12.18 参数 TIM_GetCapture1 定义

项目名	代 号	项目名	代 号
函数名	TIM_GetCapture1	输出参数	无
函数原形	u16 TIM_GetCapture1(TIM_TypeDef * TIMx)	返回值	输入捕获通道 1 的值
功能描述	获得 TIMx 输入捕获通道 1 的值	先决条件	无
输入参数	TIMx：x 可以是 2、3 或 4 来选择 TIM 外设	被调用函数	无

例：

```
u16 ICAP1value = TIM_GetCapture1(TIM2); /* TIMx 输入捕获通道 1 的值 */
```

(13) 函数 TIM_GetCapture2(参考函数 TIM_GetCapture1)

(14) 函数 TIM_GetCapture3(参考函数 TIM_GetCapture1)

(15) 函数 TIM_GetCapture4(参考函数 TIM_GetCapture1)

(16) 函数 TIM_SetCompare1(见表 5.12.19)

表 5.12.19 函数 TIM_SetCompare1 说明

项目名	代 号	项目名	代 号
函数名	TIM_SetCompare1	输入参数 2	Compare1：捕获比较 1 寄存器新值
函数原形	void TIM_SetCompare1(TIM_TypeDef * TIMx, u16 Compare1)		
		输出参数	无
功能描述	设置 TIMx 捕获比较 1 寄存器值	返回值	无
输入参数 1	TIMx：x 可以是 2、3 或 4 来选择 TIM 外设	先决条件	无
		被调用函数	无

例：

```
/* 设置 TIM2 捕获比较 1 通道的比较/捕获寄存器值 */
u16 TIMCompare1 = 0x7FFF;
TIM_SetCompare1(TIM2, TIMCompare1);
```

(17) 函数 TIM_SetCompare2(参考函数 TIM_SetCompare1)

(18) 函数 TIM_SetCompare3(参考函数 TIM_SetCompare1)

(19) 函数 TIM_SetCompare4(参考函数 TIM_SetCompare1)

(20) 函数 TIM_ARRPreloadConfig(见表 5.12.20)

表 5.12.20 函数 TIM_ARRPreloadConfig 说明

项目名	代 号
函数名	TIM_ARRPreloadConfig
函数原形	void TIM_ARRPreloadConfig(TIM_TypeDef * TIMx, FunctionalState Newstate)
功能描述	使能或者失能 TIMx 在 ARR 上的预装载寄存器
输入参数 1	TIMx:x 可以是 2、3 或 4 来选择 TIM 外设
输入参数 2	NewState: TIM_CR1 寄存器 ARPE 位的新状态。这个参数可以取 ENABLE 或 DISABLE
输出参数	无
返回值	无
先决条件	无
被调用函数	无

例:

```
TIM_ARRPreloadConfig(TIM2, ENABLE); /* 使能 TIM2 重装载寄存器 */
```

(21) 函数 TIM_PWMIConfig(见表 5.12.21)

表 5.12.21 函数 TIM_PWMIConfig 说明

项目名	代 号
函数名	TIM_PWMIConfig
函数原形	void TIM_PWMIConfig (TIM_TypeDef * TIMx, TIM_ICInitTypeDef * TIM_ICInitStruct)
功能描述	根据 TIM_ICInitStruct 所指定的参数初始化 TIMx 至输入 PWM 模式
输入参数 1	TIMx:x 可以是 2,3 或者 4,来选择 TIM 外设
输入参数 2	TIM_ICInitStruct:指向结构 TIM_ICInitTypeDef 的指针,包含了 TIMx 的配置信息
输出参数	无
返回值	无
先决条件	无
被调用函数	无

参数描述:TIM_ICInitTypeDef structure,定义于文件 stm32f10x_tim.h。

```
typedef struct
{
    u16 TIM_Channel;
    u16 TIM_ICPolarity;
    u16 TIM_ICSelection;
    u16 TIM_ICPrescaler;
    u16 TIM_ICFilter;
} TIM_ICInitTypeDef;
```

① TIM_Channel,选择通道,见表 5.12.22。

表 5.12.22　参数 TIM_Channel 定义

TIM_Channel 参数	描　述	TIM_Channel 参数	描　述
TIM_Channel_1	选择 TIM 通道 1	TIM_Channel_3	选择 TIM 通道 3
TIM_Channel_2	选择 TIM 通道 2	TIM_Channel_4	选择 TIM 通道 4

② TIM_ICPolarity,输入捕获电平边沿,见表 5.12.23。

表 5.12.23　参数 TIM_ICPolarity 定义

TIM_OCPolarity 参数	描　述	TIM_OCPolarity 参数	描　述
TIM_ICPolarity_Rising	TIM 输入捕获上升沿	TIM_ICPolarity_Falling	TIM 输入捕获下降沿

③ TIM_ICSelection,选择输入,见表 5.12.24。

表 5.12.24　参数 TIM_ICSelection 定义

TIM_ICSelection 参数	描　述
TIM_ICSelection_DirectTI	TIM 输入通道 2、3 或 4 选择对应地与 IC1、IC2、IC3 或 IC4 相连
TIM_ICSelection_IndirectTI	TIM 输入通道 2、3 或 4 选择对应地与 IC2、IC1、IC4 或 IC3 相连
TIM_ICSelection_TRC	TIM 输入通道 2、3 或 4 选择与 TRC 相连

④ TIM_ICPrescaler,设置输入捕获预分频器,见表 5.12.25。

表 5.12.25　参数 TIM_ICPrescaler 定义

TIM_ICPrescaler 参数	描　述
TIM_ICPSC_DIV1	在捕获输入上每探测到一个边沿执行一次捕获
TIM_ICPSC_DIV2	每 2 个事件执行一次捕获
TIM_ICPSC_DIV3	每 3 个事件执行一次捕获
TIM_ICPSC_DIV4	每 4 个事件执行一次捕获

⑤ TIM_ICFilter,选择输入比较滤波器。该参数取值为 0x0～0xF。

例:

```
/* 配置 TIM2 的第 2 通道为 PWM 输入模式 1 */
TIM_ICInitStructure.TIM_Channel = TIM_Channel_2;
TIM_ICInitStructure.TIM_ICPolarity = TIM_ICPolarity_Rising;
TIM_ICInitStructure.TIM_ICSelection = TIM_ICSelection_DirectTI;
TIM_ICInitStructure.TIM_ICPrescaler = TIM_ICPSC_DIV1;
TIM_ICInitStructure.TIM_ICFilter = 0x00;
TIM_PWMIConfig(TIM2, &TIM_ICInitStructure);
```

(22) 函数 TIM_SelectInputTrigger(见表 5.12.26)

表 5.12.26　函数 TIM_SelectInputTrigger 说明

项目名	代　号	项目名	代　号
函数名	TIM_SelectInputTrigger	输入参数 2	TIM_InputTriggerSource：输入触发源
函数原形	void TIM_SelectInputTrigger(TIM_TypeDef * TIMx，u16 TIM_InputTriggerSource)	输出参数	无
功能描述	选择 TIMx 输入触发源	返回值	无
输入参数 1	TIMx：x 可以是 2、3 或 4 来选择 TIM 外设	先决条件	无
		被调用函数	无

参数描述：TIM_InputTriggerSource，选择 TIMx 输入触发源，见表 5.12.27。

表 5.12.27　参数 TIM_InputTriggerSource 定义

TIM_InputTriggerSource 参数	描　述	TIM_InputTriggerSource 参数	描　述
TIM_TS_ITR0	TIM 内部触发源 0	TIM_TS_TI1F_ED	TIM TL1 边沿探测器
TIM_TS_ITR1	TIM 内部触发源 1	TIM_TS_TI1FP1	TIM 经滤波定时器输入 1
TIM_TS_ITR2	TIM 内部触发源 2	TIM_TS_TI2FP2	TIM 经滤波定时器输入 2
TIM_TS_ITR3	TIM 内部触发源 3	TIM_TS_ETRF	TIM 外部触发输入

例：

```
TIM_SelectInputTrigger(TIM2, TIM_TS_ITR3); /* 为 TIM2 选择内部触发源 3 */
```

(23) 函数 TIM_SelectSlaveMode(见表 5.12.28)

表 5.12.28　函数 TIM_SelectSlaveMode 说明

项目名	代　号	项目名	代　号
函数名	TIM_SelectSlaveMode	输入参数 2	TIM_SlaveMode：TIM 从模式
函数原形	void TIM_SelectSlaveMode(TIM_TypeDef * TIMx，u16 TIM_SlaveMode)	输出参数	无
功能描述	选择 TIMx 从模式	返回值	无
输入参数 1	TIMx：x 可以是 2、3 或者 4，来选择 TIM 外设	先决条件	无
		被调用函数	无

参数描述：TIM_SlaveMode，选择 TIM 从模式，见表 5.12.29。

表 5.12.29　参数 TIM_SlaveMode 定义

TIM_SlaveMode 参数	描　述
TIM_SlaveMode_Reset	选择触发信号的上升沿重初始化计数器并触发寄存器的更新
TIM_SlaveMode_Gated	当触发信号为高电平时计数器时钟使能
TIM_SlaveMode_Trigger	计数器在触发的上升沿开始计数
TIM_SlaveMode_External1	触发信号的上升沿作为计数器时钟

例：

```
/* 当触发信号(TRGI)为高电平时 TIM2 时钟使能 */
TIM_SelectSlaveMode(TIM2, TIM_SlaveMode_Gated);
```

(24) 函数 TIM_SelectMasterSlaveMode(见表 5.12.30)

表 5.12.30　函数 TIM_SelectMasterSlaveMode 定义

项目名	代　号	项目名	代　号
函数名	TIM_SelectMasterSlaveMode	输入参数 2	TIM_MasterSlaveMode：定时器主/从模式
函数原形	void TIM_SelectMasterSlaveMode(TIM_TypeDef * TIMx, u16 TIM_MasterSlaveMode)	输出参数	无
功能描述	设置 TIMx 的主从模式	返回值	无
输入参数 1	TIMx：x 可以是 2,3 或 4 来选择 TIM 外设	先决条件	无
		被调用函数	无

参数描述：TIM_MasterSlaveMode，选择 TIM 主/从模式，见表 5.12.31。

表 5.12.31　参数 TIM_MasterSlaveMode 定义

TIM_MasterSlaveMode 参数	描　述	TIM_MasterSlaveMode 参数	描　述
TIM_MasterSlaveMode_Enable	TIM 主/从模式使能	TIM_MasterSlaveMode_Disable	TIM 主/从模式失能

例：

```
TIM_SelectMasterSlaveMode(TIM2, TIM_MasterSlaveMode_Enable); /* 使能 TIM2 主/从模式 */
```

5.12.7　小　结

本节向读者介绍了 STM32 微控制器的通用定时器设备。选用其中一个定时器(TIM2)对其 PWM 输入捕获等 4 种功能进行了实验设计，并且都得到了预期的实验结果。从本节内容的篇幅就可以知道，STM32 的定时器功能非常全面而强大，可以说，自如地掌握 STM32 微控制器的定时器，是发挥 STM32 微控制器性能优势重点之一。

5.13　嵌入式 Flash 的读/写

5.13.1　概　述

STM32 微控制器一个比较抢眼的优点是内置了大容量的 Flash 存储器，通过 STM32 内部的 Flash 控制模块可以对 Flash 存储器进行编程操作。

STM32 的内置可编程 Flash(闪存)在许多场合具有十分重要的意义。如其支持 ICP 特性使得开发人员对 STM32 进行调试开发时,可以使用在线仿真器通过 JTAG 或者 SWD 接口对 STM32 进行程序的烧写;支持 IAP 特性使得开发人员可以在 STM32 正在运行程序的时候对其内部程序进行更新操作。在一些对数据安全性有要求的场合,STM32 的内置可编程 Flash 通过配合 STM32 内部唯一的身份标识可以实现各种各样的防破解方案。并且,STM32 的内置可编程 Flash 在一些轻量级的掉电存储方案中也有立足之地。STM32 的内置 Flash 有如下特性:

- 128 KB Flash。
- 可重复擦写周期:不大于 10 万次,超过后将有可能出现问题,但并不是绝对的。
- 存储器区:主存储区,16K×64 位(其实也就是 128 KB);信息区,320×64 位(折算过来是 2.5 KB)。

Flash 接口则有如下特性:

- 带预取缓冲器的读取接口(2×64 位)。
- 可编辑选项字节。
- 可对 Flash 进行编程/擦除操作。
- 可实现读出/写入保护。

STM32 的内置可编程 Flash 分为主存储区和信息块。其中主存储区用于保存具体的程序代码或用户数据,而信息块则负责由 STM32 出厂时放置 2 KB 启动程序(Bootloader)和 512 B 的用户配置信息区。主存储区是以“页”为单位进行划分的,每页大小为 1 KB,所以主存储区总共有 128 页。STM32 的内置可编程 Flash 模块组织如表 5.13.1 所列。

表 5.13.1 STM32 内置 Flash 模块组织

<table>
<tr><th>块</th><th>名　称</th><th>地址范围</th><th>长度/B</th></tr>
<tr><td rowspan="8">主存储区</td><td>页 0</td><td>0x08000000～0x080003FF</td><td rowspan="4">4×1K</td></tr>
<tr><td>页 1</td><td>0x08000400～0x080007FF</td></tr>
<tr><td>页 2</td><td>0x08000800～0x08000BFF</td></tr>
<tr><td>页 3</td><td>0x08000C00～0x08000FFF</td></tr>
<tr><td>页 4～7</td><td>0x08001000～0x08001FFF</td><td>4×1K</td></tr>
<tr><td>页 8～11</td><td>0x08002000～0x08002FFF</td><td>4×1K</td></tr>
<tr><td>…</td><td>…</td><td>…</td></tr>
<tr><td>页 124～127</td><td>0x0801F000～0x0801FFFF</td><td>4×1K</td></tr>
<tr><td rowspan="2">信息区</td><td>启动程序代码</td><td>0x1FFFF000～0x1FFFF7FF</td><td>2K</td></tr>
<tr><td>用户配置区</td><td>0x1FFFF800～0x1FFFF9FF</td><td>512</td></tr>
</table>

可以看到,可编程 Flash 的范围是从地址 0x08000000 开始的 128 KB 内。同时,

信息区的启动程序是在 STM32 的生产线上由 ST 公司写入的，并且这部分区域无法由用户擦写。

5.13.2 实验设计

本节进行一个简单的实验设计，目的是对 STM32 内部的可编程 Flash 进行数据写入操作，并使用在线仿真器来验证实验的结果是否正确。

5.13.3 硬件电路

本节实验设计所需硬件电路仅仅是一个 STM32 微控制器的最小系统，不需要任何外围附加电路。

5.13.4 程序设计

要成功对 STM32 内部 Flash 进行编程操作，关键是要遵循图 5.13.1 的操作流程。

图 5.13.1 Flash 编程关键流程

本节程序的设计要点如下：

- 初始化 RCC 寄存器组，注意要打开 HSI 振荡器；
- 解锁 Flash 模块；
- 对将要编程的 Flash 页进行擦除；
- 编程完毕后要锁定 Flash 模块。

工程文件组详情如表 5.13.2 所列。

表 5.13.2 Flash 读/写实验工程文件组详情

文件组	包含文件	详 情
boot 文件组	startup_stm32f10x_md. s	STM32 的启动文件
cmsis 文件组	core_cm3. c	Cortex - M3 和 STM32 的板级支持文件
	system_stm32f10x. c	
library 文件组	stm32f10x_rcc. c	RCC 和 Flash 寄存器组的底层配置函数
	stm32f10x_flash. c	
interrupt 文件组	stm32f10x_it. c	STM32 的中断服务子程序
user 文件组	main. c	用户应用代码

5.13.5 程序清单

```
/**************************************************************
 * 文件名    : main.c
 * 作者      : Losingamong
 * 时间      : 08/08/2008
 * 文件描述  : 主函数
**************************************************************/
/* 头文件 ---------------------------------------------------*/
#include "stm32f10x.h"
/* 自定义同义关键字              ----------------------------*/
/* 自定义参数宏                  ----------------------------*/
/* 自定义函数宏                  ----------------------------*/
/* 自定义变量                    ----------------------------*/
/* 自定义函数声明                ----------------------------*/
/**************************************************************
 * 函数名    : main
 * 函数描述  : Main 函数
 * 输入参数  : 无
 * 输出结果  : 无
 * 返回值    : 无
**************************************************************/
int main(void)
{
    u32 cnt = 0;
    u16 data[5] = {0x0001, 0x0002, 0x0003, 0x0004, 0x0005};
    /* 开启 HSI */
    RCC_HSICmd(ENABLE);
    /* 解锁 FLASH 控制块 */
    FLASH_Unlock();
    /* 清除一些标志位 */
    FLASH_ClearFlag(FLASH_FLAG_EOP | FLASH_FLAG_PGERR | FLASH_FLAG_WRPRTERR);
    /* 擦除起始地址为 0x8002000 的 FLASH 页 */
    FLASH_ErasePage(0x8002000);
    /* 从 0x8002000 地址开始连续向 FLASH 写入 5 个半字宽度(16 位)数据 */
    do
    {
        FLASH_ProgramHalfWord((0x8002000 + cnt * 2), data[cnt]);
        cnt++;
    }while(cnt != 5);
    /* 锁定 FLASH 控制块 */
    FLASH_Lock();
    while(1);
}
```

5.13.6 程序所使用到的库函数

(1) 函数 FLASH_Unlock(见表 5.13.3)

表 5.13.3 函数 FLASH_Unlock 说明

项目名	代 号	项目名	代 号
函数名	FLASH_Unlock	输出参数	无
函数原形	void FLASH_Unlock(void)	返回值	无
功能描述	解锁 FLASH 编写擦除控制器	先决条件	无
输入参数	无	被调用函数	无

例:

```
FLASH_Unlock();/* 解锁 Flash */
```

(2) 函数 FLASH_Lock(见表 5.13.4)

表 5.13.4 函数 FLASH_Lock 说明

项目名	代 号	项目名	代 号
函数名	FLASH_Lock	输出参数	无
函数原形	void FLASH_Lock(void)	返回值	无
功能描述	锁定 FLASH 编写擦除控制器	先决条件	无
输入参数	无	被调用函数	无

例:

```
FLASH_Lock();/* 锁定 Flash */
```

(3) 函数 FLASH_ErasePage(见表 5.13.5)

表 5.13.5 函数 FLASH_ErasePage 说明

项目名	代 号	项目名	代 号
函数名	FLASH_ErasePage	输出参数	无
函数原形	FLASH_Status FLASH_ErasePage(u32 Page_Address)	返回值	擦除操作状态
		先决条件	无
功能描述	擦除一个 FLASH 页面	被调用函数	无
输入参数	Page_Address:指定擦除页的地址		

例:

```
/* 擦除起始地址为 0x8000000 的 Flash 页(第 0 页) */
FLASH_Status status = FLASH_COMPLETE;
status = FLASH_ErasePage(0x08000000);
```

(4) 函数 FLASH_ProgramHalfWord(见表 5.13.6)

表 5.13.6 函数 FLASH_ProgramHalfWord 说明

项目名	代 号	项目名	代 号
函数名	FLASH_ProgramHalfWord	输入参数 2	Data:待写入的数据
函数原形	FLASH _ Status FLASH _ ProgramHalfWord(u32 Address, u16 Data)	输出参数	无
		返回值	编写操作状态
功能描述	在指定地址编写半字	先决条件	无
输入参数 1	Address:待编写的地址	被调用函数	无

例:

```
/* 向 0x8000004 地址写入 16 位数据 0x1234 */
FLASH_Status status = FLASH_COMPLETE;
u16 Data1 = 0x1234;
u32 Address1 = 0x8000004;
status = FLASH_ProgramHalfWord(Address1, Data1);
```

(5) 函数 FLASH_GetFlagStatus(见表 5.13.7)

表 5.13.7 函数 FLASH_GetFlagStatus 说明

项目名	代 号	项目名	代 号
函数名	FLASH_GetFlagStatus	输出参数	无
函数原形	FlagStatus FLASH _ GetFlagStatus (u16 FLASH_FLAG)	返回值	无
		先决条件	无
功能描述	检查指定的 FLASH 标志位设置与否	被调用函数	无
输入参数	FLASH_FLAG:待检查的标志位		

参数描述:FLASH_FLAG,能够被函数 FLASH_GetFlagStatus 检查的标志位,见表 5.13.8。

表 5.13.8 参数 FLASH_FLAG 定义

FLASH_FLAG 参数	描 述	FLASH_FLAG 参数	描 述
FLASH_FLAG_BSY	Flash 忙标志位	FLASH_FLAG_WRPRTERR	Flash 页面写保护错误标志位
FLASH_FLAG_EOP	Flash 操作结束标志位	FLASH_FLAG_OPTERR	Flash 选择字节错误标志位
FLASH_FLAG_PGERR	Flash 编写错误标志位		

例:

```
/* 查询 EOP 标志位是否被置位 */
FlagStatus status = RESET;
status = FLASH_GetFlagStatus(FLASH_FLAG_EOP);
```

5.13.7 注意事项

① 对 Flash 进行写入操作，一定要遵循“先擦除，后写入”的原则。

② 注意到 STM32 内置 Flash 的擦除操作都是以页为单位进行，而写入操作则必须以 16 位半字宽度数据为单位，允许跨页写，尝试写入非 16 位半字数据将导致 STM32 内部总线错误。

③ 进行 STM32 的内置 Flash 编程操作时(写或擦除)，必须打开内部的 RC 振荡器(HSI)。

④ 注意，STM32 的内置 Flash 最多只有 10 万次重复擦写的生命周期，切勿在程序中放任死循环对 Flash 进行持续地重复擦写。

5.13.8 实验结果

工程建立好之后，按下 F7 编译，确保无误后按下 Ctrl＋F5 进入仿真，载入完毕后，按下 F5 全速运行，在 Keil μVision4 开发环境中调出内存查看窗口 Memory Windows，然后跳至 0x8002000 处查看，如图 5.13.2 所示。

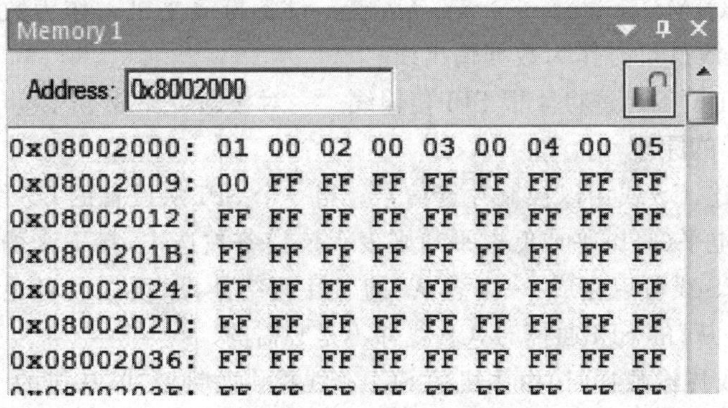

图 5.13.2 Flash 读/写实验现象

从 Memory Windows 的显示来看，STM32 内部 0x8002000 地址处的后 5 个 16 位空间确实被填充了 0x0001 等 5 个十六进制数(注意，STM32 的内部存储器使用小端格式)。同时还可以注意到其余空间的值全都是清一色的 0xFF，这是 Flash 经过了擦除操作后的结果。

5.13.9 小 结

本节的内容围绕 STM32 的内置 Flash 读/写操作展开，其过程比较简单。但同时 Flash 的读/写操作是代码加密保护、IAP 编程方案等高级技巧的基础，其意义又是重大的。因此读者应该熟练掌握 STM32 的内置 Flash 读/写操作，为以后的开发做准备。

5.14 使用 SPI 接口实现自通信

5.14.1 概 述

SPI,是 Serial Peripheral Interface 的缩写,翻译过来就是“串行设备通信接口”。SPI 是 Freescale(原 Motorola)公司首先在其 MC68HCXX 系列处理器上定义的。

SPI 是一种高速、主从式、全双工、同步传输的通信总线,并且只有 4 根连接线,节约了芯片的引脚,同时为 PCB 的布局节省空间,为产品开发提供方便。正是出于这种简单易用的特性,越来越多的芯片集成了 SPI 通信接口。

SPI 总线在物理层体现为 4 根传输线,分别是 CS 线、SCLK 线、MOSI 和 MISO 线。

- CS:Chip Select,即片选线。
- SCLK:Serial Clock,即串行时钟线。
- MOSI:Master Output Slaver Input,指设备扮演主机时作为数据输出线,而设备扮演从机时作为数据输入线。
- MISO:Master Input Slaver Output,设备扮演主机时作为数据输入线,而设备扮演从机时作为数据输出线。

2 个 SPI 设备通过将 4 根 SPI 传输线一一对接即可完成 SPI 接口的物理连接。

(1) SPI 的原理

如上所述,CS 线用以控制片选信号。当一个 SPI 从设备的 CS 线识别到了预先规定的片选电平(高电平或低电平),则表示该设备被选中,接下来的操作对其有效。显然,使用 CS 线可以完成“一主多从”的 SPI 网络架设,反之读者也应该意识到,在进行“一主一从”的 SPI 通信时,CS 线并不是必需的。

SPI 总线传输数据时,由主机的 SCLK 线提供时钟脉冲,从机的 SCLK 线被动接收时钟脉冲,每个脉冲周期传输 1 位数据。传输过程如下:SPI 主从设备的数据会在 SCLK 的某个时钟边沿(由用户定义)在 MOSI 和 MISO 线准备就绪,接着在下一个时钟边沿分别被主从设备读取,完成 1 位数据的双工传输。这样可以在 8 个时钟脉冲后完成 1 个字节的传输。

(2) SPI 的时序

上文提到,用户可以配置 SPI 主设备在空闲状态时的 SCLK 电平状态,这称为时钟极性。同理,用户还可以配置在数据线准备就绪的数据在 SCLK 一个脉冲周期中的哪一个边缘被读取,这称为时钟相位。通过将不同的时钟极性和时钟相位的组合可以形成 4 种 SPI 时序,下文将会有详细描述。

(3) STM32 的 SPI 外设接口

STM32 微控制器配备至少 1 个、最多达 3 个 SPI 接口。STM32 赋予了其 SPI 接口丰富的特性:

- 可实现三线全双工同步传输。
- 可实现双线单工同步传输。
- 8 或 16 位传输帧格式选择。
- 支持主机/从机模式。
- 支持多主模式。
- 8 个波特率预分频系数可选。
- 主模式和从模式可实现快速通信。
- 主从模式下均可以由软件或硬件进行 NSS 管理,可实现主从操作模式的动态改变。
- 可编程的时钟极性和相位。
- 可编程的数据顺序,MSB 在前或 LSB 在前。
- 可触发中断的专用发送/接收标志。
- 拥有 SPI 总线忙状态标志。
- 拥有硬件 CRC,保障可靠通信:在发送模式下,CRC 值可以被作为最后一个字节发送;在全双工模式中对接收到的最后一个字节自动进行 CRC 校验。
- 可触发中断的主模式故障、过载以及 CRC 错误标志。
- 支持 DMA 功能的 1 字节发送和接收缓冲器,可产生发送和接收请求。

5.14.2 实验设计

本节通过将 STM32 片上的 2 个 SPI 外设接口对接进行一个简单的自通信实验。首先使用 SPI1 作为 SPI 主设备,SPI2 作为 SPI 从设备,两个接口进行数据交换;然后掉转两个接口的主从关系,再次进行数据交换。整个过程使用串口查看数据通信的情况,验证 SPI 数据收发的准确性。程序流程如图 5.14.1 所示。

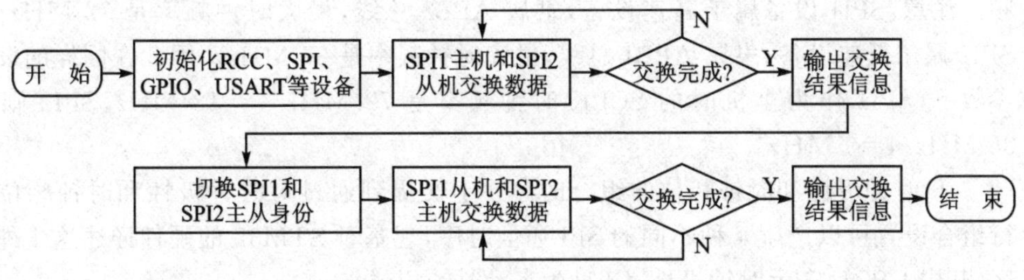

图 5.14.1　SPI 通信实验流程

5.14.3 硬件设计

本节实验所需的硬件电路依然很简单,除了常规的串口电路外,请读者自行将 STM32 的 SPI1 接口的 SCLK、MISO、MOSI(对应 GPIOA. 05、GPIOA. 06 和 GPIOA. 07 引脚)线和 SPI2 接口的 SCLK、MISO、MOSI(对应 GPIOB. 13、GPIOB. 14 和

GPIOB.15 引脚)线连接,其中 CS 线不需要相连(下文有解释),硬件连接方法如图 5.14.2 所示。

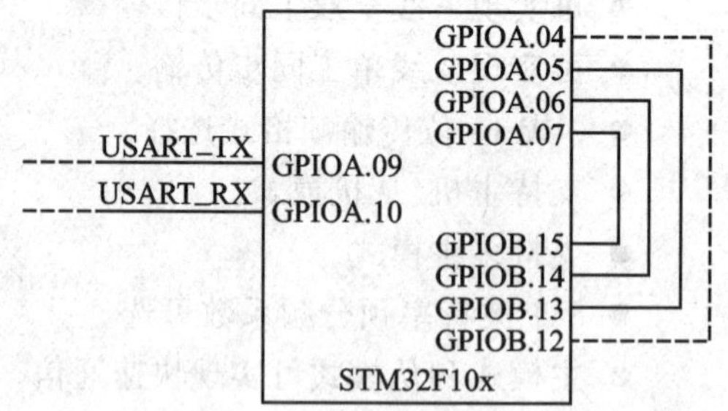

图 5.14.2 SPI 通信实验硬件原理图

5.14.4 程序设计

正确的配置是成功使用 STM32 SPI 接口的重要前提,而 STM32 SPI 接口的很多参数,如方向(双工或单工)、速率、片选模式、数据长度、数据模式、时序组合等,都能对 SPI 的通信产生直接的影响。因此本次实验的程序设计要点集中在 SPI 设备的初始化过程上。

- 配置 RCC 寄存器组,使 PLL 输出 72 MHz频率,打开 SPI1、SPI2、GPIOA、GPIOB 和 USART 设备时钟。
- 配置 GPIO 寄存器组,设置隶属 SPI1 设备的 GPIOA.5、GPIOA.6、GPIOA.7 引脚为复用推挽模式,同样也设置隶属 SPI2 设备的 GPIOA.13、GPIOA.14、GPIOA.15 引脚为复用推挽模式。
- 配置 USART 接口。
- 配置 SPI 寄存器组,配置 SPI1 和 SPI2 为:全双工模式;8 位数据长度;空闲时钟极性保持低;采样时钟相位选择第 2 边缘;配置 SP1 为主机,SPI2 为从机;CS 引脚采用软件管理模式;设置频率为其跟随的设备总线频率的 4 分频;数据从低位开始传送。

读者至少需要关注本次程序设计中以下几点:

① SPI 的频率。上述要点中要求配置 SPI 频率为其跟随的设备总线频率的 4 分频。注意:SPI1 设备属于高速设备,隶属 APB2 总线,最大时钟频率是 72 MHz;而 SPI2 属于低速设备,隶属 APB1 总线,最大时钟频率是 36 MHz。因此在同样的设置参数下,SPI1 作为主机时的 SCLK 时钟频率是 72 MHz/4=18 MHz,SPI2 则是 36 MHz/4=9 MHz。

② 时钟极性和时钟相位的组合时序。上文提到通过对时钟极性和时钟相位进行组合设置可以产生 4 种不同的 SPI 通信时序,现基于 STM32 的硬件详述这 4 种时序(其中 CPOL 表示时钟极性,CPHA 表示时钟相位)。

a) CPOL=0,CPHA=0 的情况如图 5.14.3 所示。

如图 5.14.3 所示,初始时刻 SPI 接口处于空闲状态,SLCK 线保持在低电平状态。当 CS 跳变至低电平之后,开始数据传输。可以看到,数据在 SLCK 线的一个脉冲周期中的第 1 个边沿(此处是正跳变)得到传输。总结起来就是,当 CPOL=0 且 CPHA=0 时,SCLK 呈现正脉冲周期形式,数据在上升沿得到存取,在下降沿准备就绪。

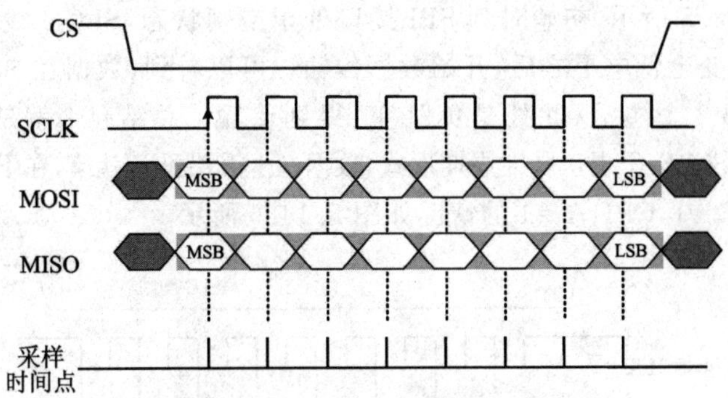

图 5.14.3　CPOL＝0,CPHA＝0

b）CPOL＝1,CPHA＝0 的情况如图 5.14.4 所示。

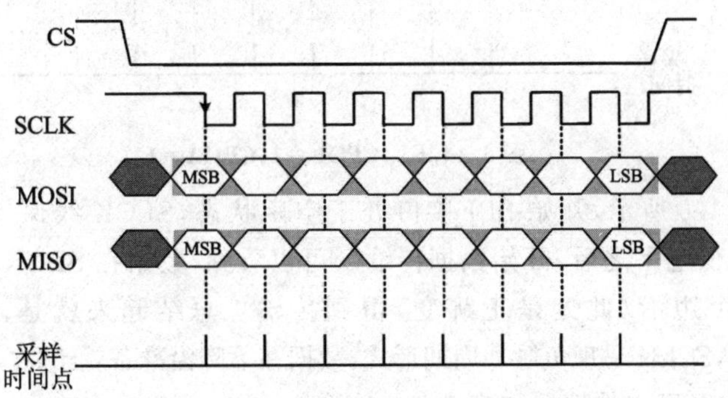

图 5.14.4　CPOL＝1,CPHA＝0

如图 5.14.4 所示,初始时刻 SPI 接口处于空闲状态,SLCK 线保持在高电平状态。当 CS 跳变至低电平之后,开始数据传输。可以看到,数据在 SLCK 线的一个脉冲周期中的第 1 个边沿(此处是负跳变)得到传输。总结起来就是,当 CPOL＝1 且 CPHA＝0 时,SCLK 呈现负脉冲周期形式,数据在下降沿得到存取,在上升沿准备就绪。

c）CPOL＝0,CPHA＝1 的情况如图 5.14.5 所示。

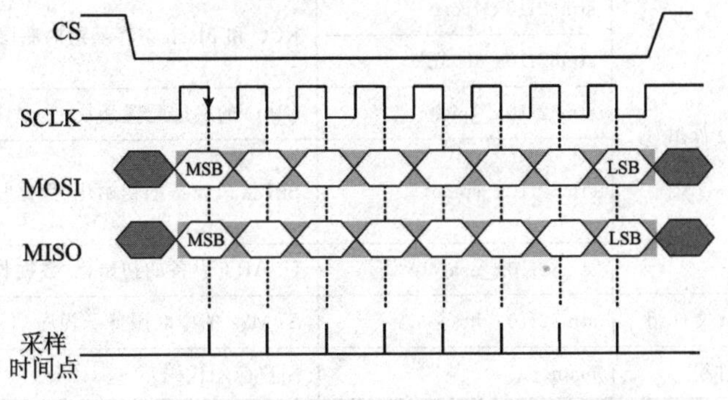

图 5.14.5　CPOL＝0,CPHA＝1

如图 5.14.5 所示,初始时刻 SPI 接口处于空闲状态,SLCK 线保持在低电平状态。当 CS 跳变至低电平之后,开始数据传输。可以看到,数据在 SLCK 线的一个脉冲周期中的第 2 个边沿(此处是负跳变)得到传输。总结起来就是,当 CPOL=0 且 CPHA=1 时,SCLK 呈现正脉冲周期形式,数据在上升沿准备就绪,在下降沿得到存取。

d) CPOL=1,CPHA=1 的情况如图 5.14.6 所示。

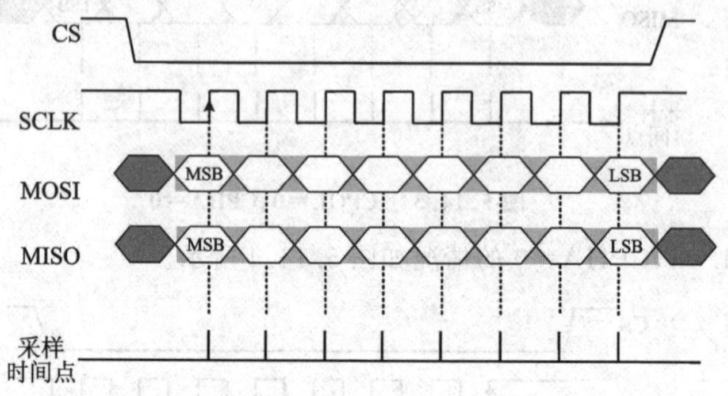

图 5.14.6　CPOL=1,CPHA=1

如图 5.14.6 所示,开始 SPI 接口处于空闲状态,SLCK 线保持在高电平状态。当 CS 跳变至低电平之后,开始数据传输。可以看到,数据在 SLCK 线的一个脉冲周期中的第 2 个边沿(此处是正跳变)得到传输。总结起来就是,当 CPOL=1 且 CPHA=1 时,SCLK 呈现负脉冲周期形式,数据在下降沿准备就绪,在上升得到存取。

工程文件组里文件情况如表 5.14.1 所列。

表 5.14.1　SPI 通信实验工程组详情

文件组	包含文件	详　情
boot 文件组	startup_stm32f10x_md. s	STM32 的启动文件
cmsis 文件组	core_cm3. c	Cortex - M3 和 STM32 的板级支持文件
	system_stm32f10x. c	
library 文件组	stm32f10x_rcc. c	RCC 和 Flash 寄存器组的底层配置函数
	stm32f10x_flash. c	
	stm32f10x_gpio. c	GPIO 的底层配置函数
	stm32f10x_spi. c	SPI 接口设备的初始化、数据收发等函数
	stm32f10x_usart. c	USART 设备的初始化、数据收发等函数
interrupt 文件组	stm32f10x_it. c	STM32 的中断服务子程序
user 文件组	main. c	用户应用代码

5.14.5 程序清单

```
/****************************************************************
 * 文件名    : main.c
 * 作者      : Losingamong
 * 生成日期  : 17/09/2010
 * 描述      : 主程序
****************************************************************/
/* 头文件    ---------------------------------------------------*/
#include "stm32f10x.h"
#include <stdio.h>
/* 自定义同义关键字       ---------------------------------------*/
typedef enum {FAILED = 0, PASSED = ! FAILED} TestStatus;
/* 自定义参数宏           ---------------------------------------*/
#define BufferSize 32
/* 自定义函数宏           ---------------------------------------*/
/* 自定义全局变量         ---------------------------------------*/
SPI_InitTypeDef  SPI_InitStructure;          /* 定义 SPI 初始化结构体 */
u8 SPI1_Buffer_Tx[BufferSize] =              /* 定义待 SPI1 传输数据 */
{
    0x01,0x02,0x03,0x04,0x05,0x06,0x07,0x08,
    0x09,0x0A,0x0B,0x0C,0x0D,0x0E,0x0F,0x10,
    0x11,0x12,0x13,0x14,0x15,0x16,0x17,0x18,
    0x19,0x1A,0x1B,0x1C,0x1D,0x1E,0x1F,0x20
};
u8 SPI2_Buffer_Tx[BufferSize] =              /* 定义待 SPI2 传输数据 */
{
    0x51,0x52,0x53,0x54,0x55,0x56,0x57,0x58,
    0x59,0x5A,0x5B,0x5C,0x5D,0x5E,0x5F,0x60,
    0x61,0x62,0x63,0x64,0x65,0x66,0x67,0x68,
    0x69,0x6A,0x6B,0x6C,0x6D,0x6E,0x6F,0x70
};
u8 SPI1_Buffer_Rx[BufferSize];               /* 开辟内存空间待 SPI1 接收 */
u8 SPI2_Buffer_Rx[BufferSize];               /* 开辟内存空间待 SPI2 接收 */
u8 Tx_Idx = 0;                               /* 发送计数变量 */
u8 Rx_Idx = 0;                               /* 接收计数变量 */
vu8 k = 0, i = 0;                            /* 循环计数变量 */
/* 自定义函数声明         ---------------------------------------*/
void RCC_Configuration(void);
void GPIO_Configuration(void);
void SPI_Configuration(void);
void USART_Configuration(void);
/****************************************************************
 * 函数名    : main
 * 函数描述  : main 函数
 * 输入参数  : 无
 * 输出结果  : 无
```

```
* 返回值    : 无
***************************************************************/
int main(void)
{
    /* 设置系统时钟 */
    RCC_Configuration();
    /* 设置 GPIO 端口 */
    GPIO_Configuration();
    /* 设置 SPI */
    SPI_Configuration();
    /* 设置 USART */
    USART_Configuration();
    /* 设置 SPI2 为主机 */
    SPI_InitStructure.SPI_Mode = SPI_Mode_Master;
    SPI_Init(SPI1, &SPI_InitStructure);
    /* 设置 SPI2 为从机 */
    SPI_InitStructure.SPI_Mode = SPI_Mode_Slave;
    SPI_Init(SPI2, &SPI_InitStructure);
    while(Tx_Idx < BufferSize)
    {
        /* 等待 SPI1 发送缓冲空 */
        while(SPI_I2S_GetFlagStatus(SPI1, SPI_I2S_FLAG_TXE) == RESET);
        /* SPI2 发送数据 */
        SPI_I2S_SendData(SPI2, SPI2_Buffer_Tx[Tx_Idx]);
        /* SPI1 发送数据 */
        SPI_I2S_SendData(SPI1, SPI1_Buffer_Tx[Tx_Idx++]);
        /* 等待 SPI2 接收数据完毕 */
        while(SPI_I2S_GetFlagStatus(SPI2, SPI_I2S_FLAG_RXNE) == RESET);
        /* 读出 SPI2 接收的数据 */
        SPI2_Buffer_Rx[Rx_Idx] = SPI_I2S_ReceiveData(SPI2);
        /* 等待 SPI1 接收数据完毕 */
        while(SPI_I2S_GetFlagStatus(SPI1, SPI_I2S_FLAG_RXNE) == RESET);
        /* 读出 SPI1 接收的数据 */
        SPI1_Buffer_Rx[Rx_Idx++] = SPI_I2S_ReceiveData(SPI1);
    }
    /* 打印试验结果信息 -----------------------------------*/
    printf("\r\nThe First transfer between the two SPI perpherals: The SPI1 Master and
            the SPI2 slaver. \r\n");
    printf("\r\nThe SPI1 has sended data below: \r\n");
    for(k = 0; k < BufferSize ; k ++)
    {
        printf(" %0.2d \r", *(SPI1_Buffer_Tx + k));
        for(i = 0 ; i < 200 ; i ++);
    }
    printf("\r\nThe SPI2 has receive data below: \r\n");
    for(k = 0; k < BufferSize ; k ++)
    {
```

```
        printf(" %0.2d \r", *(SPI2_Buffer_Rx + k));
        for(i = 0 ; i < 200 ; i + + );
    }
    printf("\r\n \r\n");
    printf("\r\nThe SPI2 has sended data below: \r\n");
    for(k = 0; k < BufferSize ; k + + )
    {
        printf(" %0.2d \r", *(SPI2_Buffer_Tx + k));
        for(i = 0 ; i < 200 ; i + + );
    }
    printf("\r\nThe SPI1 has receive data below: \r\n");
    for(k = 0; k < BufferSize ; k + + )
    {
        printf(" %0.2d \r", *(SPI1_Buffer_Rx + k));
        for(i = 0 ; i < 200 ; i + + );
    }
    /* 打印试验结果信息 -------------------------------------*/
    Tx_Idx = 0;
    Rx_Idx = 0;
    for(k = 0; k < BufferSize; k + + )
    {
        *(SPI2_Buffer_Rx + k) = 0;
    }
    for(k = 0; k < BufferSize; k + + )
    {
        *(SPI1_Buffer_Rx + k) = 0;
    }
    /* 设置 SPI2 为主机 */
    SPI_InitStructure.SPI_Mode = SPI_Mode_Master;
    SPI_Init(SPI2, &SPI_InitStructure);
    /* 设置 SPI1 为从机 */
    SPI_InitStructure.SPI_Mode = SPI_Mode_Slave;
    SPI_Init(SPI1, &SPI_InitStructure);
    while(Tx_Idx < BufferSize)
    {
        /* 等待 SPI2 发送缓冲空 */
        while(SPI_I2S_GetFlagStatus(SPI2, SPI_I2S_FLAG_TXE) == RESET);
        /* SPI1 发送数据 */
        SPI_I2S_SendData(SPI1, SPI1_Buffer_Tx[Tx_Idx]);
        /* SPI2 发送数据 */
        SPI_I2S_SendData(SPI2, SPI2_Buffer_Tx[Tx_Idx + + ]);
        /* 等待 SPI1 接收数据完毕 */
        while(SPI_I2S_GetFlagStatus(SPI1, SPI_I2S_FLAG_RXNE) == RESET);
        /* 读出 SPI1 接收的数据 */
        SPI1_Buffer_Rx[Rx_Idx] = SPI_I2S_ReceiveData(SPI1);
        /* 等待 SPI2 接收数据完毕 */
        while(SPI_I2S_GetFlagStatus(SPI2, SPI_I2S_FLAG_RXNE) == RESET);
```

```
        /* 读出 SPI2 接收的数据 */
        SPI2_Buffer_Rx[Rx_Idx++] = SPI_I2S_ReceiveData(SPI2);
    }
    /* 打印试验结果信息 ----------------------------------------*/
    printf("\r\n \r\nThe Second transfer between the two SPI perpherals: The SPI2 Mas-
        ter and the SPI1 slaver.  \r\n");
    printf("\r\nThe SPI2 has sended data below: \r\n");
    for(k = 0; k < BufferSize ; k ++)
    {
        printf(" %0.2d \r", *(SPI2_Buffer_Tx + k));
        for(i = 0 ; i < 200 ; i ++);
    }
    printf("\r\nThe SPI1 has receive data below: \r\n");
    for(k = 0; k < BufferSize ; k ++)
    {
        printf(" %0.2d \r", *(SPI1_Buffer_Rx + k));
        for(i = 0 ; i < 200 ; i ++);
    }
    printf("\r\n \r\n");
    printf("\r\nThe SPI1 has sended data below: \r\n");
    for(k = 0; k < BufferSize ; k ++)
    {
        printf(" %0.2d \r", *(SPI1_Buffer_Tx + k));
        for(i = 0 ; i < 200 ; i ++);
    }
    printf("\r\nThe SPI2 has receive data below: \r\n");
    for(k = 0; k < BufferSize ; k ++)
    {
        printf(" %0.2d \r", *(SPI2_Buffer_Rx + k));
        for(i = 0 ; i < 200 ; i ++);
    }
    /* 打印试验结果信息 ----------------------------------------*/
    while(1);
}
/*******************************************************************
* 函数名      : RCC_Configuration
* 函数描述    : 设置系统各部分时钟
* 输入参数    : 无
* 输出结果    : 无
* 返回值      : 无
*******************************************************************/
void RCC_Configuration(void)
{
    {
        /* 本部分代码为 RCC_Configuration 函数内部部分代码,见附录 A 程序清单 A.1 */
    }
    /* 打开 SPI2 时钟 */
```

```
    RCC_APB1PeriphClockCmd(RCC_APB1Periph_SPI2, ENABLE);
    /* 打开 GPIOA,GPIOB,USART1 和 SPI1 时钟 */
    RCC_APB2PeriphClockCmd(RCC_APB2Periph_GPIOA | RCC_APB2Periph_GPIOB |
                        RCC_APB2Periph_USART1 |RCC_APB2Periph_SPI1, ENABLE);
}
/*******************************************************************************
* 函数名      : GPIO_Configuration
* 函数描述    : 设置各 GPIO 端口功能
* 输入参数    : 无
* 输出结果    : 无
* 返回值      : 无
*******************************************************************************/
void GPIO_Configuration(void)
{
    /* 定义 GPIO 初始化结构体 GPIO_InitStructure */
    GPIO_InitTypeDef GPIO_InitStructure;
    /* 设置 SPI1 引脚：SCK, MISO 和 MOSI */
    GPIO_InitStructure.GPIO_Pin = GPIO_Pin_5 | GPIO_Pin_6 | GPIO_Pin_7;
    GPIO_InitStructure.GPIO_Speed = GPIO_Speed_50MHz;
    GPIO_InitStructure.GPIO_Mode = GPIO_Mode_AF_PP;
    GPIO_Init(GPIOA, &GPIO_InitStructure);
    /* 设置 SPI2 引脚：SCK, MISO 和 MOSI */
    GPIO_InitStructure.GPIO_Pin = GPIO_Pin_13 | GPIO_Pin_14 | GPIO_Pin_15;
    GPIO_Init(GPIOB, &GPIO_InitStructure);
    /* 设置 USART1 的 Tx 脚(PA.9)为第二功能推挽输出功能 */
    GPIO_InitStructure.GPIO_Pin = GPIO_Pin_9;
    GPIO_InitStructure.GPIO_Mode = GPIO_Mode_AF_PP;
    GPIO_InitStructure.GPIO_Speed = GPIO_Speed_50MHz;
    GPIO_Init(GPIOA, &GPIO_InitStructure);
    /* 设置 USART1 的 Rx 脚(PA.10)为浮空输入脚 */
    GPIO_InitStructure.GPIO_Pin = GPIO_Pin_10;
    GPIO_InitStructure.GPIO_Mode = GPIO_Mode_IN_FLOATING;
    GPIO_Init(GPIOA, &GPIO_InitStructure);
}
/*******************************************************************************
* 函数名      : SPI_Configuration
* 函数描述    : 设置 SPI 参数
* 输入参数    : 无
* 输出结果    : 无
* 返回值      : 无
*******************************************************************************/
void SPI_Configuration(void)
{
    /*
     *   SPI 设置为双线双向全双工
     *   SPI 发送接收 8 位帧结构
     *   时钟悬空低
```

```
    *  数据捕获于第二个时钟沿
    *  内部 NSS 信号由 SSI 位控制
    *  波特率预分频值为 4
    *  数据传输从 LSB 位开始
    *  用于 CRC 值计算的多项式
    */
    SPI_InitStructure.SPI_Direction = SPI_Direction_2Lines_FullDuplex;
    SPI_InitStructure.SPI_DataSize = SPI_DataSize_8b;
    SPI_InitStructure.SPI_CPOL = SPI_CPOL_Low;
    SPI_InitStructure.SPI_CPHA = SPI_CPHA_2Edge;
    SPI_InitStructure.SPI_NSS = SPI_NSS_Soft;
    SPI_InitStructure.SPI_BaudRatePrescaler = SPI_BaudRatePrescaler_4;
    SPI_InitStructure.SPI_FirstBit = SPI_FirstBit_LSB;
    SPI_InitStructure.SPI_CRCPolynomial = 7;
    /* 使能 SPI1 */
    SPI_Cmd(SPI1, ENABLE);
    /* 使能 SPI2 */
    SPI_Cmd(SPI2, ENABLE);
}
/***********************************************************
* 函数名     : USART_Configuration
* 函数描述   : 设置 USART1
* 输入参数   : 无
* 输出结果   : 无
* 返回值     : 无
***********************************************************/
void USART_Configuration(void)
{
    /* 定义 USART 初始化结构体 USART_InitStructure */
    USART_InitTypeDef USART_InitStructure;
    /*  波特率为 115 200 bps;
     *  8 位数据长度;
     *  1 个停止位,无校验;
     *  禁用硬件流控制;
     *  禁止 USART 时钟;
     *  时钟极性低;
     *  在第 2 个边沿捕获数据
     *  最后一位数据的时钟脉冲不从 SCLK 输出;
     */
    USART_InitStructure.USART_BaudRate = 115200;
    USART_InitStructure.USART_WordLength = USART_WordLength_8b;
    USART_InitStructure.USART_StopBits = USART_StopBits_1;
    USART_InitStructure.USART_Parity = USART_Parity_No ;
    USART_InitStructure.USART_HardwareFlowControl = USART_HardwareFlowControl_None;
    USART_InitStructure.USART_Mode = USART_Mode_Rx | USART_Mode_Tx;
    USART_Init(USART1, &USART_InitStructure);
    /* 使能 USART1 */
```

```
    USART_Cmd(USART1, ENABLE);
}
/********************************************************************
* 函数名      : fputc
* 函数描述    : 将 printf 函数重定位到 USATR1
* 输入参数    : 无
* 输出结果    : 无
* 返回值      : 无
********************************************************************/
int fputc(int ch, FILE *f)
{
    USART_SendData(USART1, (u8) ch);
    while(USART_GetFlagStatus(USART1, USART_FLAG_TC) == RESET);
    return ch;
}
```

5.14.6 所使用到的库函数

(1) 函数 SPI_Init(见表 5.14.2)

表 5.14.2 函数 SPI_Init 说明

项目名	代 号
函数名	SPI_Init
函数原形	void SPI_Init(SPI_TypeDef * SPIx, SPI_InitTypeDef * SPI_InitStruct)
功能描述	根据 SPI_InitStruct 中指定的参数初始化外设 SPIx
输入参数 1	SPIx:x 可以是 1 或者 2 来选择 SPI 外设
输入参数 2	SPI_InitStruct:指向结构 SPI_InitTypeDef 的指针,包含了外设 SPI 的配置信息
输出参数	无
返回值	无
先决条件	无
被调用函数	无

参数描述:SPI_InitTypeDef structure,定义于文件 stm32f10x_spi.h。

```
typedef struct
{
    u16 SPI_Direction;
    u16 SPI_Mode;
    u16 SPI_DataSize;
    u16 SPI_CPOL;
    u16 SPI_CPHA;
    u16 SPI_NSS;
```

```
    u16 SPI_BaudRatePrescaler;
    u16 SPI_FirstBit;
    u16 SPI_CRCPolynomial;
} SPI_InitTypeDef;
```

① SPI_Direction,设置 SPI 的数据收发模式,见表 5.14.3。

表 5.14.3 参数 SPI_Direction 定义

SPI_Direction 参数	描 述	SPI_Direction 参数	描 述
SPI_Direction_2Lines_FullDuplex	SPI 设置为双线双向全双工	SPI_Direction_1Line_Rx	SPI 设置为单线接收
SPI_Direction_2Lines_RxOnly	SPI 设置为双线单向接收	SPI_Direction_1Line_Tx	SPI 设置为单线发送

② SPI_Mode,设置 SPI 主从模式,见表 5.14.4。

表 5.14.4 参数 SPI_Mode 定义

SPI_Mode 参数	描 述	SPI_Mode 参数	描 述
SPI_Mode_Master	设置为主 SPI	SPI_Mode_Slave	设置为从 SPI

③ SPI_DataSize,设置 SPI 的数据宽度大小,见表 5.14.5。

表 5.14.5 参数 SPI_DataSize 定义

SPI_DataSize 参数	描 述	SPI_DataSize 参数	描 述
SPI_DataSize_16b	SPI 发送/接收 16 位数据	SPI_DataSize_8b	SPI 发送/接收 8 位数据

④ SPI_CPOL,选择串行时钟空闲时保持的电平状态,见表 5.14.6。

⑤ SPI_CPHA,设置数据捕获时的时钟边沿,见表 5.14.7。

表 5.14.6 参数 SPI_CPOL 定义

SPI_CPOL 参数	描 述
SPI_CPOL_High	空闲时保持高电平
SPI_CPOL_Low	空闲时保持低电平

表 5.14.7 参数 SPI_CPHA 定义

SPI_CPHA 参数	描 述
SPI_CPHA_2Edge	于第 2 个时钟沿捕获数据
SPI_CPHA_1Edge	于第 1 个时钟沿捕获数据

⑥ SPI_NSS,指定 NSS 信号由硬件(NSS 引脚,也即 CS 引脚)还是软件(使用 SSI 位)管理,见表 5.14.8。

表 5.14.8 参数 SPI_NSS 定义

SPI_NSS 参数	描 述	SPI_NSS 参数	描 述
SPI_NSS_Hard	NSS 由外部引脚管理	SPI_NSS_Soft	NSS 由 SSI 位控制

⑦ SPI_BaudRatePrescaler,定义波特率预分频值,这个值用以设置发送和接收的 SCK 时钟,见表 5.14.9。

表 5.14.9 参数 SPI_BaudRatePrescaler 定义

BaudRatePrescaler 参数	描 述	BaudRatePrescaler 参数	描 述
SPI_BaudRatePrescaler2	波特率预分频值为 2	SPI_BaudRatePrescaler32	波特率预分频值为 32
SPI_BaudRatePrescaler4	波特率预分频值为 4	SPI_BaudRatePrescaler64	波特率预分频值为 64
SPI_BaudRatePrescaler8	波特率预分频值为 8	SPI_BaudRatePrescaler128	波特率预分频值为 128
SPI_BaudRatePrescaler16	波特率预分频值为 16	SPI_BaudRatePrescaler256	波特率预分频值为 256

⑧ SPI_FirstBit，指定了数据传输从 MSB 位还是 LSB 位开始，见表 5.14.10。

表 5.14.10 参数 SPI_FirstBit 定义

SPI_FirstBit 参数	描 述	SPI_FirstBit 参数	描 述
SPI_FisrtBit_MSB	数据传输从 MSB 位开始	SPI_FisrtBit_LSB	数据传输从 LSB 位开始

⑨ SPI_CRCPolynomial，定义用于 CRC 值计算的多项式。

例：

```
/* 初始化 SPI 接口设备 */
SPI_InitTypeDef SPI_InitStructure;
SPI_InitStructure.SPI_Direction = SPI_Direction_2Lines_FullDuplex;
SPI_InitStructure.SPI_Mode = SPI_Mode_Master;
SPI_InitStructure.SPI_DatSize = SPI_DatSize_16b;
SPI_InitStructure.SPI_CPOL = SPI_CPOL_Low;
SPI_InitStructure.SPI_CPHA = SPI_CPHA_2Edge;
SPI_InitStructure.SPI_NSS = SPI_NSS_Soft;
SPI_InitStructure.SPI_BaudRatePrescaler = SPI_BaudRatePrescaler_128;
SPI_InitStructure.SPI_FirstBit = SPI_FirstBit_MSB;
SPI_InitStructure.SPI_CRCPolynomial = 7;
SPI_Init(SPI1, &SPI_InitStructure);
```

(2) 函数 SPI_Cmd(见表 5.14.11)

表 5.14.11 函数 SPI_Cmd 说明

项目名	代 号	项目名	代 号
函数名	SPI_ Cmd	输入参数 2	NewState：外设 SPIx 的新状态，这个参数可以取 ENABLE 或者 DISABLE
函数原形	void SPI_Cmd(SPI_TypeDef * SPIx, FunctionalState NewState)		
		输出参数	无
功能描述	使能或者失能 SPI 外设	返回值	无
输入参数 1	SPIx：x 可以是 1 或者 2 来选择 SPI 外设	先决条件	无
		被调用函数	无

例：

```
SPI_Cmd(SPI1, ENABLE);        /* 使能 SPI1 设备 */
```

(3) 函数 SPI_SendData(见表 5.14.12)

表 5.14.12　函数 SPI_SendData 说明

项目名	代　号	项目名	代　号
函数名	SPI_ SendData	输出参数	无
函数原形	void SPI_SendData(SPI_TypeDef * SPIx, u16 Data)	返回值	无
功能描述	通过外设 SPIx 发送一个数据	先决条件	无
输入参数 1	SPIx:x 可以是 1 或者 2 来选择 SPI 外设	被调用函数	无
输入参数 2	Data:待发送的数据		

例:

```
SPI_SendData(SPI1, 0xA5);        /* 通过 SPI 接口发送字节 0xA5 */
```

(4) 函数 SPI_ReceiveData(见表 5.14.13)

表 5.14.13　函数 SPI_ReceiveData 说明

项目名	代　号	项目名	代　号
函数名	SPI_ ReceiveData	输出参数	无
函数原形	u16 SPI_ReceiveData(SPI_TypeDef * SPIx)	返回值	接收到的字
功能描述	返回通过 SPIx 最近接收的数据	先决条件	无
输入参数	SPIx:x 可以是 1 或者 2 来选择 SPI 外设	被调用函数	无

例:

```
/* 读取 SPI2 接口最近一次收到的数据 */
u16 ReceivedData;
ReceivedData = SPI_ReceiveData(SPI2);
```

(5) 函数 SPI_GetFlagStatus(见表 5.14.14)

表 5.14.14　函数 SPI_GetFlagStatus 说明

项目名	代　号	项目名	代　号
函数名	SPI_ GetFlagStatus	输入参数 2	SPI_FLAG:待检查的 SPI 标志位
函数原形	FlagStatus SPI_GetFlagStatus(SPI_TypeDef * SPIx, u16 SPI_FLAG)	输出参数	无
		返回值	SPI_FLAG 的新状态(SET 或者 RESET)
功能描述	查看指定的 SPI 标志位		
输入参数 1	SPIx:x 可以是 1 或者 2 来选择 SPI 外设	先决条件	无
		被调用函数	无

参数描述:SPI_FLAG,代表 SPI 接口设备各个标志位,见表 5.14.15。

表 5.14.15 参数 SPI_FLAG 定义

SPI_FLAG 参数	描 述	SPI_FLAG 参数	描 述
SPI_FLAG_BSY	忙标志位	SPI_FLAG_CRCERR	CRC 错误标志位
SPI_FLAG_OVR	越出标志位	SPI_FLAG_TXE	发送缓存空标志位
SPI_FLAG_MODF	模式错位标志位	SPI_FLAG_RXNE	接受缓存非空标志位

例：

```
/* 检查 SPI 接口发送缓冲区是否为空 */
If(SPI_I2S_GetFlagStatus(SPI1, SPI_I2S_FLAG_RXNE) == RESET)
{  /* 缓冲区非空 */  }
else
{  /* 缓冲区为空 */  }
```

5.14.7 注意事项

① SPI 设备在通信时，时钟由 SPI 主设备提供。因此，当 SPI 接口配置成从机模式时，对其频率进行设置的参数其实是无意义的。

② 若使用硬件 CS 模式，则需要加入对 CS 引脚的 GPIO 配置。

③ 程序中遵循“先配置设备，后开启设备”的原则，即将设备配置完毕再行启用设备，在改动设备配置参数之前先行禁用设备。这个原则对绝大部分硬件平台上的设备仍然是适用的。

④ 程序中使用了 C 语言的标准库函数 memset 来清零数组，对移植性要求不苛刻的软件代码设计里，使用这样的库函数可以轻易减少大量代码，同时不会损失太多效率，建议读者灵活运用。

⑤ 程序中将 SPI 设备的时钟分频数设置为 4，并在前文计算出了此参数下各自的 SCLK 频率。但不要尝试将分频数设置为 2，因为此时 SPI1 的 SCLK 频率将达到 36 MHz——这已经和 SPI2 设备所能接受的 SCLK 最高频率持平，这样可能会影响 SPI 通信的稳定性。读者在以后无论使用任何硬件设备，同样要考虑这样的问题，在正式应用中尽量不要逼近器件的极限承受能力(比如对 CPU 进行超频)。

⑥ 在有 4 个 SPI 接口的 STM32 版本里，SPI2 和 SPI3 的部分引脚和 JTAG 接口引脚存在复用的情况。当 STM32 复位后这些引脚会保持在 JTAG 功能模式中。这样无论是调试或非调试期间 SPI2 和 SPI3 接口都无法使用，可以采用如下解决办法：一是在调试期间使用 SWD 接口调试；二是在正式应用后将 JTAG 关闭；三是将 SPI2、SPI3 或 JTAG 引脚重映射至别的引脚处。

5.14.8 实验结果

建立并设置好工程，编辑好代码之后按下 F7 进行编译，将所有错误警告排除后

(若存在)按下 Ctrl + F5 进行烧写与仿真,然后按下 F5 全速运行。可以从串口调试软件的信息窗口看到如下信息：

```
The First transfer between the two SPI perpherals:The SPI1 Master and the SPI2 slaver.

The SPI1 has sended data below:
01  02  03  04  05  06  07  08  09  10  11  12  13  14  15  16
17  18  19  20  21  22  23  24  25  26  27  28  29  30  31  32
The SPI2 has receive data below:
01  02  03  04  05  06  07  08  09  10  11  12  13  14  15  16
17  18  19  20  21  22  23  24  25  26  27  28  29  30  31  32
The SPI2 has sended data below:
81  82  83  84  85  86  87  88  89  90  91  92  93  94  95  96
97  98  99  100 101 102 103 104 105 106 107 108 109 110 111 112
The SPI1 has receive data below:
81  82  83  84  85  86  87  88  89  90  91  92  93  94  95  96
97  98  99  100 101 102 103 104 105 106 107 108 109 110 111 112

The Second transfer between the two SPI perpherals:The SPI2 Master and the SPI1 slaver.

The SPI2 has sended data below:
81  82  83  84  85  86  87  88  89  90  91  92  93  94  95  96
97  98  99  100 101 102 103 104 105 106 107 108 109 110 111 112
The SPI1 has receive data below:
81  82  83  84  85  86  87  88  89  90  91  92  93  94  95  96
97  98  99  100 101 102 103 104 105 106 107 108 109 110 111 112
The SPI1 has sended data below:
81  82  83  84  85  86  87  88  89  90  91  92  93  94  95  96
97  98  99  100 101 102 103 104 105 106 107 108 109 110 111 112
The SPI2 has receive data below:
81  82  83  84  85  86  87  88  89  90  91  92  93  94  95  96
97  98  99  100 101 102 103 104 105 106 107 108 109 110 111 112
```

以上是本次实验中 SPI 主从设备的数据交换情况,通过对比可以明显发现,两次传输中数据发送方所发送的数据都正确地被数据接收方收到了,这表示本次实验的结果是符合预期的,SPI 自通信实验是成功的。

5.14.9 小 结

SPI 接口作为器件间最常用的一种通信接口,其重要性不言而喻。本节针对 STM32 的 SPI 串行外设接口进行了一次简单的自收发实验设计,并得到了预期结果。但在实际应用中,SPI 设备经常以从机形式,并在多 SPI 设备组成的网络中出现。因此读者要切实地掌握 STM32 的 SPI 接口设备,就要清楚地了解其在各种参数下的工作模式和过程,做到心中有数。

5.15 I2C 接口自通信实验

5.15.1 概 述

本节将向读者介绍 STM32 的 I2C(也常写为 I^2C、IIC)接口，I2C 设备接口和上一节讲述的 SPI 设备接口的功能与用途有许多相似的地方，如多用于主控器和从器件间的主从通信、在小数据量场合使用、传输距离短、任一时刻只能有一个主机等特性。经常，I2C 和 SPI 接口被认为指的是一种硬件设备，但其实这样的说法是不尽准确的。严格来说，它们都是由人们所定义的一种软硬件的结合体。如 SPI 名为串行设备接口，硬件层面为四线结构，则四线结构一般称为“物理层”；而基于这个“物理层”上的种种概念的定义，如“主机”、“从机”、“时钟极性”、“双工”等，则经常称为协议层(也称为数据链路层)。I2C 和 SPI 的区别不仅在于物理层的定义，I2C 有着比 SPI 更为复杂的一套协议层定义。

1. I2C 的物理层

I2C 总线由 NXP(原 PHILIPS)公司设计，有十分简洁的物理层定义，其特性如下：

- 只要求两条总线线路，一条串行数据线 SDA，一条串行时钟线 SCL。
- 每个连接到总线的器件都可以通过唯一的地址和其他器件通信，主机/从机角色和地址可配置，主机可以作为主机发送器或主机接收器。
- I2C 是真正的多主机总线，如果两个或更多主机同时请求总线，可以通过冲突检测和仲裁防止总线数据被破坏。
- 传输速率在标准模式下可达 100 kbps，快速模式下可达 400 kbps。
- 连接到总线的 IC 数量只受到总线的最大负载电容 400 pF 限制。

一个典型的 I2C 接口连接如图 5.15.1 所示。

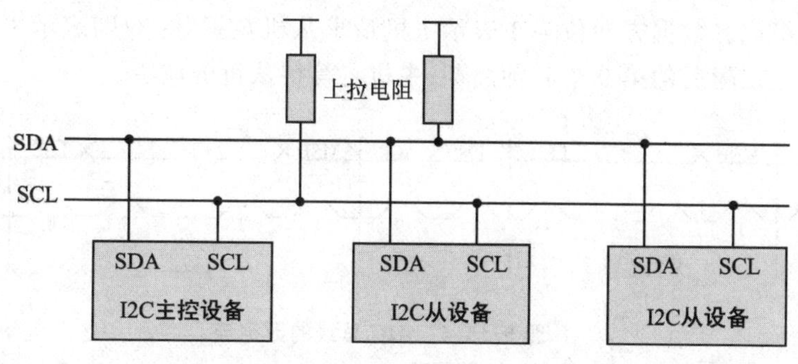

图 5.15.1 I2C 接口连接示例

2. I2C 的协议层

I2C 的协议层才是掌握 I2C 总线的关键。但在此因篇幅问题,并不会完整而详细地介绍 I2C 协议定义,只给出一个简单的概括。

(1) 数据的有效性

在时钟的高电平周期内,SDA 线上的数据必须保持稳定,数据线仅可在时钟 SCL 为低电平时改变,如图 5.15.2 所示。

(2) 起始和结束条件

起始条件:当 SCL 为高电平时,SDA 线上由高到低的跳变被定义为起始条件;结束条件:当 SCL 为高电平时,SDA 线上由低到高的跳变被定义为停止条件。总线在起始条件之后被视为忙状态,在停止条件之后被视为空闲状态。对起始和结束条件的描述如图 5.15.3 所示。

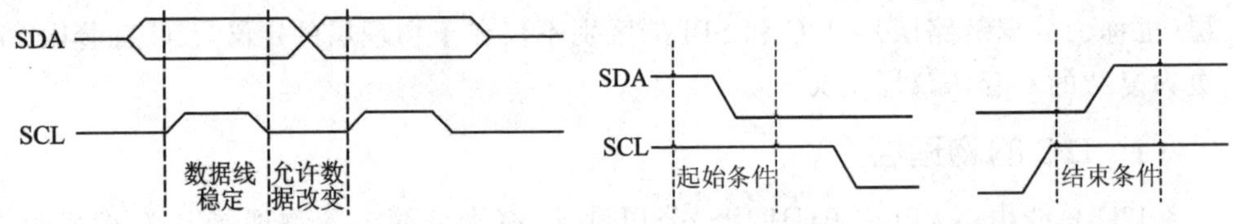

图 5.15.2　I2C 总线数据的有效性　　图 5.15.3　I2C 总线的起始和结束条件

(3) 应　答

每当主机向从机发送完一个字节的数据,主机总是需要等待从机给出一个应答信息以确认从机是否成功收到数据。从机应答主机所需的时钟仍是主机提供的,应答出现在每一次主机完成 8 个数据位传输后紧跟着的时钟周期,如图 5.15.4 中的 ACK 符号所示。

(4) 带有 7 位地址的数据格式

典型的 I2C 传输数据流如图 5.15.4 所示,数据由最高位在 SCL 的驱动下依次传输。在起始条件后,第 1 个字节由长度为 7 位的传输地址信息和长度为 1 位的数据方向位组成。数据方向位为 1 表示主机请求从机数据,为 0 则表示主机将向从机输出数据。在随后的第 9 个时钟周期,主机将等待从机的应答。

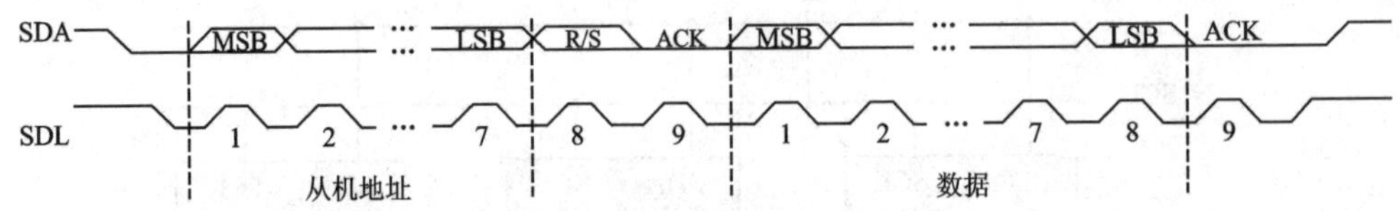

图 5.15.4　I2C 总线的数据流

(5) 仲　裁

I2C 是多主机总线,每个设备都可以成为总线上的主机,但任一时刻只能有一个主机。仲裁事件发生在至少有两个设备同时向总线传输起始条件、尝试成为主机的时刻。赢得仲裁的设备将成为主机，其余设备将退出仲裁保持在空闲状态，直至下一次总线空闲后才能再次申请控制总线。

(6) STM32 的 I2C 接口

STM32 系列微控制器至少集成一个 I2C 设备接口。它提供多主机功能，可实现所有 I2C 总线特定的时序、协议、仲裁和定时功能，支持标准传输和快速传输两种模式，同时与 SMBus 2.0 兼容。I2C 模块有多种功能，包括 CRC 码的生成和校验、支持 SMBus(System Management Bus，系统管理总线)协议和 PMBus(Power Management Bus，电源管理总线)协议。根据特定的需要，还可以使用 DMA 以减轻 CPU 的负担。I2C 的主要特点如下：

- 配备并行总线/I2C 总线协议转换器。
- 支持多主机功能，该模块既可作主设备，也可作从设备。
- I2C 主设备功能：产生时钟；产生起始和停止信号。
- I2C 从设备功能：可编程的 I2C 地址；可响应 2 个从地址的双地址能力；停止位检测。
- 可产生和检测 7 位/10 位地址，可进行广播呼叫。
- 支持不同的通信速度：标准模式(高达 100 kHz)；快速模式(高达 400 kHz)。
- 几个状态标志：发送/接收模式标志；发送结束标志；总线忙标志。
- 错误标志：仲裁丢失标志；应答(ACK)错误标志；错误的起始或停止条件标志；上溢/下溢标志。
- 2 个中断向量：地址/数据通信成功中断；通信错误中断。
- 具备拉长时钟功能。
- 具单字节缓冲器的 DMA。
- 配备 PEC(信息包错误检测)单元，可产生或校验 PEC 值：发送模式中，PEC 值可以作为最后一个字节传输；接收模式中，可校验最后一个接收字节的 PEC 值。
- 兼容 SMBus 2.0 特性：25 ms 时钟的超时延时；10 ms 主设备累积时钟的扩展时间；25 ms从设备累积时钟的扩展时间；带 ACK 控制的硬件 PEC 单元；支持地址分辨协议(ARP)。

5.15.2 实验设计

本节进行的实验设计和上一节思路相似，也是利用 STM32 微控制器的 2 个 I2C 接口进行数据交换，并通过串口查看数据交换的情况。程序流程如图 5.15.5 所示(中断部分的程序设计流程在下文详解)。

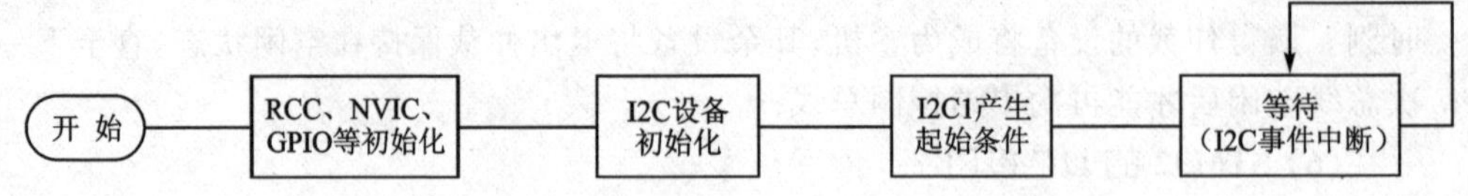

图 5.15.5　I2C 通信实验流程

5.15.3　硬件电路

本节实验设计所需的电路比较简单，除了必须的串口电路之外，仅需要将 STM32 的两个 I2C 接口的 SCL 引脚和 SDA 引脚对接即可。注意要如图 5.15.6 所示加上拉电阻。

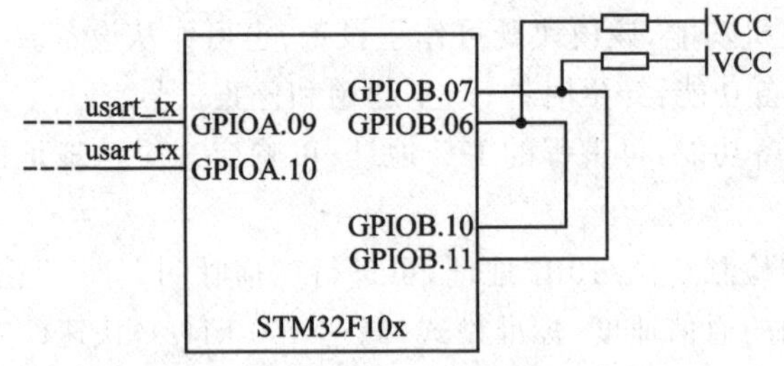

图 5.15.6　I2C 通信实验硬件原理图

5.15.4　程序设计

本节程序设计要点如下：

- 配置 RCC 寄存器组，使 PLL 输出 72 MHz 时钟，APB1 总线频率为 36 MHz，APB2 总线频率为 72 MHz。打开 I2C1、I2C2、GPIOB 以及串口设备所需时钟。
- 配置 GPIO 寄存器组，配置 I2C1、I2C2 设备引脚为复用开漏模式，其中：GPIOB.06 对应 I2C1 的 SCL，GPIOB.07 对应 I2C1 的 SDA；GPIOB.10 对应 I2C2 的 SCL，GPIOB.11 对应 I2C2 的 SDA。
- 配置 I2C 寄存器组，初始化 I2C1、I2C2 接口，使能 I2C 事件，打开缓存中断。
- 配置 NVIC 寄存器组，配置并允许 I2C 中断。
- 配置 USART 设备。

I2C 规定了一套既定的通信数据流格式，如图 5.15.7 所示。

在 STM32 微控制器的硬件平台上，这个数据流一部分是硬件完成的，另一部分是需要用户编写软件进行配合的。如何配合硬件进行软件设计？这是掌握 STM32 微控制器 I2C 接口的最大难点所在。STM32 的库函数里面对 I2C 设备的底层驱动做了封装，给用户留出了函数接口以供调用，并且将各个中断标志位都做了意义简明的定义，这给用户进行程序开发带来了便利。下面将以 I2C1 作为主机，I2C2 作为从

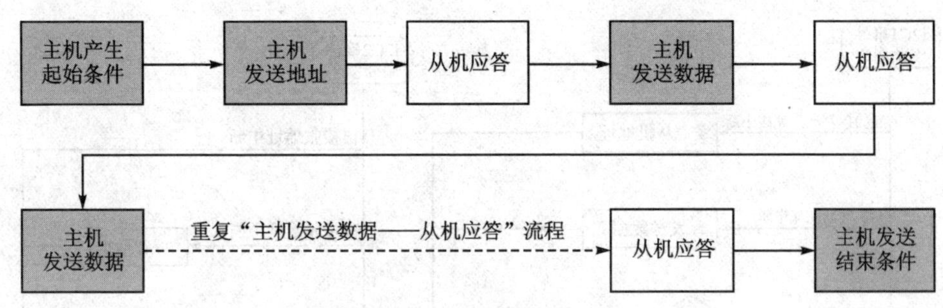

图 5.15.7　I2C 典型协议流程

机、从 STM32 所提供的函数封装库结合 I2C 的数据流来剖析一下 STM32 的 I2C 接口的工作过程。

① 首先，用户需要手动调用函数 I2C_GenerateSTART()在总线上产生一个起始条件。

② 起始条件产生完毕后，将会触发 I2C1 中断，对应 STM32 函数库所定义好的中断源标识为 I2C_EVENT_MASTER_MODE_SELECT，表示起始条件已经产生，此时程序当前位置在对应的中断服务函数 I2C1_EV_IRQHandler()里。按照 I2C 数据流的定义，主机在产生起始条件之后需要发送所要指向的从机地址，所以此时用户要在中断服务函数内调用函数 I2C_Send7bitAddress()发送从机地址。

③ 主机将从机地址发送完毕后，将会触发新的 I2C1 中断，对应中断源标识 I2C_EVENT_MASTER_TRANSMITTER_MODE_SELECTED，表示从机地址已发送完毕，此时程序当前位置在对应的中断服务函数 I2C1_EV_IRQHandler()里。仍按照 I2C 数据流的定义，主机发送完毕从机地址后，即可向从机发送或请求数据了。此时用户应调用函数 I2C_SendData()向从机发送数据。

④ 主机发送完数据之后，将触发新的中断，对应中断源标识 I2C_EVENT_MASTER_BYTE_TRANSMITTED，表示上一次数据已发送完毕，程序当前位置仍在对应的中断服务函数 I2C1_EV_IRQHandler()里。此时用户可以根据需求在中断服务里继续发送数据，依次循环直至最后一个数据发送完成后，调用函数 I2C_GenerateSTOP()在总线上产生结束条件(产生结束条件并不会触发中断)。至此一个完整的 I2C 数据流便完成了。

上述过程里并没有提到 I2C 总线里的应答过程，而据前文所述，I2C 的主从通信是通过应答位来达成同步的。事实上，STM32 的 I2C 设备应答和检测应答是硬件完成的。当主机处于应答接收状态而没有接收到来自从机的应答时，便会触发一个应答错误中断，对应中断函数入口为 I2C1_ER_IRQHandler，而中断源标识为 I2C_EVENT_SLAVE_ACK_FAILURE。这样一来，STM32 的 I2C 接口的硬件特性和 I2C 的标准数据流就可以顺利的配合了。图 5.15.8 显示了 I2C1 和 I2C2 接口事件中断服务的运转流程。

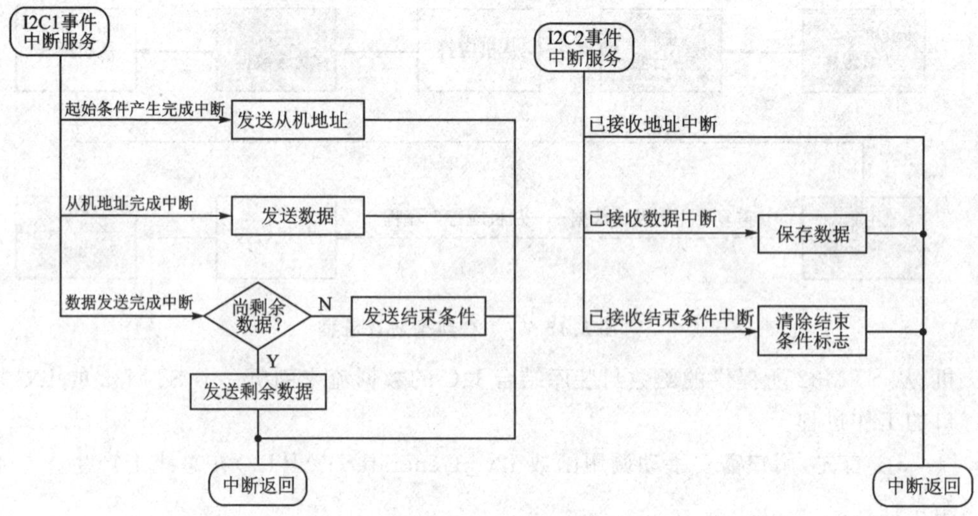

图 5.15.8 I2C1 和 I2C2 接口中断服务流程

工程文件组里文件情况如表 5.15.1 所列。

表 5.15.1 I2C 通信实验工程组详情

文件组	包含文件	详 情
boot 文件组	startup_stm32f10x_md.s	STM32 的启动文件
cmsis 文件组	core_cm3.c	Cortex - M3 和 STM32 的板级支持文件
	system_stm32f10x.c	
library 文件组	stm32f10x_rcc.c	RCC 和 Flash 寄存器组的底层配置函数
	stm32f10x_flash.c	
	stm32f10x_gpio.c	GPIO 的底层配置函数
	stm32f10x_i2c.c	I2C 接口设备的操作函数
	stm32f10x_usart.c	USART 设备的初始化、数据收发等函数
interrupt 文件组	stm32f10x_it.c	STM32 的中断服务子程序
user 文件组	main.c	用户应用代码

5.15.5 程序清单

```
/**************************************************************
*  文件名     : main.c
*  作者       : Losingamong
*  生成日期   : 14/09/2010
*  描述       : 主程序
**************************************************************/
```

```
/* 头文件   ----------------------------------------------*/
#include "stm32f10x.h"
#include "stm32f10x_i2c.h"
#include "stdio.h"
/* 自定义同义关键字    ------------------------------------*/
/* 自定义参数宏       ------------------------------------*/
#define I2C1_SLAVE_ADDRESS7   0x30      /* 定义 I2C1 本地地址为 0x30 */
#define I2C2_SLAVE_ADDRESS7   0x30      /* 定义 I2C2 本地地址为 0x30 */
#define BufferSize            4
/* 自定义函数宏       ------------------------------------*/
/* 自定义变量         ------------------------------------*/
/* 用户函数声明       ------------------------------------*/
void RCC_Configuration(void);
void GPIO_Configuration(void);
void NVIC_Configuration(void);
void USART_Configuration(void);
void I2c_Configuration(void);
int main(void)
{
    /* 设置系统时钟 */
    RCC_Configuration();
    /* 设置 NVIC */
    NVIC_Configuration();
    /* 设置 GPIO 端口 */
    GPIO_Configuration();
    /* 设置 USART */
    USART_Configuration();
    /* 设置 IIC */
    I2c_Configuration();
    /* I2C1 产生开始条件 */
    I2C_GenerateSTART(I2C1, ENABLE);
    while(1);
}
void RCC_Configuration(void)
{
    {
        /* 本部分代码为 RCC_Configuration 函数内部部分代码,见附录 A 程序清单 A.1 */
    }
    /* 开启 I2C1、I2C2 设备时钟 */
    RCC_APB1PeriphClockCmd(RCC_APB1Periph_I2C1 | RCC_APB1Periph_I2C2, ENABLE);
    /* 开启 GPIOA、GPIOB 和 USART 设备时钟 */
    RCC_APB2PeriphClockCmd(RCC_APB2Periph_USART1 | RCC_APB2Periph_GPIOA | RCC_
                           APB2Periph_GPIOB, ENABLE);
}
void GPIO_Configuration(void)
{
    /* 定义 GPIO 初始化结构体 GPIO_InitStructure */
```

```
    GPIO_InitTypeDef GPIO_InitStructure;
    /* 配置 I2C1 设备的引脚为复用开漏模式 */
    GPIO_InitStructure.GPIO_Pin = GPIO_Pin_6 | GPIO_Pin_7;
    GPIO_InitStructure.GPIO_Speed = GPIO_Speed_50MHz;
    GPIO_InitStructure.GPIO_Mode = GPIO_Mode_AF_OD;
    GPIO_Init(GPIOB, &GPIO_InitStructure);
    /* 配置 I2C2 设备的引脚为复用开漏模式 */
    GPIO_InitStructure.GPIO_Pin = GPIO_Pin_10 | GPIO_Pin_11;
    GPIO_InitStructure.GPIO_Speed = GPIO_Speed_50MHz;
    GPIO_InitStructure.GPIO_Mode = GPIO_Mode_AF_OD;
    GPIO_Init(GPIOB, &GPIO_InitStructure);
    /* 配置 USART 设备引脚 */
    GPIO_InitStructure.GPIO_Pin = GPIO_Pin_9;
    GPIO_InitStructure.GPIO_Mode = GPIO_Mode_AF_PP;
    GPIO_InitStructure.GPIO_Speed = GPIO_Speed_50MHz;
    GPIO_Init(GPIOA, &GPIO_InitStructure);
    GPIO_InitStructure.GPIO_Pin = GPIO_Pin_10;
    GPIO_InitStructure.GPIO_Mode = GPIO_Mode_IN_FLOATING;
    GPIO_Init(GPIOA, &GPIO_InitStructure);
}
void I2c_Configuration(void)
{
    /* 定义 I2C 初始化结构体 I2C_InitStructure */
    I2C_InitTypeDef  I2C_InitStructure;
    /*
     *  I2C 模式;
     *  占空比 50%;
     *  本地地址(前面宏定义定义为 0x30)
     *  使能应答;
     *  应答 7 位地址;
     *  速率 200K;
     */
    I2C_InitStructure.I2C_Mode = I2C_Mode_I2C;
    I2C_InitStructure.I2C_DutyCycle = I2C_DutyCycle_2;
    I2C_InitStructure.I2C_OwnAddress1 = I2C1_SLAVE_ADDRESS7;
    I2C_InitStructure.I2C_Ack = I2C_Ack_Enable;
    I2C_InitStructure.I2C_AcknowledgedAddress = I2C_AcknowledgedAddress_7bit;
    I2C_InitStructure.I2C_ClockSpeed = 200000;
    I2C_Init(I2C1, &I2C_InitStructure);
    I2C_InitStructure.I2C_Mode = I2C_Mode_I2C;
    I2C_InitStructure.I2C_DutyCycle = I2C_DutyCycle_2;
    I2C_InitStructure.I2C_OwnAddress1 = I2C2_SLAVE_ADDRESS7;
    I2C_InitStructure.I2C_Ack = I2C_Ack_Enable;
    I2C_InitStructure.I2C_AcknowledgedAddress = I2C_AcknowledgedAddress_7bit;
    I2C_InitStructure.I2C_ClockSpeed = 200000;
    I2C_Init(I2C2, &I2C_InitStructure);
    /* 开启 I2C1、I2C2 的事件、缓存中断 */
```

```
    I2C_ITConfig(I2C1, I2C_IT_EVT | I2C_IT_BUF, ENABLE);
    I2C_ITConfig(I2C2, I2C_IT_EVT | I2C_IT_BUF, ENABLE);
    /* 使能 I2C1、I2C2 接口 */
    I2C_Cmd(I2C1, ENABLE);
    I2C_Cmd(I2C2, ENABLE);
}
void NVIC_Configuration(void)
{
    /* 定义 NVIC 初始化结构体 NVIC_InitStructure */
    NVIC_InitTypeDef NVIC_InitStructure;
    /* 选择 NVIC 优先级分组 1 */
    NVIC_PriorityGroupConfig(NVIC_PriorityGroup_1);
    /* 设置并使能 I2C1 中断 */
    NVIC_InitStructure.NVIC_IRQChannel = I2C1_EV_IRQn;
    NVIC_InitStructure.NVIC_IRQChannelPreemptionPriority = 1;
    NVIC_InitStructure.NVIC_IRQChannelSubPriority = 0;
    NVIC_InitStructure.NVIC_IRQChannelCmd = ENABLE;
    NVIC_Init(&NVIC_InitStructure);
    /* 设置并使能 I2C2 中断 */
    NVIC_InitStructure.NVIC_IRQChannel = I2C2_EV_IRQn;
    NVIC_InitStructure.NVIC_IRQChannelPreemptionPriority = 0;
    NVIC_InitStructure.NVIC_IRQChannelSubPriority = 0;
    NVIC_InitStructure.NVIC_IRQChannelCmd = ENABLE;
    NVIC_Init(&NVIC_InitStructure);
}
void USART_Configuration(void)
{
    /* 定义 USART 初始化结构体 USART_InitStructure */
    USART_InitTypeDef USART_InitStructure;
    /* 定义 USART 初始化结构体 USART_ClockInitStructure */
    USART_ClockInitTypeDef  USART_ClockInitStructure;
    /*
    *  波特率为 115 200 bps;
    *  8 位数据长度;
    *  1 个停止位,无校验;
    *  禁用硬件流控制;
    *  禁止 USART 时钟;
    *  时钟极性低;
    *  在第 2 个边沿捕获数据
    *  最后一位数据的时钟脉冲不从 SCLK 输出;
    */
    USART_ClockInitStructure.USART_Clock = USART_Clock_Disable;
    USART_ClockInitStructure.USART_CPOL = USART_CPOL_Low;
    USART_ClockInitStructure.USART_CPHA = USART_CPHA_2Edge;
    USART_ClockInitStructure.USART_LastBit = USART_LastBit_Disable;
    USART_ClockInit(USART1, &USART_ClockInitStructure);
    USART_InitStructure.USART_BaudRate = 115200;
```

```
    USART_InitStructure.USART_WordLength = USART_WordLength_8b;
    USART_InitStructure.USART_StopBits = USART_StopBits_1;
    USART_InitStructure.USART_Parity = USART_Parity_No ;
    USART_InitStructure.USART_HardwareFlowControl = USART_HardwareFlowControl_None;
    USART_InitStructure.USART_Mode = USART_Mode_Rx | USART_Mode_Tx;
    USART_Init(USART1, &USART_InitStructure);
    /* 使能 USART1 */
    USART_Cmd(USART1, ENABLE);
}
int fputc(int ch, FILE *f)
{
    USART_SendData(USART1, (u8) ch);
    while(USART_GetFlagStatus(USART1, USART_FLAG_TC) == RESET);
    return ch;
}
/****************************************************************
* 文件名    : stm32f10x_it.c
* 作者      : Losingamong
* 生成日期  : 14 / 09 / 2010
* 描述      : 中断服务程序
****************************************************************/
/* 头文件    ------------------------------------------------*/
#include "stm32f10x.h"
#include "stm32f10x_i2c.h"
#include "stdio.h"
/* 自定义参数宏 --------------------------------------------*/
#define BufferSize            4
#define I2C2_SLAVE_ADDRESS7   0x30
/* 自定义变量           ------------------------------------*/
vu8 I2C1_Buffer_Tx[BufferSize] = {1, 2, 3, 4};     /* I2C1 待发送字节数组 */
vu8 I2C2_Buffer_Rx[BufferSize] = {0, 0, 0, 0};     /* I2C2 待接收字节缓冲 */
vu8 Tx_Idx = 0;                                    /* I2C1 数据发送计数变量 */
vu8 Rx_Idx = 0;                                    /* I2C2 数据接收计数变量 */
/****************************************************************
* 函数名    : I2C1_EV_IRQHandler
* 输入参数  : 无
* 函数描述  : I2C1 事件中断服务函数
* 返回值    : 无
* 输入参数  : 无
****************************************************************/
void I2C1_EV_IRQHandler(void)
{
    switch (I2C_GetLastEvent(I2C1))
    {
    case I2C_EVENT_MASTER_MODE_SELECT:             /* 已发送起始条件 */
        {
            /* 发送从机地址 */
```

```
            I2C_Send7bitAddress(I2C1, I2C2_SLAVE_ADDRESS7, I2C_Direction_Transmitter);
            break;
        }
    case I2C_EVENT_MASTER_TRANSMITTER_MODE_SELECTED:  /* 从机地址已发送 */
        {
            /* 发送第一个数据 */
            printf("\r\n The I2C1 has send data 0x0%x\r\n", I2C1_Buffer_Tx[Rx_
                Idx]);
            I2C_SendData(I2C1, I2C1_Buffer_Tx[Tx_Idx++]);
            break;
        }
    case I2C_EVENT_MASTER_BYTE_TRANSMITTED:      /* 第一个数据已发送 */
        {
            if(Tx_Idx < BufferSize)
            {
                /* 继续发送剩余数据... ... */
                printf("\r\n The I2C1 has send data 0x0%x\r\n", I2C1_Buffer_Tx[Rx_
                    Idx]);
                I2C_SendData(I2C1, I2C1_Buffer_Tx[Tx_Idx++]);
            }
            else
            {
                /* 剩余数据发送完毕,发送结束条件 */
                I2C_GenerateSTOP(I2C1, ENABLE);
                /* 禁止 I2C1 中断 */
                I2C_ITConfig(I2C1, I2C_IT_EVT | I2C_IT_BUF, DISABLE);
            }
            break;
        }
    default:
        {
            break;
        }
    }
}
/*********************************************************
 * 函数名      : I2C2_EV_IRQHandler
 * 输入参数    : 无
 * 函数描述    : I2C2 事件中断服务函数
 * 返回值      : 无
 * 输入参数    : 无
*********************************************************/
void I2C2_EV_IRQHandler(void)
{
    switch (I2C_GetLastEvent(I2C2))
    {
    case I2C_EVENT_SLAVE_RECEIVER_ADDRESS_MATCHED:  /* 收到匹配的地址数据 */
```

```
        {
            break;
        }
    case I2C_EVENT_SLAVE_BYTE_RECEIVED:                  /* 收到数据 */
        {
            if (Rx_Idx < BufferSize)
            {
                I2C2_Buffer_Rx[Rx_Idx] = I2C_ReceiveData(I2C2);
                printf("\r\n The I2C2 has received data 0x%x\r\n", I2C2_Buffer_Rx
                        [Rx_Idx++]);
            }
            break;
        }

    case I2C_EVENT_SLAVE_STOP_DETECTED:                       /* 收到结束条件 */
        {
            I2C_ClearFlag(I2C2, I2C_FLAG_STOPF);
            I2C_ITConfig(I2C2, I2C_IT_EVT | I2C_IT_BUF, DISABLE);
            break;
        }
    default:
        {
            break;
        }
    }
}
```

5.15.6 使用到的库函数

(1) 函数 I2C_Init(见表 5.15.2)

表 5.15.2　函数 I2C_Init 说明

项目名	代　号
函数名	I2C_Init
函数原形	void I2C_Init(I2C_TypeDef * I2Cx, I2C_InitTypeDef * I2C_InitStruct)
功能描述	根据 I2C_InitStruct 中指定的参数初始化外设 I2Cx 寄存器
输入参数 1	I2Cx:x 可以是 1 或者 2 来选择 I2C 外设
输入参数 2	I2C_InitStruct:指向结构 I2C_InitTypeDef 的指针,包含了 I2C 接口外设的配置信息
输出参数	无
返回值	无
先决条件	无
被调用函数	无

参数描述：I2C_InitTypeDef structure，定义于文件 stm32f10x_i2c.h。

```
typedef struct
{
    u16 I2C_Mode;
    u16 I2C_DutyCycle;
    u16 I2C_OwnAddress1;
    u16 I2C_Ack;
    u16 I2C_AcknowledgedAddress;
    u32 I2C_ClockSpeed;
} I2C_InitTypeDef;
```

① I2C_Mode，用以设置 I2C 的模式，见表 5.15.3。

② I2C_DutyCycle，用以设置 I2C 的 SCL 线的占空比，见表 5.15.4。

表 5.15.3　参数 I2C_Mode 定义

I2C_Mode 参数	描　述
I2C_Mode_I2C	设置 I2C 接口为 I2C 模式
I2C_Mode_SMBusDevice	设置 I2C 接口为 SMBus 设备模式
I2C_Mode_SMBusHost	设置 I2C 接口为 SMBus 主控模式

表 5.15.4　参数 I2C_DutyCycle 定义

I2C_DutyCycle 参数	描　述
I2C_DutyCycle_16_9	占空比为 16/9
I2C_DutyCycle_2	占空比为 2/1

注意：该参数只有在 I2C 工作在快速模式(时钟频率高于 100 kHz)下才有意义。

③ I2C_OwnAddress1，该参数用来设置第一个设备自身地址，它可以是一个 7 位或 10 位地址。

④ I2C_Ack，用以使能或者失能应答，见表 5.15.5。

⑤ I2C_AcknowledgedAddress，定义了应答 7 位地址还是 10 位地址，见表 5.15.6。

表 5.15.5　参数 I2C_Ack 定义

I2C_Ack 参数	描　述
I2C_Ack_Enable	使能应答(ACK)
I2C_Ack_Disable	失能应答(ACK)

表 5.15.6　参数 I2C_AcknowledgedAddress 定义

I2C_AcknowledgedAddres 参数	描　述
I2C_AcknowledgeAddress_7bit	应答 7 位地址
I2C_AcknowledgeAddress_10bit	应答 10 位地址

⑥ I2C_ClockSpeed，用以设置时钟频率，注意不能高于 400 kHz。

例：

```
/* 初始化 I2C1 设备接口 */
I2C_InitTypeDef I2C_InitStructure;
I2C_InitStructure.I2C_Mode = I2C_Mode_SMBusHost;
I2C_InitStructure.I2C_DutyCycle = I2C_DutyCycle_2;
I2C_InitStructure.I2C_OwnAddress1 = 0x03A2;
I2C_InitStructure.I2C_Ack = I2C_Ack_Enable;
I2C_InitStructure.I2C_AcknowledgedAddress = I2C_AcknowledgedAddress_7bit;
I2C_InitStructure.I2C_ClockSpeed = 200000;
I2C_Init(I2C1, &I2C_InitStructure);
```

(2) 函数 I2C_Cmd(见表 5.15.7)

表 5.15.7　函数 I2C_ Cmd 说明

项目名	代　号
函数名	I2C_Cmd
函数原形	void I2C_Cmd(I2C_TypeDef * I2Cx, FunctionalState NewState)
功能描述	使能或者失能 I2C 外设
输入参数 1	I2Cx:x 可以是 1 或者 2 来选择 I2C 外设
输入参数 2	NewState:外设 I2Cx 的新状态,这个参数可以取 ENABLE 或者 DISABLE
输出参数	无
返回值	无
先决条件	无
被调用函数	无

例:

```
I2C_Cmd(I2C1, ENABLE); /* 使能 I2C1 设备接口 */
```

(3) 函数 I2C_GenerateSTART(见表 5.15.8)

表 5.15.8　函数 I2C_GenerateSTART 说明

项目名	代　号
函数名	I2C_GenerateSTART
函数原形	void I2C_GenerateSTART(I2C_TypeDef * I2Cx, FunctionalState NewState)
功能描述	I2Cx 接口产生 START 条件
输入参数 1	I2Cx:x 可以是 1 或者 2 来选择 I2C 外设
输入参数 2	NewState: I2Cx START 条件的新状态,这个参数可以取 ENABLE 或者 DISABLE
输出参数	无
返回值	无
先决条件	无
被调用函数	无

例:

```
I2C_GenerateSTART(I2C1, ENABLE); /* 使用 I2C1 设备接口产生一个起始条件 */
```

(4) 函数 I2C_GenerateSTOP(见表 5.15.9)

表 5.15.9　函数 I2C_GenerateSTOP 说明

项目名	代　号
函数名	I2C_GenerateSTOP
函数原形	void I2C_GenerateSTOP(I2C_TypeDef * I2Cx, FunctionalState NewState)
功能描述	I2Cx 接口产生 STOP 条件
输入参数 1	I2Cx:x 可以是 1 或者 2 来选择 I2C 外设
输入参数 2	NewState: I2Cx STOP 条件的新状态,这个参数可以取:ENABLE 或者 DISABLE
输出参数	无
返回值	无
先决条件	无
被调用函数	无

例：

```
I2C_GenerateSTOP(I2C2, ENABLE); /* 在 I2C2 接口上产生一个结束条件 */
```

(5) 函数 I2C_ITConfig(见表 5.15.10)

表 5.15.10　函数 I2C_ ITConfig 说明

项目名	代　号
函数名	I2C_ITConfig
函数原形	void I2C_ITConfig(I2C_TypeDef * I2Cx, u16 I2C_IT, FunctionalState NewState)
功能描述	使能或者失能指定的 I2C 中断
输入参数 1	I2Cx:x 可以是 1 或者 2 来选择 I2C 外设
输入参数 2	I2C_IT:待使能或者失能的 I2C 中断源
输入参数 3	NewState:I2Cx 中断的新状态,这个参数可以取 ENABLE 或者 DISABLE
输出参数	无
返回值	无
先决条件	无
被调用函数	无

参数描述:I2C_IT,使能或者失能 I2C 的中断,可以取表 5.15.11 中一个或多个的组合组成该参数的值。

表 5.15.11　参数 I2C_IT 定义

I2C_IT 参数	描　述	I2C_IT 参数	描　述	I2C_IT 参数	描　述
I2C_IT_BUF	缓存中断	I2C_IT_EVT	事件中断	I2C_IT_ERR	错误中断

例：

```
/* 使能 I2C2 接口的事件中断和缓冲中断 */
I2C_ITConfig(I2C2, I2C_IT_BUF | I2C_IT_EVT, ENABLE);
```

(6) 函数 I2C_SendData(见表 5.15.12)

表 5.15.12　函数 I2C_ SendData 说明

项目名	代　号	项目名	代　号
函数名	I2C_SendData	输入参数 2	Data:待发送的数据
函数原形	void I2C_SendData(I2C_TypeDef * I2Cx, u8 Data)	输出参数	无
		返回值	无
功能描述	通过外设 I2Cx 发送一个数据	先决条件	无
输入参数 1	I2Cx:x 可以是 1 或者 2 来选择 I2C 外设	被调用函数	无

例：

```
I2C_SendData(I2C2, 0x5D); /* 通过 I2C2 接口发送字节 0x5D */
```

(7) 函数 I2C_ReceiveData(见表 5.15.13)

表 5.15.13　函数 I2C_ReceiveData 说明

项目名	代　号	项目名	代　号
函数名	I2C_ReceiveData	输出参数	无
函数原形	u8 I2C_ReceiveData(I2C_TypeDef * I2Cx)	返回值	接收到的数据
功能描述	返回 I2Cx 最近接收的数据	先决条件	无
输入参数	I2Cx:x 可以是 1 或者 2 来选择 I2C 外设	被调用函数	无

例:

```
/* 读取 I2C1 接口最近接收到的字节数据 */
u8 ReceivedData;
ReceivedData = I2C_ReceiveData(I2C1);
```

(8) 函数 I2C_ Send7bitAddress(见表 5.15.14)

表 5.15.14　函数 I2C_Send7bitAddress 说明

项目名	代　号
函数名	I2C_ Send7bitAddress
函数原形	void I2C_Send7bitAddress(I2C_TypeDef * I2Cx, u8 Address, u8 I2C_Direction)
功能描述	向指定的从机 I2C 设备传送地址数据
输入参数 1	I2Cx:x 可以是 1 或者 2 来选择 I2C 外设
输入参数 2	Address:待传输的从 I2C 地址
输入参数 3	I2C_Direction:设置指定的 I2C 主机将作为发送设备还是接收设备
输出参数	无
返回值	无
先决条件	无
被调用函数	无

参数描述:I2C_Direction,设置 I2C 接口为发送方向或接收方向,见表 5.15.15。

表 5.15.15　参数 I2C_Direction 定义

I2C_Direction 参数	描　述	I2C_Direction 参数	描　述
I2C_Direction_Transmitter	设置为发送方向	I2C_Direction_Receiver	设置为接收方向

例:

```
/* 主机向从机发送 7 位地址数据,地址为 0xA8,主机向准备向从机发送数据 */
I2C_Send7bitAddress(I2C1, 0xA8, I2C_Direction_Transmitter);
```

(9) 函数 I2C_ClearFlag(见表 5.15.16)

表 5.15.16　函数 I2C_ ClearFlag 说明

项目名	代　号
函数名	I2C_ClearFlag
函数原形	void I2C_ClearFlag(I2C_TypeDef * I2Cx, u32 I2C_FLAG)
功能描述	清除 I2Cx 的待处理标志位
输入参数 1	I2Cx:x 可以是 1 或者 2 来选择 I2C 外设
输入参数 2	I2C_FLAG:待清除的 I2C 标志位
输出参数	无
返回值	无
先决条件	注意:标志位 DUALF,SMBHOST,SMBDEFAULT,GENCALL,TRA,BUSY,MSL,TXE 和 RXNE 不能被本函数清除
被调用函数	无

参数描述:I2C_FLAG,见表 5.15.17。

表 5.15.17　参数 I2C_FLAG 定义

I2C_FLAG 参数	描　述	I2C_FLAG 参数	描　述
I2C_FLAG_SMBALERT	SMBus 报警标志位	I2C_FLAG_STOPF	停止探测标志位(从模式)
I2C_FLAG_TIMEOUT	超时或者 Tlow 错误标志位	I2C_FLAG_ADD10	10 位报头发送(主模式)
I2C_FLAG_PECERR	接收 PEC 错误标志位	I2C_FLAG_BTF	字传输完成标志位
I2C_FLAG_OVR	溢出/不足标志位(从模式)	I2C_FLAG_ADDR	地址发送标志位(主模式),地址匹配标志位(从模式)
I2C_FLAG_AF	应答错误标志位		
I2C_FLAG_ARLO	仲裁丢失标志位(主模式)	I2C_FLAG_SB	起始位标志位(主模式)
I2C_FLAG_BERR	总线错误标志位		

例:

```
I2C_ClearFlag(I2C2, I2C_FLAG_STOPF); /* 清除 I2C 接口的停止标志位 */
```

(10) 函数 I2C_GetLastEvent(见表 5.15.18)

表 5.15.18　函数 I2C_ GetLastEvent 说明

项目名	代　号	项目名	代　号
函数名	I2C_GetLastEvent	输出参数	无
函数原形	u32 I2C_GetLastEvent(I2C_TypeDef * I2Cx)	返回值	最近一次 I2C 事件
功能描述	返回最近一次 I2C 事件	先决条件	无
输入参数	I2Cx:x 可以是 1 或者 2 来选择 I2C 外设	被调用函数	无

例：

```
/* 返回最近一次 I2C1 接口事件 */
u32 Event;
Event = I2C_GetLastEvent(I2C1);
```

5.15.7 注意事项

① 注意在配置 I2C 设备的引脚时，一定要配置成复用开漏模式。原因一方面在于 I2C 总线要求总线具备线“与”的特性，若配置成推挽模式则无法提供这种特性；而另一方面原因在于，若两个设备通过推挽 I/O 口连接，则在一方输出高电平而另一方输出低电平的时刻，对芯片内部表现为 VCC 直接和 GND 连接，此时 I/O 口将烧毁。

② 前文的硬件电路图所示(图 5.15.6)的两个上拉电阻是必须的，典型的取值是 4.7 kΩ。

③ I2C 总线定义标准模式最高可工作在 100 kHz 下，快速模式最高可工作在 400 kHz 下。则程序中 I2C 设备的初始化参数 I2C_InitStructure.I2C_ClockSpeed 不能大于 400 000。

5.15.8 实验结果

建立并设置好工程，编辑好代码之后按下 F7 进行编译，将所有错误警告排除后(若存在)按下 Ctrl + F5 进行烧写与仿真，然后按下 F5 全速运行。可以从串口调试软件的信息窗口看到如下信息：

```
The I2C1 has send data 0x01
The I2C2 has received data 0x1
The I2C1 has send data 0x02
The I2C2 has received data 0x2
The I2C1 has send data 0x03
The I2C2 has received data 0x3
The I2C1 has send data 0x04
The I2C2 has received data 0x4
```

可以看到，I2C1 接口每向总线传输一字节数据后，I2C2 接口立即正确地收到了该数据，表明本次 STM32 的 I2C 数据交换实验是成功的。

5.15.9 小 结

本节简要回顾了 I2C 协议的软硬件构成，着重分析了 STM32 微控制器平台上 I2C 接口的工作过程，并使用固件函数库实现了一个 I2C 接口自通信实验。掌握 STM32 I2C 接口的重点在于软件程序设计层面，读者应以此作为切入点，最终能灵活运用 STM32 的 I2C 接口。

5.16 来认识一下 CAN 总线

5.16.1 概 述

5.14 和 5.15 两节向读者介绍的 I2C、SPI 总线多用于传输距离短、协议简单、数据量小、主要面向 IC(集成电路)间通信的"轻量级"场合。但 CAN 总线则不同,CAN 总线定义了更为优秀的物理层、数据链路层,并且拥有种类丰富、简繁不一的上层协议。鉴于篇幅和本节内容的定位,本节仅向读者简单回顾 CAN 总线方方面面的一些知识要点,并随后重点介绍 STM32 的 CAN 总线接口。建议读者先阅读 CAN 总线标准协议,对 CAN 总线有一定了解后再阅读本节。

(1) 什么是 CAN 总线

CAN 是"Controller Area Network"的缩写,意为"控制器局域网",是一个 ISO(国际标准化组织)串行通信协议。CAN 总线由德国博世(BOSCH)公司研发设计,用于应对汽车上日益庞大的电子控制系统的需求,其最大的特点是可拓展性好,可承受大量数据的高速通信,并且高度稳定可靠。ISO 组织通过 ISO11898 和 ISO11519 对 CAN 总线进行了标准化,使其早早确立了欧洲汽车总线标准的地位。时至今日,CAN 总线已经获得业界的高度认可,其应用也从汽车电子领域延伸至工业自动化、船舶、医疗设备、工业设备等领域。

(2) CAN 总线网络拓扑结构

CAN 总线的物理连接只需要两根线,常称为 CAN_H 和 CAN_L,通过差分信号进行数据的传输。CAN 总线有两种电平,分别为隐性电平和显性电平,而此两种电平有着类似漏极I/O电平信号之间"与"的关系。

- 若隐性电平相遇,则总线表现为隐性电平;
- 若显性电平相遇,则总线表现为显性电平;
- 若隐性电平和显性电平相遇,则总线表现为显性电平。

一个典型的 CAN 总线网络拓扑结构如图 5.16.1 所示(注意两端的终端电阻是必需的)。

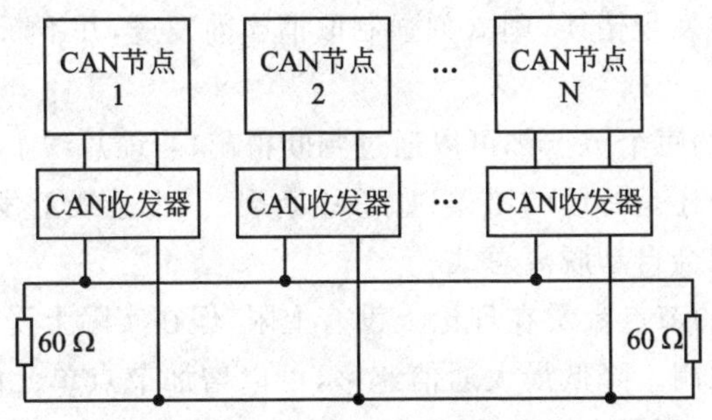

图 5.16.1 CAN 总线网络拓扑

(3) CAN 总线的几种数据帧

CAN 总线协议规定了 5 种帧,分别是数据帧、遥控帧、错误帧、过载帧以及帧间隔,实践中数据帧的应用最为频繁。各种帧的用途如表 5.16.1 所列。

表 5.16.1 CAN 总线数据帧的种类及用途

帧类型	用 途
数据帧	用于发送单元向接收单元传送数据的帧
过载帧	用于接收单元通知其尚未做好接收准备的帧
帧间隔	用于将数据帧及遥控帧与前面的帧分离开来的帧
遥控帧	用于接收单元向具有相同 ID 的发送单元请求数据的帧
错误帧	用于当检测出错误时向其他单元通知错误的帧

(4) CAN 总线的特点

CAN 总线网络是一种真正的多主机网络,在总线处于空闲状态时,任何一个节点单元都可以申请成为主机,向总线发送消息,其原则是:最先访问总线的节点单元可获得总线的控制权;多个节点单元同时尝试获取总线的控制权时,将发生仲裁事件,具有高优先级的节点单元将获得总线控制权。

CAN 协议中,所有的消息都以固定的数据格式打包发送。两个以上的节点单元同时发送信息时,根据节点标识符(常称为 ID,亦打包在固定的数据格式中)决定各自优先级关系,所以 ID 并非表示数据发送的目的地址,而是代表着各个节点访问总线的优先级。如此看来,CAN 总线并无类似其他总线"地址"的概念,在总线上增加节点单元时,连接在总线的其他节点单元的软硬件都不需要改变。

CAN 总线的通信速率和总线长度有关,在总线长度小于 40 m 的场合中,数据传输速率可以达到 1 Mbps,而即便总线长度上升至 1 000 m,数据传输速率仍可达到 50 kbps,无论在速率还是传输距离都明显优于常见的 RS232、RS485 和 I2C 总线。

对于总线错误,CAN 总线有错误检测功能、错误通知功能和错误恢复功能三种应对措施,分别对应于下面三点表述:所有的单元节点都可以自动检测总线上的错误;检测出错误的节点单元会立刻将错误通知给其他节点单元;若正在发送消息的单元检测到当前总线发生错误,则立刻强制取消当前发送,并不断反复发送此消息至成功为止。

CAN 总线上的每个节点都可以通过判断得出,当前总线上的错误是暂时的错误(如瞬间的强干扰)还是持续的错误(如总线断裂)。当总线上发生持续错误时,引起此故障的节点单元会自动脱离总线。

CAN 总线上的节点数量在理论上没有上限,但在实际上受到总线上的时间延时以及电气负载的限制。降低最大通信速率,可以增加节点单元的连接数;反之,减少节点单元的连接数,则最大通信速率可以提高。

(5) STM32 的 bxCAN 控制器

在当今的 CAN 应用中，CAN 网络的节点在不断增加，并且多个 CAN 常常通过网关连接起来，除了应用层报文外，网络管理和诊断报文也相继被引入，导致整 CAN 网络中的报文数量急剧增加。因此，应用层任务需要更多 CPU 时间，报文接收所需的实时响应时间需要得到减少。

STM32 至少配备一个 bxCAN 控制器（某些较高级型号配备两个 bxCAN 控制器），其中 bxCAN 是“Basic Extended CAN”的缩写。bxCAN 控制器支持 2.0A 和 2.0B 协议，最高数据传输速率可达 1 Mbps，支持 11 位的标准帧格式和 29 位的拓展帧格式的接收与发送，具备 3 个发送邮箱和 2 个接收 FIFO，此外还有 3 级可编程滤波器。STM32 的 bxCAN 控制器非常适应当前 CAN 总线网络应用的发展需求，其主要特性汇集如下：

- 支持 CAN 协议 2.0A 和 2.0B 主动模式。
- 波特率最高可达 1 Mbps。
- 支持时间触发通信功能。
- 数据发送特性：具备 3 个发送邮箱；发送报文的优先级可通过软件配置；可记录发送时间的时间戳。
- 数据接收特性：具备 3 级深度的 2 个接收 FIFO；具备可变的过滤器组：在互联型产品中，CAN1 和 CAN2 分享 28 个过滤器组，其他 STM32F103xx 系列产品中有 14 个过滤器组；具备可编程标识符列表；可配置的 FIFO 溢出处理方式；记录接收时刻的时间戳。
- 支持时间触发通信模式：可禁止自动重传；拥有 16 位自由运行定时器；可在最后 2 个数据字节发送时间戳。
- 报文管理：中断可屏蔽；邮箱占用单独 1 块地址空间，便于提高软件效率。

5.16.2 实验设计

本节的实验设计将利用 STM32 的 bxCAN 控制器的环回工作模式，实现 bxCAN 控制器的自收发过程，并使用串口设备跟踪监视数据收发的情况。程序流程如图 5.16.2 所示。

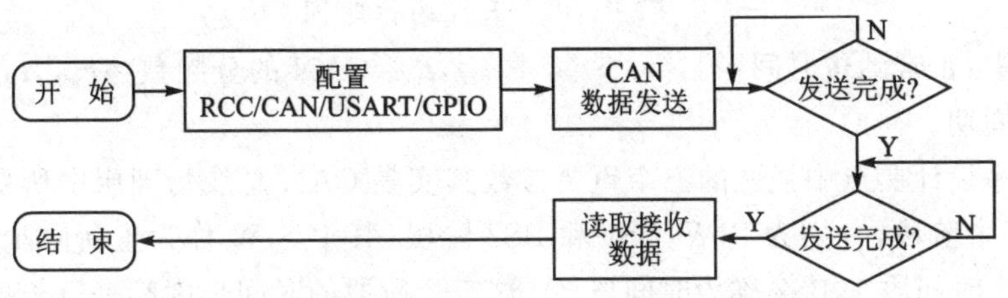

图 5.16.2 CAN 通信实验流程图

5.16.3 硬件电路

bxCAN 工作在环回模式时,其接收与发送通道在内部短接,因此本节实验设计不需要针对 CAN 接口做任何的连接,仅仅需要一个辅助观察实验结果的串口电平转换电路即可。该电路本书已多次出现,在此省略。

5.16.4 程序设计

本节程序设计主要围绕 bxCAN 控制器的初始化配置展开,其要点罗列如下:

- 初始化 RCC 寄存器组,配置 PLL 输出 72 MHz 时钟,APB1 总线频率为 36 MHz,分别打开 CAN、GPIOA 和 USART1 的设备时钟。
- 设置 CAN 的 Tx 引脚(即 GPIOA.12)为复用推挽模式,并设置 Rx 引脚(即 GPIOA.11)为上拉输入模式。
- 初始化 CAN 控制器寄存器组,其中 CAN 工作模式为环回模式,其中三个重要参数(下文详解)如下配置:

  a) CAN_InitStructure.CAN_SJW 配置为 CAN_SJW_1tq;

  b) CAN_InitStructure.CAN_BS1 配置为 CAN_SJW_8tq;

  c) CAN_InitStructure.CAN_BS2 配置为 CAN_SJW_7tq。

  最后分频数配置为 5,配置接收缓冲标识符为 0x00AA0000,配置过滤器为 32 位屏蔽位模式,过滤器屏蔽标识符为 0x00FF0000。
- 初始化 USART 设备。
- 使用拓展数据帧格式发送数据,ID 为 0xAA,数据长度为 8。

STM32 的 CAN 控制器程序设计的重点集中在 CAN 寄存器组的初始化过程中。而 CAN 初始化的重点在于波特率的设置、过滤器的设置和位时序的配置,以下做详细叙述。

(1) CAN 波特率的计算

计算波特率是使用任何一种总线的重要内容之一,CAN 总线也不例外。从 STM32 微控制器的官方参考手册里可以查找到关于 CAN 波特率的计算公式如下:

$$\text{波特率}=\frac{1}{\text{正常的位时间}}$$

其中:正常的位时间$=1\times t_q+t_{BS1}+t_{BS2}$,$t_q=$CAN 的分频数$\times t_{pclk}$,$t_{PCLK}=$APB1 的时钟周期。

程序设计要点中强调的三个重要参数其实是 CAN 总线物理层中所要求的位时序,共三个阶段,分别为 SJW、BS1 和 BS2 阶段(其中 SJW 称为重新同步跳跃阶段,BS1 称为时间段 1,BS2 称为时间段 2),这三个阶段的时间长度都是以长度为 t_q 的时间单元为单位的。这样可以逐步计算出 CAN 的波特率:

① $t_q=$CAN 的分频数$\times t_{PCLK}$,其中 t_{PCLK} 为 APB1 总线的时钟周期。CAN 位于

STM32 的 APB1 总线,要点中要求将其频率配置至 36 MHz,同时要求 CAN 的分频数为 5,因此可得:

$$t_q = \text{CAN 的分频数} \times t_{PCLK} = 5 \times 1/36\ \text{MHz}$$

② 要点中要求将 BS1 时间段设置为 $8t_q$,BS2 时间段设置为 $7t_q$,因此也可得到 BS1 和 BS2 的长度分别为:

$$BS1 = 8t_q = 5 \times 1 \times 8/36\ \text{MHz} \qquad BS2 = 7t_q = 5 \times 1 \times 7/36\ \text{MHz}$$

③ 这样一来就得到了:

$$\text{正常的位时间} = 1 \times t_q + t_{BS1} + t_{BS2} = (5 + 40 + 35)/36\ \text{MHz}$$

④ 最后就可以计算出波特率:

$$\text{波特率} = \frac{1}{\text{正常的位时间}} = 36\ \text{MHz}/80 = 450\ \text{kbps}$$

因此,要点提示中所要求的参数实际上将 CAN 的波特率设置为 450 kbps。

(2) 过滤器的设置

CAN 总线没有所谓“地址”的概念,总线上的每个报文都可以被各个节点接收,这是一种典型的广播式网络。但实际应用中,某个节点往往只希望接收到特定类型的数据,这就要借助过滤器来实现。顾名思义,过滤器的作用就是把节点不希望接收到的数据过滤掉,只将希望接收到的数据给予通行。STM32 的 CAN 控制器提供 14 个过滤器(互联型的 STM32 提供 28 个),可以屏蔽位模式和列表模式对 CAN 总线上的报文进行过滤。当节点希望接收到一组报文时,则过滤器应该配置为屏蔽位模式;反之当节点希望接收到单一类型报文时,则过滤器应配置为列表模式。本节程序中使用了 32 位的屏蔽位模式,下面仅对这种模式进行解析。

CAN 控制器的每个过滤器都具备一个寄存器,简称为屏蔽寄存器。其中标识符寄存器的每一位都与屏蔽寄存器的每一位所对应,事实上这也对应着 CAN 标准数据帧中的标识符段,如图 5.16.3 所示。

标识符寄存器	[31:24]	[23:16]		[15:8]	[7:0]			
屏蔽位寄存器	[31:24]	[23:16]		[15:8]	[7:0]			
数据标识符段	STID[10:3]	STID[2:0]	EXID[17:13]	EXID[12:5]	EXID[4:0]	IDE	RTR	0

图 5.16.3　bxCAN 单元过滤器组成详情

此处重点在于屏蔽寄存器的作用。通过查阅 STM32 微控制器参考文档可以知道,当过滤器工作在屏蔽位模式下时,屏蔽寄存器被置为 1 的每一位都要求 CAN 接收到的数据帧标识符段必须和对应的接收缓冲标识符位相同,否则予以滤除。以本节程序为例,要点中要求将节点接收缓冲标识符配置为 0x00AA0000,过滤器屏蔽标识符(也即屏蔽寄存器的内容)为 0x00FF0000,如图 5.16.4 所示。

该节点接收到的数据帧的标识符段的位[23:16]必须和接收缓冲标识符中的位[23:16]匹配,否则予以滤除。但若满足了这一条件而即便余下的位[31:24]、位[15:0]

标识符寄存器	[31:24]	0xAA	[15:8]	[7:0]
屏蔽位寄存器	[31:24]	0xFF	[15:8]	[7:0]
数据标识符段	STID[10:3]	STID[2:0] EXID[17:13]	EXID[12:5]	EXID[4:0] IDE RTR 0

图 5.16.4 bxCAN 单元过滤器配置

不匹配,则该数据帧仍然不会被滤除。对于本节程序简要而言,即 CAN 接口仅接收标识符段的位[23:16]为 0xAA 的数据帧。

(3) 位时序配置

根据 CAN 总线物理层的要求,CAN 总线的波特率和传输距离成反比关系,但传输距离变化时,要根据位时序来调整 CAN 总线波特率。而 CAN 总线位时序的计算是一个比较繁杂的过程,本节在此给出参考组合(仅针对 STM32 硬件平台),见表 5.16.2和表 5.16.3。有兴趣的读者可以详细阅读相关的 ISO 标准。

表 5.16.2 CAN 总线的波特率和传输距离关系

波特率/kbps	1 000	500	250	125	100	50	20	10
距离/m	40	130	270	530	620	1 300	3 300	6 700

表 5.16.3 STM32 的 CAN 波特率和位时序的配置关系

APB1 总线时钟	CAN 波特率	参 数
36 MHz	≤500 kbps	CAN_InitStructure. CAN_SJW=CAN_SJW_1tq CAN_InitStructure. CAN_BS1=CAN_SJW_8tq CAN_InitStructure. CAN_BS2=CAN_SJW_7tq
	> 500 kbps	CAN_InitStructure. CAN_SJW=CAN_SJW_1tq CAN_InitStructure. CAN_BS1=CAN_SJW_13tq CAN_InitStructure. CAN_BS2=CAN_SJW_7tq
	≥800 kbps	CAN_InitStructure. CAN_SJW=CAN_SJW_1tq CAN_InitStructure. CAN_BS1=CAN_SJW_5tq CAN_InitStructure. CAN_BS2=CAN_SJW_2tq

工程文件组里文件情况如表 5.16.4 所列。

表 5.16.4 CAN 通信实验工程组详情

文件组	包含文件	详 情
boot 文件组	startup_stm32f10x_md. s	STM32 的启动文件
cmsis 文件组	core_cm3. c	Cortex-M3 和 STM32 的板级支持文件
	system_stm32f10x. c	

续表 5.16.4

文件组	包含文件	详 情
library 文件组	stm32f10x_rcc. c	RCC 和 Flash 寄存器组的底层配置函数
	stm32f10x_flash. c	
	stm32f10x_gpio. c	GPIO 的底层配置函数
	stm32f10x_can. c	CAN 接口设备的初始化、数据收发函数等
	stm32f10x_usart. c	USART 设备的初始化、数据收发等函数
interrupt 文件组	stm32f10x_it. c	STM32 的中断服务子程序
user 文件组	main. c	用户应用代码

5.16.5 程序清单

```
/*********************************************************************
*  文件名     : main.c
*  作者       : Losingamong
*  时间       : 08/08/2008
*  文件描述   : 主函数
*********************************************************************/
/* 头文件     ----------------------------------------------------*/
#include "stm32f10x.h"
#include "stm32f10x_can.h"
#include "stdio.h"
/* 自定义同义关键字     -----------------------------------------*/
/* 自定义参数宏         -----------------------------------------*/
#define CANx   CAN1
/* 自定义函数宏 ------------------------------------------------*/
/* 自定义变量           -----------------------------------------*/
/* 自定义函数声明       -----------------------------------------*/
void RCC_Configuration(void);
void GPIO_Configuration(void);
void CAN_Configuration(void);
void USART_Configuration(void);
/*********************************************************************
*  函数名     : main
*  函数描述   : Main 函数
*  输入参数   : 无
*  输出结果   : 无
*  返回值     : 无
*********************************************************************/
int main (void)
{
    u8 TransmitMailbox = 0;                     /* 定义消息发送状态变量 */
    CanTxMsg TxMessage;                         /* 定义消息发送结构体 */
```

```
CanRxMsg RxMessage;                    /* 定义消息接收结构体 */
/* 设置系统时钟 */
RCC_Configuration();
/* 设置 GPIO 端口 */
GPIO_Configuration();
/* 设置 USART */
USART_Configuration();
/* 设置 CAN 控制器 */
CAN_Configuration();
/* 配置发送数据结构体,标准 ID 格式,ID 为 0xAA,数据帧,数据长度为 8 个字节 */
TxMessage.ExtId = 0x00AA0000;
TxMessage.RTR = CAN_RTR_DATA;
TxMessage.IDE = CAN_ID_EXT;
TxMessage.DLC = 8;
TxMessage.Data[0] = 0x00;
TxMessage.Data[1] = 0x12;
TxMessage.Data[2] = 0x34;
TxMessage.Data[3] = 0x56;
TxMessage.Data[4] = 0x78;
TxMessage.Data[5] = 0xAB;
TxMessage.Data[6] = 0xCD;
TxMessage.Data[7] = 0xEF;
/* 发送数据 */
TransmitMailbox = CAN_Transmit(CANx, &TxMessage);
/* 等待发送完成 */
while((CAN_TransmitStatus(CANx, TransmitMailbox) != CANTXOK));
printf("\r\nThe CAN has send data: 0x%x,0x%x,0x%x,0x%x,0x%x,0x%x,0x%x,
        0x%x\r\n",
        TxMessage.Data[0], TxMessage.Data[1], TxMessage.Data[2],
        TxMessage.Data[3], TxMessage.Data[4], TxMessage.Data[5],
        TxMessage.Data[6], TxMessage.Data[7]);
/* 等待接收完成 */
while((CAN_MessagePending(CANx, CAN_FIFO0) == 0));
/* 初始化接收数据结构体 */
RxMessage.ExtId = 0x00;
RxMessage.IDE = CAN_ID_EXT;
RxMessage.DLC = 0;
RxMessage.Data[0] = 0x00;
RxMessage.Data[1] = 0x00;
RxMessage.Data[2] = 0x00;
RxMessage.Data[3] = 0x00;
RxMessage.Data[4] = 0x00;
RxMessage.Data[5] = 0x00;
RxMessage.Data[6] = 0x00;
RxMessage.Data[7] = 0x00;
/* 接收数据 */
CAN_Receive(CANx, CAN_FIFO0, &RxMessage);
```

```
    printf("\r\nThe CAN has receive data：0x%x,0x%x,0x%x,0x%x,0x%x,0x%x,0x%
          x,0x%x\r\n",
          RxMessage.Data[0], RxMessage.Data[1], RxMessage.Data[2],
          RxMessage.Data[3], RxMessage.Data[4], RxMessage.Data[5],
          RxMessage.Data[6], RxMessage.Data[7]);
    while(1);
}
/******************************************************************
* 函数名      : RCC_Configuration
* 函数描述    : 设置系统各部分时钟
* 输入参数    : 无
* 输出结果    :无
* 返回值      : 无
******************************************************************/
void RCC_Configuration(void)
{
    {
        /* 本部分代码为 RCC_Configuration 函数内部部分代码,见附录 A 程序清单 A.1 */
    }
    /* 打开 GPIOA,USART1 时钟 */
    RCC_APB2PeriphClockCmd(RCC_APB2Periph_GPIOA | RCC_APB2Periph_USART1, ENABLE);
    /* 打开 CAN 时钟 */
    RCC_APB1PeriphClockCmd(RCC_APB1Periph_CAN1, ENABLE);
}
/******************************************************************
* 函数名      : GPIO_Configuration
* 函数描述    : 设置各 GPIO 端口功能
* 输入参数    : 无
* 输出结果    : 无
* 返回值      : 无
******************************************************************/
void GPIO_Configuration(void)
{
    /* 定义 GPIO 初始化结构体 GPIO_InitStructure */
    GPIO_InitTypeDef GPIO_InitStructure;
    /* 设置 CAN 的 Rx(PA.11)引脚 */
    GPIO_InitStructure.GPIO_Pin = GPIO_Pin_11;
    GPIO_InitStructure.GPIO_Mode = GPIO_Mode_IPU;
    GPIO_Init(GPIOA, &GPIO_InitStructure);
    /* 设置 CAN 的 Tx(PA.12)引脚 */
    GPIO_InitStructure.GPIO_Pin = GPIO_Pin_12;
    GPIO_InitStructure.GPIO_Speed = GPIO_Speed_50MHz;
    GPIO_InitStructure.GPIO_Mode = GPIO_Mode_AF_PP;
    GPIO_Init(GPIOA, &GPIO_InitStructure);
    /* 设置 USART1 的 Tx 脚(PA.9)为第二功能推挽输出功能 */
    GPIO_InitStructure.GPIO_Pin = GPIO_Pin_9;
    GPIO_InitStructure.GPIO_Mode = GPIO_Mode_AF_PP;
```

```
    GPIO_InitStructure.GPIO_Speed = GPIO_Speed_50MHz;
    GPIO_Init(GPIOA, &GPIO_InitStructure);
    /* 设置 USART1 的 Rx 脚(PA.10)为浮空输入脚 */
    GPIO_InitStructure.GPIO_Pin = GPIO_Pin_10;
    GPIO_InitStructure.GPIO_Mode = GPIO_Mode_IN_FLOATING;
    GPIO_Init(GPIOA, &GPIO_InitStructure);
}
/*******************************************************************
 * 函数名    : CAN_Polling
 * 函数描述  : 设置 CAN 为环回收发模式
 * 输入参数  : 无
 * 输出结果  : 无
 * 返回值    : 无
*******************************************************************/
void CAN_Configuration(void)
{
    /* 定义 CAN 控制器和过滤器初始化结构体 */
    CAN_InitTypeDef       CAN_InitStructure;
    CAN_FilterInitTypeDef  CAN_FilterInitStructure;
    /* CAN 寄存器复位 */
    CAN_DeInit(CANx);
    CAN_StructInit(&CAN_InitStructure);
    /*
     *   CAN 控制器初始化:
     *
     *   失能时间触发通信模式
     *   失能自动离线管理
     *   失能自动唤醒模式
     *   失能非自动重传输模式
     *   失能接收 FIFO 锁定模式
     *   失能发送 FIFO 优先级
     *   CAN 硬件工作在环回模式
     *   重新同步跳跃宽度 1 个时间单位
     *   时间段 1 为 8 个时间单位
     *   时间段 2 为 7 个时间单位
     *   分频数为 5
     */
    CAN_InitStructure.CAN_TTCM = DISABLE;
    CAN_InitStructure.CAN_ABOM = DISABLE;
    CAN_InitStructure.CAN_AWUM = DISABLE;
    CAN_InitStructure.CAN_NART = DISABLE;
    CAN_InitStructure.CAN_RFLM = DISABLE;
    CAN_InitStructure.CAN_TXFP = DISABLE;
    CAN_InitStructure.CAN_Mode = CAN_Mode_LoopBack;
    CAN_InitStructure.CAN_SJW = CAN_SJW_1tq;
    CAN_InitStructure.CAN_BS1 = CAN_BS1_8tq;
    CAN_InitStructure.CAN_BS2 = CAN_BS2_7tq;
```

```
    CAN_InitStructure.CAN_Prescaler = 5;
    CAN_Init(CANx, &CAN_InitStructure);
    /*
     *  CAN 过滤器初始化:
     *
     *  初始化过滤器 2
     *  标识符屏蔽位模式
     *  使用 1 个 32 位过滤器
     *  过滤器标识符为(0x00AA << 5)
     *  过滤器屏蔽标识符 0xFFFF
     *  过滤器 FIFO0 指向过滤器 0
     *  使能过滤器
     */
    CAN_FilterInitStructure.CAN_FilterNumber = 0;
    CAN_FilterInitStructure.CAN_FilterMode = CAN_FilterMode_IdMask;
    CAN_FilterInitStructure.CAN_FilterScale = CAN_FilterScale_32bit;
    CAN_FilterInitStructure.CAN_FilterIdHigh = 0x00AA << 3;
    CAN_FilterInitStructure.CAN_FilterIdLow = 0x0000;
    CAN_FilterInitStructure.CAN_FilterMaskIdHigh = 0x00FF << 3;
    CAN_FilterInitStructure.CAN_FilterMaskIdLow = 0x0000;
    CAN_FilterInitStructure.CAN_FilterFIFOAssignment = 0;
    CAN_FilterInitStructure.CAN_FilterActivation = ENABLE;
    CAN_FilterInit(&CAN_FilterInitStructure);
}
/*******************************************************
* 函数名    : USART_Configuration
* 函数描述  : 设置 USART1
* 输入参数  : 无
* 输出结果  : 无
* 返回值    : 无
*******************************************************/
void USART_Configuration(void)
{
    /* 定义 USART 初始化结构体 USART_InitStructure */
    USART_InitTypeDef USART_InitStructure;
    /*  波特率为 115 200 bps;
     *  8 位数据长度;
     *  1 个停止位,无校验;
     *  禁用硬件流控制;
     *  禁止 USART 时钟;
     *  时钟极性低;
     *  在第 2 个边沿捕获数据
     *  最后一位数据的时钟脉冲不从 SCLK 输出;
     */
    USART_InitStructure.USART_BaudRate = 115200;
    USART_InitStructure.USART_WordLength = USART_WordLength_8b;
    USART_InitStructure.USART_StopBits = USART_StopBits_1;
```

```
    USART_InitStructure.USART_Parity = USART_Parity_No ;
    USART_InitStructure.USART_HardwareFlowControl = USART_HardwareFlowControl_None;
    USART_InitStructure.USART_Mode = USART_Mode_Rx | USART_Mode_Tx;
    USART_Init(USART1, &USART_InitStructure);
    /* 使能 USART1 */
    USART_Cmd(USART1, ENABLE);
}
/************************************************************
* 函数名      : fputc
* 函数描述    : 将 printf 函数重定位到 USATR1
* 输入参数    : 无
* 输出结果    : 无
* 返回值      : 无
************************************************************/
int fputc(int ch, FILE * f)
{
    USART_SendData(USART1, (u8) ch);
    while(USART_GetFlagStatus(USART1, USART_FLAG_TC) == RESET);
    return ch;
}
```

5.16.6 使用到的库函数

(1) 函数 CAN_Init(见表 5.16.5)

表 5.16.5 函数 CAN_Init 定义

项目名	代 号
函数名	CAN_Init
函数原形	uint8_t CAN_Init(CAN_TypeDef * CANx, CAN_InitTypeDef * CAN_InitStruct)
功能描述	根据 CAN_InitStruct 中指定的参数初始化外设 CAN 的寄存器
输入参数	CANx:指向结构 CAN_TypeDef 的指针,选定指定的 CAN1/CAN2 外设 CAN_InitStruct:指向结构 CAN_InitTypeDef 的指针,包含了指定外设 CAN 的配置信息
输出参数	无
返回值	指示 CAN 初始化结果: CAN_InitStatus_Failed:初始化失败 CAN_InitStatus_Success:初始化成功
先决条件	无
被调用函数	无

参数描述:CAN_InitTypeDef structure,定义于文件 stm32f10x_can.h。

```
typedef struct
{
    FunctionnalState CAN_TTCM;
    FunctionnalState CAN_ABOM;
```

```
    FunctionnalState CAN_AWUM;
    FunctionnalState CAN_NART;
    FunctionnalState CAN_RFLM;
    FunctionnalState CAN_TXFP;
    u8 CAN_Mode;
    u8 CAN_SJW;
    u8 CAN_BS1;
    u8 CAN_BS2;
    u16 CAN_Prescaler;
} CAN_InitTypeDef;
```

① CAN_TTCM,用来使能或者失能时间触发通信模式,可以设置这个参数的值为 ENABLE 或者 DISABLE。

② CAN_ABOM,用来使能或者失能自动离线管理,可以设置这个参数的值为 ENABLE 或者 DISABLE。

③ CAN_AWUM,用来使能或者失能自动唤醒模式,可以设置这个参数的值为 ENABLE 或者 DISABLE。

④ CAN_NART,用来使能或者失能非自动重传输模式,可以设置这个参数的值为 ENABLE 或者 DISABLE。

⑤ CAN_RFLM,用来使能或者失能接收 FIFO 锁定模式,可以设置这个参数的值为 ENABLE 或者 DISABLE。

⑥ CAN_TXFP,用来使能或者失能发送 FIFO 优先级,可以设置这个参数的值为 ENABLE 或者 DISABLE。

⑦ CAN_Mode,设置 CAN 的工作模式,见表 5.16.6。

表 5.16.6　参数 CAN_Mode 定义

CAN_Mode 参数	描　述
CAN_Mode_Normal	CAN 工作在正常模式
CAN_Mode_Silent	CAN 工作在静默模式
CAN_Mode_LoopBack	CAN 工作在环回模式
CAN_Mode_Silent_LoopBack	CAN 工作在静默环回模式

⑧ CAN_SJW,定义重新同步跳跃宽度(SJW),见表 5.16.7。

表 5.16.7　参数 CAN_SJW 定义

CAN_SJW 参数	描　述
CAN_SJW_1tq	重新同步跳跃宽度 1 个时间单位
CAN_SJW_2tq	重新同步跳跃宽度 2 个时间单位
CAN_SJW_3tq	重新同步跳跃宽度 3 个时间单位
CAN_SJW_4tq	重新同步跳跃宽度 4 个时间单位

⑨ CAN_BS1,设定时间段 1 的时间单位数目,见表 5.16.8。

⑩ CAN_BS2,设定时间段 1 的时间单位数目,见表 5.16.9。

表 5.16.8　参数 CAN_BS1 定义

CAN_BS1 参数	描　述
CAN_BS1_1tq	时间段 1 为 1 个时间单位
…	…
CAN_BS1_16tq	时间段 1 为 16 个时间单位

表 5.16.9　参数 CAN_BS2 定义

CAN_BS2 参数	描　述
CAN_BS2_1tq	时间段 1 为 1 个时间单位
…	…
CAN_BS2_16tq	时间段 1 为 16 个时间单位

⑪ CAN_Prescaler:设定了一个时间单位的长度,它的范围是 1～1 024。

例:

```
/* 将 CAN 设备初始化为正常工作模式,1 Mbps 波特率,锁定 FIFO 0 */
CAN_InitTypeDef CAN_InitStructure;
CAN_InitStructure.CAN_TTCM = DISABLE;
CAN_InitStructure.CAN_ABOM = DISABLE;
CAN_InitStructure.CAN_AWUM = DISABLE;
CAN_InitStructure.CAN_NART = DISABLE;
CAN_InitStructure.CAN_RFLM = ENABLE;
CAN_InitStructure.CAN_TXFP = DISABLE;
CAN_InitStructure.CAN_Mode = CAN_Mode_Normal;
CAN_InitStructure.CAN_BS1 = CAN_BS1_4tq;
CAN_InitStructure.CAN_BS2 = CAN_BS2_3tq;
CAN_InitStructure.CAN_Prescaler = 0;
CAN_Init(&CAN_InitStructure);
```

(2) 函数 CAN_FilterInit(见表 5.16.10)

表 5.16.10　函数 CAN_FilterInit 说明

项目名	代　号
函数名	CAN_FilterInit
函数原形	void CAN_FilterInit(CAN_FilterInitTypeDef * CAN_FilterInitStruct)
功能描述	根据 CAN_FilterInitStruct 中指定的参数初始化外设 CAN 的寄存器
输入参数	CANx:指向结构 CAN_TypeDef 的指针,选定指定的 CAN1/CAN2 外设 CAN_FilterInitStruct:指向结构 CAN_FilterInitTypeDef 的指针,包含了相关配置信息
输出参数	无
返回值	无
先决条件	无
被调用函数	无

参数描述:CAN_FilterInitTypeDef structure,定义于文件 stm32f10x_can.h。

```
typedef struct
{
    u8 CAN_FilterNumber;
    u8 CAN_FilterMode;
    u8 CAN_FilterScale;
    u16 CAN_FilterIdHigh;
    u16 CAN_FilterIdLow;
    u16 CAN_FilterMaskIdHigh;
    u16 CAN_FilterMaskIdLow;
    u16 CAN_FilterFIFOAssignment;
    FunctionalState CAN_FilterActivation;
} CAN_FilterInitTypeDef;
```

① CAN_FilterNumber,指定待初始化的过滤器,它的范围是 1～13。

② CAN_FilterMode,指定过滤器将被初始化的模式,见表 5.16.11。

③ CAN_FilterScale,指定过滤器位宽,见表 5.16.12。

表 5.16.11　参数 CAN_FilterMode 定义

CAN_FilterMode 参数	描　述
CAN_FilterMode_IdMask	标识符屏蔽位模式
CAN_FilterMode_IdList	标识符列表模式

表 5.16.12　参数 CAN_FilterScale 定义

CAN_FilterScale 参数	描　述
CAN_FilterScale_Two16bit	2 个 16 位过滤器
CAN_FilterScale_One32bit	1 个 32 位过滤器

④ CAN_FilterIdHigh,用来设定过滤器标识符(32 位位宽时为其高段位,16 位位宽时为第 1 个过滤器),它的范围是 0x0000～0xFFFF。

⑤ CAN_FilterIdLow,用来设定过滤器标识符(32 位位宽时为其低段位,16 位位宽时为第 2 个过滤器),它的范围是 0x0000～0xFFFF。

⑥ CAN_FilterMaskIdHigh,用来设定过滤器屏蔽标识符或者过滤器标识符(32 位位宽时为其高段位,16 位位宽时为第 1 个过滤器),它的范围是 0x0000～0xFFFF。

⑦ CAN_FilterMaskIdLow,用来设定过滤器屏蔽标识符或者过滤器标识符(32 位位宽时为其低段位,16 位位宽时为第 2 个过滤器),它的范围是 0x0000～0xFFFF。

⑧ CAN_FilterFIFO,设定了指向的过滤器 FIFO(0 或 1),见表 5.16.13。

表 5.16.13　参数 CAN_FilterFIFO 定义

CAN_FilterFIFO 参数	描　述	CAN_FilterFIFO 参数	描　述
CAN_FilterFIFO0	过滤器 FIFO0	CAN_FilterFIFO1	过滤器 FIFO1

⑨ CAN_FilterActivation,使能或者失能过滤器。该参数可取的值为 ENABLE 或者 DISABLE。

例:

```
/* 初始化 CAN 过滤器 2 */
```

```
CAN_FilterInitTypeDef CAN_FilterInitStructure;
CAN_FilterInitStructure.CAN_FilterNumber = 2;
CAN_FilterInitStructure.CAN_FilterMode = CAN_FilterMode_IdMask;
CAN_FilterInitStructure.CAN_FilterScale = CAN_FilterScale_One32bit;
CAN_FilterInitStructure.CAN_FilterIdHigh = 0x0F0F;
CAN_FilterInitStructure.CAN_FilterIdLow = 0xF0F0;
CAN_FilterInitStructure.CAN_FilterMaskIdHigh = 0xFF00;
CAN_FilterInitStructure.CAN_FilterMaskIdLow = 0x00FF;
CAN_FilterInitStructure.CAN_FilterFIFO = CAN_FilterFIFO0;
CAN_FilterInitStructure.CAN_FilterActivation = ENABLE;
CAN_FilterInit(&CAN_InitStructure);
```

(3) 函数 CAN_Transmit(见表 5.16.14)

表 5.16.14　函数 CAN_Transmit 说明

项目名	代　号
函数名	CAN_FilterInit
函数原形	uint8_t CAN_Transmit(CAN_TypeDef * CANx, CanTxMsg * TxMessage)
功能描述	开始传输一个消息
输入参数	CANx:指向结构 CAN_TypeDef 的指针,选定指定的 CAN1/CAN2 外设 TxMessage:指向某消息结构的指针,该结构包含 CANid、CANDLC 和 CANdata
输出参数	无
返回值	所使用邮箱的号码,如果没有空邮箱返回 CAN_TxStatus_NoMailBox
先决条件	无
被调用函数	无

参数描述:CanTxMsg,定义于文件 stm32f10x_can.h。

```
typedef struct
{
    u32 StdId;
    u32 ExtId;
    u8 IDE;
    u8 RTR;
    u8 DLC;
    u8 Data[8];
} CanTxMsg;
```

① StdId,用来设定标准标识符,它的取值范围为 0～0x7FF。

② ExtId,用来设定扩展标识符,它的取值范围为 0～0x3FFFF。

③ IDE,用来设定消息标识符的类型,见表 5.16.15。

④ RTR,用来设定待传输消息的帧类型,可以设置为数据帧或者远程帧,见表 5.16.16。

表 5.16.15 参数 IDE 定义

IDE 参数	描 述
CAN_ID_STD	使用标准标识符
CAN_ID_EXT	使用扩展标识符

表 5.16.16 参数 RTR 定义

RTR 参数	描 述
CAN_RTR_DATA	数据帧
CAN_RTR_REMOTE	远程帧

⑤ DLC,用来设定待传输消息的帧长度,它的取值范围是 0～0x8。

⑥ Data[8],包含了待传输数据,共 8 个字节,它的取值范围为 0～0xFF。

例:

```
/* 通过 CAN 接口发送一个数据 */
CanTxMsg TxMessage;
TxMessage.StdId = 0x1F;
TxMessage.ExtId = 0x00;
TxMessage.IDE = CAN_ID_STD;
TxMessage.RTR = CAN_RTR_DATA;
TxMessage.DLC = 2;
TxMessage.Data[0] = 0xAA;
TxMessage.Data[1] = 0x55;
CAN_Transmit(&TxMessage);
```

(4) 函数 CAN_TransmitStatus(见表 5.16.17)

表 5.16.17 函数 CAN_TransmitStatus 说明

项目名	代 号
函数名	CAN_TransmitStatus
函数原形	uint8_t CAN_TransmitStatus(CAN_TypeDef * CANx, uint8_t TransmitMailbox)
功能描述	检查消息传输的状态
输入参数	CANx:指向结构 CAN_TypeDef 的指针,选定指定的 CAN1/CAN2 外设 TransmitMailbox:用来传输的邮箱号码
输出参数	无
返回值	CAN_TxStatus_Ok:消息传输成功; CAN_TxStatus_Pending:消息传输中; CAN_TxStatus_Failed:消息传输失败
先决条件	调用了 CAN_Transmit 发送数据
被调用函数	无

例:

```
/* 查询 CAN 的发送状态 */
CanTxMsg TxMessage;
switch(CAN_TransmitStatus(CAN_Transmit(&TxMessage))
{
case CANTXOK: {…} break;
}
```

(5) 函数 CAN_Receive(见表 5.16.18)

表 5.16.18　函数 CAN_Receive 说明

项目名	代　号
函数名	CAN_Receive
函数原形	void CAN_ Receive (CAN_ TypeDef * CANx, uint8_t FIFONumber, CanRxMsg * RxMessage)
功能描述	接收一个消息
输入参数	CANx:指向结构 CAN_TypeDef 的指针,选定指定的 CAN1/CAN2 外设 FIFOnumber: 接收 FIFO
输出参数	RxMessage: 指向某结构的指针, 包含 CANid、CANDLC、CANdata
返回值	无
先决条件	无
被调用函数	无

参数描述:CanRxMsg,定义于文件 stm32f10x_can.h。

```
typedef struct
{
    u32 StdId;
    u32 ExtId;
    u8 IDE;
    u8 RTR;
    u8 DLC;
    u8 Data[8];
    u8 FMI;
} CanRxMsg;
```

① StdId,用来保存标准标识符,它的取值范围为 0~0x7FF。

② ExtId,用来保存扩展标识符,它的取值范围为 0~0x3FFFF。

③ IDE,用来保存消息标识符的类型,见表 5.16.19。

④ RTR,用来保存接收消息的帧类型,可以为数据帧或者远程帧,见表 5.16.20。

表 5.16.19　参数 IDE 定义

RTR 参数	描　述
CAN_RTR_DATA	数据帧
CAN_RTR_REMOTE	远程帧

表 5.16.20　参数 RTR 定义

IDE 参数	描　述
CAN_ID_STD	保存标准标识符
CAN_ID_EXT	保存扩展标识符

⑤ DLC,用来保存待传输消息的帧长度,它的取值范围是 0~0x8。

⑥ Data[8],包含了待接收数据,它的取值范围为 0~0xFF。

⑦ FMI,设定为消息将要通过的过滤器索引,这些消息存储于邮箱中。该参数取值范围是 0~0xFF。

例：

```
/* 接收 CAN 接口消息至 CANFIFO0 */
CanRxMsg RxMessage;
CAN_Receive(CANFIFO0, &RxMessage);
```

(6) 函数 CAN_MessagePending(见表 5.16.21)

表 5.16.21 函数 CAN_MessagePending 说明

项目名	代 号
函数名	CAN_MessagePending
函数原形	uint8_t CAN_MessagePending(CAN_TypeDef * CANx, uint8_t FIFONumber)
功能描述	返回挂起的信息数量
输入参数	CANx：指向结构 CAN_TypeDef 的指针，选定指定的 CAN1/CAN2 外设 FIFOnumber：接收 FIFO
输出参数	无
返回值	当前挂起的信息数量
先决条件	无
被调用函数	无

例：

```
/* 查询 FIFO 0 是否有消息挂起 */
u8 MessagePending = 0;
MessagePending = CAN_MessagePending(CANFIFO0);
```

(7) 函数 CAN_DeInit(见表 5.16.22)

表 5.16.22 函数 CAN_DeInit 说明

项目名	代 号
函数名	CAN_DeInit
函数原形	void CAN_DeInit(CAN_TypeDef * CANx)
功能描述	CANx：指向结构 CAN_TypeDef 的指针，选定指定的 CAN1/CAN2 外设
输入参数	无
输出参数	无
返回值	无
先决条件	无
被调用函数	RCC_APB1PeriphResetCmd()

例:

```
CAN_DeInit();/* 重设 CAN 接口 */
```

(8) 函数 CAN_StructInit(见表 5.16.23)

表 5.16.23 函数 CAN_StructInit 说明

项目名	代 号
函数名	CAN_StructInit
函数原形	void CAN_StructInit(CAN_InitTypeDef * CAN_InitStruct)
功能描述	把 CAN_InitStruct 中的每个参数按默认值填入
输入参数	CAN_InitStruct:指向待初始化结构 CAN_InitTypeDef 的指针。参阅表 5.16.24 查阅该结构成员默认值
输出参数	无
返回值	无
先决条件	无
被调用函数	无

表 5.16.24 CAN_InitStruct 结构体成员默认值

成 员	默认值	成 员	默认值
CAN_TTCM	DISABLE	CAN_Mode	CAN_Mode_Normal
CAN_ABOM	DISABLE	CAN_SJW	CAN_SJW_1tq
CAN_AWUM	DISABLE	CAN_BS1	CAN_BS1_4tq
CAN_NART	DISABLE	CAN_BS2	CAN_BS2_3tq
CAN_RFLM	DISABLE	CAN_Prescaler	1
CAN_TXFP	DISABLE		

例:

```
/* 初始化一个 CAN 配置结构体 */
CAN_InitTypeDef CAN_InitStructure;
CAN_StructInit(&CAN_InitStructure);
```

5.16.7 注意事项

① 通过设置不同的 APB1 总线工作频率,CAN 分频数和位时序组合可以得到不同的波特率。但若 APB1 总线工作频率固定在最大的 36 MHz 情况下,就会有一些常用的波特率无法准确得到。

② 除了本文提到的 CAN 初始化参数之外,其余参数也涉及 CAN 的一些重要功能,建议读者理清楚其含义后再根据需要配置。

③ 如果使用的是互联型 STM32 微控制器,则注意 CAN1 控制器使用 0~13 号过滤器,而 CAN2 控制器则使用 14~27 号过滤器。

④ 注意标识符寄存器实际上只有前 29 位有用(这也是 CAN 数据拓展帧格式仲

裁段的长度)，而屏蔽位寄存器的 32 位全部都是有用的，这其中的差别在于，屏蔽位寄存器低 3 位的前 2 位用以过滤 IDE、RTR 参数，而最低位则要求保持为 0。

5.16.8 实验结果

建立并设置好工程，编辑好代码之后按下 F7 进行编译，将所有错误警告排除后(若存在)按下 Ctrl + F5 进行烧写与仿真，然后按下 F5 全速运行。此时可以迅速看到串口软件接收显示窗打印出如下信息：

```
The CAN has send data： 0x0, 0x12, 0x34, 0x56, 0x78, 0xab, 0xcd, 0xef
The CAN has receive data： 0x0, 0x12, 0x34, 0x56, 0x78, 0xab, 0xcd, 0xef
```

可以看到 CAN 接口确实收到了自身发出的数据，说明本次实验是成功的。

5.16.9 小 结

本节主要向读者介绍 STM32 微控制器的 CAN 控制器的特性及使用过程，并成功进行了实验设计，验证了 CAN 的环回自通信功能。CAN 从物理层上来说只是一种硬件线路，但往往更代表一类协议，而协议才是最值得读者投入精力与时间深入学习的地方。因此，建议读者在基本掌握 STM32 的 CAN 控制器使用方法之后，转而研习一些流行的 CAN 总线协议。

5.17 加速你的 CRC 运算

5.17.1 概 述

1. 为何使用校验码

生活中随处可见的电子设备，它们能够正常发挥功能，达到协助人们进行生活、生产的目的，往往是建立在其能够与外界准确、有效地进行数据交换的基础上。因为通信介质与外部环境的关系，设备之间的通信并不总是准确无误的。所以，人们经常在数据发送前，往数据内容里加入校验码，来识别出数据交互发生错误的情况，并且加以补救。

在数据中加入校验码的做法是：在数据发送前，采用某种校验算法计算出一个与这串数据有一对一映射关系的校验码，并附在数据的最后，一齐发送给接收方；接收方接收到该帧数据后，采用同样的算法再计算一次校验码，并与来自发送方的校验码进行对比，即可知道数据交互有无错误。假设校验码与数据能做到完全“一对一映射”，那么当收发双方的校验码不一致时，则百分之百可以断定通信错误了。因此，保证数据与校验码的高度“一对一映射”关系，是一个校验算法的核心任务。

视数据交互质量要求，不同的应用经常使用不同的校验算法。最简单的校验算法,如校验和、奇校验等,算法实现消耗的资源小,但很多时候并不能保证很好的"一对一映射",小流量且对质量要求不高的通信可以使用;也有一些高强度的算法,如HASH、MD5等,其校验码与数据的"一对一映射"程度非常高,但算法计算过程巨大,耗时耗力,多在对大块数据进行校验时才使用。

2. CRC 为何物

CRC 全称为 Cyclic Redundancy Check,即循环冗余校验码。在嵌入式应用中,CRC 校验算法是最为常用的,因为其背后精妙的数学模型,CRC 校验码几乎可以百分之百地确保"一对一映射"映射关系。同时由于 CRC 算法的特殊性(下文会提及),使得其实现的代价相对较小,使用主频为数 MHz 到数十 MHz 的嵌入式微控制器来运算没有任何压力。

CRC 校验码的数学原理比较复杂,但其实现过程却很简单。这里从几个概念入手。

(1) 任意数的二进制表达式

当我们看到整数 20 的时候,可以很快地说出其二进制写法为 00010100B。这背后其实是有数学模型在支撑的:任何一个整数,都可以表达为 $B(X)=B_n\times2^n+B_{n-1}\times2^{n-1}+\cdots+B_1\times2^0$ 形式的二进制多项式,如 19D=0x13H =10011B=$1\times2^4+0\times2^3+0\times2^2+1\times2^1+1\times2^0$。

(2) CRC 的生成多项式

CRC 校验算法定义了如表 5.17.1 所列形式的二进制表达式,称为"生成多项式"。根据不同的"生成多项式",分为 CRC-4、CRC-8、CRC-12、CRC-16、CRC-ITU、CRC-32 等多种。

表 5.17.1 CRC 校验算法和生成表达式

名　称	生成表达式
CRC-4	$x^4+x^1+x^0$
CRC-8	$x^8+x^2+x^1+x^0$
CRC-12	$x^{12}+x^{11}+x^3+x^2+x^1+x^0$
CRC-16	$x^{16}+x^{15}+x^2+x^0$
CRC-ITU	$x^{16}+x^{15}+x^5+x^0$
CRC-32	$x^{32}+x^{26}+x^{23}+x^{22}+x^{16}+x^{12}+x^{11}+x^{10}+x^8+x^7+x^5+x^4+x^2+x^1+x^0$

CRC 算法主要用于通信中的二进制流,所以表 5.17.1 中的 x 其实等于 2。这样一来,其实一个既定 CRC 算式的生成表达式是一个定值,如 CRC-8 的生成表达式是 $2^8+2^2+2^1+2^0$=0x107H(只保留 8 位)=0x07H,CRC-32 的生成表达式是 $2^{32}+2^{26}+2^{23}+2^{22}+2^{16}+2^{12}+2^{11}+2^{10}+2^8+2^7+2^5+2^4+2^2+2^1+2^0$ = 0x04C11DB7H。显而易见,生成表达式中 x 的最高指数越大,算法的强度越高。

(3) 模 2 除法

模 2 除法和我们平时常见的除法大体类似，但在进行模 2 除法时，每一位的除的结果不影响其他位，即不考虑借位，图 5.17.1 中显示的除式是一个可以说明模 2 除法特点的例子。

图中使用二进制数 1111000 对 1101 进行模 2 除法。除法的结果是商 1011，余数为 0111。这里非常关键的一点是，在十进制除法中使用的减法运算，在模 2 除法里变成了异或运算（相同为 0，不同为 1），这是使用程序实现 CRC 校验码计算最重要的依据。

```
        1011
     -------
1101)1111000
     1101
     -------
     001000
       1101
     -------
       01010
        1101
     -------
        0111
```

图 5.17.1　模 2 除法

至此 CRC 校验码的计算就很简单了：用原数据左移生成表达式中的 2 的最高次幂后，对相应的 CRC 生成表达式进行模 2 除法得到的余数就是 CRC 校验码。为何要先左移？如果把 CRC 的计算描述为：用原数据对相应的 CRC 生成表达式模 2 取余就得到了 CRC 校验码。据此来计算数据 0xAB 的 CRC－32 校验码，即 0xAB 对 0x04C11DB7H 进行模 2 除法，结果余数还是原数据 0xAB，如此这个计算就没有意义了——这是因为原数据要比生成表达式的值小的缘故。所以要进行左移，确保原数据比生成表达式要大。下面是一个完整的手工计算 CRC－8 校验码的例子。

问：如何计算数据序列{0x12，0x34}的 CRC－8 校验码？

答：

① 数据序列{0x12，0x34}的二进制序列为 10010 00110100（序列一）。

② 因为要计算的是 CRC－8 校验码，因此将该二进制序列左移 8 位，得到新的序列 10010 00110100 00000000（序列二）。

③ CRC－8 的生成表达式为 $x^8+x^2+x^1+x^0$＝0x107H＝1 00001110B（序列三）。

④ 将序列二与序列三进行模 2 运算，除法表达如下，可知该除式最后的余数为 11110001，即 0xF1，所以数据序列{0x12，0x34}的 CRC－8 校验码是 0xF1。

```
                  1001001001010
          ---------------------
100000111)100100011010000000000
          100000111
          ---------------------
             100100010000000000
             100000111
          ---------------------
                100101000000000
                100000111
          ---------------------
                   101111000000
                   100000111
          ---------------------
                     1111111000
                     100000111
          ---------------------
                      111110110
                      100000111
          ---------------------
                       11110001
```

在这里进行一下小结:CRC 算法的本质是模 2 除法,任意数都能用二进制表达式描述,这为模 2 除法提供了前提条件。CRC 的生成多项式,决定了该 CRC 算法的强度。

3. STM32 的 CRC 计算单元

读者在看了前面的内容以后,如果已经开始为如何使用软件代码来实现 CRC-32 校验码的计算而隐约感到忧愁,那么 STM32 的 CRC-32 计算单元实在是一个好东西。借助这个 CRC-32 计算单元,甚至不需要了解 CRC-32 的原理,也能轻松快速算取任意数据序列的 CRC-32 校验码。那么 STM32 的 CRC-32 计算单元有哪些特性呢?

① 使用 CRC-32 生成多项式:0x4C11DB7H($x^{32}+x^{26}+x^{23}+x^{22}+x^{16}+x^{12}+x^{11}+x^{10}+x^{8}+x^{7}+x^{5}+x^{4}+x^{2}+x^{1}+x^{0}$)。

② 提供一个 32 位数据寄存器可作为 I/O。

③ CRC 计算时间快至 4 个 AHB 时钟周期(HCLK)。

④ 提供一个通用的 8 位寄存器可用于存放临时数据。

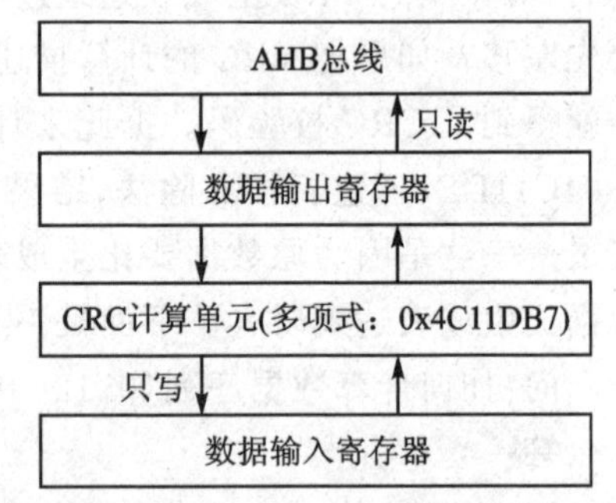

图 5.17.2 STM32 CRC-32 计算单元框图

CRC-32 计算单元的特性还可以通过图 5.17.2 来描述。

可以看到,STM32 的 CRC-32 计算单元结构很简单,运算 CRC-32 校验码的速度也相当快,体现了它易用和高效的特点,这两点也往往就是用户最关心的。下面将通过实验设计来检验它。

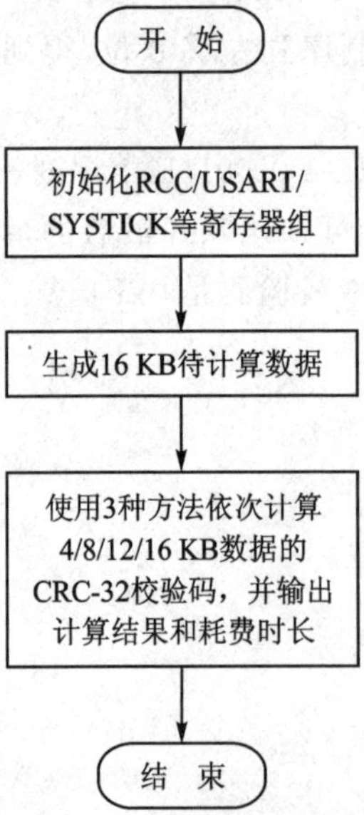

5.17.2 实验设计

本次实验的目的不仅要考察 STM32 的 CRC-32 计算单元是否可以正确地计算任意数据序列的 CRC-32 校验码,还要考察其易用性和计算效率。实验设计思路如下:随机定义一段数据序列,分别使用两种最常用的 CRC-32 纯软件代码算法(直接计算法与查表法,下文介绍)和 STM32 的 CRC-32 计算单元计算出 CRC-32 校验码,并分别记录下耗费的计算时间 T_1、T_2、T_3,重复进行数次计算后,通过 T_1、T_2、T_3 的比较来考察 STM32 的 CRC-32 计算单元较纯软件算法的效率提升。实验流程图如图 5.17.3 所示。

开 始

初始化RCC/USART/SYSTICK等寄存器组

生成16 KB待计算数据

使用3种方法依次计算4/8/12/16 KB数据的CRC-32校验码,并输出计算结果和耗费时长

结 束

图 5.17.3 CRC-32 计算单元实验流程图

5.17.3 硬件电路

本节实验设计的硬件电路只需要一个完整的 STM32 最小系统即可，但为了方便显示程序设计的结果，还需要一个 RS232 电平转换电路，以便将程序运行结果通过串口打印出来。硬件电路与图 5.4.2 一致。

5.17.4 程序设计

根据实验设计的思路，本次程序设计的要点是 CRC－32 校验码的直接计算法、查表计算法的实现以及如何驱动 STM32 的 CRC－32 计算单元，此外还要启用一个定时器来记录各自耗费的时间。

- 配置 RCC 寄存器组，配置 STM32 的 PLL 输出 72 MHz，并作为主时钟。
- 初始化 USART 及所必须的 RCC、GPIO。
- 打开 CRC－32 计算单元的时钟控制。
- 配置 NVIC 寄存器组、SysTick 定时器，产生 10 μs 的中断用以实现 μs 级别计时。
- 引入 CRC－32 校验码直接计算函数和查表法计算函数。

工程文件组里文件分别情况如表 5.17.2 所列。

表 5.17.2　本次实验工程文件组

文件组	包含文件	详　情
boot 文件组	startup_stm32f10x_md.s	STM32 的启动文件
cmsis 文件组	core_cm3.c	Cortex－M3 和 STM32 的板级支持文件
	system_stm32f10x.c	
library 文件组	stm32f10x_rcc.c	RCC 和 Flash 寄存器组的底层配置函数
	stm32f10x_flash.c	
	stm32f10x_gpio.c	GPIO 的底层配置函数
	stm32f10x_crc.c	本次实验的核心文件，提供 CRC 32 计算单元底层寄存器的操作函数
	stm32f10x_usart.c	USART 设备的初始化、数据收发等函数
	misc.c	Systick 定时器和嵌套中断向量控制器 NVIC 的设置函数，执行本次实验计时任务
interrupt 文件组	stm32f10x_it.c	STM32 的中断服务子程序
user 文件组	main.c	用户应用代码

5.17.5 程序清单

```
/*************************************************************
 *  文件名    : main.c
 *  作者      : Losingamong
```

```
 * 时间       : 08/08/2008
 * 文件描述   : 主函数
**************************************************************************/
/* 头文件 -----------------------------------------------------------------*/
#include "stm32f10x.h"
#include "stm32f10x_crc.h"
#include "stdio.h"
/* 自定义同义关键字         ------------------------------------------------*/
/* 自定义参数宏             ------------------------------------------------*/
#define BUFFER_SIZE     4096
#define _4K_BYTE        1024
#define _8K_BYTE        2048
#define _12K_BYTE       2048
#define _16K_BYTE       4096
/* 自定义函数宏             ------------------------------------------------*/
/* 自定义变量               ------------------------------------------------*/
static const u32 Crc32Table[256] =      /* 供查表算法使用的表数据 */
{
    0x00000000, 0x04C11DB7, 0x09823B6E, 0x0D4326D9, 0x130476DC, 0x17C56B6B, 0x1A864DB2,
    0x1E475005,
    0x2608EDB8, 0x22C9F00F, 0x2F8AD6D6, 0x2B4BCB61, 0x350C9B64, 0x31CD86D3, 0x3C8EA00A,
    0x384FBDBD,
    0x4C11DB70, 0x48D0C6C7, 0x4593E01E, 0x4152FDA9, 0x5F15ADAC, 0x5BD4B01B, 0x569796C2,
    0x52568B75,
    0x6A1936C8, 0x6ED82B7F, 0x639B0DA6, 0x675A1011, 0x791D4014, 0x7DDC5DA3, 0x709F7B7A,
    0x745E66CD,
    0x9823B6E0, 0x9CE2AB57, 0x91A18D8E, 0x95609039, 0x8B27C03C, 0x8FE6DD8B, 0x82A5FB52,
    0x8664E6E5,
    0xBE2B5B58, 0xBAEA46EF, 0xB7A96036, 0xB3687D81, 0xAD2F2D84, 0xA9EE3033, 0xA4AD16EA,
    0xA06C0B5D,
    0xD4326D90, 0xD0F37027, 0xDDB056FE, 0xD9714B49, 0xC7361B4C, 0xC3F706FB, 0xCEB42022,
    0xCA753D95,
    0xF23A8028, 0xF6FB9D9F, 0xFBB8BB46, 0xFF79A6F1, 0xE13EF6F4, 0xE5FFEB43, 0xE8BCCD9A,
    0xEC7DD02D,
    0x34867077, 0x30476DC0, 0x3D044B19, 0x39C556AE, 0x278206AB, 0x23431B1C, 0x2E003DC5,
    0x2AC12072,
    0x128E9DCF, 0x164F8078, 0x1B0CA6A1, 0x1FCDBB16, 0x018AEB13, 0x054BF6A4, 0x0808D07D,
    0x0CC9CDCA,
    0x7897AB07, 0x7C56B6B0, 0x71159069, 0x75D48DDE, 0x6B93DDDB, 0x6F52C06C, 0x6211E6B5,
    0x66D0FB02,
    0x5E9F46BF, 0x5A5E5B08, 0x571D7DD1, 0x53DC6066, 0x4D9B3063, 0x495A2DD4, 0x44190B0D,
    0x40D816BA,
    0xACA5C697, 0xA864DB20, 0xA527FDF9, 0xA1E6E04E, 0xBFA1B04B, 0xBB60ADFC, 0xB6238B25,
    0xB2E29692,
    0x8AAD2B2F, 0x8E6C3698, 0x832F1041, 0x87EE0DF6, 0x99A95DF3, 0x9D684044, 0x902B669D,
    0x94EA7B2A,
    0xE0B41DE7, 0xE4750050, 0xE9362689, 0xEDF73B3E, 0xF3B06B3B, 0xF771768C, 0xFA325055,
```

```
    0xFEF34DE2,
    0xC6BCF05F, 0xC27DEDE8, 0xCF3ECB31, 0xCBFFD686, 0xD5B88683, 0xD1799B34, 0xDC3ABDED,
    0xD8FBA05A,
    0x690CE0EE, 0x6DCDFD59, 0x608EDB80, 0x644FC637, 0x7A089632, 0x7EC98B85, 0x738AAD5C,
    0x774BB0EB,
    0x4F040D56, 0x4BC510E1, 0x46863638, 0x42472B8F, 0x5C007B8A, 0x58C1663D, 0x558240E4,
    0x51435D53,
    0x251D3B9E, 0x21DC2629, 0x2C9F00F0, 0x285E1D47, 0x36194D42, 0x32D850F5, 0x3F9B762C,
    0x3B5A6B9B,
    0x0315D626, 0x07D4CB91, 0x0A97ED48, 0x0E56F0FF, 0x1011A0FA, 0x14D0BD4D, 0x19939B94,
    0x1D528623,
    0xF12F560E, 0xF5EE4BB9, 0xF8AD6D60, 0xFC6C70D7, 0xE22B20D2, 0xE6EA3D65, 0xEBA91BBC,
    0xEF68060B,
    0xD727BBB6, 0xD3E6A601, 0xDEA580D8, 0xDA649D6F, 0xC423CD6A, 0xC0E2D0DD, 0xCDA1F604,
    0xC960EBB3,
    0xBD3E8D7E, 0xB9FF90C9, 0xB4BCB610, 0xB07DABA7, 0xAE3AFBA2, 0xAAFBE615, 0xA7B8C0CC,
    0xA379DD7B,
    0x9B3660C6, 0x9FF77D71, 0x92B45BA8, 0x9675461F, 0x8832161A, 0x8CF30BAD, 0x81B02D74,
    0x857130C3,
    0x5D8A9099, 0x594B8D2E, 0x5408ABF7, 0x50C9B640, 0x4E8EE645, 0x4A4FFBF2, 0x470CDD2B,
    0x43CDC09C,
    0x7B827D21, 0x7F436096, 0x7200464F, 0x76C15BF8, 0x68860BFD, 0x6C47164A, 0x61043093,
    0x65C52D24,
    0x119B4BE9, 0x155A565E, 0x18197087, 0x1CD86D30, 0x029F3D35, 0x065E2082, 0x0B1D065B,
    0x0FDC1BEC,
    0x3793A651, 0x3352BBE6, 0x3E119D3F, 0x3AD08088, 0x2497D08D, 0x2056CD3A, 0x2D15EBE3,
    0x29D4F654,
    0xC5A92679, 0xC1683BCE, 0xCC2B1D17, 0xC8EA00A0, 0xD6AD50A5, 0xD26C4D12, 0xDF2F6BCB,
    0xDBEE767C,
    0xE3A1CBC1, 0xE760D676, 0xEA23F0AF, 0xEEE2ED18, 0xF0A5BD1D, 0xF464A0AA, 0xF9278673,
    0xFDE69BC4,
    0x89B8FD09, 0x8D79E0BE, 0x803AC667, 0x84FBDBD0, 0x9ABC8BD5, 0x9E7D9662, 0x933EB0BB,
    0x97FFAD0C,
    0xAFB010B1, 0xAB710D06, 0xA6322BDF, 0xA2F33668, 0xBCB4666D, 0xB8757BDA, 0xB5365D03,
    0xB1F740B4
};
static u32 DataBuffer[BUFFER_SIZE];
vu32 sysTick = 0;
vu32 T_1 = 0;
vu32 T_2 = 0;
vu32 CalcDirectlyResult = 0;
vu32 CalcByTableResult = 0;
vu32 CalcByCrcBlockCResult = 0;
vu32 CalcDirectlyConsumeTime = 0;
vu32 CalcByTableConsumeTime = 0;
vu32 CalcByCrcBlockConsumeTime = 0;
/* 自定义函数声明    ---------------------------------------*/
```

```
void RCC_Configuration(void);
void GPIO_Configuration(void);
void USART_Configuration(void);
void NVIC_Configuration(void);
void SysTick_Configuration(void);
u32 CalcCrcDirectly (u32 * data, u32 size);
u32 CalcCrcByTable(u32 * pData,u32 Length);
u32 CalcCrcByStm32HW (u32 * pData,u32 Length);
/*****************************************************************
* 函数名    : main
* 函数描述  : Main 函数
* 输入参数  : 无
* 输出结果  : 无
* 返回值    : 无
*****************************************************************/
int main(void)
{
    vu32 i = 0;
    RCC_Configuration();              /* 设置系统时钟 */
    GPIO_Configuration();             /* 设置 GPIO 端口 */
    USART_Configuration();            /* 设置 USART */
    NVIC_Configuration();             /* 设置 NVIC */
    SysTick_Configuration();          /* 设置 Systick 定时器 */
    for (i = 0; i < BUFFER_SIZE; i + + )/* 生成待计算的数据依次为 1、2、3....4095 */
    {
        DataBuffer[i] = i;
    }
    /* 开始第一次计算,计算量为 4k byte 数据 */
    printf("\r\n Calculate 4k byte data CRC Value ... \r\n");
    /* 先使用直接计算法进行计算,记录开始时间 */
    T_1 = sysTick;
    /* 执行计算,保存计算结果 */
    CalcDirectlyResult = CalcCrcDirectly((u32 * )DataBuffer, _4K_BYTE);
    /* 计算完成,保存结束时间 */
    T_2 = sysTick;
    /* 统计本次计算所耗费的时间,并记录下来 */
    CalcDirectlyConsumeTime = T_2 - T_1;
    /* 使用查表计算法进行计算,流程同上 */
    T_1 = sysTick;
    CalcByTableResult = CalcCrcByTable((u32 * )DataBuffer, _4K_BYTE);
    T_2 = sysTick;
    CalcByTableConsumeTime = T_2 - T_1;
    /* 使用查表计算法进行计算,流程同上 */
    T_1 = sysTick;
    CRC_ResetDR();
    CalcByCrcBlockCResult = CRC_CalcBlockCRC((u32 * )DataBuffer, _4K_BYTE);
    T_2 = sysTick;
```

```
CalcByCrcBlockConsumeTime = T_2 - T_1;
/* 第一次计算完成,打印计算结果 */
printf("\r\n Calculate CRC Value Directly Result: 0x%x\r\n", CalcDirectlyRe-
      sult);
printf("\r\n Calculate CRC Value ByTable Result: 0x%x\r\n", CalcByTableResult);
printf("\r\n Calculate CRC Value ByCrcBlick Result: 0x%x\r\n", CalcByCrcBlock-
      CResult);
printf("\r\n Calculate CRC Value Directly  ConsumeTim time: %d us\r\n", CalcDi-
      rectlyConsumeTime * 10);
printf("\r\n Calculate CRC Value ByTable  ConsumeTim time: %d us\r\n", Cal-
      cByTableConsumeTime * 10);
printf("\r\n Calculate CRC Value ByCrcBlick ConsumeTim time: %d us\r\n", CalcBy-
      CrcBlockConsumeTime * 10);
printf("\r\n ----------------------------------------\r\n");
/* 开始第二次计算,计算量为 8k byte 数据,各个计算步骤同第一次计算 */
printf("\r\n Calculate 8k byte data CRC Value ... \r\n");
T_1 = sysTick;
CalcDirectlyResult = CalcCrcDirectly((u32 *)DataBuffer,_8K_BYTE);
T_2 = sysTick;
CalcDirectlyConsumeTime = T_2 - T_1;
T_1 = sysTick;
CalcByTableResult = CalcCrcByTable((u32 *)DataBuffer,_8K_BYTE);
T_2 = sysTick;
CalcByTableConsumeTime = T_2 - T_1;
T_1 = sysTick;
CRC_ResetDR();
CalcByCrcBlockCResult = CRC_CalcBlockCRC((u32 *)DataBuffer, _8K_BYTE);
T_2 = sysTick;
CalcByCrcBlockConsumeTime = T_2 - T_1;
printf("\r\n Calculate CRC Value Directly Result: 0x%x\r\n", CalcDirectlyRe-
      sult);
printf("\r\n Calculate CRC Value ByTable Result: 0x%x\r\n", CalcByTableResult);
printf("\r\n Calculate CRC Value ByCrcBlick Result: 0x%x\r\n", CalcByCrcBlock-
      CResult);
printf("\r\n Calculate CRC Value Directly  ConsumeTim time: %d us\r\n", CalcDi-
      rectlyConsumeTime * 10);
printf("\r\n Calculate CRC Value ByTable  ConsumeTim time: %d us\r\n", Cal-
      cByTableConsumeTime * 10);
printf("\r\n Calculate CRC Value ByCrcBlick ConsumeTim time: %d us\r\n", CalcBy-
      CrcBlockConsumeTime * 10);
printf("\r\n ----------------------------------------\r\n");
/* 开始第三次计算,计算量为 12k byte 数据,各个计算步骤同第二次计算 */
printf("\r\n Calculate 12k byte data CRC Value ... \r\n");
T_1 = sysTick;
CalcDirectlyResult = CalcCrcDirectly((u32 *)DataBuffer,_12K_BYTE);
T_2 = sysTick;
CalcDirectlyConsumeTime = T_2 - T_1;
```

```
T_1 = sysTick;
CalcByTableResult = CalcCrcByTable((u32 * )DataBuffer,_12K_BYTE);
T_2 = sysTick;
CalcByTableConsumeTime = T_2 - T_1;
T_1 = sysTick;
CRC_ResetDR();
CalcByCrcBlockCResult = CRC_CalcBlockCRC((u32 * )DataBuffer, _12K_BYTE);
T_2 = sysTick;
CalcByCrcBlockConsumeTime = T_2 - T_1;
printf("\r\n Calculate CRC Value Directly Result: 0x % x\r\n", CalcDirectlyRe-
    sult);
printf("\r\n Calculate CRC Value ByTable Result: 0x % x\r\n", CalcByTableResult);
printf("\r\n Calculate CRC Value ByCrcBlick Result: 0x % x\r\n", CalcByCrcBlock-
    CResult);
printf("\r\n Calculate CRC Value Directly  ConsumeTim time: % d us\r\n", CalcDi-
    rectlyConsumeTime * 10);
printf("\r\n Calculate CRC Value ByTable  ConsumeTim time: % d us\r\n", Cal-
    cByTableConsumeTime * 10);
printf("\r\n Calculate CRC Value ByCrcBlick ConsumeTim time: % d us\r\n", CalcBy-
    CrcBlockConsumeTime * 10);
printf("\r\n ----------------------------------------\r\n");
/* 开始第四次计算,计算量为 16k byte 数据,各个计算步骤同第三次计算 */
printf("\r\n Calculate 16k byte data CRC Value ... \r\n");
T_1 = sysTick;
CalcDirectlyResult = CalcCrcDirectly((u32 * )DataBuffer,_16K_BYTE);
T_2 = sysTick;
CalcDirectlyConsumeTime = T_2 - T_1;
T_1 = sysTick;
CalcByTableResult = CalcCrcByTable((u32 * )DataBuffer,_16K_BYTE);
T_2 = sysTick;
CalcByTableConsumeTime = T_2 - T_1;
T_1 = sysTick;
CRC_ResetDR();
CalcByCrcBlockCResult = CRC_CalcBlockCRC((u32 * )DataBuffer, _16K_BYTE);
T_2 = sysTick;
CalcByCrcBlockConsumeTime = T_2 - T_1;
printf("\r\n Calculate CRC Value Directly Result: 0x % x\r\n", CalcDirectlyRe-
    sult);
printf("\r\n Calculate CRC Value ByTable Result: 0x % x\r\n", CalcByTableResult);
printf("\r\n Calculate CRC Value ByCrcBlick Result: 0x % x\r\n", CalcByCrcBlock-
    CResult);
printf("\r\n Calculate CRC Value Directly  ConsumeTim time: % d us\r\n", CalcDi-
    rectlyConsumeTime * 10);
printf("\r\n Calculate CRC Value ByTable  ConsumeTim time: % d us\r\n", Cal-
    cByTableConsumeTime * 10);
printf("\r\n Calculate CRC Value ByCrcBlick ConsumeTim time: % d us\r\n", CalcBy-
    CrcBlockConsumeTime * 10);
```

```
    printf("\r\n -------------------------------------------\r\n");
    /* 本次程序完成执行 */
    printf("\r\n Code operation complete.\r\n");
    while(1);
}
/******************************************************************
* 函数名     : RCC_Configuration
* 函数描述   : 设置系统各部分时钟
* 输入参数   : 无
* 输出结果   : 无
* 返回值     : 无
******************************************************************/
void RCC_Configuration(void)
{
    {
        /* 本部分代码为 RCC_Configuration 函数内部部分代码,见附录 A 程序清单 A.1 */
    }
    /* Enable CRC clock */
    RCC_AHBPeriphClockCmd(RCC_AHBPeriph_CRC, ENABLE);
    /* 开启 USART1 和 GPIOA 时钟 */
    RCC_APB2PeriphClockCmd(RCC_APB2Periph_USART1| RCC_APB2Periph_GPIOA, ENABLE);
}
/******************************************************************
* 函数名     : NVIC_Configuration
* 函数描述   : 设置 NVIC 参数
* 输入参数   : 无
* 输出结果   : 无
* 返回值     : 无
******************************************************************/
void NVIC_Configuration(void)
{
    /* #ifdef...#else...#endif 结构的作用是根据预编译条件决定中断向量表起始
       地址 */
    #ifdef  VECT_TAB_RAM
    /* 中断向量表起始地址从 0x20000000 开始 */
    NVIC_SetVectorTable(NVIC_VectTab_RAM, 0x0);
    #else /* VECT_TAB_FLASH */
    /* 中断向量表起始地址从 0x80000000 开始 */
    NVIC_SetVectorTable(NVIC_VectTab_FLASH, 0x0);
    #endif
    /* 选择优先级分组 0 */
    NVIC_PriorityGroupConfig(NVIC_PriorityGroup_0);
}
/******************************************************************
* 函数名     : Systick_Configuration
* 函数描述   : 设置 Systick 定时器,重装载时间为 250 ms
* 输入参数   : 无
```

```
 * 输出结果   : 无
 * 返回值     : 无
*************************************************************/
void SysTick_Configuration(void)
{
    /* 配置计数值得到 10 μs 定时间隔 */
    SysTick_Config(SystemCoreClock / 100000);
}
/*************************************************************
 * 函数名     : GPIO_Configuration
 * 函数描述   : 设置各 GPIO 端口功能
 * 输入参数   : 无
 * 输出结果   : 无
 * 返回值     : 无
*************************************************************/
void GPIO_Configuration(void)
{
    /* 定义 GPIO 初始化结构体 GPIO_InitStructure */
    GPIO_InitTypeDef GPIO_InitStructure;
    /* 设置 USART1 的 Tx 脚(PA.9)为第二功能推挽输出模式 */
    GPIO_InitStructure.GPIO_Pin = GPIO_Pin_9;
    GPIO_InitStructure.GPIO_Mode = GPIO_Mode_AF_PP;
    GPIO_InitStructure.GPIO_Speed = GPIO_Speed_50MHz;
    GPIO_Init(GPIOA, &GPIO_InitStructure);
    /* 设置 USART1 的 Rx 脚(PA.10)为浮空输入脚 */
    GPIO_InitStructure.GPIO_Pin = GPIO_Pin_10;
    GPIO_InitStructure.GPIO_Mode = GPIO_Mode_IN_FLOATING;
    GPIO_Init(GPIOA, &GPIO_InitStructure);
}
/*************************************************************
 * 函数名     : CalcCrcDirectly
 * 函数描述   : 直接计算法计算 CRC-32 校验码
 * 输入参数   : data - 待计算数据块的首地址
                size - 待计算数据块的 32 字数量
 * 输出结果   : 无
 * 返回值     : 无
*************************************************************/
u32 CalcCrcDirectly (u32 * data, u32 size)
{
    u32 i,j,temp,crc = 0xFFFFFFFF;
    for(i = 0; i<size; i++)
    {
        temp = data[i];
        for(j = 0; j<32; j++)
        {
            if( (crc ^ temp) & 0x80000000 )
            {
```

```
                crc = 0x04C11DB7 ^ (crc<<1);
            }
            else
            {
                crc <<= 1;
            }
            temp<<= 1;
        }
    }
    return crc;
}
/***********************************************************
 * 函数名      : CalcCrcByTable
 * 函数描述    : 查表计算法计算 CRC - 32 校验码
 * 输入参数    : pData - 待计算数据块的首地址
                 Length - 待计算数据块的 32 字数量
 * 输出结果    : 无
 * 返回值      : 无
***********************************************************/
u32 CalcCrcByTable(u32 * pData,u32 Length)
{
    u32 nReg = 0xFFFFFFFF;//CRC 寄存器
    u32 nTemp = 0;
    u16 i, n;
    for(n = 0; n<Length; n++)
    {
        nReg ^= (u32)pData[n];
        for(i = 0; i<4; i++)
        {
            nTemp = Crc32Table[(u8)(( nReg >> 24 ) & 0xff)];
            nReg <<= 8;
            nReg ^= nTemp;
        }
    }
    return nReg;
}
/***********************************************************
 * 函数名      : USART_Configuration
 * 函数描述    : 设置 USART1
 * 输入参数    : None
 * 输出结果    : None
 * 返回值      : None
***********************************************************/
void USART_Configuration(void)
{
    /* 定义 USART 初始化结构体 USART_InitStructure */
    USART_InitTypeDef USART_InitStructure;
```

```
    /*
     *   波特率为 9600bps
     *   8 位数据长度
     *   1 个停止位,无校验
     *   禁用硬件流控制
     *   禁止 USART 时钟
     *   时钟极性低
     *   在第 2 个边沿捕获数据
     *   最后一位数据的时钟脉冲不从 SCLK 输出
     */
    USART_InitStructure.USART_BaudRate = 9600;
    USART_InitStructure.USART_WordLength = USART_WordLength_8b;
    USART_InitStructure.USART_StopBits = USART_StopBits_1;
    USART_InitStructure.USART_Parity = USART_Parity_No ;
    USART_InitStructure.USART_HardwareFlowControl = USART_HardwareFlowControl_None;
    USART_InitStructure.USART_Mode = USART_Mode_Rx | USART_Mode_Tx;
    USART_Init(USART1, &USART_InitStructure);
    /* 使能 USART1 */
    USART_Cmd(USART1, ENABLE);
}
/*******************************************************
* 函数名     : fputc
* 函数描述   : 将 printf 函数重定位到 USATR1
* 输入参数   : 无
* 输出结果   : 无
* 返回值     : 无
*******************************************************/
int fputc(int ch, FILE *f)
{
    USART_SendData(USART1, (u8) ch);
    while(USART_GetFlagStatus(USART1, USART_FLAG_TC) == RESET);
    return ch;
}
/*******************************************************
* 文件名     : stm32f10x_it.c
* 作者       : Losingamong
* 生成日期   : 14 / 09 / 2010
* 描述       : 中断服务程序
*******************************************************/
/* 头文件     ----------------------------------------*/
#include "stm32f10x.h"
/* 自定义变量声明       ------------------------------*/
extern vu32 sysTick;
/*******************************************************
* 函数名     : SysTickHandler
* 输入参数   : 无
* 函数描述   : 内核定时器 SysTick 中断服务函数
```

```
*  返回值    : 无
*  输入参数  : 无
******************************************************************************/
void SysTick_Handler(void)
{
   sysTick + + ;
}
```

5.17.6 使用到的库函数一览

(1) 函数 CRC_ResetDR(见表 5.17.3)

表 5.17.3 函数 CRC_ResetDR 说明

函数名	CRC_ResetDR
函数原形	void CRC_ResetDR (void)
功能描述	复位 CRC-32 计算单元
输入参数	无
输出参数	无
返回值	无
先决条件	无
被调用函数	无

例:

```
CRC_ResetDR ();          /* 复位 CRC-32 计算单元 */
```

(2) 函数 CRC_CalcBlockCRC(见表 5.17.4)

表 5.17.4 函数 CRC_CalcBlockCRC 说明

函数名	CRC_CalcBlockCRC
函数原形	u32 CRC_CalcBlockCRC(u32 pBuffer[], u32 BufferLength)
功能描述	计算一块数据的 CRC-32 校验码
输入参数	pBuffer:待计算的数据块的首地址 BufferLength:待计算数据块的 32 位数个数
输出参数	无
返回值	数据块的 CRC-32 校验码
先决条件	无
被调用函数	无

例:

```
/* 计算个数为 1k 的 32 位数的 CRC-32 校验码,数据块通过 pBuffer 传入,结果保存在
```

```
crcValue 中 */
crcValue = CRC_CalcBlockCRC (pBuffer, 1024);
```

5.17.7 注意事项

① 使用 CRC-32 计算单元进行 CRC-32 校验码计算前,应调用函数 void CRC_ResetDR(void)一次对其进行复位操作。

② CRC-32 计算单元每次进行运算时会导致 CPU 暂时停转,停转时间为 4 个 HCLK 周期。如果计算量不大则几乎可以忽略这个时间,反之如需短时间内进行大量的 CRC-32 校验码计算,则应该考虑此时 CPU 的较"长时间"的停转带来的影响。

③ CRC-32 计算单元要求传入的数据长度必须为 4 字节(32 位数)的整数倍。当待计算数据块的长度不为 4 字节整数倍时应该怎样处理呢? 比较简单的做法是,在待计算数据末尾按一定的约定规则补足字节数,待数据在收发两端都完成后再剥离补足的数据。

5.17.8 实验结果

工程建立好之后,按下 F7 编译,确保无误后按下 Ctrl+F5 进入仿真,载入完毕后,按下 F5 全速运行,可以看到 STM32 的串口向计算机的终端打印出如下内容:

```
Calculate 4k byte data CRC Value ...
Calculate CRC Value Directly Result: 0xb540b87a
Calculate CRC Value ByTable Result: 0xb540b87a
Calculate CRC Value ByCrcBlick Result: 0xb540b87a
Calculate CRC Value Directly  ConsumeTim time: 9230 us
Calculate CRC Value ByTable   ConsumeTim time: 1610 us
Calculate CRC Value ByCrcBlick ConsumeTim time: 290 us
----------------------------------------------------------
Calculate 8k byte data CRC Value ...
Calculate CRC Value Directly Result: 0x61b8c874
Calculate CRC Value ByTable Result: 0x61b8c874
Calculate CRC Value ByCrcBlick Result: 0x61b8c874
Calculate CRC Value Directly  ConsumeTim time: 18450 us
Calculate CRC Value ByTable   ConsumeTim time: 3210 us
Calculate CRC Value ByCrcBlick ConsumeTim time: 570 us
----------------------------------------------------------
Calculate 12k byte data CRC Value ...
Calculate CRC Value Directly Result: 0x61b8c874
Calculate CRC Value ByTable Result: 0x61b8c874
Calculate CRC Value ByCrcBlick Result: 0x61b8c874
Calculate CRC Value Directly  ConsumeTim time: 18460 us
Calculate CRC Value ByTable   ConsumeTim time: 3220 us
Calculate CRC Value ByCrcBlick ConsumeTim time: 560 us
----------------------------------------------------------
Calculate 16k byte data CRC Value ...
```

```
Calculate CRC Value Directly Result：0x4a875b7a
Calculate CRC Value ByTable Result：0x4a875b7a
Calculate CRC Value ByCrcBlick Result：0x4a875b7a
Calculate CRC Value Directly  ConsumeTim time：36900 us
Calculate CRC Value ByTable   ConsumeTim time：6430 us
Calculate CRC Value ByCrcBlick ConsumeTim time：1130 us
-----------------------------------------------------------
Code operation complete.
```

对上述程序运行的结果进行分析，可以看到直接计算法、查表计算法和使用 CRC－32 计算单元计算这 3 种方法，在分别对长度、内容不一样的数据进行 CRC－32 校验码的计算后，得出的结果是一致的，说明 CRC－32 的计算单元正确工作了。实验的第一个目的达成。

实验的第二个目的是考察 STM32 CRC－32 计算单元的易用性。在对代码进行回顾后可以发现，驱动 STM32 的 CRC－32 计算单元只需要两句代码即可完成，且两句代码的功能相对独立，意图明确，不可谓不易用。

实验设计还要考察 STM32 CRC－32 计算单元在计算效率上相比软件算法的提升。上述打印信息显示，使用 CRC－32 计算单元计算同样长度和内容的数据的校验码，耗费的时间仅约为直接计算法的 1/30，约为查表计算法的 1/5。因此，使用 CRC－32 计算单元所带来的效率提升是非常显著的。

5.17.9 小　结

本节首先通过对 CRC 校验码的原理和实现方法进行简要的介绍，让读者初步了解了 CRC 校验码。在此基础上，对 STM32 的 CRC－32 计算单元进行概述，并通过实验设计重点考察该 CRC－32 校验单元的功能和性能。实验结果说明，STM32 的 CRC－32 计算单元的功能、易用性和性能都比较令人满意，在 STM32 开发中使用，可以提升程序整体性能。

5.18 ADC 的孪生兄弟 DAC

5.18.1 概　述

大家已经知道，模/数转换器 ADC 的作用是将模拟信号转换成数字信号，以使得数字器件（如单片机）能以数字的形式正确识别外界的温度、压力等信息。那单片机能不能把数字量转变为模拟信号输出呢？答案是肯定的——借助 DAC 就可以实现。DAC 全称为 Digital to Analog Converter，常称数/模转换器。顾名思义，DAC 的功能与 ADC 正好相反，可以把数字量转变为相应的模拟信号输出。DAC 器件也在生活中大量使用，如存在每一台计算机中的显卡，图形处理器将每个像素点的颜色以数字形式输出，这些数字经过 DAC 被转换为模拟电压信号输出，最后点亮显示器上的一个个像素点，才形成了一幅幅画面。

DAC 可以按照结构、原理等特点的不同而有很多种分类，如 T 型电阻网络 D/A 转换器、CMOS 开关型 D/A 转换器等，种类繁多，令人眼花缭乱。但如果没有特别的选型要求，考量一款 DAC 器件可以从它的性能参数(如分辨率、线性度、转换精度、温度系数、工作温度范围、增益误差等)着手，其中又以分辨率、线性度和转换精度最为关键。

① DAC 的分辨率指的是最小输出电压与最大输出电压之比。DAC 的分辨率与其位数有直接的换算关系，如 12 位 DAC 的分辨率为 $1/(2^{12}-1)$。显然，分辨率越高，DAC 输出的可调整性越好。

② DAC 的线性度用来描述 DAC 在整个信号输出范围内电压曲线的线性度。理想情况下，DAC 的输出电压的曲线应该是一条 45°的直线。实际曲线贴合理想曲线的程度越高，则 DAC 的线性度越好。

③ DAC 的转换精度指的是 DAC 的输出电压与理轮值的误差。如在某个数字量 N 输入不变的情况下，电压输出理论值为 1.0 V，实测输出值为 0.99 V，则该 DAC 在数字量输入 N 时的转换精度为 1%。

作为一款“万金油”式的微控制器，STM32 自然不会忘了配备 DAC 这么常用的外设，其特性集中描述如下：

- 内置 2 个 DAC 转换器，1 个输出通道对应 1 个转换器。
- 可实现 8 位或者 12 位单调输出。
- 在 12 位模式下，数据可选择左对齐或者右对齐。
- 具备同步更新功能。
- 可自动生成噪声波形、三角波波形。
- 双 DAC 通道可独立工作，也可实现协同工作。
- 每个通道都可以启用 DMA 支持。
- 支持通过外部触发的方式启动转换。
- 输出范围从 $0\sim V_{ref+}$，可外接输入作为 V_{ref+}，最大不超过 3.6 V。

可以看到，STM32 配备了 2 路 DAC，可实现 12 位输出。生成噪声波的功能很容易令人联想到可以用来借助实现随机数；生成三角波的功能直接就是信号发生器常见功能里的一种。和 ADC 类似，STM32 的 2 路 DAC 也可以协同工作，可以输出比较复杂的波形，并且支持外部触发方式启动，这很显然是针对控制应用而设计的。STM32 除了可以满足一般应用外，还保持了自身的一些特色。

5.18.2 实验设计

本节的实验设计将致力于驱动 STM32 的 2 路 DAC 输出以“低-高-低-高”规律周期变化的电压，并将该电压加载在 LED 上，最终达到使 LED 的点亮呈渐明渐暗的

“呼吸灯”的效果。本节程序流程图如图 5.18.1 所示。

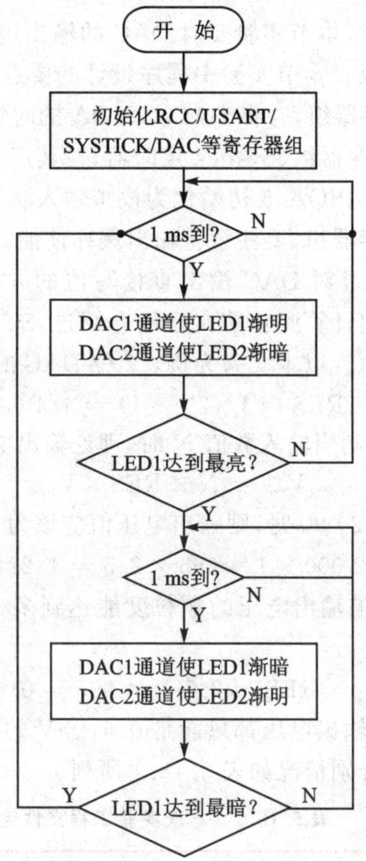

图 5.18.1 DAC 实验流程图

5.18.3 硬件电路

本节实验的硬件电路部分，如图 5.18.2 所示，需要在 DAC1 和 DAC2 的两个输出通道上各连接一个 LED，以便观察 DAC 输出的变化。

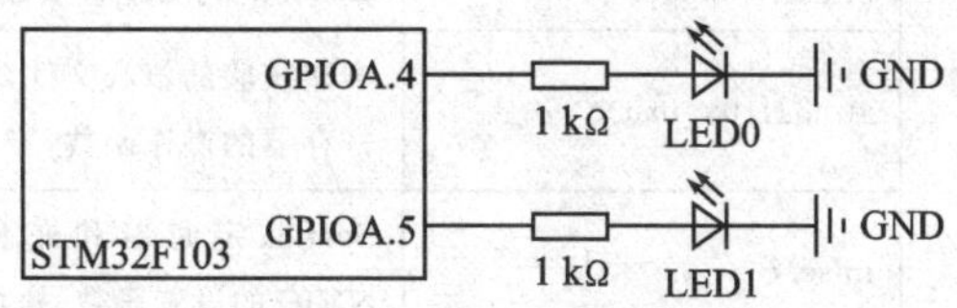

图 5.18.2 DAC 实验硬件原理图

5.18.4 程序设计

根据实验设计的要求,本节实验要对 DAC 的输出进行周期性地改变操作,需要启用一个定时器辅助完成。本节实验中程序设计的要点如下:

- 初始化 RCC 寄存器组,并将 DAC、GPIOA 的时钟使能。
- 初始化 NVIC 寄存器组、Systick 定时器,使其产生 1 ms 中断。
- 将 GPIOA. 4 和 GPIOA. 5 初始化为模拟输入状态。
- 初始化 DAC 寄存器组,要注意将输出缓冲使能。

本次程序设计,将通过对 DAC 输出直接写值的方式实现其输出电压的变化。那么数值对应的电压如何计算呢?前文已经介绍过,STM32 的 DAC 是 12 位的,输出范围从 0 至参考电压值。以本实验为例,12 位 DAC 的分辨率为:

$$\mathrm{RES} = 1/(2^{12} - 1) = 1/4\,095$$

参考电压 $V_{\mathrm{ref+}}$ 为 2.5 V,则当输入数值 N 时,理论输出电压 V_{out} 应为:

$$V_{\mathrm{out}} = N \times \mathrm{RES} \times V_{\mathrm{ref+}}$$

所以,假设当输入的值为 2 000 时,则输出电压值应该为:

$$2\,000 \times 1/4\,095 \times 2.5 = 1.221\ \mathrm{V}$$

此外,STM32 DAC 的输出电压的颗粒度能达到多少呢?即输入值最小变化所能引起的电压变化:

$$V_{\mathrm{ref+}} \times \mathrm{RES} = 2.5\ \mathrm{V}/4\,095 = 0.61\ \mathrm{mV}$$

这说明,STM32 的 DAC 输出电压都只能是 0.61 mV 的整数倍。

工程文件组里文件分别情况如表 5.18.1 所列。

表 5.18.1 本次实验工程文件组

文件组	包含文件	详 情
boot 文件组	startup_stm32f10x_md. s	STM32 的启动文件
cmsis 文件组	core_cm3. c	Cortex - M3 和 STM32 的板级支持文件
	system_stm32f10x. c	
library 文件组	stm32f10x_rcc. c	RCC 和 Flash 寄存器组的底层配置函数
	stm32f10x_flash. c	
	stm32f10x_gpio. c	GPIO 的底层配置函数
	stm32f10x_dac. c	本次实验的核心文件,提供 DAC 外设底层寄存器的操作函数
	misc. c	Systick 定时器和嵌套中断向量控制器 NVIC 的设置函数,执行本次实验计时任务
interrupt 文件组	stm32f10x_it. c	STM32 的中断服务子程序
user 文件组	main. c	用户应用代码

5.18.5 程序清单

```
/*********************************************************
 * 文件名    : main.c
 * 作者      : Losingamong
 * 时间      : 08/08/2008
 * 文件描述  :主函数
*********************************************************/
/* 头文件    ----------------------------------------------*/
#include "stm32f10x.h"
#include "stm32f10x_dac.h"
#include "stdio.h"
/* 自定义同义关键字     --------------------------------*/
/* 自定义参数宏         --------------------------------*/
/* 自定义函数宏         --------------------------------*/
/* 自定义变量           --------------------------------*/
vu32 flag = 0;
/* 自定义函数声明       --------------------------------*/
void RCC_Configuration(void);
void GPIO_Configuration(void);
void NVIC_Configuration(void);
void DAC_Configuration(void);
void SysTick_Configuration(void);
/*********************************************************
 * 函数名    : main
 * 函数描述  : Main 函数
 * 输入参数  : 无
 * 输出结果  : 无
 * 返回值    : 无
*********************************************************/
int main(void)
{
    vu32 i = 0;
    vs16 j = 0;
    u8 upMode = 1;
    RCC_Configuration();            /* 初始化系统时钟 */
    GPIO_Configuration();           /* 初始化 GPIO */
    DAC_Configuration ();           /* 初始化 DAC 外设 */
    NVIC_Configuration();           /* 初始化 NVIC 寄存器组 */
    SysTick_Configuration();        /* 初始化 SYSTICK 寄存器组,产生 1 ms 中断 */
    while (1)
    {
        if (flag)                   /* 1 ms 时间到达 */
        {
            if (upMode)             /* 如果当前是 DAC1 输出电压上升周期 */
```

```
            {
                DAC_SetChannel2Data(DAC_Align_12b_R, 4095 - j);
                                        /* 逐渐降低 DAC2 的输出电压 */
                DAC_SetChannel1Data(DAC_Align_12b_R, j++);
                                        /* 逐渐提升 DAC1 的输出电压 */
                if (j == 4095)          /* 至满幅度输出时停止上升 */
                {
                    upMode = 0;         /* 进入下降周期 */
                }
            }
            else                        /* 如果当前是 DAC1 输出电压下降周期 */
            {
                DAC_SetChannel2Data(DAC_Align_12b_R, 4095 - j);
                                        /* 逐渐升高 DAC2 的输出电压 */
                DAC_SetChannel1Data(DAC_Align_12b_R, j--);
                                        /* 逐渐降低 DAC1 输出电压 */
                if (j == 0)             /* 至零幅度输出时停止下降 */
                {
                    upMode = 1;         /* 进入上升周期 */
                }
            }
            flag = 0;                   /* 清除 1 ms 到达标志 */
        }
    }
}
/*************************************************************
* 函数名    : RCC_Configuration
* 函数描述  : 设置系统各部分时钟
* 输入参数  : 无
* 输出结果  : 无
* 返回值    : 无
*************************************************************/
void RCC_Configuration(void)
{
    {
        /* 本部分代码为 RCC_Configuration 函数内部部分代码,见附录 A 程序清单 A.1 */
    }
    RCC_APB2PeriphClockCmd(RCC_APB2Periph_GPIOA, ENABLE);
    RCC_APB1PeriphClockCmd(RCC_APB1Periph_DAC, ENABLE);
}
/*************************************************************
* 函数名    : NVIC_Configuration
* 函数描述  : 设置 NVIC 参数
* 输入参数  : 无
* 输出结果  : 无
* 返回值    : 无
```

```
*****************************************************************/
void NVIC_Configuration(void)
{
    /* #ifdef...#else...#endif 结构的作用是根据预编译条件决定中断向量表起始
       地址 */
    #ifdef  VECT_TAB_RAM
    /* 中断向量表起始地址从 0x20000000 开始 */
    NVIC_SetVectorTable(NVIC_VectTab_RAM, 0x0);
    #else /* VECT_TAB_FLASH */
    /* 中断向量表起始地址从 0x80000000 开始 */
    NVIC_SetVectorTable(NVIC_VectTab_FLASH, 0x0);
    #endif
    /* 选择优先级分组 0 */
    NVIC_PriorityGroupConfig(NVIC_PriorityGroup_0);
}
/*****************************************************************
*  函数名     : DAC_Configuration
*  函数描述   : 初始化并启用 DAC 外设
*  输入参数   : 无
*  输出结果   : 无
*  返回值     : 无
*****************************************************************/
void DAC_Configuration (void)
{
    DAC_InitTypeDef  DAC_InitStructure;
    /*
    *  初始化 DAC1 和 DAC2 -
    *  不需要触发
    *  关闭波形产生功能
    *  使能输出缓存(增大输出驱动能力)
    */
    DAC_InitStructure.DAC_Trigger = DAC_Trigger_None;
    DAC_InitStructure.DAC_WaveGeneration = DAC_WaveGeneration_None;
    DAC_InitStructure.DAC_OutputBuffer = DAC_OutputBuffer_Enable;
    DAC_Init(DAC_Channel_1, &DAC_InitStructure);
    DAC_InitStructure.DAC_Trigger = DAC_Trigger_None;
    DAC_InitStructure.DAC_WaveGeneration = DAC_WaveGeneration_None;
    DAC_InitStructure.DAC_OutputBuffer = DAC_OutputBuffer_Enable;
    DAC_Init(DAC_Channel_2, &DAC_InitStructure);
    DAC_Cmd(DAC_Channel_1, ENABLE);
    DAC_Cmd(DAC_Channel_2, ENABLE);
}
/*****************************************************************
*  函数名     : Systick_Configuration
*  函数描述   : 设置 Systick 定时器,重装载时间为 250 ms
*  输入参数   : 无
```

```
* 输出结果   : 无
* 返回值     : 无
*******************************************************************/
void SysTick_Configuration(void)
{
    /* 主频为 72 MHz,配置计数值除以 1 000 可以得到 1 ms 定时间隔 */
    SysTick_Config(SystemCoreClock / 1000);
}
/*******************************************************************
* 函数名     : GPIO_Configuration
* 函数描述   : 设置各 GPIO 端口功能
* 输入参数   : 无
* 输出结果   : 无
* 返回值     : 无
*******************************************************************/
void GPIO_Configuration(void)
{
    GPIO_InitTypeDef GPIO_InitStructure;
    /* 初始化 DAC1 和 DAC2 的输出端口 PA4、PA5 为模拟输入状态 */
    GPIO_InitStructure.GPIO_Pin = GPIO_Pin_4 | GPIO_Pin_5;
    GPIO_InitStructure.GPIO_Mode = GPIO_Mode_AIN;
    GPIO_Init(GPIOA, &GPIO_InitStructure);
}
/*******************************************************************
* 文件名     : stm32f10x_ it.c
* 作者       : Losingamong
* 生成日期   : 14 / 09 / 2010
* 描述       : 中断服务程序
*******************************************************************/
/* 头文件        ------------------------------------------------*/
#include "stm32f10x.h"
/* 自定义变量声明    ------------------------------------------------*/
extern vu32 flag;
/*******************************************************************
* 函数名     : SysTickHandler
* 输入参数   : 无
* 函数描述   : 内核定时器 SysTick 中断服务函数
* 返回值     : 无
* 输入参数   : 无
*******************************************************************/
void SysTick_Handler(void)
{
    flag = 1;
}
```

5.18.6 使用到的库函数一览

(1) 函数 DAC_Init(见表 5.18.2)

表 5.18.2 函数 DAC_Init 说明

函数名	DAC_Init
函数原形	void DAC_Init(u32 DAC_Channel, DAC_InitTypeDef * DAC_InitStruct)
功能描述	根据 DAC_InitStruct 的内容初始化指定的 DAC 通道
输入参数 1	DAC_Channel:指定的 DAC 通道,可以是 DAC_Channel_1 或 DAC_Channel_2 来选择 DAC1 或者 DAC2 通道
输入参数 2	DAC_InitStruct:指向结构 DAC_InitTypeDef 的指针,包含 DAC 的初始化信息
输出参数	无
返回值	无
先决条件	无
被调用函数	无

DAC_InitTypeDef 定义于 stm32f10x_dac.h 文件:

```
typedef struct
{
    u32 DAC_Trigger;
    u32 DAC_WaveGeneration;
    u32 DAC_LFSRUnmask_TriangleAmplitude;
    u32 DAC_OutputBuffer;
}DAC_InitTypeDef;
```

① DAC_Trigger 定义了 DAC 通道的触发方式,见表 5.18.3。

表 5.18.3 参数 DAC_Trigger 定义

DAC_Trigger 参数	描 述
DAC_Trigger_None	通道转换不需触发,当值写入 DHR 寄存器时自动完成转换
DAC_Trigger_T6_TRGO	通道转换通过定时器 6 的 TRGO 信号触发
DAC_Trigger_T8_TRGO	通道转换通过定时器 8 的 TRGO 信号触发
DAC_Trigger_T7_TRGO	通道转换通过定时器 7 的 TRGO 信号触发
DAC_Trigger_T5_TRGO	通道转换通过定时器 5 的 TRGO 信号触发
DAC_Trigger_T2_TRGO	通道转换通过定时器 2 的 TRGO 信号触发
DAC_Trigger_T4_TRGO	通道转换通过定时器 4 的 TRGO 信号触发
DAC_Trigger_Ext_IT9	通道转换通过 9 号外部中断信号触发
DAC_Trigger_Software	通道转换通过软件标志位触发

② DAC_WaveGeneration 定义了 DAC 通道的信号输出类型,见表 5.18.4。

表 5.18.4 参数 DAC_WaveGeneration 定义

DAC_WaveGeneration 参数	描 述
DAC_WaveGeneration_None	不产生波形
DAC_WaveGeneration_Noise	产生噪声波
DAC_WaveGeneration_Triangle	产生三角波

③ DAC_OutputBuffer 定义了 DAC 通道的输出缓冲的使能状态,见表 5.18.5。

表 5.18.5 参数 DAC_OutputBuffer 定义

DAC_OutputBuffer 参数	描 述
DAC_OutputBuffer_Enable	使能输出缓冲
DAC_OutputBuffer_Disable	禁止输出缓冲

例:

```
/* 初始化 DAC1 通道 */
DAC_InitStructure.DAC_Trigger = DAC_Trigger_None;
DAC_InitStructure.DAC_WaveGeneration = DAC_WaveGeneration_None;
DAC_InitStructure.DAC_OutputBuffer = DAC_OutputBuffer_Enable;
DAC_Init(DAC_Channel_1, &DAC_InitStructure);
```

(2) 函数 DAC_Cmd(见表 5.18.6)

表 5.18.6 函数 DAC_Init 说明

函数名	DAC_Cmd
函数原形	void DAC_Cmd(u32 DAC_Channel, FunctionalState NewState)
功能描述	使能或禁用指定的 DAC 通道
输入参数 1	DAC_Channel:指定的 DAC 通道,可以是 DAC_Channel_1 或 DAC_Channel_2 来选择 DAC1 或者 DAC2 通道
输入参数 2	NewState:指定 DAC 通道的状态,可以是 ENABLE 来使能 DAC 通道或者是 DISABLE 来禁用 DAC 通道
输出参数	无
返回值	无
先决条件	无
被调用函数	无

例:

```
DAC_Cmd(DAC_Channel_1, ENABLE);      /* 使能 DAC1 通道 */
```

5.18.7 注意事项

① 大部分情况下,强烈建议将 DAC 通道的输出缓冲开启,可以明显增强 DAC 输出通道的输出驱动能力。

② 启用 DAC 输出电压时,务必将相应的 GPIO 口设置为模拟输入模式,而非任意一种输出模式。

③ 在此给出 DAC 两个比较重要的时间参数:在 DAC_Cmd 函数使能 DAC 后,相应的通道会有最大 10 μs 的时间,其输出电压值方为有效值。DAC 使能后,向其 DHR 寄存器写入数值,则输出通道的电压将在 4 μs 之后完成。

5.18.8 实验结果

工程建立好之后,按下 F7 编译,确保无错误后按下 Ctrl+F5 进入仿真,载入完毕后,按下 F5 全速运行,可以观察到连接在 GPIOA.4 和 GPIOA.5 上的两个 LED 处于交替地渐亮渐灭状态,说明 DAC1、DAC2 都按照程序的预期输出了变化的电压。此外,仔细观察 LED 的点亮程度,可以发现 LED 处于最亮状态的时候,与直接使用 VCC 驱动几乎无异,这就是使能 DAC 输出缓冲后驱动能力增强的结果。

5.18.9 小 结

本节向读者介绍了 STM32 的 DAC 概况,并通过简单的硬件电路和实验设计验证了其最基本的输出功能。STM32 的 DAC 还是比较简单易用的,开发时,无须耗费过多精力在驱动程序上,但要注意其几个性能、时间参数是否符合应用要求。

第6章

STM32 进阶应用

本章将介绍 10 个 STM32 的进阶应用，这里有的是对基础实验内容的补充，而有的则是 STM32 一些真正“罕为人知”的“秘密”。但无论如何，本章对读者特别是初学者来说都是非常实用的。

6.1 进阶文章 1：IAR EWARM 的工程建立

除了可以用 Keil MDK 进行 STM32 的程序开发之外，还可以使用 IAR 公司的 EWARM 集成开发环境开发 STM32 应用程序。

EWARM 的全称是 Embedded Workbench for ARM，是 IAR 公司专门为 ARM 系列处理器（控制器）设计的一套带有 C/C＋＋编译器调试器的集成开发环境（IDE）、实时操作系统和中间件、开发套件、硬件仿真器以及状态机建模工具的软硬件系统。对于 ARM 开发，相比于 Keil MDK 来说，IAR EWARM 绝对有着更为久远的历史。事实上，在 Keil 公司被 ARM 公司收购之前，IAR EWARM 一直都是广大 ARM 开发工程师手中首选的集成开发环境。但相比于 Keil MDK 来说，EWARM 上手难度更高，同时，IAR 并不是非常友好的界面、较复杂的设置选项都是广大初学者望而生畏的地方。本节是本章第一篇进阶应用文章，将主要展示在 IAR EWARM 集成开发环境上建立一个 STM32 工程的过程。

首先要安装好软件，这里使用的软件版本为 IAR Embedded Workbench for ARM 5.50，其次要准备好 STM32 的函数库 en. stsw－stm32054. zip。与 Keil MDK 的 STM32 工程建立思路类似，全程各个步骤如下：

① 新建一个文件夹，命名为 IARstm32 project，并在此文件夹内建立 5 个文件夹，分别命名为 boot、cmsis、library、user、interrupt，如图 6.1.1 所示。

② 解压 en. stsw－stm32054. zip，然后将其解压，得到文件夹 STM32F10x_StdPeriph_Lib_V3. 5. 0：

a）打开 STM32F10x_StdPeriph_Lib_V3. 5. 0\Libraries\CMSIS\CM3\DeviceSupport\ST\STM32F10x\startup\iar 路径，将 startup_stm32f10x_md. s 文件复制到 IAR stm32 project 的 boot 目录。

b）打开 STM32F10x_StdPeriph_Lib_V3. 5. 0\Libraries\CMSIS\CM3\Device-

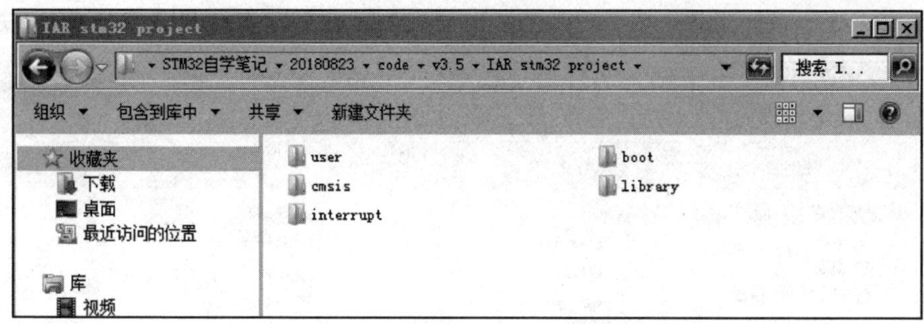

图 6.1.1 建立 IAR stm32 project 目录

Support\ST\STM32F10x 路径，将 stm32f10x. h、system_stm32f10x. c、system_stm32f10x. h 这 3 个文件复制到 IAR stm32 project 的 cmsis 目录。

c）打开 STM32F10x_StdPeriph_Lib_V3. 5. 0\Libraries\CMSIS\CM3\CoreSupport 路径，将 core_cm3. c、core_cm3. h 两个文件复制到 IAR stm32 project 的 cmsis 目录。

d）打开 STM32F10x_StdPeriph_Lib_V3. 5. 0\Libraries\STM32F10x_StdPeriph_Driver 路径，将 inc 和 src 两个文件夹复制到 IAR stm32 project 的 library 目录。

e）打开 STM32F10x_StdPeriph_Lib_V3. 5. 0\Project\STM32F10x_StdPeriph_Template 路径，将 stm32f10x_it. h、stm32f10x_it. c 两个文件复制到 IAR stm32 project 的 interrupt 目录。

f）打开 STM32F10x_StdPeriph_Lib_V3. 5. 0\Project\STM32F10x_StdPeriph_Template 路径，将 stm32f10x_conf. h 复制到 IAR stm32 project 的 user 目录。

g）打开 STM32F10x_StdPeriph_Lib_V3. 5. 0\Project\STM32F10x_StdPeriph_Template\EWARM 目录，将 stm32f10x_flash. icf、stm32f10x_ram. icf 文件复制到 IAR stm32 project 目录。

h）在 IAR stm32 project 的 user 目录下新建一个 main. c 文件。

执行完以上操作后，应该得到如下目录结构：

- “\IARstm32project\boot”目录：startup_stm32f10x_md. s 文件。
- “\IARstm32project\cmsis”目录：core_cm3. c、core_cm3. h、stm32f10x. h、system_stm32f10x. c、system_stm32f10x. h 文件。
- “\IARstm32project\interrupt”目录：stm32f10x_it. h、stm32f10x_it. c 文件。
- “\IARstm32project\user”目录：main. c、stm32f10x_conf. h 文件。
- “\IARstm32project\library”目录：inc、src 文件夹。
- “\IARstm32project\”目录：stm32f10x_flash. icf、stm32f10x_ram. icf 文件。

③ 打开 IAREmbedded Workbench，选择 Project→Create New Project→ARM 菜单项后，则弹出工程保存选择界面，选择路径为 IAR stm32 project 文件夹，工程名取为 stm32 project。最后，在 EWARM 软件界面单击 Save 按钮保存工程。完成后

IAR stm32 project 文件夹内容更新为如图 6.1.2 所示,IAR 软件界面如图 6.1.3 所示。

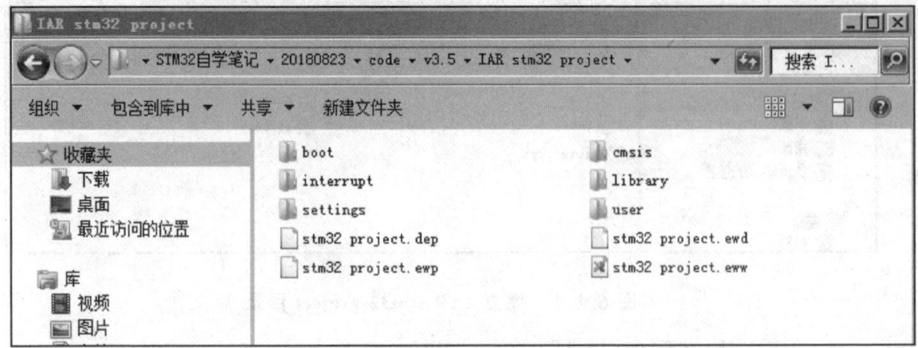

图 6.1.2　工程目录更新情况 1

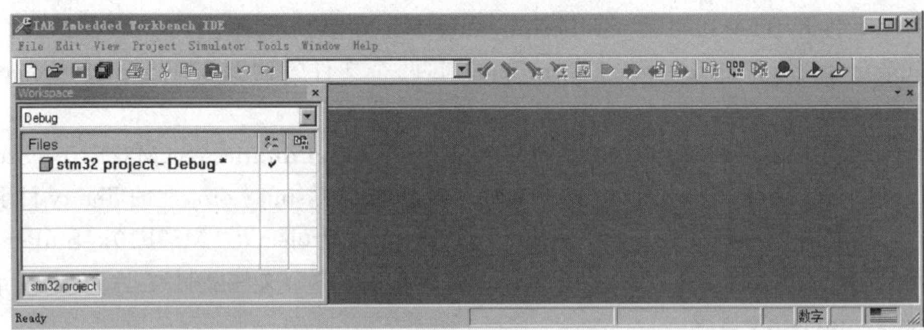

图 6.1.3　新建工程完毕

④ 右击图 6.1.3 的 Workspace 中 stm32 project - Debug 图标,选择 Add→Add Group 菜单项,依次添加 5 个 Group,分别命名为 boot、cmsis、interrupt、library、user,如图 6.1.4 所示。

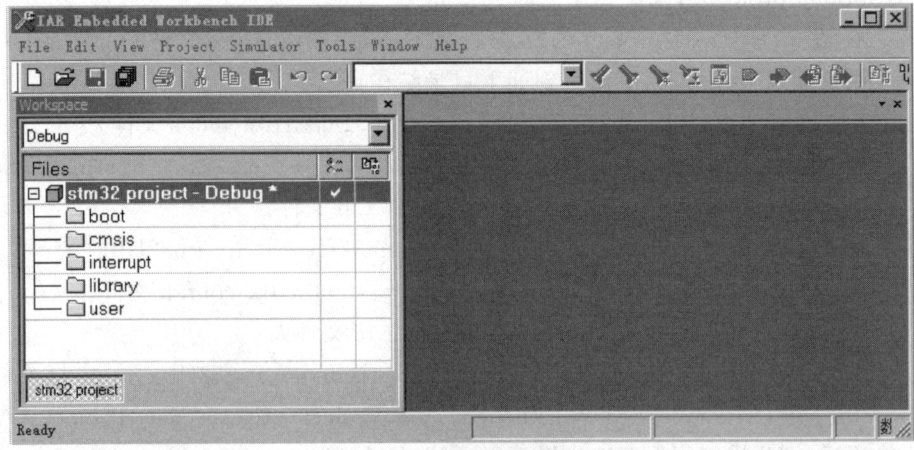

图 6.1.4　添加 Group

⑤ 依次右击各个 Group，选择 Add → Add File 菜单项，将 IAR stm32 project 文件夹下的：

a) boot 文件夹的文件 startup_stm32f10x_md.s 文件添加到 EWARM 的 boot 中。

b) cmsis 文件夹中的文件 core_cm3.c、system_stm32f10x.c 文件复制到 EWARM 的 cmsis 中。

c) interrupt 文件夹的文件 stm32f10x_it.c 添加到 EWARM 的 interrupt 中。

d) library\src 文件夹的所有文件添加到 EWARM 的 library 中。

e) user 文件夹的文件 main.c 添加到 EWARM 的 user 中。

完成后 EWARM 界面上的 Workspace 应如图 6.1.5 所示。

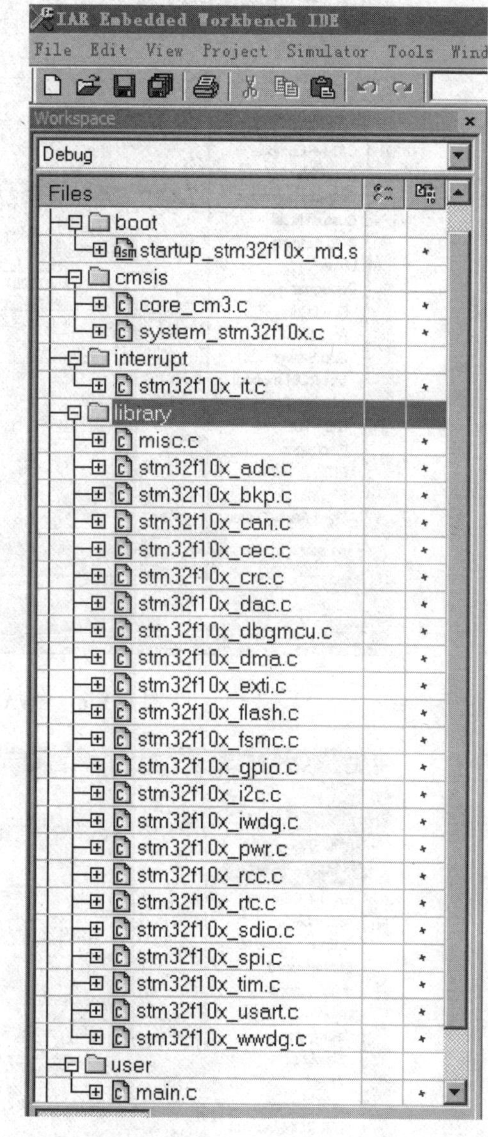

图 6.1.5 给 Group 添加文件

⑥ 接下来是 EWARM 软件的设置部分，这也是使用 IAR EWARM 开发环境比较复杂的部分了，下面逐一描述。右击 Workspace 中的 stm32 project - Debug，在弹出的级联菜单中选择 Options，则弹出如图 6.1.6 所示界面。依次做如下设置：

a) 切换至 General Option 界面 Target 选项卡，选择 Device → STSTM32F10xxB(根据 STM32 器件类型而定)，如图 6.1.7 所示。

b) 切换至 C/C++Compiler 界面 Preprocesser 选项卡，如图 6.1.8 所示，在 Additional include directories:(one per line)中输入头文件包含路径，如下：

```
$PROJ_DIR$\boot
$PROJ_DIR$\cmsis
$PROJ_DIR$\library\inc
$PROJ_DIR$\interrupt
$PROJ_DIR$\user
```

在下部 Defined symbols 栏中填入两个宏定义(每个一行)：

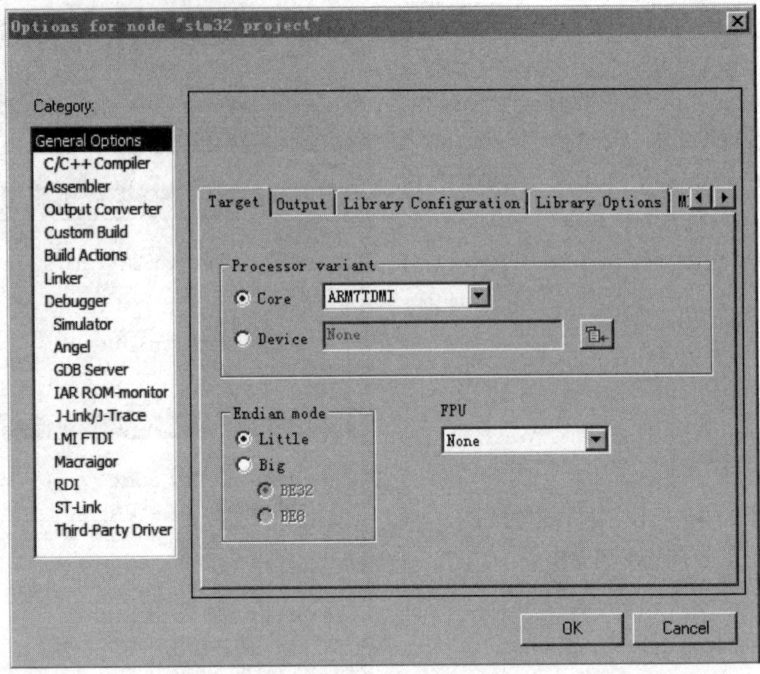

图 6.1.6　EWARM 设置界面

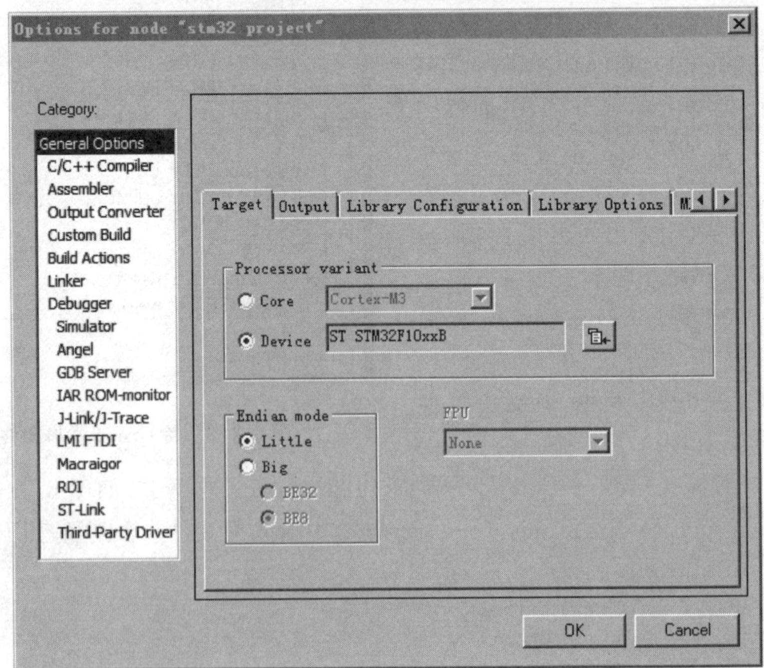

图 6.1.7　选择器件类型

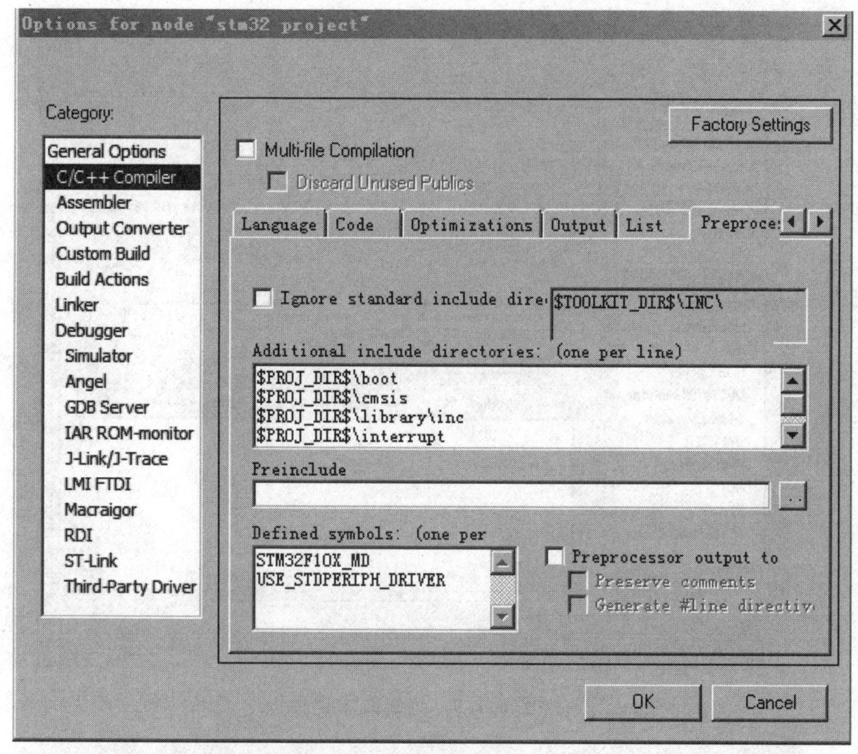

图 6.1.8　添加头文件包含路径

```
STM32F10X_MD
USE_STDPERIPH_DRIVER
```

c）切换至 Linker 界面 Config 选项卡，选中 Override default，并在下面的路径框中选择 IAR stm32 project 文件夹下的 stm32f10x_flash.icf 脚本文件，如图 6.1.9 所示。

d）切换至 Debugger 界面 Setup 选项卡，在 Driver 下拉列表框中选择 JLink/JTrace，并选中 Run to，在 Run to 文本框中输入 main（默认即为 main），如图 6.1.10 所示。

e）单击 OK，完成整个 IAR EWARM 的软件设置，此时单击 SaveAll 按钮，则弹出保存界面，要求选择保存路径和工程名。选择保存路径“IAR stm32 project\”，仍命名为 stm32project，并单击 OK 确认保存。此时 IAR stm32 project 目录内容更新如图 6.1.11 所示。

f）在 main.c 文件中加入以下代码并保存：

```
Int main(void)
{
    return 0;
}
```

按下 F7 进行编译，可以看到，编译很快完成，如图 6.1.12 所示。

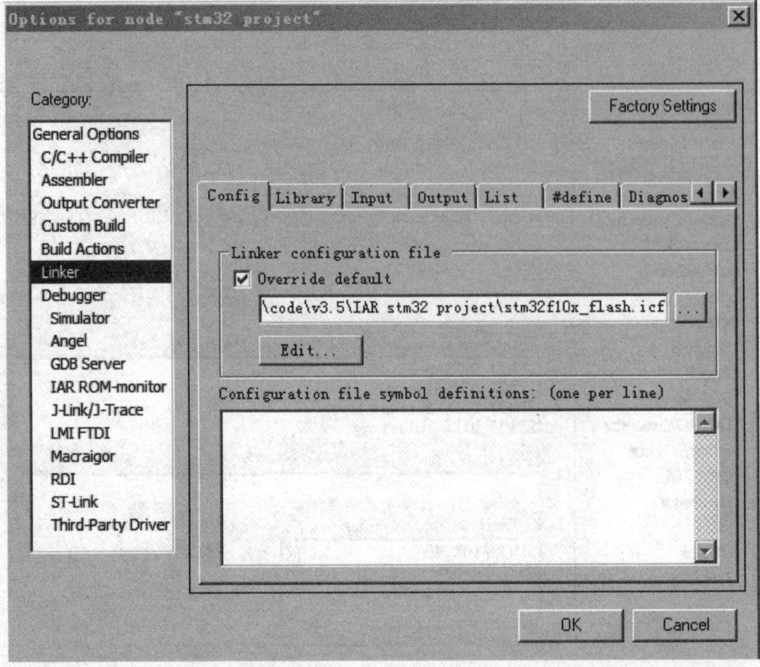

图 6.1.9　选择脚本文件

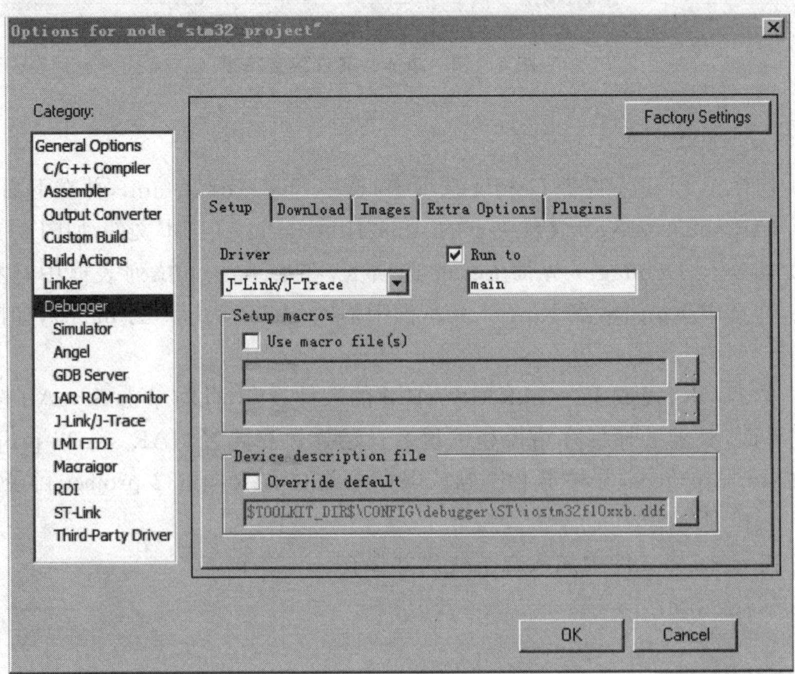

图 6.1.10　选择在线仿真器

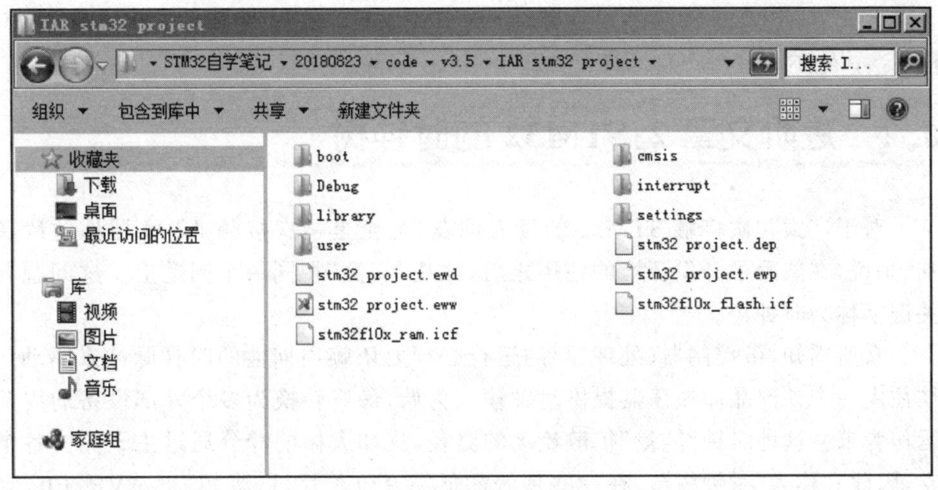

图 6.1.11 工程目录更新情况 2

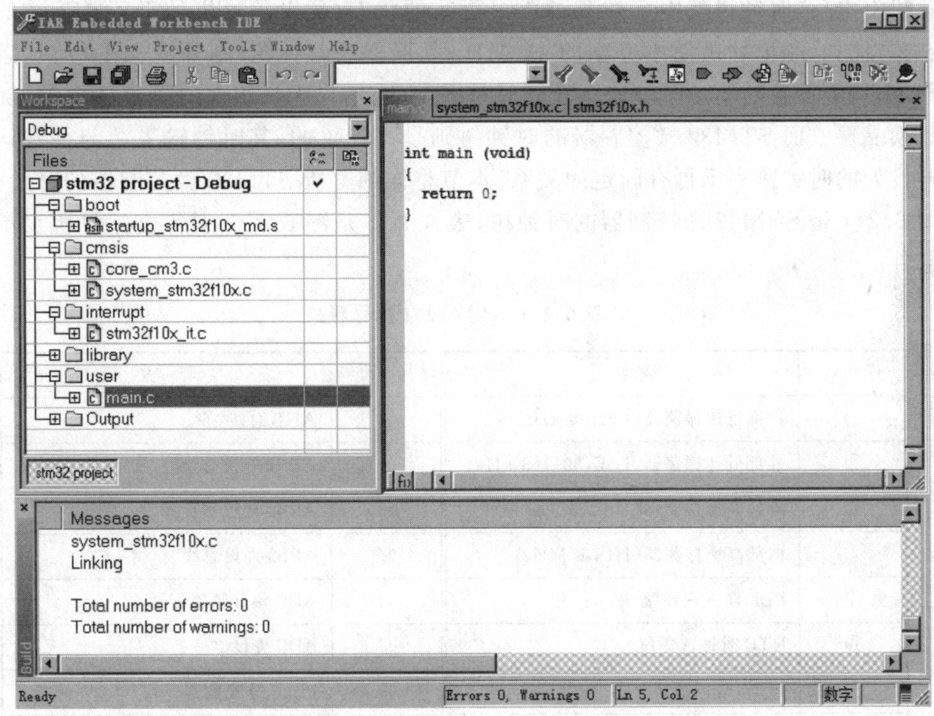

图 6.1.12 编译工程

至此就完成了 IAREEWARM 的一个完整的 STM32 工程的建立。

注意：

① EWARM 的软件设置步骤①中，主要内容是选择 STM32 的器件型号，此处选为 STM32F10xxB 型，读者要根据自己使用需求来选择。

② EWARM 的软件设置步骤②中,主要设置工程文件路径,其中,"$PROJ_DIR$\"表示工程可执行文件 stm32 project. eww 所在目录。

6.2 进阶文章 2:STM32 的时钟树

对于广大初次接触 STM32 的读者朋友(甚至是初次接触 ARM 器件的读者朋友)来说,在熟悉了开发环境的使用之后,往往"栽倒"在同一个问题上。这问题有个关键字称为时钟树。

众所周知,微控制器(处理器)的运行必须要依赖周期性的时钟脉冲来驱动——往往由一个外部晶体振荡器提供时钟输入为始,最终转换为多个外部设备的周期性运作为末。这种时钟"能量"扩散流动的路径,犹如大树的养分通过主干流向各个分支,因此常称为"时钟树"。在一些传统的低端 8 位单片机,诸如 51、AVR、PIC 等单片机,其自身也具备一个时钟树系统,但其中的绝大部分是不受用户控制的,即在单片机上电后,时钟树就固定在某种不可更改的状态(假设单片机处于正常工作的状态)。比如 51 单片机使用典型的 12 MHz 晶振作为时钟源,则外设如 I/O 口、定时器、串口等设备的驱动时钟速率便已经是固定的,用户无法将此时钟速率更改,除非更换晶振。而 STM32 微控制器的时钟树则是可配置的,其时钟输入源与最终达到外设处的时钟速率不再有固定的关系,本节将详细解析 STM32 微控制器的时钟树。图 6.2.1 是 STM32 微控制器的时钟树,表 6.2.1 是图 6.2.1 中各个标号所表示的部件。

表 6.2.1　图 6.2.1 标号释义

标　号	释　义	标　号	释　义
①	内部低速振荡器(LSI,40 kHz)	⑬	AHB 总线
②	外部低速振荡器(LSE,32.768 kHz)	⑭	APB1 外设总线
③	外部高速振荡器(HSE,3~25 MHz)	⑮	APB2 分频寄存器
④	内部高速振荡器(HIS,8 MHz)	⑯	APB2 外设总线
⑤	PLL 输入选择位	⑰	ADC 预分频寄存器
⑥	RTC 时钟选择位	⑱	ADC 外设
⑦	PLL1 分频数寄存器	⑲	PLL2 分频数寄存器
⑧	PLL1 倍频寄存器	⑳	PLL2 倍频寄存器
⑨	系统时钟选择位	㉑	PLL 时钟源选择寄存器
⑩	USB 分频寄存器	㉒	独立看门狗设备
⑪	AHB 分频寄存器	㉓	RTC 设备
⑫	APB1 分频寄存器		

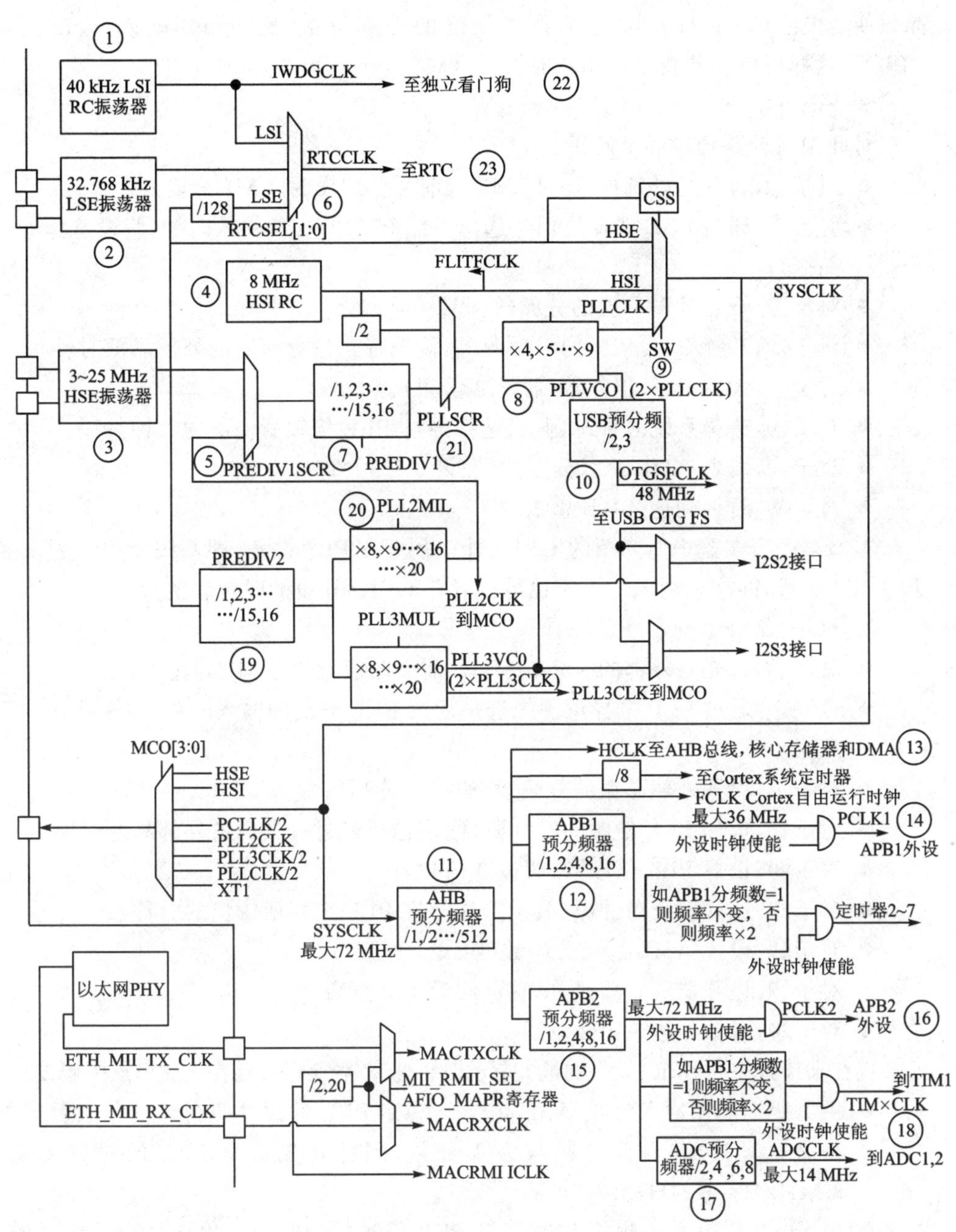

图 6.2.1　STM32 的时钟树

在认识这棵时钟树之前，首先要明确“主干”和最终的“分支”。假设使用外部8 MHz晶振作为STM32的时钟输入源(这也是最常见的一种做法)，则这个8 MHz晶振便是“主干”，而“分支”很显然是最终的外部设备，比如通用输入/输出设备GPIO。这样可以轻易找出第1条时钟的“脉络”：

③→⑤→⑦→㉑→⑧→⑨→⑪→⑬。

对此条时钟路径做如下解析：

- 对于③，首先是外部的3～25 MHz(前文已假设为8 MHz)输入；
- 对于⑤，通过PLL选择位预先选择后续PLL分支的输入时钟(假设选择外部晶振)；
- 对于⑦，设置外部晶振的分频数(假设1分频)；
- 对于㉑，选择PLL倍频的时钟源(假设选择经过分频后的外部晶振时钟)；
- 对于⑧，设置PLL倍频数(假设9倍频)；
- 对于⑨，选择系统时钟源(假设选择经过PLL倍频所输出的时钟)；
- 对于⑪，设置AHB总线分频数(假设1分频)；
- 对于⑬，时钟到达AHB总线。

本书第一个实验中所介绍的GPIO外设属于APB2设备，即GPIO的时钟来源于APB2总线，同样在图6.2.1中也可以寻获GPIO外设的时钟轨迹为：

③→⑤→⑦→㉑→⑧→⑨→⑪→⑮→⑯。

- 对于③，首先是外部的3～25 MHz(前文已假设为8 MHz)输入；
- 对于⑤，通过PLL选择位预先选择后续PLL分支的输入时钟(假设选择外部晶振)；
- 对于⑦，设置外部晶振的分频数(假设1分频)；
- 对于㉑，选择PLL倍频的时钟源(假设选择经过分频后的外部晶振时钟)；
- 对于⑧，设置PLL倍频数(假设9倍频)；
- 对于⑨，选择系统时钟源(假设选择经过PLL倍频所输出的时钟)；
- 对于⑪，设置AHB总线分频数(假设1分频)；
- 对于⑮，设置APB2总线分频数(假设1分频)；
- 对于⑯，时钟到达APB2总线。

现在来计算一下GPIO设备的最大驱动时钟速率(各个条件已在上述要点中假设)：

- 由③所知晶振输入为8 MHz，由⑤→㉑知PLL的时钟源为经过分频后的外部晶振时钟，并且此分频数为1分频，因此首先得出PLL的时钟源为：8 MHz/1=8 MHz。
- 由⑧、⑨知PLL倍频数为9，且将PLL倍频后的时钟输出选择为系统时钟，则得出系统时钟为8 MHz×9=72 MHz。
- 时钟到达AHB预分频器，由⑪知时钟经过AHB预分频器之后的频率仍为72 MHz。

- 时钟到达 APB2 预分频器，由⑮知经过 APB2 预分频器后频率仍为 72 MHz。
- 时钟到达 APB2 总线外设。

因此，STM32 的 APB2 总线外设所能设置达到的最大频率为 72 MHz(不表示外设能正常运行在 72 MHz 下)。依据以上方法读者可以搜寻出 APB1 总线外设时钟、RTC 外设时钟、独立看门狗等外设时钟的来龙去脉。接下来从程序的角度分析时钟树的设置，程序清单如下：

```
void RCC_Configuration(void)
{
    ErrorStatus HSEStartUpStatus;                                          1)
    RCC_DeInit();                                                          2)
    RCC_HSEConfig(RCC_HSE_ON);                                             3)
    HSEStartUpStatus = RCC_WaitForHSEStartUp();                            4)
    if(HSEStartUpStatus == SUCCESS)                                        5)
    {
        RCC_HCLKConfig(RCC_SYSCLK_Div1);                                   6)
        RCC_PCLK2Config(RCC_HCLK_Div1);                                    7)
        RCC_PCLK1Config(RCC_HCLK_Div2);                                    8)
        FLASH_SetLatency(FLASH_Latency_2);                                 9)
        FLASH_PrefetchBufferCmd(FLASH_PrefetchBuffer_Enable);             10)
        RCC_PLLConfig(RCC_PLLSource_HSE_Div1, RCC_PLLMul_9);              11)
        RCC_PLLCmd(ENABLE);                                               12)
        while(RCC_GetFlagStatus(RCC_FLAG_PLLRDY) == RESET);               13)
        RCC_SYSCLKConfig(RCC_SYSCLKSource_PLLCLK);                        14)
        while(RCC_GetSYSCLKSource() != 0x08);                             15)
    }
}
```

以上是 ST 所提供的 STM32 时钟树配置函数，读者首先要知道 3 点：

- ST 所提供的库函数在函数和变量命名上有非常良好的规范性和易读性(虽然有点冗长)，即便没有注释，也可从函数名和变量名来大致判断该函数或变量所包含的意义。
- 其次，读者应从图 6.2.1 区分出各个总线和对应的时钟：其中，PLLCLK 表示 PLL 锁相环的输出时钟，SYSCLK 表示系统时钟，HCLK 表示 AHB 总线的时钟，PCLK1 表示 APB1 总线的时钟，PCLK2 则表示 APB2 总线的时钟。
- 9)、10)两句代码的作用是设置 STM32 内部 Flash 的等待周期。解释如下：STM32 的内部用户 Flash 用以存储代码指令供 CPU 存取并执行，STM32 的 CPU 最大频率已知为 72 MHz，但 Flash 无法达到这么高的速度，因此要在 CPU 存取 Flash 的过程中插入所谓的"等待周期"(但这个"周期"并不是指 CPU 周期)，显然 CPU 速度越快，所要插入的等待周期个数越多，原则是：当 CPU 频率为 0～24 MHz 时，不需要插入等待周期，即等到周期个数为 0；当 CPU 频率为 24～48 MHz 时，插入 1 个等待周期；当 CPU 频率为 48～72 MHz 时，插入 2 个等待周期。

有以上 3 点准备之后，开始逐句解析这段程序，以下序号对应程序中的行号：

1）定义一个 ErrorStatus 类型的变量 HSEStartUpStatus。

2）将时钟树复位至默认设置。

3）开启 HSE 晶振。

4）等待 HSE 晶振起振稳定，并将起振结果保存至 HSEStartUpStatus 变量中。

5）判断 HSE 晶振是否起振成功(假设成功了，进入 if 内部)。

6）设置 HCLK 时钟为 SYSCLK(系统时钟)的 1 分频。

7）设置 PLCK2 时钟为 SYSCLK 的 1 分频。

8）设置 PLCK1 时钟为 SYSCLK 的 2 分频。

9）选择 PLL 输入源为 HSE 时钟经过 1 分频，并进行 9 倍频。

10）使能 PLL 输出。

11）等待 PLL 输出稳定。

12）选择 PLL 输出为 SYSCLK。

13）等待 SYSCLK 稳定。

将上述代码中对时钟树的配置顺序与图 6.2.1 中标号对比后，不难发现上述代码依照如下流程：③→⑪→⑭→⑮→⑦→㉑→⑧→⑨。

通过对比发现，程序中对时钟树的配置顺序并不是依照图 6.2.1 中由左到右、由上到下配置的，这是为什么呢？事实上这个问题相信大部分读者都可以自己解释：电子设计世界的思维和操作方式，其顺序往往和日常生活是不一样的，比如人们经常先给电视机连接电源，再打开电视机开关；先把大水管的总闸打开，再打开小水龙头……总而言之是一种由“主”到“次”的顺序。但电子设计世界的思维方式，以最常见的 51 单片机的开发平台为例，开发人员往往先把定时器的分频数、重载值等参数配置好，最后才启动定时器计数；先把各个外设的中断打开，最后再打开总中断……这和人们的生活习惯其实恰好相反，是一种先“次”后“主”的顺序。

至此，理解 STM32 的时钟树就是轻而易举的事情了。

6.3 进阶文章 3：解析 STM32 的库函数

意法半导体在推出 STM32 微控制器之初，也同时提供了一套完整细致的固件开发包，里面包含了在 STM32 开发过程中所涉及的所有底层寄存器操作函数。通过在程序开发中引入这样的固件开发包，可以使开发人员从复杂冗余的底层寄存器操作中解放出来，将精力专注到应用程序的开发上，这便是 ST 推出这样一个开发包的初衷。

但这对于许多从 51、AVR 这类单片机转到 STM32 开发平台的开发人员来说，势必有一个不适应的过程。因为程序开发不再是从寄存器层次起始，而要首先去熟悉 STM32 所提供的固件库。那么是否一定要使用固件库呢？当然不是，开发人员也可以沿用传统的开发方式，自行操作寄存器。但 STM32 微控制器的寄存器规模可不是常见的 8 位单片机可以比拟的，若自己细细琢磨各个寄存器的意义，必然会消耗相当的时间，并且对于程序后续的维护、升级来说也会增加时间的消耗。对于当前“时间就是金钱”的行业竞争环境，无疑使用库函数进行 STM32 的产品开发是更好的选择。本节将通过一个简单的例子对 STM32 的库函数做一个简单的剖析。

1. GPIOA 初始化库函数的剖析

以最常用的 GPIO 设备的初始化函数为例，如程序清单 6.3.1 所示。

程序清单 6.3.1

```
GPIO_InitTypeDef GPIO_InitStructure;                        1)
GPIO_InitStructure.GPIO_Pin = GPIO_Pin_4;                   2)
GPIO_InitStructure.GPIO_Speed = GPIO_Speed_50MHz;           3)
GPIO_InitStructure.GPIO_Mode = GPIO_Mode_Out_PP;            4)
GPIO_Init(GPIOA , &GPIO_InitStructure);                     5)
```

这是一个在 STM32 程序开发中经常用到的 GPIO 初始化程序段，其功能是将 GPIOA.4 口初始化为推挽输出模式，最大翻转频率为 50 MHz，下面逐一分解。

① 首先是语句 1)，该语句显然定义了一个 GPIO_InitTypeDef 类型的变量，名为 GPIO_InitStructure，可找出 GPIO_InitTypeDef 的原型位于 stm32f10x_gpio.h 文件，原型如下：

```
typedef struct
{
    u16 GPIO_Pin;
    GPIOSpeed_TypeDef GPIO_Speed;
    GPIOMode_TypeDef GPIO_Mode;
}GPIO_InitTypeDef;
```

可知 GPIO_InitTypeDef 是一个结构体类型同义字，其功能是定义一个结构体，该结构体有 3 个成员，分别是 u16 类型的 GPIO_Pin、GPIOSpeed_TypeDef 类型的 GPIO_Speed 和 GPIOMode_TypeDef 类型的 GPIO_Mode。继续探查 GPIOSpeed_TypeDef 和 GPIOMode_TypeDef 类型，在 stm32f10x_gpio.h 文件中找到对 GPIOSpeed_TypeDef 的定义：

```
typedef enum
{
    GPIO_Speed_10MHz = 1,
    GPIO_Speed_2MHz,
    GPIO_Speed_50MHz
}GPIOSpeed_TypeDef;
```

则可知 GPIOSpeed_TypeDef 枚举类型同义字，其功能是定义一个枚举类型变量。该变量可表示 GPIO_Speed_10MHz、GPIO_Speed_2MHz 和 GPIO_Speed_50MHz 3 个含义，其中 GPIO_Speed_10MHz 已经定义为 1，读者必须知道 GPIO_

Speed_2MHz 则依次被编译器赋予 2,而 GPIO_Speed_50MHz 为 3。同样也可在 stm32f10x_gpio. h 文件中找到对 GPIOMode_TypeDef 的定义:

```
typedef enum
{
    GPIO_Mode_AIN = 0x0,
    GPIO_Mode_IN_FLOATING = 0x04,
    GPIO_Mode_IPD = 0x28,
    GPIO_Mode_IPU = 0x48,
    GPIO_Mode_Out_OD = 0x14,
    GPIO_Mode_Out_PP = 0x10,
    GPIO_Mode_AF_OD = 0x1C,
    GPIO_Mode_AF_PP = 0x18
}GPIOMode_TypeDef;
```

这同样是一个枚举类型同义字,其成员有 GPIO_Mode_AIN、GPIO_Mode_AF_OD 等,从命名也可以轻易判断出这表示 GPIO 设备的工作模式。

至此对程序清单 6.3.1 的语句 1)可以做一个总结:该句定义一个结构体类型的变量 GPIO_InitStructure,并且该结构体有 3 个成员,分别为 GPIO_Pin、GPIO_Speed 和 GPIO_Mode,并且 GPIO_Pin 表示 GPIO 设备引脚,GPIO_Speed 表示 GPIO 设备速率,GPIO_Mode 表示 GPIO 设备工作模式。

② 接下来是语句 2),此句是一个赋值语句,把 GPIO_Pin_4 赋给 GPIO_InitStructure 结构体中的成员 GPIO_Pin,可以在 stm32f10x_gpio. h 文件中找到对 GPIO_Pin_4 做的宏定义:

```
#define GPIO_Pin_4            ((u16)0x0010)
```

因此,语句 2)的本质是将 0x0010 赋给 GPIO_InitStructure 结构体中的成员 GPIO_Pin。

③ 语句 3)和语句 2)相似,将 GPIO_Speed_50MHz 赋给 GPIO_InitStructure 结构体中的成员 GPIO_Speed。

④ 语句 4)亦和语句 2)语句类似,把 GPIO_Mode_Out_PP 赋给 GPIO_InitStructure 结构体中的成员 GPIO_Mode,由前文已知 GPIO_Mode_Out_PP 的值为 0x10。

⑤ 语句 5)是一个函数调用,即调用 GPIO_Init 函数,并提供给该函数 2 个参数,分别为 GPIOA 和 &GPIO_InitStructure,其中 &GPIO_InitStructure 表示结构体变量 GPIO_InitStructure 的地址,而 GPIOA 则在 stm32f10x_map. h 文件中找到相关定义:

```
#ifdef _GPIOA
  #define GPIOA              ((GPIO_TypeDef * ) GPIOA_BASE)
#endif
```

此 3 行代码是一个预编译结构,首先判断是否定义了宏 _GPIOA,而在

stm32f10x_conf. h 中发现对_GPIOA 的定义为：

```
#define _GPIOA
```

这表示编译器会将代码中出现的 GPIOA 全部替换为((GPIO_TypeDef *) GPIOA_BASE)。从该句的 C 语言语法可以判断出((GPIO_TypeDef *) GPIOA_BASE)的功能为：将 GPIOA_BASE 强制类型转换为指向 GPIO_TypeDef 类型的结构体变量的指针。如此则需要找出 GPIOA_BASE 的含义，依次在 stm32f10x_map. h 文件中找到：

```
#define GPIOA_BASE              (APB2PERIPH_BASE + 0x0800)
```

和：

```
#define APB2PERIPH_BASE         (PERIPH_BASE + 0x10000)
```

还有：

```
#define PERIPH_BASE             ((u32)0x40000000)
```

很明显，GPIOA_BASE 表示一个地址，通过将以上 3 个宏展开可以得到：

GPIOA_BASE＝0x40000000＋0x10000＋0x0800

此处的关键在于 0x40000000、0x10000 和 0x0800 这 3 个数值的来历。读者应该通过宏名猜到了，这就是 STM32 微控制器的 GPIOA 的设备地址。通过查阅 STM32 微控制器开发手册可以得知，STM32 的外设起始基地址为 0x40000000，而 APB2 总线设备起始地址相对于外设基地址的偏移量为 0x10000，GPIOA 设备相对于 APB2 总线设备起始地址偏移量为 0x0800。

对语句 5)进行一个总结：调用 GPIO_Init 函数，并将 STM32 微控制器的 GPIOA 设备地址和所定义的结构体变量 GPIO_InitStructure 的地址传入。

2. 函数内部分析

以上是对 GPIOA 初始化库函数的剖析，现继续转移到函数内部分析，GPIO_Init 函数原型如程序清单 6. 3. 2 所示。

程序清单 6. 3. 2

```
void GPIO_Init(GPIO_TypeDef * GPIOx, GPIO_InitTypeDef * GPIO_InitStruct)
{
    u32 currentmode = 0x00, currentpin = 0x00, pinpos = 0x00, pos = 0x00;
    u32 tmpreg = 0x00, pinmask = 0x00;
    /* 检查参数是否正确 */
    assert_param(IS_GPIO_ALL_PERIPH(GPIOx));
    assert_param(IS_GPIO_MODE(GPIO_InitStruct->GPIO_Mode));
    assert_param(IS_GPIO_PIN(GPIO_InitStruct->GPIO_Pin));
    /* 将工作模式暂存至 currentmode 变量中 */
    currentmode = ((u32)GPIO_InitStruct->GPIO_Mode) & ((u32)0x0F);
    /* 如果欲设置为任意一种输出模式,则再检查“翻转速率”参数是否正确 */
    if ((((u32)GPIO_InitStruct->GPIO_Mode) & ((u32)0x10)) != 0x00)
```

```
{
    assert_param(IS_GPIO_SPEED(GPIO_InitStruct->GPIO_Speed));
    currentmode |= (u32)GPIO_InitStruct->GPIO_Speed;
}
/* 设置低 8 位引脚(即 pin0 ~ pin7) */
if (((u32)GPIO_InitStruct->GPIO_Pin & ((u32)0x00FF)) != 0x00)
{
    /* 读出当前配置字 */
    tmpreg = GPIOx->CRL;
    for (pinpos = 0x00; pinpos < 0x08; pinpos++)
    {
        /* 获取将要配置的引脚号 */
        pos = ((u32)0x01) << pinpos;
        currentpin = (GPIO_InitStruct->GPIO_Pin) & pos;
        if (currentpin == pos)
        {
            /* 先清除对应引脚的配置字 */
            pos = pinpos << 2;
            pinmask = ((u32)0x0F) << pos;
            tmpreg &= ~pinmask;
            /* 写入新的配置字 */
            tmpreg |= (currentmode << pos);
            /* 若欲配置为上拉/下拉输入,则需要配置 BRR 和 BSRR 寄存器 */
            if (GPIO_InitStruct->GPIO_Mode == GPIO_Mode_IPD)
            {
                GPIOx->BRR = (((u32)0x01) << pinpos);
            }
            else
            {
                if (GPIO_InitStruct->GPIO_Mode == GPIO_Mode_IPU)
                {
                    GPIOx->BSRR = (((u32)0x01) << pinpos);
                }
            }
        }
    }
    GPIOx->CRL = tmpreg;            /* 写入低 8 位引脚配置字 */
}
/* 设置高 8 位引脚(即 pin8~pin15),流程和第 8 位引脚配置流程一致,不再做解析 */
if (GPIO_InitStruct->GPIO_Pin > 0x00FF)
{
    tmpreg = GPIOx->CRH;
    for (pinpos = 0x00; pinpos < 0x08; pinpos++)
    {
        pos = (((u32)0x01) << (pinpos + 0x08));
        currentpin = ((GPIO_InitStruct->GPIO_Pin) & pos);
        if (currentpin == pos)
```

```
        {
            pos = pinpos << 2;
            pinmask = ((u32)0x0F) << pos;
            tmpreg &= ~pinmask;
            tmpreg |= (currentmode << pos);
            if (GPIO_InitStruct->GPIO_Mode == GPIO_Mode_IPD)
            {
                GPIOx->BRR = (((u32)0x01) << (pinpos + 0x08));
            }
            if (GPIO_InitStruct->GPIO_Mode == GPIO_Mode_IPU)
            {
                GPIOx->BSRR = (((u32)0x01) << (pinpos + 0x08));
            }
        }
    }
    GPIOx->CRH = tmpreg;
  }
}
```

这段程序的流程是：首先检查由结构体变量 GPIO_InitStructure 所传入的参数是否正确，然后对 GPIO 寄存器进行“读出→修改→写入”操作，完成对 GPIO 设备的设置工作。显然，结构体变量 GPIO_InitStructure 所传入参数的目的是设置对应 GPIO 设备的寄存器。而 STM32 的参考手册对关于 GPIO 设备的设置寄存器的描述如图 6.3.1 所示。

31	30	29	28	27	26	25	24	23	22	21	20	19	18	17	16
CNF7[1:0]		MODE7[1:0]		CNF6[1:0]		MODE6[1:0]		CNF5[1:0]		MODE5[1:0]		CNF4[1:0]		MODE4[1:0]	
rw	rw	rw	rw	rw	rw	rw	rw	rw	rw	rw	rw	rw	rw	rw	rw
15	**14**	**13**	**12**	**11**	**10**	**9**	**8**	**7**	**6**	**5**	**4**	**3**	**2**	**1**	**0**
CNF3[1:0]		MODE3[1:0]		CNF2[1:0]		MODE2[1:0]		CNF1[1:0]		MODE1[1:0]		CNF0[1:0]		MODE0[1:0]	
rw	rw	rw	rw	rw	rw	rw	rw	rw	rw	rw	rw	rw	rw	rw	rw

图 6.3.1　GPIO 设备控制寄存器 GPIOx_CRL

图 6.3.1 中，位 31:30、27:26、23:22、19:18、15:14、11:10、7:6、3:2，在输入模式（MODE[1:0]=00）：00 表示模拟输入模式，01 表示浮空输入模式（复位后的状态），10 表示上拉/下拉输入模式，11 表示保留；在输出模式（MODE[1:0]>00）：00 表示通用推挽输出模式，01 表示通用开漏输出模式，10 表示复用功能推挽输出模式，11 表示复用功能开漏输出模式。

位 29:28、25:24、21:20、17:16、13:12、9:8、5:4、1:0、MODEy[1:0]，端口 x 的模式位（y=0～7），软件通过这些位配置相应的 I/O 端口：00 表示输入模式（复位后的状态）；01 表示输出模式，最大频率 10 MHz；10 表示输出模式，最大频率 2 MHz；11 表示输出模式，最大频率 50 MHz。

该寄存器为 32 位,分为 8 份,每份 4 位,对应低 8 位引脚的设置。每个引脚的设置字分为两部分,分别为 CNF 和 MODE,各占 2 位空间。当 MODE 的设置字为 0 时,表示将对应引脚配置为输入模式;反之为输出模式,并有最大翻转频率限制。而当引脚配置为输出模式时,CNF 配置字则决定引脚以哪种输出方式工作(通用推挽输出、通用开漏输出等)。通过对程序的阅读和分析不难发现,程序清单 6.3.1 中 GPIO_InitStructure 所传入参数对寄存器的作用如下:

- GPIO_Pin_4 被宏替换为 0x0010,对应图 6.3.1 可看出其用于选择配置 GPIOx_CRL 的[19:16]位,分别为 CNF4[1:0]、MODE4[1:0]。
- GPIO_Speed_50MHz 为枚举类型,值为 0x03,被用于将 GPIOx_CRL 位中的 MODE4[1:0]配置为 11b(此处 b 意指二进制)。
- GPIO_Mode 亦为枚举类型,包含值 0x10,被用于将 GPIOx_CRL 位中的 MODE4[1:0]配置为 00b。事实上 GPIO_Mode 的值直接影响寄存器的只有低 4 位,而高 4 位的作用可从程序清单 6.3.2 中看出,是判断此参数是否用于 GPIO 引脚输出模式的配置。

至此不难知道 STM32 的固件库最后是怎样影响最底层寄存器的。总结起来就是:固件库首先将各个设备所有寄存器的配置字进行预先定义,然后封装在结构或枚举变量中,待用户调用对应的固件库函数时,会根据用户传入的参数从这些封装好的结构或枚举变量中取出对应的配置字,最后写入寄存器中,完成对底层寄存器的配置。

可以看到,STM32 的固件库函数对于程序开发人员来说应用非常方便,只需要填写言简意赅的参数就可以在完全不关心底层寄存器的前提下完成相关寄存器的配置,具有相当不错的通用性和易用性,也采取了一定措施保证库函数的安全性(主要引入了参数检查函数assert_param)。但同时读者也应该知道,通用性、易用性和安全性的代价是加大了代码量,同时增加了一些逻辑判断代码造成了一定的时间消耗,在对时间要求比较苛刻的应用场合需要评估使用固件库函数对程序运行时间所带来的影响。读者在使用 STM32 的固件库函数进行程序开发时,应该意识到这些问题。

6.4 进阶文章 4:在 STM32 平台上实现 Cortex – M3 的位带特性

位操作是指单独操作某个数据中的某一位。这在嵌入式程序设计中很常见,诸如设置标志位、判断一个字节某一位的值、取反一个字节的某一位等都需要通过位操作来完成。常见的 51 单片机可以通过 sbit 关键字进行位定义从而实现位操作。但事实上绝大部分的单片机(比如被广泛使用的 AVR 单片机)是不支持位操作的,因此,必须通过程序设计来实现位操作,最常见的操作如下:

```
① a &= ~(1 << 5);        // 将变量 a 的第 5 位清 0
```

```
② a |=(1 << 6);          // 将变量a的第6位置1
③ a ^=(1 << 2);          // 将变量a的第2位取反
```

使用以上 3 句 C 代码进行位操作是一种很规范的方法，因为其没有使用任何非 ANSI C 关键字，任何支持 C 编译的开发环境都支持这样的写法，这对程序的移植性有相当的好处。与此对应的，51 单片机的 Keil μVision2 开发环境所支持的 sbit 关键字就是非 ANSI C 关键字，因此若在用户程序中使用了此关键字，则该程序无法移植到其他开发环境中，该程序也不具备移植到其他硬件平台(比如 TI 的 MSP430 单片机)的基础。

有少许 C 代码编写经验的读者应该知道，上述 3 句代码都是“复合”语句。选句①为例：该语句首先进行移位操作(1 << 5)，再将移位后的结果进行取反，然后读取出变量 a 的值并与取反的结果进行“与”运算，总结起来便是“读出→修改→写入”的过程。如此一来，从表面上来看就至少经过了 4 条指令才完成该句代码的执行(实际上往往更多)——从代码效率的角度上来说，这并不是很理想。

STM32 所基于的 ARM Cortex－M3 内核引入了一种新颖的“位带”技术(bit band)，这种“位带”技术将其片内的部分称为“位带区”的存储区域和另外一部分称为“位带别名区”的区域映射起来。一个比较完整的描述是：Cortex－M3 的内部存储空间有 2 个“位带区”，分别称为“SRAM 位带区”和“外设存储位带区”，位于 SRAM 区和外设存储区各自最低的 1 Mb 空间；并有对应 2 个“位带别名区”，分别称为“SRAM 位带别名区”和“外设存储位带别名区”，每个别名区大小为 32 Mb。“位带”技术将两个“位带区”的每一位分别映射到对应的“位带别名区”的一个“字”(即 32 位)的最低位上。图 6.4.1 展示了这种关系。

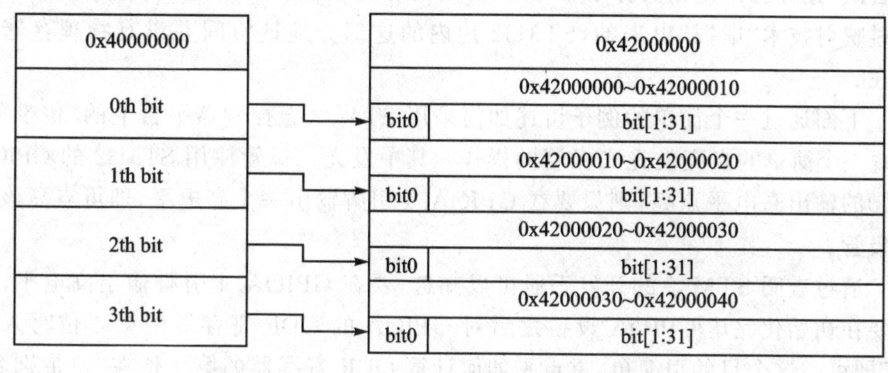

图 6.4.1　位带映射关系

图 6.4.1 中，左边的 0x40000000 表示“外设存储位带区”的起始地址，而右边的 0x42000000 则表示“外设存储位带别名区”的存储地址，“0th bit”、“1th bit”等表示从地址 0x40000000 依次往后的第 0 位、第 1 位等。右边的 0x42000000 表示 STM32 内部的“外设存储位带别名区”起始地址，而下面的 0x42000000～0x420000010、0x42000010～0x420000020 等则表示从地址 0x42000000 依次往后的第 1 个、第 2 个

“字”空间。在此要注意到的是，STM32 作为一款 32 位控制器，其数据总线当然是 32 位的，但其内部存储空间不仅支持 32 位存取，同时也支持 8 位(字节)、16 位(半字)存取方式，因此其内部存储空间是按照最小存取长度(8 位)来对齐的。以图 6.4.1 中的 0x42000000～0x420000010 为例，其存储空间的排列情况如图 6.4.2 所示。假设向这段空间内写入数据 0x12345678，则实际内容(小端存储格式)如图 6.4.3 所示。

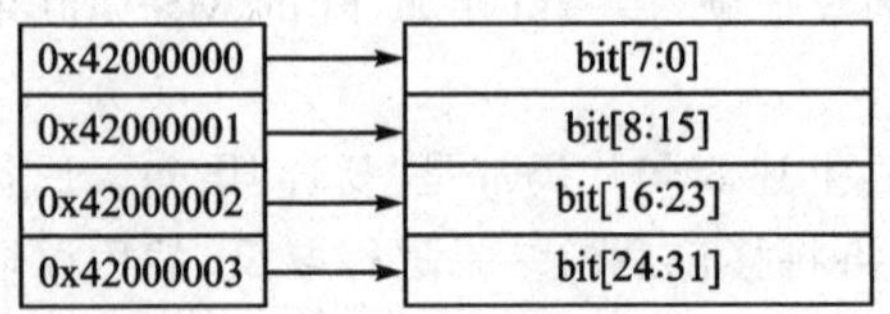

图 6.4.2　8 位存储对齐

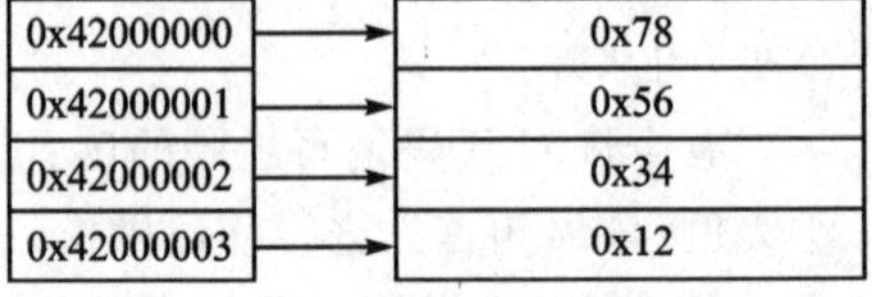

图 6.4.3　0x12345678 的存储详情

8 位长度的对齐方式决定了用户通过应用程序操作存储空间的最小长度为 8 位，即 1 个字节。因此如果要单独对某一“位”进行操作，则必须使用上文中所讲述的“读出→修改→写入”办法。

通过这种“位带”技术进行存储空间的映射后，可以很轻易快捷地实现位操作。当对“位带别名区”的某一个“字”空间的最低位进行清除操作时，则对应的“位带区”所对应的“位”即会被清除；反之当对“位带别名区”的某一个“字”空间的最低位进行置位操作时，则对应的“位带区”所对应的“位”也会被置位。因此，“读出→修改→写入”就变成了只有“写入”的过程，这是一种非常典型的空间换时间的做法。也许有读者会问，这样岂不是损失掉了 2 个 32 Mb 的存储空间？答案是：这部分存储空间是通过映射技术“虚拟”出来的，STM32 片内的这部分地址空间并没有物理存储介质存在。

下面通过一个简单的例子讲述如何采用 STM32 微控制器平台上的“位带”技术实现一个简单的点亮发光二极管的操作。其中发光二极管使用 STM32 的 GPIOA.4 引脚的输出高电平点亮，则只要在 GPIOA.4 引脚输出一个高电平，即可点亮该发光二极管。

通过查阅 STM32 的开发手册可以知道，要在 GPIOA.4 引脚输出高电平，则只需要在初始化完毕 GPIOA 设备之后对 GPIOA 的 ODR 寄存器的第 4 位写入一个“1”即可。这个目的很简单，重点是如何计算 ODR 寄存器的第 4 位在“位带别名区”中所对应的“字”空间地址。获取该地址的过程如图 6.4.4 所示。

有了前面的描述，相信图 6.4.4 是比较容易理解的。图中自上往下最终推算出了 GPIOA 的 ODR 各位的“位带别名区”的地址，可以看到 ODR 寄存器的第 4 位所对应的“字”空间地址为 0x42210190。此外，从 STM32 的开发手册上也可以获取“位带别名区”的字空间所对应的“位”的计算公式：

bit_word_addr ＝bit_band_base ＋ (byte_offset×32) ＋ (bit_number×4)

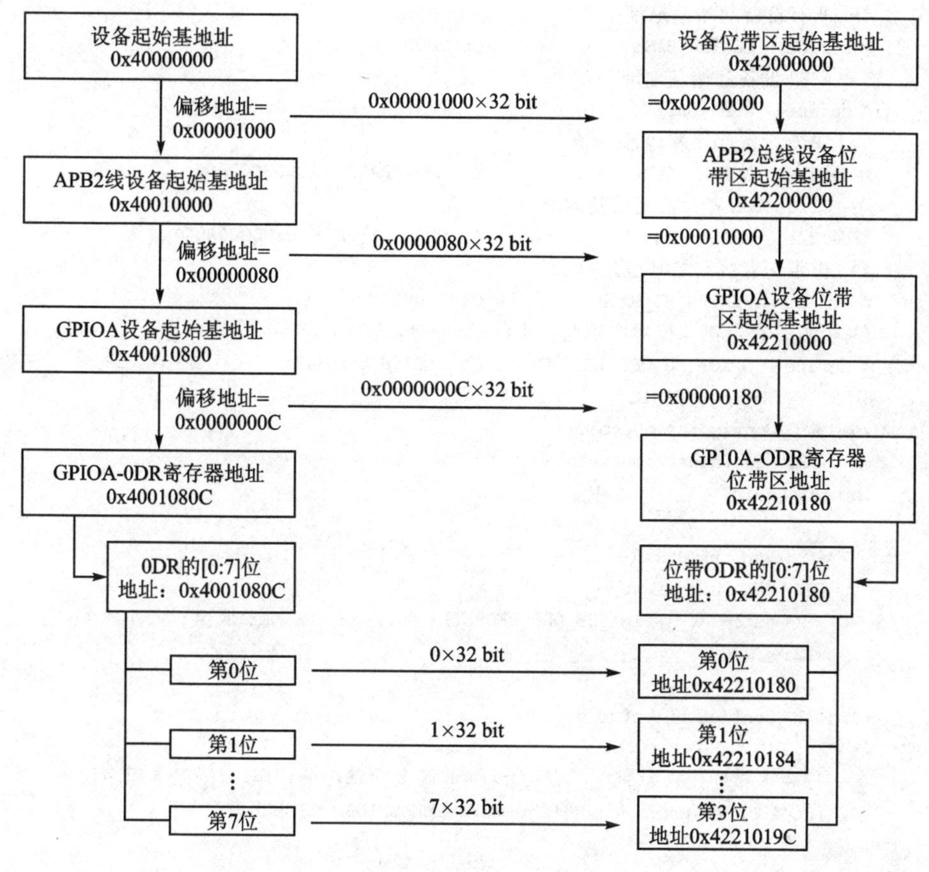

图 6.4.4　获取别名地址

式中，bit_word_addr 表示“位带别名区”字地址，bit_band_base 表示对应的“位带区别名区”起始地址，byte_offset 表示“位”在“位带区”中的字节偏移地址，bit_number 则表示“位”在对应“位带区”字节中的位置。

以对 GPIOA 的 ODR 寄存器的第 4 位写入一个“1”为例，首先要找到 ODR 寄存器的第 4 位的“位带区”起始地址、字节偏移地址和在字节中的位置。其中“位带区”起始地址已知为 0x42000000，而字节偏移地址由图 6.4.4 可知为 0x0001080C（注意是此处偏移地址，不是图中的绝对地址），同时位置为第 4 位，因此可以套用上述公式计算对应的“字空间”：

bit_word_addr＝0x42000000＋(0x0001080C×32)＋(4×4)＝0x42210190

这里计算所得与图 6.4.4 中推算的结果一致。因此，只要向地址为 0x42210190 的字空间的最低位写入“1”即可点亮发光二极管，程序清单如下：

```
#include "stm32f10x.h"
/* LED 连接于 Pin4 */
#define __LED_BIT                    4
```

```
/* 所有设备起始基地址 */
#define __PERIPH_BASE              0x40000000
/* APB2 设备起始基地址 */
#define __APB2_BASE                (__PERIPH_BASE + 0x00010000)
/* GPIO 设备起始基地址 */
#define __GPIOA_BASE               (__APB2_BASE + 0x00000800)
/* GPIO-ODR 寄存器起始基地址 */
#define __GPIOA_ODR                (__GPIOA_BASE + 0x0000000C)
/* 位带别名区起始基地址 */
#define __PERIPH_BB_BASE           0x42000000
/* ODR 寄存器第 4 位对应别名区中的字空间地址 */
#define __GPIOA_BB_ODR_LEDBIT      (__PERIPH_BB_BASE + (__GPIOA_ODR - __PERIPH_
BASE) * 32 + __LED_BIT * 4)
void RCC_Configuration(void);
void GPIO_Configuration(void);
int main(void)
{
    RCC_Configuration();
    GPIO_Configuration();
    *((vu32 *)(__GPIOA_BB_ODR_LEDBIT)) = 1;    /* 对最低位写入 1 */
    while(1);
}
void RCC_Configuration(void)
{
    {/* 本部分代码为 RCC_Configuration 函数内部部分代码,见附录 A 程序清单 A.1 */}
    RCC_APB2PeriphClockCmd(RCC_APB2Periph_GPIOA , ENABLE);
}
void GPIO_Configuration(void)
{
    GPIO_InitTypeDef GPIO_InitStructure;
    GPIO_InitStructure.GPIO_Pin = GPIO_Pin_4;
    GPIO_InitStructure.GPIO_Speed = GPIO_Speed_50MHz;
    GPIO_InitStructure.GPIO_Mode = GPIO_Mode_Out_PP;
    GPIO_Init(GPIOA , &GPIO_InitStructure);
}
```

6.5 进阶文章 5:解析 STM32 的启动过程

当前的嵌入式应用程序开发工作中,C 语言成为了绝大部分平台的最佳选择。如此一来,main 函数似乎成为了理所当然的起点——因为 C 程序往往从 main 函数开始执行。但一个经常会被忽略的问题是:微控制器(单片机)上电后,是如何寻找到并执行 main 函数的呢?很显然微控制器无法从硬件上定位 main 函数的入口地址,因为使用 C 语言作为开发语言后,变量或函数的地址便由编译器在编译时自行分配,由此 main 函数的入口地址在微控制器的内部存储空间中不再是绝对不变的。相信读者都可以回答这个问题，答案也许大同小异，但肯定都有个关键词，称为“启动文件”，英文称为“Bootloader”。

无论性能高下、结构简繁、价格贵贱，每种微控制器（处理器）都必须有启动文件，启动文件的作用便是负责微控制器从“复位”到“开始执行 main 函数”中间这段时间（称为启动过程）所必须进行的工作。最为常见的 51、AVR 或 MSP430 等微控制器当然也有对应的启动文件，但开发工具往往自动完整地提供了这个启动文件，不需要开发人员再进行干预启动过程，只需要从 main 函数开始进行应用程序的设计即可。

话题转到 STM32 微控制器，无论是 Keil μVision4 还是 IAR EWARM 开发环境，ST 公司都提供了现成的、直接可用的启动文件，程序开发人员可以直接引用启动文件后直接进行 C 应用程序的开发。这样能大大减小开发人员从其他微控制器平台跳转至 STM32 平台的难度，也减少了适应 STM32 微控制器的时间（对于上一代 ARM 的“当家花旦”ARM9，启动文件往往是第一道难啃却又无法逾越的坎）。

相对于 ARM 上一代的主流 ARM7、ARM9 内核架构，基于 Cortex－M3 内核的 STM32 微控制器的启动方式有了比较大的变化。ARM7、ARM9 内核的控制器在复位后，CPU 会通过从存储空间的绝对地址 0x000000 处取出第一条指令执行复位中断服务程序的方式启动，即固定了复位后的起始地址为 0x000000（PC＝0x000000）；同时，中断向量表的位置并也是固定的。而 STM32 则正好相反，有 3 种情况：

① 通过 boot 引脚设置可以将中断向量表定位于 SRAM 区，即起始地址为 0x2000000，复位后 PC 指针位于 0x2000000 处。

② 通过 boot 引脚设置也可以将中断向量表定位于 Flash 区，即起始地址为 0x8000000，复位后 PC 指针位于 0x8000000 处。

③ 通过 boot 引脚设置还可以将中断向量表定位于内置 Bootloader 区，本节不对这种情况做论述。

STM32 的启动方式之所以如此，是因为 Cortex－M3 内核规定，起始地址空间必须存放堆顶地址，而紧接着的第二个地址空间则必须存放复位中断入口向量地址，这样在 Cortex－M3 内核复位后，就会自动从起始地址的下一个 32 位空间取出复位中断入口向量，跳转执行复位中断服务程序。对比 ARM7、ARM9 内核，Cortex－M3 内核存储空间的起始位置是可变的，但中断向量表的位置仍相对于起始地址固定。

有了上述准备之后，这里将以 STM32 的 3.5 固件库提供的启动文件“startup_stm32f10x_md.s”为模板，对 STM32 的启动过程做一个简要而全面的解析，启动文件见程序清单 6.5.1。

程序清单 6.5.1

```
Stack_Size      EQU     0x00000400                              ;1
                AREA    STACK, NOINIT, READWRITE, ALIGN = 3     ;2
Stack_Mem       SPACE   Stack_Size                              ;3
__initial_sp                                                    ;4
Heap_Size       EQU     0x00000200                              ;5
```

```
                AREA    HEAP, NOINIT, READWRITE, ALIGN = 3
__heap_base
Heap_Mem        SPACE   Heap_Size
__heap_limit
                PRESERVE8
                THUMB
                AREA    RESET, DATA, READONLY
                EXPORT  __Vectors
                EXPORT  __Vectors_End
                EXPORT  __Vectors_Size
__Vectors       DCD     __initial_sp
                DCD     Reset_Handler
                DCD     NMI_Handler
                DCD     HardFault_Handler
                DCD     MemManage_Handler
                DCD     BusFault_Handler
                DCD     UsageFault_Handler
                DCD     0
                DCD     0
                DCD     0
                DCD     0
                DCD     SVC_Handler
                DCD     DebugMon_Handler
                DCD     0
                DCD     PendSV_Handler
                DCD     SysTick_Handler
                DCD     WWDG_IRQHandler
                DCD     PVD_IRQHandler
                DCD     TAMPER_IRQHandler
                DCD     RTC_IRQHandler
                DCD     FLASH_IRQHandler
                DCD     RCC_IRQHandler
                DCD     EXTI0_IRQHandler
                DCD     EXTI1_IRQHandler
                DCD     EXTI2_IRQHandler
                DCD     EXTI3_IRQHandler
                DCD     EXTI4_IRQHandler
                DCD     DMA1_Channel1_IRQHandler
                DCD     DMA1_Channel2_IRQHandler
                DCD     DMA1_Channel3_IRQHandler
                DCD     DMA1_Channel4_IRQHandler
                DCD     DMA1_Channel5_IRQHandler
                DCD     DMA1_Channel6_IRQHandler
                DCD     DMA1_Channel7_IRQHandler
                DCD     ADC1_2_IRQHandler
                DCD     USB_HP_CAN1_TX_IRQHandler
                DCD     USB_LP_CAN1_RX0_IRQHandler
```

```
                DCD     CAN1_RX1_IRQHandler                     ;53
                DCD     CAN1_SCE_IRQHandler                     ;54
                DCD     EXTI9_5_IRQHandler                      ;55
                DCD     TIM1_BRK_IRQHandler                     ;56
                DCD     TIM1_UP_IRQHandler                      ;57
                DCD     TIM1_TRG_COM_IRQHandler                 ;58
                DCD     TIM1_CC_IRQHandler                      ;59
                DCD     TIM2_IRQHandler                         ;60
                DCD     TIM3_IRQHandler                         ;61
                DCD     TIM4_IRQHandler                         ;62
                DCD     I2C1_EV_IRQHandler                      ;53
                DCD     I2C1_ER_IRQHandler                      ;64
                DCD     I2C2_EV_IRQHandler                      ;65
                DCD     I2C2_ER_IRQHandler                      ;66
                DCD     SPI1_IRQHandler                         ;67
                DCD     SPI2_IRQHandler                         ;68
                DCD     USART1_IRQHandler                       ;69
                DCD     USART2_IRQHandler                       ;70
                DCD     USART3_IRQHandler                       ;71
                DCD     EXTI15_10_IRQHandler                    ;72
                DCD     RTCAlarm_IRQHandler                     ;73
                DCD     USBWakeUp_IRQHandler                    ;74
__Vectors_End                                                   ;75
__Vectors_Size  EQU   __Vectors_End - __Vectors                 ;76
                AREA     |.text|, CODE, READONLY                ;77
Reset_Handler   PROC                                            ;78
                EXPORT  Reset_Handler              [WEAK]       ;79
     IMPORT   __main                                            ;80
     IMPORT   SystemInit                                        ;81
                LDR     R0, = SystemInit                        ;82
                BLX     R0                                      ;83
                LDR     R0, = __main                            ;84
                BX      R0                                      ;85
                ENDP                                            ;86
NMI_Handler     PROC                                            ;87
                EXPORT  NMI_Handler                 [WEAK]      ;88
                B       .                                       ;89
                ENDP                                            ;90
HardFault_Handler\                                              ;91
                PROC                                            ;92
                EXPORT  HardFault_Handler           [WEAK]      ;93
                B       .                                       ;94
                ENDP                                            ;95
MemManage_Handler\                                              ;96
                PROC                                            ;97
                EXPORT  MemManage_Handler           [WEAK]      ;98
                B       .                                       ;99
```

```
                ENDP                                                 ;100
BusFault_Handler\                                                    ;101
                PROC                                                 ;102
                EXPORT  BusFault_Handler                [WEAK]       ;103
                B       .                                            ;104
                ENDP                                                 ;105
UsageFault_Handler\                                                  ;106
                PROC                                                 ;107
                EXPORT  UsageFault_Handler              [WEAK]       ;108
                B       .                                            ;109
                ENDP                                                 ;110
SVC_Handler     PROC                                                 ;111
                EXPORT  SVC_Handler                     [WEAK]       ;112
                B       .                                            ;113
                ENDP                                                 ;114
DebugMon_Handler\                                                    ;115
                PROC                                                 ;116
                EXPORT  DebugMon_Handler                [WEAK]       ;117
                B       .                                            ;118
                ENDP                                                 ;119
PendSV_Handler  PROC                                                 ;120
                EXPORT  PendSV_Handler                  [WEAK]       ;121
                B       .                                            ;122
                ENDP                                                 ;123
SysTick_Handler PROC                                                 ;124
                EXPORT  SysTick_Handler                 [WEAK]       ;125
                B       .                                            ;126
                ENDP                                                 ;127
Default_Handler PROC                                                 ;128
                EXPORT  WWDG_IRQHandler                 [WEAK]       ;129
                EXPORT  PVD_IRQHandler                  [WEAK]       ;130
                EXPORT  TAMPER_IRQHandler               [WEAK]       ;131
                EXPORT  RTC_IRQHandler                  [WEAK]       ;132
                EXPORT  FLASH_IRQHandler                [WEAK]       ;133
                EXPORT  RCC_IRQHandler                  [WEAK]       ;134
                EXPORT  EXTI0_IRQHandler                [WEAK]       ;135
                EXPORT  EXTI1_IRQHandler                [WEAK]       ;136
                EXPORT  EXTI2_IRQHandler                [WEAK]       ;137
                EXPORT  EXTI3_IRQHandler                [WEAK]       ;138
                EXPORT  EXTI4_IRQHandler                [WEAK]       ;139
                EXPORT  DMA1_Channel1_IRQHandler        [WEAK]       ;140
                EXPORT  DMA1_Channel2_IRQHandler        [WEAK]       ;141
                EXPORT  DMA1_Channel3_IRQHandler        [WEAK]       ;142
                EXPORT  DMA1_Channel4_IRQHandler        [WEAK]       ;143
                EXPORT  DMA1_Channel5_IRQHandler        [WEAK]       ;144
                EXPORT  DMA1_Channel6_IRQHandler        [WEAK]       ;145
                EXPORT  DMA1_Channel7_IRQHandler        [WEAK]       ;146
```

```
                EXPORT  ADC1_2_IRQHandler            [WEAK]        ;147
                EXPORT  USB_HP_CAN1_TX_IRQHandler    [WEAK]        ;148
                EXPORT  USB_LP_CAN1_RX0_IRQHandler   [WEAK]        ;149
                EXPORT  CAN1_RX1_IRQHandler          [WEAK]        ;150
                EXPORT  CAN1_SCE_IRQHandler          [WEAK]        ;151
                EXPORT  EXTI9_5_IRQHandler           [WEAK]        ;152
                EXPORT  TIM1_BRK_IRQHandler          [WEAK]        ;153
                EXPORT  TIM1_UP_IRQHandler           [WEAK]        ;154
                EXPORT  TIM1_TRG_COM_IRQHandler      [WEAK]        ;155
                EXPORT  TIM1_CC_IRQHandler           [WEAK]        ;156
                EXPORT  TIM2_IRQHandler              [WEAK]        ;157
                EXPORT  TIM3_IRQHandler              [WEAK]        ;158
                EXPORT  TIM4_IRQHandler              [WEAK]        ;159
                EXPORT  I2C1_EV_IRQHandler           [WEAK]        ;160
                EXPORT  I2C1_ER_IRQHandler           [WEAK]        ;161
                EXPORT  I2C2_EV_IRQHandler           [WEAK]        ;162
                EXPORT  I2C2_ER_IRQHandler           [WEAK]        ;163
                EXPORT  SPI1_IRQHandler              [WEAK]        ;164
                EXPORT  SPI2_IRQHandler              [WEAK]        ;165
                EXPORT  USART1_IRQHandler            [WEAK]        ;166
                EXPORT  USART2_IRQHandler            [WEAK]        ;167
                EXPORT  USART3_IRQHandler            [WEAK]        ;168
                EXPORT  EXTI15_10_IRQHandler         [WEAK]        ;169
                EXPORT  RTCAlarm_IRQHandler          [WEAK]        ;170
                EXPORT  USBWakeUp_IRQHandler         [WEAK]        ;171
WWDG_IRQHandler                                                    ;172
PVD_IRQHandler                                                     ;173
TAMPER_IRQHandler                                                  ;174
RTC_IRQHandler                                                     ;175
FLASH_IRQHandler                                                   ;176
RCC_IRQHandler                                                     ;177
EXTI0_IRQHandler                                                   ;178
EXTI1_IRQHandler                                                   ;179
EXTI2_IRQHandler                                                   ;180
EXTI3_IRQHandler                                                   ;181
EXTI4_IRQHandler                                                   ;182
DMA1_Channel1_IRQHandler                                           ;183
DMA1_Channel2_IRQHandler                                           ;184
DMA1_Channel3_IRQHandler                                           ;185
DMA1_Channel4_IRQHandler                                           ;186
DMA1_Channel5_IRQHandler                                           ;187
DMA1_Channel6_IRQHandler                                           ;188
DMA1_Channel7_IRQHandler                                           ;189
ADC1_2_IRQHandler                                                  ;190
USB_HP_CAN1_TX_IRQHandler                                          ;191
USB_LP_CAN1_RX0_IRQHandler                                         ;192
CAN1_RX1_IRQHandler                                                ;193
```

```
CAN1_SCE_IRQHandler                                              ;194
EXTI9_5_IRQHandler                                               ;195
TIM1_BRK_IRQHandler                                              ;196
TIM1_UP_IRQHandler                                               ;197
TIM1_TRG_COM_IRQHandler                                          ;198
TIM1_CC_IRQHandler                                               ;199
TIM2_IRQHandler                                                  ;200
TIM3_IRQHandler                                                  ;201
TIM4_IRQHandler                                                  ;202
I2C1_EV_IRQHandler                                               ;203
I2C1_ER_IRQHandler                                               ;204
I2C2_EV_IRQHandler                                               ;205
I2C2_ER_IRQHandler                                               ;206
SPI1_IRQHandler                                                  ;207
SPI2_IRQHandler                                                  ;208
USART1_IRQHandler                                                ;209
USART2_IRQHandler                                                ;210
USART3_IRQHandler                                                ;211
EXTI15_10_IRQHandler                                             ;212
RTCAlarm_IRQHandler                                              ;213
USBWakeUp_IRQHandler                                             ;214
                B       .                                        ;215
                ENDP                                             ;216
                ALIGN                                            ;217
                IF      :DEF:__MICROLIB                          ;218
                EXPORT  __initial_sp                             ;219
                EXPORT  __heap_base                              ;220
                EXPORT  __heap_limit                             ;221
                ELSE                                             ;222
                IMPORT  __use_two_region_memory                  ;223
                EXPORT  __user_initial_stackheap                 ;224
__user_initial_stackheap                                         ;225
                LDR     R0, = Heap_Mem                           ;226
                LDR     R1, = (Stack_Mem + Stack_Size)           ;227
                LDR     R2, = (Heap_Mem +   Heap_Size)           ;228
                LDR     R3, = Stack_Mem                          ;229
                BX      LR                                       ;230
                ALIGN                                            ;231
                ENDIF                                            ;232
                END                                              ;233
```

可见,STM32 的启动代码一共 233 行,使用了汇编语言编写,这其中的主要原因下文将会给出交代。现在从第 1 行开始分析。

第 1 行:定义栈空间大小为 0x00000400 字节,即 1 KB。此语句行也可等价于:

```
#define Stack_Size 0x00000400
```

第 2 行:伪指令 AREA。

第 3 行:开辟一段大小为 Stack_Size 的内存空间作为栈。

第 4 行:标号__initial_sp,表示栈空间顶地址。

第 5 行:定义堆空间大小为 0x00000200 字节,即 512 字节。

第 6 行:伪指令 AREA。

第 7 行:标号__heap_base,表示堆空间起始地址。

第 8 行:开辟一段大小为 Heap_Size 的内存空间作为堆。

第 9 行:标号__heap_limit,表示堆空间结束地址。

第 10 行:PRESERVE8 告诉编译器要求堆栈以 8 字节对齐。

第 11 行:告诉编译器使用 THUMB 指令集。

第 12 行:伪指令 AREA。

第 13~15 行:将__Vectors、__Vectors_End、__Vectors_Size 这 3 个标号声明为全局属性,以供给外部使用,类似 C 语言的 extern。

第 16 行:标号__Vectors,表示中断向量表入口地址。

第 17~74 行:建立中断向量表。

第 75 行:__Vectors_End 表示此处是中断向量表尾部。

第 76 行:计算中断向量表的大小,存于__Vectors_Size 变量。

第 77 行:伪指令 AREA。

第 78 行:复位中断服务程序,PROC…ENDP 结构表示程序的开始和结束。

第 79 行:声明复位中断向量 Reset_Handler 为全局属性,这样外部文件就可以调用此复位中断服务。同时,[WEAK]关键字表示如果外部再定义了 Reset_Handler 函数(如 stm32f10x_it. c 文件中),则本函数被覆盖,中断响应执行没有[WEAK]关键字修饰的中断服务函数。

第 80 行:引入__main 函数,这是 C 库的初始化函数。

第 81 行:引入 SystemInit 函数,这是 STM32 微控制器的初始化函数。

低 82~85:调用 SystemInit 函数对 STM32 进行内核硬件级别的初始化,调用__main函数初始化 C 语言运行环境,随后真正的 main 函数将从这里进入。

第 87~123 行:Cortex - M3 内核的几个异常中断服务,PROC…ENDP 结构表示程序的开始和结束。一般情况下,程序不应该跑进这几个中断服务,否则程序有大概率存在 bug,如内存溢出。

第 124 行:Cortex - M3 内核定时器 systick 中断服务程序,同样被[WEAK]关键字修饰,大多数时候,它都被 stm32f10x_it. c 里的 SysTick_Handler 函数覆盖掉了。

第 128~171 行:STM32 微控制器的所有外设中断服务 EXPORT 为全局属性,同时,[WEAK]关键字修饰表示它们都是可被覆盖的。

第 172~216 行:如果外部没有定义相关外设中断函数,则此部分代码为中断函数的真正入口,而这部分函数并没有真正的处理逻辑,它们都将在第 215 行通过语句“B .”直接返回了。也就是说,当某个外部中断触发,且外部又没有定义相关中断服务函数,则程序会到这里“溜”一圈,什么也没干就走了。

第 218 行:IF…ELSE…ENDIF 结构,判断是否使用 DEF:__MICROLIB(此处为不使用)。

第 219～221 行:若使用 DEF:__MICROLIB,则将__initial_sp、__heap_base、__heap_limit,即栈顶地址、堆始末地址赋予全局属性,使外部程序可以使用。

第 222 行:此处开始处理不使用 DEF:__MICROLIB 时的情况。

第 223 行:引入外部标号__use_two_region_memory。

第 224 行:声明全局标号__user_initial_stackheap,使外程序也可调用此标号。

第 225 行:__user_initial_stackheap 表示用户堆栈初始化程序入口。

第 226～230 行:分别保存栈顶指针、栈大小、堆始地址和堆大小至 R0～R3 寄存器。

第 233 行:程序完毕。

以上便是 STM32 的启动代码的完整解析,接下来对几个小地方做解释:

AREA 指令:伪指令,用于定义代码段或数据段,后跟属性标号。其中比较重要的一个标号为“READONLY”或者“READWRITE”,“READONLY”表示该段为只读属性,联系到 STM32 的内部存储介质可知,具有只读属性的段保存于 Flash 区,即 0x8000000 地址后。而“READONLY”表示该段为“可读/写”属性,可知“可读/写”段保存于 SRAM 区,即 0x2000000 地址后。由此可以从第 2、6 行代码知道,堆栈段位于 SRAM 空间。从第 12 行可知,中断向量表放置于 Flash 区,而这也是整片启动代码中最先被放进 Flash 区的数据。因此,可以得到一条重要的信息:0x8000000 地址存放的是栈顶地址__initial_sp,0x8000004 地址存放的是复位中断向量 Reset_Handler(STM32 使用 32 位总线,存储空间为 4 字节对齐)。

DCD 指令:作用是开辟一段空间,其意义等价于 C 语言中的地址符“&”。因此,从第 17 行开始建立的中断向量表类似于使用 C 语言定义了一个指针数组,其每个成员都是一个函数指针,分别指向各个中断服务函数。

标号:前文多处使用了“标号”一词。标号主要用于表示一片内存空间的某个位置,等价于 C 语言中的“地址”概念。地址只表示存储空间的一个位置,从 C 语言的角度来看,变量的地址、数组的地址或是函数的入口地址在本质上并无区别。

第 80 行中的__main 标号并不表示 C 程序中的 main 函数入口地址,因此,第 84 行也并不是跳转至 main 函数开始执行 C 程序。__main 标号表示 C/C++标准实时库函数里的一个初始化子程序__main 的入口地址。该程序的一个主要作用是初始化堆栈(对于程序清单 6.5.1 来说则是跳转__user_initial_stackheap 标号进行初始化堆栈的),并初始化映像文件,最后跳转 C 程序中的 main 函数。这就解释了为何所有的 C 程序必须有一个 main 函数作为程序的起点:这是由 C/C++标准实时库所规定的,并且不能更改,因为 C/C++标准实时库并不对外界开发源代码。因此,实际上在用户可见的前提下,程序在第 84 行后就跳转至.c 文件中的 main 函数开始执行 C 程序了。

最后总结一下 STM32 的启动文件和启动过程：首先对栈和堆的大小进行定义，并在代码区的起始处建立中断向量表，其第一个表项是栈顶地址，第二个表项是复位中断服务入口地址。然后在复位中断服务程序中跳转 C/C＋＋标准实时库的__main函数，完成用户堆栈等的初始化后，跳转.c 文件中的 main 函数开始执行 C 程序。假设 STM32 被设置为从内部 Flash 启动(这也是最常见的一种情况)，中断向量表起始位置为 0x8000000，则栈顶地址存放于 0x8000000 处，而复位中断服务入口地址存放于 0x8000004 处。当 STM32 遇到复位信号后，则从 0x80000004 处取出复位中断服务入口地址，继而执行复位中断服务程序，然后跳转__main 函数，最后进入 main 函数来到 C 的世界。

6.6 进阶文章 6：环形缓冲区的实现

现在的嵌入式主控器几乎都搭载了丰富的接口，如 USART、CAN、SPI、USB 等。这些接口几乎在每个嵌入式解决方案上都会得到不同程度的应用，甚至就作为解决方案上的核心设备来使用，如串口服务器、CAN 网桥设备等。通过这些通信接口，主控器就可以与其外部的设备进行数据交换，通过某个通信接口将数据接收进来处理，或将某些数据进行处理后通过某个通信接口发送出去。通常通信接口和主控 CPU 处于各自独立的工作状态，即便 CPU 停止工作(常见的情况是进入低功耗模式)，通信接口仍然能正常地收发数据。

程序开发人员在进行接口设备程序的设计时，也许最为直接的想法，就是"通信接口接收到一个数据→CPU 进行数据处理→接收下一个数据……"。对比主控 CPU 来说，通信接口设备往往是一个很高速的设备。这样上述思路就会遭遇到一种情况，即接收到一个数据后，CPU 还未来得及处理完毕，下一个数据就来了，这样就产生了一次数据丢失。随着程序运行时间的延长，丢失的数据就会持续增加。但实际应用中，传输线上的数据流都有一个特点，即数据总是一段一段地被传输的(用常见的名词表达叫"帧")，而不会随着时间的推移持续地涌入。这样就允许 CPU 在遇到这种情况的时候，可以先将数据接收暂存起来，利用没有接收到数据的时间间隙里进行数据处理的工作。现实程序开发中经常使用环形缓冲来支持 CPU 的这种工作机制。

本节来讲述如何针对 STM32 的 USART 接口设备设计一个环形的缓冲区。环形缓冲区的核心代码如下(注释表示行号)：

程序清单 6.6.1

```
#define BUFFERMAX       256                                   /* 1 */
static u8 UsartBuffer[BUFFERMAX];                              /* 2 */
static u8 BufferWptr = 0;                                      /* 3 */
```

```
static u8 BufferRptr = 0;                                       /* 4 */
/* 函数名      : BufferWrite
 * 函数描述    : 缓冲区写函数(由通信接口接收中断服务调用)
 * 输入参数    : 无
 * 输出结果    : 无
 * 返回值      :无 */
void BufferWrite(void)
{
    if(BufferWptr == (BufferRptr - 1))                          /* 5 */
    {
        return;                                                 /* 6 */
    }
    UsartBuffer[BufferWptr] = USART_ReceiveData(USART1);        /* 7 */
    BufferWptr ++ ;                                             /* 8 */
    BufferWptr = BufferWptr % BUFFERMAX;                        /* 9 */
}
/* 函数名      : BufferRead              * 输出结果   : 无
 * 函数描述    : 缓冲区读函数            * 返回值     : 0—无数据,1—有数据   */
 * 输入参数    : data,待存放读出数据的内存空间地址
u8 BufferRead(u8 * data)
{
    if(BufferRptr == BufferWptr)                                /* 10 */
    {
        return 0;                                               /* 11 */
    }
    * data =  UsartBuffer[BufferRptr];                          /* 12 */
    BufferRptr ++ ;                                             /* 13 */
    BufferRptr = BufferRptr % BUFFERMAX;                        /* 14 */
    return 1;                                                   /* 15 */
}
```

对程序清单 6.6.1 进行逐一解释。

① 首先是程序定义部分。

第 1 句:定义将要开辟的缓冲区的大小,在此定义为 256(字节)。

第 2 句:开辟一片大小为 256 字节的缓冲区,供串口设备接收数据暂存使用。

第 3 句:定义一个字节变量作为缓冲区写指针。

第 4 句:定义一个字节变量作为缓冲区读指针。

② 然后是缓冲区写函数 BufferWrite。

第 5 句:此句的功能是判断缓冲区是否处于“已写满”的状态,下文会给出解释。

第 6 句:缓冲区已写满,函数返回。

第 7 句:缓冲区未满,读出串口设备接收到的数据,并存放在缓冲区里,存放位置由缓冲区写指针 BufferWptr 确定。

第 8 句:更新缓冲区写指针 BufferWptr。

第 9 句:将缓冲区写指针的 BufferWptr 最大值和最小值对接,形成环形,即该写

指针在[0:255]范围内依次循环变化。

③ 之后是缓冲区读函数 BufferRead。

第 10 句:判断缓冲区是否有数据。

第 11 句:缓冲区无数据,返回 0(表示无数据)。

第 12 句:缓冲区有数据,将缓冲区数据读出,读出位置由缓冲区读指针确定 BufferRptr。

第 13 句:更新缓冲区读指针 BufferRptr。

第 14 句:将缓冲区读指针 BufferRptr 的最大值与最小值对接,形成环形,即该写指针也在[0:255]范围内依次循环变化。

第 15 句:返回 1(表示已有数据读出)。

可以对程序清单 6.6.1 的几个重点配合程序的运行过程进行分析。首先当然要有数据写进缓冲区才会有数据能被读出来,因此率先对缓冲区进行存取的是 BufferWrite 函数。该函数主要功能为把串口接收到的数据写入缓冲区中,并更新写指针。而 BufferRead 函数则是读出缓冲区的数据,并更新读指针。缓冲区主要通过读/写指针的变化来指示缓冲区当前的读/写位置,并且由读/写指针的最大、最小值对接而形成了环形缓冲区。不难理解,读指针总是处在一种“追赶”写指针的状态。但由于缓冲区被设计成环形,当缓冲区写速度比读速度快时,随着时间的推移,最终会出现写指针比读指针整整快了一圈的情况(想象环形跑道上赛跑运动中运动员的套圈情形)。因此当这种读指针正好被写指针“套圈”时,就意为着缓冲区已被写满了,无法再写入新的数据。BufferWrite 函数的第 5、6 句正是针对这种情况而设的。同时这也说明了,读指针却不总是小于写指针的。因此判断缓冲区是否有数据,必须使用第 10 句的写法,而不能写成 if(BufferRptr < BufferWptr) {…},这是一个比较隐蔽的容易忽略的地方。但同时读者也应该想到,缓冲区保持在写满的状态,则不会将新接收到的数据保存,这样也是一种数据丢失的情况。

使用该环形缓冲的方法很简单,见程序清单 6.6.2,该实例的功能是使用 STM32 的 USART1 接收来自 PC 端的数据,并使用 USART2 回传给 PC。

程序清单 6.6.2

```
/**********************************************************
 * 文件名    : main.c
 * 作者      : Losingamong
 * 时间      : 08/08/2008
 * 文件描述  : 主函数
**********************************************************/
#include "stm32f10x.h"
#define BUFFERMAX   256
static u8 UsartBuffer[BUFFERMAX];
static u8 BufferWptr = 0;
static u8 BufferRptr = 0;
```

```
static void RCC_Configuration(void);
static void USART1_Configuration(void);
static void USART2_Configuration(void);
static void NVIC_Configuration(void);
static u8 BufferRead(u8 * data);
/* 函数名      : main                   * 输出结果   : 无
 * 函数描述    : main 函数              * 返回值     : 无 */
 * 输入参数    : 无
int main(void)
{
    u8 data = 0;
    u8 i = 0;
    RCC_Configuration();
    USART1_Configuration();
    USART2_Configuration();
    NVIC_Configuration();
    while(1)
    {
        if(BufferRead(&data))
        {
            USART_SendData(USART2, data);
            for(i = 0; i < 10; i++);          /* 加短延时,降低数据处理速度 */
        }
    }
}
/* 函数名      : BufferWrite                                    * 输出结果   : 无
 * 函数描述    : 缓冲区写函数(由串口接收中断服务调用)           * 返回值     : 无 */
 * 输入参数    : 无
void BufferWrite(void)
{
    if(BufferWptr == (BufferRptr - 1))
    {
        return;
    }
    UsartBuffer[BufferWptr] = USART_ReceiveData(USART1);
    BufferWptr++;
    BufferWptr = BufferWptr % BUFFERMAX;
}

/* 函数名      : BufferRead                        * 输出结果   : 无
 * 函数描述    : 缓冲区读函数                      * 返回值     : 0:无数据,1:有数据 */
 * 输入参数    : data,待存放读出数据的内存空间地址
u8 BufferRead(u8 * data)
{
    if(BufferRptr == BufferWptr)
    {
        return 0;
```

```
    }
     * data = UsartBuffer[BufferRptr];
    BufferRptr ++ ;
    BufferRptr = BufferRptr % BUFFERMAX;
    return 1;
}
/* 函数名     : RCC_Configuration
 * 函数描述   : 设置系统各部分时钟              * 输出结果  : 无
 * 输入参数   : 无                              * 返回值    : 无 */
void RCC_Configuration(void)
{
    {/* 本部分代码为 RCC_Configuration 函数内部部分代码,见附录 A 程序清单 A.1 */}
}
/* 函数名     : USART1_Configuration
 * 函数描述   : 设置 USART1                  * 输出结果   : 无
 * 输入参数   : 无                           * 返回值     : 无 */
void USART1_Configuration(void)
{
    USART_InitTypeDef USART_InitStructure;
    GPIO_InitTypeDef GPIO_InitStructure;
    RCC_APB2PeriphClockCmd(RCC_APB2Periph_GPIOA | RCC_APB2Periph_USART1, ENABLE);
    GPIO_InitStructure.GPIO_Pin = GPIO_Pin_9;
    GPIO_InitStructure.GPIO_Mode = GPIO_Mode_AF_PP;
    GPIO_InitStructure.GPIO_Speed = GPIO_Speed_50MHz;
    GPIO_Init(GPIOA , &GPIO_InitStructure);
    GPIO_InitStructure.GPIO_Pin = GPIO_Pin_10;
    GPIO_InitStructure.GPIO_Mode = GPIO_Mode_IN_FLOATING;
    GPIO_Init(GPIOA , &GPIO_InitStructure);
    USART_InitStructure.USART_BaudRate = 115200;
    USART_InitStructure.USART_WordLength = USART_WordLength_8b;
    USART_InitStructure.USART_StopBits = USART_StopBits_1;
    USART_InitStructure.USART_Parity = USART_Parity_No ;
    USART_InitStructure.USART_HardwareFlowControl = USART_HardwareFlowControl_None;
    USART_InitStructure.USART_Mode = USART_Mode_Rx | USART_Mode_Tx;
    USART_Init(USART1 , &USART_InitStructure);
    USART_ITConfig(USART1, USART_IT_RXNE, ENABLE);
    USART_Cmd(USART1 , ENABLE);
}
/* 函数名     : USART2_Configuration
 * 函数描述   : 设置 USART2                  * 输出结果   : 无
 * 输入参数   : 无                           * 返回值     : 无 */
void USART2_Configuration(void)
{
    GPIO_InitTypeDef GPIO_InitStructure;
    USART_InitTypeDef USART_InitStructure;
    RCC_APB2PeriphClockCmd(RCC_APB2Periph_GPIOA, ENABLE);
    RCC_APB1PeriphClockCmd(RCC_APB1Periph_USART2, ENABLE);
```

```
    GPIO_InitStructure.GPIO_Pin = GPIO_Pin_2;
    GPIO_InitStructure.GPIO_Mode = GPIO_Mode_AF_PP;
    GPIO_InitStructure.GPIO_Speed = GPIO_Speed_50MHz;
    GPIO_Init(GPIOA, &GPIO_InitStructure);
    GPIO_InitStructure.GPIO_Pin = GPIO_Pin_3;
    GPIO_InitStructure.GPIO_Mode = GPIO_Mode_IN_FLOATING;
    GPIO_Init(GPIOA, &GPIO_InitStructure);
    USART_InitStructure.USART_BaudRate = 115200;
    USART_InitStructure.USART_WordLength = USART_WordLength_8b;
    USART_InitStructure.USART_StopBits = USART_StopBits_1;
    USART_InitStructure.USART_Parity = USART_Parity_No;
    USART_InitStructure.USART_HardwareFlowControl = USART_HardwareFlowControl_None;
    USART_InitStructure.USART_Mode = USART_Mode_Rx | USART_Mode_Tx;
    USART_Init(USART2, &USART_InitStructure);
    USART_Cmd(USART2, ENABLE);
}
/* 函数名    : NVIC_Configuration
 * 函数描述  : 设置 NVIC 参数                * 输出结果  : 无
 * 输入参数  : 无                            * 返回值    : 无 */
void NVIC_Configuration(void)
{
    NVIC_InitTypeDef NVIC_InitStructure;
    NVIC_PriorityGroupConfig(NVIC_PriorityGroup_0);
    NVIC_InitStructure.NVIC_IRQChannel = USART1_IRQChannel;
    NVIC_InitStructure.NVIC_IRQChannelPreemptionPriority = 0;
    NVIC_InitStructure.NVIC_IRQChannelSubPriority = 0;
    NVIC_InitStructure.NVIC_IRQChannelCmd = ENABLE;
    NVIC_Init(&NVIC_InitStructure);
}
/*****************************************************************
 * 文件名    : stm32f10x_it.c
 * 作者      : Losingamong
 * 时间      : 08/08/2008
 * 文件描述  : 中断服务函数集合
*****************************************************************/
#include "stm32f10x_it.h"
extern void BufferWrite(void);
/* 函数名    : USART1_IRQHandler
 *函数描述   : USART1 中断服务函数               * 输出结果  : 无
 * 输入参数  : 无                                * 返回值    : 无 */
void USART1_IRQHandler(void)
{
     /* 判断 ORE 位是否为 SET 状态 */
     if(USART_GetFlagStatus(USART1, USART_FLAG_ORE) != RESET)
     {
         USART_ReceiveData(USART1);           /* 进行空读操作,目的是清除 ORE 位 */
     }
```

```
    if(USART_GetITStatus(USART1, USART_IT_RXNE) != RESET)
    {
        BufferWrite();/* 将接收到的数据写入缓冲 */
        USART_ClearITPendingBit(USART1, USART_IT_RXNE);
    }
}
```

先对程序清单 6.6.2 中一个地方加以说明。在 USART1 的中断服务函数中，首先对 ORE 标志位的判断后进行一次空读操作，目的是清除 ORE 位。实践表明，此举可以解决 STM32 的 USART 设备接收中断丢失的问题。

为了测试环形缓冲的功能，从 PC 端给 USART1 发送数据时，使用“帧”的形式：每帧共 50 字节，每秒发送 1 次，并且使用一个短延时降低 USART2 的数据发送速度。通过 PC 端的串口上位机软件可以看到，通过 USART2 回传到 PC 的数据与 PC 发送至 USART1 的数据在数量和内容上是完全一致的，同时 USART1 和 USART2 的收发时间并不完全同步。不难分析出 CPU 处理数据的速度（因为延时的存在）确实慢于 USART1 接收数据的速率，但并未有数据丢失的现象产生，所以环形缓冲区也起到了期望中的作用。

6.7 进阶文章 7：软件定时器的设计

定时器，顾名思义，是用来得到一个准确时间间隔的。定时器可以分为硬件定时器和软件定时器。几乎所有的微控制器上都配备了数量有限的硬件定时器，即控制器本身有专门实现定时的模块。硬件定时器的工作原理在所有的微控制器上几乎都是一样的：定时器在外部时钟提供的周期脉冲下进行计数工作，当计数工作到达用户指定的次数时，便提供一次中断触发来通知用户定时时间到——这个过程完全由微控制器内部的定时器硬件电路实现，不需要 CPU 进行干预。对比之下，软件定时器则需要 CPU 的介入来实现。实现软件定时器一般有两种方法：一种是纯粹依赖 CPU 指令的堆积实现；另一种是以硬件定时器产生的时间片为基准单位，CPU 基于这个基准单位进行累积来实现。很显然，硬件定时器的精度取决于驱动的时钟脉冲，一般情况下可以达到很高的精度（纳秒级），而软件定时器的实现由于引入了非硬件因素，精度必然有所下降。

嵌入式应用中，经常使用定时器进行定时，当定时时间到达之后执行预定的操作。一个具体的嵌入式系统可能有几个甚至数十个定时应用，而这些应用对定时器的精度、最大周期等要求往往都是不同的。比如使用定时器产生一个准确频率的方波是对定时精度比较高的应用，而使用定时器定时翻转一个用户指示灯以表示当前设备的工作状态，则对定时器精度的要求大为下降，此种情况下启用硬件定时器（特别是硬件定时器资源紧缺的情况下）无疑一种资源的浪费。毫无疑问，在一个具体的嵌入式系统中，硬件定时器和软件定时器配合使用，在性能和成本消耗上能有最好的结合点。本节将要讲述如何基于 STM32 微控制器的一个硬件定时器来建立软件定时器。建立过程如下所述。

① 软件定时器功能的定义:前文说到,嵌入式应用中,对定时器的使用模式一般是“定时时间到达后执行预定的操作”。这样可以首先定制出定时器的功能如下:定时时间可配置修改;定时时间到达后执行指定函数;可以选择定时器周期只运行单次还是循环运行。有了以上 3 点之后,就可以开始着手建立软件定时器了。

② 当前的嵌入式程序设计,在定义好模块程序的功能后,编写模块程序的第 1 步应该建立对应的. h 文件,将具体的函数、宏以及需要使用到的变量等先行声明,再继续后续的编写。因此,首先建立软件定时器模块程序的头文件 SoftTimer. h,如程序清单 6.7.1 所示(注释表示行号)。

程序清单 6.7.1

```
#ifndef __SOFTTIMER_H_                                              /* 1 */
#define __SOFTTIMER_H_                                              /* 2 */
#include "stm32f10x.h"                                              /* 3 */
#define TIMER_ONESHOT          0                                    /* 4 */
#define TIMER_PERIOD              1                                 /* 5 */
typedef struct __TIMER                                              /* 6 */
{
    u32 Timeoutcnt;
    u32 Timeout;
    void ( * Timeoutfuc)(void * parameter);
    void * Parameter;
    u8 Timerflag;
}Timer_typedef;
extern Timer_typedef TimerList[10];                                 /* 7 */
extern void TIMER_TimerInitialisation(void);                        /* 8 */
extern void TIMER_TimerStart(u8 TimerIdent,                         /* 9 */
                    u32 Timeout,
                    void ( * Timeoutfuc)(void * parameter),
                    void * parameter,
                    u8 flag);
extern void TIMER_Execute(void);                                    /* 10 */
#endif                                                              /* 11 */
```

从程序清单 6.7.1 已经可以看出该软件定时器的大体模型:

第 1 句:和第 2、11 句组成#ifndef…#define…#endif 预编译结构,防止该头文件被重复包含。

第 3 句:包含 STM32 库头文件 stm32f10x. h。

第 4 句:宏定义 TIMER_ONESHOT,下文将解释其应用。

第 5 句:宏定义 TIMER_PERIOD,同样在下文解释。

第 6 句:定义软件定时器结构体信息块,结构体各成员分别为:Timeoutcnt 表示定时器软件计数变量;Timeout 表示定时器单次定时周期;Timeoutfuc 是一个函数指针,用以存放定时时间到达之后所要执行的函数的入口;Timerflag 表示定时器将处于循环运行状态还是单次运行状态。

第 7 句:声明一个结构体数组,其各个元素是第 6 句所定义的结构体类型。

第 8 句:声明 TIMER_TimerInitialisation 函数,从名字可以看出,该函数将用于初始化软件定时器。

第 9 句:声明 TIMER_TimerStart 函数,该函数将启用一个软件定时器,其参数所表示的意义为:TimerIdent,软件定时器编号;Timeout,软件定时器定时时间;Timeoutfuc,软件定时器定时时间到达后所要执行的函数入口地址。

第 10 句:声明 TIMER_Execute 函数,该函数用以实现软件定时器的最终目的,即判断定时时间是否到达,并执行对应函数。

③ 建立软件定时器模块程序的主文件 SoftTimer.c,见程序清单 6.7.2。

程序清单 6.7.2

```
#include "SoftTimer.h"                                                  /* 1 */
static Timer_typedef TimerList[10];                                     /* 2 */
void TIMER_TimerInitialisation(void)
{
    u8 i = 0;
    TIM_TimeBaseInitTypeDef  TIM_TimeBaseStructure;                     /* 3 */
    TIM_DeInit(TIM2);                                                   /* 4 */
    RCC_APB1PeriphClockCmd(RCC_APB1Periph_TIM2, ENABLE);                /* 5 */
    TIM_TimeBaseStructure.TIM_Period = 2;                               /* 6 */
    TIM_TimeBaseStructure.TIM_Prescaler = 36000 - 1;                    /* 7 */
    TIM_TimeBaseStructure.TIM_ClockDivision = TIM_CKD_DIV1;             /* 8 */
    TIM_TimeBaseStructure.TIM_CounterMode = TIM_CounterMode_Up;         /* 9 */
    TIM_TimeBaseInit(TIM2, &TIM_TimeBaseStructure);                     /* 10 */
    TIM_SetAutoreload(TIM2, 2);                                         /* 11 */
    TIM_ARRPreloadConfig(TIM2, ENABLE);                                 /* 12 */
    TIM_ITConfig(TIM2, TIM_IT_Update, ENABLE);                          /* 13 */
    TIM_Cmd(TIM2, ENABLE);                                              /* 14 */
    for(i = 0; i < 10; i++)                                             /* 15 */
    {
        TimerList[i].Timeoutcnt = 1000001;                              /* 16 */
        TimerList[i].Timeout = 1000001;                                 /* 17 */
        TimerList[i].Timeoutfuc = (void*)0;                             /* 18 */
        TimerList[i].Parameter = (void*)0;                              /* 19 */
    }
}
void TIMER_TimerStart (u8 TimerIdent,u32 TimeOut,void (*Timeoutfuc)(void* parameter),
                    void* parameter,u8 flag)
{
    if(TimerIdent > 9)                                                  /* 20 */
    {
        return;                                                         /* 21 */
```

```
    }
    __disable_irq();                                                /* 22 */
    TimerList[TimerIdent].Timeoutcnt  = TimeOut;                    /* 23 */
    TimerList[TimerIdent].Timeout  = TimeOut;                       /* 24 */
    TimerList[TimerIdent].Timeoutfuc  = Timeoutfuc;                 /* 25 */
    TimerList[TimerIdent].Parameter  = parameter;                   /* 26 */
    TimerList[TimerIdent].Timerflag  = flag;                        /* 27 */
    __enable_irq();                                                 /* 28 */
}
void TIMER_Execute(void)
{
    u8 i = 0;                                                       /* 29 */
    for(i = 0; i < 10; i++)                                         /* 30 */
    {
        if((TimerList[i].Timeoutcnt != 0) && (TimerList[i].Timeoutcnt <= 1000000))

                                                                    /* 31 */
        {
            TimerList[i].Timeoutcnt--;                              /* 32 */
            if(TimerList[i].Timeoutcnt == 0)                        /* 33 */
            {
                if(TimerList[i].Timerflag != TIMER_PERIOD)          /* 34 */
                {
                    TimerList[i].Timeoutcnt  = 1000001;             /* 35 */
                }
                else
                {
                    TimerList[i].Timeoutcnt  = TimerList[i].Timeout; /* 36 */
                }
                TimerList[i].Timeoutfuc(TimerList[i].Parameter);    /* 37 */
}   }   }   }
```

对程序清单 6.7.2 进行解析。

① 首先是文件头部。

第 1 句:包含第 2 步已经建立好的软件定时器头文件 SoftTimer.h。

第 2 句:定义一个类型结构体数组,该数组有 10 个元素,每个元素类型为已经在 SoftTimer.h 声明的 Timer_typedef 类型,此处实际上是定义了 10 个软件定时器。

② TIMER_TimerInitialisation 函数内部。

第 3~14 句:这部分为配置 STM32 的通用定时器 2,产生 1 ms 的周期性中断请求,并启用自动重装载特性。

第 15~19 句:这部分为初始化第 2 句所定义的各个软件定时器信息块,其中 Timeoutcnt 和 Timeout 都写入 1000001,下文将解释为何这样写入。

③ TIMER_TimerStart 函数内部。

第 20 句:首先判断定时器编号是否大于 9(因为定义好的软件定时器个数为 10

个)。

第 21 句:函数传入的定时器编号形参非法,函数返回。

第 22 句:首先使用关闭总中断的操作来进入临界区。

第 23～27 句:此部分语句将函数传入的形参保存至指定的软件定时器信息块中。

第 28 句:开启总中断,离开临界区。

④ TIMER_Execute 函数内部。

第 29 句:定义一个局部变量 i 待用。

第 30 句:将进行 10 次 for 循环。

第 31 句:首先判断编号为 i 的软件定时器信息块的当前计数值是否位于 0～1 000 000 范围内,是则满足 if 条件,进入 if 内部。

第 32 句:编号为 i 的软件定时器信息块当前计数值减 1。

第 33 句:判断编号为 i 的软件定时器是否到达定时时间,是则满足 if 条件,进入 if 内部。

第 34～36 句:判断编号为 i 的定时器为循环工作状态(头文件 SoftTimer. h 的宏定义 TIMER_PERIOD)还是单次工作状态(头文件 SoftTimer. h 的宏定义 TIMER_ONESHOT),并相应对其当前计数值作修改。

第 37 句:执行编号为 i 的定时器定时时间到达后所要求执行的函数。

从上述的注释中可以轻易看出,该软件定时器模块程序中通过定义一个结构体数组作为数个软件定时器信息块的集合,把所有关于软件定时器的信息都包含在内。明显,该数组的元素个数就是可用的软件定时器的个数。而软件定时器的最大计数时间为 1 000 000 次硬件定时器的中断周期,在上述程序中配置 STM32 的定时器 2 产生 1 ms 的周期中断,即表示该定时器的最大定时时间是 1 000 000 ms,即 1 000 s。这样使用该软件定时器的方法就相当简单了。下面给出几个应用示例,其功能是使用上述软件定时器模块程序以不同的频率闪烁 4 个发光二极管(部分常用函数不再给出实现过程)。

程序清单 6.7.3 每隔 1 s 变化 GPIOA. 4 引脚上的发光二极管状态

```
#include "stm32f10x.h"
#include "timer.h"
static void RCC_Configuration(void);
static void LED_Configuration(void);
static void NVIC_Configuration(void);
static void LED0_Toggle(void* para);
int main(void)
{
    RCC_Configuration();                /* 初始化 RCC 寄存器组 */
    LED_Configuration();                /* 初始化相应的 GPIO */
    TIMER_TimerInitialisation();        /* 初始化软硬件定时器 */
```

```
    NVIC_Configuration();              /* 配置 NVIC 寄存器组 */
    /* 参数 1:启用软件定时器 0;参数 2:1 000 ms 定时大小;参数 3:定时时间到达后调用
       LED0_Toggle 函数;参数 4:调用 LED0_Toggle 函数时传递的参数指针为(void *)0
       (即不传递参数);参数 5:TIMER_PERIOD */
    TIMER_TimerStart(0, 1000, LED0_Toggle, (void *)0, TIMER_PERIOD);
    while(1);
}
/* 函数描述 :LED 翻转函数,LED 连接于 GPIOA.4 引脚 */
void LED0_Toggle(void * para)
{
GPIO_WriteBit( GPIOA, GPIO_Pin_4, (BitAction)(1 - GPIO_ReadOutputDataBit(GPIOA, GPIO
_Pin_4)));
}
/* 函数描述 :定时器中断服务函数 */
void TIM2_IRQHandler(void)
{
    if(TIM_GetITStatus(TIM2, TIM_IT_Update) ! = RESET)
    {
        TIMER_Execute();
        TIM_ClearITPendingBit(TIM2, TIM_IT_Update);
    }
}
```

程序清单 6.7.3 展示了如何使用软件定时器定时翻转一个发光二极管,值得注意的地方是 TIMER_TimerStart 函数必须要填入一个地址信息,这个地址可以用来传递参数给被调用函数,因此被调用函数的参数必须是 void * para,使用这样的形式使得函数可以接受任何类型、任何数量的参数,程序清单 6.7.4 展示了需要给被调用函数传递参数的情况。

程序清单 6.7.4 每隔 100 ms 给看门狗喂狗,喂狗值为 0x50

```
#include "stm32f10x.h"
#include "timer.h"
static void RCC_Configuration(void);
static void WatchDogfeet(void * para);
static void NVIC_Configuration(void);
static void WatchDogfeet(void * para);
int main(void)
{
    u8 i = 0x50;
    RCC_Configuration();               /* 初始化 RCC 寄存器组 */
    WatchDogfeet ();                   /* 初始化相应的看门狗 */
    TIMER_TimerInitialisation();       /* 初始化软硬件定时器 */
    NVIC_Configuration();              /* 配置 NVIC 寄存器组 */
    /* 参数 1:启用软件定时器 0;参数 2:1 000 ms 定时大小;参数 3:定时时间到达后调用
       WatchDogfee 函数;参数 4:调用 LED0_Toggle 函数时传递的参数指针为 &i;参数 5:
       TIMER_PERIOD */
    TIMER_TimerStart(0, 100, WatchDogfeet, &i, TIMER_PERIOD);
```

```
    while(1);
}
/* 函数描述：看门狗喂狗函数 */
void WatchDogfeet(void* para)
{
    u8 i = *((u8*)para);    /* 取出传递进来的参数,注意先要经过一次类型转换 */
    WWDG_SetCounter(i);
    WWDG_ClearFlag();
}
/* 函数描述：定时器中断服务函数 */
void TIM2_IRQHandler(void)
{
    /* 同程序清单 6.7.3 */
}
```

至此总结一下该软件定时器模块的用法：首先需要根据硬件平台的要求建立周期性的定时器中断，然后在该定时器中断服务程序内调用 TIMER_Execute()函数；其次使用 TIMER_TimerStart 函数来启用软件定时器，其参数分别是定时器编号、定时时间、将要调用函数入口、传递给调用函数的参数列表地址、定时器工作模式，共 5 个参数；最后需要注意传递的参数从"非空指针类型(如程序清单 6.7.4 中的参数 &i)"→"空指针类型(如程序清单 6.7.4 中 WatchDogfeet 的形参 void* para)"→"非空指针类型(如程序清单 6.7.4 中 WatchDogfeet 的形参 void* para 最终被转换为(u8*))"这个过程的转换。

最后应该注意到，软件定时时间到达后所要调用的函数实际上是在硬件定时器中断服务函数里调用的，按照中断服务程序运行时间尽量短的原则，被调用的函数运行时间应该尽量短。除此之外，本节所建立起来的软件定时器模块仍然有改进的空间，例如可以将定时器个数、最大定时时间等信息使用宏定义，这样移植性和易用性可以得到进一步提升。

6.8 进阶文章 8：STM32 的 ISP 下载

对许多由 51 单片机转向 STM32 微控制器的初学者而言，开发的成本上升是一个比较明显的变化。51 单片机的开发多使用串口进行程序下载，所需要的耗材只是一根串口线和一个电平转换电路，这样成本甚至可以控制在 10 元以内。但转至 STM32 平台后，仿真调试器不仅发挥了重要的仿真调试作用，久而久之下载程序的任务也习惯地由仿真器完成了。如此一来，STM32 开发成本较 51 单片机有了很明显的上升，通常一个仿真调试器的价格就超过一个 51 单片机开发板的价格。同时，单纯仅就下载程序来使用仿真器有一个十分明显的缺点，即要依托具体的开发环境，并且下载程序的速度并不快。这样在对批量的 STM32 器件下载的时候，可谓耗时耗力。那 STM32 能不能像 51 单片机一样，使用简单的串口就能下载程序呢？

STM32 在设计之初就已经考虑到了这样的问题。每片 STM32 微控制器在出厂的时候都内置了一段称为 Bootloader 的引导程序(注意这个 Bootloader 和嵌入式操作系统领域的 Bootloader 如 u - boot 等并不完全同类),通过 STM32 外部的 BOOT 引脚的设置,可以在复位后启动这段 Bootloader 程序。而 Bootloader 的最大用处,就是可以实现 STM32 的串口 ISP。

ISP 的全称是 In - System Programming(在线系统编程),是一种对微控制器进行编程的技术。支持 ISP 下载的微控制器内部都有相应的一段引导程序,通过这段程序与外部的 ISP 下载软件呼应,最终达到向微控制器内部的存储空间写入用户代码的目的。

先用一句话概括 STM32 的 ISP 过程:STM32 的 ISP 下载,是通过配置 BOOT 引脚的方式启动其内部的 Bootloader 程序,进而使用上位机的 ISP 编程软件通过 STM32 的 USART1 向 STM32 发送代码文件,最后达到向 STM32 的内部 Flash 存储空间烧写用户代码的过程。本节将分几个步骤详细讲述 STM2 的 ISP 下载过程。

(1) 配置 BOOT 引脚启动 STM32 内部的 Bootloader 程序

在 STM32 微控制器的官方参考文档可以找到对 STM32 启动方式的说明,见表 6.8.1。

表 6.8.1　STM32 启动模式

启动模式选择引脚		启动模式	说　明
BOOT1	BOOT0		
X	0	用户闪存存储器	用户闪存存储器被选为启动区域
0	1	系统存储器	系统存储器被选为启动区域
1	1	内嵌 SRAM	内嵌 SRAM 被选为启动区域

表 6.8.1 中灰色背景的一行,就是启动 STM32 的 Bootloader 程序的方法,具体方法为:将 BOOT1 引脚接地,BOOT0 引脚接 3.3 V 的高电平,然后进行一次复位操作,STM32 就启动了内部的 Bootloader 程序,或者称为“从 Bootloader 启动”了,如图 6.8.1 所示。

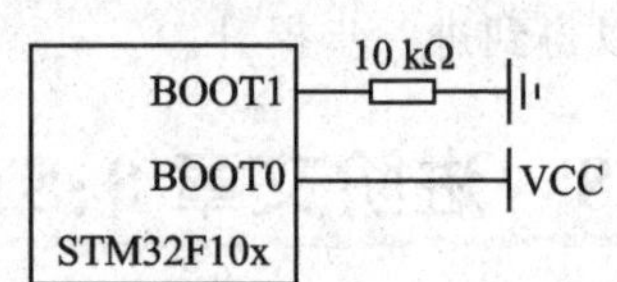

图 6.8.1　从 Bootloader 启动的 BOOT 引脚设置方法

(2) 获取. bin 或. hex 文件

若使用的是 Keil μVision4 开发环境,则需要在 STM32 的工程选项 Option for Target 的 Output 选项卡中选中 Create Hex File,如图 6.8.2 所示。

之后进行一次 Rebuild 就可以生成. hex 文件,从编译信息框中也可以看到相关提示,如图 6.8.3 所示。

得到. hex 文件后,可以使用 hex2bin 一类的软件转换得到. bin 文件。Keil μVision4 也有可以生成. bin 文件的方法,不过稍微复杂,还是使用第三方软件转换

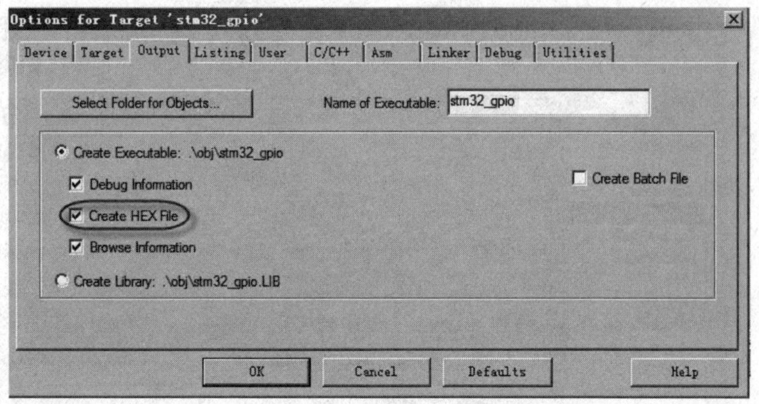

图 6.8.2　设置 Keil μVision4 生成.hex 文件

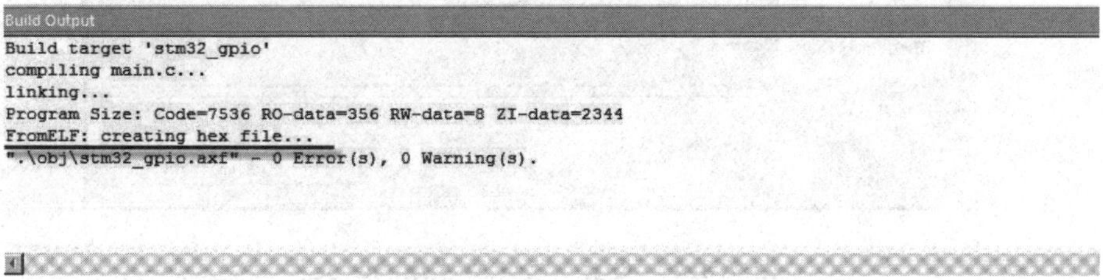

```
Build Output
Build target 'stm32_gpio'
compiling main.c...
linking...
Program Size: Code=7536 RO-data=356 RW-data=8 ZI-data=2344
FromELF: creating hex file...
".\obj\stm32_gpio.axf" - 0 Error(s), 0 Warning(s).
```

图 6.8.3　生成 hex 文件

更为简单方便。

若使用的是 IAR EWARM 开发环境，则找到 STM32 工程 Options for node 窗口下的 Output Converter 界面，选中 Generate additional output，在 Output format 下拉列表框中选择 Intel extended，并选中 Override default，然后在其下方文本框中填入将要生成的.hex 文件名，注意后缀名也要写入，如图 6.8.4 所示。

IAR EWARM 开发环境还支持直接生成.bin 文件，同图 6.8.4 不同的是，在 Output format 下拉列表框中选择 binary，然后在 Override default 文本框中填入将要生成的.bin 文件名，如图 6.8.5 所示。

设置完毕后，进行一次 Rebuild All 就可以在工程目录下得到.bin/.hex 文件。

(3) 获取 ISP 软件

ST 公司针对 STM32 的 ISP 下载功能开发了一款名为“Flash Loader Demo”的 ISP 软件，使用该软件可以对 STM32 进行 ISP 下载或擦除等操作。但作者在此推荐一款第三方的 ISP 软件 eisp，该软件完全免费，支持 STM32 的.hex/.sim 等文件格式的 ISP 下载，并且较“Flash Loader Demo”稳定性更好。首先从网上下载 eisp 软件，作者使用的是 eisp v0.5 版本。软件界面如图 6.8.6 所示。

可以看到，该软件界面十分简洁，只有几个需要用户关注的地方，只要从事电子开发的朋友都可以在几分钟内了解它的使用方法，不存在任何上手困难的问题。

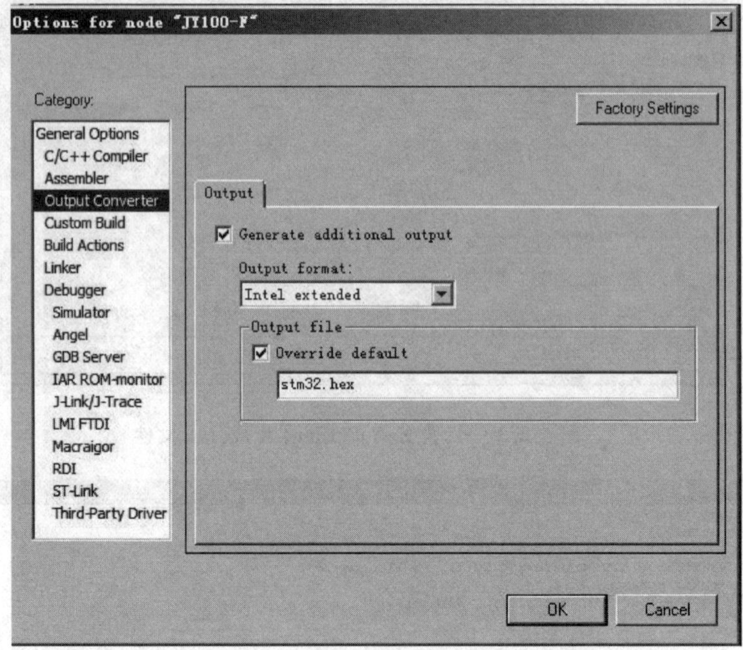

图 6.8.4　设置 EWARM 生成.hex 文件

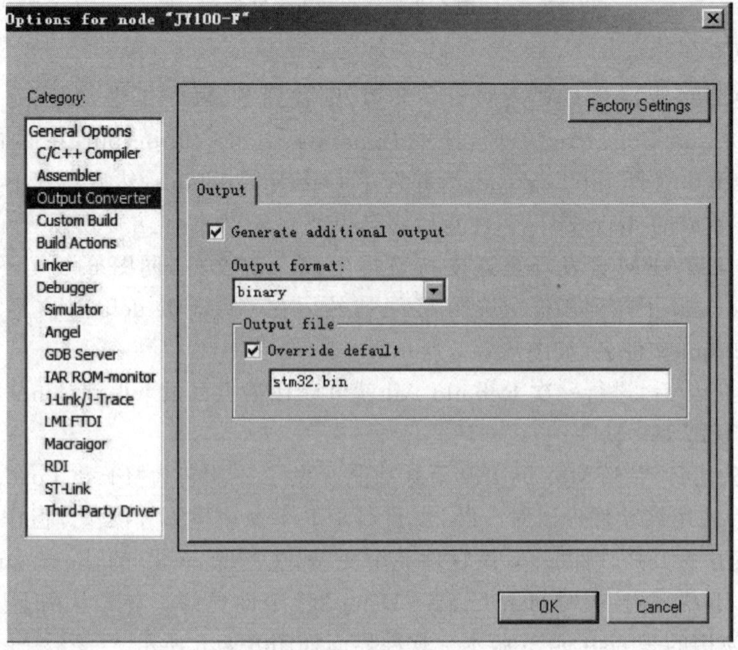

图 6.8.5　设置 EWARM 生成 bin 文件

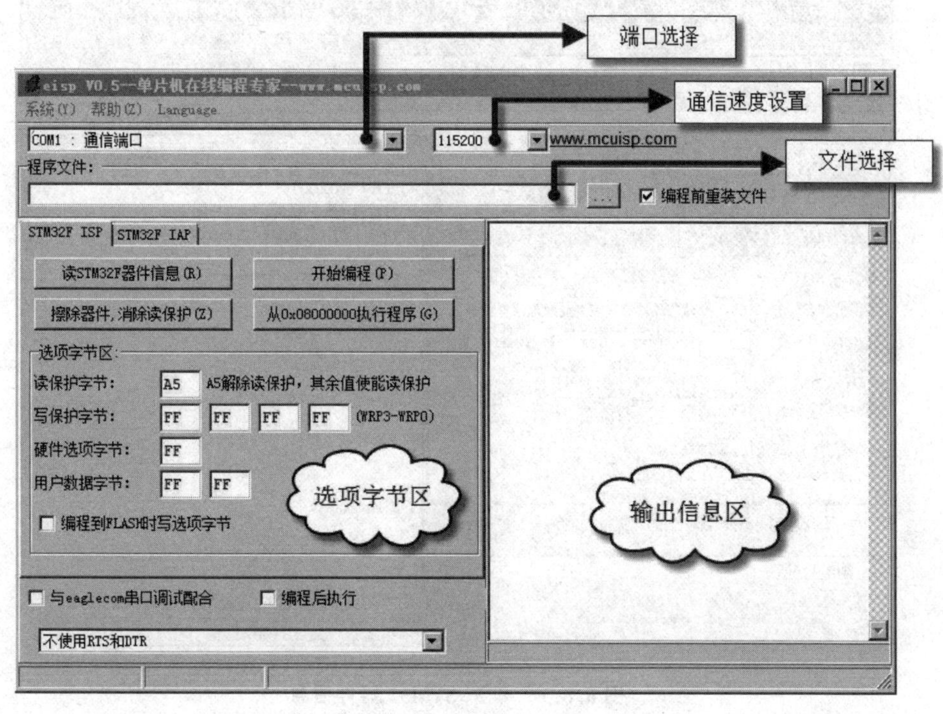

图 6.8.6 ISP 软件 eisp v0.5

(4) 开始 ISP 下载

有了上述准备后,就可以正式尝试对 STM32 进行 ISP 下载了。在将 STM32 的 BOOT 引脚设置好,并将 USART1 和 PC 端连接妥当之后,打开 eisp v0.5,将通信速率选为 9 600,后单击"读 STM32 器件信息",可以在右边的输出信息区看到相关的信息,如图 6.8.7 所示。

从图 6.8.7 可以看到,STM32 已经启动了内部 Bootloader 程序,并且 eisp 软件读出了 STM32 的一系列信息。这样表示 STM32 负责 ISP 下载的软硬件环节是正常的(Bootloader 和串口 1),可以继续进行后续的 ISP 下载。若此时提示"芯片超时无应答,无法链接",则表示链接失败,则请参考如下几点进行检查直至链接成功:

- BOOT 引脚的配置是否正确。
- 串口电路是否能正常工作。
- 尝试把 BOOT1 引脚的 10 kΩ 下拉电阻换成 0 Ω 电阻,即将 BOOT1 引脚直接和 GND 连接。
- 尝试降低通信速率。

链接成功后,先将事先备好的.hex 文件加载进入 eisp v0.5 中,作者加载的是一个名为 Led.hex 的文件,如图 6.8.8 所示。

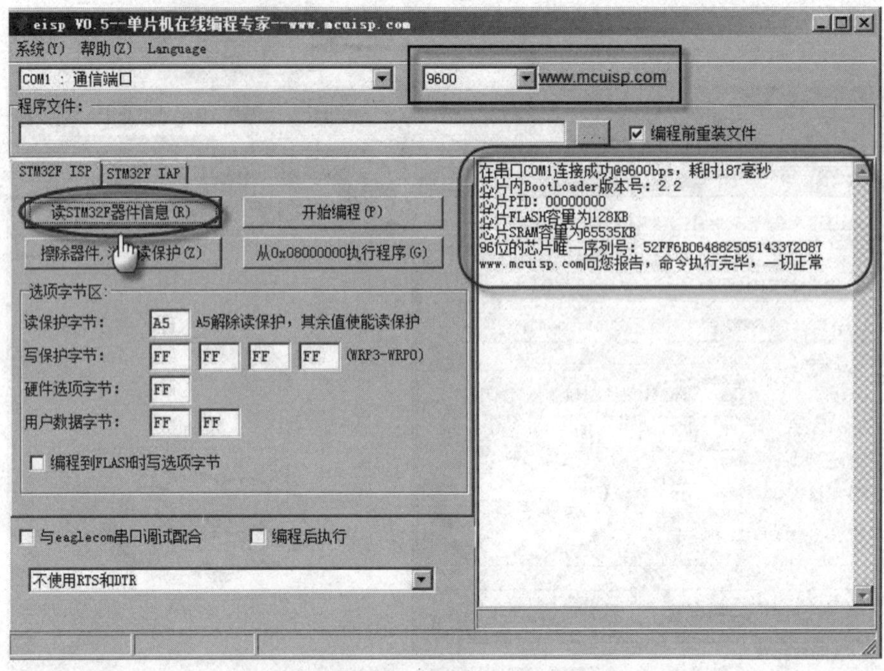

图 6.8.7　读取 STM32 器件信息

图 6.8.8　加载.hex 文件

加载完毕后，单击“开始编程”按钮即可启动 ISP 下载，eisp 的信息输出区提供了进度条和文字提示显示当前的 ISP 下载进度，如图 6.8.9 所示。

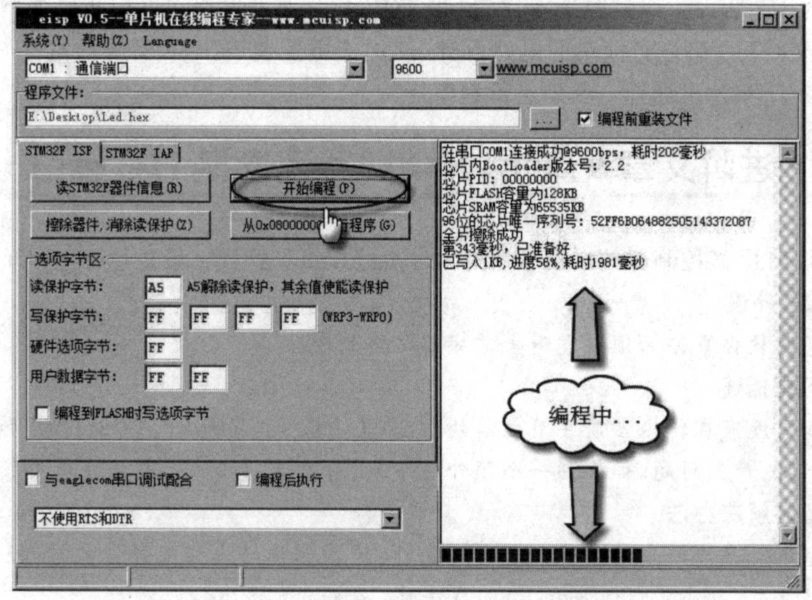

图 6.8.9 开始 ISP 下载

下载很快完成，完成后软件界面如图 6.8.10 所示。

图 6.8.10 ISP 下载完成

完成 ISP 下载后,将 BOOT 引脚重新设置为从“用户闪存存储器”启动的启动模式(参见表 6.8.1),然后对 STM32 进行一个复位操作即可运行通过 ISP 下载模式下载好的用户程序。纵观整个 STM32 的 ISP 过程,是非常简单同时也是非常实用的。若对 BOOT 引脚进行简单的电路设计(使用按键控制 BOOT 引脚的电平),STM32 就能像 51 单片机那样方便地进行程序烧写了。

6.9 进阶文章 9:使用 I/O 口实现模拟 I2C 接口

STM32 微控制器的勘误手册对 I2C 总线接口有这样一段描述:

I2C 外设

某些软件事件必须在发送当前字节之前处理

问题描述

如果没有在传输当前字节之前处理 EV7、EV7_1、EV6_1、EV2、EV8 和 EV3 事件,有可能产生问题,如收到一个额外的字节、两次读到相同的数据或丢失数据。

暂时解决办法

当不能在传输当前字节之前和改变 ACK 控制位送出相应脉冲之前,处理 EV7、EV7_1、EV6_1、EV2、EV8 和 EV3 事件时,建议如下操作:

① 使用 I2C 的 DMA 模式,除非作为主设备时只接收一个字节。

② 使用 I2C 的中断并把它的优先级设为最高级别,使得它不能被中断。

许多将 STM32 微控制器应用到实际项目中的开发人员发现,I2C 接口存在工作不稳定的现象,如经常出现传输失败或陷入死循环,原因如同于上述问题描述所指。而两个建议操作道出了天机:STM32 的硬件 I2C 时序不能被中断。

根据 ST 所给出的建议对 I2C 接口进行修改使用,确实可以避免这个问题。但若将 I2C 总线接口的中断优先级改至最高,那便意味着使用了 I2C 中断的嵌入式系统中,其余的中断服务将有可能被 I2C 中断所嵌套,这种“霸道”的处理办法很显然无法适用于所有的 I2C 总线应用场合。而若使用 I2C 的 DMA 模式,则会显著提升应用程序的开发难度,同时 I2C 接口的灵活性也大大降低。

使用 I/O 口来模拟 I2C 总线时序是一种很常见的做法。使用模拟时序的办法,对比于硬件 I2C 接口来说,在实时性和传输速度上会带来无法避免地下降,但 I2C 总线本身就不是一种速度很快的总线(最高为 400 kHz),同时也不需要具备很高的实时性能。相比之下,使用 STM32 的 I/O 口模拟 I2C 时序完全可以满足大部分场合的需求,并且移植性更佳,因此许多开发人员更倾向于使用模拟形式的 I2C 总线接口。

程序清单 6.9.1 使用 STM32 的 I/O 口实现 I2C 总线时序,可实现 I2C 接口器件读/写。

程序清单 6.9.1

```
/*****************头文件"iic.h"***************/
#ifndef __IIC_H_
#define __IIC_H_
#include "stm32f10x.h"
#define SPEED                                /* ① 速度参数 */
#define SCL_PIN                              /* ② SCL 线引脚 */
#define SDA_PIN                              /* ③ SDA 线引脚 */
#define SCL_PORT                             /* ④ SCL 线端口 */
#define SDA_PORT                             /* ⑤ SDA 线端口 */
#define SCL_PORT_RCC_CLOCK                   /* ⑥ SCL 端口设备时钟 */
#define SDA_PORT_RCC_CLOCK                   /* ⑦ SDA 端口设备时钟 */
#define SCL_H                        GPIO_SetBits(SCL_PORT, SCL_PIN)
#define SCL_L                        GPIO_ResetBits(SCL_PORT, SCL_PIN)
#define SDA_H                        GPIO_SetBits(SDA_PORT, SDA_PIN)
#define SDA_L                        GPIO_ResetBits(SDA_PORT, SDA_PIN)
#define SDA_read                     GPIO_ReadInputDataBit(SDA_PORT, SDA_PIN)
extern void IIC_Init(void);
extern bool IIC_BurstWrite(u8* buffer, u8 length, u16 addr, u8 hwAddress);
extern bool IIC_BurstRead(u8* buffer, u8 length, u16 addr, u8 hwAddress);
static void IIC_delay(void);
static bool IIC_Start(void);
static void IIC_Stop(void);
static void IIC_Ack(void);
static void IIC_NoAck(void);
static bool IIC_WaitAck(void);
static void IIC_SendByte(u8 SendByte);
static u8 IIC_ReceiveByte(void);
#endif
/*****************头文件"iic.h"结束***************/
/*****************主文件"iic.c"***************/
#include "iic.h"
/* 函数名    : IIC_Init
 * 函数描述  : 初始化 I2C 总线硬件部分         * 输出结果  : 无
 * 输入参数  : 无                              * 返回值    : 无 */
void IIC_Init(void)
{
    GPIO_InitTypeDef  GPIO_InitStructure;
    RCC_APB2PeriphClockCmd(SCL_PORT_RCC_CLOCK | SDA_PORT_RCC_CLOCK , ENABLE);
    GPIO_InitStructure.GPIO_Pin = SCL_PIN;
    GPIO_InitStructure.GPIO_Speed = GPIO_Speed_50MHz;
    GPIO_InitStructure.GPIO_Mode = GPIO_Mode_Out_OD;
    GPIO_Init(SCL_PORT, &GPIO_InitStructure);
    GPIO_InitStructure.GPIO_Pin = SDA_PIN;
    GPIO_InitStructure.GPIO_Speed = GPIO_Speed_50MHz;
    GPIO_InitStructure.GPIO_Mode = GPIO_Mode_Out_OD;
    GPIO_Init(SDA_PORT, &GPIO_InitStructure);
```

```
}
/* 函数名      : IIC_BurstWrite
 * 函数描述    : I2C 总线连续写函数
 * 输入参数    : buffer,指针类型,指向待写入数据的存储地址;length,待写入数据的
 *              个数 addr,从器件的存储地址;hwAddress,从器件的硬件地址
 * 输出结果    : 无
 * 返回值      : FALSE,写入失败;TRUE,写入成功 */
bool IIC_BurstWrite(u8 * buffer, u8 length, u16 addr, u8 hwAddress)
{
    u8 i = 10;
    /* 产生起始条件 */
    if(!IIC_Start())
    {
        return FALSE; /* 起始条件产生失败,函数返回错误信息   */
    }
    IIC_SendByte(((addr & 0x0700) >> 7) | hwAddress & 0xFFFE); /* 写器件地址 */
    /* 等待应答 */
    if(!IIC_WaitAck())
    {
        /* 应答失败,产生结束条件,函数返回错误信息 */
        IIC_Stop();
        return FALSE;
    }
    IIC_SendByte((u8)(addr & 0x00FF)); /* 写器件存储地址 */
    IIC_WaitAck();                      /* 等待应答 */
    /* 发送数据,字节个数为参数 length */
    while(length--)
    {
        IIC_SendByte( * buffer);
        IIC_WaitAck();
        buffer++;
    }
    IIC_Stop();/* 产生结束条件 */
    /* 延时等待数据写入完毕,此延时无法省略 */
    while(i--) { IIC_delay(); }
    return TRUE; /* 写入数据完成,程序返回成功信息 */
}
/* 函数名      : IIC_BurstRead
 * 函数描述    : I2C 总线连续读函数
 * 输入参数    : buffer,指针类型,指向待存储读出数据的存储地址;length,待读出数据
 *              的个数 addr,从器件的存储地址;hwAddress,从器件的硬件地址
 * 输出结果    : 无
 * 返回值      : FALSE,读出失败;TRUE,读出成功 */
bool IIC_BurstRead(u8 * buffer, u8 length, u16 addr, u8 hwAddress)
{
    /* 产生起始条件 */
    if(!IIC_Start())
```

```
    {
        return FALSE; /* 起始条件产生失败,函数返回错误信息   */
    }
    IIC_SendByte(((addr & 0x0700) >> 7) | hwAddress & 0xFFFE);
                                            /* 写器件地址,准备进行写操作 */
    /* 等待应答 */
    if(!IIC_WaitAck())
    {
        /* 应答失败,产生结束条件,函数返回错误信息 */
        IIC_Stop();
        return FALSE;
    }
    IIC_SendByte((u8)(addr & 0x00FF)); /* 写器件存储地址 */
    IIC_WaitAck();                     /* 等待应答 */
    IIC_Start();                       /* 再次产生起始条件 */
    IIC_SendByte(((addr & 0x0700) >> 7) | hwAddress | 0x0001);
                                            /* 写器件地址,准备进行读操作 */
    IIC_WaitAck();/* 等待应答 */
    /* 开始读出数据,数据个数为参数 length */
    while(length)
    {
        *buffer = IIC_ReceiveByte();
        if(length == 1)
        {
            IIC_NoAck();
        }
        else
        {
            IIC_Ack();
        }
        buffer++;
        length--;
    }
    IIC_Stop();/* 产生结束条件 */
    return TRUE;
}
/* 以下部分程序见共享资料 */
static void IIC_delay(void)
static bool IIC_Start(void)
static void IIC_Stop(void)
static void IIC_Ack(void)
static void IIC_NoAck(void)
static bool IIC_WaitAck(void)
static void IIC_SendByte(u8 SendByte)
static u8 IIC_ReceiveByte(void)
/****************主文件"iic.c"结束***************/
```

下面给出一个使用范例,具体功能是对 EEPROM 器件 24C02 进行读/写。

① 首先根据硬环境修改头文件“iic. h”，作者的 24C02 器件使用 STM32 的 GPIOB. 6 连接 SCL 线，使用 GPIOB. 7 引脚连接 SDA 线，则将程序清单 6. 9. 1 中①～⑦处的宏定义做修改如下：

```
#define SPEED                          1000
#define SCL_PIN                        GPIO_Pin_6
#define SDA_PIN                        GPIO_Pin_7
#define SCL_PORT                       GPIOB
#define SDA_PORT                       GPIOB
#define SCL_PORT_RCC_CLOCK             RCC_APB2Periph_GPIOB
#define SDA_PORT_RCC_CLOCK             RCC_APB2Periph_GPIOB
```

注意到上述替换名为“SPEED”的宏的数值，表示该模拟 I2C 总线接口的速率，但没有具体的单位，该数值越大，速率越小。使用者要根据实际情况反复修改此数值以得到理想效果。

② 修改完毕后，就完成了该 I2C 模块的移植工作了，接下来只需要把该 I2C 模块加入具体的工程中，使用 IIC_Init 函数、IIC_BurstRead 函数和 IIC_BurstWrite 函数即可对 24C02 器件进行读/写了，见程序清单 6. 9. 2。

程序清单 6. 9. 2

```
#include "stm32f10x.h"
#include "iic.h"
u8 datawrite[5] = {0, 1, 2, 3, 4};
u8 dataread[5] = {0, 0, 0, 0, 0};
int main(void)
{
    /* 初始化模拟 I2C 物理层接口 */
    IIC_Init ();
    /* 操作硬件地址为 0xa0 的 24C02,从其 0x00 存储地址开始写入 5 个字节数据 */
    IIC_BurstWrite(datawrite, 5, 0x00, 0xa0);
    /* 操作硬件地址为 0xa0 的 24C02,从其 0x00 存储地址开始读出 5 个字节数据 */
    IIC_BurstRead(dataread, 5, 0x00, 0xa0);
    while(1);
}
```

可以看到这个模拟 I2C 接口模块具有很好的易用性和移植性，并只对外提供 3 个函数接口。使用该模块只需要根据实际的硬件环境，在头文件中将各个宏定义(程序清单 6. 9. 1 中①～⑦)改写补充，然后通过调用 IIC_Init 函数、IIC_BurstRead 函数和 IIC_BurstWrite 函数即可实现对 I2C 接口器件的读/写。

6. 10 进阶文章 10：高级调试端口 ITM

在本书的大部分实验章节中，都使用 UART 来协助将程序运行过程中的一些信息打印在串口调试软件上，由此来反映程序运行的状况。在需要对程序的运行情况进行跟踪的时候，在实际开发工作中，这是一种非常有用的做法，可以明显提升程序调试的效率，有时甚至成为程序员寻找代码 bug 的王牌杀手锏。我们已经知道，使用 UART 进行信息打印首先需要硬件的支持，也就是 UART＋RS232 电路，但在现实情况中——特别是在已经成型的产品上，却不一定都能具备这种条件，这样就没有办法打印程序信息了。

那如何来解决这个问题呢？ARM Cortex－M3 内核也许考虑到了程序员的这种需求，因此特地在内核中加入了称为 ITM 的调试组件，该调试组件可以通过标准的 JTAG 仿真调试器与上位机实现信息的交互。本节的主要内容，就是要讲述如何利用这个 ITM 调试组件来打造成可以打印信息的"调试利器"。

1. 硬件电路的连接

要启用 ITM 组件进行信息输出，首先要求 JTAG 的调试接口必须支持 SWD 模式。图 6.10.1 显示了当使用 JTAG 口对 STM32 进行调试时所应遵循的连线方式。事实上，它也是 ST 推荐的 STM32 与标准 JTAG 接口电路的连线。要支持 ITM 调试功能的实现，并不需要完全严格和图中电路保持一致，但至少要保证 STM32 和 JTAG 口的 nJTRST、JTDI 等 6 根连线连接齐全正确。

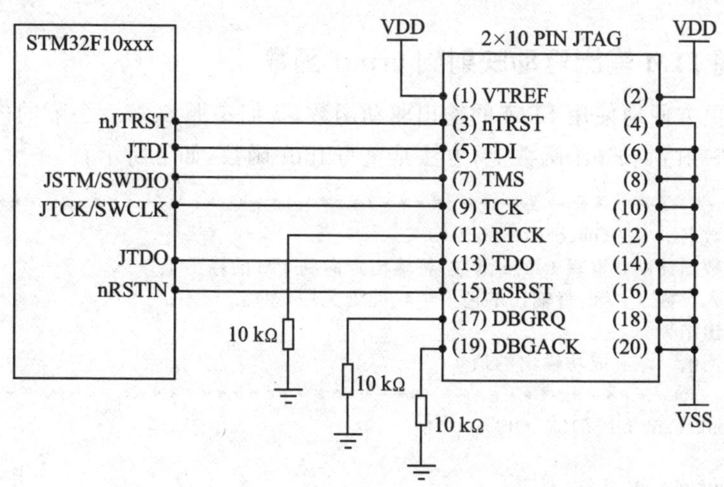

图 6.10.1　标准的 JTAG 接口电路

2. ITM 端口驱动

ITM 端口的驱动代码很简单，实现的核心是向一个寄存器写入一个字节数据即可。带程序注释的 ITM 驱动代码如下所示：

```
/************************************************************
*  文件名    : ITM.c
*  作者      : Losingamong
*  时间      : 08/08/2008
```

```
*  文件描述   : ITM 驱动文件
*****************************************************************/
/*  自定义参数宏                   -----------------------------------*/
#define ITM_Port8(n)      (*((volatile unsigned char *)(0xE0000000 + 4 * n)))
#define ITM_Port16(n)     (*((volatile unsigned short *)(0xE0000000 + 4 * n)))
#define ITM_Port32(n)     (*((volatile unsigned long *)(0xE0000000 + 4 * n)))
#define DEMCR             (*((volatile unsigned long *)(0xE000EDFC)))
#define TRCENA            0x01000000
/*****************************************************************
*  函数名     : ITM_SendByte              *  输出结果   : 无
*  函数描述   : ITM 端口输出函数          *  返回值     : 无
*  输入参数   : ch,待输出的字节
*****************************************************************/
void ITM_SendByte (u8 ch)
{
    if (DEMCR & TRCENA)                  /* 判断 ITM 是否启用 */
    {
        while (ITM_Port32(0) == 0);      /* 判断 ITM 是否处于可发送状态 */
        ITM_Port8(0) = ch;
    }
}
```

3. 将 ITM 输出驱动映射到 printf 函数

为了更方便地使用 ITM 的输出驱动函数,我们参照 5.4.7 小节的内容,将 ITM 输出函数映射到 printf 函数上,方法是重写 fput 函数,如下所示:

```
/*****************************************************************
*  函数名     : fputc
*  函数描述   : 重写 fputc 函数,将输出定向到 ITM 的输出上
*  输入参数   : ch,待输出的值      f,此处无用,忽略
*  输出结果   : 无
*  返回值     : 成功输出的值
*****************************************************************/
int fputc(int ch, FILE *f)
{
    ITM_SendByte (ch);
    return(ch);
}
```

4. 准备一段测试程序

就使用这句最简单的“hello,world”构成 main 函数的主要内容,代码如下:

```
/*****************************************************************
*  函数名     : main              *  输出结果   : 无
*  函数描述   : main 函数         *  返回值     : 无
*  输入参数   : 无
*****************************************************************/
```

```
#include "stm32f10x.h"
#include "stdio.h"
int main(void)
{
    printf("hello, world");
    while(1);
}
```

5. 如何启用 ITM 组件

(1) 在 Keil MDK 开发环境中搭建工程

在真正动手启用 ITM 组件之前，先在 Keil MDK 环境环境中建立 STM32 工程，并把本节第 2、3 部分中的代码整合进去。整合完毕后，工程的文件构成应该如表 6.10.1 所列。

表 6.10.1 ITM 实验工程文件组

文件组	包含文件	详 情
boot 文件组	startup_stm32f10x_md.s	STM32 的启动文件
cmsis 文件组	core_cm3.c	Cortex-M3 和 STM32 的板级支持文件
	system_stm32f10x.c	
user 文件组	main.c	用户应用代码

(2) 在 Keil MDK 开发环境开启 ITM 组件

① 准备配置文件 STM32DBG.ini。

在 Keil MDK 环境下启用 ITM 组件，方法是通过开发环境载入一个初始化文件，这个文件无具体命名要求，但必须是 *.ini 后缀。此处命名为 STM32DBG.ini 文件，具体内容如下：

```
/************************************************************
*  文件名      : STM32DBG.ini
*  作者        : Losingamong
*  时间        : 08/08/2008
*  文件描述    : Keil MDK 启用 ITM 配置文件
************************************************************/
FUNC void DebugSetup (void)
{
    _WDWORD(0xE0042004, 0x00000027);
    _WDWORD(0xE000ED08, 0x20000000);
}
DebugSetup();
```

② 将 STM32DBG.ini 在 Keil MDK 中加载。

将 STM32DBG.ini 文件放置在工程的根目录下后，将 Keil MDK 的工程配置界面中的 Debug 选项卡按图 6.10.2 所示进行设置即可，将 STM32DBG.ini 加载到开发环境中。

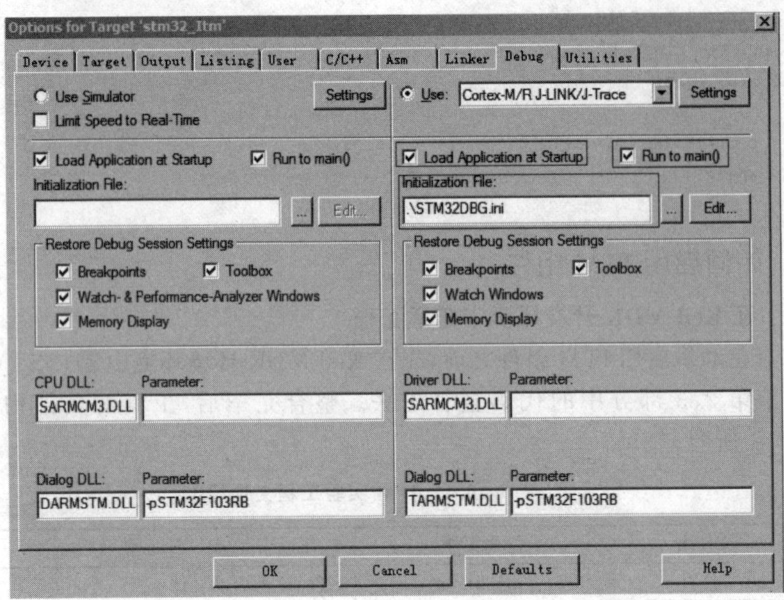

图 6.10.2　加载 STM32DBG. ini 文件

② 配置 JTAG 接口。

以 J－LINK 仿真器为例，首先将 J－LINK 仿真器与开发板连接好，然后按图 6.10.3所示将开发环境中的仿真器选项选为 Cortex－M/R J－LINK/J－Trace。

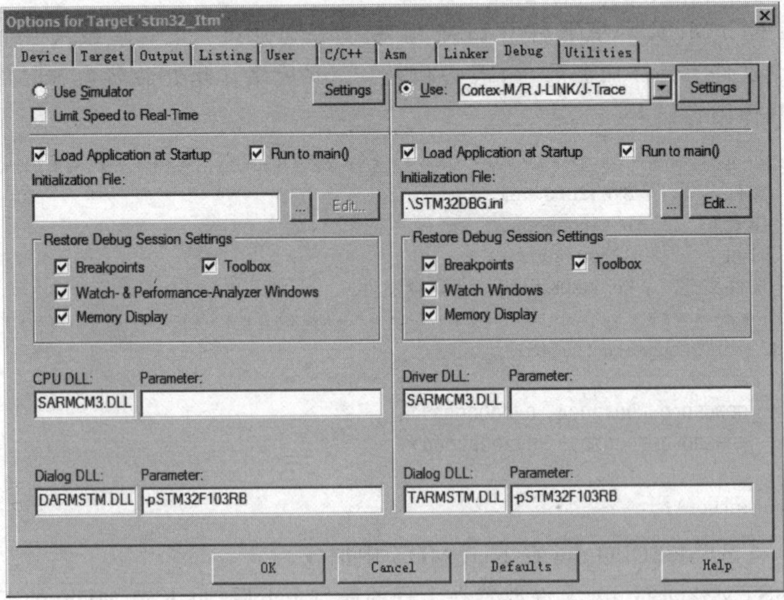

图 6.10.3　选择仿真器类型

单击图 6.10.3 中的 Setting 按钮，可以进入仿真器的设置页面，该页面共有 3 个选项卡，分别是 Debug、Trace 和 Flash Download。启用 ITM 相关的配置集中在 Debug 和 Trace 选项卡，依图 6.10.4 和图 6.10.5 所示进行各项设置。

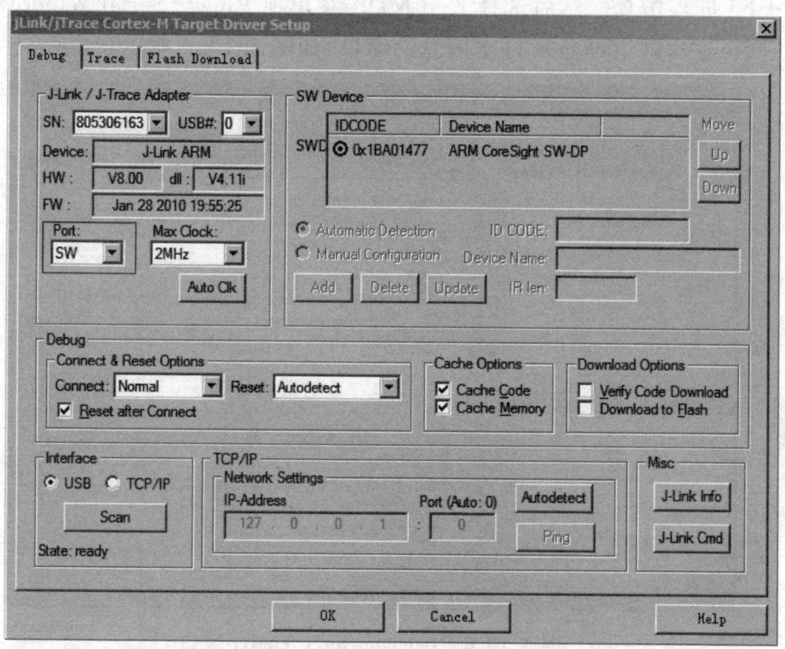

图 6.10.4 Debug 选项卡设置

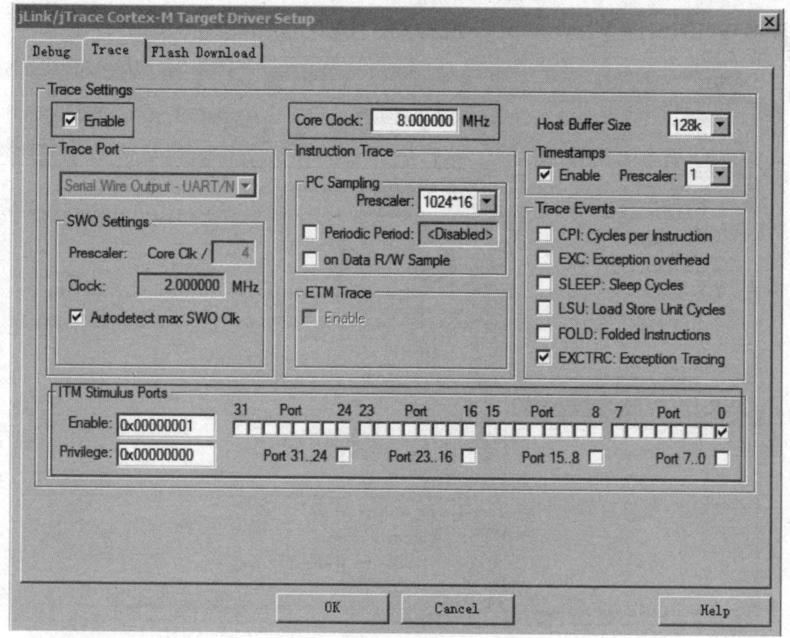

图 6.10.5 Trace 选项卡设置

6. 运行测试程序

至此启用 ITM 组件打印信息的所有准备工作就就绪了。将工程编译通过后,按下 Ctrl+F5 进入仿真。然后选择 Keil MDK 菜单项 View→Serial Windows→Debug (printf) Viewer,调出可显示打印信息的窗口,如图 6.10.6 所示。

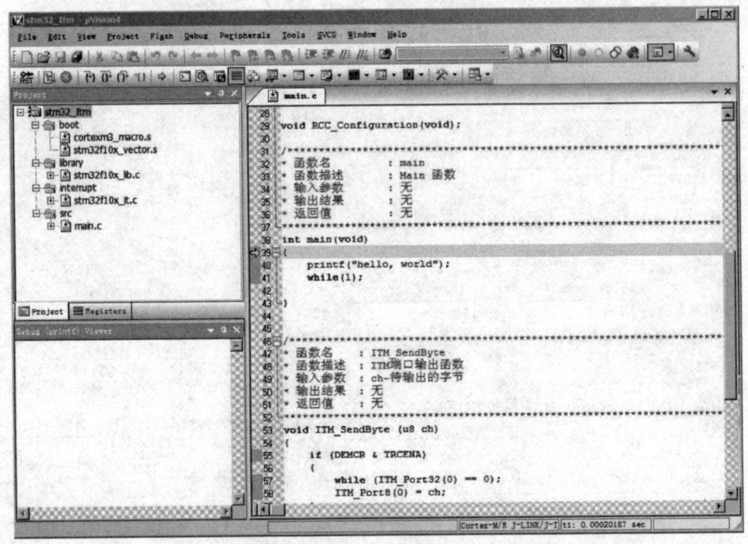

图 6.10.6　Debug(printf) Viewer 窗口

最后,按下 F7 键全速运行程序,就来到了本节内容的大结局:如图 6.10.7 所示,在 Debug(printf) Viewer 窗口内看到了预期的“hello,world”信息。

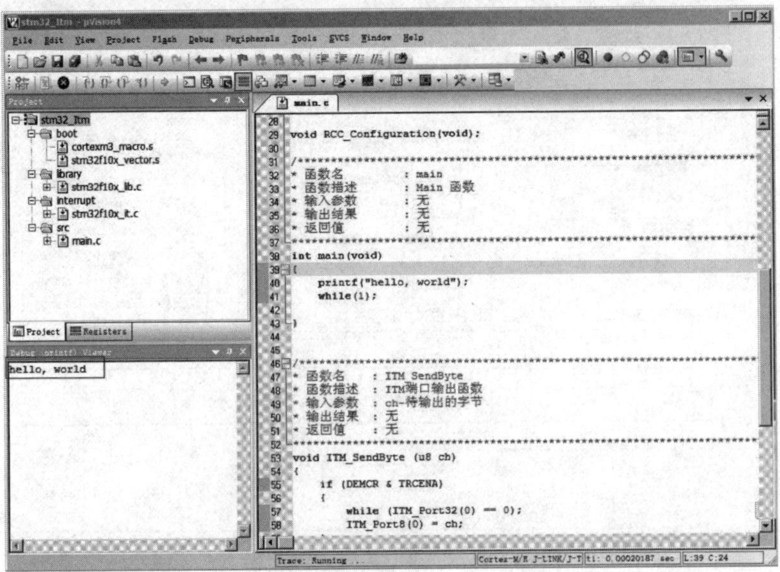

图 6.10.7　显示“hello,world”信息

第 7 章

综合性实例:STM32 的 IAP 方案

本章将引导读者进行本书第一个也是唯一一个综合性实例:STM32 的 IAP 方案。其内容涉及 GPIO、SysTick 定时器、USART、内置 Flash 控制器等设备的操作。IAP 是一种在行业内广泛应用的技术,利用 IAP 技术可以实现许多惊艳的应用。可以说,每个 STM32 开发人员,都应该掌握 IAP 这种高级技巧。

几乎所有的同类书籍都介绍综合性的应用示例,如"万年历+温度显示+闹钟响铃+计时表"实时时钟范例或"STM32+音频解码+大容量存储方案"MP3 播放器范例。这些综合性实例的目的在于引领读者进行综合性实验,达到把单片机的基础模块整合运用的目的。这些实例普遍存在一种共同点,即"练手"意义要大于"实用"的意义。本章将讲述一个 STM32 的综合性应用示例,该示例将涉及 STM32 微控制器的时钟系统、GPIO、定时器、中断系统、USART 以及内置可编程 Flash 等内外设备的应用,作为一个综合性实验的同时还具有很强的"实用"意义。这个示例就是 STM32 的 IAP 方案。

IAP(In - Application Programming),中文为"在应用程序中编程",它是一种通过微控制器的对外通信接口(如 USART、I2C、CAN、USB、以太网接口甚至是无线射频通道)对正在运行程序的微控制器进行内部程序更新的技术。这完全有别于 ICP 或者 ISP 技术:ICP(In - Circuit Programming)是通过在线仿真器对单片机进行程序烧写的技术,ISP 则是通过单片机内置的 Bootloader 程序引导的烧写的技术。无论是 ICP 还是 ISP,都需要有机械性的操作,如连接下载线、设置跳线帽等。若产品的电路板已经层层密封在外壳中,要对其进行程序更新无疑困难重重,若产品安装于狭窄空间等难以触及的地方,更是一场灾难。但若引入了 IAP 技术,则完全可以避免上述情况,而且若使用远距离或无线的数据传输方案,甚至可以实现远程编程和无线编程。这是 ICP 或 ISP 技术无法做到的。支持 IAP 技术的首要前提是必须是基于可重复编程闪存的微控制器。STM32 带有可编程的内置闪存,同时拥有在数量上和种类上都非常丰富的外设通信接口,因此在 STM32 上实现 IAP 技术完全可行。

IAP 技术的核心是一段预先烧写在单片机内部的 IAP 程序。这段程序主要负责与外部的上位机软件进行握手同步,然后通过外设通信接口将来自于上位机软件的程序数据接收后写入单片机内部指定的闪存区域,最后再跳转执行新写入的程序,达到了程序更新的目的。

在 STM32 微控制器上实现 IAP 程序之前,首先要回顾一下 STM32 的内部闪存组织架构和其启动过程。STM32 的内部闪存地址起始于 0x8000000,一般情况下,程序文件就从此地址开始写入。此外 STM32 是基于 Cortex-M3 内核的微控制器,其内部通过"中断向量表"来响应中断。STM32 上电后,首先从"中断向量表"取出复位中断向量,执行复位中断程序完成启动。而这个"复位中断向量"的入口地址存放于 0x8000004 地址空间中。当中断来临,STM32 的内部硬件机制也会自动将 PC 指针定位到"中断向量表"处,并根据中断源取出对应的中断向量执行中断服务程序。最后还需要知道关键的一点,通过修改 STM32 工程的链接脚本可以修改程序文件写入闪存的起始地址。

在 STM32 微控制器上实现 IAP 方案,除了 USART 通信、Flash 数据写入等常规操作外,还需注意 STM32 的启动过程和中断响应方式。图 7.1 显示了 STM32 常规的运行流程。

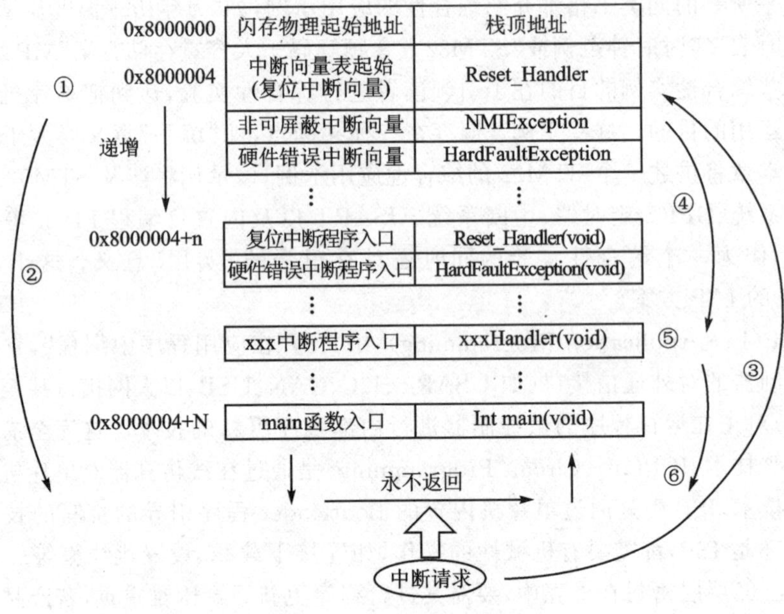

图 7.1　STM32 常规的运行流程

对图 7.1 解读如下:

- STM32 复位后,会从地址 0x8000004 处取出复位中断向量的地址,并跳转执行复位中断服务程序,如图 7.1 中标号①所示。
- 复位中断服务程序执行的最终结果是跳转至 C 程序的 main 函数,如图 7.1 中标号②所示,而 main 函数应该是一个死循环,是一个永不返回的函数。
- 在 main 函数执行的过程中,发生了一个中断请求,此时 STM32 的硬件机制会将 PC 指针强制指回中断向量表处,如图 7.1 中标号③所示。

- 根据中断源进入相应的中断服务程序，如图 7.1 中标号⑤所示。
- 中断服务程序执行完毕后，程序又返回至 main 函数中执行，如图 7.1 中标号⑥所示。

若在 STM32 中加入了 IAP 程序，则情况会如图 7.2 所示，对其解读如下：

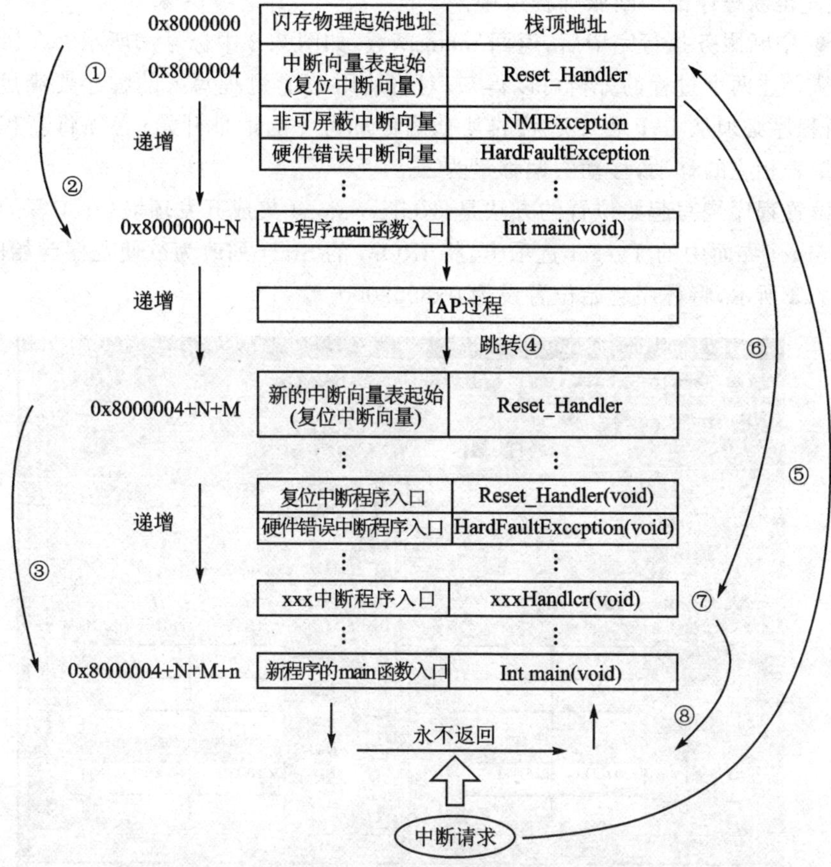

图 7.2　加入 IAP 程序后 STM32 的运行流程

- STM32 复位后，从地址 0x8000004 处取出复位中断向量的地址，并跳转执行复位中断服务程序，随后跳转至 IAP 程序的 main 函数，如图 7.2 中标号①、②所示。这个过程和图 7.1 相应部分是一致的。
- 执行完 IAP 过程后(STM32 内部多出了新写入的程序，图 7.2 中以灰色底纹表示，地址始于 0x8000004＋N＋M)跳转至新写入程序的复位向量表，取出新程序的复位中断向量的地址，并跳转执行新程序的复位中断服务程序，随后跳转至新程序的 main 函数，其过程如图 7.2 的标号③所示。新程序的 main 函数应该也具有永不返回的特性。同时应该注意在 STM32 的内部存储空间不同的位置上出现了 2 个中断向量表。

- 在新程序 main 函数执行的过程中,一个中断请求来临,PC 指针仍会回转至地址 0x8000004 中断向量表处,而并不是新程序的中断向量表,如图 7.2 中标号⑤所示。注意到这是由 STM32 的硬件机制决定的。
- 根据中断源跳转至对应的中断服务,如图 7.2 中标号⑥所示。注意此时跳转至新程序的中断服务程序中。
- 中断服务执行完毕后,返回 main 函数,如图 7.2 中标号⑧所示。

从上述两个过程的分析可以得知,对将使用 IAP 过程写入的程序要满足 2 个要求:新程序必须从 IAP 程序之后的某个偏移量为 x 的地址开始;必须将新程序的中断向量表相应的移动,移动的偏移量为 x。

设置程序烧写起始位置的方法是(Keil μvision4 集成开发环境)在工程的 Option for Target 界面中的 Target 选项卡,将 IROM 的 Start 列改为欲使程序起始的地方,如图 7.3 所示,将程序起始位置设为 0x8002000。

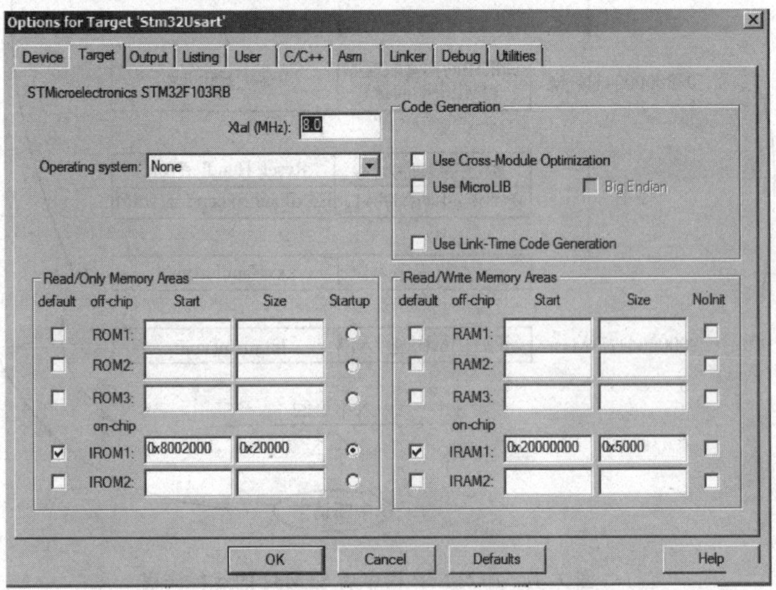

图 7.3　设置程序烧写镜像起始地址

将中断向量表移动的方法是在程序中加入函数:

```
void NVIC_SetVectorTable(u32 NVIC_VectTab, u32 Offset);
```

其中参数 NVIC_VectTab 为中断向量表起始位置,而参数 Offset 则为地址偏移量,如将中断向量表移至 0x8002000 处,则应调用该函数如下:

```
NVIC_SetVectorTable(0x8000000, 0x2000);
```

注意,此函数只会修改 STM32 程序中用于存储中断向量的结构体变量,而不会实质地改变中断向量表在闪存中的物理位置,详情请研究该程序原型。

有了以上准备后就可以着手设计一个 IAP 方案了，具体如下：

- STM32 复位后，利用一个按键的状态进行同步，按键按下时指将要进行 IAP 过程。
- IAP 过程中，通过上位机软件向 STM32 的 USART1 设备发送所要更新的程序文件，STM32 接收到数据后转而从 0x8002000 地址开始写入收到的数据。
- STM32 借助定时器来判断数据是否完全接收，完全接收后 IAP 过程结束。
- 再次复位后，跳转 0x8002004 地址开始运行新写入的程序。

程序清单如下：

```
/* 文件名   :main.c
 * 时间     : 08/08/2008
 * 作者     : Losingamong
 * 文件描述: 主函数
 */
#include "stm32f10x.h"
#define MAXBUFFER     512
#define IAPSTART      0x8002000
#define PAGESIZE      1024
#define TIMER_ONESHOT          0
#define TIMER_PERIOD           1
typedef struct __TIMER
{
    u32 Timeoutcnt;
    u32 Timeout;
    void ( * Timeoutfuc)(void * parameter);
    void * Parameter;
    u8 Timerflag;
}Timer_typedef;
static Timer_typedef TimerList[10];
static u8 UsartBuffer[MAXBUFFER];
static volatile u16 UsartWptr = 0;
static u16 UsartRptr = 0;
static u8 Timeout = 0;
typedef void ( * pFunction)(void);
pFunction Jump_To_Application;
static void RCC_Configuration(void);
static void UsartInit (void);
static void KeyInit (void);
static void NvicInit (void);
static u8 GetKey (void);
static u8 BufferRead (u8 * data);
static void FLASH_DisableWriteProtectionPages (void);
static void FlashProgram (void);
static void FlashProgramedata (u16 data);
static void FlashAllErase (void);
static void TIMER_TimerInitialisation(void);
```

```
int main(void)
{
    RCC_Configuration ();
    KeyInit ();
    if(!GetKey ())
    {
        GPIO_SetBits(GPIOA, GPIO_Pin_4);
        UsartInit ();
        TIMER_TimerInitialisation();
        NvicInit ();
        FlashAllErase ();
        FlashProgram ();
    }
    else
    {
        Jump_To_Application = (pFunction)( * (vu32 * ) (IAPSTART + 4));
        __set_MSP( * (vu32 * ) IAPSTART);
        Jump_To_Application();
    }
    GPIO_SetBits(GPIOA, GPIO_Pin_4);
    while(1);
}
void RCC_Configuration(void)
{
    ErrorStatus HSEStartUpStatus;
    RCC_DeInit();
    RCC_HSEConfig(RCC_HSE_ON);
    HSEStartUpStatus = RCC_WaitForHSEStartUp();
    if(HSEStartUpStatus == SUCCESS)
    {
        RCC_HCLKConfig(RCC_SYSCLK_Div1);
        RCC_PCLK2Config(RCC_HCLK_Div1);
        RCC_PCLK1Config(RCC_HCLK_Div2);
        FLASH_SetLatency(FLASH_Latency_2);
        FLASH_PrefetchBufferCmd(FLASH_PrefetchBuffer_Enable);
        RCC_PLLConfig(RCC_PLLSource_HSE_Div1, RCC_PLLMul_9);
        RCC_PLLCmd(ENABLE);
        while(RCC_GetFlagStatus(RCC_FLAG_PLLRDY) == RESET);
        RCC_SYSCLKConfig(RCC_SYSCLKSource_PLLCLK);
        while(RCC_GetSYSCLKSource() != 0x08);
    }
}
void KeyInit (void)
{
    GPIO_InitTypeDef GPIO_InitStructure;
    RCC_APB2PeriphClockCmd(RCC_APB2Periph_GPIOA, ENABLE);
    GPIO_InitStructure.GPIO_Pin = GPIO_Pin_0;
```

```
    GPIO_InitStructure.GPIO_Mode = GPIO_Mode_IN_FLOATING;
    GPIO_Init(GPIOA, &GPIO_InitStructure);
    GPIO_InitStructure.GPIO_Pin = GPIO_Pin_4;
    GPIO_InitStructure.GPIO_Mode = GPIO_Mode_Out_PP;
    GPIO_InitStructure.GPIO_Speed = GPIO_Speed_10MHz;
    GPIO_Init(GPIOA, &GPIO_InitStructure);
}
void UsartInit (void)
{
    USART_InitTypeDef USART_InitStructure;
    GPIO_InitTypeDef GPIO_InitStructure;
    RCC_APB2PeriphClockCmd(RCC_APB2Periph_USART1 | RCC_APB2Periph_GPIOA, ENABLE);
    GPIO_InitStructure.GPIO_Pin = GPIO_Pin_9;
    GPIO_InitStructure.GPIO_Mode = GPIO_Mode_AF_PP;
    GPIO_InitStructure.GPIO_Speed = GPIO_Speed_50MHz;
    GPIO_Init(GPIOA, &GPIO_InitStructure);
    GPIO_InitStructure.GPIO_Pin = GPIO_Pin_10;
    GPIO_InitStructure.GPIO_Mode = GPIO_Mode_IN_FLOATING;
    GPIO_Init(GPIOA, &GPIO_InitStructure);
    USART_InitStructure.USART_BaudRate = 4800;
    USART_InitStructure.USART_WordLength = USART_WordLength_8b;
    USART_InitStructure.USART_StopBits = USART_StopBits_1;
    USART_InitStructure.USART_Parity = USART_Parity_No;
    USART_InitStructure.USART_HardwareFlowControl = USART_HardwareFlowControl_None;
    USART_InitStructure.USART_Mode = USART_Mode_Rx | USART_Mode_Tx;
    USART_Init(USART1, &USART_InitStructure);
    USART_ITConfig(USART1, USART_IT_RXNE, ENABLE);
    USART_Cmd(USART1, ENABLE);
}
void NvicInit (void)
{
    NVIC_InitTypeDef NVIC_InitStructure;
    NVIC_PriorityGroupConfig(NVIC_PriorityGroup_1);
    NVIC_InitStructure.NVIC_IRQChannel = USART1_IRQn;
    NVIC_InitStructure.NVIC_IRQChannelPreemptionPriority = 0;
    NVIC_InitStructure.NVIC_IRQChannelSubPriority = 0;
    NVIC_InitStructure.NVIC_IRQChannelCmd = ENABLE;
    NVIC_Init(&NVIC_InitStructure);
    NVIC_InitStructure.NVIC_IRQChannel = TIM2_IRQn;
    NVIC_InitStructure.NVIC_IRQChannelPreemptionPriority = 1;
    NVIC_InitStructure.NVIC_IRQChannelSubPriority = 0;
    NVIC_InitStructure.NVIC_IRQChannelCmd = ENABLE;
    NVIC_Init(&NVIC_InitStructure);
}
u8 GetKey (void)
{
    return (GPIO_ReadInputDataBit(GPIOA, GPIO_Pin_0));
```

```
}
void BufferWrite (void)
{
    if(UsartWptr == (UsartRptr - 1))
    {
        return;
    }
    UsartBuffer[UsartWptr] = USART_ReceiveData(USART1);
    UsartWptr++;
    UsartWptr = UsartWptr % MAXBUFFER;
}
u8 BufferRead (u8 * data)
{
    u8 s = 0;
    if(UsartRptr == UsartWptr)
    {
        s = 0;
    }
    else
    {
        s = 1;
        * data = UsartBuffer[UsartRptr];
        UsartRptr++;
        UsartRptr = UsartRptr % MAXBUFFER;
    }
    return s;
}
void FlashProgramedata (u16 data)
{
    static u32 flashwptr = IAPSTART;
    FLASH_Unlock();
    FLASH_ClearFlag(FLASH_FLAG_EOP | FLASH_FLAG_PGERR | FLASH_FLAG_WRPRTERR);
    FLASH_ProgramHalfWord(flashwptr, data);
    flashwptr = flashwptr + 2;
    FLASH_Lock();
}
void FlashAllErase (void)
{
    u8 n = 0;
    FLASH_Unlock();
    FLASH_ClearFlag(FLASH_FLAG_EOP | FLASH_FLAG_PGERR | FLASH_FLAG_WRPRTERR);
    for(n = 8; n < 64; n++)
    {
        FLASH_ErasePage(0x8000000 + (n * PAGESIZE));
    }
    FLASH_Lock();
}
```

```
void FlashProgram (void)
{
    u8 Blocknum = 0;      //块,一块 4 页,1 页 1 KB
    u8 n = 0;
    u8 data = 0;
    u8 datalow = 0;
    u8 datahigh = 0;
    u32 UserMemoryMask = 0;
    Blocknum = (IAPSTART - 0x8000000) >> 12;
    UserMemoryMask = ((u32)(~((1 << Blocknum) - 1)));
    if((FLASH_GetWriteProtectionOptionByte() & UserMemoryMask) != UserMemoryMask)
    {
        FLASH_DisableWriteProtectionPages ();
    }
    while(1)
    {
        switch(n)
        {
        case 0:
            {
                if(BufferRead (&data))
                {
                    datalow = data;
                    n = 1;
                }
                else
                {
                    break;
                }
            }
        case 1:
            {
                if(BufferRead (&data))
                {
                    datahigh = data;
                    n = 0;
                    FlashProgramedata (((u16)(datalow)) | ((u16)(datahigh<<8)));
                }
                else if(Timeout)
                {
                    datahigh = 0xff;
                    n = 0;
                    FlashProgramedata (((u16)(datalow)) | ((u16)(datahigh<<8)));
                }
                break;
            }
        default:
```

```
                {
                    break;
                }
            }
            if(Timeout)
            {
                break;
            }
        }
}
void FLASH_DisableWriteProtectionPages (void)
{
    FLASH_EraseOptionBytes();
}
void TimerOutFlagSet (void * para)
{
    Timeout = 1;
}
void USART_UsartprintString (u8 * string)
{
    while(( * string) ! ='\0')
    {
        USART_SendData(USART1, * string);
        string + + ;
    }
}
static Timer_typedef TimerList[10];
void TIMER_TimerInitialisation(void)
{
    u8 i = 0;
    TIM_TimeBaseInitTypeDef  TIM_TimeBaseStructure;
    TIM_DeInit(TIM2);
    RCC_APB1PeriphClockCmd(RCC_APB1Periph_TIM2, ENABLE);
    TIM_TimeBaseStructure.TIM_Period = 2;//最大计数值,根据设定的分频,time = 1 即为 0.5 ms
    TIM_TimeBaseStructure.TIM_Prescaler = 36000 - 1;                    //分频 36 000
    TIM_TimeBaseStructure.TIM_ClockDivision = TIM_CKD_DIV1;         //时钟分割
    TIM_TimeBaseStructure.TIM_CounterMode = TIM_CounterMode_Up; //计数方向向上计数
    TIM_TimeBaseInit(TIM2, &TIM_TimeBaseStructure);
    TIM_SetAutoreload(TIM2, 2);
    TIM_ARRPreloadConfig(TIM2, ENABLE);
    TIM_ITConfig(TIM2, TIM_IT_Update, ENABLE);
    TIM_Cmd(TIM2, ENABLE);
    for(i = 0; i < 10; i + + )
    {
        TimerList[i].Timeoutcnt = 1000001;
        TimerList[i].Timeout = 1000001;
        TimerList[i].Timeoutfuc = (void * )0;
```

```
        TimerList[i].Parameter = (void * )0;
    }
}
void TIMER_TimerStart(u8 TimerIdent, u32 TimeOut, void ( * Timeoutfuc)(void * parame-
ter), void * parameter, u8 flag)
{
    if(TimerIdent > 9)
    {
        return;
    }
    __disable_irq();
    TimerList[TimerIdent].Timeoutcnt = TimeOut;
    TimerList[TimerIdent].Timeout = TimeOut;
    TimerList[TimerIdent].Timeoutfuc = Timeoutfuc;
    TimerList[TimerIdent].Parameter = parameter;
    TimerList[TimerIdent].Timerflag = flag;
    __enable_irq();
}
void TIMER_Execute(void)
{
    u8 i = 0;
    for(i = 0; i < 10; i++)
    {
        if((TimerList[i].Timeoutcnt != 0) && (TimerList[i].Timeoutcnt <=
            1000000))
        {
            TimerList[i].Timeoutcnt--;
            if(TimerList[i].Timeoutcnt == 0)
            {
                if(TimerList[i].Timerflag != TIMER_PERIOD)
                {
                    TimerList[i].Timeoutcnt = 1000001;
                }
                else
                {
                    TimerList[i].Timeoutcnt = TimerList[i].Timeout;
                }
                TimerList[i].Timeoutfuc(TimerList[i].Parameter);
            }
        }
    }
}
/***********************************************************
* 文件名     : stm32f10x_it.c
* 作者       : Losingamong
* 生成日期   : 14 / 09 / 2010
* 描述       : 中断服务程序
```

```
***********************************************************************/
/* 头文件    ----------------------------------------------------------*/
#include "stm32f10x.h"
/* 自定义宏  ----------------------------------------------------------*/
#define TIMER_ONESHOT         0
#define TIMER_PERIOD          1
/* 自定义函数声明 ------------------------------------------------------*/
extern void TimerOutFlagSet (void* para);
extern void BufferWrite (void);
extern void TIMER_Execute(void);
extern void TIMER_TimerStart(u8 TimerIdent, u32 TimeOut, void (*Timeoutfuc)(void*
parameter), void* parameter, u8 flag);
extern void TimerOutFlagSet (void* para);
/***********************************************************************
* 函数名   : TIM2_IRQHandler
* 输入参数 : 无
* 函数描述 : TIM2 中断服务函数
* 返回值   : 无
* 输入参数 : 无
***********************************************************************/
void TIM2_IRQHandler(void)
{
    if(TIM_GetITStatus(TIM2, TIM_IT_Update) != RESET)
    {
        TIMER_Execute();
        TIM_ClearITPendingBit(TIM2, TIM_IT_Update);
    }
}
/***********************************************************************
* 函数名   : TIM2_IRQHandler
* 输入参数 : 无
* 函数描述 : UART1 中断服务函数
* 返回值   : 无
* 输入参数 : 无
***********************************************************************/
void USART1_IRQHandler (void)
{
    if(USART_GetFlagStatus(USART1, USART_FLAG_ORE) != RESET)
    {
        USART_ReceiveData(USART1);
    }
    if(USART_GetITStatus(USART1, USART_IT_RXNE) != RESET)
    {
        TIMER_TimerStart(0, 200, TimerOutFlagSet, (void*)0, TIMER_ONESHOT);
        BufferWrite ();
        USART_ClearITPendingBit(USART1, USART_IT_RXNE);
    }
}
```

最后提出几点注意事项:

- 利用 IAP 写入的程序文件只能是.bin 格式文件,不能是.hex 格式文件。
- 向 STM32 发送程序文件时尽量慢一些,因为 STM32 的 Flash 编程速度往往跟不上通信外设接口的速度。
- 建议在 STM32 和上位机之间设计一套握手机制和出错管理机制,这样可以大幅提高 IAP 的成功率。
- 共享资料中的 IAP 工程具体运行现象为:按下连接于 GPIOA.0 引脚上的按键后对 STM32 进行复位操作,若连接于 GPIOA.4 引脚上的 LED 被点亮,则表示进入了 IAP 程序,等待从 USART1 接口传入欲更新的程序文件。程序文件更新完毕后,LED 被熄灭。此时再次对 STM32 进行复位,就开始运行新写入的程序了。

附录 A

常用程序

(1) 程序清单 A.1

```
ErrorStatus HSEStartUpStatus;                /* 定义枚举类型变量 HSEStartUpStatus */
RCC_DeInit();                                /* 复位系统时钟设置 */
RCC_HSEConfig(RCC_HSE_ON);                   /* 开启 HSE */
HSEStartUpStatus = RCC_WaitForHSEStartUp(); /* 等待 HSE 起振并稳定 */
/* 判断 HSE 起是否振成功,是则进入 if()内部 */
if(HSEStartUpStatus == SUCCESS)
{
    RCC_HCLKConfig(RCC_SYSCLK_Div1);    /* 选择 HCLK(AHB)时钟源为 SYSCLK 1 分频 */
    RCC_PCLK2Config(RCC_HCLK_Div1);     /* 选择 PCLK2 时钟源为 HCLK(AHB) 1 分频 */
    RCC_PCLK1Config(RCC_HCLK_Div2);     /* 选择 PCLK1 时钟源为 HCLK(AHB) 2 分频 */
    FLASH_SetLatency(FLASH_Latency_2); /* 设置 Flash 延时周期数为 2 */
    FLASH_PrefetchBufferCmd(FLASH_PrefetchBuffer_Enable); /* 使能 Flash 预取缓存 */
    /* 选择 PLL 时钟源为 HSE 1 分频,倍频数为 9,则 PLL = 8 MHz×9 = 72 MHz */
    RCC_PLLConfig(RCC_PLLSource_HSE_Div1, RCC_PLLMul_9);
    RCC_PLLCmd(ENABLE);                 /* 使能 PLL */
    while(RCC_GetFlagStatus(RCC_FLAG_PLLRDY) == RESET); /* 等待 PLL 输出稳定 */
    RCC_SYSCLKConfig(RCC_SYSCLKSource_PLLCLK); /* 选择 SYSCLK 时钟源为 PLL */
    while(RCC_GetSYSCLKSource()!= 0x08);/* 等待 PLL 成为 SYSCLK 时钟源 */
}
```

(2) 程序清单 A.2

```
USART_InitTypeDef USART_InitStructure; /* 定义 USART 初始化结构体 USART_InitStructure */
/* 定义 USART 初始化结构体 USART_ClockInitStructure */
USART_ClockInitTypeDef USART_ClockInitStructure;
/*  波特率为 9 600 bps
 *  8 位数据长度
 *  1 个停止位,无校验
 *  禁用硬件流控制
 *  禁止 USART 时钟
 *  时钟极性低
 *  在第 2 个边沿捕获数据
 *  最后一位数据的时钟脉冲不从 SCLK 输出 */
USART_ClockInitStructure.USART_Clock = USART_Clock_Disable;
USART_ClockInitStructure.USART_CPOL = USART_CPOL_Low;
USART_ClockInitStructure.USART_CPHA = USART_CPHA_2Edge;
```

```
USART_ClockInitStructure.USART_LastBit = USART_LastBit_Disable;
USART_ClockInit(USART1 , &USART_ClockInitStructure);
USART_InitStructure.USART_BaudRate = 9600;
USART_InitStructure.USART_WordLength = USART_WordLength_8b;
USART_InitStructure.USART_StopBits = USART_StopBits_1;
USART_InitStructure.USART_Parity = USART_Parity_No ;
USART_InitStructure.USART_HardwareFlowControl = USART_HardwareFlowControl_None;
USART_InitStructure.USART_Mode = USART_Mode_Rx | USART_Mode_Tx;
USART_Init(USART1 , &USART_InitStructure);
USART_Cmd(USART1 , ENABLE); /* 使能 USART1 */
```

(3) 程序清单 A.3

```
USART_SendData(USART1, (u8) ch);
while(USART_GetFlagStatus(USART1,USART_FLAG_TC) == RESET);
return ch;
```

附录 B

Typedef 定义

本书常用的 Typedef 定义如下：

```
typedef signed long s32;                        /* 有符号 32 位数 */
typedef signed short s16;                       /* 有符号 16 位数 */
typedef signed char s8;                         /* 有符号 8 位数 */
typedef signed long const sc32;                 /* 有符号只读 32 位数 */
typedef signed short const sc16;                /* 有符号只读 16 位数 */
typedef signed char const sc8;                  /* 有符号只读 8 位数 */
typedef volatile signed long vs32;              /* volatile 修饰的有符号 32 位数 */
typedef volatile signed short vs16;             /* volatile 修饰的有符号 16 位数 */
typedef volatile signed char vs8;               /* volatile 修饰的有符号 8 位数 */
typedef volatile signed long const vsc32;       /* volatile 修饰的有符号只读 32 位数 */
typedef volatile signed short const vsc16;      /* volatile 修饰的有符号只读 16 位数 */
typedef volatile signed char const vsc8;        /* volatile 修饰的有符号只读 8 位数 */
typedef unsigned long u32;                      /* 无符号 32 位数 */
typedef unsigned short u16;                     /* 无符号 16 位数 */
typedef unsigned char u8;                       /* 无符号 8 位数 */
typedef unsigned long const uc32;               /* 无符号只读 32 位数 */
typedef unsigned short const uc16;              /* 无符号只读 16 位数 */
typedef unsigned char const uc8;                /* 无符号只读 8 位数 */
typedef volatile unsigned long vu32;            /* volatile 修饰的无符号 32 位数 */
typedef volatile unsigned short vu16;           /* volatile 修饰的无符号 16 位数 */
typedef volatile unsigned char vu8;             /* volatile 修饰的无符号 8 位数 */
typedef volatile unsigned long const vuc32;     /* volatile 修饰的无符号只读 32 位数 */
typedef volatile unsigned short const vuc16;    /* volatile 修饰的无符号只读 16 位数 */
typedef volatile unsigned char const vuc8;      /* volatile 修饰的无符号只读 8 位数 */
```

附录 C

本书硬件平台介绍

本书使用 CEPARK STM32 学习板作为全书实验设计的根据，本着“适合的就是最好的”这一理念，CEPARK STM32 学习板完全针对本书实验设计的需求定制，除此之外再无加入任何不必需的硬件配置，将学习板的成本降到了最低的程度。

CEPARK STM32 学习板是 CEPARK 电子园为初学者学习 ARM Cortex－M3 系列微处理器 STM32 而设计的，图 C.1 为其外观图，图 C.2 为电路原理图。该学习板以 STM32F103RCT6 芯片为核心，配套 2.4/3.2 寸彩色 TFT 屏模块，板载 USART、USB、ADC 电压调节、按键、JTAG 接口、彩屏接口、LED、SD 卡接口、I/O 引出口等硬件资源。

图 C.1　CEPARK STM32 学习板概览

(1) 可进行的主要实验

① 点亮发光二极管及流水灯实验；

② 独立按键扫描实验；

③ 通用同步/异步串口通信实验；

④ 定时器基本功能(定时、比较、方波输出、捕获)实验；

⑤ 备份寄存器与入侵检测实验；

⑥ RTC 实验；

⑦ A/D 采集实验；

⑧ DMA、I2C 总线、SPI 总线、CAN 总线等实验；

⑨ USB 实验；

⑩ SD 卡、TFT 液晶显示实验；

⑪ DAC 实验；

⑫ μC/OS－II 实验。

(2) 学习板硬件资源

① STM32F103RCT6 芯片，LQFP64 封装，FLASH：256 KB，SRAM：48 KB；

② 异步串口通信接口；

③ 标准 20 针 JTAG 接口；

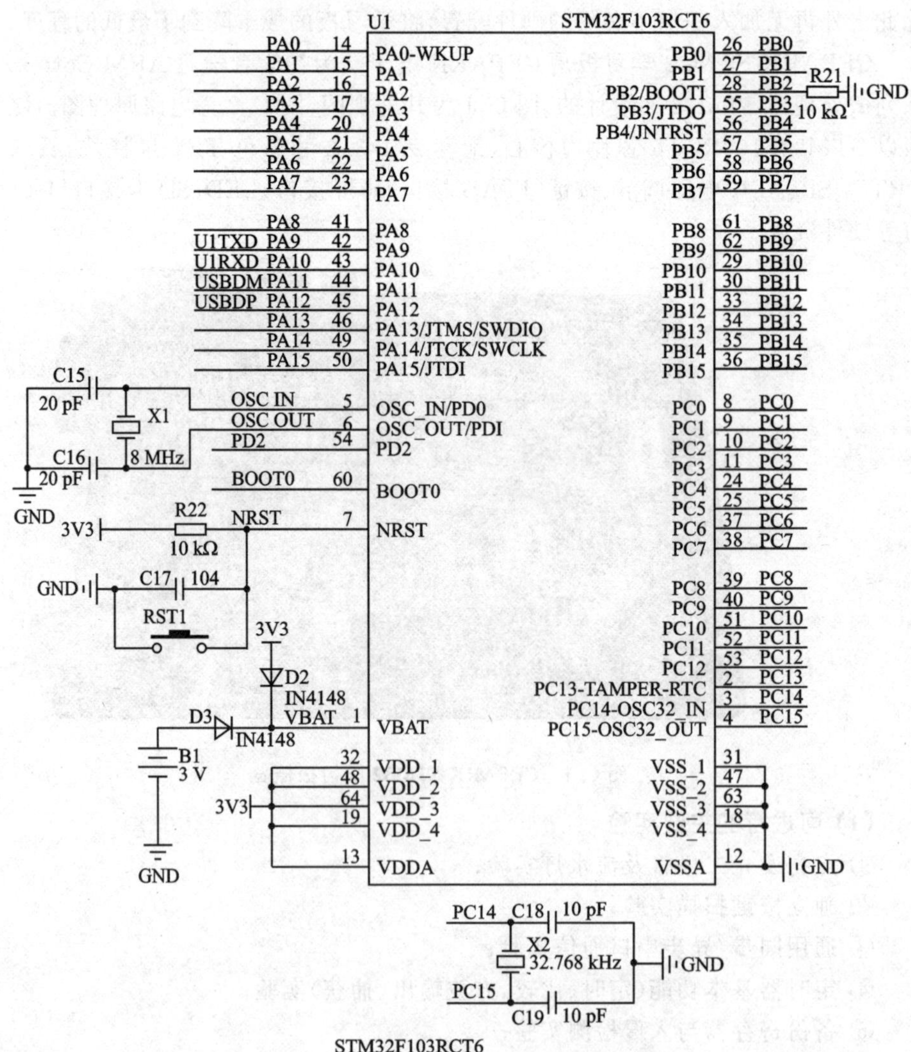

图 C.2　CEPARK STM32 学习板电路原理图

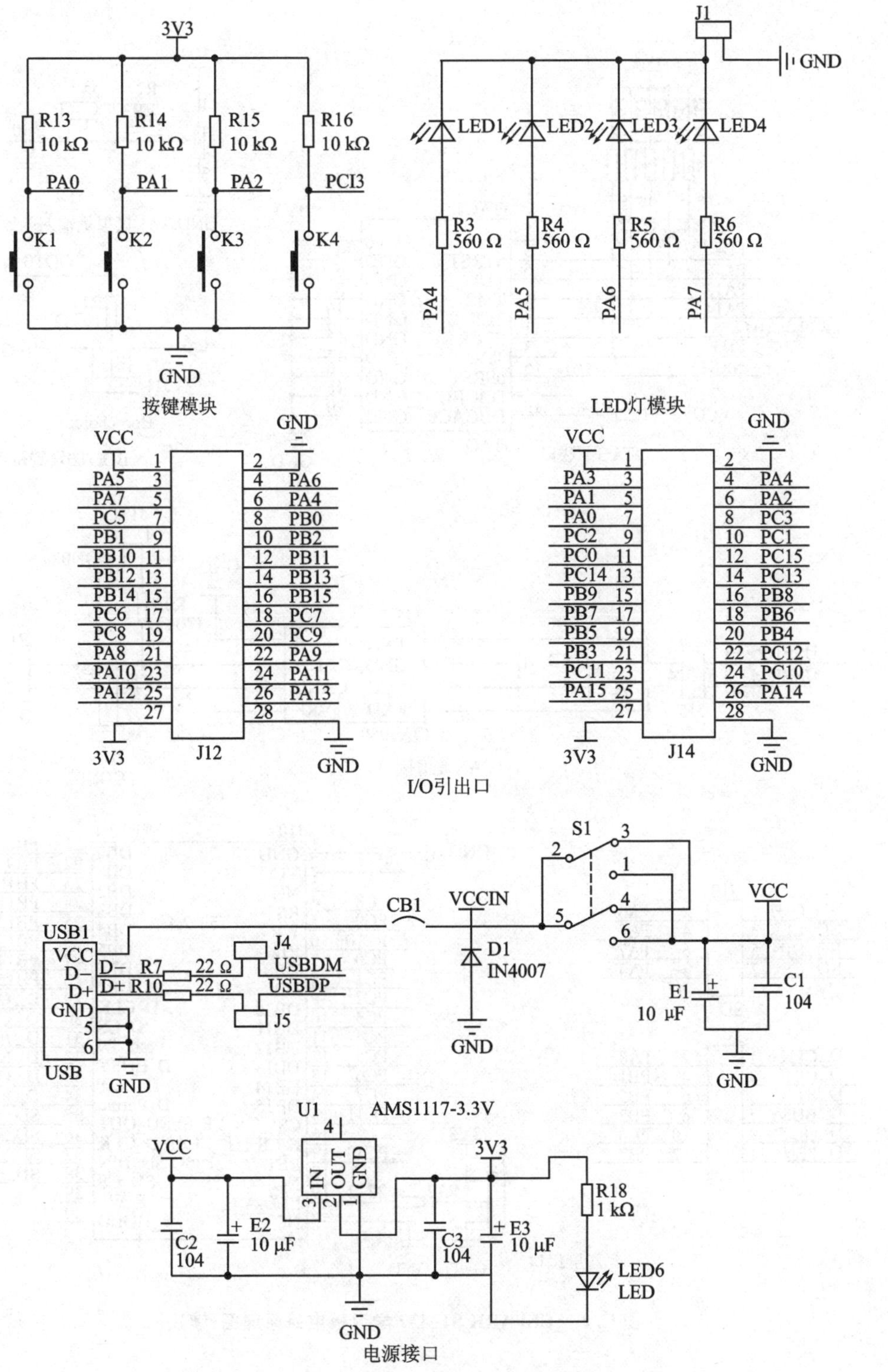

图 C.2　CEPARK STM32 学习板电路原理图(续)

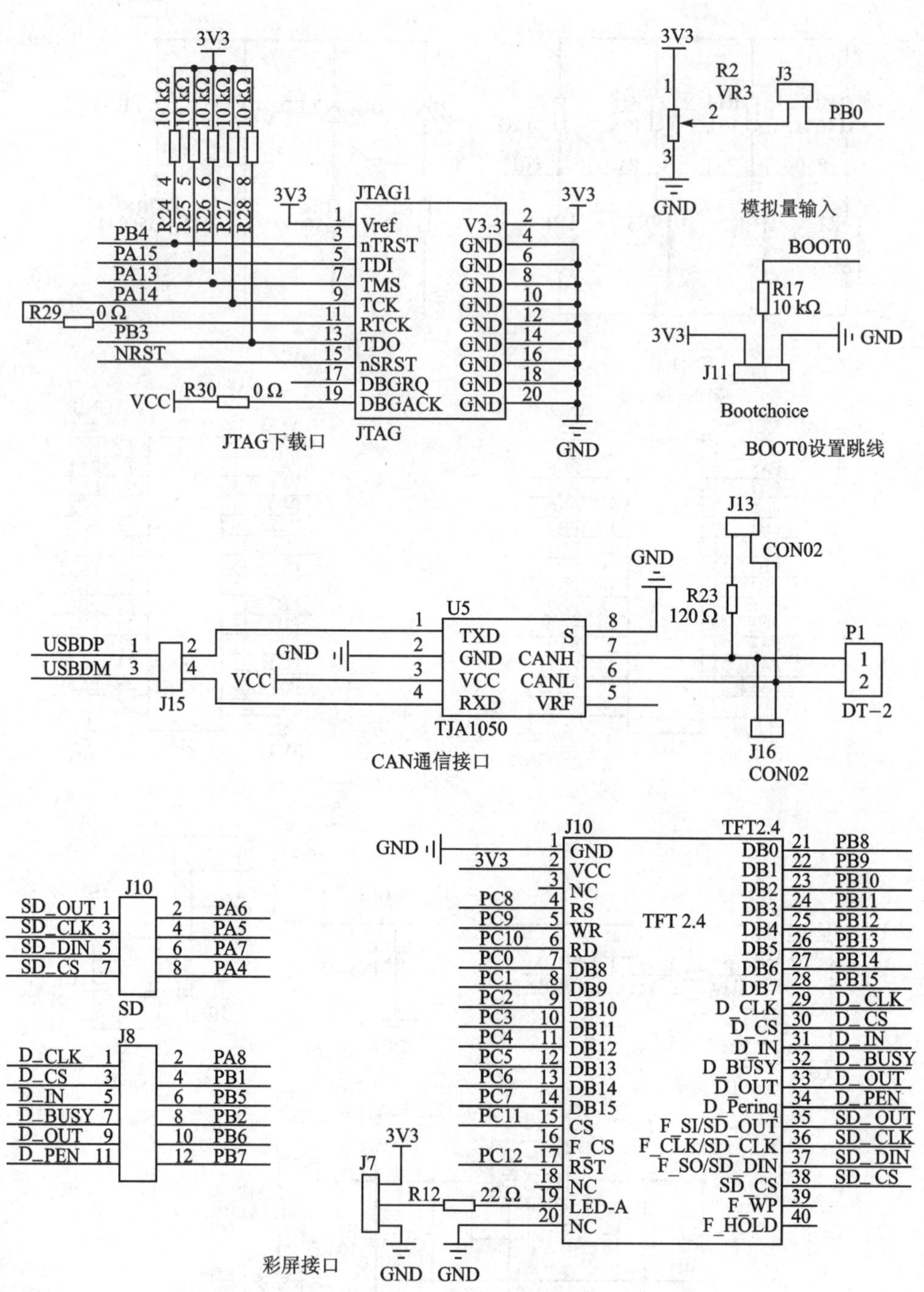

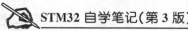

图 C.2 CEPARK STM32 学习板电路原理图(续)

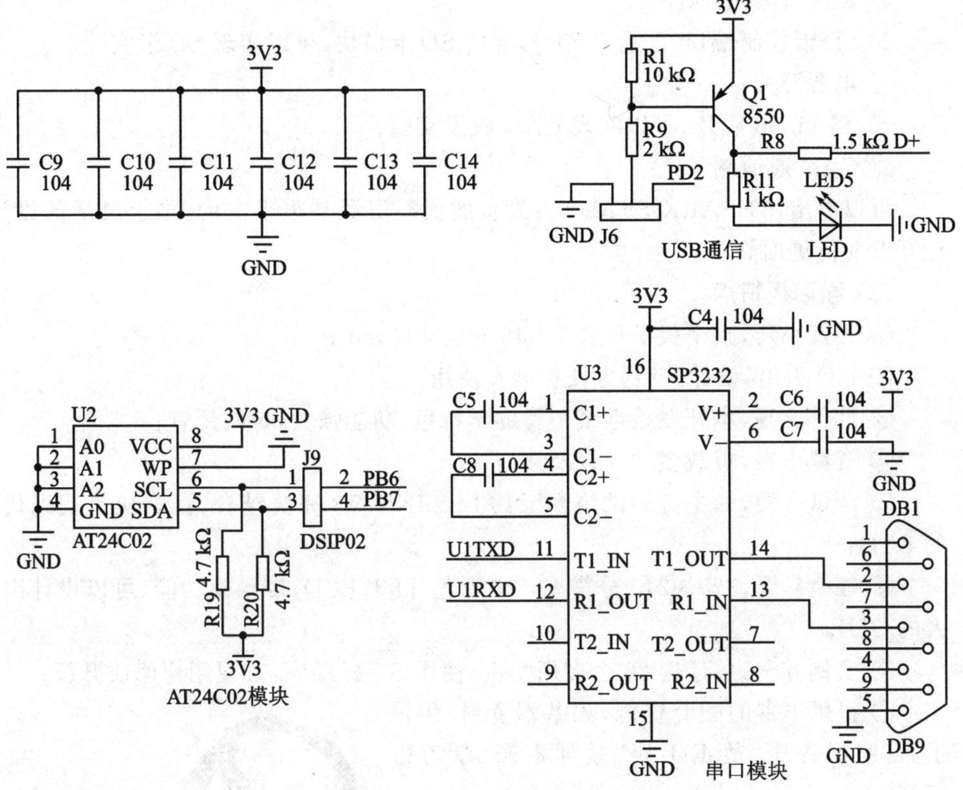

图 C.2　CEPARK STM32 学习板电路原理图(续)

④ SP3232 芯片,可以做 RS232 通信实验,也可以用于 ISP 下载;

⑤ USB 接口,可以给主板供电,也可以作为 USB 通信接口;

⑥ 4 个独立按键;

⑦ 4 个 LED 灯,方便程序调试使用;

⑧ EEPROM AT24C02,采用 I2C 通信方式,可以存储数据到该芯片;

⑨ ADC 电压调节电位器,可以做 ADC 采样实验;

⑩ 启动模式选择跳线;

⑪ 所有 I/O 输出全部引出,方便接外部电路做实验;

⑫ 自恢复保险丝;

⑬ 彩屏接口,兼容 2.4 寸、3.2 寸彩屏;

⑭ 1 个电源指示灯;

⑮ 1 个 USB 通信指示灯;

⑯ LM1117 稳压芯片,输出 3.3 V 稳定电压;

⑰ 8 MHz 时钟晶振;

⑱ 32.768 kHz RTC 时钟晶振;

⑲ RTC 后备电池座；

⑳ SD 卡控制端口，配合 TFT 彩屏的 SD 卡模块，可以实现 SD 卡实验；

㉑ 电源开关；

㉒ TJA1050 芯片，可以实现 CAN 收发实验；

㉓ CAN 通信端子。

可以看出，CEPARK STM32 开发板的板载资源是很丰富的，加上灵活的设计，让开发变得更加简单。

(3) 学习板特点

① 外观小巧，整个板子尺寸为 115 mm×97 mm；

② I/O 引出，设计灵活，方便扩展及使用；

③ 性价比高，本开发板继续坚持助学特色，功能强大，价格便宜；

④ 资源丰富，板载多种外设及接口；

⑤ 调试方便，和主流调试仿真工具 J－LINK V8 完美结合，让您快速找到代码的 BUG；

⑥ 触摸彩屏，320×240 分辨率，26 万色 TFT LCD，带触摸功能，可以设计出迷人的 GUI；

⑦ 实例齐全，共计近 20 个应用实例，使用 ST 标准库，方便用户修改升级；

⑧ 提供丰富的配套资源，如基本资料、用户手册、配套程序、数据手册、软件资源、学习资源等；

⑨ 提供全面技术支持和交流，为用户提供在线答疑解惑。

(4) 配套 J－LINK 仿真器

CEPARK J－LINK V8 仿真器是 CEPARK 电子园为支持仿真 ARM 内核芯片推出的 JTAG 仿真器，如图 C.3 所示。J－LINK 是 SEGGER 公司为支持仿真 ARM 内核芯片推出的 JTAG 仿真器。配合 IAR EWARM、ADS、KEIL、WINARM、RealView 等集成开发环境，支持所有 ARM7/ARM9/Cortex 等内核芯片的仿真，通过 RDI 接口和各集成开发环境无缝连接。操作方便、连接方便、简单易学，是学习开发 ARM 最好、最实用的开发工具。其详细功能和使用方法请参考相关资料，这里不再详述。

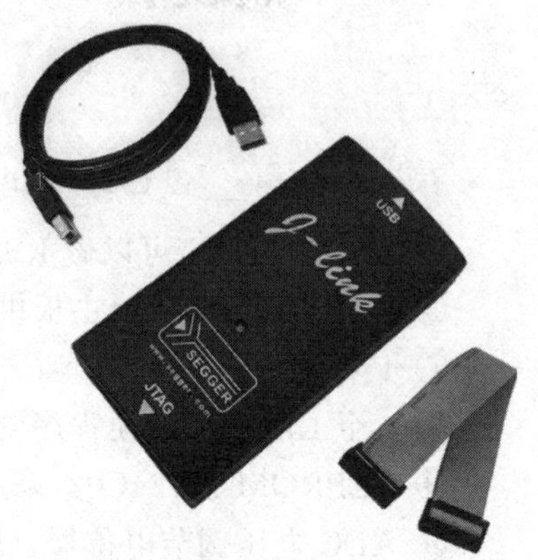

图 C.3　CEPARK J－LINK V8 仿真器

(5) 配套 TFT 彩屏

配套的 TFT 彩屏如图 C.4 所示，具体性能如下：

① 屏的有效显示尺寸为 2.4/3.2 寸；

② 显示色彩为 65K 色；

③ TFT 电源，带 PCB 的模块已经继承 3 V 稳压 IC，输入可以为 5 V；

④ 背光电源(LED_A 引脚)最高 3.2 V，在 3.3 V 下可串联 20 Ω 限流电阻或 5 V下串联 200 Ω 电阻；

⑤ 兼容 8/16 位数据接口，切换方式通过排线上 R1 和 R 实现，0 Ω 电阻短接 R1 为 16 位模式，短接 R2 为 8 位模式，8 位模式下使用高 8 位(即 DB8～DB15)。

图 C.4　配套 TFT 彩屏

相关资料可访问 http://stm32.cepark.com，相关咨询、技术支持、本书讨论区可访问 http://bbs.cepark.com。

参考文献

[1] Hitex(UK) Ltd. The Insider's Guide To The STM32 ARM Base Microcontroller,2008.

[2] STMicroelectronics Ltd. UM0427 User manual: ARM - based 32 - bit MCU STM32F101xx and STM32F103xx firmware library Rev 6,2008.

[3] STMicroelectronics Ltd. RM0008 Reference manual:STM32F101xx, STM32F102xx, STM32F103xx, STM32F105xx and STM32F107xx advanced ARM - based 32 - bit MCUs Rev 9,2009.

[4] STMicroelectronics Ltd. PM0042: STM32F10xxx Flash programming Rev7, 2009.

[5] Joseph Yiu. ARM Cortex - M3 权威指南[M]. 宋岩,译. 北京:北京航空航天大学出版社,2009.

[6] ARM Ltd. Cortex - M3 Technical Reference Manual Rev r0p0,2006.

[7] Stephen Prata. C Primer Plus(中文版)[M]. 云巅工作室,译. 5 版. 北京:人民邮电出版社,2005.

[8] 李宁. 基于 MDK 的 STM32 处理器开发应用[M]. 北京:北京航空航天大学出版社,2008.

[9] IAR System. IAR Embedded Workbench IDE User Guide for Advanced RISC Machine Ltd's ARM Cores Sixteenth edition,2009.

[10] Andrew N. Sloss. ARM 嵌入式系统开发——软件设计与优化[M]. 沈建华,译. 北京:北京航空航天大学出版社,2005.